“十二五”普通高等教育本科国家级规划教材
高等院校地理科学类专业系列教材
北京大学地理科学丛书

自然资源学原理

（第三版）

蔡运龙　编著

科学出版社
北　京

内 容 简 介

本书以多学科的视野，围绕“生态-经济-可持续性”的主线，系统地阐述了自然资源及其与人类发展关系的一系列基本原理。第一篇绪论介绍自然资源学的学科范式。第二篇论述自然资源的性质、自然资源的稀缺与冲突、自然资源极限之争与可持续性、自然资源稀缺的透视。第三篇论述自然资源生态原理，包括自然资源生态过程、自然资源生态过程中的人类作用与适应、自然资源利用的生态影响及其代价核算。第四篇阐述自然资源经济原理，涉及自然资源经济学基本问题、自然资源与经济社会的关联、自然资源配置和自然资源价值重建与自然资源资产。第五篇从使用者的视角论述了自然资源利用原理，包括自然资源评价、自然资源利用的投入-产出关系、自然资源开发利用决策和自然资源保育与循环利用。第六篇作为结论，阐述了自然资源管理的社会目标及其统筹，以及自然资源可持续管理的途径。

本书可供资源环境管理、城乡规划、地理学、地质学、生态学、环境科学与工程、公共管理学、农学、林学等方面的高年级本科生和研究生作为教材使用，也可供相关的研究人员和决策、管理人员参考。

图书在版编目（CIP）数据

自然资源学原理/蔡运龙编著. —3版. —北京：科学出版社，2023.6
（北京大学地理科学丛书）
“十二五”普通高等教育本科国家级规划教材　高等院校地理科学类专业系列教材
ISBN 978-7-03-075856-9

Ⅰ. ①自…　Ⅱ. ①蔡…　Ⅲ. ①自然资源–高等学校–教材　Ⅳ. ①X37

中国国家版本馆 CIP 数据核字（2023）第 108987 号

责任编辑：文　杨　郑欣虹/责任校对：杨　赛
责任印制：赵　博/封面设计：迷底书装

科学出版社 出版
北京东黄城根北街 16 号
邮政编码：100717
http://www.sciencep.com
三河市春园印刷有限公司印刷
科学出版社发行　各地新华书店经销
*
2000 年 8 月第　一　版　开本：787×1092　1/16
2007 年 8 月第　二　版　印张：30 3/4
2023 年 6 月第　三　版　字数：788 000
2024 年 12 月第三十六次印刷

定价：89.00 元
（如有印装质量问题，我社负责调换）

“高等院校地理科学类专业系列教材”编辑委员会

“高等院校地理科学类专业系列教材”前言

地理学是一门既古老又现代的基础学科，它主要研究地球表层自然要素与人文要素相互作用及其形成演化的特征、结构、格局、过程、地域分异与人地关系等。地理科学类专业培养学生具备地理科学的基本理论、基本知识，掌握运用地图、遥感及地理信息系统与资源环境实验分析的基本技能，具有在资源、环境、土地、规划、灾害等领域的政府部门、科研机构、高等院校从事相关研究和教学工作的能力。

据不完全统计，目前全国共有 300 余所高校开设地理科学类专业，每年招生人数超过 2 万人，随着国家大力加强基础学科建设以及相关部门对该类专业人才的需求，地理科学类专业人才培养必须适应社会发展需要，进行全面改革。党的二十大报告中指出“教育是国之大计，党之大计”，作为承载学科知识传播、促进学科发展、体现学科教学内容和要求的载体——教材是落实立德树人根本任务，提高人才培养质量的重要保证；也是课堂教学的基本工具，提高教学质量的重要保证。为落实教育部“全面实施‘高等学校本科教学质量与教学改革工程’、加强课程教材建设、强化实践教学环节”的精神，以培养创新型人才为目标，中国地理学会和科学出版社共同策划，与相关高校携手打造了高等院校地理科学类专业系列教材。

本丛书的策划开始于 2015 年，编委会由我国著名地理学家及具有丰富教学经验的专家学者组成，充分发挥编委会与科学出版社的协同优势，加强整合专家、教师与编辑，教学与出版的智力资源与品牌效应，共同担负起地理科学类高校教材建设的责任，通过对课程已有教材的全面分析，参考国外经典教材的编写及辅助教学资源建设模式，采取总体设计、分步实施的方式努力打造一套兼具科学性、时代性、权威性、适用性及可读性的精品教材。

本丛书按照地理科学类专业本科教学质量国家标准中的课程设置，共设有 23 个分册，每个分册作者都具有多年的课程讲授经验和科学研究经历，具有丰富的专业知识和教学经验。该套教材的编写依据以下 5 个原则。

（1）精品原则。编委会确立了以“质量为王”的理念，并以此为指导，致力于培育国家和省级精品教材，编写出版高质量、具有学科与课程特色的系列教材。

（2）创新原则。坚持理念创新、方法创新、内容创新，将教材建设与学科前沿的发展相结合，突出地理特色，确保教材总体设计的先进性。

（3）适用原则。注重学生接受知识能力的分析、评价，根据教学改革与教育实践的最新要求，讲清学科体系及课程理论架构，并通过课内外实习强化学生感性认识，培养其创新能力。

（4）简明原则。在教材编写工程中，强化教材结构和内容体系的逻辑性、重点与难点提示、相关知识拓展的建设，确保教材的思想性和易读性。

（5）引领原则。在吸纳国内外优秀教材编写设计思路与形式的基础上，通过排制版、总体外观设计及数字教辅资源同步建设等手段，打造一批具有学术和市场引领的精品。

本丛书集成当前国内外地理科学教学和科研的最新理论和方法，并吸取编著者自身多年的教学研究成果，是一套集科学前沿性、知识系统性和方法先进性的精品教程。希望本丛书的出版可促进我国地理学科创新人才的培养，对地理学科相关教学和科研具有重要的参考价值，为我国地理科学的蓬勃发展做出贡献！

中国科学院院士 傅伯杰

2023 年 6 月

“北京大学地理科学丛书”序

正如所有现象都在时间中存在而有其历史一样，所有现象也在空间中存在而有其地理，地理和历史是我们了解世界不可或缺的两个重要视角。以人类环境、人地关系和空间相互作用为主要研究对象的地理学，是一门包容自然科学、人文社会科学和工程技术科学的综合性学科，已建立了相当完整而独特的学科体系。钱学森院士倡导建立地理科学体系，认为地理科学是与自然科学、社会科学、数学科学、系统科学、思维科学、人体科学、文艺理论、军事科学、行为科学相并列的科学部门，将地理学推向了一个新的境界。

地理学的研究与教学涉及从环境变化到社会矛盾的广阔领域，其价值源自地理学对地球表层特征、结构与演化的认识，对自然与人文现象在不同地方和区域空间相互作用的过程及其影响的解释。地理学对认识和解决当今世界许多关键的问题，如经济增长、环境退化、全球变化、城市和区域发展、民族矛盾、全球化与本土化、人类健康、全民教育等，都作出了特殊的贡献。地理学对于科学发展观的树立，对于统筹人与自然、统筹城乡发展、统筹区域发展、统筹经济与社会发展、统筹全球化与中国特色之思想的普及，起到了独特的作用。地理学在满足国家社会经济发展对科学技术的若干重大需求上，已经发挥并将继续发挥越来越重要的作用。

然而，当前人类面临的许多重大问题还没有得到根本解决，这与我们认识上的缺陷有很大关系，其中包括地理认识的缺陷。无论在国际尺度、国家尺度、区域尺度，还是地方尺度和个体尺度，许多问题的决策过程尚不能充分驾驭地理复杂性，存在一些“地理空白”，这使得在达到经济繁荣和环境可持续的双重目标方面，乃至在个人健康发展方面，都可能要付出高昂的代价。

因此，加强地理研究和教育，提高地理学者自身、决策者以至广大民众的地理学认识和能力，是摆在地理学界面前的一项崇高职责，任重道远，北京大学的地理学工作群体义不容辞。

北京大学的地理学可以追溯到 19 世纪末京师大学堂设立的地理教学计划，可惜由于诸多原因，这个计划未能实施。1929 年清华大学成立地理学系，后因增加地质学研究与教学而改名为地学系。抗日战争期间，北京大学、清华大学、南开大学三校合称西南联合大学，北京大学地质学系与清华大学地学系合并，并增设气象学研究与教学，称地质地理气象学系。抗日战争胜利后，恢复了北京大学、清华大学、南开大学，并在清华大学设地学系、气象学系。地学系下设地质组和地理组。1952 年全国院系调整，由清华大学地学系地理组和燕京大学部分教员联合成立北京大学地质地理系。先设自然地理学专业，1955 年、1956 年、1994 年、1997 年相继设立地貌学、经济地理学、环境学、地图学与地理信息系统专业，成为国内地理专业和方向、硕士点、博士点和重点学科最多的地理系。1978 年国家改革开放之始，北京大学撤销地质地理学系，分别成立地质学系和地理学系。1984 年北京大学以地理系遥感教研室为基础成立了与地理学系密切联系的遥感技术与应用研究所（1994 年易名遥感与地理信息系统研究所），1988 年地理系为了充分体现为国家社会经济发展服务的工作实质和适应招生的需要，采用双名法，在国内称“城市与环境学系”，在国际上称 Department of Geography，并逐步形成了人文地理（经济地理、历史地理、城市规划、社会文化地理）-自然地理（综合自然地理、环境地学、地貌与第四纪、地生态学）-地理信息科学三足鼎立的格局，发展欣欣向荣。

“北大是常为新的”，北大的地理学也是常为新的。顺应科学发展和社会需要，北大地理学在不同历史时期相继率先开拓出综合自然地理、城市规划、环境保护、遥感等重要方向。进入 21 世纪，北京大学进行院系调整，原地理系升格为城市与环境学院。北京大学地理学在新的框架下，形成资源环境与地理学系、城市与经济地理系、城市与区域规划系、生态学系、环境地理系、历史地理研究所等研究和教学实体。北大地理学科在新的组织框架下，以地理科学研究中心为纽带，继续高举地理学大旗，促进北京大学地理科学整体水平的提高，推动北大地理学与国内外同仁的学术交流与合作，为建成一流的地理学教学与科研基地而努力。

作为实现上述目标的一种途径，我们与科学出版社合作推出《北京大学地理科学丛书》，包括教材和专著两个系列。至今已陆续出版了多部著作，并且一再重印，表明它确实符合学界和社会的需求，并逐步形成了自己的品牌。我们将继续把这件很有意义的事情做得更大，做得更好。兼收并蓄是北大的传统，我们欢迎国内外同仁加盟。

北京大学地理科学研究中心
2004 年 6 月 5 日

第三版前言

本书第二版先后被列为普通高等教育“十一五”国家级规划教材，“十二五”普通高等教育本科国家级规划教材，先后获得北京高等教育精品教材奖（2008 年）、北京大学优秀教材奖（2016 年）、第一届全国资源科学优秀教材奖（2018 年）、第二届全国优秀地理图书（普通高校教材）奖（2019 年）。迄 2019 年 4 月，本书第一版、第二版先后重印了 26 次，累计总印数达 74450 册，采用的院校数逐年上升，影响范围不断扩展，已成为有关专业学习自然资源学的一部基本教材和重要参考书。

第二版问世以来又过去了十余年，自然资源学有了长足的发展，不断出现了许多新的认识和新的资料，虽然本书的基本框架仍未落伍，但也必须与时俱进。

第三版主要做了如下修补。

（1）增补了若干近年出现且较为成熟的新认识，主要有：生态系统服务权衡理论；人类活动的远程耦合与全球化理论；“资源诅咒”理论；经济增长与环境“脱钩”理论；社会-生态系统可持续性分析；自然资源资产与产权理论；资源循环利用与循环经济理论；联合国可持续发展新目标体系。

（2）修订一些原有的章节，主要有：更严谨地定义并突出显示所有基本概念；以新的资料重新阐述“自然资源的稀缺与冲突”；更新自然资源评价的内容；其他用资料数据论证的内容也尽量更新，对全书的数据资料都尽可能更新或补充为最新的，对文字也做了全面的重新梳理；同仁们指出了第二版的一些不足，这次也都一一改正。

（3）采用新的编写体例。原版的体例兼顾教材与专著，这次修订完全按照教材体例。例如，每章都增加了思考题和作为补充读物的文献目录；所有参考文献统一编排至书末；统一了篇、章的编号，以贯通全书。

本书的内容结构如下图。

一如第二版的建议：不同专业背景和不同程度的读者对本书可采取不同的学习模式。这里特按新的章节编号将具体建议再复述如下：对生态学已有相当基础的读者，可将第六章作为复习材料，而不必花更多时间细读。对于学习过经济学的读者，第十章浏览即可。学识程度较低的读者可先着重自然资源学基本知识、理论和方法的基本部分，在以后深入阶段再学习第九章、第十二章和第十三章。前五章的顺序安排是出于使学术体系逻辑连贯的考虑；但在阅读和讲授时，不妨以更有兴趣和较为熟悉的实际问题开始，循序渐进，顺序可依次为：第三章、第四章、第一章、第二章、第五章。

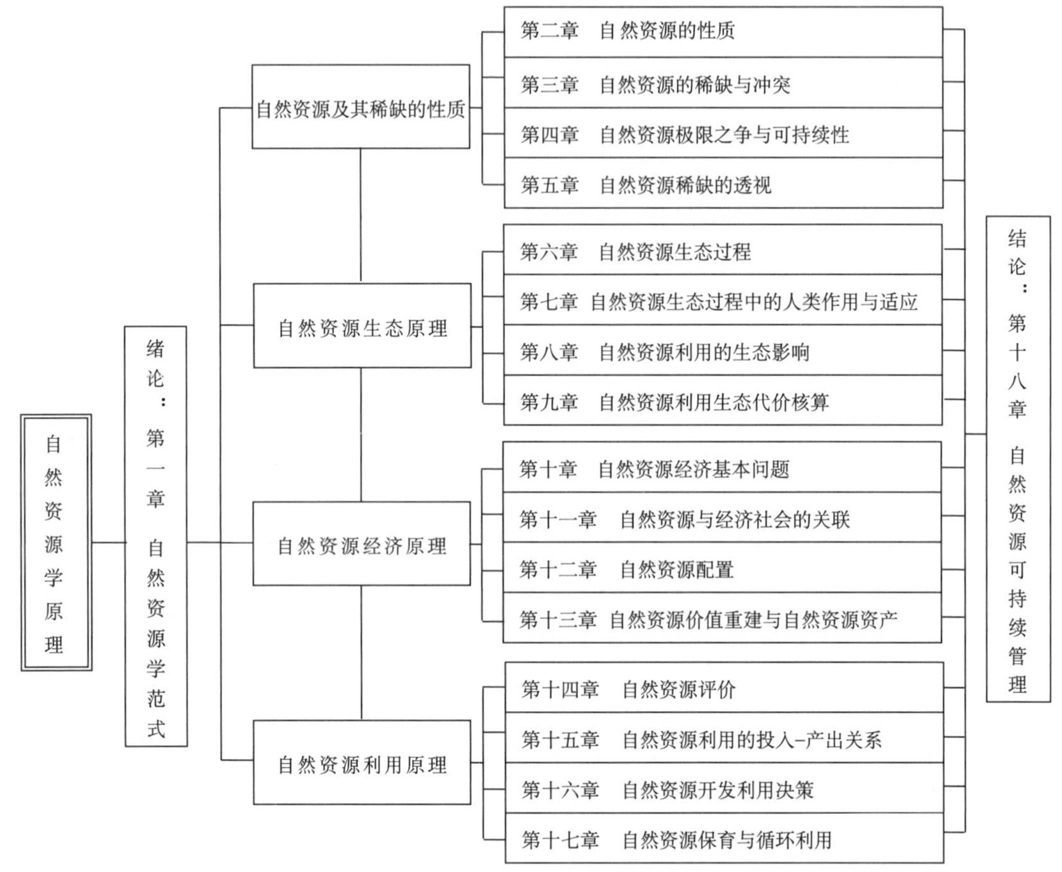

近年来自然资源学新概念、新理论、新方法、新案例和新资料不断涌现，编著者这次修订虽竭力跟进，但仍难免挂一漏万。为弥补这个缺陷，也为有深入探究兴趣的师生提供进一步阅读的线索，更是出于对所引文献作者的尊重，在行文中随时引出参考文献；并在众多参考文献中选择对于各章最重要或最经典者，附章末作为“补充读物”。

感谢北京大学国家发展研究院瑞意高等研究所的资助，使得编著者从教学、科研第一线退下来后能安心修编此教材；感谢科学出版社文杨副编审为本书出版付出艰辛而卓有成效的努力；感谢同仁们指出了第二版的一些不足。

由于编著者能力和精力的限制，本书仍有不足，祈望读者不吝赐教。

蔡运龙

2019年6月15日

于蓝旗营

第二版前言

本书第一版 2000 年 8 月出版以来已重印 10 次，总印数达 23500 册，说明学界和社会是需要它的。但自然资源的形势及其认识在最近几年发展很快，本书必须与时俱进地加以修订。与第一版相较，本修订版主要在以下方面做了修补：

1. 根据近年来的研究进展，绪论和第一篇更新和补充了很多内容，企图深化对相关问题的认识；为了使各章的联系更合乎逻辑，编排顺序也有所变化。

2. 生态系统服务功能及其与人类福利的关系是近来资源环境领域的重要认识，第二篇“自然资源生态学原理”中补充了相关内容；新增了第九章“自然资源利用影响的生态评价方法”，对其他内容也重新作了梳理。

3. 第三篇“自然资源经济学原理”中对自然资源经济学基本问题所涉及的内容重新设计了一个新的框架；新增了“自然资源与经济社会的关联”和“自然资源配置”两章，“自然资源的价值重建”则取代了第一版中的“自然资源的价值和价格”一章，以跟进自然资源价值理论的发展。

4. 第一版中大部分有关自然资源管理的内容其实都是从使用者的角度看问题，在本修订版中归纳为第四篇“自然资源管理学原理：使用者的视角”。

5. 从社会的角度认识自然资源管理显得越来越重要，本修订版在结论一章中增加了关于自然资源管理社会目标的内容。这一章还重新组织和改写了第一版“自然资源的可持续利用”部分，章名也改为“自然资源可持续管理”。

本次修订加强了参考文献的索引，并且改原来排在全书末尾为分列各章末尾，以利触类旁通，深入学习；同时突出对所引作者的尊重和感谢。

建议不同专业背景和不同程度的读者对本书可采取不同的学习模式。例如，对生态学已有相当基础的读者，可将第六章和第八章作为复习材料，而不必花更多时间细读；对于学习过经济学的读者，第十章浏览一下即可。学识程度较低的读者可先着重自然资源学基本知识、理论和方法的基本部分，在以后深入阶段再学习第八章、第十一章和第十二章。前五章这样的安排，力图使学术体系的逻辑严谨一些。但在阅读和讲授时，不妨以更有兴趣和较为熟悉的实际问题开始，循序渐进，顺序可依次为：第二章、第三章、绪论、第一章、第四章。

自然资源学涉及的内容相当广泛，是一门综合性很强的学科。但研究的内容过泛就容易流于浅薄，所以本书力图将主要内容收敛在“生态与经济”的框架内。尽管如此，修编过程中还是感到很难把好些重要的新进展纳入其中，也有一些想法和计划来不及实现，更遑论不出差错和缺憾，且留待以后有机会再版时补正，也望读者不吝赐教。

蔡运龙

2007 年 3 月 4 日

于蓝旗营

第一版前言

人口、资源、环境与发展是当今全球共同关注的几大问题，我国自然资源紧缺与人口众多的矛盾尤其突出，自然资源利用的可持续性已成为最紧迫的知识创新和教育振兴内容之一。高等教育如果不把这样重大的现实问题和学术领域列入教学内容，就不能培养出符合时代需要的人才，甚至不能为社会输送合格的公民。为此，我国新的高等教育专业目录已把自然资源学列为若干学科和专业的主要教学内容，北京大学也早就在有关专业必修课中开设了《自然资源学原理》。

社会实践要求对自然资源及其利用进行系统研究，自然资源学在实践的驱动下，已逐渐成为一门相对独立的学科。另一方面，科学的发展已进入一个新的综合时代，各学科针对新的实际问题逐渐交叉、汇合，形成一些新的前沿学科，自然资源学就是代表这种科学发展新趋势的学科之一。我国自然资源研究已有多年的科研积累，目前急需加快自然资源学的理论总结，以用于指导解决迫切的实际问题。本书就是在上述背景下应运而生的产物。

本书力图理论与实际相结合，适应社会需求，也反映科学进展。因此，本书编写中明确了以下目标：

1. 避免成为部门知识的简单集合，要结合实际着力阐述基本原理，注意加强理论深度；

2. 从单一学科论述自然资源的著作已可汗牛充栋，而本书应该对有关的种种复杂问题有总体的把握，将各类自然资源及其利用看作一个统一的大系统，不拘泥于类型描述，而是从整体的高度、从有机联系的角度全面阐述相关知识和理论，以建立一个综合认识和研究自然资源的框架；

3. 以作者多年科研和教学积累作基础，又即时地介绍国内外最新的有关学术思想、研究动态和理论、方法。

书中所用素材，除自己几年来的学习和研究心得外，大量引用了公开出版物（见书末参考文献），这里特向有关作者鞠躬致谢。还需要特别指出，第八章里采用了陈静生先生和我合著的一本书中的有关内容，还采用了刘松同学在我指导下写的实习报告。本书的主要内容已作为北京大学校内教材被四届学生使用，他们对有关内容提出的挑战性问题、意见和建议，以及对有关论题的发挥，促进了本书理论框架、结构体系、表述方式和内容的改善。从这个意义上说，本书是集体劳动的产物。

编著者自知学力不足，现不惮丑陋，把这本书公诸于世，希望能起到抛砖引玉的作用。

蔡运龙

2000 年 2 月 2 日

于京郊燕北园

目 录

"高等院校地理科学类专业系列教材"前言
"北京大学地理科学丛书"序
第三版前言
第二版前言
第一版前言

第一篇 绪 论

第一章 自然资源学范式……3
第一节 自然资源学的形成和发展……4
一、作为前科学的自然资源知识……4
二、作为科学的自然资源学……6
三、自然资源学的前沿领域……8
第二节 自然资源学的学科地位……12
一、自然资源问题的关联域……12
二、自然资源学的学科结构……14
三、与相关学科的关联……16
思考题……20
补充读物……20

第二篇 自然资源及其稀缺的性质

第二章 自然资源的性质……23
第一节 自然资源的概念和类型……23
一、自然资源的概念……23
二、自然资源的类型……25
第二节 自然资源可得性的度量……29
一、不可更新资源可得性的度量……29
二、可更新资源可得性的度量……34

第三节 自然资源的基本属性 …… 37
一、自然资源的基本属性 …… 37
二、自然资源属性的再认识 …… 40
思考题 …… 43
补充读物 …… 43
第三章 自然资源的稀缺与冲突 …… 44
第一节 中国态势 …… 44
一、自然资源基本特点 …… 44
二、自然资源稀缺的挑战 …… 47
第二节 全球概览 …… 54
一、自然资源的稀缺 …… 54
二、资源消耗的环境后果 …… 60
三、资源冲突与争夺 …… 66
思考题 …… 70
补充读物 …… 70
第四章 自然资源极限之争与可持续性 …… 71
第一节 增长的极限 …… 71
一、悲观派的主要观点与理论 …… 71
二、悲观派的意义与缺失 …… 74
第二节 没有极限的增长 …… 77
一、乐观派的主要观点与理论 …… 77
二、对乐观派的挑战 …… 80
第三节 走向可持续性 …… 84
一、当代资源关注的演变 …… 84
二、走向可持续性 …… 86
思考题 …… 89
补充读物 …… 90
第五章 自然资源稀缺的透视 …… 91
第一节 指数增长与资源动态 …… 91
一、人类指数增长与自然资源需求 …… 91
二、社会发展与资源开发的演进 …… 95
第二节 绝对稀缺与相对稀缺 …… 102
一、全球性资源稀缺的性质 …… 103
二、地区性资源稀缺的性质 …… 106
思考题 …… 110
补充读物 …… 110

第三篇　自然资源生态原理

第六章　自然资源生态过程 …… 113
第一节　自然资源生态学基本概念 …… 113
一、生态系统与人类生态系统 …… 113
二、生态系统服务与人类福祉 …… 118
第二节　自然资源生态过程中的物质-能量联系 …… 124
一、自然资源生态过程中的能量 …… 124
二、自然资源生态过程中的无机物 …… 127
三、生态系统中的熵与自然资源 …… 129
第三节　自然资源生态过程中的生物与种群 …… 131
一、生物生产与生物多样性 …… 131
二、种群增长与资源承载力 …… 134
思考题 …… 139
补充读物 …… 139
第七章　自然资源生态过程中的人类作用与适应 …… 140
第一节　人类在自然资源生态过程中的作用 …… 140
一、人类的优势地位与远程耦合 …… 140
二、人类对生态系统能量和物质的干预 …… 144
三、人类对自然资源生态过程的干扰和调控 …… 148
第二节　人类对自然资源的适应 …… 152
一、人类的适应行为 …… 152
二、各社会发展阶段对自然资源的适应 …… 155
三、不可持续适应的历史教训 …… 159
四、当代适应策略与生态系统管理研究 …… 163
思考题 …… 166
补充读物 …… 167
第八章　自然资源利用的生态影响 …… 168
第一节　采矿的生态影响 …… 168
一、对地形和水文的影响 …… 168
二、对土壤和生物的影响 …… 171
三、对人体和社区的影响 …… 173
第二节　可再生资源利用的生态影响 …… 174
一、土地利用变化的生态效应 …… 174
二、水利工程的生态影响 …… 177
三、生物资源利用的生态影响 …… 178
第三节　自然资源利用与气候变化 …… 180
一、自然资源利用对气候的影响 …… 180

二、气候变化的影响……184
思考题……188
补充读物……188
第九章 自然资源利用生态代价核算……189
第一节 自然资源利用的生态足迹核算……189
一、生态足迹的概念与核算方法……189
二、生态足迹核算案例……193
三、生态足迹核算的改进……197
第二节 环境经济一体化核算……198
一、可持续性评价模型……198
二、环境经济一体化核算案例……200
思考题……209
补充读物……209

第四篇 自然资源经济原理

第十章 自然资源经济基本问题……213
第一节 自然资源的稀缺与供需平衡……213
一、经济分析的基本假设……213
二、自然资源稀缺的经济学观……215
三、自然资源的供需平衡……217
四、自然资源供需平衡分析实例……223
第二节 经济决策与自然资源管理……228
一、经济决策与经济制度……228
二、经济增长与社会发展……231
三、外部成本及其内化……235
四、自然资源管理的经济、政策手段……237
思考题……240
补充读物……240
第十一章 自然资源与经济社会的关联……241
第一节 发展中经济社会的透视……241
一、自然资源在经济发展中的作用……241
二、资源稀缺性质的进一步透视……246
第二节 发达经济社会的视角……249
一、自然资源在经济增长中的作用……249
二、人力资源在经济增长中的作用……252
第三节 当代资源环境问题与经济社会的关联……255
一、经济增长与资源环境变化……255
二、当代资源环境问题的社会经济根源分析……259

三、解决资源环境问题的社会生态途径……266
思考题……271
补充读物……271
第十二章 自然资源配置……272
第一节 自然资源配置基本论题……272
一、自然资源配置的主题与关注……272
二、效率的概念……274
第二节 不可再生资源的配置……277
一、不完备市场条件下的技术效率和产品选择效率……277
二、不完备市场条件下的配置效率……279
第三节 可再生资源的配置……283
一、可再生资源配置的经济学透视……283
二、可再生资源配置的价格机制……291
思考题……296
补充读物……296
第十三章 自然资源价值重建与自然资源资产……297
第一节 自然资源价值重建……297
一、自然资源价值论……297
二、自然资源价值重建方法……302
三、自然资源价值重建案例……307
第二节 自然资源资产与产权……313
一、自然资源资产及其账户……313
二、自然资源资产产权与审计……320
思考题……323
补充读物……323

第五篇 自然资源利用原理

第十四章 自然资源评价……327
第一节 矿产资源评价……327
一、矿产资源地质评价……327
二、矿产资源经济评价……337
三、矿产资源开发环境影响评价……340
第二节 可更新资源评价……342
一、土地资源评价……342
二、水资源与水能资源评价……346
三、林、草资源评价……351
四、海洋渔业资源评价……355
思考题……357

补充读物 …… 357

第十五章 自然资源利用的投入-产出关系 …… 358

第一节 生产要素投入组合的比例性 …… 358

一、自然报酬递减律 …… 358

二、经济报酬递减律 …… 361

三、自然资源管理实践中的比例性 …… 363

第二节 与比例性原理相关的几个自然资源利用问题 …… 368

一、规模经济 …… 368

二、限制因素和关键因素的重要性 …… 369

三、自然资源利用的集约度 …… 371

四、报酬递减律与自然资源问题 …… 374

思考题 …… 377

补充读物 …… 377

第十六章 自然资源开发利用决策 …… 378

第一节 自然资源的利用更替性与再开发 …… 378

一、自然资源的利用更替性与开发原理 …… 378

二、自然资源开发利用更替中可能出现的特殊情况 …… 382

第二节 自然资源开发利用决策的成本-效益分析 …… 384

一、自然资源开发利用决策的成本分析 …… 385

二、成本-效益分析基本原理 …… 388

三、成本-效益分析的局限与改进 …… 393

思考题 …… 397

补充读物 …… 397

第十七章 自然资源保育与循环利用 …… 398

第一节 自然资源保育的含义与经济决策 …… 398

一、自然资源保育的含义及类型 …… 398

二、经济含义的自然资源保育决策 …… 400

三、各类自然资源利用的长期效用最大化 …… 403

第二节 自然资源保育的影响因素与社会控制 …… 413

一、影响自然资源保育决策的其他因素 …… 413

二、自然资源保育的社会控制 …… 417

第三节 资源循环利用与循环经济 …… 420

一、资源循环利用原理 …… 420

二、循环经济 …… 422

三、资源循环利用与循环经济案例 …… 424

思考题 …… 427

补充读物 …… 428

第六篇 结 论

第十八章 自然资源可持续管理 431
第一节 自然资源管理的社会目标及其统筹 431
一、可持续发展目标 431
二、自然资源管理的社会目标 432
三、统筹自然资源管理的各种社会目标 436
第二节 自然资源可持续管理的途径 441
一、伦理与观念转变 441
二、社会经济体制变革 445
三、科学技术创新 449
四、总结：自然资源学基本原理 450
思考题 453
补充读物 454

参考文献 455

第一篇

绪　论

第一章 自然资源学范式

自然资源是人类生存和发展必不可少的条件，自然资源的稀缺和冲突历来是经济增长和社会发展中的核心问题之一。中国几千年的历史中常常有“田与屋之数常处其不足，而户与口之数常处其有余”“况存兼并之家”“何怪乎遭风雨霜露，饥寒颠踣而死者之比比乎？”的情况。人口与资源的不协调自古以来就是“生计”和“治平”所关注的大端。在欧洲，以马尔萨斯（1798）为代表的一些思想家，早就有关于资源短缺、环境退化之类的悲观预言甚至末日式警告。即使在后开发且地大物博的北美洲，随着19世纪后期未开发处女地的终结，资源基础的有限性也见端倪，对资源稀缺的恐惧也一再浮现（Pickens，1981）。自然资源的稀缺和冲突更是当代与人口、环境和发展相联系的世界性关注问题，解决自然资源稀缺和冲突的问题成为全球性紧迫需要。社会的需要是科学发展的根本动力，“社会一旦有……需要，则这种需要就会比十所大学更能把科学推向前进”（恩格斯，1886）。自然资源学应社会需求而生，并经由前科学阶段而逐步建立起科学范式。

科学哲学家库恩认为，“科学”是从“前科学”演化而来的。前科学的特点是其工作者没有范式，表现为对他们从事学科的基本原理（甚至有关现象）的看法不一致，经常争论，工作杂乱无章、海阔天空，难以有系统的科学成果。而科学具有范式（paradigm），这是科学性质的标志。第一，范式是能够把一些坚定的拥护者吸引过来，并为一批组织起来的科学工作者提出各种有待解决之问题的科学成就。第二，范式具有相对稳定的“专业基质”。第三，拥护者们掌握了共有的范式而形成科学共同体，共同体内部交流比较充分，有相同的探索目标，专业方面的看法也趋于一致，科学共同体按照统一的范式从事科学研究活动。第四，范式包括范例，即共同体的典型事例和具体的题解。第五，范式不仅留下有待解决的问题，而且提供解决这些问题的途径，以及选择问题的标准。正因为有这些标准，科学工作才能做得细致而深入，不断积累扎实可靠的科学成果（库恩，1980）。

自然资源学科学范式的形成，既有当代解决自然资源稀缺和冲突问题的需求，也经历了从前科学到科学的历史过程。了解这个发展进程，有助于加深对自然资源学原理的认识和理解。

第一节 自然资源学的形成和发展

一、作为前科学的自然资源知识

1. 关于自然资源的记载

有史记载以前，人类已经历了200万～300万年的进化历史，这与地球45亿～60亿年的漫长历史相比，仅仅是短暂的一瞬。但人类的出现和发展，却是整个地球自然界发展史中举足轻重的大事，它使几十亿年来一直是“自发”演变的自然界，受到了具有“自主”行为的人类的干预，从而进入一个新的发展阶段。

在狩猎社会和原始农业社会的长期历史阶段，自然界一直显得如此丰饶强大，人类活动对自然界的影响如此微不足道。大自然仿佛是一位慷慨、永恒的母亲，她那资源的乳汁似乎取之不尽，用之不竭，人类的发展似乎没有受到自然界的制约。这时人类对自然环境和自然资源的影响是局部的、微小的，并不比其他动物对生物圈的影响更大。这段时期人类对自然资源的利用虽然也积累了一些极为原始的经验，但未加记载，更谈不上总结和认识。考古学家们利用零星而片段的考古发现与记录，对这一时期人类利用自然资源的情况进行了近似的复原和推断。人类学家也通过对现今某些原始部落的研究，来探讨早期人类社会与自然资源和自然环境的关系。

农业社会的技术和生产力水平有了显著的提高，人口也逐渐增加。据推断，全球人口在公元前8000年约为500万，到第一次进行人口调查记录的1650年增长到5亿，到工业革命结束时的19世纪中期达到约10亿。尽管此期间人口不断增加，但以当时的技术水平，对自然界并没有形成很大的压力。尽管有少数农业文明因土地退化而衰落，但从全球来看，依然是人口稀少、土地广阔、资源丰富。世界上许多文明古国，如古埃及、古希腊、古印度以及古代中国，都有关于自然资源的分布、开发、利用、人与自然资源的关系等方面的记载，也产生了一些有关自然资源利用和保护的朴素思想，反映在一些古代哲学家、政治家、地理学家及博物学家的著作中，虽然零星但十分宝贵，是后世自然资源科学研究的先声。

中国是世界上自然资源记载历史最为悠久、成果最为丰富的国家。最早关于可再生资源（如物候、生物资源、土地资源及植物与环境的关系等）的记述，可见于春秋时期成书的《管子》，甚至可上溯到商代的甲骨文。到战国时代，对各种可再生资源及其利用、治理方面的记述大为增加，如《禹贡》《周礼》《山海经》《淮南子》等，其中《山海经》是迄今所发现的世界上最早的矿物资源记述。随生产和社会的发展，此类记述越来越丰富，其中不少至今仍不失其参考价值。例如，明末李时珍的《本草纲目》，不仅是一部药学巨著，也是一部生物资源名著。又如，北魏（公元6世纪）贾思勰的《齐民要术》，集前人对黄河中下游地区的农业生产条件、农业资源、农业生产技术之大成，不仅成为关于该区域农业生产的经典，也是一本关于如何合理利用可再生资源的学术著作，他明确提出了“顺天时，量地利，则用力少而成功多”的资源生态学思想，至今仍有指导意义。再如，《史记·河渠书·食货志》《汉书·地理志》《水经注》《徐霞客游记》《农政全书》等，也都是我国历史自然资源及其开发利用记述的光辉范例。

2. 自然资源学的萌芽

工业革命开始后，世界人口增加的速度显著加快。此前的 1650～1850 年，世界人口翻一番（从 5 亿增到 10 亿）用了 200 年。而 1850～1930 年，人口翻一番达 20 亿只用了 80 年。此期间人类的技术能力与生产力水平也有了革命性的进步，同时也促进了科学技术的发展。一些涉及自然资源研究的学科（如生物学、地学、经济学）及资源利用技术的科学（如农学、森林学、土壤学、矿物学）等都分别涉及自然资源研究的不同方面，虽尚未综合成一门独立的自然资源学，却为自然资源学的产生创造了条件，奠定了基础。

通过长期的生产实践与科学研究，人们逐渐认识到自然界的任何成分都不是孤立存在的。它们相互联系、相互作用、相互制约，构成具有一定结构和功能的系统。这种思想在 20 世纪 30 年代几乎同时出现在有关学科（如生物学、地理学、土壤学、森林学）中，形成生态学，并以坦斯利（Tansley, 1935）提出的生态系统（ecosystem）被广泛接受为标志。生态学的建立和发展为自然资源学的形成提供了重要的概念基础，对现代自然资源学有重要影响。

地理学历来重视人-地关系的研究，包括人与自然资源关系的研究。美国地理学家联合会会长在 1923 年发表"*Geography as Human Ecology*"，极力主张地理学把注意力集中于人类生态的研究上（Barrows，1923）。这个概念对后世研究人类发展与自然资源的关系有重要影响，"自然资源的综合研究成为人类生态学的核心"（Haggett，2001）。

19 世纪的学者们开始注意人类开发利用自然资源对自然界的影响。地理学家马什的《人与自然：人类活动改变了的自然地理》（Marsh，1864）一书首次系统地论证了这个问题。恩格斯（1886）也在《自然辩证法》中指出："我们不要过分陶醉于我们人类对自然界的胜利。对于每一次这样的胜利，自然界都对我们进行报复"。

从 20 世纪初到中华人民共和国成立，随着西方近代科学技术的传入，中国自然资源研究也进入了科学调查阶段和科学范式的萌芽阶段。主要成果有以下两个方面。

（1）政府及有关组织进行的自然资源科学调查。例如，20 世纪初成立的中国科学社，20 年代成立的中央研究院，30 年代成立的国民政府资源委员会等，对我国的自然条件、自然资源作了一些近代科学意义上的调查、观测和初步研究，同时还开发矿山，创办矿业；对气象、水文、土壤、植物、动物等资源也分别作了调查，并收集了大量的标本。特别是国民政府资源委员会，它在我国自然资源研究史上有重要历史地位，对我国近代工矿企业的发展和抗战期间组织工矿转移都起过重要的作用（薛毅，2005）。这一时期，各地方、部门、高等院校有关系科也在十分艰苦的条件下进行了关于自然资源的科学调查，为后来研究我国自然资源的分布和变化提供了珍贵的历史资料。

（2）外国学者所作的资源科学调查。例如，李希霍芬、罗士培对我国西北、华北的探险和考察。此类外国学者调查中国自然资源的目的，既有出于学术研究的，也有出于为其本国利益效力的，甚至还有盗窃文物的。日本侵华时期所作的调查涉及东北、华北、内蒙古、海南岛等地，苏联、英国、德国、法国等国的学者对我国东北、西北、西南、青藏高原等地也作了一些调查。

虽然国内外各学科都已意识到对自然资源作综合研究的必要性，但由于当时人口数量及生产力对自然界的冲击尚未达到危机地步，自然资源的稀缺和冲突表现得还不很剧烈；同时又由于科学认识和方法手段上的局限，现代概念的自然资源学还处于萌芽阶段。

二、作为科学的自然资源学

1. 自然资源学的形成

第二次世界大战后，人口爆炸性增长，世界的人口从 1950 年的 26 亿跃升到 1999 年的 60 亿、2011 年的 70 亿。物质生活水平和技术水平也不断提高，工业化和城市化向全球扩展，人类不再是偎依在大自然母亲怀抱中的婴儿，倒像是自然界的主人。正如《世界自然保护的战略》（IUCN, 1980）中所指出的那样，我们时代的一个重要特征是，人类几乎有着无限的建设能力和创造能力，又有同样的破坏力和毁灭力。财富稳步增长，人类对食物、能源、原材料、水、土地等自然资源的需求与日俱增，对自然界的压力前所未有，导致了自然资源的稀缺、冲突和环境危机。在严峻的事实面前，合理开发利用和积极保护自然资源，已成为一个全球关注的社会问题。1972 年在斯德哥尔摩召开的"人类环境会议上"，提出了"只有一个地球"的口号（Ward and Dubos, 1972），标志着人类对资源与环境问题的世界性觉醒。在这样的背景下，自然资源学以其综合性和整体性的特点，在新的科学技术手段和方法的武装下，以崭新的面貌出现在当代科学舞台上。

自然资源学的关注焦点经历了三个阶段的变化。第一阶段的关注焦点是自然资源和环境的数量极限及质量退化，自然资源的基本问题倾向于限定在自然概念内。第二阶段的标志是，重新定义资源问题的核心，并将注意力从原来的自然资源稀缺和环境变化转向与资源利用有关的更为广泛的社会、经济和政策考察。第三阶段主要关注自然资源的可持续利用，这个问题的核心仍然是自然环境对人类发展施加的限制，但寻求解决办法的重点已有了显著的变化。要解决自然资源稀缺和退化问题，同时还必须重视改善人类福利，可持续发展而不是非增长成为关键概念。

除上述社会历史条件外，自然资源学的发展也受整个科学技术发展的促进，尤其是生态系统概念的发展和研究手段的改进起到关键作用。生态系统的一些基本理论，特别是它的整体观（holism）、综合观（synthesis）及结构（组成结构、空间结构、时间结构、营养结构）、功能、动态与演替等方面的理论，对自然资源的研究有着重要意义。经济学中也出现了资源经济学、环境经济学、生态经济学等分支，为自然资源研究提供了经济学理论与方法。此外，物理学、化学、数学、信息科学及各种现代技术和手段，也越来越多地应用于自然资源研究；系统理论和系统分析方法、遥感技术及地理信息系统也在自然资源研究中得到广泛应用，为自然资源研究从局部走向整体、从分析走上综合、从定性走向定量、从描述走向解释和预测提供了必要条件。

近几十年来，在世界范围内就自然资源的开发利用及管理保护开展了一系列大型的国际合作，不仅为解决当前自然资源利用中的一些关键问题寻求对策，也促进了各国自然资源情报、人员和研究方法的交流，制定了一批共同遵守的公约和宣言，有力地推动了自然资源学的发展。联合国成立后组织了一系列关注自然环境与自然资源的科学计划。1945 年联合国粮食及农业组织（Food and Agriculture Organization，FAO）第一次大会决定对世界森林资源作全面调查；1949 年联合国经济及社会理事会在美国召开了第二次世界自然资源利用科学大会，决定开展"干旱区研究"及"湿热地区研究"；1960 年联合国教育、科学及文化组织（United Nations Educational，Scientific and Cultural Orgnization，UNESCO）专门成立了自然资源研究与调查处（后改为生态处），负责协调和组织有关自然资源的考察研究工作。此后，一系列与自然资源研究相关的国际组织纷纷成立，其中影响较大的有：世界自然保护联盟（International Union for Conservation of Nature，IUCN，1995 年更名为国际自然与自然资源保护联盟）、国际环境发展机构委员会（Committee of International Development Institutions on the Environment，CIDIE）、联合国环境协调委员会（Environmental Cooperation Board，ECB）、国际环境与发展研究所（International Institute for Environment and Develop ment，IIED，属国际科学联盟理事会，International Council for Science，ICSU）、联合国环境规划署（United Nations Environment Programme，UNEP）、世界资源研究所（World Resouces Institute，WRI）、国际山地综合开发中心（International Center for Integrated Mountain Development，ICIMOD）、东西方研究中心（East-West Center，EWC）、世界自然基金会（World Wild Fund for Nature，WWF）等。此外，一些国际经济、社会组织也把资源管理和环境规划列入其议事日程，如欧盟委员会（European Commission，EC）、经济合作与发展组织（Orgnization for Economic Co-operation and Development，OECD）、世界银行（World Bank，WB）、亚洲开发银行（Asia Development Bank，ADB）等。在高等院校，一些新型的自然资源院系纷纷建立。

2. 自然资源学在中国的发展

中华人民共和国成立后，为适应国家建设的需要，开始了大规模的自然资源科学研究与综合考察，作为大规模开发利用的前期工作，大部分都是在我国边远地区（如新疆、内蒙古、西藏、西南、海南等）进行的。同时，针对当时国家建设之急需，对若干重要的资源（如橡胶、热带作物、盐矿等）也进行了专题调查研究。这一时期自然资源研究主要从三个方面进行：一是中国科学院和国家科学技术委员会为主组织的多学科综合考察，以及自然区划与地理志的研究工作；二是各个有关产业部门及其所属研究机构进行的单项资源（如森林、作物品种、石油、金矿等）的勘探与调查；三是高等院校为配合教学需要而进行的调查研究。这三个方面既有分工又有配合，在自然资源研究方面取得了显著成绩。

这一时期我国自然资源科学研究工作的规模之大、范围之广均是史无前例的。例如，仅以中国科学院自然资源综合考察委员会为主，在前后近三十年间组织的综合考察队就达三十多个，有百余个专业与学科、一万多人次的科技人员参加，工作范围涉及全国三分之二以上的省份。通过这一时期的工作，研究者对全国自然条件和自然资源的基本状况有了比较系统和全面的了解，初步掌握了它们的数量、质量与分布，全面填补了我国自然资源科学资料上的空白，为国家制定国民经济发展规划和地区开发方案提供了重要科学依据，发挥了资源考察在国民经济建设中的先行作用。

1956 年成立的中国科学院自然资源综合考察委员会根据《1956—1967 年科学技术发展远景规划》，在西藏、新疆、内蒙古、宁夏、甘肃、青海等地进行了自然资源综合考察和若干重要自然资源的专题研究工作。1978 年制定的《1978—1985 年科学技术发展规划》，把农业资源调查与因地制宜合理利用农业资源的农业区划工作，列为全国 108 项重大科技项目的第一项。1979 年，全国农业资源调查与区划工作展开，遍及全国 2057 个县，同时开展了气候、土壤、土地、草地、森林、水产、农作物与畜禽品种等单项资源调查及系统整理的工作，取得了显著的成果，已成为区域自然资源研究中最重要的基础资料。1983 年中国自然资源学会成立，随即组织开展了一系列学术活动。1992 年，42 卷本的《中国自然资源丛书》开始编撰，

1995 年后陆续出版，全面、系统地总结了中国自然资源研究的成果。1994 年全国人民代表大会环境与资源保护委员会成立，推进了资源、环境保护及其法制建设。高等学校纷纷建立“资源环境学院（系）”或“资源环境研究中心”，开设资源环境与城乡规划管理、资源环境科学、水文与水资源工程、资源勘查工程、农业资源与环境、土地资源管理、能源与环境系统工程、资源循环科学与工程、矿物资源工程、海洋资源开发技术等与自然资源学有关的专业。这一系列重大事件，促进了中国自然资源学的发展。

土地、生物、气候、水、矿产和能源等专门的自然资源研究都有了长足发展。土地资源研究从土地类型、土地评价、土地利用、土地承载力到土地经济、土地规划、土地法学与土地管理，已构成较为完整的学科体系。能源地理学、能源经济学及石油、煤炭、水力等专门能源研究都已相当深入。海洋资源、药物资源、旅游资源等领域著述颇丰，冰川、湖泊、沼泽、自然保护区等专门研究也成果累累。

中国科学工作者在广泛的区域开展了自然资源的综合科学研究，例如，亚热带山地资源的开发利用，黄土高原的治理，黄淮海平原的资源合理利用与治理，沙漠化的防治，黄河流域、长江流域、东北三江平原的资源利用与规划，干旱半干旱地区生态环境的改善，旱地农业建设与发展，“三北”防护林体系建设，西部开发及其生态建设，等等。自然资源保护也得到举国重视，到 2003 年底，全国已建立起不同级别的自然保护区 1999 个，既包括各种典型的生态系统，也包括珍稀动物集中分布区及自然公园和典型地质剖面（国家环境保护总局自然生态保护司，2004）。一个以国土整治为中心的资源研究已蓬勃开展起来。

自然资源研究的理论与方法、自然资源开发利用原理、资源经济学、资源地理学、资源生态学、资源法学、资源核算论、资源产业论、资源价值论、资源信息学等方面的研究日趋成熟，自然资源学的理论与方法日臻完善；为资源调查、监测和利用规划服务的资源卫星、遥感遥测技术、信息系统等发展迅猛；资源科学研究的社会价值和科学意义日益扩展，自然资源学逐渐步入现代科学领域（孙鸿烈，2000）。

三、自然资源学的前沿领域

1. 全球的共同关注

自然资源研究已涉及庞大的学科群，现在已在越来越多的领域发现越来越多的相互关联。全球规模的数据正在收集和分析，关键过程的动力学研究正在逐步数量化。迄今对自然资源的研究基本上由同一论题的不同学科分别进行，固执各自学科传统的语言和概念。科学家们已经认识到这只是“多学科研究”，它应该走向“跨学科研究”，需要对各学科的研究（尤其是在自然科学和社会科学之间）进行真正的综合。这意味着要有共同的概念框架或系统框架作为整个研究的基础。这是一门全新的科学，一门需要有创见、跨学科、国际性、综合性、系统性，关注于切实满足人类需要和维护自然界完整性，且能解决问题的科学。

信息技术、空间技术、系统分析技术、微观分析与实验技术等已广泛应用于自然资源的调查、评价、开发、规划、管理，自然资源学的理论和方法体系也更深入和完善。但还存在两个棘手的问题：一是对地球系统如何运转缺乏充分的了解（特别是生命界与无生命界之间、人与环境之间的相互作用机制）；二是对人类影响环境变化的自然背景和未来情景缺乏准确认识（如 CO_2 等温室气体效应的预测后果）（WRI et al., 1987）。因此，设立了一系列世界各国皆关注并且有多学科参与的国际合作计划，如国际地圈—生物圈计划（International Geosphere-Biosphere Programme，IGBP）、国际全球环境变化的人文因素计划（International Human Dimension Programme on Global Environmental Change，IHDP）、世界气候研究计划（World Climate Research Program，WCRP）、国际生物多样性计划（DIVERSITAS）、未来地球（Future Earth）计划等，力图解决这些难题。其中的 IGBP 和 IHDP 与自然资源的关联尤其显著。

IGBP 的目标是描述和了解调节整个地球系统交互作用的物理、化学和生物过程，地球系统对生命提供的独特环境，这个系统正在发生的变化及人类活动影响这些变化的方式。其中也包括自然资源系统及其与人类社会的相互作用机制。研究计划的任务可以概括为两大方面：①弄清人类环境变化趋势及其机理；②研究人类社会对环境变化的响应和全球环境问题的社会解决办法。显然，这是极其艰巨复杂的任务，必须认识到人类与地球物理、化学、生物各系统之间盘根错节的相互作用，因此迫切需要多学科协同作战。

IHDP 认识到人类活动不仅被全球环境变化的各种过程影响，而且也是这些变化过程的一种原因。IHDP 的宗旨是：对于控制人与地球系统相互作用的复杂机制，要提高科学理解，加深认识；努力研究、追索和预测影响全球环境变化的社会变化；制定广泛的社会战略以阻止或缓和全球变化的消极影响，或者适应已经不可避免的变化；为对付环境变化和促进可持续发展目标而分析各种对策。IHDP 最大的核心项目是与 IGBP 联合开展的土地利用与土地覆盖变化（Land-Use and Land-Cover Change，LUCC），IHDP 的关注还可从以下核心项目中可见一斑："社会对全球环境变化的学习过程""人口数据与全球环境变化""经济数据与全球环境变化的人类方面""全球环境变化与人类安全""全球环境变化的体制方面""产业转型"等。

IGBP 和 IHDP 计划实施以来，已经形成一个新的综合性自然资源研究的基础。这些大型国际合作研究计划进入第二阶段后，更加强调人类－环境系统，采用"陆地人类－环境系统"（terrestrial human-environment systems，T-H-E 系统）的范式（Ojima et al., 2002；陈静生等，2001），这意味着要考察生态系统功能与人类社会动态的紧密联系。为此，研究领域包含镶嵌着的三个方面：T-H-E 系统本身的动态变化和驱动力、T-H-E 系统变化对提供环境产品和服务的影响、T-H-E 系统脆弱性的特征和动态。可见，当前自然资源研究前沿不仅包括自然资源变化及其驱动力和效应，也包括对人类社会的影响及人类社会的响应。

为了更好地推动全球变化的集成交叉研究，实现对全球变化问题研究的认识突破，又设立了地球系统科学联盟（Earth System Science Partnership，ESSP）。该联盟在 IGBP、IHDP、WCRP 和 DIVERSITAS 四大计划的基础上，集成不同学科和不同国家（地区）的科学理念与方法、研究设施和人员，重点关注地球系统的结构和功能、地球系统发生的变化，以及这些变化对全球可持续发展的影响，以提高对复杂、敏感、脆弱的地球系统的整体系统认识和全球可持续发展的能力。

但 ESSP 并非一个实体计划，为克服其组织体系不健全、工作人员配备不足、缺乏足够号召力、研究工作推动乏力等不足，在 2012 年 6 月的"里约+20"峰会上，正式设立了未来地球：全球可持续性研究（Future Earth: Research for Global Sustainability）计划，力图全面运用自然科学和社会科学、工程学和人文科学等不同学科观点和研究方法，综合视角，多维思考，加强来自不同地域的科学家、管理者、资助者、企业、社团和媒体等利益相关方的联合攻关和协同创新，以催生深入认识行星地球动态的科学突破，以及重大环境与发展问题的解决方案（Future Earth，2013）。

WRI 代表了当今对自然资源的全球性关注和研究的前沿。WRI 创立于 1982 年，由一些私人基金会、联合国及某些国家的政府部门或组织，还有很多个人资助的独立学术和政策研究所组成。其目的是帮助各国政府、环境和发展组织，以及私人企业处理资源问题。该研究所的专业背景跨越自然科学、经济学和政策科学，提供关于全球自然资源的准确且及时的信息，发展积极的政策观念，并为在自然资源管理领域内工作的各种团体提供政策咨询、现场调查设施和技术支持。

WRI 关注的基本问题是：人类社会如何才能既满足基本的需要和保持健康的经济增长，又不损害自然资源基础和环境的完善。侧重的领域主要有长期气候战略，支撑农业、环境和可持续发展的食物安全，森林和生物的变化，能源与污染，水资源与全球水挑战，资源经济与资源政策，资源环境信息等。

1986～2011 年，WRI 分别与国际环境与发展研究所、联合国环境规划署、联合国开发计划署、世界银行合作，定期（每两年或每年）发表一部《世界资源报告》。每部报告的主体包括两大部分，一是世界资源述评，分别从人口、人类居住、粮食与农业、森林与牧场、野生生物与生境、能源、淡水、海洋与海岸、大气与气候、政策与机构等方面评述当时世界范围内的现状与趋势；二是世界资源数据表，分别列出了有关当时世界及各国基本经济指标、人口与健康、人类居住、土地利用与植被覆盖、粮食与农业、森林与牧场、野生动物资源、能源与矿产、淡水资源、海洋与海岸资源、大气与气候资源、政策与机构等方面的详细数据。此外，每部报告分别专门评述当时世界关注的一两个重大资源问题。特将历年《世界资源报告》的主题罗列如下，以窥国际自然资源研究的前沿。

1986 年的报告聚焦“多种污染物与森林衰退”。

1987 年报告的中心议题是“管理危险废物”和“非洲撒哈拉以南的可持续发展”。

1988～1989 年报告着重关注“退化土地的更新和恢复”。

1990～1991 年报告特别强调 “气候变化”和“拉丁美洲的资源和环境展望”。

1992～1993 年报告的焦点是“可持续发展”和“中欧的污染”。

1994～1995 年报告关注“人与环境”（包括自然资源的消耗、人口与环境、妇女与可持续发展）和“中国”、“印度”。

1996～1997 年报告的主题是“城市与环境”。

1998～1999 年报告关注“环境变化与人类健康”。

2000～2001 年报告聚焦“人与生态系统：正在破碎的生命之网”。

2002～2004 年报告的主题是“为地球决策：均衡、民意与权力”。

2005 年报告着重关注“穷人的财富：管好生态系统以战胜贫困”。

2008 年报告的主题是“恢复之根：增加穷人的财富”。

2010～2011 年报告聚焦“气候变化下的决策：适应、挑战与选择”。

2. 中国的优先主题

国务院颁发的《国家中长期科学和技术发展规划纲要（2006—2020 年）》指出：我国正处于并将长期处于社会主义初级阶段。全面建设小康社会，既面临难得的历史机遇，又面临一系列严峻的挑战。经济增长过度依赖能源资源消耗，环境污染严重；经济结构不合理，农业基础薄弱，高技术产业和现代服务业发展滞后；自主创新能力较弱，企业核心竞争力不强，经济效益有待提高。在扩大劳动就业、理顺分配关系、提供健康保障和确保国家安全等方面，有诸多困难和问题亟待解决……我们比以往任何时候都更加需要紧紧依靠科技进步和创新，带动生产力质的飞跃，推动经济社会的全面、协调、可持续发展。

该纲要对自然资源问题给予极大的关注，在“重点领域及其优先主题”里，排在前三位的就是能源、水和矿产资源、环境。

1）能源

能源在国民经济中具有特别重要的战略地位。我国目前能源供需矛盾尖锐，结构不合理，能源利用效率低；一次能源消费以煤为主，化石能源的大量消费造成严重的环境污染。满足持续快速增长的能源需求和能源的清洁高效利用对能源科技发展提出重大挑战。要坚持节能优先，降低能耗；推进能源结构多元化，增加能源供应；促进煤炭的清洁高效利用，降低环境污染；提高能源区域优化配置的技术能力。优先主题有：

（1）复杂地质油气资源勘探开发利用。重点开发复杂环境与岩性地层类油气资源勘探技术、大规模低品位油气资源高效开发技术、大幅度提高老油田采收率的技术、深层油气资源勘探开采技术。

（2）可再生能源低成本规模化开发利用。重点研究开发大型风力发电设备、沿海与陆地风电场和西部风能资源密集区建设技术与装备、高性价比太阳光伏电池及利用技术、太阳能热发电技术、太阳能建筑一体化技术、生物质能和地热能等开发利用技术。

2）水和矿产资源

水和矿产等资源是经济和社会可持续发展的重要物质基础。我国水和矿产等资源严重紧缺；资源综合利用率低，矿山资源综合利用率、农业灌溉水利用率远低于世界先进水平；资源勘探地质条件复杂，难度不断加大。急需大力加强资源勘探、开发利用技术研究，提高资源利用率。优先主题有：

（1）坚持资源节约优先。重点研究农业高效节水和城市水循环利用技术，发展跨流域调水、雨洪利用和海水淡化等水资源开发技术。

（2）突破复杂地质条件限制，扩大现有资源储量。重点研究地质成矿规律，发展矿山深边部评价与高效勘探技术、青藏高原等复杂条件矿产快速勘查技术，努力发现一批大型后备资源基地，增加资源供给量；开发矿产资源高效开采和综合利用技术，提高水和矿产资源综合利用率。

（3）积极开发利用非传统资源。攻克煤层气和海洋矿产等新型资源开发利用关键技术，提高新型资源利用技术的研究开发能力。

（4）水资源优化配置与综合开发利用。重点研究开发大气水、地表水、土壤水和地下水的转化机制和优化配置技术，污水、雨洪资源化利用技术，人工增雨技术，长江、黄河等重大江河综合治理及南水北调等跨流域重大水利工程治理开发的关键技术等。

（5）综合资源区划。重点研究水土资源与农业生产、生态与环境保护的综合优化配置技术，开展针对我国水土资源区域空间分布匹配的多变量、大区域资源配置优化分析技术，建立不同区域水土资源优化发展的技术预测决策模型。

3）环境

改善生态与环境是事关经济社会可持续发展和人民生活质量提高的重大问题。我国环境污染严重；生态系统退化加剧；污染物无害化处理能力低；全球环境问题已成为国际社会关注的焦点，我国参与全球环境变化的合作能力亟待提高。在要求整体环境状况有所好转的前提下实现经济的持续快速增长，对环境科技创新提出重大战略需求。优先主题包括：

（1）引导和支撑循环经济发展。大力开发重污染行业清洁生产集成技术，强化废弃物减量化、资源化利用与安全处置，加强发展循环经济的共性技术研究。

（2）实施区域环境综合治理。开展流域水环境和区域大气环境污染的综合治理、典型生态功能退化区综合整治的技术集成与示范，开发饮用水安全保障技术及生态和环境监测与预警技术，大幅度提高改善环境质量的科技支撑能力。

（3）积极参与国际环境合作。加强全球环境公约履约对策与气候变化科学不确定性及其影响研究，开发全球环境变化监测和温室气体减排技术，提升应对环境变化的能力及履约能力。

（4）生态脆弱区域生态系统功能的恢复重建。重点开发岩溶地区、青藏高原、长江黄河中上游、黄土高原、荒漠及荒漠化地区、农牧交错带和矿产开采区等典型生态脆弱区生态系统的动态监测技术，草原退化与鼠害防治技术，退化生态系统恢复与重建技术，三峡工程、青藏铁路等重大工程沿线和复杂矿区生态保护及恢复技术，建立不同类型生态系统功能恢复和持续改善的技术支持模式，构建生态系统功能综合评估及技术评价体系。

第二节　自然资源学的学科地位

学科地位与学科研究对象的关联域有密切的联系，本节从自然资源问题的关联域入手来考察自然资源学的学科地位。

一、自然资源问题的关联域

1. 表象：人口过剩

自然资源之所以成为需要研究的问题，直接诱因是资源稀缺，而资源稀缺就是资源供给相对于人类需要的不足，人类需要又与人口数量和人均资源消费有关。于是可以用如下等式来简略地表达自然资源问题：

资源稀缺 ＝ 人口数量×人均资源消费×单位资源利用的环境后果/有限的资源供给

可见资源问题直接与人口问题密切关联。当一个国家或一个地区或全球人们对资源的开发利用致使其范围内资源基础退化或耗损，并污染水、空气、土地，从而损害着人类的生存环境（生命支持系统），就可归结为人口过剩（overpopulation）问题，包括人口数量过剩（people overpopulation）和人均消费过剩（consumption overpopulation）。

2. 更深层次的因素

再深入思考，发现资源问题其实是很多因素相互纠缠在一起形成的复杂综合体，可概括地表达，如图 1.1 所示。例如，人口过剩问题不仅指人口数量和人均消费水平，人口的分布也对资源问题有显著影响。当众多人口聚集于城市时，通常发生严重的空气污染和水污染问题，发生水源紧张、废物堆积问题。农村人口比较分散，资源问题往往表现为土地退化，森林、草原、旅游资源、水生资源等的破坏。又如，战争也会对资源和环境发生灾难性的影响。

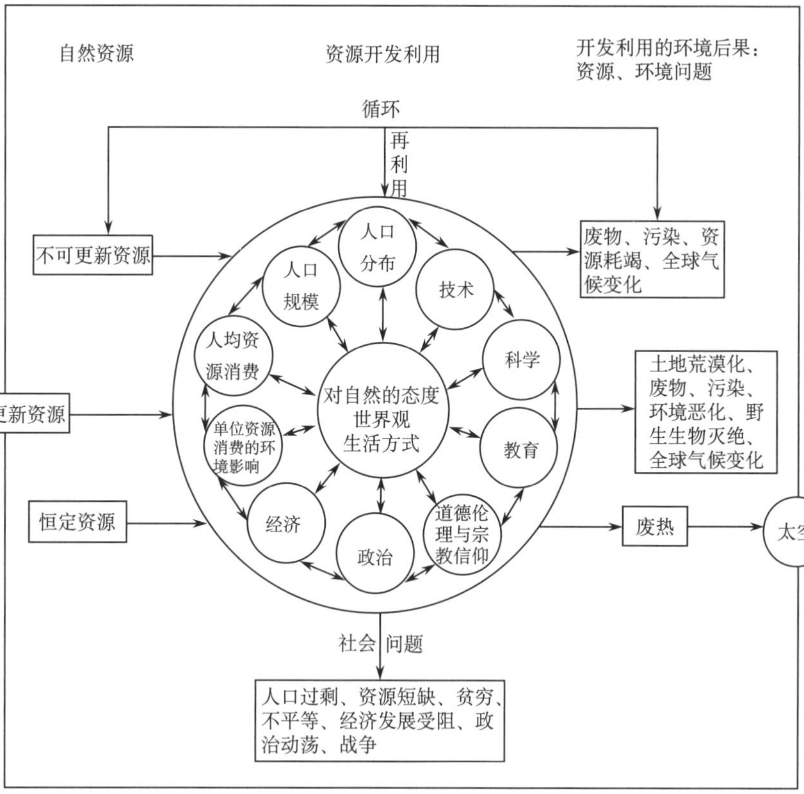

图 1.1　资源问题的关联域（Miller, 1990）

资源问题是由很多复杂因素构成的，图中只表现出部分可能的相互作用，目前对这些相互作用还缺乏深入的认识。只有认识多种因素的相互作用，才能为资源稀缺和冲突问题提供解决之道

科学技术的发展对解决资源和环境问题作出了重要贡献。很多资源稀缺问题都由于科技发展找到了替代品而迎刃而解，例如，太阳能和风能发电代替煤和石油发电，减少了对不可再生能源的消耗和温室气体的排放。科技发展使资源利用率提高，从而减少资源浪费，例如，现在煤燃烧的利用效率已大大高于 100 年前。20 世纪 70 年代以前，大多数洗涤剂都不能生物降解，但现在已不成问题。科学技术的发展也不断开发出新的排放、控制和清理污染物的方法。但科学技术的某些发展会导致新的资源环境问题，或加剧和扩大已有的问题。例如，煤、石油、天然气的利用都是科学技术发展到一定阶段才出现的，它们为人类的生产、生活提供能量，但也带来空气污染问题。其他形式的污染如塑料、农药、化肥、氟利昂、放射性废物等，也是科学技术发展使这些物质能够生产、使用后才产生的。挑战在于尽量减少科技发展对环境资源的负效应，增强其正效应。

解决资源问题也必须考虑经济、政治和道德伦理诸因素，需要改造现有经济体制，逐步采取经济手段和法律手段，使导致污染、环境退化和资源耗竭的行为无利可图或非法，从而加以控制。经济上的收益可用于开发对资源环境有利（或减少害处）的技术。更重要的是使全体公民都认识到，不能为了眼前的经济利益而损害生命支持系统。因此，教育有着巨大的作用。

二、自然资源学的学科结构

1. 自然资源学的研究对象与学科分支

既然自然资源问题涉及众多的复杂因素，作为针对这些问题应运而生的自然资源学，当然需要研究涉及的所有因素。“资源科学是研究资源的形成、演化、质量特征与时空分布及其与人类社会发展之间相互关系的科学。其目的是更好地开发、利用、保护和管理资源，协调资源与人口、经济、环境之间的关系，促使其向有利于人类生存与发展的方向演进。”“它是在已形成体系的生物学、地学、经济学及其他应用科学的基础上继承与发展起来的，是自然科学、社会科学与工程技术科学相互结合、相互渗透、交叉发展的产物，是一门综合性很强的科学”（孙鸿烈，2000）。

资源科学的学科分支如图 1.2 所示。这里把社会资源也列入资源科学的研究范畴，因为它们“与自然资源开发利用密切相关”，然而“都是与各类自然资源的综合或专门研究结合在一起进行的，尽管近年来日益受到重视，但有关的人力资源、科技资源、教育资源与资本资源的研究尚未脱离社会科学而形成资源科学研究中独立的学科领域”（孙鸿烈，2000）。

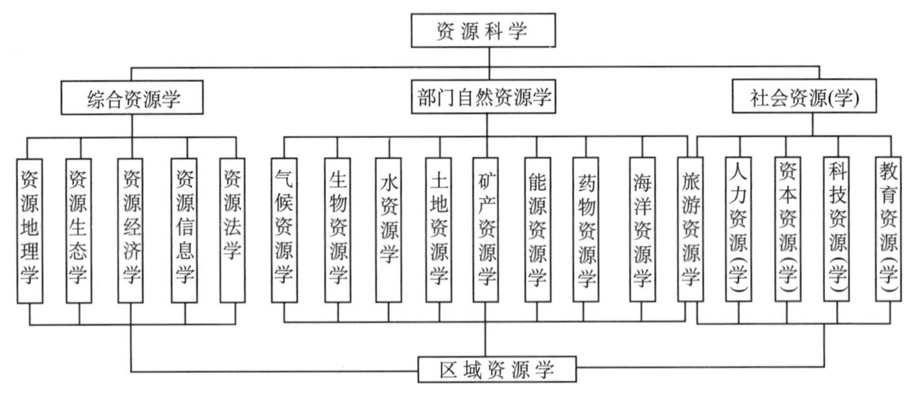

图 1.2 资源科学的学科结构（孙鸿烈，2000）

自然资源学研究自然资源的特征、性质及其与人类社会的关系，它以单项和整体的自然资源为对象，研究其数量、质量、时空变化、开发利用及其后果、保护和管理等。单项自然资源研究各自从有关学科派生出来，已发展成较为成熟的科学体系，如水资源学、矿产资源学、土地资源学、海洋资源学等。整体（或综合）的自然资源研究，发展历史虽较短，但已建立起基本的理论与科学体系。

按照库恩的科学范式概念，学科体系的核心是具有相对稳定的“专业基质”，包括理论、方法与应用。这里提出一个自然资源学“专业基质”的框架体系（图 1.3），本书按此体系组织有关章节，主要有理论和应用两大部分。理论部分包括自然资源及其稀缺的性质（第二篇）、自然资源生态原理（第三篇）、自然资源经济原理和自然资源利用原理（第四篇和第五篇）；应用部分包括自然资源宏观管理即社会视角的管理（第四篇和第六篇）、自然资源微观管理即使用者视角的管理（第五篇）。相关章节会涉及部门自然资源学；而研究方法已有了很多专门课程和著作，也不是本书的容量所能包含的，故不专门阐述。

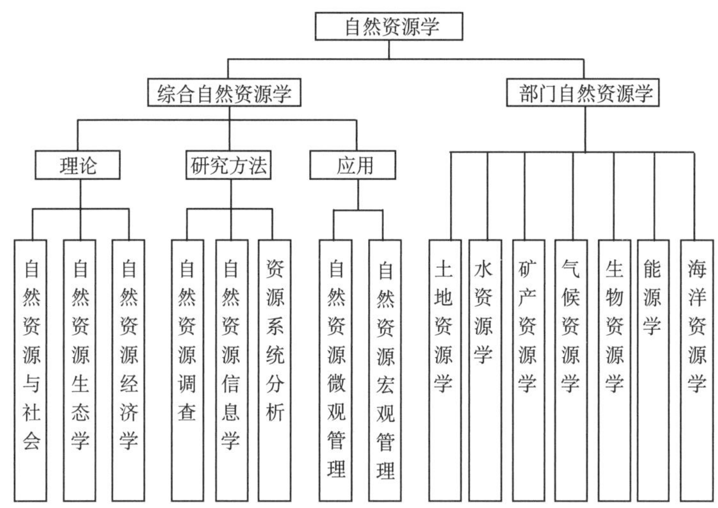

图 1.3　自然资源学的专业基质

2. 自然资源学的多维度

米切尔（Mitchell，1989）在 *Geography and Resource Analysis* 一书中用一个三维图来表示自然资源学的研究范围（图 1.4），可用以与图 1.3 相互参照，从而对自然资源学的学科体系有更全面的理解。图 1.4 把自然资源学的研究内容归纳为论题维、时间维和空间维。这里有必要区分空间维和时间维的意义。

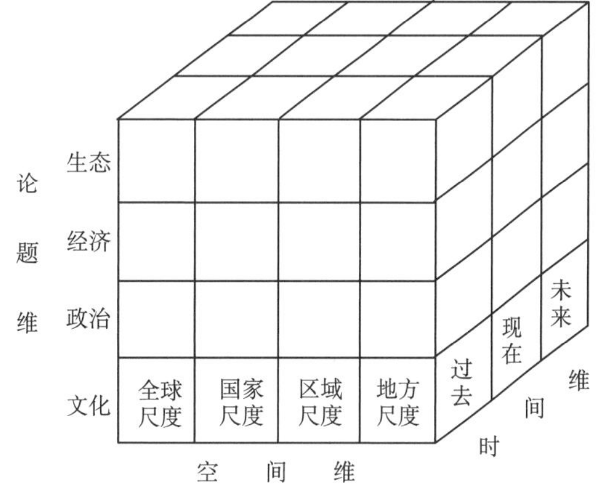

图 1.4　自然资源学的多维度（Mitchell，1989）

不同空间尺度上要研究的问题是不同的，在研究中需要作明确的界定，否则就会不着边际、不得要领。现在学术界普遍认同资源、环境研究在空间上要区分全球、区域、地方、地点等尺度。尺度的界定往往是和论题的界定联系在一起的，换言之，在不同的空间尺度上要研究不同的论题。以农业资源的可持续利用研究为例，可以归纳为生态持续性、经济持续性和社会持续性，每一种持续性在不同的空间尺度上都有不同的论题（当然各论题会有联系），如表 1.1 所示。又如，土地利用持续性的空间尺度涉及区域、地方、地点等，对不同尺度的土地利用可持续发展也要研究不同的问题（表 1.2）。只有抓住了一定空间尺度上的关键问题，才能使研究深入下去。

表 1.1　不同空间尺度农业资源研究的不同问题举例

子系统	地点	地方	区域和国家	全球
生态	田间土壤肥力	农业生态系统	资源、环境承载力	全球环境变化
经济	施肥量、灌溉量	农场投入-产出	区域农业经济	国际农产品贸易
社会	劳动力	家族关系	区域差异、城乡差别	地缘政治、南北关系

表 1.2　不同空间尺度土地资源利用研究的不同问题举例

子系统	地点	地方	区域	区际	全球
生态	土地适宜性	景观格局	土地承载力	上游土地利用对下游的影响	土地利用与土地覆盖变化
经济	土地投入-产出	土地利用结构	城乡比较经济效益	区际经济关系	土地产品的国际市场价格
社会	政策限制	土地权属	土地管理体制	区域差异、区域政策	地缘政治、领土纠纷

资源研究的宏观方面（如国家资源可持续利用战略）和微观方面（如自然资源利用工程技术）十分重要，而中观尺度（区域自然资源问题）也不可忽视。自然资源的区域不平衡性极为突出，如不针对不同区域的具体问题制定资源可持续利用对策，宏观政策就会被误用或落实不到实处，微观技术也难以发挥综合效益。地理学以区域性和综合性见长，在中观尺度问题的研究上有独特的优势。资源地理学就是研究各种资源数量和质量的空间分布、地域组合和空间联系，以及区域评价、合理配置、开发、利用、保护，并从中揭示资源利用与地理环境和区域经济协调发展关系的学科，是地理科学与资源科学之间的交叉学科，是介乎自然地理学和经济地理学之间的边缘科学。全球资源、环境问题研究的重心在向区域响应和区域对策转移，区域自然资源的可持续利用是自然资源学的研究重点。

在时间尺度上，自然资源学更重视近百年来的自然资源问题变化过程，要区分未来近、中、远期的不同任务。当代资源、环境问题的出现和可持续发展概念的提出，是工业革命以来人类活动干预自然环境的强度显著加大的结果，所以资源和环境退化的病根应在近百年来的变化过程中诊断，医治良方应在近百年来的变化过程中寻求。对于今后，必须分近、中、远期加以规划。近期规划目标主要是充分合理地开发利用当地自然资源，打破资源、环境退化与发展受阻恶性循环的关键环节，实施可行的开发项目，起步措施还必须有政策保证；中期规划则是从发展的可靠性着手，使当地资源、环境、经济和社会步入良性循环；远期规划着眼于前瞻性预测，走向自然资源的可持续利用和社会的可持续发展。近期起步的可行性、中期发展的可靠性和远期规划的前瞻性应相协调，以实现当前开发与长远持续发展的统一。

三、与相关学科的关联

自然资源学所关注的问题也成为其他一些学科的研究内容，自然资源学与这些学科有着密切的相互联系和交叉，自然资源学也需要借鉴这些学科。

1. 生态学与人类生态学

生态学是研究生物与其环境之间相互关系的科学。人类作为一种特别的生物，从环境中获取生存和发展所需的自然资源，与环境的相互关系也服从生态学规律。由于人口快速增长和人类活动干扰对环境与资源造成的极大压力，人类需要掌握生态学理论来调整人与自然、资源及环境的关系，协调社会经济发展和生态环境的关系，促进可持续发展。所以生态学是自然资源学的基础理论之一。

人既具有生物属性又具有社会属性。作为生物人，人对环境的生物生态适应使人类形成了不同的人种和不同的体质形态；作为社会人，人对环境的社会生态适应形成了不同的文化。

人类生态学既要研究作为生物人，又要研究作为社会人；既要研究人与环境的物质能量联系，又要研究人类文化在这种联系中的作用。这样的生态学有别于普通生态学，称为人类生态学。人类生态学是一门研究人类集体与其环境之间相互关系的学科（马尔腾，2012），是源于普通生态学，并随着普通生态学发展而发展的基础理论学科。

人类生态学的研究对象是人类生态系统。人类生态系统具有人类及其环境相互作用的网络结构，是人类对自然环境适应、改造、开发和利用而建造起来的人工生态系统。在人类生态系统中，人类在同地球环境进行物质、能量、信息的交换过程中存在和发展；人类构成了生态系统食物网中最重要的一环，是人类生态系统中最活跃的因素；地球环境保证并制约着人类社会的存在和发展。

人类生态学研究社会结构如何适应于自然资源的性质和其他人类集体的存在，又称为“社区研究”，“社”是指人群，人类集体社会；“区”即地区、空间、环境。人类生态学把人们生活的生物学的、环境的、人口学的和技术的条件，看作决定人类文化和社会系统的形式和功能的一系列相互关联的因素。人类生态学认识到，集体行为取决于资源及其有关的技术，并取决于一系列富有感情色彩的信仰，这些因素合在一起产生社会结构系统。人类生态学中仅研究文化特征的发展与环境相互作用的那部分又称为文化生态学。也有些学者认为人类生态学研究无文化时期原始人群与自然环境的关系，而研究有文化人群与自然环境关系的学科称为文化生态学。自古有人-地关系研究传统的地理学也提出人类生态学的概念，并认为“地理学就是人类生态学”（geography as human ecology）（Barrows，1923）。

人类生态学成为一门以生态学原理为基础，与多种社会科学和自然科学相汇合，以人类-环境生态系统为对象，以优化人类行为决策为中枢，以协调人口、社会、经济、资源、环境相互关系为目标的现代科学。人类生态学的根本任务是：考察人类的生存方式和环境对人类生存的作用；研究人类群体之间、人类活动与环境之间相互作用、相互依赖和相互制约的机理；解决和预防严重威胁人类生存与环境质量的生态问题，以推动人类-环境系统协同而健康地发展。当前研究的重点应是：人类生态学的理论和方法、人类发展与环境、生态农业、城市生态系统、人口生态问题、经济生态问题、资源生态问题、环境生态问题和人类生态决策等（王发曾，1991）。

2. 环境科学

一般认为环境科学研究环境的负效应方面。环境科学虽然以“人类-环境系统”为研究对象，但它“并不研究人-地系统的全面性质，而注重研究环境危害人类，以及由于人类作用于环境引起环境对人类反作用而危害人们生产和生活的那部分内容”（陈静生，1986）。环境科学在发展过程中不断扩大其领域，于是又有了广义的环境科学。环境科学“在宏观上研究人类同环境之间的相互作用、相互促进、相互制约的对立统一关系，揭示社会经济发展和环境保护协调发展的基本规律；在微观上研究环境中的物质，尤其是人类活动排放的污染物的分子、原子等微小粒子在有机体内迁移、转化和蓄积的过程及其运动规律，探索它们对生命的影响及其作用机理等”（中国大百科全书环境科学编辑委员会，1983）。环境科学的主要任务如下。第一，探索全球范围内环境演化的规律。第二，揭示人类活动同自然生态之间的关系，使人类与自然平衡，这一平衡包括：①排入环境的废弃物不能超过环境自净能力，以免造成环境污染，损害环境质量。②从环境中获取可再生资源不能超过它的再生增殖能力，以保障永续利用；从环境中获取的可再生资源要做到合理开发利用。第三，探索环境变化对人类生存的影响。第四，研究区域环境污染综合防治的技术措施和管理措施。

这样广义理解的环境就与自然资源学、生态学、地理学等有了广泛的交叉。

3. 地理学

地理学是研究地球表层自然现象、人文现象及其相互作用和时空变化的学科体系。地理学的研究对象是作为人类家园的地球表层、人类与环境的相互作用，以及随时间和空间而变化的一切地表现象。地球表层包含岩石圈、大气圈、水圈、土壤圈、生物圈、人类圈，地理学把这些层作为一个整体加以研究，从总体上认识这个复杂大系统，因而地理学是一个综合性很强的统一学科体系。地理学特别关注地球表层的空间分异，自然资源和自然条件的空间差异。人类是在一定的自然地理环境中生存和发展的，因此人类的生产力和社会、政治、经济、文化等活动，都存在着明显的区域差异；人口密度、人类聚落、民风习俗、土地利用、产业布局、产业结构、交通运输、商业格局、文化景观等，都有明显的地域特色和差异。所以地理学关注区域差异。地理学关注地球表层的变化。为了认识地球表层的现在，就必须了解过去，还要注视未来。因此，时间的观念在地理学的研究上受到越来越多的重视。地貌几经“沧海桑田”之变，气候经历冷热、干湿的多次交替，生物由简单到复杂、由低级到高级。每一地域的自然现象不断地经历着多年、每年、每季乃至每天、每时的变化。发生在社会、政治、经济、文化等方面的人文地理现象更是变化频繁。自然地理的变化影响人文地理，人文地理的变化也反作用于自然地理。特别是在现代工业化时期，人类的活动使地球表层发生深刻的变化：一方面，开发利用自然资源和自然环境的能力空前强大，甚至可控制或减轻某些自然灾害；另一方面，引起资源稀缺和耗竭、全球气候变化、生态系统退化、环境污染、生物多样性减少等严峻问题，破坏自然生态系统的平衡。随着人口的急剧增加、自然资源的大量消耗，人类影响的程度还在加剧。所以地理学也聚焦人类社会与地理环境的关系。

综合的系统观点、对地域差异和人类-环境关系的专注，使得“人地关系地域系统”成为地理学的研究核心。地理学的理论和方法对自然资源研究具有重要的启示意义。

4. 经济学

经济学是研究人类经济活动和经济发展规律的学科。经济学的研究对象是资源优化配置与优化再生后面的经济规律与经济本质。经济学以稀缺法则为起点，资源是稀缺的，所以要对稀缺的资源进行配置；在资源配置中会有资源的不合理利用，出现资源闲置或浪费问题；而资源配置和利用又可以有不同的解决模式和方式，这就涉及经济体制。所以，经济学是研究在一定经济体制下，稀缺资源配置和利用的科学。该定义涉及四个问题：一是稀缺资源，这是经济学产生的基础和研究的出发点；二是资源配置，属于微观经济学的研究对象；三是资源利用，属于宏观经济学的研究对象；四是经济体制，无论是微观经济学还是宏观经济学都涉及经济体制问题。

经济学研究的“资源”，不仅是自然资源，还包括人力资源、资本资源等，但自然资源毕竟是其中的重要部分。经济学是自然资源学的基础理论之一。经济学中有两个与自然资源学最为密切相关的分支学科：资源经济学和国土经济学。

1）资源经济学

资源经济学运用经济学理论和方法，通过经济分析来综合研究自然资源调查、评价、开发、配置、利用和保护（刘学敏等，2008）及其与人口、环境和发展之关系中经济问题。资源经济学的基本内容主要包括三大主题（效率、最优和可持续性）和四个方面（生产、配置、利用和保护与管理）。

资源经济学是自然资源学和经济学之间的交叉学科，资源经济学的基础理论既包括自然科学（如生态学、自然地理学）理论，又包括社会科学（如经济学、伦理学）理论。其中奠基性的两个理论是“帕累托优化”理论和“外部性”理论。资源经济学关注如下问题：自然资源系统与经济发展的关系；国际合作和全球性资源经济问题；资源最优配置、开发利用与可持续性，包括资源利用的可持续性和生态环境的可持续性。

2）国土经济学

“国土经济学是根据人与自然相互关系的客观规律，探求合理利用国土资源的政策与措施的理论与方法的一门应用经济学科”。国土经济学是“研究人类生存条件的经济科学”“研究国民经济发展与国土开发整治之间关系的科学”“从资源利用的角度研究再生产理论的经济科学”（中国大百科全书经济学编辑委员会，1988）。

国土经济学的研究对象主要是以国土为客体的人类活动与自然条件之间相互影响的经济规律，和运用这些规律制定合理开发、利用、改造、保护国土资源的政策与措施，以及有关问题的理论与方法。国土经济学的研究内容主要是：①国土状况的调查、描述和分析；②从经济学角度正确对待本国国土资源的原则和这些原则的科学基础；③制定开发、利用、改造、保护国土的措施和法规；④从经济学角度研究国家管理国土资源的职责、政策、法律和相应的管理机构。

因此，国土经济学与资源经济学也有联系，这个联系的结合点在“国土资源”，国土资源的主要组成部分是自然资源，但也包括依附于国土的基础设施（道路、水利、港口、机场等）和名胜古迹等，有人认为还包括国土范围内的生产能力和人力资源。国土经济学与资源经济学也有区别，除了前者比后者范围更广外，前者似乎属宏观（总量）经济学范畴，后者按兰德尔（1989）的定义属微观（个量）经济学范畴。

5. 公共管理学

公共管理学是一门研究公共组织如何有效提供公共物品的学科，是运用管理学、政治学、经济学等多学科理论与方法研究公共组织（尤其是政府组织）的管理活动及其规律的学科。它的目标是促使公共组织尤其是政府组织更有效地提供公共物品。公共管理学研究的核心是政府与市场关系问题，即政府和市场这两种资源配置工具的定位问题、职能划分问题。

公共物品理论细致地区分出公共物品与私人物品的各种类型，其意义在于，合理界定政府组织与市场组织及其他社会组织在公共物品提供与生产中的相互依存和伙伴关系，从而有助于清晰地划分各级政府组织的职责范围。对公共物品提供途径的分析，有利于根据公共物品的属性，进行多样化的制度安排，实现公共物品有效供给与合理配置。

教育、卫生、环境等都是公共物品，自然资源在相当程度上也是公共物品。任何管理活动都离不开对资源的配置，公共管理也离不开对公共资源的配置。所以我国在学科归属上把土地资源（常常是自然资源的代名词）管理纳入公共管理。传统管理的理念，在不计自然资源和生态环境成本生产出丰富的私人物品的同时，也把经济系统赖以存在的自然资源和生态环境等公共物品导向了枯竭和退化。自然资源的管理需要从公共管理的角度，协调政府与市场关系，实现自然资源的有效供给、合理配置和可持续利用。

思考题

1. 你为何学习“自然资源学”？你希望在其中学到什么？
2. 就你熟悉的事例，分析其中所涉及的自然资源问题。
3. 自然资源学的科学范式具有哪些标志？
4. 自然资源问题涉及人类社会的哪些方面？
5. 你认为自然资源学当前亟须研究的问题有哪些？
6. 谈谈你对自然资源学学科体系的认识。
7. 以某相关学科为例，说明其与自然资源学的关联。

补充读物

史培军, 周涛, 王静爱. 2009. 资源科学导论. 北京: 高等教育出版社.

孙鸿烈, 石玉林, 赵士洞等. 2000. 资源科学. //孙鸿烈. 中国资源科学百科全书. 北京: 中国大百科全书出版社, 中国石油大学出版社.

第二篇

第二章 自然资源的性质

自然资源学作为一门科学，探究一系列重大科学问题和实践问题，例如，自然资源的稀缺和冲突是如何产生的？对人类生存和社会经济发展会产生什么影响？未来趋势怎样？如何实现自然资源利用的可持续性？在后续章节将对这些重大问题所涉及的诸多方面展开讨论之前，我们必须先明确自然资源的性质。

第一节 自然资源的概念和类型

一、自然资源的概念

1. 什么是自然资源？

“资”就是“有用”“有价值”的东西，即生产资料和生活资料；“源”就是“来源”。经济学认为资源有三种：自然资源、资本资源、人力资源；或者说土地、资本、劳动，也称为基本生产要素。其中资本包括资金、房屋、机器设备、基础设施等，它们在现代经济中是很重要的因素，但究其来源，还是土地和劳动。正如马克思引用威廉·配第的话所说：“劳动是财富之父，土地是财富之母”，这里的土地即指自然资源。本书对资源作狭义的理解，即仅指自然资源。

金梅曼在《世界资源与产业》（Zimmermann, 1933）中给自然资源下了较完备的定义：环境或其某些部分，只有它们能（或被认为能）满足人类的需要时，才成为自然资源。自然禀赋（或称为环境禀赋），在能够被人类感知其存在、认识到能用来满足人类的某些需求、并发展出利用方法之前，仅仅是“中性材料”。他解释道：譬如煤，如果人们不需要它或者没有能力利用它，那么它就不是自然资源。按照金梅曼的观点，“资源”这一概念是主观的、相对的与功能性的，也就是人类中心主义的，这个观点至今仍得到广泛认同。但反对人类中心主义的学者认为，自然禀赋仅仅因其客观存在就应该被看作资源，即使对人类没有效用也有价值。

《辞海》定义自然资源：“一般指天然存在的自然物，不包括人类加工制造的原材料，如土地资源、矿藏资源、水利资源、生物资源、海洋资源等，是生产的原料来源和布局场所。随着社会生产力的提高和科学技术的发展，人类开发利用自然资源的广度和深度也在不断增加”（辞海编辑委员会，1980）。这个定义强调了自然资源的天然性，也指出了空间（场所）是自然资源。

联合国指出：“人在其自然环境中发现的各种成分，只要它能以任何方式为人类提供福利，都属于自然资源。广义来说，自然资源包括全球范围内的一切要素”。联合国环境规划署强调：“所谓自然资源，是指在一定的时间条件下，能够产生经济价值以提高人类当前和未来福利的自然环境因素的总称”（孙鸿烈，2000）。可见联合国的定义也是“以人为本”的。

《不列颠百科全书》对自然资源定义是：“人类可以利用的自然生成物，以及作为这些成分之源泉的环境功能。前者如土地、水、大气、岩石、矿物、生物及其群集的森林、草场、矿藏、陆地、海洋等；后者如太阳能、环境的地球物理机能（气象、海洋现象、水文地理现象）、环境的生态学机能（植物的光合作用、生物的食物链、微生物的腐蚀分解作用等）、地球化学循环机能（地热现象、化石燃料、非金属矿物的生成作用等）”（孙鸿烈，2000）。这个定义明确指出环境功能也是自然资源。

上述各种定义都把自然资源看作天然生成物，但实际上现在整个地球都不同程度地带有人类活动的印记，现在的自然资源中已或多或少地包含了人类世世代代的劳动结晶。因此，自然资源是人类能够从自然界获取以满足其需要的任何天然生成物及作用于其上的人类活动结果，是人类取自自然界的社会生产初始投入。

2. 自然资源概念的含义

详析之，自然资源的概念包括以下含义。

（1）自然资源是自然过程所产生的天然生成物，地球表面积、土壤肥力、地壳矿藏、水、野生动植物等，都是自然生成物。自然资源与资本资源、人力资源的本质区别，正在于其天然性。但人类世世代代劳动的结果也已或多或少地融入了自然资源中。

（2）资源是由人而不是由自然来界定的。任何自然物被归为资源，必须满足两个前提：首先，必须有获得和利用它的知识和能力；其次，必须对它能产生的物质或服务有某种需求。否则自然物只是“中性材料”，而不能作为人类社会生活的“初始投入”。

（3）人类的需要和人类的能力都在不断发展，因此自然资源的范畴随着人类社会和科学技术的发展而不断变化。人类对自然资源的认识，以及自然资源开发利用的范围、规模、种类、数量和深度，都在不断发展，现在把环境质量和生态服务也视为自然资源，而且人们对自然资源已不再是一味开发利用，而是发展出保护、治理、抚育、更新等观念。

（4）人的需要与经济地位和文化背景有关。自然物是否被看作自然资源，常常取决于信仰、宗教、风俗习惯等文化因素，关于资源与环境的伦理也在人类对自然资源的认识中起着重要作用。例如，伊斯兰教徒不食猪肉，印度教徒不食牛肉，某些佛教徒食素，这就决定了他们的“食物资源”概念。又如，非洲一些地区的人把烤蚱蜢看作美味佳肴，而且是他们蛋白质的主要来源之一，这在其他文化背景的人看来是难以接受的。经济地位也影响人们对自然资源的看法，例如，对于湿地，生态学家和鸟类保护者主张成为自然保护区和候鸟栖息地，农民希望排水开垦以发展农业生产，而城市里的失业者对此却并不关心。

（5）自然资源与自然环境是两个不尽相同的概念，但具体对象和范围又是同一客体。自然环境指人类周围所有客观存在的自然要素，自然资源则是从人类能够利用以满足需要的角度来认识和理解这些要素存在的价值。因此有人把自然资源和自然环境比喻为一个硬币的两面，或者说自然资源是自然环境透过人类社会这个棱镜的反映。

（6）“资源是文化的函数”（Sauer, 1963），如果说生态学使我们了解自然资源系统动态和结构所决定的极限，那么我们还必须认识到，在其限度内的一切适应和调整都可以而且必须通过文化的中介进行。这里所说的“文化”是一个广义的概念，相当于“人类文明”。因此，自然资源不仅是一个自然科学概念，也是一个人文社会科学概念。

二、自然资源的类型

1. 自然资源分类的多样性

分类是科学认识的重要方法之一。为了了解和深入认识自然资源，也应当对它加以分类，可从不同角度、根据多种目的来分类。例如，可根据自然资源在地球圈层的分布，分为矿产资源（地壳）、气候资源（大气圈）、水资源（水圈）、土地资源（地表）、生物资源（生物圈）五大类，各类再进一步细分。也可以根据用途，将自然资源分为工业资源、农业资源、服务业（交通、医疗、旅游、科技等）资源。

现在越来越认同将自然资源分为不可更新（non-renewable）资源与可更新（renewable）资源两大类，后者又包括恒定性资源（immutable or perpetual resources）和临界性资源（critical resources）。

不可更新资源又称不可再生资源，指地壳中储量固定的自然资源，一般指矿产资源，经地质成矿作用形成，其有用矿物或有用元素丰度达到具有经济开采价值。不可更新资源在人类历史尺度上不可天然再生，如金属矿；或天然再生的速度远远低于被开采利用的速度，如石油和煤；可因人类开发而耗竭，故又称耗竭性资源。地下水（尤其是深层地下水）在很大程度上也属于不可再生资源。某些可再生资源如果被开发利用的速率超过其自然更新的速率，也会成为不可再生资源，如某些被掠夺到灭绝的物种。

可更新资源又称可再生资源，指能自我再生、更新、复原，并可持续被利用的一类自然资源，如生物资源、地表水、土壤肥力等。应该说，凡自然资源都是可更新的，但更新的速率差别极大。矿产资源在人类历史尺度内不可再生，但在地质历史尺度内却可再生。土壤肥力可再生，若利用到表土流失殆尽成为荒漠，就很难更新了，但在地质历史尺度内却可再经成土过程而更新。

恒定性资源又称非耗竭性资源，是按人类的时间尺度衡量无穷无尽、也不会因人类利用而耗竭的可更新资源，如太阳能、风能、潮汐能、气温、降水、地热等，但人类活动已对其产生影响（如气候变化）。

临界性资源是在一定限度内可天然再生的可更新资源，如土地资源、生物资源等。但对此类资源的使用速率如果超过自然更新速率，那么它就会像矿产资源一样实际上是在“被开采”，可能被掠夺到耗竭，如引起土地荒漠化、物种灭绝等，也就不可更新了。

有些学者主张用流动性（flow）或收入性（income）来代替可更新性，用储藏性（stock）或资本性（capital）来代替不可更新性。哈格特提出如图 2.1 所示的自然资源分类。

可以根据自然资源本身固有的属性，包括自然资源的可耗竭性、可更新性、可重复使用性及发生起源等，对自然资源进行较详细的分类，如图 2.2 所示。

可见，自然资源的分类可从不同角度进行，各种分类系统之间亦可有交叉。例如，有人认为对人类最重要的自然资源就是三大类，即食物、原材料、能源。其中能源就涵盖了不可更新资源（煤、石油、天然气）和可更新资源（木材、秸秆、沼气、生物燃料），后者也包括恒定性资源（太阳能、风能、潮汐能、地热能、原子能、水能）。

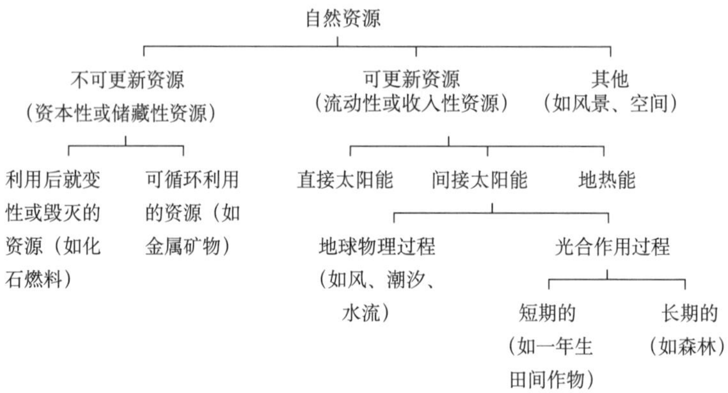

图 2.1 自然资源分类之一（Haggett, 2001）

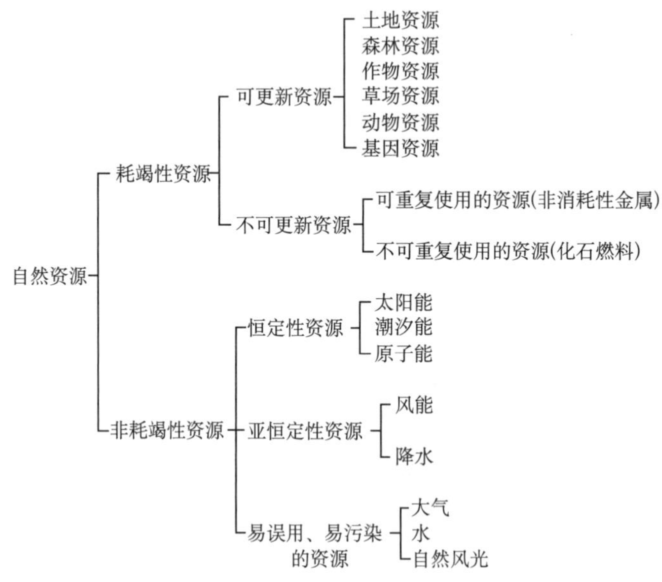

图 2.2 自然资源分类之二（李文华和沈长江，1985）

2. 可更新与不可更新的相对性

实际上自然资源的可更新与不可更新是相对而言的。既然所有的资源都是自然循环的产物，那么严格说来所有的资源都是可更新的，但更新的速率大不一样。土壤可年复一年的耕种，从这个意义上说是可更新资源；但若利用不当，及至表土流失殆尽而成为石质荒漠，就很难更新了。而这种不可更新又是从人类历史尺度上来看的；若按地质历史尺度来看，水土流失后的石质地表也可再经漫长的风化和成土过程形成土壤，从这个角度上看又是可更新的。矿产资源在人类历史尺度内是不可更新的，但在地质历史尺度内却是可更新的。生物资源本身是可更新的，但若利用或滥用到物种灭绝，也就谈不上可更新了。所以，大多数可更新资源的天然可再生性取决于人类的利用水平或强度，可更新是一个相对而不是绝对的概念。虽然太阳能、潮汐能和风能等非耗竭性资源不受利用水平的影响，但也会被污染和温室气体积聚等人类活动所改变。

可更新资源被认为是在人类时间尺度上可天然再生的有用物品，这是其核心特征，把它们与化石燃料及元素矿物区分开来。化石燃料被利用后就转换成各种不能提供有用能量的物质形式，而矿物在得到再利用之前必须由人类重新加工。然而，如图 2.3 所示，不可更新资源和可更新资源间的划分，更多地取决于人类认识和利用而不是自然界的客观现实。

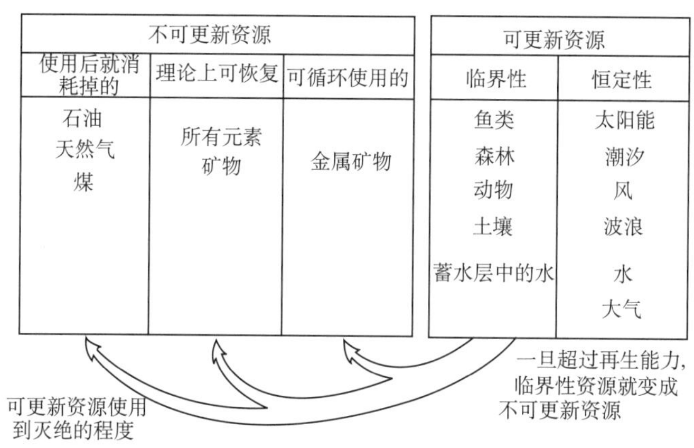

图 2.3　可更新资源与不可更新资源的相对性（Rees, 1990）

例如，土地实际上是一种固定的不可更新资源，尽管它有可更新能力来支持各种形式的生命。在土地利用并不强烈时，土壤的肥力可自然更新；但在现代各种农业形式下，必须进行人工管理并由人加以更新。此外，土地的有效供给，会因城市化、工业化的占用及水土流失、荒漠化的毁损而减少。因此，在现实中可利用土地的数量就像金属矿产一样，只有在地质时间尺度上才是可以天然形成或再生的。当然，人类活动也可造成新的土地（如围海造地），但这已不是“天然更新”，而是依赖于人类的决策和投入。

某些可更新资源在一定时间周期和空间单元上可能被看作不可更新资源。例如，硬木材在人类时间尺度上缓慢再生，在木材需求量不大、森林没有被伐木者干扰或未受农业开发影响的地区，它们能保持自然更新。然而，就目前的世界范围而言，硬木材已变成一种正在耗尽的被“采掘”资源，要防止储存量的进一步减少只能通过制止砍伐或重新种植。当木材需由人工种植来获得时，它就不再是一种严格意义上的自然资源，而成了一种作物了。

再以水为例，即使在湿润地区，水资源的开发、储存、输送、再循环也需要投入大量资金，以增加自然可得性。在这种情况下，水资源的可得性是投资的一个函数，自然更新的概念在这里倒显得次要，水资源的稀缺往往不是因为自然流的任何绝对限制，而是因为缺乏投资。增加可更新资源的需要和有关的花费将不可避免地有空间差异，这部分是降水量、蒸发量和径流量自然变异的结果，但在很大程度上也反映了不同的社会经济环境、公众政策目标和社会体制安排。尤其是临界性资源，若其利用强度不超过可更新能力，则能保持自然再生；如果加以管理以人为地增加流量，还能维持较高的利用水平。

所以，与其说不可更新资源和可更新资源是两类不同资源，倒不如说它们是一个连续统一体，其一端是化石燃料，目前的利用速度大大超过了再生能力；另一端是太阳能和空气资源，无论从总量还是从再生能力来说，尚未出现的耗竭的迹象。

3. 进一步的资源分类

自然资源的进一步分类，涉及气候分类、生物分类、土地分类、矿产分类等问题。其中生物分类在方法和理论上已很成熟。矿产分类可参照矿物分类，也可根据其用途如图 2.4 分类。生物资源和矿产资源的分类都有一个共同点，即分类对象都是明确的个体。分类是对具有共同特性的个体的概括和抽象，这种概括的前提就是能够明确定义个体。正如植物分类的个体就是明确的植株，矿物分类的个体也都能独立出来。然而，有些类型的自然资源其个体并非天然明确，如气候资源，可按柯本的气候分类。但其中有两个问题：①每一气候类型的边界是模糊的，逐渐过渡的；②从资源利用的角度看，每一类型中仍存在明显的分异；在一种“大气候”类型中还有“中气候”（或地方气候）和“小气候”的分异。

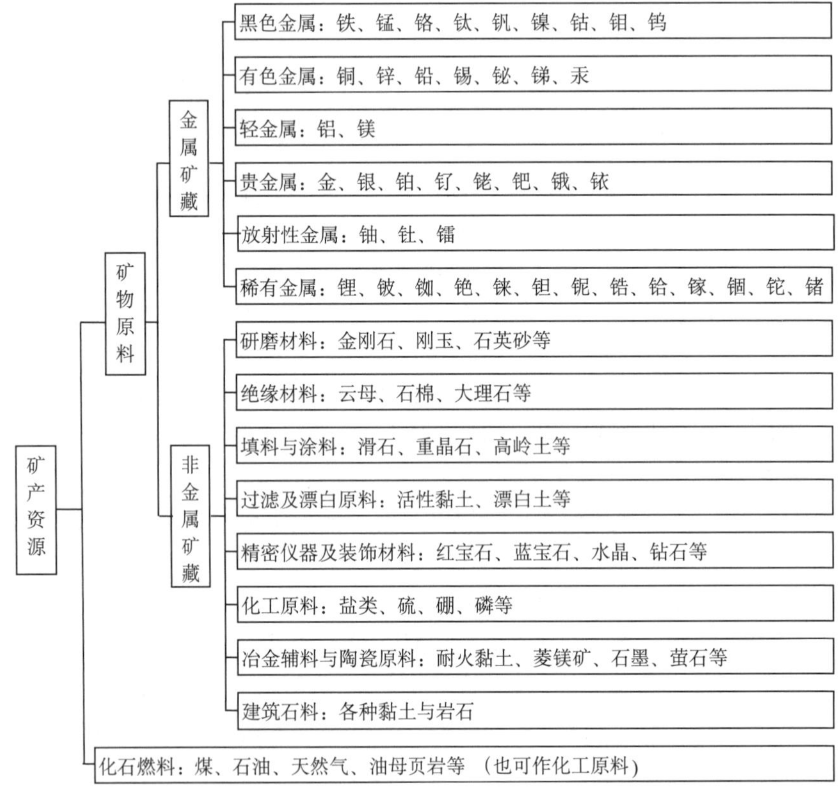

图 2.4 矿产资源的分类

这种分类的个体对象不是很明确，给分类工作带来一定的困难，土地资源分类的这些问题和困难就更加显著。其分类的关键在划分个体，例如，土地资源的个体划分（称为土地分级）就按空间尺度从小到大约定为：土地点（land site）、土地单元（land unit）、土地系统（land system）（伍光和和蔡运龙，2004）；空间尺度上依次相当于气候上的微气候、小气候、中气候。明确了分类的个体，再在同一尺度的个体中进行分类。上述个体划分虽要依照自然规律（地域分异规律），但不可避免地掺杂一些主观因素，因此常常见仁见智，没有一个如生物分类和矿物分类那样公认的分类系统。

第二节　自然资源可得性的度量

自然物一旦被看作自然资源，就必然提出一个问题，即它可为人类利用的数量有多少？这就是自然资源可得性的度量问题。人类已做了大量工作来估算自然资源的最终开发利用极限，由于采用了不同的方法，同时对将来人类技术和经济发展的潜力作了不同的假设，所得到的结论各种各样，甚至大相径庭。自然资源可得性的度量要针对不同的资源类型而使用不同的方法，这里按不可更新资源和可更新资源两大类分述之。

相对而言，可更新资源的估算已有了较为成熟的方法和技术手段。在当前的科学技术条件下，全部地球表面已处于人类监测之下。由于观测手段的日渐丰富、观测精度的提高、观测网点的加密，以及数据处理技术的迅速发展，对全球性和区域性可更新资源的估算日益准确。如全球太阳辐射能的收支、全球水量平衡、全球气候资源、全球土地资源、全球生物资源等，都已经有了比较明确的结论。

而不可更新自然资源由于其存在的随机性，分布规律远比可更新资源复杂，其度量要求对整个地球物理过程有深入而准确的认识，需要有完善的地质构造理论和地球起源理论，还要发展深部探测技术，因而目前尚存在较大的不确定性。

一、不可更新资源可得性的度量

1. 资源基础

资源基础（resource base）指矿产资源的最大潜在数量。对于某些非燃料矿物资源，用其元素丰度或克拉克值（即化学元素在单位地壳中的平均含量，单位：g/t）和一定深度地壳总质量的乘积来估算。已对某些重要矿物的资源基础作了估算，所得结论如表 2.1 所示。但其中只有一部分是最终可采资源。

表 2.1　几种矿物的元素资源基础及其期望寿命的估算（Rees，1990）

矿物	资源基础/t[①]	不同消耗增长率下的期望寿命/a[②]				1947～1974 年的实际年均消耗增长率/%
		0%	2%	5%	10%	
铝	2.0×10^{18}	166×10^{9}	1107	468	247	9.8
镉	3.6×10^{12}	210×10^{6}	771	332	177	4.7
铬[③]	2.6×10^{15}	1.3×10^{9}	861	368	198	5.3
钴	600×10^{12}	23.3×10^{9}	1009	428	227	5.8
铜	1.5×10^{15}	216×10^{6}	772	332	177	4.8
金	84×10^{9}	62.8×10^{6}	709	307	164	2.4
铁	1.4×10^{18}	2.6×10^{9}	818	363	203	7.0
铅	290×10^{12}	83.5×10^{6}	724	313	167	3.8
镁	672×10^{15}	131.5×10^{9}	1095	463	244	7.7
锰[④]	31.2×10^{15}	3.1×10^{9}	906	386	205	6.5
汞	2.1×10^{12}	223.5×10^{6}	773	333	178	2.0

续表

矿物	资源基础/t[①]	不同消耗增长率下的期望寿命/a[②]				1947～1974 年的实际年均消耗增长率/%
		0%	2%	5%	10%	
镍	2.1×10^{12}	3.2×10^{6}	559	246	133	6.9
磷	28.8×10^{15}	1.9×10^{9}	881	376	200	7.3
钾	408×10^{15}	22.1×10^{9}	1005	427	226	9.0
铂	1.1×10^{12}	6.7×10^{9}	944	402	213	9.7
银	1.8×10^{12}	194.2×10^{6}	766	330	176	2.2
硫	9.6×10^{15}	205.3×10^{6}	769	331	177	6.7
锡	40.8×10^{12}	172.2×10^{6}	760	327	175	2.7
钨	26.4×10^{12}	677.2×10^{6}	820	355	189	3.8
锌	2.2×10^{15}	398.6×10^{9}	1151	486	256	4.7

注：①资源基础的计算方法是：元素丰度（g/t）乘以地壳总重量（24×10^{18}t）。②期望寿命的计算是基于 1972～1974 年的年平均生产数字。③生产数字假设铬浓度为 46%。④生产数字假设锰浓度为 46%。

从表 2.1 可见，如果以 1972～1974 年世界平均年消耗量来衡量这些矿物元素的可开采寿命，那么所有的矿物都可维持几百万年以上的可采期限；但如果考虑消耗的增长，即使在平均 2%的水平上，可采期限就急剧降低；而如果年均消耗增长率为 10%，则所有的矿物都将在 260 年以内枯竭。

上述可采期限的计算建立在一种假设的基础上，即假设技术进步能使全部元素都在低到可接受的成本水平下开采。显然，这是一个很难证实的假设。从理论上讲，除了用于核裂变的铀以外，各种元素都不会由于使用而消失，它们都可重复使用，各种元素的总量保持不变。但当具有一定品位的矿石都逐步开采完毕，地壳中所余矿物元素的浓度很低时，技术进步能否以可接受的成本开采和提炼这些元素？目前尚不得而知。此外，为提炼这些元素所需的能源是否有保证？即使有保证，人类社会是否愿意并且能够接受由此而造成的环境影响？这些问题也都是不确定的。关于能源矿产的资源基础更是难以估算。因此，资源基础只是表明了理论上的最终极限，而不能在实际上用来预测未来资源的可得性。

不能脱离目前人类的知识和技术来做资源可得性的估算，一切关于未来矿产发现的判断都受制于过去的发展趋势，而且不仅随着勘探和开采技术的改进，也随着经济、社会乃至政治的发展而改变。因此，关于未来矿产资源可得性的估算一般不采用资源基础的概念，而采用探明储量、条件储量、假设资源（远景资源）、理论资源等概念。它们是资源基础的各种动态子集（图 2.5），随着人类知识的发展，它们会不断扩展，在资源基础中所占的比例会逐渐增大。当然，对于某些矿产资源，这种增长过程不可避免会在某个时期终止，于是就发生资源耗竭。

2. 探明储量

探明储量（proven reserves）是经勘探查明，并在当前需求、价格和技术条件下具有经济开采价值的矿产资源储量。其估算受勘探程度、利润要求、技术水平、需求数量、开采成本、产品价格、替代品可得性及价格等因素影响。

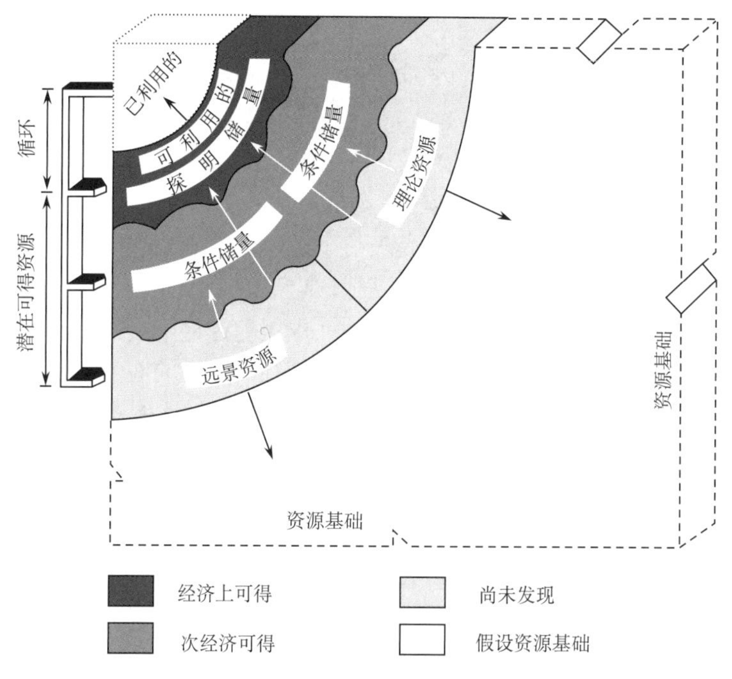

图 2.5　资源基础及其子集（Rees, 1990）

某种矿藏是否具有经济开采价值，取决于生产者的判断和利润要求，对储量的看法因此大不一样。如果一个公司只把能带来较高纯收益的矿区视为具有经济开采价值，这就会大大限制探明储量的数字。即使需求、价格和技术水平保持不变，较低的收益要求也会使探明储量增加。而由于经济体制、生产目标等的不同，收益要求会有很大的差别。在发达国家与发展中国家之间、市场经济与计划经济之间，会对同样的矿区做出不同的探明储量判断。私人企业的生产目标往往只是追求利润；而政府部门的生产目标一般都包括提供就业机会、减少或增加进口等。因此私人开采公司与政府生产部门之间在探明储量的看法上就有很大的差别。

可以用已明确的探明储量来预测资源寿命，但必须作一些假设才能使这种预测有效。首先要假设地质勘探上不再有新的发现；其次还需假设生产目标、产品价格、技术等方面不变。事实上以上因素都在变化，例如，地质勘探，只要投入相当数量的资金和劳动，一般都会有新的发现。采矿企业往往不愿在勘探上大量投资，尤其是在他们已掌握足够的储量从而能满足相当长时期的预计需求时。因此，就大多数矿产来说，探明储量只反映了当前的消费水平和企业在勘探上的政策，而不是资源储存量的潜在规模。事实上，有些公司出于经济利益的考虑还会隐瞒探明储量，因为这样可以少纳税或抬高产品在市场上的价格。

除了利润要求和勘探政策外，对探明储量的估算还受以下因素的影响：①可采用的技术、知识和工艺。②需求水平，这又取决于若干变量，包括人口数量、收入水平、消费习惯、政府政策，以及可替代资源的相对价格。③开采成本，这部分取决于矿藏开采的自然条件和区位，但更取决于所有生产要素（土地、劳动、投资、基础设施）的费用和政府的税收政策。此外还应包括由政策、自然灾害等带来的风险。④资源产品的价格，这主要取决于需求与供给的消长关系，但也受生产者价格政策和政府干预的影响。⑤替代品的可得性与价格，包括某些资源循环利用的费用。

这些因素都是高度动态的，它们的变动会极大地影响探明储量的估算。例如，人类知道并使用石油已有了几个世纪的历史，但 1859 年以前，只是把渗到地表或可在浅层抽取的那部分藏量视为探明储量。19 世纪机械化的发展和扩散极大地促进了对润滑油的需求，其价格大大抬升，这就为深层开采技术的发展提供了强烈的刺激。早期钻井技术的发明使石油的开采、价格和需求都进入了一个新时期，这就使人类关于探明储量的观念发生了革命性的变化。随着这一技术上的突破，石油供给增加，价格下降，这又进一步促进了石油利用技术的发展和使用范围的扩大，于是需求又得以增加。这种相互作用的过程不断继续，探明储量也就不断扩大，现在人类已能在以前闻所未闻的地区和深度进行商业性的石油开采。此外，对含油构造中所含石油的采掘比例也越来越高，20 世纪 40 年代能采的比例还不到 25%，后来发明了在岩石构造中注水或注入天然气的技术（称为二次、三次采掘技术）以增加油压，使得回采率提高到 60%以上。因此，探明储量的评估也取决于生产者在有关构造中能否以及能在多大程度上使用此类采掘技术。

上述因素都有显著的空间差异，使得探明储量在各个区域也不相同。不仅价格和需求的情况在一个市场范围不同于另一个市场范围，而且总生产成本、技术的可得性、资本的可得性及其代价也都表现出显著的空间变化。因此，具有相似自然特征的藏量并非在每个国家都可列为探明储量。例如，某些国家在矿产方面的目标是自给自足，这使得其探明储量的范围不断扩大，而其中相当一部分就其埋藏条件和生产成本而言，在多数市场经济国家中是不能当作探明储量的。此外，探明储量是勘探的结果，而各国、各地区的勘探程度也大不一样。有些国家在矿产品上依赖进口，其探明储量表面上看似乎不足，但并不一定意味着资源藏量的真正匮乏。牙买加是一个实例，它完全依赖进口石油，这已使它负债累累，经济能力大为削弱。但牙买加其实有足够的石油矿藏，至少可以满足其 50%的需求。可是它本身既无资本又无技术来做必要的钻井勘探，以证明存在按其自身可行标准能够开采的探明储量（Rees, 1990）。

3. 条件储量

条件储量（conditional reserves）是已查明，但在当前价格水平上，以现有采掘技术和生产技术来开采是不经济的矿产资源储量。显然，这种储量也不是静止不变的，储量的经济可行性界线在资源开发史上一再被突破，且不仅是单向突破。正如探明储量的情况一样，经济储量和不经济储量之间的关系是复杂的，而且在很大程度上受制于政治力量和市场力量。技术革新对于经济可行性边界的变化起着关键作用，当然它又需要需求和价格的刺激，也要求政治上的稳定和安全。

探明储量与条件储量之间的分界在不同时期和不同地方都不一样，铜矿储量的变化就是一个很能说明问题的例子。在 20 世纪初期，金属含量小于 10%的铜矿石是不会被冶炼厂采用的，因而品位小于这个水平的矿藏只能归入条件储量而不是探明储量。40 年后，技术发展了，需求也增加了，含量仅为 1%的矿藏也被当作探明储量。到 20 世纪 90 年代，由于成本和风险进一步降低，即使含量仅为 0.4%的铜矿的开采也具有经济可行性了（Rees, 1990）。当然，这种低品位矿藏的储量规模应大到使生产实现规模经济，要充分接近地表以利高度机械化的露天开采，并且要求当地具有足够发达的基础设施和稳定的政策，若不具备这些条件，那么类似等级的矿藏仍然被归为条件储量之列。

4. 远景资源

远景资源（hypothetical resources）是目前仅作了少量勘察和试探性开发因而尚未确切探明，但可望将来有大发现的矿产资源储量。例如，东海已生产出一定数量的石油和天然气，但并非全部潜在储油层都作了钻井探测，因此就是一个存在远景资源的地区。

人们常常根据一定地质条件下过去生产的增长率或探明储量的增长率，或根据过去每钻进单位深度的发现率来外推远景资源的范围。这种外推必须假设曾经影响过去发现率和生产率的所有变量（政治的、经济的、技术的）将继续像过去一样起作用。但价格和技术发展等因素是极不稳定的，所以这种估计会有很大的差别，不同时期所作的估计大不一样。例如，石油价格在 1973 年飙升，按此前的价格水平估计的远景石油资源，显著低于按此后的价格所作的估计。

为了克服机械外推的问题，也可用特尔菲法，即请一些专家来预测未来可能的发现，然后取他们估计范围的平均值。但这种方法显然仍有局限，因为各个专家都会有固有的偏向，他们对未来技术和经济状况的估计无章可循，由此做出的远景资源预测就不一定可靠。例如，人们曾经指控石油公司专家们的估计太保守，认为他们从既得利益出发，企图造成一派稀缺的景象，以便维持较高的价格和利润。

5. 理论资源

理论资源（speculative resources）是被认为具有充分有利的地质成矿条件，但迄今尚未勘查或极少勘查的地区可能会发现的矿产资源储量。如果说远景资源的估计带有某种任意性的话，那么理论资源的估计就面临更大的困难。例如，全世界大约有 600 个可能存在石油和天然气的沉积盆地，但人们只对其中的三分之一作了钻井勘探。中国含油气盆地的分布很广，但探明储量仍有限。一旦在未勘查的地区钻井，很可能会发现更多的潜在资源。东海盆地在若干年前还只是可能具有理论资源的地区，现在已确定其部分探明储量，并已开始商业性开采。反过来看，如果广泛钻井仍未发现矿藏，那么原来关于理论资源的估计也会被推翻。

估计理论资源的方法是根据已勘查地区过去的发现模式外推。这种方法假设目前尚未勘查的地区将会像那些条件类似的已开发地区一样，具有资源潜力并将带来利润收益，但这只不过是一种可能性。已开采地区的储量规模较大，地质条件较有利，通达性也较好；当开发推进到自然条件和社会经济条件都较差的地区时，并不一定能实现预期的资源潜力和利润收益。

6. 最终可采资源

探明储量、条件储量、远景资源和理论资源的总和统称最终可采资源（ultimately recoverable resources）。考虑到估算的复杂性及技术、市场、政策等因素的不确定性，对最终可采资源的估算大相径庭。几乎对所有矿种未来形势的估计都有显著的差别，对石油资源的估计尤其意见纷纭。大多数石油企业估计最终可采的石油资源为 $17\times10^{11}\sim22\times10^{11}$ 桶，不包括沥青砂和油页岩。可是在 20 世纪 40 年代还一致认为石油的最终可采资源是 5×10^{11} 桶，而目前仅“探明储量”就已超过了这个数字。虽然近 50 年来对石油最终可采资源的估计已增加了 4 倍，但有人认为人们的知识已达到了某种限度，今后再以这样的倍数增加似乎不可能了。当然，专家对这种判断也有不同看法。一些专家指出，上述预估数字，与其说是对最终可采资源的判断，不如说是各个石油公司对未来政治、经济条件的判断。还有专家认为，根据石油工业的兴衰得出的估计取决于石油公司的既得利益。石油公司不能或不愿投资的地方，其资源潜力的估计就低。例如，拉丁美洲是一个在政治上普遍对石油公司怀有敌意的地区，那里的石油潜在资源估计为 15×10^{10}～23×10^{10} 桶，但另外的预测则认为仅墨西哥一国就可能达到这个数字。现在，即使在石油公司内部也有人认为世界石油资源的潜力当为 30×10^{11}～40×10^{11} 桶；俄罗斯学者的估计甚至高达 110×10^{11} 桶。以上各种估计到底哪个正确？只有让时间来检验了。然而最重要的是，所有的估计都没有考虑油页岩和沥青砂的潜力，其中可能含有 300×10^{11} 桶石油。

此外，能源形式在未来可能发生经济上具有吸引力的变化和替代，这会使石油最终可采资源问题成为多余。自 1973 年以来不断发生世界石油危机，加速了这种可能性的实现。寡头垄断的价格政策常常使油价大大高于供给成本，加上利用化石燃料产生的温室效应和环境污染日益引起人们的重视，就刺激了替代能源的发展，也促进了新能源经济。某些石油输出国不停地政治动乱，不仅削弱了消费国对石油供给的信心，也动摇了石油企业对其能否适应全球政治形势变化的信心。结果是，石油工业内部关于未来可采资源的预测大大降低，而且石油工业本身也被种种困难削弱，以至于没有力量充分利用世界石油资源。

二、可更新资源可得性的度量

可更新资源可得性的估计通常从人类福利的角度，以资源在一定时期内可生产有用产品或服务的能力或潜力这个概念为基础，衍生出多种概念。

1. 最大资源潜力

最大资源潜力（maximum resource potential）是指在其他条件都很理想的情况下，可更新资源能够提供有用产品或服务的最大理论潜力。但“其他条件”不可能都很理想，所以其中只有一部分有实现的潜力。在这个意义上，最大资源潜力的概念与不可更新资源的资源基础概念有类似之处。

对各种流动性能源，如太阳能、潮汐能、风能，已估算过它们的最大自然能量潜力，得出的数字显示出非常美妙的前景。例如，在理论上从太阳取得的总能量可为世界能源消耗提供的数字是目前获取量的 1000 万倍以上。但实际上这种估计并无太大意义，真正的可得性取决于人类把这些理论潜力转换为实际能量的能力，取决于人类是否愿意担负这样做的代价和成本，包括对环境的影响。

学者对生物、土地、海洋资源的总潜力也作过类似的估算，结果表明，如果最大潜力得以发挥，那么按目前的人口数量，地球每年可为每一个人生产出约 40 t 食物，这是实际需要量的 100 倍，也是我国目前人均水平的 100 倍。这里还没有考虑从二氧化碳、水和氮中化学合成食物的可能性。当然，这些除了技术上的可行性以外，还要求投入大量能源。

对于人类未来可更新资源开发规划来说，上述估算的实际意义并不大。重要的并不是理论上的自然潜力，而是必要的人类能力和有关的社会、经济、价值观、行为、组织等方面的情况，以及对环境影响的考虑。在一些人看来，如果把地球生态系统当作一部机器，只是让她提供人类需要的食品和能源，这至少在道义上是说不过去的。生态学家们则进一步指出，这种做法会使全球生态系统产生可怕的单一化，并导致自然生态循环的瓦解，因而是一种灾难性的策略。

上述可再生资源和生物资源潜力的估算都建立在天然系统自然输出的基础上，而忽略了由人类经济、社会系统所施加的局限。另一种估算可更新资源潜力的方法是，根据发达地区已实现的生产能力来推算不发达地区和未开发地区的生产潜力。这种方法尤其在估算土地的农业生产潜力时用得更多。俄罗斯地理学家格拉西莫夫作了一个估算，他以土壤类型的可能性为前提，假设农业经济不发达地区农耕地的比例可达到农业发达地区的水平，那么全世界的耕地面积将达到 32 亿～36 亿 hm^2，而不是现在的 14 亿 hm^2。美国总统科学顾问委员会也曾作过一个估算，认为根据地球的自然条件，即使用现有技术，全世界可耕地总面积也可接近 66 亿 hm^2。显然，这种方法也是有局限的，因为它假设形成现有耕地的多种因素在时间和空间上都保持不变，也没有考虑需要维持一定的森林、草地、湿地等以提供必要的生态系统服务。这当然不符合实际，但至少承认了某些限制。

2. 持续能力

可更新资源自然潜力的利用必须考虑时间上的公平分配，即应留给后代同等的资源利用机会。把这种考虑结合进可更新资源潜力的估算中，就要采用持续能力（sustainable capacity）或持续产量的概念。持续能力是可更新资源实际上能长期提供有用产品和服务的最大能力，即不损害其充分更新的利用能力。

可用渔业资源的例子来说明这个概念。从理论上讲，通过控制捕捞活动，可以使鱼产量长期维持，这个能长期维持的产量就是持续能力。如图 2.6 所示，在持续产量曲线的任一点上，鱼的年产量可维持一定水平，使得与可在未来年份生产同样产量的鱼资源储存水平保持协调。当人类捕捞活动初始时，由于有限的捕捞减少了对食料的消耗，持续产量水平是上升的，鱼群数及其生物生产率都可以有一定的增长率。这种情形在其他可再生资源中也很常见，如有限地割韭菜、伐薪柴，可促使再生量上升。但是，一旦捕鱼活动超过了 *Y* 点，持续产量将开始下降；当捕鱼活动达到临界带时，鱼群就耗竭到不能维持再生产的地步。

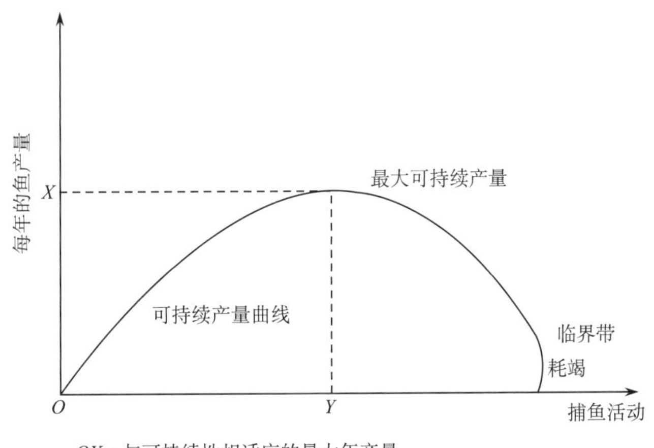

图 2.6　持续产量曲线（Rees, 1990）

对于地下水也可采用类似的持续产量概念，即不能让抽取率超过补给率。这可以作为水资源管理的一条准则，对当前补给相对均衡的地区尤其适用；但含水层是过去气候条件遗留产物的地区，应用这条准则就比较困难了。例如，在人类生存完全依赖地下水的撒哈拉沙漠地区，就很难牺牲目前的生计来为后代维持水资源的完整。可更新资源的利用应控制在持续能力以内，这通常已作为公理而被广泛接受。但撒哈拉沙漠地区那种特例却表明，是否遵循这一准则取决于价值判断和对优先权的考虑。

维持持续产量是要付出代价的，因为它意味着需抑制当前的消费。所放弃的这一部分消费可看作对未来的一种投资，其好处必须与其他形式的投资放在一起来评价。确实，保护某一种可更新资源很可能要以其他方面的付出为代价。这样，后代在这一种资源上得到了平等的机会和权利，但是很可能在其他方面又失去了本来可以得到的机会和权利。再以撒哈拉沙漠地区为例，如果把水资源的利用控制在持续能力水平上，就不可避免地导致该地区经济发展的衰退。这样，后代可能会有等量的水资源储存，但其他本来可以得到增长的方面却会减少。

因此，如果仅从费用-收益的角度，可以想象，在某些情况下把某种可更新资源利用到耗竭的程度并不是不可接受的。但是对于那些认为人类具有道义上的责任，应保护其他生命的生存权利的人来说，这种思想是要受诅咒的。生态学家则认为这是一种短见策略，因为从长远来看，遗传基因和物种多样性的损失，对于人类自己的生命支持系统是一种极大的威胁。

3. 吸收能力

人类利用自然资源的结果之一是产生各种废物，为了排放人类活动自觉或不自觉产生的废物，就要利用环境媒介，即大气、水、土地等。这就需要另一个衡量资源潜力的概念，称为吸收能力（absorptive capacity）或同化能力，即环境媒介吸收废物而又不导致环境退化的能力。

废物进入环境后都要经历自然界的各种分解过程，环境系统自身具有一定的吸收废物而又不导致生态或美学变化的能力。但是，如果排放的速率超过了环境系统自身的吸收能力，或者所排放的物质是非生物降解的，或只有经过很长时间才能降解，那么环境变化就不可避免。

任何环境媒介的吸收能力都不是一成不变的，它不仅随气候等环境因素的变化而发生天然变化，也可以被人类改变。例如，一条河流降解污水、废水的能力，可以因为增加了其流量或含氧量而提高；相反，如果水被抽取从而减少了流量，或如果河道被裁弯取直、被挖深、被混凝土化从而减少了氧的吸收量，河流的吸收能力将会降低。如果发生需要氧来维持其功能的细菌严重缺氧的极端情况，那么生物分解过程就会近乎停止。

把废物排放量控制在吸收能力限度内，这应该是一个普遍原则。为此社会必然要付出经济代价，因而存在如何权衡生态效益、社会效益与经济效益的问题，这在很大程度上又取决于价值判断和发展战略。

4. 承载能力

承载能力（carrying capacity）指一定范围内的生境（或土地）可持续供养的最大种群（或人口）数量。“可持续”意味着资源利用应限制在一定水平上，从而不使环境发生显著变化，而使资源生产力得以长期维持。因此，这个概念类似于持续能力和吸收能力的概念。

承载能力的概念是从畜牧业中引申出来的，开始时是指一定面积的草场可长期供养的牲畜头数。后来著名生态学家奥德姆在试图确定各区域内人类居住的极限时采用了这个概念。联合国粮食及农业组织关于土地人口承载力的研究更把这种方法发展到很精致的程度。还有一些研究用这种方法来计算旅游区的游客承载能力，在确定区域旅游活动的极限时，不仅考虑了自然损害，也要考虑游客的感应。在所有这些应用里，很难建立一个简单、唯一、绝对的承载能力值。承载能力是一个高度动态的概念，任何计算都在很大程度上取决于管理目标和资源利用的特定途径，取决于利用者所要求的生活标准和生活空间。此外，承载能力显然还受投入水平、技术进步等因素的影响。

对承载能力概念的深入研究发现，应区别几种不同的承载能力。生存承载能力（survival capacity）是有一定的数量保证生存，但既不能保证所有个体茁壮成长，也不能保证种群最优增长，且当周围环境稍有变动就可能造成灾变的自然资源容量。最适承载能力（optimum capacity）是数量充分而能保证（种群或人口）绝大多数个体茁壮成长的自然资源容量。显然，最适承载能力总是小于生存承载能力的。容限承载能力（tolerance capacity），即已近极限，因而迫使种群中某些个体外迁，或对某些基本需要（如食物和繁殖机会）实行限制的自然资源容量。这些概念也可应用于人口承载力，贫穷国家处于生存承载水平和容限承载水平上，而发达国家可以认为具有最适承载能力。

第三节　自然资源的基本属性

知道了什么是自然资源及怎样度量自然资源，就可以在此基础上讨论自然资源的基本属性和本质特征，这对于认识人类社会与自然资源的关系是非常必要的。

一、自然资源的基本属性

1. 稀缺性

既然任何资源都是相对于需要而言的，而人类的需要实质上是无限的，自然资源却是有限的，这就产生了稀缺这个自然资源的固有特性，即自然资源相对于人类的需要在数量上的不足。这是人类社会与自然资源关系的核心问题。

迄今的人口增长表现出一种指数趋势，就是说不仅人口的数量越来越多，而且增长的速度也越来越快。目前世界人口已超过 70 亿，而且还在以每年 2%的速度继续增长。当然，若纯粹从人口本身所占据的空间看，地球离人满为患尚且遥远。有人作过计算，目前全世界所有的人口都可放在英国的怀特岛上，而且人人皆有立锥之地。还有人作了另一种计算，世界上迄今所有的人（活人和死人），若按每人 1.83m 高、0.46m 宽、0.31m 厚计算，全都可容纳进一个长、宽、高分别为 1km 的空间里。问题是人不能仅有立锥空间，还需要生存空间；更为严重的问题是地球是否有足够的资源养活无限增长的人口。相对于人口数量的增长，自然资源显然是有限的。人口增长的同时，人类的生活水平也在不断提高。现代社会人均消耗的资源是古代社会人均水平的若干倍。随着广大欠发达国家的工业化进程，未来全球人均资源消耗的水平还会提高。从这个意义上看，自然资源也是稀缺的。

再考虑人类的世代延续应该是无限的，而自然资源中很多是使用过后就不能再生的，这也体现出自然资源的稀缺性。这个道理可以用数学表达清楚地说明，以不可更新资源为例，设地球上的资源总量为 R，人类繁衍的世代数为 m，那么每一代人可消耗的资源量原则上是 R/m，m 趋于无穷（人类应如此打算），必然有

$$\lim_{m \to \infty} \frac{R}{m} = 0$$

此外，还应考虑自然资源在空间分布上的不均衡，以及资源利用上的竞争，那么自然资源稀缺性的表现就更为明显和现实。当自然资源的总需求超过总供给时所造成的稀缺称为绝对稀缺。当自然资源的总供给尚能满足总需求，但由于分布不均时所造成的局部稀缺称为相对稀缺。无论是绝对稀缺还是相对稀缺，都会造成自然资源价格的急剧上升和供应的稀缺，产生资源危机。

2. 整体性

从利用的角度看，人们通常是针对某种单项资源，甚至单项资源的某一部分。但实际上各种自然资源相互联系、相互制约，构成一个整体系统。人类不可能在改变一种自然资源或生态系统中某种成分的同时，又使其周围的环境保持不变。

各种自然资源要素是相互影响的，这在可更新资源方面特别明显。例如，采伐森林资源，不仅直接改变了林木和植被的状况，同时必然引起土壤和径流的变化，也破坏了野生生物的生境，对小气候也会产生一定的影响。而全球森林（尤其是热带雨林）的减少，已被认为是整个全球环境变化的一个重要原因。

各地区之间的自然资源是相互影响的，例如，上游地区土地资源过度开垦的结果，不仅使当地农业生产长期处于低产落后、恶性循环的状况，也是造成下游的洪涝、风沙、盐碱等灾害的重要原因。

即使是不可更新资源，其存在也总是和周围的条件有关；特别是当它作为一种资源为人类所利用时，必然会影响周围的环境。例如，开采铜矿，即使是富矿，其含铜量一般也不超过 0.7%。这样，每炼出 1t 铜，就要消耗 143t 矿石，同时产生 142t 废渣。此外还要消耗大量能源，每生产 1t 铜约需消耗相当于 35t 煤的能量。开采矿石使土地废弃，排出废物和消耗能源也不可避免地给环境带来影响。

可见自然资源的整体性主要是通过人与资源系统的相互关联表现出来的，自然资源一旦成为人类利用的对象，人就成为人类-资源生态系统的组成部分，人类通过一定的经济技术措施开发利用自然资源，在这一过程中又影响环境，人与自然资源之间构成相互关联的一个大系统。

3. 地域性

自然资源的形成和分布服从一定的地域分异规律，其空间分布是不均衡的。自然资源总是相对集中于某些区域之中，在这些区域里，自然资源的密度大、数量多、质量好，易于开发利用。相反，必然有某些区域自然资源分布的密度小、数量小、质量差。同时，自然资源开发利用的社会经济条件和技术工艺条件也具有地域差异，自然资源的地域性就是所有这些条件综合作用的结果。

自然资源的地域性使得它的稀缺性有了更丰富的表现，并由此派生出竞争性的特征。由

于自然资源的地域性，各种资源开发的方式、种类也就有了差异，从而使文化打上地域性的烙印。因此，自然资源研究除了针对一些普遍性的问题以外，还要对付各地特有的现象和规律。

4. 多用性

大部分自然资源都具有多种功能和用途。例如，煤和石油，既是燃料，也是化工原料。又如一条河流，对能源部门来说可用作水力发电，对农业部门来说可作为灌溉系统的主要部分，对交通部门来说则是航运线，而旅游部门又把它当作风景资源。森林资源的多用性表现就更加丰富，它既可提供原料（木材），又可提供燃料（薪柴）和多种林产品；既可创造经济收入，更有保护、调节生态环境的功能；既可提供林副产品，又是人们休息、娱乐的好去处。自然资源的多功能性可派生出互补性和替代性。

然而，并不是所有的自然资源潜在用途都具有同等重要的地位，而且都能充分表现出来。因此，人类在开发利用自然资源时，需要全面权衡，特别是当我们所研究的自然资源系统是一个综合体，而人类对资源的要求又是多种多样的时候，这个问题就更加复杂。人类必须遵循自然规律，努力按照生态效益、经济效益和社会效益统一的原则，借助于系统分析的手段，充分发挥自然资源的多功能性。

5. 动态性

资源概念、资源利用的广度和深度都在历史进程中不断演变。从较小的时间尺度上看，不可更新资源不断被消耗，同时又随地质勘探的进展不断被发现；可更新资源有日变化、季节变化、年变化和多年变化。长期自然演化的系统在各种成分之间能维持相对稳定的动态平衡（如顶极植被）。相对稳定的生态系统内，能量流动和物质循环能在较长时间内保持动态平衡状态，并对内部和外部的干扰产生负反馈机制，使得扰动不致破坏系统的稳定性。一般，生态系统的稳定性与种群数量和食物网的结构有关，种群的数量越丰富，系统的结构越复杂，其对外界的干扰也具有越大的抵抗能力，许多进入成熟阶段的天然生态系统就是明显的例子。反之，组成和结构比较简单的生态系统，对外界环境变化的抵抗能力则比较差，如人工农田生态系统，尽管可能具有很高的生产力，但从系统稳定性的角度看来却是十分脆弱的，经营管理上稍有疏忽，杂草、病虫害等就会蔓延成灾。

自然资源加上人类社会构成人类-资源生态系统，它在不断地运动和变化。在人类-资源生态系统中，人类已成为十分活跃、十分重要的动因，因此系统的变动性就更加明显。这种变动可表现为正负两个方面，正的方面如资源的改良增殖，人与资源关系的良性循环；负的方面如资源退化耗竭。而有些变动是一时难以判断正负的，可能近期带来效益，远期却造成灾难。人类不应过分陶醉于对大自然的胜利，而应警惕大自然的报复。人类应当努力了解各种资源生态系统的变动性和抵抗外界干扰的能力，预测人类-资源生态系统的变化，使之向有利于人类的方向发展。

与自然资源变动性有关的两个经济学概念是增值性和报酬递减性。自然资源如果利用得法，可以不断增值，例如，将处女地开垦为农田，将农地转变为城市用地，都可大大增加其价值。报酬递减性是指：当对一定量的自然资源不断追加劳动和资本的投入时，很快就会达到一点，在这点以后每一单位的追加投入所带来的产出将减少并最终成为负数。报酬递减性是影响人类利用自然资源（尤其是土地资源）的一个最重要因素，若无这个客观性质，人类就可以把全部生产集中在一小块土地上，可以在一个花盆里提供全世界的食品供应，可以在一块建筑用地上解决全人类的住房问题。报酬递减性从经济学角度指出了自然资源的限制。

6. 社会性

资源是文化的函数，文化在相当程度上决定了对自然资源的需求和开发能力，这说明自然资源具有社会性。当今世界的自然资源中或多或少都附加了人类劳动，也表现出社会性。当代地球上的自然资源或多或少都有人类劳动的印记，人类不仅变更了植物和动物的位置，而且也改变了它们所居住的地方的面貌和气候，人类甚至还改变了植物和动物本身。人类活动的结果只能和地球的普遍死亡一起消逝。今天，在一块土地上耕耘或建筑，已很难区分土地中哪些特性是史前遗留下来的，哪些是人类附加劳动的产物。但有一点是可以肯定的，史前的土地绝不是现在这个样子。深埋在地下的矿物资源、边远地区的原始森林，表面上似乎没有人类的附加劳动，然而人类为了发现这些矿藏，为了保护这些森林，也付出了大量的劳动。按照马克思的说法，人类对自然资源的附加劳动是“合并到土地中”了，合并到自然资源中了，与自然资源浑然一体了。自然资源上附加的人类劳动是人类世世代代利用自然、改造自然的结晶，是自然资源中的社会因素。

自然资源稀缺约束社会经济的发展，自然资源开发导致的生态影响作用于人类的生存和发展，自然资源的冲突和争夺冲击着社会，诸如此类的问题使自然资源的社会性有了更加深刻的内涵。

二、自然资源属性的再认识

1. 资源价值随人类需要和能力的发展而变化

离开了人类、人类社会和地理环境，谈自然资源就毫无意义。自然资源从本质上是自然环境和人类社会相互作用的一种价值判断与评价，是以人类利用为标准的。正是人类的能力和需要，而不仅仅是自然界的存在，创造了资源的价值。

对自然资源的看法响应于知识的增加、技术的改善、人类需求的变化和文化的发展而随时变动。虽然地球的总自然禀赋本质上是固定的，但资源却是动态的，没有已知的或固定的极限。迄今的资源利用史就是不断发现的历史，对基本自然资源的定义在不断拓展。旧石器时代的人类所知的资源不多，天然可得的植物、动物、水、木头和石头是那时的全部基本资源。将原始植物采集者转变成农民的新石器革命，以及后来在苏美尔、埃及和中国产生的以金属为基础的技术，既扩展了人类的自然资源领域，又开始了经济、社会和文化结构变化的累积过程。此过程中的每一阶段都产生了对产品和服务的一系列新需求，这又反过来刺激技术革新，并导致对自然环境要素有用性的重新评价。然后，技术和经济的变化又影响社会结构，如此循环往复。

历史上的技术革新，从原先无价值或未利用的自然物质中突然创造出各种资源。例如，

1886 年霍尔－埃鲁[①]电解精炼过程的发明，使得铝的商业性萃取成为可能，于是铝矾土取得其资源地位。核技术的发展，无论是军事目的或用于发电，都创造出铀矿的资源价值。然而，知识和技术技能仅仅创造出一些机会，这些机会实际上能否被抓住，首先取决于对最终产品需求的强度，其次取决于组织经济系统的方式，再次取决于对维持已建立技术起作用的既得利益。例如，从可再生来源（太阳、风、潮汐）中产生可用能源的技术已经存在并不断进步，但这不一定就能保证它们会被大规模采用来替代不可再生能源。

同样，自然界中环境质量资源的价值虽然不直接伴随技术和经济条件而变化，但响应于人类价值、需求和生活方式的变化，而不断产生新的意义。环境保护理念的加强，主要是对所感受到的工业化“病态”的反应，而这种感受的根据是人与自然交流的分离，生命支持系统的扰动，或者传统社会结构的崩溃，这些因素都间接地影响人类对环境质量资源的看法。因此，环境价值从来不是静态的，而是相对于世界经济、生活水准的起落及其环境影响或升或降。随着世界经济持续增长，对新技术效应和工业扩展步伐效应所导致的环境代价有了更加清楚的认识。此外，随着人们越来越相对富足，他们才有能力将注意力转向非物质的环境价值。

文化组群空间分化的结果是，即使在同一时期，关于基本自然资源也没有完全一致的定义；在一种社会中具有很高资源价值的东西，在其他社会很可能只是“中性材料”。评价资源的方式在空间上也千差万别。然而，现代通信系统和世界经济体系中所有国家之间日益增加的相互依赖，已使金属和能源矿产的定义显著地趋于一致；现在这些资源在很大程度上是按照发达国家的技术和需求来定义的。迄今占优势的资源价值评价已开始考虑景观和生态系统服务等环境质量资源。自然环境要素的文化意义在各社会之间显著不同，对那些满足美学需要的资源所赋予的价值或优先权，与一个国家的物质财富大有关系。

当今社会一般都广泛认同自然保护、景观、河流、大气质量等的重要性，但对特定的环境组分却不一定有一致的价值判断。对某些人可能具有真正重要价值的资源，对另一些人则可能是代价高昂的阻碍或者是毫不相干。例如，对某些野生大象，持生态伦理者会看作与人类平等的物种，当地农民则担心它毁坏庄稼，而对城市贫民来说则根本不相干。正是这些价值判断的区别，成为关于资源冲突的原因之一。

2. 不可更新资源属性的再认识

不可更新资源最终可利用的数量必然存在某种极限，虽然我们既不知道这个极限在何处，也不知道如果这个极限达到时所余物质是否仍可看作资源。不可更新资源的基本属性在使用后就消耗掉的和可循环使用的两种类型上有所不同。

使用后就消耗掉的类型中包括全部化石燃料，其当前的消费速度必然影响未来的可得性。因此一个关键的问题是：时间上最佳的利用速率是什么？这个问题在有关文献中一直有很多争论，并没有大家都认同的简单的答案。只有在完全竞争市场体系运作的理想世界中，

---

① 霍尔，Hall Charles Martin（1863—1914），美国化学家，发明电解制铝法，从而使铝广泛用于工业。埃鲁，Heroult Paul-Louis-Toussaint，（1863—1914），法国化学家，发明广泛用于炼钢的电弧炉；与霍尔同时发明电解制铝法。经过长期的专利权诉讼后，两位发明家达成协议，电解制铝法以霍尔－埃鲁命名。埃鲁还以埃鲁电炉著称，这种电炉先在欧洲广泛用于炼制铝和铁合金，后流传全世界。

对个别资源储备才可能建立起可实现最佳消耗途径的条件。这种理论性的方法不仅必须适应市场体系不完备的考虑，还必须考虑整个下述概念：最佳的消耗速率有赖于定义“最佳性”的方式，有赖于假设资源管理者将确实力图达到最佳。在现实这个模糊不清的复杂世界里，并不存在任何最佳的消耗速率；在资源所有者、开发者和使用者的视角、需求和目标都大异其趣的情况下，也不可能存在。

已经存在使大多数金属能再使用很多次而只有少量损失的技术。那么，同时考虑地壳中所余的金属和储存在产品中的金属，总储备必然在原则上永远保持不变。这在概念上也适用于所有非金属元素矿物，如钾碱（氢氧化钾），但是在这种情况下，即使笃信人类技术创造力的乐观主义者，也会承认这些矿物实质性恢复的前景是暗淡的。即使是金属，完全循环的理想也只能保持在理论上。熵的热力学定律表明使用一定物质的最后趋势是混沌（即资源的不可得性）；换言之，矿物在使用中最终会变得太分散，并与杂质混合，从而不可恢复。更为重要的是，再使用是一种能源密集的活动，严重依赖使用后就消耗掉的资源。

3. 可更新资源属性的再认识

关于可更新资源的基本属性，有似乎不受人类活动影响的可更新资源，有若使用不超过其繁殖或再生能力则可无限更新的可更新资源，两者的基本属性是有所区别的。而相当一部分可更新资源属于临界性资源，都可能被掠夺到耗竭的地步。耗竭过程可能会被推进到如此之远，以至于即使全部掠夺活动已经停止，这种资源的供给也不可能再自然恢复。依赖生物繁衍的大多数可更新资源都属此类。当植物、动物和鸟类群落变得稀少而分散时，它们就不仅不能繁衍，而且会对捕食者造成不利影响。过度捕捞、狩猎、污染及生境的破坏，已严重地降低了很多物种的可更新能力，对其掠夺性开发的最后结局就是灭绝。

除生物资源外，土壤和地下水也具有临界性。土地一旦被过度使用和误用到因土壤侵蚀、盐碱化和沙漠化等而退化，就不能保证在与人类活动相应的时间尺度内恢复，无论是自然恢复还是通过有计划的措施补救。土壤实际上可因人类利用而从可更新资源转变为不可更新资源。类似地，某些地下水具有残留物特征，是过去气候状况的产物，它们也可能会被开发到耗竭的程度。

非临界性的可更新资源尽管有人类活动干预也仍然可更新，但是其中某些会由于过度利用而暂时耗竭。河中的水流会由于过度提取而减少，水体降解废物的能力会由于太多的营养物和污水注入而毁灭，地方大气资源的质量会由于污染物排放而下降。在这些情况中，流量和质量水平都是自然形成的，而且一旦使用速率控制在再生或同化能力之内就可迅速恢复。当然，某些污染物的生物降解非常缓慢，环境的同化能力只是在很长的时间里才是可更新的。曾经认为太阳、潮汐和波浪所产生的能量流规模不会受人类活动影响，然而，由于人类向大气圈排放废物，这些能量流会受到人为影响。臭氧层吸收紫外线辐射，并显著地影响到世界气候。氟利昂（用作制冷剂和喷罐的喷雾剂）等污染物会减少臭氧集聚从而增加紫外线辐射。主要因化石燃料消耗而导致的二氧化碳等温室气体在大气下层的集聚，可能会由于妨碍反射能逸散到空间而具有温室增暖效应。不断积累的温室气体（二氧化碳、氟利昂、甲烷、臭氧）已经并将进一步导致气候变化。这说明没有任何可更新资源会在人类活动影响之外。

可更新资源耗损和退化的问题之所以恶化，是因为它们常常为公共物品或处于公共场所。传统上一直把它们看作不会耗竭的，所有人都可免费获取。人们对资源保护和减少污染没有积极性，所发生的技术变化一直假设它们可继续免费获取。诸如鱼群、飞鸟、水流和大气等资源都是在很大范围内不可分割的；没有哪一个用户能支配其供给，控制其他用户的数目或他们获取的数量。因此，短期内生产过度或利用过度的事就常常发生，形成长期耗竭的危险。可更新资源之所以受到持续压力，后面的原因是复杂的，需要认识自然系统、社会经济关系、政治权力、制度障碍等方面的问题，不可能找到简单的解释和简单的解决办法。

对许多可更新资源来说，自然更新并非指全球自然系统内理论上总的可得性和可更新性，而是指在一定地区或单元内利用速率和资源供给间的平衡。这些地域单元一般不是由自然划分的，而是由行政和政治决策决定的。例如，从全球尺度上看，水资源的再循环和供应并没有自然限制，水资源的供给和时空上的不平衡可通过储存和调运来解决，水的净化可通过人为干预得以加速，海水的可得性更是潜力无穷。当然，水的转移和储存对其他可更新资源（如动物、植物）的可得性与质量会有影响，从而在某种程度上限制供给的人为增加；海水脱盐与污水处理都高度耗能，这会进一步限制扩大供给的可能性。然而更为常见的情况是，供给极限是由投资不足而不是任何自然限制造成的。所以水资源稀缺是一种地区性的特殊问题，在各地的情况大不一样，反映不同的政治、制度、经济、环境和可得能源对增加流量和再利用的限制。

可更新资源的可得性其实更取决于人类的管理和利用，虽然自然再生过程也在起作用。对于临界性资源，为维持再生过程需要人为增加流量或进行需求管理；而对非临界带的资源（大气、太阳能、风能）来说，则需要投资以便将潜在的可更新资源转换成实际的供应源。换句话说，可更新资源的可得性依赖于调控供需的政治、制度和社会经济系统，而且这个系统决定可更新资源可得性在时间和空间上的分配。

思　考　题

1. 自然资源的概念包括哪些含义？
2. 如何对自然资源分类？按自然资源本身固有的属性表述自然资源分类系统。
3. 何为可更新资源和不可更新资源？
4. 解释不可更新资源可得性度量的六种概念及其间的关系。
5. 阐述影响探明储量的因素。
6. 解释可更新资源可得性度量的四种概念。
7. 举例说明持续能力的原理。
8. 承载能力受哪些因素的影响？解释各种承载能力概念。
9. 自然资源有哪些基本属性？
10. 自然资源的数量是固定还是动态的？为什么？
11. 自然资源的价值如何随人类需要和能力的发展而变化？

补 充 读 物

谢高地. 2009. 自然资源总论. 北京：高等教育出版社.

朱迪•丽丝. 2002. 自然资源：分配、经济学与政策. 蔡运龙等，译. 北京：商务印书馆.

第三章　自然资源的稀缺与冲突

自然资源的稀缺和冲突已成为当代全球性困扰。早在20世纪80年代，《我们共同的未来》就这样描述人类面临的形势：我们这个星球正在经历一个惊人发展和重大变化的时期。我们这个拥有50亿人口的世界必须在有限的生存环境内为另一个人类世界留下生存空间。据联合国预测，全球人口将在下个世纪的某个期间稳定在80亿～140亿……经济活动成倍增长，在下一个50年，全球经济将增长5～10倍。尽管目前自然资源消耗和废物产生的规模已经十分庞大，但许多欠发达国家和发展中国家的人口增长趋势仍然迅猛，工业化和经济发展仍未实现，他们需要努力从工业化和经济发展中获取利益。农业和工业发展的压力高速消耗地球上的资源，排挤着其他物种，使它们濒临灭绝；同时也明显地侵蚀我们这个星球的土壤、森林、水域，降低了地球的承载能力，改变了地球大气的质量。未来世界人口将继续倍增，经济活动将继续发展，这些压力有增无减。全人类将长期面临资源稀缺、环境退化、人口激增和发展受阻的挑战，如何面对这些挑战，将支配我们这个星球的未来（世界环境与发展委员会，1989）。

自然资源稀缺与冲突的态势，可以从中国和世界两个尺度来观察。

第一节　中国态势

一、自然资源基本特点

1. 总量大，类型多

中国陆地面积为960万km^2，居世界第三位；耕地面积约为1.4亿hm^2，居世界第四位；森林面积约为1.7亿hm^2，居世界第六位；草地面积约为4亿hm^2，居世界第二位；水资源约28000亿m^3，居世界第六位；45种主要矿产资源的潜在价值居世界第三位；水能、太阳能、煤炭资源分别居世界第一位、第二位、第三位。从总量看，中国是世界资源大国之一（中国科学院国情分析研究小组，1992）。

迄2007年底，中国已发现矿产171种，矿产地（点）20余万处，已探明储量的159种，其中有20多种矿产储量居世界前列。有10种矿产（钨、铋、锑、钛、稀土、硫铁矿、砷、石棉、石膏、石墨）居世界首位；有13种矿产（锌、钴、锡、钼、汞、钡、钽、锂、煤、菱铁矿、萤石、磷矿、重晶石）居世界第二或第三位。据有关部门的估算，中国45种矿产探明储量的潜在价值有13万亿美元，仅次于俄罗斯（25万亿美元）和美国（22万亿美元）（王安建等，2002）。

中国地形多样，气候复杂，形成多种多样的生物资源。中国生物多样性居世界前列。中国是世界上植物种类最丰富的国家之一，拥有的种数仅次于马来西亚和巴西。中国现有种子植物约 301 科、2980 属、24500 多种。其中，被子植物有 291 科、约 2940 属、24300 多种，相当于全世界被子植物科数的 53.3%，属数的 23.6%，种数的 10.8%。中国的陆栖脊椎动物约有 2000 多种，约占全世界总数的 10%。在中国所产的 2000 多种陆栖脊椎动物中，有不少种类为中国所特有，或主要产于中国，如鸟类中的丹顶鹤、马鸡，兽类中的金丝猴、羚牛。还有一些属于第四纪冰期后残留的孑遗种类，如大熊猫、野马、双峰驼，而产于长江下游一带的白鳍豚是世界仅有的两种淡水鲸类之一。两栖类中的大鲵、爬行类中的扬子鳄，都是举世闻名的珍贵种类（成升魁等，2003）。

一国的经济发展规模在很大程度上取决于该国的自然资源总量和类型。世界上若干经济大国（如美国、加拿大、俄罗斯、澳大利亚）都是自然资源大国。自然资源总量大、类型多是中国综合国力的重要方面，表明中国有较大的综合开发利用优势（中国科学院国情分析研究小组，1992）。

2. 人均资源量少

由于人口众多，中国主要自然资源的人均占有水平低，并将随着人口的增加继续降低。各类可再生资源人均占有量中国人均值与世界平均水平的比值如下：土地资源为三分之一，森林资源为六分之一，草地资源为三分之一，水资源为五分之一。中国人均土地面积已从 1949 年的 1.76 hm^2 下降至 2011 年的 0.71 hm^2；人均耕地面积从 1949 年的 0.19 hm^2 下降至 2011 年的 0.09 hm^2，约为世界平均水平 0.37hm^2 的 24%。随着人口继续增加，土地资源短缺的趋势将进一步增强（沈镭，2013）。同为人口大国的印度，不仅耕地总面积（约 1.7 亿 hm^2）和人均占有量（约 0.2 hm^2）皆大于中国，而且还有后备耕地资源约 1 亿 hm^2，远比中国的约 0.06 亿 hm^2 丰富。中国人均水资源约 2150m^3，不足世界平均水平 11000 m^3 的五分之一（中国科学院国情分析研究小组，1992）。

中国主要矿产资源的人均占有量都很低，例如，与世界平均水平比较，石油仅及 11%，天然气不足 5%，化石能源（包括煤炭、石油、天然气）为 58%；钢、铜和铝也仅分别相当于 88%、66%和 67%。仅用量不大的小宗金属（如稀土、钨）的人均占有量超过世界人均水平（王安建等，2002）。

3. 空间分布不均

中国自然资源分布的东西差异极其明显，南北资源组合的差异也很大。耕地资源、森林资源、水资源的 90%以上集中分布在东部，而能源、矿产等地下资源和天然草地相对集中于西部。

能源矿产主要分布在北方，长江以北煤炭占全国的 90%，仅山西、内蒙古、新疆、陕西、宁夏五省（自治区）就占全国总储量的 70%；而长江以南则严重缺乏能源（中国科学院国情分析研究小组，1992）。磷矿绝大部分储量在西南；铝土矿集中分布在华北、西南；铁矿主要分布在东北和西南；铜矿以长江中下游及赣东北最为重要，其次是西部；铅、锌矿主要分布在华南和西部；钨、锡等中国优势矿产则主要分布在赣、湘、桂、滇等南方省（自治区）（王安建等，2002）。

资源分布与需求严重失调。中国矿产资源的地理分布与经济区域不相匹配。74%的煤炭保有储量集中于山西、陕西、内蒙古和新疆，而经济发达的东南部地区煤炭资源较紧缺，形成北煤南调、西煤东运的格局；磷矿中70%的保有储量集中于云南、贵州、四川、湖北西部，需要南磷北运；铁矿主要集中在辽宁、河北、山西、四川等省。大型、超大型矿区主要分布在边远地区，开发利用难度较大，且受到交通运输条件的制约（沈镭，2013）。

中国土地资源在东南半壁较好，绝大部分土地已有不同程度的开发，集中了全国92%左右的耕地和林地，但人多地少、不同用途竞争激烈。而西北地区虽然人口稀少、土地资源丰富，但由于水资源缺乏，难利用土地面积大，气候高寒干旱，进一步开发利用土地资源的潜力有限。中国长江以北广大地区，耕地占全国的65%，而水资源量仅占全国的19%，人口占全国的47%；长江以南地区耕地面积仅为全国的35%，水资源总量却占到全国的81%，人口占全国总人口的51%。可见北方水资源供需矛盾更加突出，南方土地资源的供需矛盾更加显著。在以大兴安岭—太行山—雪峰山为界的东西两壁，水资源、土地资源与社会经济资源的空间匹配差距同样显著（图3.1）。由于中国城镇化水平和社会经济发展程度南部地区高于北部地区、东部地区快于西部地区，因此未来水土资源供需的结构性紧张会更加凸显（沈镭，2013）。

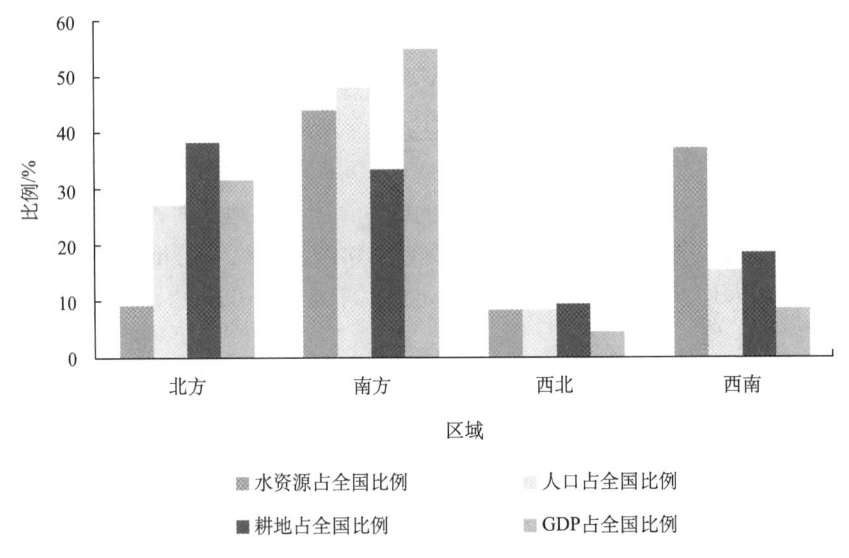

图3.1　中国水土资源与人口、经济的匹配情况（沈镭，2013）

4. 资源禀赋欠佳

中国耕地中，一等地约占40%，有限制因素的中、下等地约占60%；草地资源主要分布在半干旱、干旱地区与山区，资源质量较差；林地资源中质量好的比例也不高。

多数矿种贫矿多而富矿少。例如，在铁矿总储量中，含铁大于50%的富矿只占5.7%，贫矿占94.3%，其中相当一部分为难选矿。铜矿的平均品位仅为0.87%（远低于智利、赞比亚等主要产铜国），其中品位在1%以上的储量只占总储量的35.9%，而且大于200万t级的超大型铜矿品位基本上都低于 1%。铝土矿几乎全部为难选冶的一水硬铝石，且铝硅比大于 7，目前可经济开采的矿石在总储量中的比例仅为 1/3 左右。全国磷矿品位（P_2O_5）仅为 17%，富矿（>30%）仅占总资源量的 8%。优质能源石油、天然气只占探明能源储量的 20%。这些特点加大了矿产开发的难度和成本（中国科学院国情分析研究小组，1992）。

小型坑采矿山多，大型露采矿山少。以铜矿为例，在已发现的 900 多个矿产地中，大型矿床仅占 2.7%，中型矿床 8.9%，小型矿床多达 88.4%，致使 329 个已开采的铜矿区累计铜产量仅 52 万 t（2000 年），不及智利丘基卡玛塔一个矿山的年产量（65 万 t）。共、伴生矿多，成规模的单矿少，利用难度大，成本较高。中国铁矿具有矿床类型多、贫矿多、细粒嵌布矿石多、难选矿多等特点。80%左右的金属和非金属矿床中都有共伴生元素，尤其以铝、铜、铅、锌等有色金属矿床居多。单一型铜矿只有 27%；以共生、伴生产出的汞、锑、银储量分别占到各自储量的 20%～33%。在开发利用的 139 个矿种中，有 87 种矿产部分或全部来源于共生、伴生矿产。在经济技术不甚发达的条件下，不仅能够综合利用的有用组分被浪费，而且矿石组分复杂，致使选矿难度加大，开发成本增加（王安建等，2002）。

5. *资源潜力可观*

中国国土面积广大，内部分异复杂，随着科学认识和开发利用技术的发展，自然资源发现和开发的潜力还很大。例如，中国的陆地是不同时代、多种类型地质单元的多重拼合体，演化历史复杂，成矿条件良好。50 年来地质工作发现大量物、化探异常和矿化点，预示着巨大的找矿远景和资源潜力。20 世纪 80 年代以来，已发现异常 72000 多处，检查异常 25000 处，验证 5600 处，见矿 3200 处，发现大中小矿床 217 个，剩余 50000 余个未检查异常蕴含着巨大的找矿前景。从其他方面看，中国已发现矿化点 20 多万个，仅 2 万多处作了评估，其余 80%矿化点的评价定会导致矿产资源发现的重大突破。此外，西部大量矿产资源调查的空白区和东部资源富集区深部地段还会展示良好的找矿前景。再者，按照世界许多资源大国矿业开发的经验，大多数矿山开发深度可达 700～1000m，中国目前平均仅在 500m 左右，中国已有的主要矿产富集区深部资源潜力应该是巨大的（王安建等，2002）。

中国资源节流的潜力也很可观。例如，目前农业用水超过了农作物合理用量的 1/3 以上，如果采取措施，以现有的灌溉用水量，可扩大有效灌溉面积 1/3 到 1 倍，初步估计西北和华北地区的农业节水潜力可达 150 亿 m^3。工业和城市的节水潜力同样也很大，2000 年的城市污水排放总量为 474 亿 m^3，通过提高污水处理率和回用量，可大大提高工业和城市的供水量（成升魁等，2003）。

二、自然资源稀缺的挑战

1. *矿产资源*

1）供给保障不足

中国现有化石能源储量中，煤炭占世界总量的 16%，石油占 1.8%，天然气占 0.7%，三者总和折合成标准油当量占世界化石能源总储量的比例不足 11%；对于中国主要固体矿产储量占世界的比例，铁矿石不足 9%，锰矿石约 18%，铬矿只有 0.1%，铜矿不足 5%，铝土矿不足 2%，钾盐矿小于 1%。与占世界 21%的人口相比，中国主要矿产资源已发现的储量显得贫乏。储量寿命指数（即当前探明储量与年产量之比）显示储量可供开采的年限，可用以表征资源保障程度。中国主要矿产资源的静态储量寿命指数大多低于世界平均水平，即使储量丰富的煤炭，静态保障程度也不及世界平均水平的一半。因为石油、铁、锰、铬、铜、铝、钾盐等矿产的消费已大量依赖进口，所以现有储量对消费的保障程度（储消比）更低（王安建等，2002）。

2）需求压力增大

主要矿产资源人均消费量是衡量经济社会发展水平的一个重要标志。中国正处于工业化、城市化高速发展时期，目前主要矿产品的人均消费与发达国家还有较大差距。矿产资源的消费需求在数十年内还会成倍增长，需求压力越来越大。

中国钢消费总需求量在 2010 年为 2.5 亿 t，10 年累计需求量为 21 亿 t；2020 年需求量为 2.6 亿～2.7 亿 t，20 年累计需求量为 45 亿～47 亿 t；2030 年需求量为 2.75 亿～2.82 亿 t，30 年累计需求量为 74 亿 t。2010 年铜消费总需求量为 390 万～400 万 t，10 年累计需求量为 2800 万～3100 万 t；2020 年需求量为 546 万～643 万 t，20 年累计需求量为 7800 万～8100 万 t；2030 年需求量为 566 万～700 万 t，30 年累计需求量为 1.2 亿～1.4 亿 t。2010 年铝消费总需求量为 766 万～813 万 t，10 年累计需求量为 5700 万～6000 万 t；2020 年需求量为 1100 万～1130 万 t，20 年累计需求量为 1.7 亿～1.74 亿 t；2030 年需求量为 1300 万～1600 万 t，30 年累计需求量为 3.0 亿～3.1 亿 t。

中国一次能源消费需求总量从 2000 年的 8 亿 t（油当量）左右达到 2010 年的 18.6 亿～20.1 亿 t，2020 年达到 24 亿～28 亿 t，2030 年达到 29 亿～34 亿 t。未来 10 年累计能耗 152 亿～159 亿 t 油当量，20 年累计为 370 亿～400 亿 t，30 年累计达 640 亿～720 亿 t。若按照现有煤炭占 70%，石油占 23%，天然气占 3%的能源消费结构，2010 年和 2020 年中国石油的消费需求将从 2000 年的 2.32 亿 t 分别增长到 4.3 亿～4.6 亿 t 和 5.5 亿～6.4 亿 t。然而，这样低比例油气的能源消费结构很难满足未来经济发展的需要，如果没有新能源的突破和大规模补充，未来实际石油需求量可能更大。

作为新兴工业化国家，中国目前处于工业化中期，高耗能、耗材产业快速增长。快速推进的工业化不可避免地导致了矿产资源的大量需求和消耗，矿产资源需求形势严峻。目前中国已经成为世界上煤炭、铁矿石、氧化铝、铜、水泥消耗量最大的国家，石油消耗量则居世界第二。矿产资源保证程度呈下降趋势。2011 年，中国原油、煤炭、铁矿石、铝土矿、锰矿、铬铁矿、镍矿等进口量分别达到 25378 万 t、22228 万 t、68584 万 t、4494 万 t、1297 万 t、944 万 t、4806 万 t，均有不同幅度的增长。经济发展需求量大的支柱性矿产资源如石油、铁、铜等对外依存度较大，自给率逐渐降低（图 3.2），2011 年石油和铁矿石的对外依存度分别高达 56.7%和 56.4%。东部地区大量矿区陆续开始进入资源枯竭期，资源储量不足严重威胁中国矿业和国民经济的健康发展，国家资源安全将面临严峻挑战（沈镭，2013）。

2. 耕地资源

“民以食为天”，食物安全的重要性不言自明。食物安全的基础是耕地，但中国耕地资源面临的压力极其严峻。一方面，随着人口和人均消费的增加，对食物的需求在很长一段时期里将持续增长；另一方面，耕地却在不断减少。耕地减少的原因，一是中国正处在城市化、工业化高速发展时期，城市用地、工业用地、交通等基础设施用地不断扩展，不可避免地占用耕地；二是水土流失、沙漠化等不可抗拒的因素不断毁损耕地；三是农业结构调整、生态退耕等必要的土地利用变化也使耕地减少；四是曾经对弥补耕地减少起到关键作用的宜农荒地开垦已经受到极大限制，因为后备耕地资源已显不足，而且靠损失生态用地来弥补耕地的做法已不合时宜。

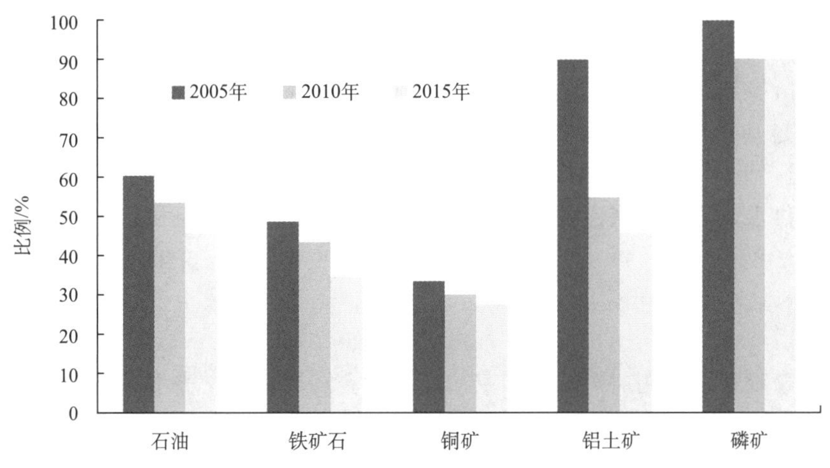

图 3.2　中国矿产资源自给率变化

中国历史上人均耕地最多时（1724 年）曾达到 31 亩（1 亩≈666.67m²），近代最高水平也曾为 3.53 亩（1910 年）（Cai, 1990）。随着人口的不断增长，人均占有土地面积不断下降。20 世纪 80 年代以来，中国经济高速增长，城市化、工业化发展迅猛，建设用地快速扩展。1985～1995 年，因各种非农建设、农业结构调整及灾害毁损累计减少耕地 10215.8 万亩，同期开发复垦耕地 7366.5 万亩，净减 2899.3 万亩，平均每年减少 289.93 万亩。1991～2001 年全国非农建设占用耕地面积 3585 万亩，占用林地面积 475 万亩，占用湿地 286 万亩。2001 年以后，年均新增建设用地总量始终保持在 600 万亩以上，2009 年全国审批的新增建设用地达到了 864 万亩。

土地还是生态安全的基础，为改善生态环境，中国进行了大规模的退耕还林、还草、还湖，1998～2006 年，全国累计完成约 1.8 亿亩，占近年来耕地面积减少的最大份额。

中国目前人均耕地只有 1.4 亩，远远低于世界平均水平（4.17 亩），更低于加拿大（26 亩）、美国（11.43 亩），甚至低于印度（2.97 亩）。中国各地人均耕地不足 1 亩的有 3 个直辖市和 4 个省，全国已有 666 个县人均耕地低于 0.8 亩，其中有 463 个县低于 0.5 亩（蔡运龙，2000）。

3. 水资源

中国水资源总量虽然较多，但人均量少，仅为 2189 m³/人，是全球人均水资源最贫乏的国家之一，总体上严重稀缺。然而，中国又是世界上用水量最多的国家。水资源浪费、污染及气候变暖、降水减少等原因，加剧了水资源短缺的危机。

按照国际标准，人均水资源低于 3000 m³ 为轻度缺水，低于 2000 m³ 为中度缺水，低于 1000 m³ 为重度缺水，低于 500 m³ 为极度缺水（世界资源研究所等，1999）。照此衡量，中国有 16 个省（自治区）重度缺水，6 个省（自治区）极度缺水；全国 600 多个城市中有 400 多个重度缺水。京津冀地区人均水资源仅为 286 m^3，占全国人均的 1/8，占世界人均的 1/32，远低于国际公认的人均 500 m^3 的极度缺水标准。

2013 年全国总用水量达到 6183 亿 m^3，占当年水资源总量的 22.1%，其中生活用水占 12.1%，工业用水占 22.8%，农业用水占 63.4%，生态环境补水（仅包括人为措施供给的城镇环境用水和部分河湖、湿地补水）占 1.7%。预计 2030 年和 2050 年的用水量分别是 7200 亿 m^3 和 7550 亿 m^3，过量取水将会给水文系统和生态系统带来极大风险。按照国际经验，一个国家用水量超过其水资源总量的 20%，就很可能会发生水资源危机（世界资源研究所等，1999）。中国已接近水资源危机的边缘，目前年均缺水量高达 500 多亿 m^3。此外，新增加的 1000 多亿 m^3 供水量，需要兴建各种蓄水和引水工程，其工程规模和工程量也将面临各种限制因素。

4. 森林资源

中国是一个森林资源相对短缺的国家，经济社会发展对木材需求的增加及对森林资源的保护，造成中国森林资源的供需态势相当严峻。近年来尽管中国的森林覆盖率在增加，从 1992 年的 13.92%提高至 2011 年的 20.36%，但森林资源总体质量仍呈下降趋势，现有林地质量高的仅占 13%，质量差的占 52%。同时，森林的生态功能严重退化，其中人工林和中幼龄林占多数，并且林相简单，生物多样性较差，森林生态效益欠佳。余下的森林资源多分布在边远贫穷山区和主要江河的上游，基本上属于应保护的资源，可采森林资源不足 20 亿 m^3。按现在的消耗水平，只能维持不到 10 年。

中国森林资源承受着日益加重的压力。2011 年全国木材消耗总量为 49992 万 m^3，同比增长 15.78%。其中，工业与建筑用材消耗量为 38908 万 m^3，占总量的比例高达 77.83%。目前，中国人均木材消耗量仅为 0.12 m^3，远不及世界平均水平（0.68 m^3）。从中国经济高速增长的趋势判断，未来对木材及其他林产品的需求量将日益增加，人均消耗木材每增长 0.1m^3，就需要增加 1.3 亿 m^3 的木材需求，相当于目前全国森林总面积的 67%。中国林产品需求的增加将给森林资源和生态建设带来巨大的压力（沈镭，2013）。

5. 资源利用效率

2010 年中国 GDP 占世界总量约 9.5%，但消耗了超过世界 17%的能源、35%的钢铁、40%的煤炭、50%的水泥。目前生产 1 万元的 GDP 能耗、水耗与地耗都比发达国家高出 10～12 倍。冶金、化工、建材等高耗能工业，产值不足工业产值的 20%，但能耗却超过工业用能总量的 60%。以能源为例，中国的能源消耗与经济增长、城镇化基本保持同步，经济增长靠粗放型的能源投入维持。中国单位 GDP 能耗是发达国家的 4 倍多，1 t 煤产生的效益仅相当于美国的 28.6%、欧盟的 16.8%、日本的 10.3%。中国城镇化水平从 19.92%增至 51.27%，能源消费总量从 57144 万 t 标准煤增至 348002 万 t 标准煤，平均城镇化水平每增加 1 个百分点能源消费增加 8700 万 t 标准煤（图 3.3）。

土地利用比较粗放，效率较低。城市用地盲目外延扩大，实际利用效率较低；农用地中，中低产田的面积比例大，利用粗放；林地的利用也不充分，森林平均 1hm^2 蓄积量只有世界平均水平的 78%，生产力较低；牧草地经营粗放，单位面积产草量远低于发达国家平均水平。

中国矿产资源总回采率仅为30%左右，而世界平均水平在50%以上；中国单位GDP消耗的矿物原料比发达国家高2～4倍，单位GDP能耗是发达国家的3～4倍（沈镭，2013）。

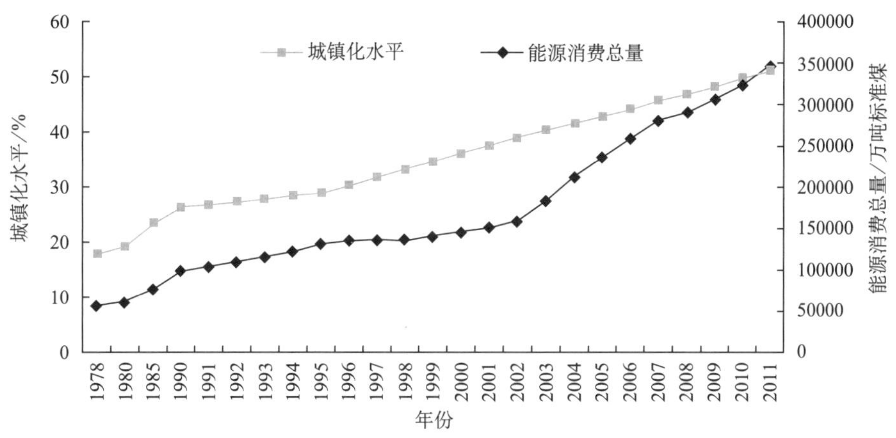

图3.3 改革开放以来我国城镇化水平与能源消费总量趋势（刘毅和杨宇，2014）

一方面，中国水资源利用效率远远低于国际平均水平。以万美元GDP用水量衡量，中国是以色列的8.9倍、美国的2.7倍、日本的7.1倍；工业用水带来的效益是欧美及日本等国家的将近1/20。农业用水方面，中国渠灌区用水的利用率大概为0.4～0.5，农田灌溉的水量超过作物生长用水量的1/3甚至一倍以上。另一方面，随着产业布局和经济结构调整、技术进步与产业优化升级、用水管理和节水水平提高，中国水资源利用效率明显提高，2013年万元GDP用水量为109 m^3，与1997年相比下降了82.2%以上。

6. 资源开发的生态影响

近年来的经济高速增长，相当程度上是以拼资源和环境为代价的，资源开发强度不断加大，对生态环境造成深刻的影响。

1）土地退化

沙漠化：中国沙漠与沙漠化面积达1.533亿 hm^2，占国土总面积的15.9%，每年因风沙危害的直接经济损失高达45亿元。从1949年至今，中国沙漠化土地增加了十几万平方公里，平均每年增加1500 km^2；受沙漠化影响的耕地面积达1.5亿亩，占耕地总面积的7.7%。中国沙化土地以极重度及中度沙化等级为主。沙化土地面积最多的省（自治区）是新疆、内蒙古和西藏，其沙化土地面积占全国沙化土地总面积的82.0%。近年来，全国沙化土地面积整体减少，但仍有部分地区沙化程度加重。沙化土地面积减少11.61万 km^2，减幅为6.0%。其中极重度沙化区呈减少趋势，轻度沙化面积增加。沙化程度减轻的地区主要分布在内蒙古东北部、黄土高原西北部和新疆北部等。

土壤侵蚀：中国水土流失面积由20世纪50年代初的116万 km^2 增加到90年代的163万 km^2，占全国土地面积的17%；受水土流失危害的耕地已达6.7亿亩，占耕地总面积的35%。作为华夏文明摇篮的黄土高原，水土流失面积比例高达82%，泥沙涌入黄河，被形象地称为“中国主动脉大出血”。南方山地丘陵由于水土严重流失形成的“劣地”和“红色沙漠”，面积比50年代增加了38%以上。全国水土流失强度较大的区域主要分布在黄土高原和西南地区，其中极重度水土流失主要发生在黄土高原和四川、云南局部地区；东部地区水土流失强度相对较小。自 2000 年以来，全国水土流失面积减少，从 177.78 万 km^2 减少到 167.75 万 km^2，减幅为 5.6%，其中，极重度水土流失面积比例减少幅度最大，减少 16.1%。

石漠化：中国西南地区的喀斯特丘陵山地水土流失造成的“石漠化”特别触目惊心。主要分布在贵州、云南、广西、四川、湖南、广东、重庆及湖北八省份的喀斯特地区，总面积为 9.56 万 km^2，占八省份总面积的 17.9%。近年来，全国石漠化程度有所改善，主要在广西、贵州大部、云南西南部等区域，但部分地区有恶化的趋势（欧阳志云，2017）。

土地污染：全国遭受不同程度污染的农田已达 1.5 亿亩，其中污水灌溉的农田为 5000 万亩，以酸雨和氟污染为主的大气污染的农田为 8000 万亩，固体废弃物堆存侵占和垃圾污染的农田为 1350 万亩，因农田污染每年损失粮食 120 亿 kg。环境保护部①、国土资源部②2014 年《中国土壤污染调查报告》披露，中国 16.1%的土地，19.4%的耕地，10.0%的林地，10.4%的草地和 11.4%的未利用地受到污染。镉、汞、砷、镉、铅等重金属污染物普遍存在，引发慢性病，危害人体和生态系统健康。在所有测试样本（覆盖 630 万 km^2）中，有机污染物双对氯苯基三氯乙烷（DDT）、多环芳烃（PAHs）、 六六六（HCHs）含量分别超过安全标准 1.9%、1.4%、0.5%。在污染土壤样本中，82% 含有毒有机污染物。除工厂废物和采矿污染外，化肥和农药的不可持续使用是土壤广泛污染的主要原因。中国消费了全世界近三分之一的化肥，单位面积农药的使用量是世界平均水平的 2.5 倍。

盐碱化和潜育化：中国北方耕地盐碱化面积约为 1 亿亩，在干旱半干旱区较为严重，主要是不合理灌溉造成的，如超灌、漫灌、有灌无排，东部沿海地区主要是海水倒灌所致。中国南方水田土壤潜育化面积约占 20%～40%。

耕地生产力下降：中国耕地的有机肥投入普遍不足，使耕地土壤有机质含量逐年减少；化肥投入结构不合理，氮、磷、钾失调。全国土壤有机质含量平均为 1%～2%，9%的耕地有机质含量低于 0.6%，59%缺磷，23%缺钾，14%磷钾俱缺。同时，大量施用化学肥料，导致土壤板结，生产力明显下降。

采矿迹地：矿产资源开发和工程建设过程中的剥离、塌陷，废弃矿石、废渣堆占等，使得表土毁坏。据估计，全国此类废弃土地已达 2 亿亩（蔡运龙和蒙吉军，1999）。2010 年直接破坏地表面积在 5 hm^2 以上的矿产开发点达 52566 个，分布于全国 1774 个县。十年间新增矿区面积为 2285.17km^2，占 2010 年矿区总面积的 32.26%。新增矿区面积的 55%分布在西部地区（欧阳志云，2017）。

2）环境污染

2000～2011 年废水排放总量、工业废气排放量和工业固体废弃物生产量及水资源消耗量都呈现增长的态势。2000～2013 年，水资源消耗量从 5566 亿 m^3 增至 6183 亿 m^3，而废水排放总量从 415 亿 m^3 增至 659 亿 m^3，工业废气排放总量从 138145 亿 m^3 增至 674509 亿 m^3，固体废弃物生产总量从 81608 万 t 增至 326203 万 t，增长率分别达 0.96%、4.29% 、15.51% 和 13.42%（图 3.4）。经济发展带来的环境污染成为当前中国发展的重大问题。部分地区产业规模的扩张和空间布局的失控加剧了环境污染，使得环境污染从局部的点源污染扩至大范围

① 现为生态环境部。

② 现为自然资源部。

的面源污染，从工业污染扩至农业和生活领域的污染，从城市污染扩至乡镇地区的污染，各种污染复合叠加，使原本严峻的环境问题更加复杂。多个省份水质污染、雾霾天气等问题就是其中的典型。全国 70%的城镇资源性缺水和水质性缺水，90%的城镇水域和 65%的饮用水源受到不同程度的污染，90%的城市沿河水域遭遇污染，200 多个城市出现垃圾围城的局面。从全国城市空气质量实时发布平台可以看出，一条深褐色的空气“污染带”由东北往中部斜向穿越中国大部分地区，其中深褐色点位最密集的在京津冀地区（刘毅和杨宇，2014）。

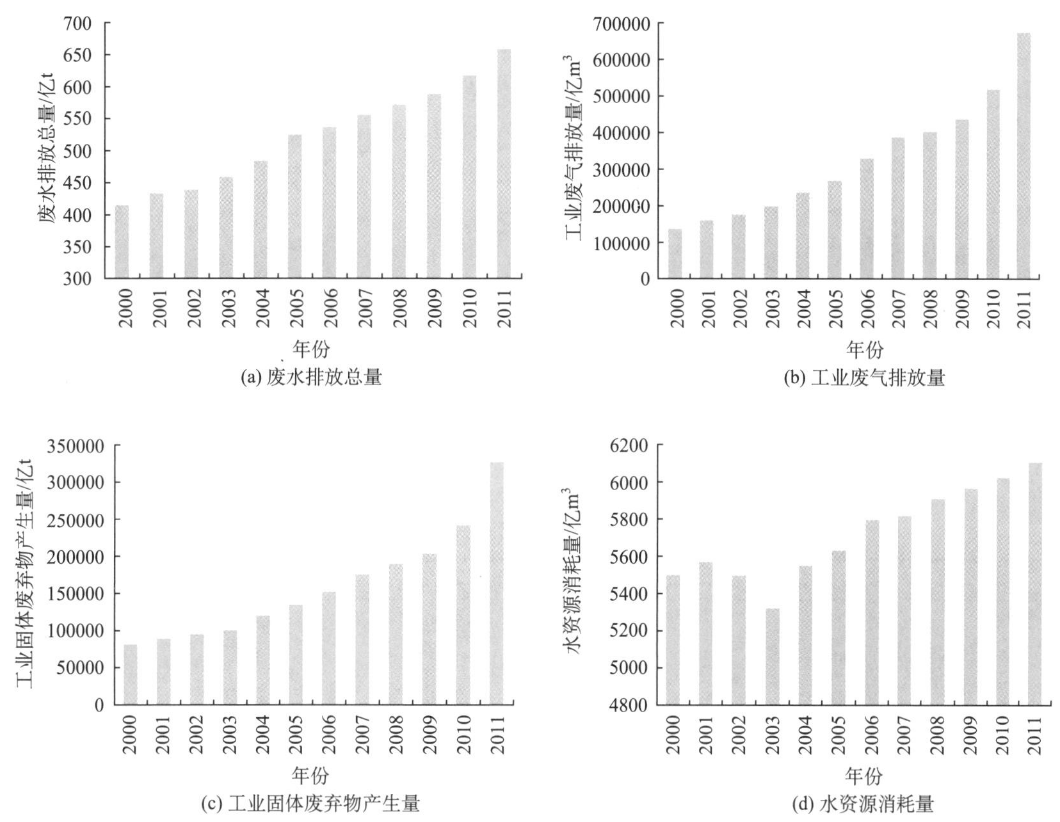

图 3.4　2000 年以来中国水资源消耗量、废水废气排放量和固体废弃物生产量（刘毅和杨宇，2014）

3）生态功能降低

建设用地占用农地和生态用地，过渡开垦和樵采，草原地区超载放牧，林地乱砍滥伐，致使林草植被遭到破坏，生态功能衰退，水土流失加剧。沿江、沿河的重要湖泊和湿地日益萎缩，特别是北方地区河流断流、湖泊干涸、地下水位严重下降，加剧了旱涝灾害的危害和植被退化、土地沙化。水生态失调加重。河流断流，许多河川径流量严重衰减，全国中小河流数量减少，断流情况不仅出现在降水量少的北部、西部地区，而且出现在雨量充沛的南方地区；不仅是小河小溪断流，大江大河也发生断流。湖泊萎缩，湿地破坏加剧。地下水位持续下降，冰川后退，雪线上升。近海环境持续恶化，20 世纪 90 年代末，中国沿海大面积的赤潮发生频率增加，2000 年中国赤潮创历史最高纪录。在许多地方人工植被建设始终赶不上天然植被破坏的速度，天然林面积减少，生物多样性减少的势头在加剧（成升魁等，2003）。

生物多样性减少的原因还有湿地开垦、捕猎及捕捞过度、兴修大型水利工程破坏水生生物的栖息生境和洄游通道、过度采挖野生经济植物、环境污染等。

生态系统人工化加剧，野生动植物栖息地减少。2000～2010 年，人工林、库塘等人工湿地和城镇面积显著增加，自然森林、沼泽湿地和自然草地面积持续减少，生态系统人工化趋势进一步加剧。全国人工林面积约占森林生态系统面积的 1/3。全国城镇面积明显增加，2000～2010 年增加了 5.56 万 km^2，2010 年比 2000 年增加 28%。全国水库数量为 8.79 万个，水库水面为 5.28 万 km^2，总库容为 7162 亿 m^3，分别占全国陆地水体总面积的 26.1%和全国河流径流总量的 23%，这 10 年水库面积增加了 3.1%，自然河段长度比例不断下降。由于水资源与水电资源的大规模开发，中国河流生态系统面临巨大冲击，河流断流、湿地丧失及废水排放显著增加，水环境污染严重、生物多样性减少且生态调节功能低（欧阳志云，2017）。

第二节 全球概览

一、自然资源的稀缺

1. 矿物资源与能源

世界上已发现矿物资源 200 多种，以分布较为广泛且开采较为频繁的铁矿、铜矿、铝土矿、铅矿、锌矿、镍矿为例，全球已探明储量分别为 81 亿 t、7 亿 t、280 亿 t、0.87 亿 t、2.3 亿 t、0.81 亿 t，其中铝土矿、铁矿的人均储量最多，分别为 3909.5 kg 和 1131.0 kg（表 3.1）。

表 3.1 2013 年全球重要金属矿物储量/产量及人均储量/产量

矿种	储量/万 t	人均储量/kg	产量/万 t	人均产量/kg	储产比
铁矿	810000	1131.0	15000	20.9	54
铜矿	70000	97.7	1830	2.6	38
铝土矿	2800000	3909.5	28300	39.5	99
铅矿	8700	12.1	541	0.8	16
锌矿	23000	32.1	1340	1.9	17
镍矿	8100	11.3	263	0.4	31

资料来源：Jewell and Kimball，2015。

反观整个 20 世纪，人类大量消耗资源，快速积累财富，高速发展经济。在短短 100 年间，全球 GDP 增长了 18 倍，人类所创造的财富超过了以往历史时期的总和。与此同时，地球资源消耗的速度和数量迅猛增长，石油的年消费量由 20 世纪初的 2043 万 t 增加到 35 亿 t，增长了 177 倍；钢、铜和铝的消费量，分别由 1900 年的 2780 万 t、49.5 万 t 和 6800t 增加到 2000 年的 8.47 亿 t、1400 多万 t 和 2454 万 t，分别增长了 29 倍、27 倍和 3608 倍。世界经济的高速发展和人口的飞速增长，快速的工业化、城市化，庞大的人口数量和不断提高的生活水平，极大地消耗着地球资源，巨大的人类活动营力不断地改变着亿万年形成的自然环境的面貌，数千年来人与自然相互协调的关系被打破。整个 20 世纪，人类共消耗了 1420 亿 t 石油、2650 亿 t 煤炭、380 亿 t 铁、7.6 亿 t 铝、4.8 亿 t 铜及大量其他矿物资源，其中 60%以上的能源和 50%以上的矿产资源是由占世界人口不足 15%的发达国家消耗的。进入 21 世纪，人类正迎来新一轮化石能源与矿产资源高消费、快增长的时期（王安建等，2002）。

21 世纪，人类步入信息社会，以知识经济为特征的新经济增长方式初见端倪。21 世纪的经济发展是否还会像 20 世纪那样，以消耗大量资源作为支撑？历史的经验表明，工业化过程是人类大量消耗自然资源，快速积累社会财富，迅速提高生活水平的过程，是一个国家不可逾越的发展阶段。造成 20 世纪资源快速大量消耗的主导因素是以发达国家为主体的工业化过程和全球人口的迅速膨胀。不足世界人口 15%的发达国家消耗着世界 60%以上的能源和 50%以上的矿产资源。步入 21 世纪，随着另外超过世界人口 85%的发展中国家走向工业化，矿产资源消费的速率和数量更会有增无减。虽然，随着科学技术的广泛发展和应用，以及社会经济发展途径的改变，21 世纪的工业化经济增长方式将更为丰富，工业化进程将更快，资源的利用效率会更高，但占世界人口 4/5 的发展中国家正在进行着或即将陆续步入工业化发展阶段，持续更大量、更快速地消耗矿产资源将难以避免。事实上，人类目前使用的 95%以上的能源、80%以上的工业原材料和 70%以上的农业生产原料仍然来自矿产资源。矿产资源作为人类赖以生存和发展物质基础的地位一直没有改变。

世界能源消费总量从 1990 年的 85.7 亿 t 油当量增长到 2011 年的 112 亿 t 油当量，后者是前者的 1.3 倍，年均复合增长率 1.9%。世界人均消费由 1990 年的 1670 kg 石油当量增加到 2011 年的 1890 kg 石油当量，年均复合增长率达到 0.6%。按照 2011 年美元不变价计算，世界单位 GDP 能耗由 1990 年的每千美元 0.186 t 石油当量下降到 2011 年的每千美元 0.137 t 石油当量，呈现逐年下降的态势（世界银行数据库，2014）。

全球化石能源剩余探明储量大约折合 8100 亿 t 油当量，其中石油、天然气和煤炭的比例为 17∶17∶66。据预测（按 2020 年化石能源在一次能源中的比例下降到 80%），未来 25 年全球累计化石能源需求总量约为 2600 亿 t 油当量。与之比较，全球化石能源的资源总量相对充足。若按目前世界化石能源消费结构（石油、天然气和煤炭换算成油当量的比例为 44∶23∶23），未来 25 年石油、天然气和煤炭的需求总量分别为 1100 亿 t、70 万亿 m^3 和 1400 多亿 t。与目前世界石油探明剩余可采储量 1400 多亿 t 和天然气剩余探明储量 150 万亿 m^3 及煤炭 9800 多亿 t 比较，全球石油资源供需形势不容乐观。尽管天然气资源供需形势稍好，现有探明剩余储量也仅能维持 40 年左右。煤炭资源相对充足。未来 20 年，如果石油和天然气储量增幅不大，新能源和能源技术缺少突破，煤炭的清洁利用将成为保证能源持续供应的必然选择（王安建等，2002）。

与此同时，预计薪柴这种广大农村的主要能源将比今天更难获取，这意味着贫困地区满足基本生活需要的燃料将更紧缺，被砍伐的森林面积将进一步扩大，更多的畜粪和作物秸秆将用于炊事而不是用作有机肥。以上预测尚未考虑日益增加的全球变暖效应，也未考虑目前正在积极寻求制定国际协定的种种可能性，这些国际协定企图稳定甚至减少二氧化碳的排放量，因此需要降低化石燃料的消耗量。

预计未来主要非燃料矿物的需求量和消费量每年增加 3%～5%。据储量寿命指数测算，当前世界探明储量可供开采的年限，铝是 224 年，铅、汞是 22 年，镍是 65 年，锡、锌是 21 年，铁矿是 167 年（世界资源研究所等，1999）。很多主要矿物资源不久即将面临枯竭的危险，尤其是全球铜资源供需形势不容乐观。2000～2025 年全球铜累计需求将超过 5 亿 t，即便考虑 40%回收再利用率，这 25 年 3 亿 t 的需求量与探明可采的 3.4 亿 t 铜储量几乎相当。尽管资源保证程度较高的铝对铜具有很强的替代能力，但是铜资源紧缺的形势仍将十分严峻（王安建等，2002）。

2015 年的世界经济论坛指出了全球能源的五大挑战（World Economic Forum，2015）。

（1）目前，全球还有 13 亿人没有用上现代能源。我们能否让他们共享能源便利？无论是建造基础设施还是弥合能源鸿沟，投资者手中都具有足够资金，但他们行动的前提是对国家治理有信心。

（2）我们能否更高效地利用能源，大幅降低单位产值能耗？能源利用效率的提升取决于两点，一是现有节能技术在全球推广的情况，二是推动转型，通过低能耗行业促进经济增长。

（3）全球大多数能源仍然来自碳的燃烧，我们能否大幅度降低对碳的依赖？要让能源的价格反映污染成本和对气候变化的影响。只有借助经济刺激因素，才可能激发必要的创新。

（4）我们能否通过建立区域性电网优化资源？若能建立区域性电网，就仍然存在很大的资源优化空间。只有投资者对区域地缘政治稳定和国家治理有信心，区域性电网才可能成为现实。

（5）我们能否保持足够低的能源成本，维持经济增长？美国对页岩气的开发是资源开发的成功实例，新技术、现有天然气基础设施和运作有效的天然气市场框架在其中都发挥了有效作用。

2. 水资源

截至 2012 年全世界可再生水资源总量为 42900 亿 m^3，人均可再生水资源量为 6160 m^3，呈现下降趋势。预测 2050 年世界人均可再生水资源量将进一步下降到 4556 m^3，其中非洲将从 2010 年的 3851 m^3 降至 1796 m^3（表 3.2）。

表 3.2　世界人均可再生水资源量预测　（单位：m^3）

地区	2000 年	2010 年	2030 年	2050 年
非洲	4854	3851	2520	1796
美洲	22930	20480	17347	15976
亚洲	3186	2845	2433	2302
欧洲	9175	8898	8859	9128
大洋洲	35681	30885	24873	21998
世界	6936	6148	5095	4556

资料来源：WWAP，2014。

2000 年，世界总用水量占世界总径流量的 15%。2007 年农业用水占全球总耗水量的比例达到 70%，预计今后相当长一段时间内仍将占据水资源消耗的大半。近年来一些国家工业用水的需求增长迅速，其中欧洲工业用水量占比已超过农业用水量占比。此外，一些发达国家的城市生活用水需求增长迅速。2012 年农业用水、工业用水、生活用水的占比达到 70.7∶11.6∶17.7，生活用水的占比呈现进一步上升趋势（WWAP，2014）。

全世界对水的需求将会是 21 世纪最为紧迫的资源问题之一。1900～1995 年，全球水消耗量增长了 6 倍，是人口增长速度的 2 倍多。随着工农业和家庭用水的增加，全球水消耗量将进一步快速增长。灌溉用水、工业和家庭的现代化，使得水需求量大大增加。大部分水需求的增长将发生在发展中国家，这是因为那里的人口增长和工农业发展很快，而工业化国家的人均耗水量也在不断增长。

从全球尺度上看，水的自然供给应该是充足的，但水资源的分布在不同国家之间及在同一国家不同地区之间很不均衡。这一形势已在一些地区造成了严重的水资源稀缺，制约着发展，人类用水的需求得不到满足，水生生态系统也遭到破坏。1997 年联合国对淡水资源的评估显示，全世界有 1/3 的人口居住在面临中度至严重水源紧张的国家。联合国的评估还表明，如果今后 30 年内在水的分配和使用方式上仍没有明显改进，全球水资源形势将极大地恶化（世界资源研究所等，1999）。

水污染导致清洁水源减少，人类对其需求的竞争也就随之加剧，尤其在不断扩张的城市地区和农村使用者之间。在有着系统的水资源使用和配给法规的地方，水市场运作正常，买者以合理的价格与卖者交换供水。然而有效的水价，即将水价提高到足以抑制浪费，在一些低收入的国家仍是个极为敏感的问题，这是因为那里大多数人生活依赖灌溉农业。贫水国家的社会经济发展也严重依赖于对这一稀有资源的更为合理的分配。

提高水的使用效率会大大增加可利用的水资源。例如，在发展中国家有 60%～70%的灌溉用水流失了而没有被农作物吸收。尽管节水滴灌法的使用增长了 28 倍，但它灌溉的面积还不足世界耕地的 1%。从长远的角度来看，许多地区日趋严重的水资源危机必须通过严格的政策来解决，即将水资源重新分配到经济和社会效益最好的用途上。同时，也有必要对节水技术和污染控制给予更大的重视，但是即使实行了抑制水需求增长的措施和提高了水资源的使用效率，也还是需要新的水源。世界银行估计，由于多数只需低投入即可利用的水资源储备已消耗殆尽，用于进一步开发新水源所需的财政及环保的投入将会是现有投资的 2～3 倍。

在面临严重水资源危机且人均收入较低的发展中国家，主要在非洲和亚洲的干旱及半干旱地区，潜在形势非常严峻。可利用水资源的大部分用于农田灌溉，并且这些地区都苦于缺乏污染控制，发展受到严格制约，这是因为既没有多余的水资源，也没有财力将其发展方向从密集的灌溉农业转向其他产业，从而创造就业机会并获得收入以进口粮食（世界资源研究所等，1999）。

全球变暖很可能通过水文循环对水的流动，进而对淡水资源产生重大影响。就全球而言，较暖的气候将导致海洋蒸发的增加，因此可能增加河川径流和淡水资源；但各区域的变化将是非常不同和非常不确定的。大气环流模型预测，全球表面大气温度平均每增加 0.5℃，大气年降水量将增加超过 10%。降水很可能主要在北半球大陆的高纬度地区和全球低纬底地带增加，而中纬度地区将减少。因此，温度升高和降水减少将使北半球农业生产高度发达，集中了全世界大部分人口和城市的广大地区土壤水分和河川径流减少，水资源进一步紧张（世界资源研究所等，2002）。

3. 耕地与食物资源

耕地是粮食安全的根本保障，保持耕地生产力至关重要。但由于人口增长、城市扩张、气候变化等因素，世界耕地资源面临严峻形势，粮食供应面临严重威胁。

世界已耕地面积在 1950 年近 12 亿 hm^2，1970 年为 13.2 亿 hm^2，1980 年为 13.6 亿 hm^2，

2012 年为 15.6 亿 hm^2，约占世界可耕土地总面积（49 亿 hm^2）的 32%，约占全球地表总面积（130 亿 hm^2）的 12%。伴随着世界人口的快速增长，人均已耕地面积急剧减少，2012 年人均已耕地面积为 0.22 hm^2（表 3.3）。

表 3.3 2012 年世界已耕地总面积及人均面积

地区	已耕地面积		人口		人均已耕地面积
	万 hm^2	占比/%	万人	占比/%	hm^2
非洲	27371	17.5	108353	15.3	0.25
美洲	39698	25.4	96228	13.6	0.41
亚洲	55212	35.3	425452	60.1	0.13
欧洲	28991	18.6	74197	10.5	0.39
大洋洲	4983	3.2	3778	0.5	1.32
世界	156255	100	708008	100	0.22

资料来源：联合国粮农组织统计数据库，2014。

近几十年来，全球农业在扩大世界粮食供应方面取得了显著的进展。世界粮食产量的增长比人口增长更快，从而能养活增加了的人口，发展中国家的成就尤其突出，这一进展得益于“绿色革命”——优良的种子、灌溉面积扩大及更多地使用化肥和杀虫剂，也得益于从世界其他地方进口粮食的迅速增长。今后要向不断增加的人口提供粮食，这将是一个更大的挑战。从短期来说，全球将有足够的粮食供应，但分配上的问题将导致千百万的人营养不良。从更长期来看，还有一些严峻的问题。例如，作物种植强度加大，特别是水稻。一些新的水稻品种使产量更高，一年两熟制甚至三熟制得以大范围推广。然而，提高复种指数对土壤产生了很大的压力，报酬递减的趋势已经出现。此外，在收割、储存和分配中造成的粮食浪费、水土流失和其他形式的土地退化使生产粮食的耕地不断减少，世界谷物价格下降也使大量耕地从粮食生产转移到其他用途（世界资源研究所等，1999）。

未来农业资源保障食物的能力主要受三个因素的威胁：一是人均耕地面积的进一步减少；二是农业用地退化；三是全球气候变化对农业的影响。

在许多发展中国家，耕地已显不足。若一个国家的潜在可耕地有 70%已被开发，就可视为“土地资源不足”。而在亚洲，估计目前已有 82%的可耕地投入耕作。在拉丁美洲和撒哈拉以南的非洲，虽然可耕地还有很多储备，但大部分土壤条件较差，或者降水很不可靠，或者受其他自然条件如土壤结构、地形坡度、土壤酸碱度等的限制。扩大耕地往往还要牺牲草地、林地、湿地和其他类型的土地，而这些土地一般都在生态和经济上有不可替代的价值，或者在生态上比较脆弱，开垦为耕地会付出很大代价。因此，扩大耕地的前景不容乐观。相反，随着城市用地的不断扩大，随着荒漠化、盐碱化、涝渍和土壤侵蚀不断毁损土地，耕地会变得越来越少。

据估计，1945～1990 年的土地退化使全球粮食生产降低了 17%左右。在非洲，仅仅土壤流失造成的生产损失估计在 8%以上。在一些亚洲和中东国家，土壤退化造成的生产力下降可能超过 20%。随着土地继续退化，预计这些损失将持续加重。

大气中二氧化碳含量增加，会使作物光合作用强度增加，因此有可能使农业增产。但温室气体增加的其他后果，如作为世界粮食主产区的广大中纬地带降水量的减少，作物生长关键期土壤水分的亏缺，全球变暖促使作物病虫害增加等，将会抵消这种“二氧化碳施肥”的效果，甚至会导致全球粮食产量明显下降。

渔业是一种重要的食物来源，但世界上28%的最重要的海洋鱼类种群已经耗竭、被过度捕捞或刚刚从过度捕捞中开始恢复。另外，47%的捕捞正处在生物极限的边缘，因此也濒临耗竭。虽然淡水养殖的产量稳步上升，但淡水鱼群正被过度开发，对水产业依赖性的日益增加和自然鱼类种群的衰退，带来严重后果。

4. 森林资源

森林提供木材、纤维、生物能源等林产品，也通过提供其他生态服务功能（尤其是吸收二氧化碳）维系全球生态平衡，是世界可持续发展的重要自然资源。1990～2012 年世界森林总面积维持在 40 亿 hm^2 左右，全球森林覆盖率为 31%；人均森林面积呈现逐年下降趋势，目前人均不足 0.6 hm^2（表 3.4）。主要用于生产的森林变化趋势如表 3.5 所示。除天然林外，人工林成为木材供给的重要来源。2005～2010 年，人工林面积年均增长约 500 万 hm^2，并继续上升，在 2020 年前达 3 亿 hm^2，发挥越来越大的作用。

表 3.4　2010 年世界森林面积及人均面积

地区	森林面积		人口		人均森林面积
	万 hm^2	占全球森林面积的比例%	万人	占比/%	hm^2
非洲	67442	16.7	103109	14.9	0.65
美洲	156975	38.9	94269	13.6	1.67
亚洲	59251	14.7	416544	60.2	0.14
欧洲	100500	24.9	74031	10.7	1.36
大洋洲	19138	4.7	3666	0.5	5.22
世界	403306	100	691619	100	0.58

资料来源：FAO，2010。

表 3.5　1990～2010 年指定主要用于生产的森林面积变化

地区	指定主要用于生产的森林面积/万 hm^2			年度变化/万 hm^2		年度变化率/%	
	1990 年	2000 年	2010 年	1990～2000 年	2000～2010 年	1990～2000 年	2000～2010 年
非洲	21094	20269	18603	–83	–167	–0.4	–0.85
美洲	15405	16586	18051	118	147	0.77	0.89
亚洲	25131	25793	22848	66	–295	0.26	–1.21
欧洲	55804	52267	52462	–354	20	–0.65	0.04
大洋洲	724	1118	1157	39	4	4.44	0.34
世界	118158	116033	113121	–213	–291	–0.18	–0.25

资料来源：FAO，2010。

森林资源在全球的分布极不均衡，最富有的 5 个国家（俄罗斯、巴西、加拿大、美国和中国）占有 53%的全球森林资源；而在另外拥有 20 亿人口的 64 个国家，包括干旱地区的几个较大国家和许多小岛屿国家及属地，森林占土地面积的比例少于 10%，其中 10 个国家没有森林；而另外54个国家的森林不足其土地总面积的10%（FAO，2010）。

二、资源消耗的环境后果

1. 温室气体积聚与气候变化

人类消耗自然资源的后果，如城市烟雾、流域退化、地区野生动物栖息地消失等，曾经只出现在局部或地区范围。然而，目前人类活动已给地球造成更大规模的影响，如气候变化、同温层臭氧损耗、海平面上升、全球环境地球化学循环变化等。

全球矿物能源消耗不断增长，在今后的几十年里，经济的进一步增长将使其保持稳步增长的势头。随着能源消耗的增加，矿物燃料燃烧排放的温室气体（大气中CO_2排放量的80%以上来源于与能源消耗相关的排放）也将增加（世界资源研究所等，1999）。以CO_2为主的温室气体积聚的严重后果是全球变暖，全球气候变化是目前国际社会最关注的，同时也是最严峻的环境变化问题。

1880～2012年，全球地表平均温度大约上升了0.85℃（IPCC，2013）。气候变暖引发的一系列严重恶果已经逐步显现，并将长期存在。国际社会越来越意识到应对气候变化的紧迫性，全世界也在积极寻找应对气候变化的方法。

2010年CO_2排放量前十的国家分别为中国、美国、印度、俄罗斯、日本、德国、伊朗、韩国、加拿大、英国，合计超过全球CO_2总排放量的60%；其中，中国、美国、印度和俄罗斯CO_2的排放量合计超过了全球排放量的50%。中国、印度、俄罗斯、南非、巴西五个新兴经济体国家由于人口基数大，经济发展迅速，能源结构尚处低端，全部进入CO_2排放量前十五位，其排放量合计约占全球总排放量的38%。新兴经济体国家CO_2的排放量虽大，但人均排放量仍低于发达国家，尤以印度最为明显。发达国家人均排放量最大，总排放量近年来较新兴经济体国家略低，但数量依然相当庞大，尤其是美国，其总量位居世界第二，人均量位居世界第一。发展中国家排放量与人均排放量逐年增加，但低于发达国家和新兴经济体国家，最不发达国家排放量与人均排放量都最低，且人均排放量远低于世界平均水平。人均GDP越高，相应人均CO_2排放量也越多，一般发达国家高于新兴经济体国家，新兴经济体国家高于发展中国家，发展中国家高于最不发达国家（世界银行数据库，2014）。

在发达国家，人均能源消耗已很高，还在缓慢增长。而在占有全球80%人口的发展中国家，目前仅消耗世界能源的1/3，这种格局会迅速改变。到2010年，发展中国家的商用能源消耗占到40%，CO_2排放量增长更快，可能占到全球排放量的45%。促使发展中国家能源需求快速增长的因素包括快速的产业扩张和基础设施发展，高速的人口增长和城市化及收入增加使家庭可以购置过去无力负担的家用电器和汽车。

矿物燃料消耗的增长导致CO_2排放量的增长，这种情形在增长迅速的中国和南亚尤为显著，这是因为煤是这些国家的主要能源，而煤在所有矿物燃料中产生的CO_2排放量最大。中国70%以上的电力和南亚60%以上的电力是靠燃煤，而且这些地区的电力需求会以每年6%～7%的速率递增，这将导致这些国家CO_2排放量在不久的将来增加1倍。

人类活动使得大气中的CO_2含量正以每年1.5ppm[①]的速度递增。即使将来的排放量基本

① $1ppm=10^{-6}$。

保持在今天的水平（这是一个非常困难的任务），到21世纪末，大气中的CO_2浓度也将比工业化前增加1倍。要达到稳定大气中的CO_2浓度，并实现今后几个世纪内最大限度地抑制变暖趋势的目标，必须使今后的CO_2排放量大大低于现在的水平。然而，真正采取行动并不容易，因为在现有的市场条件下，对于廉价丰富的矿物燃料的依赖仍将持续。除非立即采取措施提高能源利用率，用更清洁的燃料，如天然气代替煤，并加速开发和利用可再生能源的技术，大气中已大量积累的CO_2仍将持续增长。

以CO_2为主的温室气体积聚的严重后果是全球变暖，可能对自然生态系统和人类社会，特别是农业生产造成重大影响，这种温度的升高是由于人类活动加大了大气中温室气体的浓度，还是仅仅反映了全球气候的自然变化？政府间气候变化专门委员会（IPCC，2013）在历次报告中都讨论了这一问题，结论如下。

1990年第一次报告：近百年的气候变化可能是自然波动或人类活动或两者共同造成的。

1995年第二次报告：人类活动影响已被觉察出来。

2001年第三次报告：过去50年大部分观测到的增暖可能由人类活动引起的温室气体浓度的增加造成。

2007年第四次报告：将人类活动影响全球气候变化因果关系的判断，由原来60%信度提高到目前的90%信度，指出人类活动很可能是气候变暖的主要原因。

2013年第五次报告：人类活动极可能（95%以上的可能性）导致了20世纪50年代以来的全球变暖。

政府间气候变化专门委员会也承认，关于全球变暖的程度和进程，以及它怎样影响地球生态系统和人类，有一些问题尚不确定，但总的说来，人类活动导致的温室效应正持续加强，这更进一步说明有必要采取切实可行的措施来解决气候变化的问题（IPCC, 2001）。全球气候变暖已经并将继续影响地球生态系统和社会经济发展。

2. 土地退化与生态足迹

农业资源开发的过程普遍造成不良环境影响，如土地改为农用带来自然生境的损失，强度土地利用使得土地退化，化肥和杀虫剂的使用（或滥用）导致土壤污染等。最常见的土地退化是土壤流失。约2/3的土壤流失是水蚀冲刷表土造成的，还有1/3是风蚀造成的。土壤的形成过程相当缓慢，在正常农业条件下，形成2.5cm的表土需要200～1000年。而对全球土壤流失所作的分析表明，表土流失速度在不同地区是其更替速度的16～300倍。农地退化还包括机耕造成的自然退化导致土壤板结，反复耕作，没有足够的休耕时间，或者没有用肥田作物、肥料或化肥来补充营养成分导致土壤营养成分耗竭。另外，农业化学品的过度使用会杀死那些有用的土壤生物。农业灌溉用水管理不善也是农田退化的主要原因。排水不好会导致土壤渍水或盐碱化，使盐在土壤中积累到有毒的水平（世界资源研究所等，1999）。

生物多样性和生态系统服务政府间科学-政策平台发布的《为决策者提供的土地退化与恢复专题评估概要》报告（IPBES，2018）指出，目前地球表面不到1/4的区域没有受到人类活动的重大影响。到2050年，估计这一比例将下降到不足10%，这些区域主要集中在不适合人类使用或居住的沙漠、山区、苔原和极地地区。湿地退化特别严重，过去300年来全球有87%的湿地损失，自1900年以来全球有54%的湿地损失。土地退化会给人类社会的各个方面造成深远影响，包括：①威胁全球至少32亿人的生计。②将地球推向第6次大规模物种灭绝。土地退化造成的栖息地丧失和栖息地适宜性下降，是生物多样性丧失的主要原因。③造成生物多样性和生态系统服务损失，2010 年估计这一损失的经济成本超过全球年度总产值的 10%。④增加埃博拉病毒、猴痘病毒和马尔堡病毒等人类疾病的风险，其中一些疾病已经成为全球性健康风险。⑤增加暴露于有害空气、水和土地污染的人数，特别是在发展中国家。⑥通过影响心理平衡、注意力、灵感和治疗，最终威胁心理健康。⑦增加风暴破坏、洪水和山体滑坡的风险，并带来高昂的社会经济和人力成本。⑧土地退化对脆弱群体的负面影响最大。

生态足迹（又称“生态占用”）指人类消费及此过程中所产生的废弃物吸纳所需的生物生产性土地面积（全球公顷 gha）。2011 年，全球生态足迹总量为 185 亿 gha，人均生态足迹为 2.7gha。1961～2011 年，人均生态足迹相对稳定在 2.4～2.9gha；但世界人口数量由 31 亿增加到 70 亿，生态足迹总量增加了 146%。半个多世纪以来，燃烧化石燃料产生的碳足迹一直是生态足迹的主要组分，并且呈上升趋势。1961 年，碳足迹占总生态足迹的 36%，到 2011 年，碳足迹占比为 55%。

生态承载力是生态系统实际可用于生产可再生资源及吸收 CO_2 的能力，生态承载力小于生态足迹时，就会出现生态赤字。1961 年至今，人类对自然的需求已经超过地球的可供给能力。2011 年，我们需要 1.5 个地球的资源，才能提供我们目前使用的生态服务。1961～1971 年，全球人均生态承载力大于人均生态足迹，全球处于生态盈余状态。1970～2011 年，人均生态承载力小于人均生态足迹，全球处于生态赤字状态，并且生态赤字逐渐升高，2011 年，全球人均生态赤字将近 1gha。排放的土地面积用以衡量生物圈再生和供给生命的能力，也以“全球公顷”为单位，是判断生态足迹合理性的参照。按目前的模式预测，到 2030 年，我们将需要两个地球来满足我们每年的需求。随着世界人口预计在 2050 年和 2100 年分别达到 96 亿和 110 亿，可供我们每个人使用的生物承载力还将进一步缩水（WWF，2014）。

3. 大气污染

硫、氮、可吸入颗粒物（PM_{10} 和 $PM_{2.5}$）、臭氧是四大损害空气质量的污染物。空气质量与气候变化、平流层臭氧损耗密切相关，空气污染严重危害人类健康。颗粒性污染物，尤其是细粒子 $PM_{2.5}$，是损害人类健康的最重要的空气污染物（WHO，2011）。最近的一项研究估计，2010 年，空气污染给中国和印度分别造成了 1.4 万亿美元和 0.5 万亿美元的社会代价，室外空气污染在 OECD 国家造成的人口死亡及疾病问题的经济影响为 1.7 万亿美元（UNEP，2014）。

世界 PM_{10} 浓度虽然逐年下降，但仍高达世界卫生组织（World Health Organization，WHO）认定的安全值的 2 倍。发达国家的 PM_{10} 年均浓度均低于世界，并且呈现逐年下降趋势，挪威、澳大利亚和美国的 PM_{10} 浓度分别于 1994 年、1995 年和 2008 年达到安全水平。新兴经济体国家的 PM_{10} 浓度整体呈现下降趋势，但仍高于发达国家，尤其是中国和印度的 PM_{10} 年均浓度均高于世界，俄罗斯和巴西分别于 2005 年和 2009 年其 PM_{10} 浓度达到安全水平。发展中国家 PM_{10} 浓度整体呈现下降趋势，除委内瑞拉于 1991 年达到安全水平外，整体浓度较高，尤其埃及、印度尼西亚、尼日利亚（除 2006～2009 年外）远远高于世界年均浓度。最不发达国家 PM_{10} 浓度虽然也整体呈现下降趋势，但是污染程度最严重，除阿富汗低于世界年均浓度，以及莫桑比克于 1997 年开始低于世界年均浓度外，其他国家均高于世界平均浓度。

直至 2009 年，苏丹和孟加拉国年均浓度仍高达世界年均浓度的 3 倍左右，最不发达国家尚未达到安全水平。户外 $PM_{2.5}$ 的年均暴露水平，除查询不到数据的国家外，只有挪威、澳大利亚、日本三个发达国家处于安全水平。新兴经济体国家中，中国和印度分别高达安全值的 4 和 5 倍。发展中国家的情况同样不容乐观，欠发达国家污染更为严重。2013 年，印度首都新德里成为全球污染最严重的城市，空气中的 $PM_{2.5}$ 年均浓度为 153μg/m^3，远远超出了 WHO 规定的安全标准。其他印度城市的空气污染也十分严重，在污染排名前 20 的城市中，印度占了 13 个（WHO，2014）。

4. 水环境与淡水生态系统退化

大部分利用后的水资源变成废水又回归到河流和其他水体，水污染成为水资源的另一大问题。其主要来源，一是不断扩展的城市化和消费造成生活污水；二是工业生产过程中不断产生废水；三是现代农业中大量使用化肥、农药造成化学物质径流，特别是氮肥，是产生所有水质问题中最广泛、最严重的问题之一。此外，农业灌溉使一些河流的含盐量增加，土壤侵蚀导致河道淤积等，这些水污染问题，不仅导致可利用水资源的减少，而且还严重影响自然界生态系统，如造成水域富营养化，导致有害元素通过水生生物食物链的积累。

当生态系统净化水的能力降低和土地利用变化增加土壤侵蚀时，其会间接地引起水质下降。载有化肥的径流所造成的营养物污染是全世界农业地区的严重问题，它导致了富营养化，并且危害沿海地区的人类健康，特别是在地中海、黑海和墨西哥湾的西北部。有害藻类暴发与营养物污染有关，其出现频率在过去的 20 年显著增加，已经大大地超过了很多淡水和海岸生态系统维持健康水质的能力。虽然发达国家在过去的 20 年已改善了水质，但是在发展中国家，特别是城市和工业区附近，水质在下降。日益下降的水质特别对穷人造成威胁，他们往往难以获得合格的饮用水，并最容易患水污染引起的疾病。

水污染破坏了很大一部分可利用的水资源，极大加剧了各地区现有缺水问题的严重性。由于严格的立法及对水利和卫生基础设施的大量投入，大部分发达国家的水质已稳步改善。然而，即使在发达国家，污水在排放前也未必全部经过处理。在欧盟的一些南部成员国中，约有一半人口生活在没有废水处理系统的环境中。

在许多发展中国家中情况更为糟糕。水资源稀缺正不断加剧，人类健康也受到生活用水不断加剧污染的严重损害，这在迅速城市化的地区尤为突出。许多正在迅速工业化的发展中国家正面临各种各样当代毒物污染问题，如富营养化、重金属、酸化、难降解有机污染物（POPs）等，同时也面临水资源贫乏和卫生设施匮乏等问题。当污染涉及地下水时，威胁尤为严重，这是因为地下水的污染修复缓慢，耗资巨大。在多数亚洲国家，50%以上的家庭用水由地下水供给，而这些国家同时也在大力发展采矿业和制造业，这两个行业正是地下水的两大污染源（世界资源研究所等，1999）。

大坝、引水渠、提水设施和其他工程建设已经严重地改变了人类可以利用、支持水生生态系统的水量及其分布。大坝和工程建设已经严重地割裂了世界上大河流系统的 60%；它们阻碍水流，以至于使河水到达大海的时间平均增至 3 倍。人类活动造成的森林覆盖和湿地等其他生态系统的变化也改变了水的可获得性，影响了洪水发生的时间和强度。例如，在调节热带水量方面起着关键作用的热带山区森林正在迅速消失，其速度大于任何其他热带森林类型。储藏水量和缓解洪流的淡水湿地在全世界已经减少 50%。修筑水坝和开挖运河是对淡水生态系统威胁最大的两大因素，它们极大地影响到物种的数量和多样性。鉴于水坝和河渠对航运、农业及能源生产的效益，它们仍受到各国的青睐，尽管其造成的环境危害已人所共知。1950 年世界上有 5270 座大坝，目前总数超过了 36500 座。与此同时，因航运而改造的河流数目也从 1900 年的不足 9000 条增加到将近 50 万条，从而使得这些水域渐渐变成不适于水生生物生存的栖息地。例如，埃及的阿斯旺大坝自 1970 年投入使用以来，使得尼罗河上能捕捞到的鱼类品种几乎下降了 2/3，而地中海地区沙丁鱼的捕获量也下降了 80%。100 年来不断地开挖运河及河岸的开发使得莱茵河原有的漫滩面积减少了 90%，河中原有的鲤鱼群也几乎消失殆尽（世界资源研究所等，1999）。

5. *森林和生物多样性减少*

森林是全球 50%～90%的陆上生物的家园，正是这些动植物给人类提供了生存所需的食物和其他基本要素。未开发森林在使我们的地球更适于居住方面也做出了很大的生态贡献。例如，他们吸收大量的二氧化碳，从而成为调节地球气候的一个重要因素。最近的测算表明，未开发森林中储存着大约 4300 亿 t 的碳（来自 CO_2），这比今后大约 70 年中从矿物燃料燃烧和水泥制造所释放出来的碳可能还要多。

原来覆盖地球表面的森林有一半被开辟成农田、牧场或另作他用。热带和温带地区的森林都因农业和城市用地的需要及伐木业而面临巨大的压力。发达国家的大片森林遭受空气污染而退化，许多发展中国家砍伐森林的速度持续上升。然而人类对森林的冲击还不止这些，大多数幸存下来的森林也已被人类改变了模样，变成小块、散落的林区。根据估计，全世界只剩下 1/5 的森林仍然保持着较大面积和相对自然的生态系统。很多国家的原始红树林面积消失了 50%以上。目前未开发森林主要分布在热带地区和北半球高纬度地区，其中 44%是热带森林（主要分布在跨越南美洲西北部的亚马孙流域和圭亚那高原），48%是北部森林（主要分布在加拿大、阿拉斯加、俄罗斯），仅有很小的一部分位于温带。巴西、加拿大、俄罗斯三国占全球未开发森林的 70%。未开发森林在 76 个国家已消失，另有 11 个国家也仅剩下不到 5%，濒临消失。

联合国粮食及农业组织（FAO）发布的关于全球森林状况的全面评估报告指出，全球的森林面积继续迅速减少。森林砍伐主要集中在发展中国家，1980～1995 年，其损失了近 2 亿 hm^2 的森林，而发达国家森林因重新造林及森林面积生长和扩大而增加。综合起来看，1980～1995 年的森林净损失为 1.8 亿 hm^2，即平均每年损失 1200 万 hm^2。

砍伐森林的直接原因有三个，它们经常同时发生作用。第一，贫穷国家为了发展农业，安置穷人，不得不把森林变为耕地或种植园，以生产粮食满足食物需求，或者生产橡胶、咖啡、可可、柚木等经济作物出口换取外汇。第二，这些地区的人民需要直接出售木材赖以为生。第三，很多地区的人民对薪柴、饲料等的索取造成了严重的林地退化。火灾造成的森林损失也急剧上升。例如，印度尼西亚 1997 年的干旱助长了在林区被引发的火灾迅速蔓延。粗略估计，烧毁林地面积约为 15 万～30 万 hm^2。尽管大部分的火灾发生在次生林区而不是原始森林，影响依然是严重的。从大猩猩到老虎的许多野生物种的栖息地被毁坏。这些火灾同样也对邻近的原始森林造成了压力。

森林减少所损失的不仅是树木和这些树木为无数物种所提供的生长环境，并且造成土地的严重退化；而现在更为引起人们关注的是森林大面积消失对全球气候的影响。森林被砍伐后，其从大气中吸收碳的能力就会丧失，而且林木燃烧、分解还会向大气排放大量二氧化碳。滥伐森林是大气中二氧化碳人为增加中仅次于燃烧化石燃料的第二大根源。

世界森林的状况不仅仅是一个面积大小的问题，而且有森林质量的问题。现在人们越来越关注林木的健康、生物的多样性、森林的年龄、生态功能等。例如，人造林常常用来补偿被毁坏的自然林，但自然林的砍伐在生态和美学价值方面的损失，是人造林所不能弥补的。又如，尽管欧洲（不包括俄罗斯）的森林覆盖率 1980～1994 年增加了 4%，但是质量状况却恶化了。林木正遭受到火灾、干旱、虫灾和空气污染的危害。在 1995 年对欧洲森林状况所作的一次调查中发现，有 25%以上的森林有严重的落叶病。欧洲各年的调查结果显示，完全健康的树木已从 1988 年的 60%下降为 1995 年的 39%（世界资源研究所等，1999）。

物种多样性加强了生态系统提供大多数其他产品和服务的能力，一个生态系统生物多样性的降低会大大减少其被干扰后的恢复力，增加疾病暴发的敏感性，威胁着生态系统的稳定性和整体性，而人类活动已严重影响自然界的物种多样性，地球上没有任何生态系统可以逃脱人类活动无处不在的影响。例如，有 1/3～1/2 的地球表层土地被用于农业、城市发展和其他各类商业活动；大约 1/4 的鸟类物种濒临灭绝；一半以上的可用地表水和大量的地下水资源已被人类使用；生物药材、有用的基因资源和生态旅游资源丧失；许多海洋鱼类的数量不断下降，危及食物供应和就业机会。全球森林的减少使生物物种资源面临着越来越大的危险。在水生生态系统，如珊瑚礁及河、湖、湿地等淡水鱼栖息地，其生物多样性的威胁尤其严重。很多物种还受到污染、过度开发、入侵物种的竞争和生境退化的威胁，近几十年约有 20%的淡水鱼种灭绝或濒危。珍奇物种受到商业交易的侵害，形成对世界生物多样性的威胁。海岸生态系统也面临着较大的问题，影响海洋生物的疾病发病率迅速上升、藻类暴发频率普遍增加、两栖动物种群显著减少。这些都表明全球生物多样性受到严重的威胁。

目前地球上的哺乳动物、鸟类、爬行类和鱼类数量平均约为 40 年前的一半。地球生物多样性严重丧失，并且大部分不可逆（WWF，2014）。2014 年，全球受到威胁的鱼类为 6870 种，约占世界鱼类数据库统计的总鱼类的 21%；受到威胁的哺乳动物种类为 3246 种（世界银行数据库，2014）。

地球生命力指数（living planet index, LPI）通过追踪哺乳类、鸟类、鱼类、爬行类和两栖类动物种群的变化，来反映地球生态系统的健康状况。LPI 由陆生、淡水、海洋物种三个独立的指标组成，每个指标被赋予相同权重，1970 年的值为 100，比较脊椎生物物种与种群生物多样性的时空变化。结果表明，LPI 从 1970 年逐渐下降，截至 2010 年，已下降了 52%，其中，陆生物种在 1970～2010 年减少了 39%，淡水物种减少了 76%，海洋物种减少了 39%。栖息地丧失和退化、捕猎和捕鱼开发及气候变化，是地球生命力指数下降的主要原因（WWF，2014；梁艳等，2012）。

生物多样性效益指数是根据各国代表性物种、其受胁状况及其各国栖息地种类的多样性所得出的各国相对生物多样性潜力的综合指标。其数值从 0（无生物多样性潜力）直至 100（最大生物多样性潜力）。美国、澳大利亚、巴西、中国、印度、印度尼西亚受到威胁的鱼类和哺乳类较多。除美国和中国外，多数国家生物多样性效益指数在 2005～2008 年呈现下降趋势（世界银行数据库，2014）。

6. 对生态系统服务的挑战

生态系统服务是人类从生态系统获得的各种收益，包括供给服务、调节服务、支持服务和文化服务。维持和改善生态系统服务仍面临很多难题。例如，面对水资源需求的快速增长压力如何管理流域和水资源？即使满足灌溉用水，怎样能加强农业，使其既足以养活将来的人口，又不增加营养和农药径流造成的破坏，或者不再继续将森林和其他生态系统转变成农田？如何满足不断增长的木材需求又不大规模破坏现有的森林？鉴于至少近期内CO_2的排放可能会随着全球经济增长而增长，我们将如何减少气候变化对生态系统的影响？在城市人口比例不断上升的情况下，如何降低城市地区用地扩张、用水增加、空气污染和固体废物等对生态系统的影响？虽然作物产量仍然在上升，但农业生态系统的基本状况在世界很多地区都在恶化。水、化肥、新品种和杀虫剂等技术的投入大大弥补了世界范围内的生态系统生产力下降的状况，但是这种补偿能继续多长时间？植物和土壤碳存储的过程有助于减缓大气中CO_2的积累。但把森林转变为农业生态系统，以增加粮食和其他商品生产的步骤对生态系统的碳存储能力有净负影响，土地利用的这种变化已成为大气碳积累的重要来源。为了发挥陆地生态系统的碳储存功能，应如何管理这些生态系统（世界资源研究所等，2002）？

1961～2001 年，人类开发利用自然资源对生态系统改变的速度和广度超过了历史上任何一个时期。地球自然生态系统每年提供价值约 15 万亿英镑的服务，但是人类活动破坏了大约 2/3 提供上述服务的生态环境。地球上大多数生态系统正在退化或表现出不可持续性，并且这种退化趋势在 21 世纪可能会更加严重恶化。过去 50 年，60%的生态系统服务已经退化。虽然粮食产量、水产养殖、家畜量由于生产技术提高等手段而增加，但是由于土地退化，生态系统的生产潜力已经开始下降。人类对生物资源索取常常维持在高于其可持续生产的水平之上；长期看来，这种过度收获资源的生产将会下降，生态系统的供给服务在经历快速增长之后最终可能崩溃。生态系统破坏、环境污染、资源耗损及物种灭绝等也将导致许多生态系统的调节和文化服务不断下降。人类对食物、淡水、木材、纤维和燃料的需求不断增长，但是获取生态系统服务的成本却日益加大。生态系统退化对人类发展和福祉的冲击日益加剧，尤其对穷人的影响最严重，将导致贫困加剧（Millennium Ecosystem Assessment Panel，2005）。

三、资源冲突与争夺

1. 需求增长与供给限制的冲突

全球对许多关键资源的需求正在以无法持续的速率增加，这在相当程度上是由于人口的激增。世界人口从 1950 年的 26 亿跃升到 1999 年的 60 多亿，2011 年 10 月 31 日达到 70 亿，2014 年达到 71 亿，2022 年达到 80 亿。然而，人口增加仅仅部分解释了需求爆炸的原因；同样重要的是工业化向全球越来越多的地区扩展和世界范围内个人财富的稳步增长，这导致对能源、私人汽车、建筑材料、家用电器和其他资源密集型商品的巨大需求。全球对许多基本商品的需求增长速度超过了人口增长速度。

电脑等高新技术的发展或许可以取代低效率、高资源消耗的系统。例如，由于光纤电缆的采用，电讯系统的铜使用量已大大减少，而光缆得自廉价又丰富的硅。然而，电脑的出现实际上并未导致资源消耗总量的下降，反倒导致其上升。技术创新使个人财富大大增加，这又反过来导致个人消耗的巨大增加。例如，在美国，汽车拥有者每年开车的里程数越来越多，而且车更大、更豪华，燃料消耗也更多。此外，人均住房面积也在扩大。因此，虽然美国的人均资源消耗早就大大高于其他国家，却还在持续增长，在西欧和其他拥有大量电脑的地区，也明显存在同样的模式。

人类社会正在以每年大约 8000 万人口的速度扩张。此外，预期全球人均收入在未来几十年中将以每年大约 2%的速度增加，即接近人口增长速度的 2 倍。因此，未来全球基本资源的需求仍将继续增长。如上所述，全世界资源的供应已面临短缺。在这样的情况下，国家之间，为了取得生死攸关的资源供给就可能发生冲突；而在国内，因为可供分配的资源有限，也会发生冲突，将不可避免地加剧对紧缺资源的争夺。

2. 资源争端

许多重要资源的主要来源地或储藏地主要在少数国家，或者是位于有争议的边界地区或近海经济专属区。一般来说，各国都宁愿依靠完全处于自己国境内的资源来满足其需求。但随着这些资源的逐渐枯竭，政府自然会设法最大程度地谋取有争议地区和近海的资源，从而与邻国发生冲突的危险随之增加。即使在所涉及的国家相互之间比较友好的情况下，这也具有潜在的破坏性；而如果这种冲突发生在已经敌对的国家之间，就像在非洲和中东的许多地区那样，则对重要资源的争夺很可能是爆炸性的。

资源争端可能源于某一跨国界资源（如大流域系统或地下储油盆地）的分配。尼罗河的河水流经九个国家，湄公河流经五个国家，幼发拉底河流经三个国家。流域上游的国家始终处于能控制下游国家河水流量的有利地位。而当上游国家利用这种优势而牺牲下游国家的利益时，其可能就发生冲突。同样，如果两个国家都位于一个大型储油盆地上，并且其中之一抽取与石油总供给量不成比例的较多石油份额，那么，另一个国家的石油资源就受到侵害，由此引发冲突。事实上，这就是 20 世纪 80 年代后期伊拉克和科威特关系恶化的一个主要促动因素。伊拉克声称科威特正在从两国共享的鲁迈拉油田抽取超过其应有份额的石油，因此妨碍它从 1980～1988 年的两伊战争中恢复过来。沙特阿拉伯和也门在鲁卜哈利沙漠的边界不清，为争夺双方共享的石油资源也发生过冲突。

第二种类型的冲突归因于对能源或矿产资源蕴藏丰富的近海地区权利主张有争议。《联合国海洋法公约》允许临海国家有主张最多 200 海里（1 海里=1852m）的近海专属经济区的权利，在此专属经济区内享有唯一的开发海洋生物和海底资源储藏的权利。这一制度可在开放型广阔海域上推行，但如果几个国家与一个内陆海（如里海）相邻，或者相邻于一个相对狭小的海域，则会引起摩擦。各国要求的海上专属经济区往往会交错重叠，引起对近海边界划分的争端。

争端还可能产生于对重要资源运输必经通道（如波斯湾和苏伊士运河）的权利之争。全世界消耗的石油中，有很大比例通过波斯湾船运到欧洲、美洲和日本。这些船只必须通过一些狭窄的既定海域，如霍尔木兹海峡、马六甲海峡和红海，所以主要进口国一贯对抗当地国家的封锁和限制。对于重要物资运输安全的担心，也表现为石油和天然气管道，尤其是穿越反复发生混乱地区的那些管道。

3. “文明的冲突”还是“资源战争”

关于国际地缘政治，全球文明冲突论（亨廷顿，2002）在冷战结束后曾经风靡一时。亨廷顿（2002）认为，各个国家将在忠于某一种特定宗教或“文明”的社会——基督教的西方、东正教的斯拉夫集团、伊斯兰世界等——的基础上，制订它们的安全政策，这是因为“文明之间的冲突将是现代世界中冲突演化的最后阶段。”尽管最近的某些发展（如波斯尼亚和科索沃的战争、某些恐怖组织对西方的攻击）似乎证实了这种说法，但更值得注意的事实是对资源狂热追求而置任何对“文明”的忠诚于完全不顾。例如，基督教世界的美国却和里海地区的部分伊斯兰国家（阿塞拜疆和土库曼斯坦）结盟，而与两个基督教占压倒优势的国家（亚美尼亚和俄罗斯）对垒。在其他地区也可以看到类似的模式，资源的利益战胜了种族和宗教的从属关系。

世界上几乎所有的国家都在追逐或保护重要资源，这已成为国家安全的重要部分，资源问题在世界上许多军事力量的组织、部署和使用上发挥重要作用。尽管争夺资源并不一定就是所有国际关系的核心和“压倒性因素”，但它解释了今天世界上正在发生的许多事情。为什么资源在国际地缘政治中变得如此重要？因为采纳以经济为中心的安全政策，就不可避免地导致对资源保障的日益重视，至少对那些依赖原材料进口来保持其工业实力的国家来说是如此。今天世界上意识形态的冲突已逐渐消失，但由于追逐和保护紧缺资源被视为国家首要的安全功能之一，资源冲突却越演越烈。此外，某些资源本身的价值极端重要，所以值得争夺以从中获益。

1996 年美国中央情报局副局长约翰·甘农评论到：“我们不得不承认，如果全球的能源供给是不安全的，那么我们的国家也不会是安全的。”之所以如此，是因为“我们需要数量庞大的进口石油来支持我们的经济。”由于其中大量石油来自波斯湾国家，“美国将需要密切注视波斯湾发生的事件，并保持介入，以保卫至关重要的石油供给”（克莱尔，2002）。

全世界范围内需求的迅速膨胀，资源稀缺的日益显著，以及资源所有权和控制权的争夺，构成了资源冲突的三个因素，其中每一个都可能在国际地缘政治中引入新的紧张。前两个因素将不可避免地强化国家之间为取得关键性资源的争夺，第三个因素将制造出新的摩擦和冲突。此外，每一个因素又将增加其他两个因素的不稳定倾向。随着资源消耗增加，稀缺将会更加迅速到来，政府则将受到越来越大的压力，不惜一切代价解决问题；反过来，又将增强国家对有争议资源的争夺和控制，由此增加了冲突的危机。

在大多数情况下，这些冲突并不一定需要诉诸武力，冲突涉及的国家会通过谈判解决冲突，全球的市场力量也会鼓励妥协。因为妥协的好处一般总是大大高于战争的可能代价，所以只要能够从资源的馅饼上保证分到合理的一块，多数国家都会从最高要求上做些退让。然而，谈判和市场力量并非万验灵药，在某些情况下，那些有利害关系的资源对于国家的生存或经济利益来说如此重要，以至于不可能妥协。例如，不可想象美国会允许波斯湾落入一个敌对国家的控制中，或者埃及会允许苏丹或埃塞俄比亚取得尼罗河河水的控制权。在这种情况下，国家安全和重大利益的考虑将始终压倒谈判解决的呼声。

全球市场力量也有增加冲突的可能性，如果所争夺的资源的市场价值如此之高，那么卷入冲突的当事者就不大可能放弃。刚果民主共和国（前扎伊尔）发生的情况正是如此，那里的几个内部派别和外国列强为了争夺对南部西部的黄金与铜矿的控制权，终年战争不断。塞拉利昂同样也存在类似情况，国内对钻石矿床的争夺长期以来连续不断。

在许多发展中国家，贫富差别越来越大，这又使内部资源冲突和争夺的危险性进一步增加。因为社会底层人发现他们自己越来越难以得到生存必需的物资，如食品、土地、住房、安全的饮用水。随着供给的缩减，许多物资的价格上升了，穷人发现他们的处境越来越绝望，因此容易受到那些号称可以通过造反或种族对抗来解除他们痛苦的原教旨主义者和极端分子的蛊惑。

人类历史一直就以一连串的资源战争为特点，这种战争可追溯到最早的农业文明时代。第二次世界大战以后，因为美、苏之间政治和意识形态竞争的紧迫性，对资源的争夺相形见绌。但在当今，它又以新的严重程度浮现出来。鉴于国家安全政策对经济活力的重视程度日益增加，鉴于世界范围内资源需求的上升，鉴于资源稀缺的日益明显，鉴于资源所有权的争端频频发生，对生死攸关的资源的冲突和争夺会越来越剧烈。当然，资源争夺并不是 21 世纪唯一的冲突根源。其他的因素——种族敌对、经济不公正、政治竞争、意识形态对立等也会周期性地引发争端。然而，这些因素会越来越多地与资源争端联系在一起（克莱尔，2002）。

4. 气候变化的国际地缘政治

在气候变化问题上也表现出剧烈的国家冲突。从《京都议定书》到《巴黎协定》，对气候变化的认识和应对一直是国际地缘政治和各利益集团的博弈。关于气候变化的成因，一般认同主要是工业革命以来人为排放的温室气体所致，其中二氧化碳是罪魁祸首，但如能源资本等的集团，或者认为全球变暖是“大骗局”，或者指控农业（牛反刍和稻田）的甲烷排放是更严重的原因。关于气候变化的责任，不同国家分别提出按排放总量、人均排放量、累积人均排放量等指标分担。发达国家一般认为中国、印度等正在工业化的发展中国家是目前的主要排放国，应负主要责任。而后者强调，温室气体积累是工业化历史的结果，已完成工业化过程的发达国家在其中占了主要份额，应负主要责任，这就是国家利益的博弈，全球尺度上主要是欧盟、美国、“基础（巴西、南非、印度、中国）”（Brazil-South Africa-India-China, BASIC）四国三股主导力量在博弈。表现出诸多的国家利益冲突：发达国家和发展中国家的矛盾，发达国家之间的矛盾，发展中国家之间的矛盾，以及所有的国家针对排放大国的矛盾。美、欧虽然有一些不同的看法，但在发展中大国应承担量化减排指标问题上却有共同的立场和利益，力图用量化的长期目标来限制发展中国家的排放空间，首当其冲的是中国和印度，中国已是温室气体头号排放国，印度若按目前的排放政策，将超越美国成为世界上第二大排放国。而印度在国际气候谈判中又企图摆脱老搭档中国，认为“我们的人均碳排放只有中国的 1/3，我们的贫困人口比中国多，我们在气候变化上比中国更需要自愿”。国际上倡导 2050 年前将 CO_2 浓度稳定在 450～470 ppm（1960 年为 310ppm，2004 年为 383ppm，2011 年为 391ppm，2013 年达 395.3ppm，现已超过 400ppm）水平上，这就设置了一个限制。如果按照此限度在各国之间分配份额，就成了一个关乎国家利益和发展的严重问题。当前发达国家倡导的从确定全球及各国减排比例出发，构建全球控制大气 CO_2 浓度的责任体系的做法，实质上掩盖了发达国家与发展中国家在历史排放和当前人均排放上的巨大差异，并将剥夺发展中国家应有的发展权（丁仲礼等，2009）。

气候变化也是国内政治问题，如在美国，近年来若是民主党执政（如克林顿和奥巴马政府），一般会认同关于气候变化的国际协议；而若共和党执政（如小布什和特朗普政府），就往往推翻美国政府已有的承诺。特朗普甚至宣布美国退出《巴黎协定》，推翻了奥巴马最重要的政治和外交遗产。

这些争议都清楚地表明，表现为环境问题的气候变化本质上是政治问题。气候变化逐渐成为影响当今世界地缘政治格局演变最活跃的驱动因子之一，并使地缘政治争夺有了新的目标和手段。气候变化还催生了新的地缘政治工具，发达国家借助气候变化这个杠杆，撬动能源、粮食等战略资源。同时，以新能源为核心的低碳技术成为地缘政治影响力和权力转移的关键因素，谁能在新能源技术领域占据优势，谁就能在未来的气候变化谈判和地缘政治竞争中具有主导地位（王礼茂等，2012）。

气候变化成为长期复杂的环境问题，是全球市场失灵和国际制度失灵的结果，正如“公地的悲剧”（Hardin，1968）所言，公共资源的自由使用会毁灭所有的公共资源。关于气候变化责任的“奢侈型排放”与“生存型排放”“国际转移排放”之争；提出国别排放量、人均排放量、人均历史累计排放量、单位 GDP 排放量、人均单位 GDP 排放量、国际贸易排放量、消费排放量、生存排放量等不同标准，其实也都是国家利益和集团利益的博弈。气候变化的应对也突出地表现出发达国家与发展中国家之间大相径庭的诉求。在应对气候变化的能力上，发达国家和发展中国家在经济实力、产业结构、基础设施、决策能力、科学技术等方面都存在巨大的差距。因此，减缓气候变化是各国“共同但有区别的责任原则”，而如何“区别”？实在是一个政治博弈的问题。

思考题

1. 中国自然资源具有哪些基本特点？
2. 中国当前自然资源管理面临哪些最为紧迫的问题？
3. 中国耕地减少是由于哪些原因？
4. 全球尺度上自然资源的稀缺主要表现在哪些方面？
5. 威胁未来世界粮食生产的三个主要因素是什么？
6. 全球资源消耗产生了哪些环境后果？
7. 水污染的主要来源有哪些？
8. 森林不断被砍伐的直接原因有哪些？
9. 全球自然资源的冲突与争夺主要有哪些表现？
10. 哪些原因导致资源的冲突和争夺？
11. 为什么说“气候变化问题本质上是发展问题”？

补充读物

沈镭. 2013. 保障综合资源安全. 中国科学院院刊, 28(2): 247-254.

克莱尔 M T. 2002. 资源战争. 童新耕等, 译. 上海: 上海译文出版社.

第四章 自然资源极限之争与可持续性

自然资源的稀缺和冲突引起了全球性的关注：经济增长会遭遇自然资源的极限吗？反观当代对这个事关人类未来命运的严峻问题的思索，经历了从关注自然资源极限本身，到关注自然资源极限的社会经济含义，再到认同可持续性的过程，虽然其间的界线并不明显。在这个过程中形成了很多观点、理论和方法，大致可归纳为以“增长的极限”为代表的悲观派、以“没有极限的增长”为代表的乐观派，以及吸收了两派合理内核的“可持续性”派。

第一节 增长的极限

一、悲观派的主要观点与理论

悲观派主要包括“太空船地球”说、“热寂”说和“世界模型III”，都断言经济增长将遭遇自然极限。

1.“太空船地球”

从物质循环的角度看，地球其实是一个封闭的系统，自然资源和环境容量都是有限的，而以此为基础的人口数量和经济总量呈无限增长趋势，这是一个根本性的冲突。如果这种冲突得不到调和，迟早会导致地球生命支持系统的崩溃。地球上的物质平衡遵循物质不灭定律，即物质既不能产生，也不会消灭。也就是说，地球上物质的量是固定的，使用后仍存在于空间有限的地球上。前一句话意味着自然资源的有限性，后一句话意味着地球环境对自然资源使用后果的容纳量也有限。

长期以来，这个家喻户晓的自然规律并没有被用来思考其对人类与经济发展的意义。鲍尔丁（Boulding，1966）通过“太空船地球（spaceship earth）”的概念，证明这个自然规律会影响经济活动基础。鲍尔丁指出，经济系统一直被认为是一个开放系统，与外界有着密切的物质能量联系和交换，能够从外界获得投入，并向外界输出产出（废物），而且外界供给或吸收物质和能量的能力是没有限制的。因此，经济成功与否是由被加工和转化的物质流的量衡量的，一般以国内生产总值（gross domestic product，GDP）或国民生产总值（gross national product，GNP）来衡量，认为其越大越好。

鲍尔丁认为，地球实际上是一个封闭系统，或者更准确地说，是一个只能从外界获得有限能量（太阳能）输入，也对外界有限地输出能量（辐射热），但不能从外界得到物质输入的封闭系统。在这个封闭系统中，物质既不能产生，也不会消亡，开发利用自然资源进行生产和消费的残留物总是以这种或那种形式与人类共存。地球无异于一艘太空船，其物质储备并非无限；地球上的人类无异于太空船中的宇航员，既不可在地球这艘太空船之外去获得物质资源，也不能在地球这艘太空船之外去处理废物。在这艘飞船里，人类能使用的物质归根结底仅限于地球自然资源，其中矿产资源的储量固定又不可再生，可再生资源虽在一定时间尺度内可以再生，但其再生量受地球这个"太空船"所能接收的太阳能和地球物质数量的限制。

因此，在太空船地球中，人口和经济活动应该有一个适度规模。怎样衡量这种规模的适度性呢？肯定不能用 GDP 之类的物质量来衡量，恰恰相反，地球太空船能维持的这种物质流和能量流的水平越低越好。衡量太空船经济成功与否的最好标准是资本储备的数量和质量，这里的"资本储备"主要指自然资源存量、固定资本存量，也包括人类的健康、精神和知识储备。最理想的状况是，人类致力于使物质流和能量流尽可能减少，能够适应太空船地球的资本储备，并能永续地均衡。

地球物质平衡原理的基本经济含义是，人口活动和经济活动本质上是一种从自然环境中获取物质的转化过程，使从自然环境中取得的物质转化为对人类更有价值的产品；但从物质的增减看，经济活动不能产生任何新的物质。而所有从自然环境中获取的物质最终必然以转化了的形态回到环境中，虽然某些转化的物质将在经济系统中维持很长时期，如基础设施、建筑、机械等。

从地球物质平衡原理可以推导出一些重要结论：①地球上的自然资源是有限的；②在物质数量不变的地球上，在自然环境中取得多少质量的燃料、食物、原材料和其他元素，必然会向环境释放多少质量的废弃物；③人类经济活动可以对废弃物加以处理，尽管其质量不会减少，但其形态可以改变，可以使之转变为形态更好的物质，或者改变其位置；④物质的再循环非常重要，如果通过再循环过程提高原材料的利用效率，就意味着可以减少对初始自然资源的获取量。

2. "热寂"

基于热力学定律，里夫金和霍华德（Rifkin and Howard，1981）关于人口、资源、环境问题提出了另一种悲观论。

地球上的物质总量是固定的，既不能产生，也不会消亡。在所有地球物质中，只有富集到相当程度的那一部分才可以成为自然资源。而物质的富集需要能量，改变废弃物的形态也需要能量。自然资源是自然环境中具备有效能的物质，即低熵（或高负熵）物质；自然资源被利用后变成含有无效能的物质（即高熵废物）排放到环境中。能量的概念与熵的概念紧密联系，都可以用热力学来说明。经典热力学被爱因斯坦看作当之无愧的最高定律，他认为"只有内容广泛而又普遍的热力学理论才能通过其基本概念的运用而永远站稳脚跟"。

热力学第一定律指出，能量既不能产生也不会消失，只是从一种形式转化为另一种形式。在物质富集从而形成自然资源的过程中、在自然资源被开发利用从而使物质消散的过程中、在物质再循环过程中，都发生着能量的转化。

热力学第二定律可表达为：所有正转变其形式的能量都倾向于转变成热能而消散。其实热力学第二定律具有更普遍的意义，可作如下陈述：在一个封闭系统中，当任何过程中所有的贡献因子均被考虑时，熵总是增加的，而且是一种单方向的不可逆过程，于是系统从非均衡状态趋于均衡状态，从有序到无序。根据这个定律预言作为一个巨系统的宇宙，熵会不断增加，意味着越来越多的能量不再能转化成有效能，一切运动都将逐渐停止，宇宙将走向“热寂”。

地球和太阳有着有限的能量交换，但并无物质交换，因此地球实际上是一个封闭系统，也必然遵循热力学第二定律，这并不是说地球的热寂就在眼前，而是要指出我们现有的由矿物燃料和特殊金属组合构成的物质能量基础正在濒临枯竭，需要我们向新的物质能量领域转变。历史进程中每一种新的物质能量基础都有与之相适应的技术类型，与新技术一道应运而生的还有新的社会组织、新的价值观和世界观，要求人类社会按照新的方式组织生产与生活，从而影响整个社会的面貌。熵定律和“热寂”似乎使人沮丧，哥白尼宣布宇宙不是围绕地球转时，很多人同样感到沮丧，可是人们终于设法适应了现实。熵定律只是为地球上的生命和人类的游戏规定了物理规则，然而究竟怎样做这场游戏，还取决于人类的行为。

3. 世界模型III

罗马俱乐部 1972 年发表《增长的极限》（Meadows et al.，1972），其中用一个模型（世界模型III）来模拟世界系统的未来。这个模型假设：①可耕地数量的极限；②单位耕地农业产量的极限；③不可再生资源的极限；④环境同化生产和消费产生的废弃物能力的极限。

对世界人口和经济增长若干方面的统计分析表明，生物系统、人口系统、财政系统、经济系统和世界上其他许多系统都有一种共同的指数增长过程。对这些系统共同构成的世界系统作了系统动力学模拟后可看出，任何按指数增长的量，总以某种方式包含一种正反馈回路，即某一部分的增长引发另一部分的增长，反作用到这一部分又导致更快的增长。正反馈回路产生失去控制的增长，常常表现出“恶性循环”。而对地球上维持增长的自然资源，以及吸收增长过程中排放废料的环境容量的计算却表明，它们最终将决定增长的极限。地球是有限的，任何人类活动越是接近地球支撑这种活动的能力限度，对各因素的权衡就变得更加明显地不能同时兼顾和不可解决。

模拟研究得出以下结论：①如果世界人口、工业化、污染、食物生产和资源消耗保持目前的速率，地球将在今后 100 年中的某个时候达到增长的极限，结果是人口和工业能力突然不可控制地下降。②改变这种增长趋势，并建立生态和经济稳定的条件，是能够达到全球均衡状态和实现可持续发展的。这意味着地球上每个人的基本物质需要都得到满足，其有同等的机会去实现个人的潜能。③如果全球所有人都决定为实现第二个而不是第一个结果而努力，那么，行动越早，成功的机会越大。

即使地球的物质系统能支持多得多的、经济上更富裕的人口，但实际的增长还依赖于和平和社会稳定、教育和就业、科学技术进步等因素。虽然迄今为止的技术进步尚能跟上人口增长的步伐，但人类在提高社会的（政治的、伦理的和文化的）变革速度方面实际上并无实质性发展。过去，当环境对增长过程的自然压力加剧时，技术的应用是如此成功，以致整个文明是在围绕着与地球之极限作斗争而发展的，而不是学会与极限协调共存而发展。今天有许多问题并没有技术上的解决办法，而且技术发展常有物质上和社会上的副作用。罗马俱乐部认为，根据其世界模型所得到的发现，最普遍和最危险的反应就是技术乐观主义。为了寻求一种可以满足全体人民基本物质需要的“世界系统”，并能长期维持下去而没有突然和不可控制的崩溃，人类需要自觉抑制增长；需要人口出生率相应于死亡率；需要投资率等于折旧率；需要把技术变革与价值变革结合起来，使这个系统的增长趋势减弱；从而达到一种动态的均衡，这种均衡并不意味着停滞。结论就是“从增长过渡到全球均衡”。

《增长的极限》的作者们于1992年又发表了《超越极限》(Meadows et al.，1992)，以配合里约热内卢召开的联合国环境与发展大会。结论并无实质性改变，除了利用新的资料，对世界模型Ⅲ作了微小的修改，结论中所表明的立场是：根据迄今为止的全球数据、世界模型Ⅲ及以往20年间所学到的一切，我们可以说，在《增长的极限》一书中所得出的结论仍然有效，不过需要进一步强调而已。他们将这些结论重新表述如下。

(1) 人类对许多重要资源的消耗速率以及许多污染物的排放速率都已超出了可持续的限度。如果不显著削减物质和能量的使用，未来几十年内的人均食物产出、能源使用和工业产出将不可控制地下降（图4.1）。

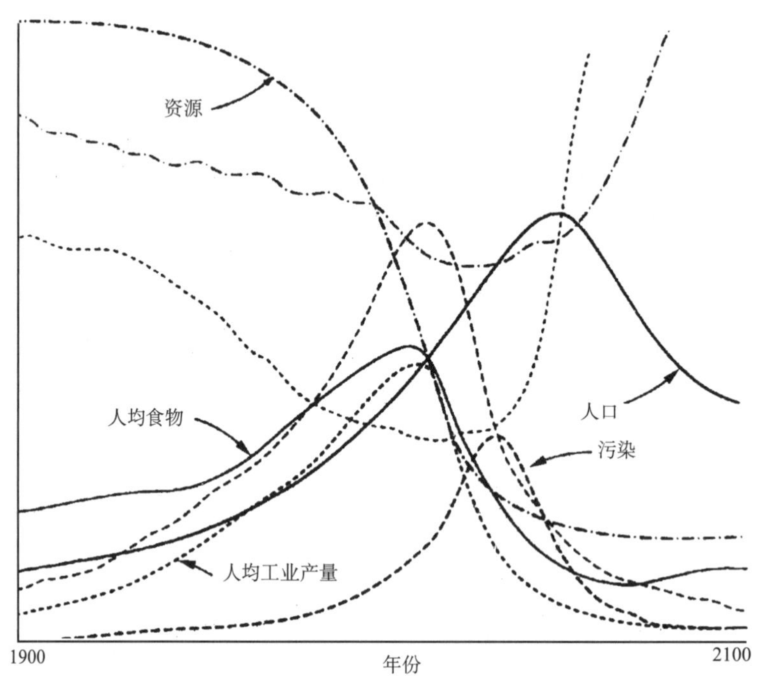

图4.1 “增长极限”模型的运行推测（Meadows et al.，1972）

(2) 要改变这种下降，必须进行两方面的变革。第一，改变促使物质消费和人口持续增长的政策和传统；第二，加速提高物质和能源的使用效率。

(3) 通过技术和经济的变革，有可能实现可持续发展的社会，这比试图通过持续扩张来解决问题的社会更可行。向可持续发展的社会过渡，需要兼顾长期目标和短期目标，同时又要强调充足性、公平性和生活质量，而不是强调产出的数量，这不仅需要提高生产率和创新技术，还需要深思熟虑、热情和智慧。

二、悲观派的意义与缺失

1. 警示与方法意义

悲观派被称为新马尔萨斯主义者，因为他们继承并发挥了马尔萨斯（Malthus，1798）提出的一个假设：人口呈几何级数增长，超过呈算术级数增长的食物供给，最后只有用饥荒、瘟疫和战争来减少人口。

虽然上述观点和理论引起了某些争议，后来罗马俱乐部也把“增长的极限”的结论修正为“超越极限”；但不可否认它们已经成为“一个里程碑”，它使世界的注意力认真思考其基本论点。上述理论的意义不仅在于它们所包含的许多合理而重要的见解，而且在于当西方发达国家沉溺于经济高速增长和空前繁荣的黄金梦想时，这种论证本身就起着先知式的启示作用，它指出了地球对人类发展的限度，以及超越这个限度的悲剧性后果，促使人类从根本上修正自己的行为，并涉及整个社会组织。这种论证的全球观点，以及发展全球战略来应对当代人口、资源、环境和发展问题的取向，极大地促进了关于人类未来的全球性研究。《超越极限》的作者郑重声明：“本书是《增长的极限》的更新版本，所阐述的观点只是警告，不是悲观的预测，更非判决。它要求人类做出选择，那就是可持续发展”；“可持续性，而不是更好的武器或权利的争夺或物质的积累，才是对能源和人类创造力的最终挑战”；“增长存在极限，发展却不存在极限”（Meadows et al.，1992）。

这种全球实证研究在方法上也开拓了新的方向。首先，用事实和数据作证据。影响全球人口、资源、环境关系的因素极其庞杂，《增长的极限》抓住关键要素的方法值得借鉴。所考察的五个最终决定地球极限的基本指标是：人口、农业生产、自然资源、工业生产和污染。其次，建立世界模型，其基础是著名系统动力学家福雷斯特提出的全球模型（Forrester，1970），它为分析人类发展与资源环境关系中的主要组成部分和行为提供了一种方法。建模步骤是：①找出五个指标之间的重要因果关系和反馈回路结构；②用所能获得的数据，尽可能地为每一种关系定量；③用计算机计算所有关系在时间上的同步作用，然后检验基本假定中数据变化的结果，找出系统行为的最关键决定因素；④检验各种政策对全球系统的影响。在建模过程中，不断用后面步骤出现的新信息修改和完善前面的基本反馈回路结构。

利用地球物质平衡原理、热力学第二定律与熵原理进行的理论推导方法也有借鉴意义。值得指出，上述关于增长极限的全球研究都是由自然科学家进行的，他们严密的科学方法极大地促进了这种实证研究。结论虽然悲观，论证却相当具有说服力。

2. 动态观念的缺失

悲观派的论证方式使他们受到严厉批判，Meadows 等的著作被看作“科学技术的严重退化”，“天真的概念、外行的结论，在利用经验数据时既避重就轻，又有所歪曲。”

悲观派关于自然资源极限的判断往往基于静态观念。例如，米都斯的“世界模型III”就包含一个未经证明也无法证明的假设——“世界资源的最大估计数量”（Meadows et al.，1972）。这种静态的分析方法在关于矿产资源的未来预测中表现最为典型。矿产资源寿命的计算是基于静态寿命指数，即当前探明储量与每年的消耗量之比。以此为基础的计算结果显示，多数主要矿产资源将会在 40 年内耗竭，虽然煤看来可维持 2000 年，铁矿会有 200 年的寿命。如果假设年消耗不是保持当前水平不变，而是如迄今所发生的那样不断增加，那么就会出现更令人悲观的结果。例如，铝矾土在静态消耗水平上可维持大约 100 年；但若消耗以平均每年 9.8%的速率上升（实际上 1947～1974 年确实如此），那么将在 25 年内耗竭。此类估计不可避免地产生了悲观的结论：除少数例外，所有金属矿产资源的当前储量都将在 50 年内耗竭；石油和天然气会在 30 年内耗竭，即使是煤也将只有 100 年的寿命。基于当前探明储量的资源寿命估算必然会得到“经济发展过程将在某个时期达到极限”的结论。

然而，这种静态观念的预测无一例外与事实不符。例如，1939 年美国内政部就预测其国内石油储量将在 13 年内耗竭。然而，从那时往后的 40 年里，储量的增加一直与年产量的增加同步，而且总保持高于产量 9～15 倍的水平。同样，1950 年曾预测世界铁矿储量会在 1970 年以前耗竭，事实上 1970 年前储量的增加足以使那时的消费水平再维持 240 年。

此类预测破产的关键原因是忽视了自然资源的动态性质。例如，矿产资源的探明储量就是高度动态的。事实上，新发现、新技术、经济发展等因素使多数矿产资源种类的探明储量增加的速度一直超过（或至少持平于）消费量的增加速度。现在的世界石油消费量比 20 世纪 40 年代高出好几倍，但探明储量与年消费量之比并未下降。相反，1940 年的这个比值显示全世界的供给会在约 15 年内耗竭，而今天的比值则表明其还有 30 年以上的寿命。即使假设无新的发现，实际的石油储量能维持的时间也比储量与消耗量之比所显示的要长得多，这是因为任何油田在发现时所公布的探明储量都是高度保守估算的，而当生产推进后都会无例外地向上修正，这种修正过程从根本上影响到储量与产量的比值和期望寿命估算。

如果说过去的消耗量呈指数增长，那么探明储量也呈指数增长，而且事实上以更快的速度增长。自 20 世纪 50 年代以来，世界石油的探明储量一直以比消费量高出 2%的速率增长。虽然每一种资源储备必然都有一个极限，但我们既没有掌握可证明这个极限何在的证据，也不能确定当接近自然极限时所剩物质就不能成为资源。任何对动态的资源概念设定静态的物理量纲的模型，无论多么复杂，都会按马尔萨斯的推理演绎成灾难。

悲观派的缺失还在于他们既忽视了人类的响应机制，也忽视了资源的文化性质。人类不是被动的机器，不会把自然资源消耗到灾难性的极限。人类生活方式不一定非得依赖某种特定的资源储备，当某种特定资源耗竭时，人类可以找到其替代物。人类还具有控制消费的能力，可以保护和循环利用资源，也有开发可再生资源潜力的能力。自然资源是由文化决定的，是社会需求、技术进步和经济发展及其相互作用的产物，而不仅仅是自然界的中性存在。问题在于我们的政治、社会和经济制度能否在实践上足够快地行动，以防止矿产资源稀缺成为经济继续发展的障碍。悲观派构建其模型的方式，实际上假设不存在响应机制，或者假设行动已晚；而乐观派则认为人类的响应机制会对防止资源耗竭和环境恶化做出响应（Rees，1990）。

有一则轶事可为悲观派的缺失提供一个注脚（Sabin，2013）。悲观派的生态学家埃尔里奇与乐观派的经济学家西蒙曾在 1980 年就地球未来打过一次赌。埃尔里奇认为由于人口爆炸、食物短缺、不可再生性资源的消耗、环境污染等原因，人类前途堪忧。西蒙则认为人类社会的技术进步和价格机制会解决人类发展中出现的各种资源稀缺问题，人类前途光明。他们两人的观点代表了学术界对人类未来两种根本对立的观点。这个争论事关人类的未来，也格外受世人关注。他们谁也说服不了谁，于是决定赌一把，以不可再生性资源为例，赌是否会消耗完。埃尔里奇认为这种资源迟早会用完，届时人类的末日就快到了。这种不可再生性资源的消耗与危机，表现为其价格大幅度上升。乐观派西蒙则这种资源不会被用完而枯竭，价格不但不会大幅度上升，还会下降。他们两人选定了五种金属——铬、铜、镍、锡、钨，各自假想买入每种金属各 200 美元，共 1000 美元的等量金属。以 1980 年 9 月 29 日的各种金属价格为准，如果到 1990 年 9 月 29 日，这五种金属的价格在剔除通货膨胀的因素后上升了，西蒙就要付给埃尔里奇这些金属的总差价；反之，如果这五种金属的价格下降了，埃尔里奇将把总差价支付给西蒙。到 1990 年，这五种金属无一例外地跌了价。埃尔里奇输了，付给西蒙 576.07 美元。

第二节 没有极限的增长

一、乐观派的主要观点与理论

与悲观派相对，关于自然资源稀缺的未来情景也有乐观派，主要包括历史外推论、市场响应论和耗散结构论，都认为经济增长不会遭遇自然资源的极限。

1. 历史外推论

历史外推论的代表作有经济学家西蒙的《最后的资源》（Simon，1981），他首先抨击了罗马俱乐部研究问题的方法，认为历史和现实都表明，用模型技术的方法预测未来往往与历史的实际进展相去甚远，只有用历史外推的方法才是最切合实际的。于是他用历史资料、数据和历史外推法分析全球人类发展与资源环境关系的前景，其结论是：人类的资源没有尽头，生态环境日益好转，恶化只是工业化过程中的暂时现象，未来的食物不成问题，人口将会自然达到平衡。西蒙认为，衡量自然资源是否稀缺的最可靠数据是长期的经济指数，最恰当的指标是获取自然资源的劳动成本及资源相对于工资和其他商品的价格。而迄今的这些数据和指标都表明，自然资源稀缺的状况一直在趋向缓和。环境污染的问题当然有，但总的看来，我们现在的生活环境与历史上相比较，不是趋于恶化，而是更清洁、更卫生。至于人口问题，当然，每增加一个人，必然要消耗资源，但新增的人也是一种积极因素，可以为社会提供劳动，从而生产商品、增加资源，为净化和美化环境做出努力；更为有价值的是，他通过自己的创造力可以提供新思想，改进技术和工作方法，从而提高社会的劳动生产率。事实上，新增人口的生产大于消费，对于自然资源也是如此。

这些观点使得此派又被称为“技术中心丰饶论者”，他们几乎在每一个具体问题上都与新马尔萨斯派针锋相对（表 4.1）。此派尤其强调科学技术进步对克服极限的作用，因而又被称为技术乐观主义者。正如西蒙所言：“最大的可能是凭借现有的知识和将要增长的知识，我们和我们的后代能够获得所需要和渴望得到的原材料，其价格相对于其他物品和我们的收入，比过去任何时候都低……我们富有的是人的思想和情感”（Simon，1981）。有趣的是，历史学家和经济学家对科学技术寄予厚望，而像罗马俱乐部里的那些技术专家却不断指出科学技术的副作用和不能解决的问题。

表 4.1 新马尔萨斯主义与丰饶论对主要资源、环境问题的不同观点（Miller，1990）

问题	丰饶论	新马尔萨斯主义
人对地球的作用	征服自然以促进经济增长	与自然协调，在维持地球生命支持系统持续性前提下促进经济增长
环境问题的严重性	被夸大了；可通过增进经济增长和技术进步来解决	现在已很严重；若不转变为持续形式的经济增长，则会更加严重
人口增长与控制	不该控制；人是解决世界上一切问题最有活力的源泉。人们想要多少子女，就有自由生多少子女	应该控制，以防止地方、区域或全球生命支持系统的崩溃。人们想要多少子女，就有自由生多少子女；但这种自由不能侵犯他人生存的权利

续表

问题	丰饶论	新马尔萨斯主义
资源耗竭与退化	由于管理改善和转用替代品，潜在可更新的资源不会耗竭	很多地区的潜在可再生资源已经严重退化。对于地球上的表土、草地、森林、渔场和野生生物这些使人类得以生存并支撑着多数经济活动的资源来说，没有替代品
	由于可以找到更多矿藏或发现替代品，不可再生资源不会枯竭	某些不可再生资源是找不到替代品的，或者要费很多时间才能逐步采用而不造成经济上的困难
	经济增长和技术革新可将资源耗损、污染和环境退化减少到可接受的水平	由于高度的资源消费和不必要的浪费，发达国家正造成不可接受的区域和全球性资源耗竭、污染和环境退化
能源	强调利用核能及不可更新的石油、煤和天然气	强调能源保护，利用恒定的太阳能、风能、水力，持续地利用潜在可更新生物能（木材、作物秸秆）
资源保护	减少不必要的资源浪费，重复利用和循环利用都是可取的；但如果它们使当代经济增长降低，则是不可取的	减少不必要的资源浪费对于维持地球生命支持系统和长期经济生产率来说是至关重要的，可延长不可再生资源的供给，使可再生资源的供给持续，并减少资源开发利用的环境影响
	我们可以发现任何稀缺资源的替代品，所以资源保护没有必要，除非能促进经济增长	并非任何资源都能找到替代品，有些即使能找到也可能质量差、成本高
野生生物	地球上的野生植物和动物物种的存在是为了满足人类的需要	人类活动导致任何野生物种的灭绝都是错误的。这些潜在可再生资源的利用要以持续性为基础，只能满足必要的需求，而不应满足奢华、轻浮的要求
污染控制	不能以短期经济增长的代价来强化污染控制，这是因为经济增长了才能提供资金来控制污染	污染控制不力会危害人类和其他生命形式，并降低长期经济生产率
	应给予污染者政府津贴和税收减免，使之能装备污染控制设备	污染者应付把污染减少到可接受水平的费用。商品和服务都应包括污染控制成本，以使消费者知道其消费的环境代价
	强调控制排放来减少已进入环境的污染	强调控制输入以防止污染进入环境
	以焚烧、堆放或掩埋等低成本方式处理废物	废物资源化，努力循环利用、重复利用或转化为有用形式

2. 市场响应论

市场响应论认为，悲观派的错误在于他们建构模型的方式实际上忽略了人类对极限的响应机制，特别是市场机制，或者假设响应为时已晚。其实市场体系会对极限自动做出响应。

以矿产资源为例，在运作完善的市场经济中，任何已变得稀缺的资源产品的价格不可避免地会上涨。随着报酬递减现象的出现，生产成本增加，这就意味着在现有价格水平下生产者会对市场减少供给，因而价格上涨，直到恢复供求均衡。这种价格上涨会立即引发一系列的需求、技术和供给的响应（图 4.2）。首先，用户转向较便宜的替代品，或者采取节约、经济的措施，其需求会减少。对于金属来说，还由于循环利用在经济上更有利，废料就更有价值因而更值得收购，用户对原始资源的需求也会减少。其次，价格的上涨和对资源产品稀缺的担忧都会为革新发明产生一种刺激；所导致的技术变化很可能增加资源的可得性，降低替代品的成本，并促进节省方法。然后这些变化又会通过价格机制反馈来抑制需求，从而减小原商品的稀缺压力。最后，价格的上涨将使原来开采起来不合算的矿藏变成经济的，也将鼓励人们探寻新的供给源泉，并将促进萃取技术的发展，从而提高已知矿藏的有效产量。经济系统运作的这种机制将使消费不至于增长到自然极限而导致崩溃，而是随着价格的上涨相对平缓地终止。米都斯的“世界模型III”推断，当资源储存消耗掉90%时，供给成本将上涨20倍（Meadows ct al.，1972）。如此巨大的成本上涨必然对资源需求产生显著影响。一般认为价格每上涨10%，大多数非燃料矿物的需求将降低6%～20%（Rees，1990）。

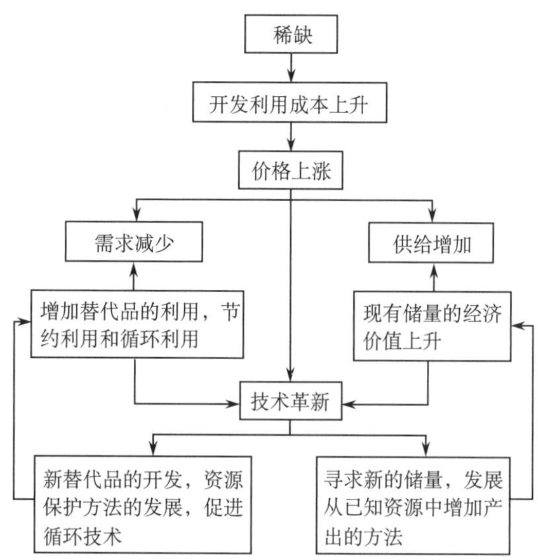

图 4.2　理想市场对资源稀缺的响应（Rees，1990）

3. 替代的作用

乐观派不仅认为需求的减少将使耗竭速度放慢，还认为这种减少并不一定就会导致生活标准的下降或经济增长速度的降低。这种观点基于如下假设：任何资源产品总有替代品或总能找到替代品。虽然随着价格的上涨消费者再也买不起那么多更贵的产品了，需求会有某种程度的下降；但到一定时候，替代品将产生重要的需求替代机制。资源的功用在于其产生有用的产品和服务，因此，只要找到其他方法来完成同样的功能而无额外的实际成本，那么实际收入和增长速度未必会受影响。

替代可以有多种形式。首先是直接替代，即一种资源产品取代另一种的作用。同种金属元素一般都可取自不同类型的矿种和地质来源，并且与其他元素构成多种多样的化学组合。当传统来源的矿种变得稀缺时，人们会努力发展技术以从替代来源中提取它。例如，对将来铝矾土供给可得性的担忧，已经促进了从诸如高岭土、碳质页岩、线虫石和霞石之类的非铝矾土矿中提取铝的技术的研究。在此例中，人们对铝矾土稀缺的担忧并非因任何潜在的自然极限，而是由于主要消费国对铝矾土进口的依赖，并且感到供给禁运或价格上涨会对他们的经济构成威胁。此外，一种矿物制成的材料可能被其他材料直接取代。例如，铝、不锈钢、塑料在某些用途上可以替代铜。铝已经普遍占据了高压输电线市场，铝和不锈钢器皿也已经取代了铜器皿，塑料管件可以取代家用铜管件。几乎所有矿产品都有替代品，问题在于替代的技术和所涉及的费用。直接替代品的存在，加上地壳中可得元素多样性的潜力，表明并不存在绝对自然意义上的稀缺。

其次是技术或资本替代，即某种特定资源产品或服务的需要由于技术或资本的发展和增加而减少。以铜为例，海底电缆曾是铜的重要用途之一，但随着微波技术和通信卫星的发展，对铜电缆的需要已大大减少。提高资源利用效率的技术进步和投资也显著地减少了消费。生产 1t 生铁所需的焦炭，已从 19 世纪中期的 8t 多降到 1900 年的 3t，而今则不到 0.5t。同理，在安装双层玻璃和其他绿色建筑形式上投资，必然降低住房的能源消耗。这些事例都说明，可以在不降低生活标准或不放慢增长速度的条件下减少自然资源的需求。资源乐观派认为，技术变化现在是一种有计划的积累过程，它在市场体制的刺激下有望把任何一种特定矿产资源耗损的影响减少到最低限度。

再次是重复利用和循环利用的替代作用。很多金属材料都越来越多地取自废旧材料而不是矿产资源。矿产价格哪怕相对很小的上涨也会大大提高回收的经济可行性。美国 50%～60% 的废铜都得到回收，用于再加工。重复利用并不限于金属材料，循环经济模式和技术已使很多原来的废物得以回收或重复利用而变成资源替代品，同时也减少或控制了污染。

最后产业结构或生活方式的变化改变了所需产品和服务的组合，也造成了另一种意义上的替代。产业结构从以资源密集型的重工业和初级产品为主，转向使用较少资源的经济结构，已大大减少了对自然资源的需求。经济结构的变化，深度加工、第三产业和文化娱乐业的发展，使得人们对矿产资源的需求显著降低。经济结构的变化可以导致人们某些生活方式的变化，同时，人们在生活方式和资源消费上有更多的选择，减少了对自然资源的消费。

4. 耗散结构论

针对熵定律推导出来的悲观理论，一些研究地球未来的学者应用耗散结构理论（Prigogine and Stengers，1984）加以反驳。按照熵定律，宇宙将走向“热寂”，地球将向无序发展。然而迄今为止地表自然界和人类社会的发展却是由简单到复杂，从低级向高级，从混沌到有序。事实正与熵定律的推论相反，原因在于自然系统和人类社会系统并非封闭的而是开放的。开放系统不断与外界交换能量、物质，形成足够的负熵流，使系统的总熵不增加，甚至减少，从而能够远离均衡态而产生有序、稳定的结构，这就是耗散结构。耗散结构要求不断地消“耗”来自外界的物质能量，同时不断地向外界扩“散”消耗的产物，所以是一种活的有序结构，其产生有序结构的运动过程就是自组织现象。人类社会和生态系统是典型的远离均衡态的耗散结构系统，不仅在于地球表层不断地与太阳和地下交换物质能量，而且在于人作为智能生物，具有一定的识别和调控负熵的能力，并且会不断提高这种能力，因此人类社会和生态系统一定会更进步、更有序。

二、对乐观派的挑战

乐观派对资源稀缺的观点强调人的主观能动作用，论证了科学技术进步、市场调节、社会变革等人类的适应战略可以对付自然极限问题，弥补了悲观派的不足。现在的问题是，人类能否在实践上及时行动，正确应用科学技术，采取适当的社会调节手段来弥补市场的不完备性，以防止自然极限成为社会经济发展的障碍。

对于乐观派关于市场过程将自行解决一切稀缺问题的论点，现实提出了一些挑战。根本的挑战有三方面：第一，市场体系显然是不完备的；第二，市场运作的结果很可能与社会的文化、经济、政治目标不相符合；第三，市场不能克服——实际上还在制造——某些形式的自然资源稀缺。

1. 市场的不完备性

市场对资源稀缺的响应模式在很大程度上被理想化了。为了对需求、技术和供给变化做出响应，以便在时间和空间上优化配置资源，市场需要完善的竞争机制，包括要求构成市场的企业按合理规定的方式行动以使其利润最大化，要求企业管理者具有无所不知的能力以预测未来的资源需求和价格水平，还需要避开政府的干涉。这样的条件在现实世界并不存在，也就是说，实践中的市场具有不完备性，那么市场机制能否对资源稀缺做出恰当的响应呢？

实际市场的竞争机制并不完善。矿产资源产品很容易被少数几个大型私有公司或国有企业控制，这使稀缺问题有可能变得更缓和而不是更严重。这些垄断企业能控制其产品的市场价格，为了长期使其利润最大，他们将限制当前产量以维持价格水平。换言之，相比于完备的市场条件，垄断的存在会使生产和消费的资源更少，因而将来可利用的资源必然更多，但当前会更为稀缺。

市场的其他不完备性却导致相反结果。在不完备的市场条件下，一个竞争者为了有利于未来的报酬，需要知道需求、供给和价格的长期变化情况，以便优化其生产安排。他必须能够预测未来的经济和技术革新状况，预测其他供给者的活动和消费者偏好及其生活方式的变化。所有这些因素都具有内在的不确定性，不确定性与风险同在，这就推动生产者加速开发已有资源以免未来面临风险和不确定性。

某些资源产品的价格一直不稳定，而且相对于加工产品其预期价格一般都较低。因此，资源产品生产者倾向于增加当前价格水平下的产量，以减少未来收入的不确定性。特别是当出现资源替代品，而且替代品更便宜时，就更会促使资源产品生产者加速资源开发。当资源产权不明晰时，就更加强了私有企业尽快开采已有资源的倾向，企业很可能加快开发资源以在尽可能短的时期内收回其投资，“贴现”未来收入。即使是国有企业，也常常倾向于增加短期可见的收益，在经济增长和收入增加依赖于资源开发的地方，就会有更大的开发压力，后代的需要不可避免地成为次要的考虑。

资源开发，尤其是矿产资源勘探，投资的风险较高，因而常常缺乏投资。在勘探新矿藏方面缺乏投资对矿产供给造成的威胁，也许比矿产资源的耗损更加严重。此外，矿产萃取、加工和运输设施等也都需要巨大的投资，而此类投资回报周期较长，常常难以充分保证。

2. 市场机制与社会目标

市场的目标，简言之就是报酬最大化。但对社会来说，自然资源的开发利用还需要满足一系列其他目标，如保障国家必要的战略资源、促进地区就业和发展、维护环境质量等，这些目标不可能依靠市场机制来实现。

1）资源保障

市场体系并不能保证每一个国家都能保障其资源供给。即使一国的自然资源丰富多样，足以满足生产所有基本产品和服务的需要，但总会在某些资源上具有优势而在另一些资源上处于劣势。因此，合理而有效的战略是融入国际资源产品市场，取长补短。而对于国内自然资源不能满足需求的国家，更需要依靠国际市场来保障资源产品的供应。但国际市场体系并不存在保证每个国家都有进口必需资源的机制，穷国往往缺乏支付能力，而富国则可能受其供给区域内地缘政治的影响。

当某些资源大国形成卡特尔（如石油输出国组织，Organization of the Petroleum Exporting Coutries，OPEC），从而能左右国际资源市场时，为实现其政治、经济、军事或者宗教目标而采取一些背离市场机制的手段，如限制生产、冻结价格、贸易禁运等，这就至少会造成暂时的短缺。对此，进口国可能建立大规模战略性资源储备（多数发达国家都已采取了类似的对策），制定抑制需求的政策，加强国内资源勘探和开发，开发替代品和改善资源保护技术。所有这些响应从长期来看都会削弱不发达资源出口国的作用，并可能进一步加大发达国家与第三世界之间的财富差距。

这种世界市场体系的不完备性，既不能满足资源出口国增加收入的目标和政治控制的目标，也不能满足资源进口国资源保障的目标。资源出口国采取的那些政策，阻碍了其国内吸引资源开发和勘探的投资，投资的减少导致储量不能增加，资源面临稀缺危机。如果私人企业和消费国政府的响应是改变投资取向而不减少投资总量，那么稀缺可能防止，但却进一步加深国际财富的悬殊。

2）就业与经济发展

理想市场对资源稀缺的响应机制可能会防止全球尺度上资源消耗达到资源的最终极限，即自然耗竭。但在自然耗竭远未产生之前，开采成本增加到超过所开采资源价值的程度，就会发生能获利资源的耗竭，这称为经济耗竭。

市场体系根本无能力防止某些特定矿藏的经济耗揭，这是因为市场力量刺激消耗，开发成本增加，事实上很可能加速经济耗竭的发生。例如，英国自 20 世纪 60 年代就关闭了煤矿，其至今仍处于关闭状态。其实煤矿资源远未枯竭，但是在当前市场条件（和政治环境）下，开采已得不偿失，经济耗竭发生了。当这种经济耗竭发生时，政府为了促进地区就业和发展，就不得不干预矿产市场，给予国内生产者津贴，或者限制国外生产者的竞争。这又进一步加剧了市场的不完备性。

如果经济基础依赖于单一的矿产资源开发，经济耗竭就会导致严重的社会、经济问题。市场机制也无能力防止依赖矿产开发的国家和地区由此产生的经济与政治危机。一般来说，发达国家具有高度多样化的经济，能抗御某种资源的经济耗竭，经济耗竭对其国内经济不会有太大的影响，失业率也不至于显著增加。但是在这些国家，区域性衰落和失业问题也绝非小事。欧洲和加拿大在创造就业机会以弥补采煤工人的失业方面，面临重重困难（Rees，1990）。此外，某种国内资源的经济耗竭可能进一步加剧关于国家资源保障的担忧。

第三世界资源出口国面临的经济耗竭问题无疑更为严峻。很多此类国家高度依赖某一种（或与之相关的一组）矿产品的出口。在这种情况下，该种主要矿产的经济耗竭对于整个国民经济来说是一种严重威胁。

3. 市场机制加剧了某些资源的稀缺

1）环境变化

自然资源开发意味对自然环境的掠夺。公共水域、大气质量、野生动植物及具有景观价值的自然资源历来被看成“自由财货”，是没有或少有市场价值的。因此，资源开发和消费的市场机制，绝不会考虑市场外部的环境变化，这就使得市场机制即使可以保护人们的物质利益，但人类福利的实际标准将会下降。

资源开发和利用过程中的每一阶段，都会对环境产生影响。例如，采矿会破坏土壤、植被和排水系统，产生水污染和空气污染，降低景观价值，损害矿工健康和建筑物，降低农业生产力，增加供水成本。环境破坏的程度随着低等级矿藏的开发、开发规模的扩大及现代“大型采矿”技术的采用而逐步升级。此外，把采矿推进到未开发的欠发达地区和远离市场的地区，不仅破坏（至少是严重干扰）残存的自然生态，而且也冲击土著居民的文化和生活方式，加速环境和社会的变化。采矿中还会发生矿难，导致严重的环境破坏和生命损失。

矿产资源利用的这些后果并未随其开采的结束而结束，在冶炼、运输和加工阶段，都会排放废物，这会不断降低环境的质量、美学价值和康乐价值，显著影响人类健康，降低社会福利水平。更为严重的是，废物的排放损害生命自身赖以存在的生物-地球化学循环，导致全球环境变化。

技术变化和市场机制的某些适应方式，如改变生活方式、节约利用和更多地利用可再生资源，可以减少资源利用的环境代价和社会代价。然而，诸如开发合成材料以替代天然矿物元素之类的途径将增大生态风险，此类现代技术对环境的破坏难以修复。市场机制不仅不能制止，甚至还会刺激环境质量退化和生态系统服务下降之类的“外部性”代价，加剧环境资源的稀缺性。

2）可再生资源稀缺

技术进步和市场机制不能减少对可再生资源的压力。在发达经济中，收入增加增进了人们对更好生活质量和更清洁环境的需求，并伴随着人们活动能力的提高而增强了其对舒适景观和其他康乐性资源的压力。同时，现代工业产出的规模、技术发展的速度、对更多物质增长的持续压力等结合起来，大大加快了环境变化的速率。为农业增加产量而发生的一系列变化，如使用杀虫剂和化肥、田块归并、湿地排水和沼泽开垦，都影响了景观质量，减少了生物多样性，甚至破坏了土壤的自然结构，引起了土壤侵蚀。农村环境的这些变化都源于集约生产的压力。

技术和市场机制不能保证可再生资源的持续可得性，这在第三世界国家更为明显。认为“绿色革命”和其他增加世界食物生产的途径可以解决全部食品稀缺问题的乐观主义，已在广泛存在的营养不良和饥饿事实之下土崩瓦解。世界很多脆弱的干旱、半干旱地区正受到农、牧业生产压力增加的影响。当农业被推进到边际地区时，这些地区对气候波动的天然抵抗力就更加脆弱，而且植被和土壤的破坏将大大降低生物生产潜力和经济生产潜力。适宜温带土壤和气候条件的农业技术，不仅不能促进热带、亚热带和半干旱地区的农业生产，还常常加速了生态系统的退化。

“发达”农业技术的此类问题也与世界经济和政治体制有关。它们依赖设备、资本、化肥和杀虫剂等投入，这就使其脆弱性更加严重。无力投资这些新技术的小农户更显弱势，在与大农场主的竞争中频频破产，不得不出让其土地，导致无地劳动力增加，促使农业向更为边际的地区推进。这不仅使欠发达国家内的社会不平等现象有增无减，还加剧了脆弱地区的开垦和退化。此外，森林破坏及其所导致的薪柴短缺、水资源的严重不足，以及水质和空气质量的迅速退化，都加重了贫困地区可再生资源的稀缺程度。

可再生资源稀缺表象的原因是复杂的，需要认识自然系统、社会经济关系、政治权力及制度障碍等方面的复杂问题，不可能找到简单的解释和简单的解决办法。可再生资源耗损和退化的问题之所以恶化，一个重要原因在于它们常常在公共财产或公共场所，所有的人都可免费获取。鱼、飞鸟、水和空气等资源都不可分割，没有哪一个用户能支配其供给，控制其他用户的数目或他们获取的数量。于是，人们对资源保护和减少污染就没有积极性。因此，短期内利用过度和消耗过度就常常不可避免，形成长期耗竭的危险。

4. 增长的社会极限

即使不发生增长的资源和环境极限，增长也会面临社会极限。Daly（1987）认为增长的极限有两类：第一类是由热力学定律和生态系统脆弱性决定的生物-物理极限，第二类与增长的愿望而不是增长的可能性有关。Daly 指出，增长的愿望受到四方面的限制：①以消耗性资源支撑的增长愿望要受后代必须付出的代价的限制；②生境消灭导致非人类物种灭绝和数量下降制约着增长的愿望；③福利的自我抵消限制了积累增长的愿望；④曾促进增长的道德标准（如个人利益刺激、世界观和科技官僚）的沦落和腐败制约了进一步的增长。

后两条所包含的内容就是“增长的社会极限”（Hirsch，1977）。一旦总体水平的物质满足了主要的生理需求（即维持生命的衣食住行）后，经济增长的过程将变得日益难于满足人们的愿望。随着平均消费水平的上升，消费的日益增长既体现在个人方面也体现在社会方面。因此，衡量个人对商品和服务的满足程度，不仅依赖于人们自己的消费，而且还受其他人消费的影响。例如，一个人从使用小汽车中获得的满足取决于有多少人使用小汽车。用车的人越多，空气污染和交通拥挤的程度越严重，使用小汽车得到的满足就越低。Hirsch（1977）提出一个“位势物品”概念，对其满足的程度取决于相对于其他人消费的相对水平，而不是自己消费的绝对水平。举例来说，教育投入是为了提高找到工作的机会。每个人花钱接受教育，希望比别人更强，但其他人也会这样做。对具体个人来说，一定的教育投入水平，在其他人也达到该水平时的实际效用将下降。当教育水平普遍提高时，个人将实现不了所期望的更强目标。

一旦基本物质得到满足，进一步的经济增长带来的花费在这种位势物品上的收入比例将日益升高。结果是，实际增长比经济学家通常想象的社会期望值要低得多，不能提供人们所期望的个人满足的增加。在这种环境中，传统的社会福利效用概念会产生误导，这是因为效用是互相依赖的。如果其他人的消费影响到个人的消费效用，就会产生一个外部作用。

第三节　走向可持续性

“增长的极限”和“没有极限的增长”之争，代表了对自然资源稀缺问题的世界性关注，其焦点从经济增长的自然极限转变为资源稀缺的社会经济含义，进一步的关注焦点必然走向可持续性。

一、当代资源关注的演变

1. 关注经济增长的自然极限

以悲观派的观点为代表，关注焦点集中在自然资源的极限及环境质量退化上，自然资源的基本问题倾向于限定在自然概念内，注意力集中在四种稀缺上：①重要金属矿藏和能源矿藏的耗竭；②生物单一化危及全球生物地球化学循环的均衡，从而损害乃至毁灭维系生命的生态圈；③天然可更新的“生产性”资源（如淡水、土壤、森林和鱼类）的耗损；④至少对部分人口具有康乐和美学价值的环境质量资源的日益稀缺与丧失。在后三类关注中，问题的核心是污染和可再生资源的耗损；但在最后两种情况里，问题并未看作全球性的威胁，注意力只集中在地方和区域的空间尺度上。

在环境运动作为一种政治力量出现之前，社会科学家对资源和环境问题的关注极其有限。即使在 20 世纪 80 年代后期，对环境问题的实质性威胁还缺乏某种明晰的社会学透视。一度把其主题限定为人与环境关系研究的地理学家，在 20 世纪 60 年代还忙于数量革命和空间秩序探究，具有悠久传统的自然环境研究被淹没在城市聚落空间布局和运输网络发展规划后面。最早受到关注的自然资源问题的社会科学主要是经济学，但当时从事该领域应用研究的经济学家也是寥寥无几。用传统福利经济学的框架看问题，可再生资源耗竭和环境退化都被看作市场失效和存在外部性的结果。为了促进对一切自然资源产品和环境服务的合理、有效利用，就必须保证它们具有价格（价值）并被全部纳入市场体系。这里贯穿一个假设，即任何资源管理计划的合理目标都是使从资源利用中获得的经济福利达到最大。换言之，即接受了增长的范式，而没有注意有限自然系统可能施加的生态限制。在资源稀缺关注的第一阶段，社会科学家并未准备好发挥某种独特的作用，当别人提出问题时他们才有所响应，而不是从自己学科的视野来重新界定问题之关键。

Meadows 等（1972，1992）认为，自然资源的稀缺必将成为对经济发展的一种日益迫近的绝对限制。但这种思想遭到强烈反对，反对者正确地指出资源的文化性质和动态性质，并且强调技术和社会经济变革在对付特定矿产自然短缺中的作用。经济灾难论者所提出的解决办法也受到挑战，那些主张结束人口增长、技术变革和经济发展的人被看作不食人间烟火的精英，无情又无德。按照他们的主张，为了少数人的经济完整性和可持续性，所付出的代价必然包含千百万人在贫困线上的挣扎。社会科学家们开始分析各种非增长方案的社会经济后果和政治可行性，并播下了下一阶段资源关注的种子。

2. 关注资源稀缺的社会经济含义

以重新定义资源问题的核心为标志，人们将关注从原来的自然稀缺和环境变化转向与资源利用有关的社会、经济和政策方面。到 1975 年，预言矿产资源耗竭的模式大多丧失了信誉，也落后于现实，更为关键的问题是地缘政治稀缺和全球分配公平。

很多人把 1973 年的石油危机看作国际经济新秩序的破晓，是国际经济力量结构中的一种根本转移。但现在看来，这些见解也如新马尔萨斯主义的稀缺模型那样，是过于夸张了，而且在概念上也有失天真，某种程度上是一厢情愿，而且建立在对现存社会经济和政治体制的错误认识的基础上。然而，人们对资源开发和国际贸易关系的地缘政治方面的注意，在激励经济学、国际关系、政治学和法律等至关重要的研究上还发挥了很大的作用，并已显著加深了人们对国际资源分配和交换体制的认识。

20 世纪 70 年代中期对环境变化和可再生资源耗竭问题的研究也有了明显进展。虽然更明晰的科学判断已证明那些“生态末日（eco-gloom-and doom）”学派的见解是过分夸大了，并且其赖以为立论基础的数据其实也含糊不清，但是任何人都不会对这些实实在在的问题装聋作哑。环境运动的兴起被当作一种社会现象来研究，替代的管理战略要根据其经济效率、社会功效、政治可行性和分配后果来分析，于是人们开始评价环境利益集团对资源政策和管理决策的影响，也开始审视资源政策的制定和实施方式。

人们认识到，环境污染和自然资源耗竭对不同国家、不同人群并无绝对的共同意义。由于世界环境和经济的多样性，各种社会面临的问题不尽相同，优先考虑必然大不一样。这种观点在 1971 年联合国人类环境大会上变得更加清晰。在这次大会上，发展中国家对环境运动表示了根深蒂固的怀疑，他们认为这是剥夺其实现物质繁荣的另一场闹剧。不仅如此，控制污染或减缓资源耗竭的策略和技术，不能简单地从一个国家照搬到另一个国家，其表现严重依赖它们应用于其中的社会、经济、法律和政治背景。

即使在一个国家内部，可再生资源管理和污染控制的目标也不会是一致的，对用以实现这些目标的方法也不会达成一致意见。依靠“价值自由”的科学评价并不能找到简单的解决办法。污染的发生、景观的变化、水产资源的耗损、生物多样性的丧失，这些事实并非就自动意味着应该采取措施来避免此类环境扰动。所有形式的可再生资源退化都将经济和福利的损失强加于社会中的某些团体，而避免资源耗竭和污染损害并不是一个无代价的过程。总有一些人必须为此付出代价，对策的选择将取决于这些人是谁。提供何种环境物品和服务？谁得到它们？谁来支付？对诸如此类的问题都必须做出选择。而这些选择都不可避免地是主观的、政治的、社会的和道德上的，它们都不会也不可能由理性的分析得出。

二、走向可持续性

对自然资源关注的核心问题是自然环境对人类发展施加的限制。乐观派那种掉以轻心的态度无益于问题的解决；但非增长学派要求终止所有经济增长和技术变化的简单化思维，在 20 世纪 70 年代后期的经济萧条时已全线崩溃。非增长解决不了发达国家的失业，又使生活在第三世界国家的广大人民感到无望。要解决自然资源稀缺和环境退化问题，又不得不承认人类福利，可持续增长和可持续发展就成了必然的选择。

“可持续性”（sustainability）作为一个明确的概念，至少在 1972 年就形成了，当时提出了“可持续的社会”（sustainable society）。世界环境与发展委员会（1989）在《我们共同的未来》中正式提出“可持续发展”这一概念，其定义是“可持续发展是既满足当代人的需要，又不损害后代人满足其需要的能力的发展”。从此以后，关于“可持续发展”“可持续性”的定义如雨后春笋般激增，迄今为止已出现了数以千计的定义，这些定义虽然不尽相同，但都包含了以下几个重要的含义。

（1）理想的人类生存条件：满足人类需求的、可永续存在的社会，尤其是世界上贫困人民的基本需求必须优先得到满足。

（2）持久的生态系统状况：保持自身承载能力以支持人类和其他生命的生态系统。

（3）公平性：不仅在当代人与后代人之间，也在各代人内部，平等地分配利益和平等地承担代价。如果在发展政策中忽视资源分配问题（代间分配和代内分配），则不能实现可持续发展。可持续发展在很大程度上是资源分配问题，狭义的可持续性意味着对各代人之间社会公平的关注，但还必须合理地将其延伸到对每一代人内部的公平的关注。

1. 人类的需求与发展

归根结底，发展的主要目标是满足人类的需求，但目前世界上存在应当扭转的两种倾向。

（1）发展中国家大多数人的基本需求（温饱、住房、就业）没有得到满足。他们有权利要求这些基本需求得到满足，同时也有正当的理由要求提高生活质量。一个充满贫困和不平等的世界将易于发生生态危机和其他危机。资源的可持续利用要求满足全体人民的基本需求，要求给全体人民机会以满足他们提高生活质量的愿望。

（2）发达国家很多人的生活超过了世界平均的资源和生态条件，如能源消耗和其他消费，如果按目前美国的人均标准，世界只能维持 10 亿人口，其余 60 多亿人口生存的权利就被剥夺。人们对需求的理解是由社会条件、经济条件和文化背景决定的，只有各地的消费水平控制在长期可持续性限度内，全体人民的基本生活水平才能持续。资源的可持续利用要求促进这样的观念，即鼓励在生态可能范围内的消费标准，鼓励所有的人都可以合理地向往的标准。

满足基本需求在一定程度上取决于实现全面发展的潜力。显然，在基本需求没有得到满足的地方，资源的可持续利用要求实现经济增长（主要表现为人均国内生产总值的增长）。在其他地方，若增长的内容反映了可持续性的一般原则，又不包含对他人的剥削，那么这种经济增长与资源的可持续利用是一致的。但在有些地方，经济增长并非就是可持续发展，当高度的生产率与普遍的贫困共存，当经济增长以破坏资源和环境为代价，就谈不上可持续性。因此，可持续发展要求社会从两方面满足人民需要：①提高生产潜力；②确保每人都有平等的机会。

2. 限制因素及其可持续性

1）人口

人口增长会增加自然资源的压力，并且在掠夺性资源开发普遍发生的地区影响到生活水平的提高。这不仅仅是人口规模的问题，也是资源分配的问题。只有人口发展与生态系统变化着的生产潜力相协调，才能实现可持续性。

2）环境

人类社会发展，尤其是技术发展，能解决一些迫在眉睫的问题，但却会导致更大问题的出现。盲目地发展可能会危害许多人的利益，危害后代满足其基本需求的能力。在发展过程中，人类对自然系统的干扰越来越大，从原始的狩猎-采集到定居农业，水系改造、矿物提炼、余热和废物排放、森林商业化、遗传控制、核能利用等，都是人类干扰自然系统的例子。以前这类干扰还只是小规模的，其影响也是有限的，但现在的干扰在规模和影响两方面都更加强烈，并且从地方到全球各种尺度上严重威胁生命支持系统，这已对发展的可持续性构成威胁。可持续发展不应危害支持地球生命的自然系统——大气、水、土壤和生物。

3）资源

资源的开发利用一般是有限度的，超过这个限度就会发生生态灾难。能源、材料、水、土地等资源的利用都有自己特定的限度，其中许多表现为资源基础的突然丧失，有些则表现为成本上升和收益下降。知识的累积、科学技术的发展等可以加强资源基础的负荷能力，但最终仍有一个限度。可持续性要求，在远未达到这些限度以前，全世界必须保证公平地分配有限的资源，调整技术上的努力方向，以减轻资源的压力。

（1）可再生资源：经济增长和发展显然会牵涉到自然生态系统的变化。对森林、渔业这样的可再生资源，利用率应控制在再生和自然增长的限度内，否则就会趋于耗竭。土地资源就其肥力而言，只要利用得法，也有恢复的能力。多数可再生资源只不过是复杂的、相互联结起来的生态系统的一个组成部分，应考虑开发对整个生态系统的影响，必须明确最高的持续产量，如最高森林采伐量、最高捕捞量、最高土地产量（不引起土地退化和负边际报酬）。

（2）不可再生资源：对于矿物燃料和原料这样的不可再生资源，今天利用多少，将来子孙们可利用的储存量就减少多少，但这并不意味着不能利用这种资源。然而，应确定一个持续的耗损率，这就需要考虑这些资源的临界性，可将耗损减少到最小程度的技术及其可利用性，以及替代资源的可得性。对矿物燃料来说，其耗竭的速度，以及循环利用和节约利用方面，都应制定一定标准，以确保在得到可接受的替代物（如可更新能源代替矿物燃料）之前资源不会枯竭。总之，资源的可持续利用要求，不可再生资源耗竭的速率应尽可能少地妨碍将来的选择。

（3）物种多样性：经济增长和发展趋向于使生态系统简化和减少物种的多样性。而物种一旦灭绝就不可再生，动植物物种的丧失会大大地限制后代人的选择机会，所以资源的可持续利用要求保护动植物物种。

（4）大气和水：人类经济社会发展至今，人们一直认为大气和水是取之不尽，用之不竭的，是“免费财货”（free goods），但它们也是资源，也有限度。水的稀缺在许多地区已成为限制发展的重要因子；大气、水体容纳生产过程中废弃物的能力也是有限的，不能超过其自净能力。资源的可持续利用要求：为了保持生态系统的完整性，要把对大气质量、水和其他自然因素的不利影响减小到最低程度。

3. 平等与共同的利益

以上只是概括地叙述了资源的可持续利用的含义，强调了“需要”和“限制”两方面的概念。但资源耗竭和环境压力等许多危机问题现在之所以产生，往往倒不是由于缺乏资源，或受环境限制，而是由于经济和政治权利的不平等。因此，要做到资源的可持续利用，还必须强调另一个概念——平等。“满足需要”基本上是经济概念，“减缓限制”是生态概念，而“平等”则是社会概念。

1）国际不平等

20 世纪 70 年代人类意识到资源与环境问题没有国界，因而提出“只有一个地球”的口号；但在这唯一的地球上，却存在多个世界——至少可以区分出贫穷的发展中世界和奢侈的发达世界。每个社会、每个国家为了自己的生存和繁荣而奋斗，很少考虑对其他国家的影响。富国消耗了过多的地球资源并向环境排放了过多的废物；穷国人们为了生存又往往不得不过度砍伐森林，过度放牧、过度开垦。两方面都损害着共同依赖的唯一的地球生物圈，危害着人类共同的利益。

按目前的国际、国内政治经济秩序，要维护共同利益面临很多难题。例如，行政管辖权限的范围与环境影响所涉及的范围不一致，在一个管辖范畴的能源政策造成另一管辖范围内的酸性沉降，一个国家的捕捞政策影响到另一个国家的捕捞量。

商品的对外贸易使环境容量和资源匮乏问题成为国际性问题，如果能平等地分配经济成果和贸易收益的话，共同利益就能普遍地实现。但目前的国际贸易秩序是不平等的，初级产品的低价不仅影响了这些生产部门，而且影响了主要依靠这些产品的许多发展中国家的经济和生态。

2）国家内部不平等

这种性质的不平等也处处可见，一个工厂可能排放了浓度不可接受的废气或造成了水污染而不予追究，这是因为首先受害的是弱势群体，他们不能有效地申诉。一片森林可能由于乱砍滥伐而遭破坏，因为生活在那里的人们没有选择的余地，或者因为木材商比森林中的居民更有影响力。

生态系统的相互作用并不会尊重个体所有制和政治管理权的界限，于是在一个流域上游农民的土地利用方式会直接影响到下游农场的径流量；一个农场使用的灌溉方法、农药和化肥会影响邻近农场的生产率，特别是邻近的小农场；工厂排放的煤烟和有毒化学品直接影响附近居民的健康；热电厂排入河流或海洋的热水会影响当地渔民的捕捞量。在所有的人都在继续追求狭隘的自身利益时，就不可能实现共同的利益。

3）不平等是限制资源的可持续利用的障碍

资源分配的不公平产生许多问题。例如，不公正的土地所有制结构会导致土地资源不足的农民过度开发土地，不仅使资源基础受损，也对环境和发展两方面造成有害的影响。从国际上看，对资源的垄断控制会驱使那些没有参与垄断的人们过度开发稀缺资源。

另外，当某一系统临近生态极限时，不平等变得更加尖锐。当流域环境恶化时，穷人由于居住在易受危害的地区，而比居住在环境优美地区的富有者更易遭受健康危害；当矿物资源枯竭时，工业化过程的后来者丧失了取得低成本供应的利益；在对付可能的全球气候变化影响上，富国在财政和技术上处于比较有利的地位。

因此，我们没有能力在资源的可持续利用过程中促进共同的利益，往往是国家内部和国家间忽视了经济和社会平等的结果。资源的可持续利用的概念不仅支持“只有一个地球”的口号，还提出“只有一个世界”的口号，以倡议平等，维护可持续发展。世界环境与发展委员会的总观点就是“从一个地球到一个世界”。

“可持续发展”或“可持续性”已成为世界各国制定经济和社会发展目标的普遍共识，无论是发达国家或发展中国家，也无论意识形态和社会制度如何。但也有人对可持续发展概念持批判态度，《增长的极限》主要作者 Meadows 发表的一篇论文，题目赫然就是“实现可持续发展为时已晚，让我们为可生存发展而奋斗吧”，仍坚持罗马俱乐部的悲观论调。这篇论文指出，是该承认现实的时候了，生态的、政治的和经济的现实已不可能满足当代和后代的需要，除非全球人口数量远低于现在的水平。对于能维持像样生活标准又不对全球生态系统造成损害的全球人口水平，虽没有准确地计算过，但肯定在当前水平之下。因此，我们面临两种未来，或者维持一个少数人富裕、多数人贫穷并由集权和贫困支配的世界，或者某些灾难使人口下降到“可持续”水平。只要正视未来，我们就有必要开始探求一种“可生存发展”的概念和战略（Meadows，1995）。

思 考 题

1. 关于自然资源与人类发展前景的悲观派有哪些主要观点？
2. 关于自然资源与人类发展前景的悲观派观点有何意义和缺失？
3. 关于自然资源与人类发展前景的乐观派有哪些主要观点？
4. 理想的市场机制如何响应资源稀缺？
5. 资源替代有哪些表现形式？
6. 实际的市场机制对资源稀缺的响应有哪些不完备性？
7. 当代对自然资源问题的关注为什么从自然极限走向其社会经济含义？
8. 可持续性的内涵主要有哪些？

补 充 读 物

Simon J L. 1981. The Ultimate Resource. Boston: Princeton University Press. (朱利安·林肯·西蒙. 1985. 没有极限的增长. 江南, 嘉明, 秦星, 译. 成都: 四川人民出版社.)

Meadows D H, Meadows D L，Randers J. 1972. The Limits to Growth: A Report for the Club of Rome's Project on the Predicament of Mankind. New York: A Potomac Associates Book，Universe Books. (德内拉·梅多斯，乔根·兰德斯, 丹尼斯·梅多斯. 1984. 增长的极限. 李涛, 王智勇, 译. 成都: 四川人民出版社.)

世界环境与发展委员会. 1989. 我们共同的未来. 夏堃堡等, 译. 北京: 世界知识出版社.

第五章　自然资源稀缺的透视

无论是乐观派与悲观派之争，还是认同可持续性，都提出了一个关键问题，即自然资源的稀缺和限制。要解决这个问题，必须认识其性质。稀缺是供给相对于需求的不足，所以要认识自然资源稀缺的性质，必须透视自然资源需求和供给的动态，前者呈指数增长，后者则随社会和技术发展而演进。稀缺有从全球尺度上看的绝对稀缺和从区域尺度上看的相对稀缺，两者的性质也不相同。

第一节　指数增长与资源动态

一、人类指数增长与自然资源需求

1. 人的需要与自然资源

自然资源的概念是相对于人的需要而言的。关于人的需要，目前最为流行且广为接受的是亚伯拉罕·马斯洛的解释，他认为人的欲望或需要可以分为以下五个层次（Maslow，1954）。

第一，基本的生理需要，这是维持生存的需要，即食、衣、住、行的需要。所谓“民以食为天”，人类生存与发展的首要条件就是得以温饱，这是最基本、最底层的需要。

第二，安全的需要，即希望未来生活有保障，如免于受伤害、免于受剥削、免于失业；又如希望人类赖以生存的自然资源不要枯竭，自然环境不要退化。

第三，社会的需要，即感情的需要、社会交往的需要、爱的需要、归属感的需要。落叶归根、回归自然、观光度假、体育娱乐，皆属此类。

第四，尊重感的需要，即需要自尊，需要受到别人的尊重。

第五，自我实现的需要，即需要实现自己的理想，自己的价值，这是最高层次的需要。

后四种需要可通称为心理需要，这是相对于第一种生理需要而言的。显然，生理需要直接是一些物质要求；心理需要则间接与物质要求有关，如要求满意的工作、要求自我实现，这些除了涉及个人能力、价值观、社会制度等非物质因素外，也必须有一定的物质储备和经济基础。追根寻源，满足人类需要的物质都来源于自然界，即自然资源。

可以从最基本的需要——食来看看人类对自然资源的依赖。一个成年男子为维持身体正常的新陈代谢过程，其体内的物质输入和输出如表 5.1 所示。生产食物要有土地、水、阳光等自然资源。满足一个人的生存条件，需要多少土地？这些土地的生产力如何？它们必须具有什么样的光、热、水条件？其理论上是可以计算的。反过来看，地球上现有的自然资源，再加上一定的劳动、技术和资金的投入，可以养活多少人口？理论上也是可以计算的。现在地球上的人口已经超过 80 亿，这么多人的生理需要和社会活动需要所要求的投入都依赖自然界的资源赋存。甚至某些心理需要也要从自然资源中得到满足，如生态系统服务，包括环境质量和湖光山色等风景资源。

表 5.1　一个体重 70 kg 的男子每日新陈代谢量

输入					输出	
蛋白质	80 g	水	2220 g		水	2542 g
脂肪	150 g				固结物	61 g
碳水化合物	270 g	食物	523 g	→ 变成 →	二氧化碳	928 g
矿物质	23 g	氧	862 g		其他	54 g

资料来源：Simmons, 1982.

从需要的角度来考察，人的欲望或需要通常被认为是无穷的。这些欲望或需要一个接一个地产生，一旦前一种欲望或需要得到满足甚至只部分得到满足，就会接着产生后一种欲望或需要。然而，满足需要或欲望的资源却是有限的。

2. 社会发展与资源消耗的指数增长

人的需要与自然资源的关系，以个人需要为基础，但是必须放在由个人组成的社会这个层次来考察。人类社会经历了漫长的历史过程，把各个社会发展阶段贯穿起来，可以发现人口数量、资源消耗、环境影响程度都呈指数增长。人口增长的历史过程表现为指数曲线（图 5.1），不同社会发展阶段的人均每日能源消耗也呈现指数增长趋势（图 5.2）。《增长的极限》一书对世界化肥消耗、世界城市人口、世界工业生产、世界经济增长等都作过统计分析，显示出它们都呈指数增长（Meadows et al., 1972）。

一个全球性研究（Steffen et al., 2004）对近现代人类社会发展过程中的人口和城市人口数量、资本投资、GDP 的增长，对江河建坝、用水、土地垦殖、化肥、纸张、食物、交通旅游通讯、海洋捕捞、水产养殖等资源的消费，对资源利用的环境效应，如大气圈温室气体积聚、地表温度变化、臭氧层损耗、氮通量变化、气候灾害、森林损失、生物多样性损失等，都做出了统计，结果显示它们无一例外都呈指数增长（图 5.3）。

有一个古代的故事有助于我们理解这种指数增长的性质。阿凡提与国王下棋赢了，国王问阿凡提要什么奖赏，阿凡提只要求在棋盘的第一个方格上放一粒麦子，在第二个方格上放两粒，第三个方格上放四粒，第四个方格上放八粒……一直到棋盘的最后一个（即第 64 个）方格。国王大笑，认为这是小事一桩，便欣然同意。后来他明白犯了一生中最大的错误，因为他倾其所有也达不到这个要求。仅仅是在第 64 个方格上，国王就要付出 2^{63} 粒麦子，这是全世界小麦年总产量的 500 倍。阿凡提耍弄了国王，他提出的是一个指数级数的和：$\sum_{x=0}^{63} 2^x$（x 为自然数）。

这种指数级数常常给人无足轻重的感觉。它开始的数量很小，但很快就会增长成巨大的数字。以人口增长为例，2%的增长率似乎并不大，但若干年以后的人口数为

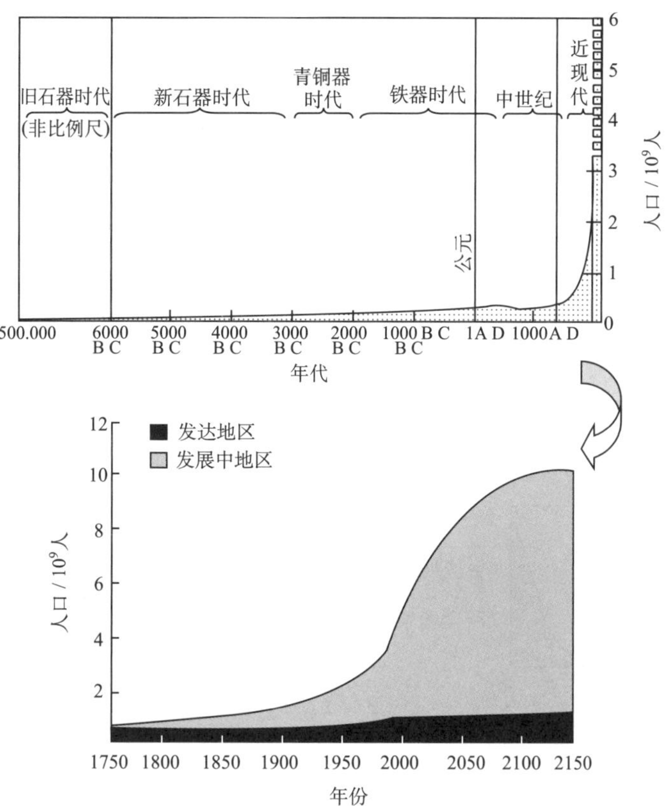

图 5.1 世界人口增长过程（近现代部分据 WRI et al., 1997）

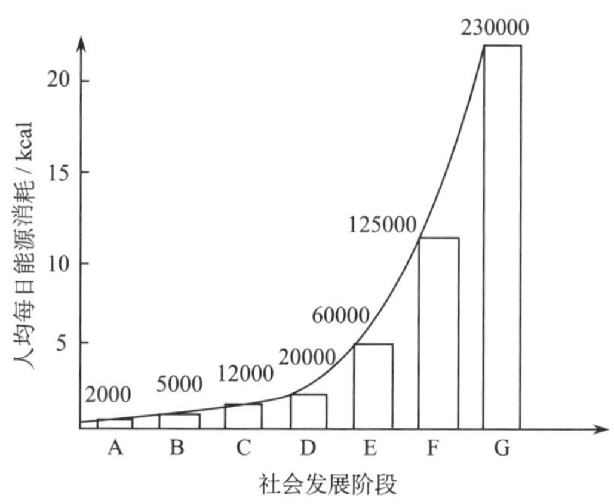

图 5.2 人类各文化发展阶段的人均每日能源消耗（Miller, 1990a）

A.原始人；B.采集-狩猎社会；C.早期农业社会；D.后期农业社会；E.早期工业社会；F.现代一般发达国家；G.现代美国

（1kcal=4186.8J，包括直接消耗与间接消耗）

$$A(1+r)^n \tag{5.1}$$

式中，A 为现在人口基数；r 为增长率；n 为年数。按 2%的增长率，总数翻一番只需 35 年，凡呈指数增长的事物，其数量翻番的时间约为

$$70 \div 增长率 \tag{5.2}$$

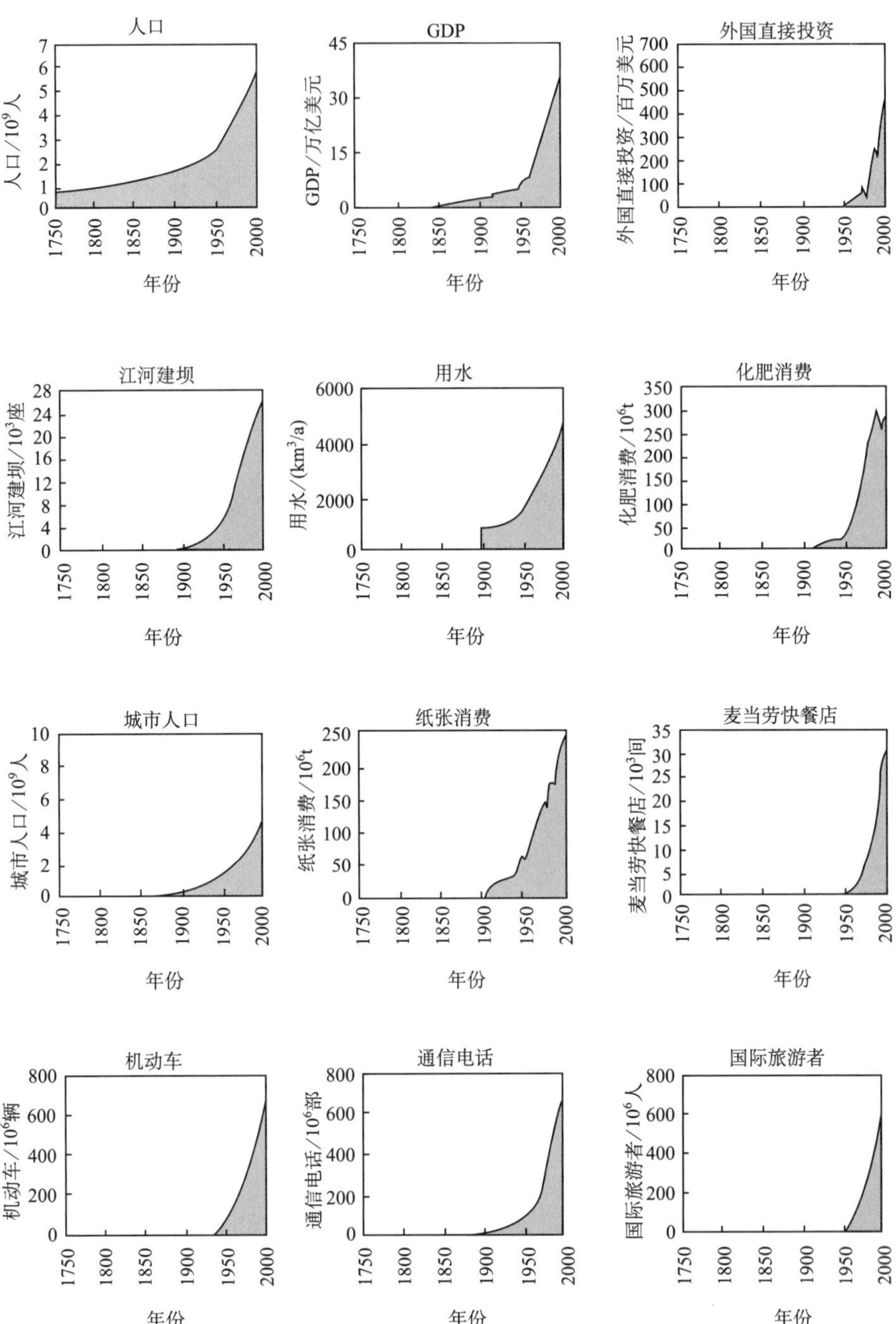
人口
人口/10⁹人
年份
GDP
GDP/万亿美元
外国直接投资
外国直接投资/百万美元
江河建坝
江河建坝/10³座
用水
用水/(km³/a)
化肥消费
化肥消费/10⁶t
城市人口
城市人口/10⁹人
纸张消费
纸张消费/10⁶t
麦当劳快餐店
麦当劳快餐店/10³间
机动车
机动车/10⁶辆
通信电话
通信电话/10⁶部
国际旅游者
国际旅游者/10⁶人
1750
1800
1850
1900
1950
2000

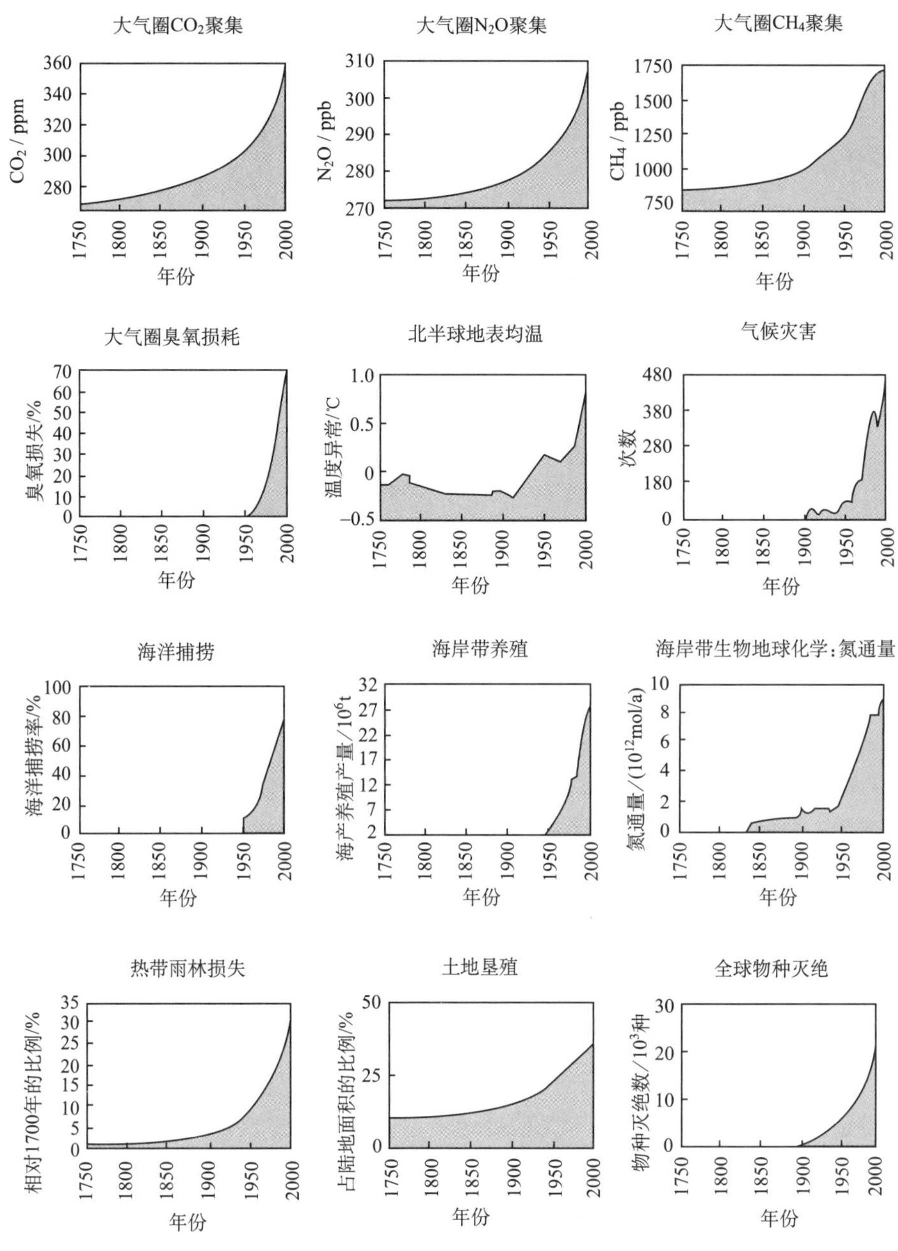

图 5.3　资源消耗的指数增长（Steffen et al., 2004）

二、社会发展与资源开发的演进

一直呈指数增长的人口数量、资源消耗和环境影响程度至今未见扭转的趋势，而地球生命支持系统总有一个极限，指数增长会逼近自然资源的极限吗？人类社会指数增长的历史已久，迄今为止仍在继续，增长极限的预言一再破产，这是因为自然资源的极限也是动态的。从狩猎-采集社会经农业社会到工业社会，再到后工业社会，人类对自然资源的开发利用经历了漫长的历史过程，自然资源的概念、开发利用的范围及深度、环境影响都在不断演进。

1. 狩猎-采集社会的自然资源开发利用

1）早期的狩猎者与采集者

考古发现与人类学研究都证明，大多数狩猎者和采集者都以小群聚居的方式生活，他们一起劳动以获得必要的食物维持生存。狩猎者多为男人，采集者多为女人。在热带地区，女人的采集提供 60%～80%的食物，她们还抚养孩子，所以这些部落都是母系氏族社会。在寒冷的近极地地区，植被极其稀少，食物来源主要是狩猎和捕鱼，这是男人干的活，所以这些地区盛行父系氏族社会。由于当时地广人稀，当一个部落的人口增加到一定程度，在步行范围内已不能获得充足的食物时，整个部落就会迁徙到另一个地方去，或者部落化整为零迁徙到不同的地区去。很多原始部落都常常面临这种食物稀缺的境况，因而都是流浪部落，而且彼此相隔很远。他们随着季节变动或因捕动物的迁移而搬迁，以便取得充足的食物并使所费劳动最少。

这些狩猎者和采集者为了生存，已具有初步的天气预报知识和找水知识，他们发现了很多可食用或可药用的动物或植物，他们已会用石头和动物骨头制作原始武器与工具，其用来猎杀动物、捕鱼、砍切植物、裁缝兽皮以制衣和做帐篷。虽然妇女一般都生 4～5 个孩子，但通常只有一两个能够活到成年。此外，疾病也导致了很高的死亡率；杀婴作为一种控制人口的手段普遍存在，人的平均估计寿命只有 30 岁，这使得人口规模与食物供应基本能保持平衡。

早期的狩猎者和采集者从自然环境中获取食物和其他资源，源于自然界的人类开始了与自然界的分离，但他们人数不多，大有自由迁移的余地，用以改变环境的力量仅仅是自身肌肉的能量，自然资源开发利用的环境影响很小且是局部性的。

2）后期的狩猎者与采集者

狩猎者和采集者逐渐改良了他们的工具与武器。考古证据表明，大约 12000 年前出现了矛、弓和箭，使人类可以捕猎大型野兽。人类还学会了使用火和陷阱，学会了焚烧植被以促进可直接食用的植物和被猎动物喜食的植物的生长。

后期的狩猎者和采集者对环境产生了稍大的影响，尤其是用火使森林转变为草地的环境影响较为明显，但他们人数仍不多，又四处迁徙，而且仍然主要依靠自己的肌肉力量来与环境抗争，所以对环境造成的影响还是很小的。早期和后期的狩猎者与采集者仍都属于“自然界中的人”，他们通过适应自然来求得生存。

2. 农业社会的自然资源开发利用

1）野生动植物的驯化

大约 10000 年前，人类历史上发生了一个重要的变化，即人们开始了对野生动植物的驯化。世界上一些地区的部落在处理捕来的野生动物的方式上开始有了变化，他们不是立即杀死这些动物以供眼前的食用，而是把他们喂养起来，驯服它们，并让它们繁殖，以供较长时期的食物、衣料和负载之用。人们也开始驯化挑选出来的野生食用植物，把它们栽种在离家较近的地方而不用到很远的地方去采集它们。考古学的证据显示，最早的植物栽培很可能是从热带森林地区开始的。那里的人们发现，用原始锄头挖一些坑，把薯类和芋类植物的根或块茎放入坑中，这些植物就能生长起来，提供较多的食物，这就是最早的农业。

为了准备栽种，人们用刀耕火种的方式清除小片森林。先是把树和其他植物砍倒、晒干，然后放火焚烧，使之变成草木灰，由此给热带地区缺乏养分的土壤添加植物生长需要的养分，再把那些根和块茎放入树桩之间的坑中。这些地块一般只能栽种和收获 2～5 年作物，以后就再也不能种作物了，这是因为那时土壤养分已经耗竭，周围森林的植物也开始入侵并密集地生长起来。于是，种地人又转向新的有林地块，开始新一轮的刀耕火种，所以这种种植方式又称游移种植（shifting cultivation）。被抛弃的地块休闲 10～30 年后，又生长起来形成次生林，土壤肥力也有所恢复，为再次的刀耕火种提供了条件。这种农业被称为生计农业（subsistence agriculture），一般只种植足以养家糊口的作物，仍依赖人的肌肉力量和石器棍棒，这意味着那时的人类只能小规模种植，对环境的影响仍然相对较小。

2）农业的发展

大约从 7000 年前开始，随着兽力的使用和金属犁的发明而出现了真正意义上的农业，它不同于生计农业。犁用被驯化的动物牵引并由人来掌舵，使土地得到翻耕，这不仅大大提高了作物产量，也使人类有能力耕种更大片的土地。肥沃的草原土壤由于其深厚而缠结的根系，原先是不能靠人力耕种的，这时也能够加以开垦了。于是农业向草原地区扩展，这很可能是人类文明中心转移的一大动因。

在一些干旱地区，人类学会了开挖水渠，把附近的水引入农田以灌溉庄稼，人类对水作为资源的认识有了很大的发展，并进一步提高了作物产量。这种靠兽力和灌溉支持的农业通常能收获足够的粮食以保证日益增多的人口的生存，甚至有时还会有富余供出售或储存起来以应付天灾人祸。显然，男性农夫比男性狩猎者生产的食物更多，因此生计农业向真正农业的发展标志着父系统治的盛行。

3）农业资源开发的社会影响

农业的发展具有几方面的重要影响：①由于食物供给更多、更稳定，人口开始增加；②人类越来越多地清理和开垦土地，开始了对地球表层的控制和改造以满足其需要；③由于相对少量的农业劳动力就可以生产出足够的粮食，除养家糊口外，尚有剩余供出售，于是城市化过程开始了。很多以前的农民迁进了永久性的村庄，这些村庄逐渐发展成小镇和城市，并成为贸易中心、行政中心和宗教中心；④专业化的职业和远距离贸易发展起来，村镇和城市中以前的农民学会了纺织、制陶、制造工具之类的手艺，生产出手工制造的商品用以交换食物和其他生活必需品，于是资源得以流通，自然资源开发利用的环境影响也扩散开来；⑤私有制出现。

大约在 5500 年前，农民和城市居民之间贸易上的相互倚赖，使得很多以农业为基础的城市社会在先前的农村聚落附近逐渐发展起来。食物和其他商品的贸易使得财富不断地积累起来，并促成了对管理阶层的需要，以调节和控制商品、服务和土地的分配。土地所有权和水的占有权成为很有价值的经济资源，于是争夺资源的冲突增加。统治者和军队掌握权力并夺取大片土地，强迫农奴和无地的农民生产粮食，修建灌溉系统，建造庙宇殿堂，很多古代文明就是这样建立起来的。

4）农业资源开发的环境影响

相比于早期的狩猎-采集社会和生计农业社会，以农业为基础的城市社会对生态环境产生了显著的影响。若干文明中心出现了，人口日益增加，需要更多的食物，需要更多的木材作燃料和建筑材料。为满足这些需求，大片森林被砍伐，大片草原被开垦，许多野生动植物的生境被破坏而退化，导致某些物种灭绝。已开垦地区经营管理不善常常使土壤侵蚀大大加速，森林进一步遭受破坏，牧区出现过度放牧，使曾为肥美草原的地方变成沙漠。水土流失导致河流、湖泊和灌溉渠道的淤塞，很多古代著名的灌溉系统就这样遭受毁灭。

城市中人口集聚，废弃物累积，使得传染病、寄生虫等传播开来。13 世纪欧洲流行黑死病（鼠疫），使当时的人口数量下降到公元前 1000 年的水平。一些地方的水源、土地、森林、草地和野生生物等重要资源基础的逐渐退化成为使历史上一度辉煌的文明衰落的主要原因。中东、北非、地中海地区在公元前 350 年到公元 580 年都曾经有过经济和文化非常繁荣的农业文明，但这些文明都建立在掠夺土地资源的基础上，结果终于走向衰落，如美索不达米亚文明、中美洲的玛雅文明和中亚丝绸之路沿线的古文明。农业的发展意味着人类已从狩猎者和采集者那种“自然界中的人”变成了农民、牧民和城市居民这种开始“与自然对抗的人”，虽然其能力还只能“顺天时，量地利”。人类对待自然的态度的这种变化具有深远的意义，很多学者认为这就是今天资源与环境问题的肇始。

3. 工业社会的自然资源开发利用

1）早期的工业社会

17 世纪中叶开始的工业革命，是自然资源开发利用史上的一个里程碑，也是人类历史上最重大的文明进化之一。自此，小规模的手工生产被大规模的机器生产取代；以牲畜为动力的马车、犁耙、收割机和以风为动力的帆船被以化石燃料为动力的火车、汽车、拖拉机、收割机和轮船取代。

这些技术革新和发明，在几十年内就使欧洲和北美以农业为基础的城市社会转变为更加城市化的早期工业社会。工业社会的基础，从资源利用的意义上说就是以化石能源取代传统的可更新能源，大大提高了人均能源消耗量。农业、制造业、交通运输业等都大量使用靠燃烧煤和石油提供动力的机器，替代那些曾经由人力和兽力做的工作，这就大大提高了生产力，促进了商品流通和贸易，对自然资源的开发利用及其环境后果也产生了革命性的影响。

工业发展使流入城市（同时又是工业中心）的矿物原料、燃料、木材、食品等资源大大增加。其结果是，提供这些资源的非城市地区资源耗损、环境退化，而城市地区则被这些资源利用后的排泄物（烟尘、垃圾和其他废物）污染。

在农村，以化石燃料为动力的农业机械，以不可再生资源为原料的化肥，以及新的植物育种技术，大大提高了农作物的单位面积产量。农业生产力的提高又使从事农业的人数大为减少，于是大批农村人口迁入城市，城市化进一步扩展，废气、废水、废渣和噪声在城市里蔓延开来。

2）发达工业社会

第一次世界大战（1914～1918 年）后，效率更高的机器和规模更大的生产方式和技术发展起来，构成后期工业社会的基础。后期工业社会有以下特征：①生产极大增长，同时利用广告之类的手段人为地制造需求，刺激消费，从而使消费也极大地增长；②对不可再生资源（如石油、煤、天然气、各种金属）的依赖大大增加；③合成材料出现，部分替代了天然材料，而很多合成材料在环境中的分解是非常缓慢的；④人均能源消耗急剧上升。

后期工业社会在自然资源开发利用上所取得的成就，使生活在其中的大多数人都获得了可观的利益。例如，发明并大量生产了许多价廉物美的新产品；人均国民生产总值显著上升；

农业工业化，使农业劳动生产率大大提高，少数农民就可以生产出满足全社会需求的农产品；卫生、健康、营养、医疗条件大为改善，人口出生率得到控制，人均期望寿命也显著提高；由于健康条件、生育控制、教育水平、人均收入、老年保险等方面条件的改善，人口增长率也逐渐下降。

有趣的是，今天生活在先进工业社会中的人们，某些生活方式与狩猎-采集社会中的祖先有类似之处。例如，大多数妇女都只有一两个孩子可成年；多数人并不是自己生产食物，而是到食品店、快餐店、饭店去“猎取”和“采集”食物；像狩猎者和采集者一样，今天工业化国家中的很多人在有生之年也经常迁居。

3）工业化的环境影响

发达工业社会在给人类带来巨大福利的同时，也使已存在的资源问题和环境问题更趋尖锐，并且产生了一些新的问题，这些问题已威胁到人类自身的生存和发展。这些问题在各种尺度上都存在：①地方尺度上，如污染物甚至有毒物渗入地下水；②区域尺度上，如森林破坏、土地退化、空气污染；③全球尺度上，温室气体（二氧化碳、甲烷等）在大气中累积和臭氧层破坏所引起的全球气候变化，一些物种已经灭绝，某些资源近于耗竭。

工业化使人类与自然对抗的能力大大提高，人们越来越脱离自然、脱离土地，于是人们（尤其是生活在发达国家城市里的人们）产生一个错觉——人类可以征服自然，而且被不断强化。工业社会中的人更是“与自然对抗的人”，而且其能力也似乎可以“战天斗地”。很多评论家指出，只要人们继续持有这种世界观，人类就会继续滥用地球生命支持系统，资源问题和环境问题还会进一步恶化。资源基础的崩溃已使许多古代农业文明衰落，在发达的工业社会，农业的工业化、不断扩展的采矿、城市化等也使得表土、森林、草原、野生生物等可再生资源不断退化，不可再生资源渐趋耗竭，这会不会导致工业文明的衰落呢？

4. 自然资源的演进

人类社会发展过程中，一方面，人口不断增多，生活水平不断提高，因而人们对自然资源的需求不断增加；另一方面，人类认识能力尤其是科学技术不断进步，自然资源的概念不断演进，人们对自然资源的开发利用，在种类、数量、规模、范围上都不断扩展。表 5.2 对人类社会进化过程中自然资源概念的演进作了一个简单的概括。在石器时代，铜不是资源；在青铜器时代，铁不是资源。在狩猎-采集社会里，土地、水流就像阳光、空气一样，是“免费财货”，随着农牧业的兴起和灌溉技术的利用，土地、水也就成为重要的自然资源了。生物工程技术兴起以前，生物基因未被当作资源，但它现在是一种重要的资源。在人类生活水平较低的时期和地区，人们主要注意温饱，资源的概念是物质性的；而当生活水平提高后，人们就把风景、历史文化遗产、民俗风情等审美性的事物也当作资源了。20 世纪 50 年代以前，石油都采自陆地；现在人类已在海洋开采石油。其他资源的开采范围也在向海洋扩展，未来的人类很可能会到月球、火星上去开采资源。“洪水猛兽”曾被看作灾难，但当人类有能力驾驭它们以后，其也可以变为资源。

工业化以来，人类社会的资源结构、经济活动及其对生态环境的影响都在不断发生变化（表 5.3）。前工业化时期，主要开发利用普遍存在的天然资源（可称第一资源）。而附加了人类投入的自然资源（可称第二资源），如矿产品、农副产品等，在进入工业化初期时开始显现其重要性，在工业化中期更占主导。以后，包括第一资源和第二资源在内的物质性资源地位逐渐下降，而智力、生态环境等非物质性资源地位逐渐上升，乃至占据主导地位。

表 5.2　自然资源概念随社会发展演变

社会阶段	文化时期	人类技术水平	新增的自然资源种类举例
狩猎-采集社会	旧石器时代	粗制石器、钻木取火	燧石、树木、鱼、兽、果
	新石器时代	精制石器、刀耕火种	栽培植物、驯化动物
农业社会	青铜器时代	青铜斧、犁、冶铜技术、轮轴机械、灌溉技术、木结构建筑	铜、锡矿石、耕地、木材、水流
	铁器时代	铁斧、犁、刀、冶铁技术、齿轮传动机械、石结构建筑、水磨	铁、铅、金、银、汞、石料、水力
	中世纪	风车、航海	风能、海洋水产
	文艺复兴期	爆破技术	硝石（炸药与肥料）
工业社会	产业革命期	蒸汽机	煤的大量使用
	殖民时期	火车、轮船、电力、炼钢、汽车、内燃机	石油、天然气
	20 世纪初期	飞机、化肥	铝、磷、钾
	20 世纪中期	人造纤维、核技术	稀有元素、放射性元素；石油和煤不仅作为能源，也作为原料
	20 世纪 50 年代后	空间技术、电子技术、生物技术等新技术	更多的稀有金属、半导体元素、遗传基因、硅
后工业社会	21 世纪	信息技术、新材料与新能源技术	页岩油气、新材料、新能源、风景资源、环境质量、生态系统服务

表 5.3　工业化不同阶段的资源结构、经济活动及其对生态环境的影响（刘毅和杨宇，2014）

发展阶段	资源结构	经济活动	生态环境影响
前工业化时期	以普遍存在的第一资源为主	面状经济活动，资源利用不需要选择特殊区位，低级均衡的空间结构	影响小，区域生态环境系统稳定
工业化初期	以普遍存在的第一资源为主，第二资源的重要性开始显现	经济活动开始向矿产品、农副产品等第二资源富集的地区集聚	局部资源消耗增大，区域生态环境仍然处于稳定状态
工业化中期	以具地域富集特征的第二资源为主	人口、社会经济向资源富集且匹配条件好的特殊区位高度富集	局地资源消耗量大，资源消耗密度高，环境污染严重，生态质量差
工业化后期	物质性资源地位下降，智力、生态环境等非物质性资源地位逐渐上升	资源短缺、环境容量受限，使得经济、生产活动向外围区域扩散	资源供需和生态环境压力的空间转移
后工业化时期	智力、生态环境等非物质性资源成为主导	经济活动对资源和环境影响降低，生态环境需求上升	区域生态环境良性循环

另一方面，正如今天大部分十分珍贵的资源在几个世纪以前被认为毫无价值一样，当年很有价值的资源在今天看来可能也没有什么价值。例如，某些作为染料用的植物，在染料化工发展起来以前曾是很宝贵的资源，但现在从染色的意义上看已无太大价值了。牛、马作为畜力曾是重要的动力资源，但这种功能现在已被电力、机械力取代。

总之，人类社会进化过程中人们对自然资源的认识和开发利用能力是不断发展的，因此有些学者（主要是历史学家和经济学家）对资源和环境问题的前景持乐观态度，他们认为技术进步能不断拓展或延缓资源和环境的限制。

5. 未来的挑战

1）技术途径的局限

然而，《增长的极限》（Meadows et al., 1972）指出，通过技术途径解决此类问题是有副作用的。技术是一柄双刃剑，每一种技术都有正副两方面的作用。当人类掌握了冶炼技术，使金属产品给我们带来极大利益和方便时，也开始了不可再生资源的耗竭过程和环境污染过程；核技术的发展大大改善了能源的供给，但也带来核辐射污染和核军备竞赛的威胁；捕鱼活动更加机械化和集约化，显著地提高了高品质食物的人均拥有量，却消灭了一个又一个水生物种。诸如此类的副作用还只是直接的、可感受到的问题，技术进步还会产生一系列的间接的社会副作用。例如，绿色革命增加了粮食生产，但在存在经济不平等条件的地方，绿色革命也趋向于扩大不平等。大农场主通常首先采用新技术，这是因为他们有这样做的资本，有能力冒新技术试验中的风险。这必然导致在大农场以机械化代替劳动力，扩大经营规模，从而吞并更多的土地。这种社会经济响应的最终结果是使小农场主破产，小农业破产，农村失业增加，并使农村人口向城市迁移。由于小农和失业者的进一步贫困化，他们缺乏有效需求，不可能分享粮食产量增加的好处，甚至更加剧了营养不良。这个例子说明，技术变革需要社会变革的配合，而社会变革必然滞后于技术进步，这种滞后减少了世界的稳定性。迄今为止的技术进步虽然已经跟得上人口及其需求加速的步伐，但人类实际上并没有做出应有的努力来提高社会的（政治的、伦理的和文化的）变革速度。

还有一些问题是技术所不能解决的。例如，在城市出现时，土地丰富而廉价，新的建筑和设施不断耸立，城市不断向外扩张，城市的人口和经济产量不断增加，可是这种扩张终于受到有限土地的制约，城市中人满为患、物满为患，城市发展遭遇物质极限，城市人口和经济的增长似乎将要停止。对此，技术的响应是发展摩天大楼、电梯等，于是突破了土地面积的限制，城市又进一步增加了更多的人口和产业。然后，密集的人口和社会经济活动使得交通、运输、流通堵塞，新的限制因素出现了。解决的办法又是技术上的，高速公路网、楼顶直升机场、地下运输系统建设起来，运输极限似乎被克服，建筑物更高，人口更密集。现在世界上很多大城市都是这样。然而，这些大城市面临噪声、污染、犯罪、吸毒、贫困、罢工、社会服务崩溃、精神压力增加、人际关系淡漠等问题，城市的生活质量在下降，这些问题并不是技术可以解决的。技术上的解决办法实际上只是在自然科学技术方面的变革，而未考虑人类价值或道德观念方面的进步。今天的许多问题并没有技术上的解决途径，如分配不公、文化冲突、核军备竞赛等。

迄今为止，在对付资源和环境施加于增长过程的自然限制上，技术进步及其应用是如此成功，以至于全部文明都是在围绕着与极限作斗争而不是学会与极限相适应而进展的。今天，我们肯定技术进步在克服资源环境极限中仍有极大意义，同时必须反对盲目的技术乐观主义。社会欢迎每一项新的技术进步，但在广泛采用这些技术以前，必须回答以下三个问题：①如果大规模引进和推广这些新技术会产生什么物质上和社会上的副作用？怎样克服这些副作用？②在这种发展完成以前，需要进行什么样的社会变革？如何完成那些社会变革？完成那些社会变革需要多少时间？③如果这种发展完全成功，并排除了增长的自然极限，那么增长着的系统下一步将会面临什么新的极限？怎样克服新的极限？在排除现有极限和面临新极限之间如何权衡？

2）更复杂的问题

今后我们还会面临一系列更复杂、更隐蔽、分布更广泛、影响更持久的资源和环境问题，其中很多是全球性的大问题，如全球变暖、臭氧层破坏、海平面上升、酸性大气沉降、持久性有机污染等。要降低全球变暖的程度，就必须急剧减少二氧化碳和其他温室气体的排放；要制止臭氧层的破坏，就必须逐步禁止使用氟氯烃；要减少酸性沉降对森林和湖泊中水生生物的危害，就必须急剧减少二氧化硫和一氧化氮的排放。此类问题就涉及限制使用某些资源和开发替代能源，其中很多重大策略都需要制定国际协议和进行国际合作。

就环境污染来说，我们迄今还只注意到危害人类健康的几十种常见污染物，它们一般都是可见、可嗅或可测定的，其排放源都是点源，也较容易监测。今后我们需要更多地注意对人类健康具有潜在危害的几千种微量化学剂，它们充斥在空气、水和食物中，大多数很难探测到，各国现行的有关规章制度也很少注意到它们，其中有很多是从无数分散的“非点源”上排放出来的，很难测定，也很难控制。

为了保护不可再生资源，使之能持续利用，我们需要大力加强矿物资源的循环利用和重复利用，节约能源，加速开发利用恒定的和可更新的能源。人类必须改变目前的生活方式和消费习惯，凡直接或间接导致资源浪费、环境污染或退化的，都应当抛弃。

野生生物保护应更加重视大型自然保护区，而不是现在这样重视在动物园和避难所内保护少数濒临灭绝的物种。一个很迫切的重要任务是制止（或至少要减缓）对世界上现存热带森林的迅速破坏。人类还需尽最大的努力来恢复已退化的森林、草原、土地，应该积极开展并大力加强恢复生态学（restoration ecology）的研究。

对人口控制、环境治理和资源保护的研究，迄今大部分都是互相独立地进行的，解决一个领域的问题可能引起其他领域的新问题。我们应加深对这些问题相互关系的认识，迫切需要对这些问题作综合研究，进行综合治理，制订协调的策略。

人的世界观和态度、行为是造成资源、环境问题的关键，也是解决这些问题的关键。人类必须在思想方式上有大的变革，把与自然对抗、从自然中夺取的态度，改变为与自然协调、利用自然的同时也保护自然的态度；把重视事后治理污染变为重视事前制止污染，防止潜在污染物进入环境，防患于未然。

第二节　绝对稀缺与相对稀缺

当全球尺度上自然资源的总需求超过总供给时所造成的稀缺称为绝对稀缺；在自然资源的总供给尚能满足总需求，但其分布不均造成的区域性稀缺称为相对稀缺。对自然资源稀缺的性质，需要分别从全球（绝对）和区域（相对）两个尺度上认识。迄今所发生的自然资源稀缺都是相对稀缺而非绝对稀缺的逼近。自然资源相对稀缺最主要在于人类的不合理利用、不适当的管理、人口增长过快、经济-社会结构的不适应、科学技术的欠缺等。

一、全球性资源稀缺的性质

1. *矿产资源*

从全球尺度上看，在可预见的将来，世界经济发展并不会由于矿产资源绝对稀缺的到来而突然停滞，尤其是发达国家，不会产生任何有意义的矿产稀缺问题。很多关于世界矿产资源即将枯竭的预言，虽然在理论上不无根据，但至少在最近的将来还是一种“狼来了”式的警告。

表 5.4 清楚地表明，新发现和技术、经济变动使多数矿产资源的探明储量增加速度一直超过（或至少持平于）消费量增加速度。不仅所有常用非燃料矿物的实际情况如此，石油和天然气的实际情况也如此。现在的世界石油消费量比以前高出许多倍，但探明储量与年消费量之比并未下降。相反，1940 年的这个比值显示全世界的供给会在约 15 年内耗竭，而今天的比值则表明其还有 30 年以上的寿命。即使假设无新的发现，实际的石油储量能维持的时间也比储量与消耗量之比所表示的长得多，这是因为任何油田在发现时所公布的探明储量都是高度保守的估算，而在生产实际进行过程中都会无例外地向上修正。储量的增加过程表明，任何一年公布的储量都对实际情况打了折扣。显然，这种修正过程从根本上影响到储量与产量之比和期望寿命估算（表 5.5）。

表 5.4 几种矿产的累计产量和已知增加的储量（1950～1974 年） （单位：t）

矿种	1950 年储量	1974 年储量	1950～1974 年累计产量	1950～1974 年增加储量*
石棉	3.09×10^{7}	8.7×10^{7}	6.2×10^{7}	1.1×10^{8}
铝矾土	1.9×10^{9}	1.6×10^{10}	8.5×10^{8}	1.5×10^{10}
铬	1.0×10^{8}	1.7×10^{9}	9.6×10^{7}	1.7×10^{9}
钴	7.9×10^{5}	2.4×10^{6}	4.4×10^{5}	2.2×10^{6}
铜	1.0×10^{8}	3.9×10^{8}	1.1×10^{8}	4.0×10^{8}
金	3.1×10^{4}	4.0×10^{4}	2.9×10^{4}	3.7×10^{4}
铁	1.9×10^{9}	8.8×10^{10}	7.3×10^{9}	7.6×10^{10}
铅	4.0×10^{7}	1.5×10^{8}	6.3×10^{7}	1.7×10^{8}
锰	5.0×10^{8}	1.9×10^{9}	1.6×10^{9}	1.6×10^{9}
汞	1.3×10^{5}	1.8×10^{5}	1.9×10^{5}	2.5×10^{5}
镍	1.4×10^{7}	4.4×10^{7}	9.4×10^{6}	3.9×10^{7}
磷	2.6×10^{9}	1.3×10^{10}	1.3×10^{9}	1.2×10^{10}
铂	7.8×10^{2}	1.9×10^{4}	1.7×10^{3}	2.0×10^{4}
钾	5.0×10^{9}	8.1×10^{10}	3.0×10^{8}	7.6×10^{10}
银	1.6×10^{5}	1.9×10^{5}	2.0×10^{5}	2.3×10^{5}
硫	4.0×10^{8}	2.0×10^{9}	6.1×10^{8}	2.2×10^{9}
锡	6.0×10^{6}	1.0×10^{7}	4.6×10^{6}	8.6×10^{6}
钨	2.4×10^{6}	1.6×10^{6}	7.6×10^{5}	4.3×10^{4}
锌	7.0×10^{7}	1.2×10^{8}	9.7×10^{7}	1.5×10^{8}

* 计算方法：累计产量加 1974 年产量加 1974 年储量减 1950 年储量。

资料来源：Rees, 1990。

表 5.5 石油储量寿命的鉴识过程（1950～1988 年）

年份	A 基于公布储量（各年）的储量寿命	B 基于评估储量（各年）的储量寿命（1978 年计算）	C 基于评估储量并假设年使用量增加的储量寿命	消费年增长率/%
1950	24.7	95	19.2	5.41
1951	23.8	91	17.6	6.50
1952	25.9	90	18.9	6.74
1953	27.8	84	20.3	6.76
1954	31.3	84	22.7	6.97
1955	33.5	75	23.4	7.77
1956	37.6	75	25.6	8.28
1957	40.4	73	27.7	8.13
1958	41.6	75	30.2	6.95
1959	41.0	72	28.7	7.71
1960	38.9	66	27.6	7.38
1961	38.0	64	28.1	6.55
1962	35.3	63	25.5	7.08
1963	34.7	58	25.0	7.08
1964	33.0	55	23.3	7.51
1965	32.0	53	23.2	6.94
1966	32.0	51	23.3	6.88
1967	31.7	53	23.0	6.98
1968	30.6	46	20.7	8.37
1969	34.0	46	23.8	9.75
1970	32.4	45	22.4	7.06
1988	22.3	40	38.7	0.40

注：列 A 和 B 给出储量与产量的比值，并假设消费保持在那年的水平上；列 C 给出的比值考虑了过去十年石油消费的平均增长百分率。

资料来源：Rees, 1990。

化石能源在其他方面的潜力已经实现（如页岩气）或初露端倪（如可燃冰）。页岩气是页岩层中的天然气，储藏量巨大。美国和中国已探明的页岩气储量位列全球前两位，如能开发利用可供应 200 年以上。由于页岩气勘探开发相关技术的突破，美国页岩气产量快速增长，由 2000 年的 117.96 亿 m^3 上升至 2012 年的 2762.95 亿 m^3，年增长率达到 30%。随着商业性开采技术的成熟，这一能源逐渐得到其他国家的重视，并开始了页岩气的研究和试探性开发，部分企业已着手商业性勘探开发（EIA/ARI，2013）。可燃冰即天然气水合物，是在 0℃和 30 个大气压的作用下结晶而形成的呈“冰块”状的天然气。约 27%面积的陆地和 90%面积的海洋具备可燃冰形成的条件，估计全球冻土和海洋中可燃冰的储量为 3114×10^{12} ～763×10^{16} m^3，全部可燃冰所含有机碳的总资源量相当于全球已知煤、石油和天然气的 2 倍、剩余天然气储量的 128 倍，可成为世界已知储量最大的替代能源（USGS，2015）。

从大国尺度上看，也可以说明迄今探明储量的增长超过消费量的增长。美国内政部在 1939 年曾预测其国内石油储量将在 13 年内耗竭，然而后来储量的增加一直与年产量的增加同步。虽然美国探明储量相应于重大新发现而不断波动，但过去 40 年里总保持比产量大 9～

15 倍的水平（Rees, 1990）。我国主要矿产累计探明储量增长的情况（表 5.6）也反映出迄今探明储量的增长超过消费量的增长（宋瑞祥，1997）。

表 5.6　中国主要矿产累计探明储量增长的情况

矿产名称	计量单位	截至 1978 年底累计探明储量（A）	截至 1994 年底累计探明储量	1978～1994 年新增探明储量（B）	$B:A$
煤	亿 t	7464.80	10310.00	2845.20	0.38
石油	亿 t	68.14	170.00	101.86	1.49
天然气	亿 m^3	2300.00	12128.50	9828.50	4.27
铁	矿石，亿 t	413.40	517.00	103.60	0.25
锰	矿石，万 t	26740	65238.80	38498.80	1.44
铬	矿石，万 t	909.10	1320.50	411.40	0.45
钛	TiO_2，万 t	33398.00	59661.60	26263.60	0.79
铜	金属，万 t	5414.40	7176.20	1761.80	0.33
铅	金属，万 t	3244.30	4199.20	954.90	0.29
锌	金属，万 t	5162.40	10742.30	5579.90	1.08
铝土矿	矿石，亿 t	10.10	23.370	13.27	1.31
镍	金属，万 t	792.60	867.70	75.10	0.09
钨	WO_3，万 t	391.40	637.50	246.10	0.63
锡	金属，万 t	240.30	334.10	91.80	0.39
钼	金属，万 t	417.80	885.10	467.30	1.12
锑	金属，万 t	157.00	343.40	186.40	1.19
铂族金属	金属，t	240.30	334.10	93.80	0.39
金	金属，t	948.70	5415.60	4466.90	4.71
银	金属，t	40949.10	122550.00	81600.90	1.99
萤石	CaF_2，万 t	9566.70	14382	4815.30	0.50
菱镁矿	矿石，亿 t	27.46	31.34	3.88	0.14
耐火黏土	矿石，亿 t	17.56	22.35	4.79	0.27
盐	NaCl，亿 t	474.56	4034.39	3559.83	7.50
硫铁矿	矿石，亿 t	27.94	48.48	20.54	0.74
磷	矿石，亿 t	89.31	163.39	74.08	0.83
金刚石	矿物，万 t	202.00	472.20	270.20	1.34
晶质石墨	矿物，万 t	12924.30	17670.00	4745.70	0.37
重晶石	矿物，万 t	4549.10	37246.70	32697.60	7.19
滑石	矿物，万 t	6573.40	26663.50	20090.10	3.06
石棉	矿物，万 t	5835.90	9725.60	3889.70	0.67
石膏	矿石，亿 t	51.79	576.90	525.11	10.14
水泥用石灰岩	矿石，亿 t	183.90	503.50	319.60	1.74
高岭土	矿石，万 t	9621.00	136872.00	12725.10	1.32
膨润土	矿石，万 t	9606.00	248231.00	238625.00	24.84

资料来源：宋瑞祥，1997。

2. 可再生资源

就全球范围来看，流动性资源的极限也不是目前最严重的问题。无论是马尔萨斯的世界末日，还是罗马俱乐部的悲观预言，都没有被历史证实。世界人口近一二百年来的增长速度比马尔萨斯时代快了很多倍；而世界粮食产量增长的速度甚至更快，两者似乎并没有受到土地和其他资源的限制，至少到目前为止是这样。同时，自然资源商品本身的产量也在不断增长。农产品的世界产量都在持续增长，其价格实际上在下降。仅从价格来看，这类资源似乎越来越不缺乏。欧美发达国家实行农业补贴政策，鼓励农民不要生产超过配额的农产品。既使在一些第三世界国家，目前也存在着农产品过剩的现象。

在可再生能源方面，太阳能、风能、生物能、水能、核能等污染少、可再生、储量大，对于解决当今世界严重的环境污染问题和化石能源枯竭问题具有重要意义。自 20 世纪 70 年代出现石油危机以来，世界各国开始加大对新能源产业的投入，促使新能源在过去几十年中得到了较快发展。世界水力发电量由 1990 年的 2.2 万亿 kW • h 上升到 2013 年的 3.82 万亿 kW • h，年均增长率为 2.4%。1990 年全球核能发电量为 2 万亿 kW • h，2006 年达到最高峰为 2.8 万亿 kW • h。日本出现核泄漏事故之后，全球核能发展放缓，2013 年全球核能发电量为 2.5 万亿 kW •h。世界光伏装机容量由 1996 年的仅 309MW 上升到 2013 年的 139637MW，年均增长率高达 43%。世界风电装机容量由 1996 年的仅 6070MW 上升到 2013 年的 319907MW，年均增长率达到 26%。世界生物燃料产量由 1990 年的 7094kt 石油当量上升到 2013 年的 65348kt 石油当量，年均增长率达到 10%（British Petroleum，2014）。

然而，全球生态圈正受到严重威胁。人类不可能不断地将环境用作废物堆放处而不损害生命自身赖以存在的生物-地球化学循环。众所周知，化石燃料的燃烧不断增加大气中的二氧化碳，改变着碳的循环，而由于吸收二氧化碳的森林广泛消失，这一过程就更加有害。这种额外的二氧化碳在大气中积聚达到了多大的比例？它正在影响太阳辐射的转换吗？它是否会引起严重不利的气候变化？海洋能吸收更多的二氧化碳吗？这能抵消二氧化碳的积聚吗？这对海洋生态系统的长期影响如何？诸如此类关乎人类自身生命支持系统的关键问题，才是关于可再生资源的最深切忧虑。如果说这种对人类生存的担忧是过分夸张了，那么任变化过程继续下去的心不在焉态度就更值得怀疑。

传统的经济发展模式单纯追求量的增长，认为消费有利于生产，这使得人们以追求物质上的享受为重。特别是 20 世纪 70～80 年代发达国家经济增长达到高潮，随后中国、印度两个最大发展中国家进入经济高速增长阶段，人类的消费也达到空前的水平，但是这种高消费的追求是以资源的过度消耗为代价的，其结果是与之有关联的经济增长不能持续。这迫使人们重新思索目前的经济增长模式、消费水平和资源利用方式。对此，发展中国家需要避免工业化国家以资源、环境为代价的增长模式，提倡适度消费，建立节约型的国民经济体系，扭转“超前消费”“攀比消费”及高消耗的粗放型发展经济模式，以利于国民经济持续稳定地增长。而欧美、日本等所谓的“后工业化”国家，出现了从更多的物质享受转向更多的服务和精神享受的趋势，后者需要较少的物质性资源投入，有利于整个社会的持续发展。

二、地区性资源稀缺的性质

在国家和区域尺度上，资源稀缺、贫困和饥饿广泛存在。这些问题并非是因为全球自然资源达到了极限，而是在很大程度上归咎于全球自然资源分布的不均衡、国际经济秩序的不合理、经济-社会体制的不适应、经济发展水平的差异、分配不公以及其他的政治、军事、文化等原因。特别是像中国这样一个人口众多、人均自然资源处于世界后列，经济上又正处于一个高速增长阶段的国家，自然资源稀缺的问题更显得突出，且在相当长的一段时间内都不会有根本的改善（肖平，1994）。

1. 资源分布与经济发展差异造成的稀缺

自然资源的分布和开发利用都是不均衡的。首先，自然资源的地理分布不平衡。一些国家拥有丰富的矿藏和森林，一些国家拥有迷人的沙滩和休闲胜地；而另一些国家则资源贫乏。其次，经济发展阶段和资源开发的历史是不同的。发达国家由于长期的资源开发，已经在相当程度上消耗了他们自己的优质低价资源。现在，他们利用其先进的技术、雄厚的资金和强权政治甚至武力，剥削和掠夺其他地区的资源。而很多发展中国家却处在以初级产品生产为主要经济支柱的阶段，严重依赖自然资源的开发，依赖发达国家的技术、资本和政治支持。最后，经济发展水平和人口分布的差异，造成人均资源消耗大不一样，如一个美国人每年消耗的能源是一个印度人的 35 倍，消耗的水量是一个加纳人的 70 倍。总的来看，发达国家的人口占世界总人口的 1/5，但消耗了世界资源的 2/3。

这种资源分布、消费和生产在空间上的不一致引起区域性资源稀缺，无论是富国还是穷国都有一定的资源稀缺问题。

2. 地缘政治造成的资源稀缺

20 世纪 70 年代石油输出国组织的联合行动，造成全球石油危机，对发达国家的冲击尤其剧烈。20 世纪 50～80 年代社会主义与资本主义两大阵营的对垒，更是出于地缘政治的考虑，对一些重要的战略资源实行封锁和禁运。目前，国际社会中存在的一些局部（如对朝鲜、伊朗、古巴等）的封锁和禁运，从某种意义来说，也属于地缘政治的原因。遭受封锁和禁运的国家或多或少都面临着资源稀缺问题，有的还相当严重，连维持人民生存所必需的物质资源都匮乏。

但是，历史反复证明，这种原因造成的资源紧缺只是短期的和局部的，如 20 世纪 60～70 年代，美苏对中国的禁运和封锁最终以失败告终。特别是 20 世纪 80 年代末以来，东西方对峙的局面已不复存在，南南关系、南北关系虽然也有矛盾的一面，但世界经济的联系却越来越密切，随着经济全球化的发展，各国、各地区相互之间的依赖程度越来越大，地缘政治的作用只会越来越小，当然也可能以新的形式表现出来，如关于全球气候变化的责任和义务上的争执。

3. 贫困造成的资源稀缺

正如 Ahmed 指出的："发展中世界的迫切问题由与发达国家极不相同的一系列环境问题构成……发达国家的环境问题起因于消费和生产的那种过分纵容和浪费的模式，而没有考虑环境的负担；而发展中国家的环境问题则是贫穷和欠发达造成的"（Ahmed, 1976）。

发展中国家的资源稀缺、生态退化与和贫困问题相互交缠，不仅是环境问题，而且是社会问题，所涉及的诸多方面及其缠结的相互关系可用图 5.4 来表示。此图还只显示了贫困国家或地区的内部因素，实际上国际、区际关系也大有影响，如国际的经济关系、贸易格局、财政援助、债务问题、国内的区域差异和区域政策等。

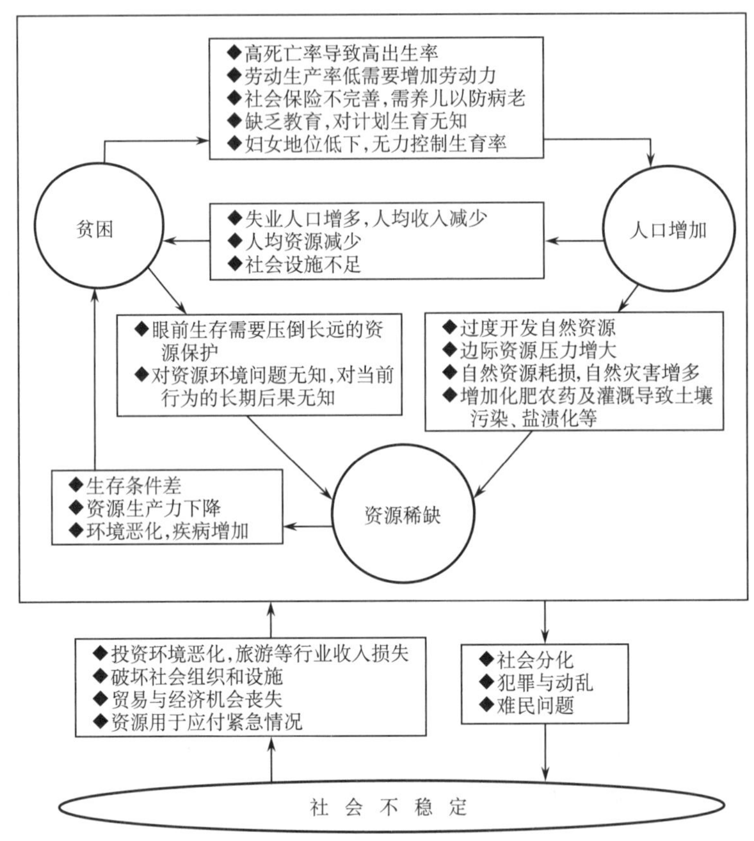

图 5.4 贫困-人口增长-资源稀缺的恶性循环（蔡运龙和蒙吉军，1999）

在理想的市场经济体制下，资源稀缺是通过涨价来平抑需求，刺激新的供应来克服的。但是，这个过程取决于人民是否能够承担价格波动所产生的冲击。相对而言，大多数发达国家的经济系统更接近这类理想的市场经济体制，因而有能力做出适当的调整，以克服一些特殊资源的稀缺。然而，在贫困地区和国家，人民生活水平很低，价格上升往往使人民购买力下降，甚至影响基本生活的维持。因此，涨价不仅克服不了稀缺，反而加重了稀缺。不过这种稀缺并不意味着自然的限制，而是由于经济原因，即消费者缺乏有效的需求以调整各种投资去克服稀缺。

对于贫困地区或国家而言，当市场上的资源产品与免费的天然可用之物竞争时，改善供应就更加困难。例如，河流可以代替自来水，尽管河水已高度污染；在附近的荒野里樵采可以代替在市场上购买燃料。政府出于保护人民身体健康和保护环境与资源的愿望，当然不愿意公众利用这些“替代品”，但又很难通过投资改变这种状况，这是因为投资解决这类问题是以减少工业、农业或其他部门的投资为代价的。资金缺乏是落后地区和国家普遍存在的问题，这样，它们就很容易陷入环境与贫困不能兼顾的困境之中。在埃塞俄比亚或尼日尔的乡村地区，樵采使森林遭到严重破坏，从而使薪材更显稀缺，市场上柴价上涨，增加了各家开支，影响了农民生活。政府推广高效燃料炉，以帮助农民缓解燃料紧张，但终因设计成本太高，其收效并不明显。

很多第三世界国家为了发展生产改善生活，还经常从非常紧张的财政预算中拨款对灌溉和生活用水实行补贴。所收取的费用很低，这大大刺激了人们的用水，不仅没有缓解水资源稀缺，反而使得需求量大增，稀缺更显严重。特别是在需水高峰期，不得不严格配给水。同时，一些水利设施投资建成后，收益比计划的要低得多，以至于补贴成为国家的巨大财政负担。许多国家对这些水利设施的运转和维持也不堪重负，水资源稀缺更加严重。

靠出口本国资源和初级产品的发展中国家因经济问题引起的资源稀缺，其后果更严重。例如，赞比亚的国民经济在很大程度上依赖铜的生产和出口。20 世纪 70 年代大举借债进口石油和其他设备发展工业与运输系统，以便扩大铜的生产，出口创汇，偿还外债和发展经济。但由于石油涨价，外债利息上升，同时铜价在国际市场上下跌，更是雪上加霜。从 1977 年起出口铜矿石已不能收回成本，因而无力支付利息，购买石油、更新设备和运输系统以保持正常的生产能力，但对于占出口收入 87%的铜矿石，如果停止其生产是难以想象的，只好借更多的外债，国民经济陷入一个恶性循环之中。根据国际货币基金组织报告，1985 年与 1984 年相比，103 个发展中国家进口减少 77 亿美元，出口减少 140 亿美元。穷国出口的初级产品跌价，是造成出口余额下跌的主要原因，使急需的工业设备、配件、能源和粮食也无力进口，局面继续恶化。从 20 世纪 70 年代后期至 80 年代初期，第三世界国家（特别是拉美国家）的债务负担越来越重，不仅使本国的经济处于崩溃的边缘，而且还严重地影响着世界经济的增长。对于这个问题的解决，一方面，发展中国家要调整本国的经济结构和加强国家之间的团结与协调；另一方面，还要建立一个公平合理的全球经济秩序，发达国家应担负起重大的责任。

4. 环境退化造成的资源稀缺

环境问题中有以自然因素为主引起的，是自然环境中的某些要素不利于人类的变化，从而使人与环境的平衡受到威胁甚至破坏。我国北方农牧交错带自中更新世以来旱化趋势就很明显，环境演变过程中的波动性加大，水热组合关系发生巨大改变，造成水、土、热资源的稳定性减弱，其利用的保证程度和可持续性降低。此外，旱、涝、虫、火等自然灾害也能造成严重的自然资源稀缺。想避免此类资源问题，只能是人类在利用的过程中顺应自然的变化规律，做出适当的调整，减少损失。

环境问题更是人类不合理地利用和管理自然资源造成的，特别是对那些功能性的资源（包括部分物质性资源），传统上常认为其是丰富的、免费的、可更新的自然要素，在利用上就不加节制，超过了这类资源在容量和数量上的限制，从而造成生态系统功能上的整体退化；反过来，这又削弱了自然资源的更新能力，使其不能持续地被人利用。这类资源包括森林、鱼类、生物种和环境承载力等。它们的更新并非是纯自然的过程，人类既能将利用率保持在自然更新的能力下，也可将可更新能力人为地提高到一定的水平。如果利用率和更新能力两者之间不能达到平衡，则“稀缺”不可避免。

由于这类自然资源的公共属性，它们一般未能进入市场，因而就没有市场价格，也就没有经济刺激去增加供应或抑制需求以克服稀缺。不仅如此，这类资源还向每一个人开放，则个人很难采取保护措施，这是因为个人能力有限，而且采取措施后的任何好处都要与其他人共享。例如，一个渔民就不会减少捕获量以保护某个鱼种，除非他能确信其他人同样这样做；他也不会孵化鱼苗以增加公共水域中的渔业资源，除非其他人也保证采取类似的措施。就企业和国家而言也是如此，如没有国际公约的约束，各国就很难控制温室气体的排放量和对国际公地和公海的资源开发。对这类“稀缺”，必须采取政府干预与市场管理相结合的途径，以保证此类资源的利用有一个长期、全面和完善的规则，改变过去认为是公有、免费的状况。

国际上已通过了一系列的公约，约束和协调各国的行动，以保护人类赖以生存的资源基础。资源核算与国民经济核算体系的“融合”也成为非常重要的问题。一些发达国家，如加拿大、法国、日本、荷兰、挪威和美国等，已经开始建立资源账户，实行资源核算，以正确对待各种资源的价值，适当地调整经济增长与资源环境的关系。中国则在制定自然资源核算与自然资源资产负债表制度，一些发展中国家也正准备制定资源账户。

思 考 题

1. 为什么说人类对自然资源的需要有无限增长的趋势？
2. 人类对自然资源的开发利用经历了哪几个主要阶段？各阶段中的关键自然资源和主导能源分别是什么？
3. 人类开发利用自然资源的环境影响在不同阶段如何变化？
4. 自然资源的概念在不同社会发展阶段是如何演进的？
5. 为什么说技术在解决资源环境问题中是一柄双刃剑？
6. 什么是自然资源的绝对稀缺？
7. 为什么说不可再生资源的绝对稀缺并非当前人类面临的迫切问题？
8. 当前自然资源绝对稀缺的真正问题何在？
9. 什么是自然资源相对稀缺？
10. 自然资源的相对稀缺是如何产生的？

补 充 读 物

肖平. 1994. 对自然资源的再思考. 自然资源学报, 9(3): 161-166.

朱迪·丽丝. 2002. 自然资源：分配、经济学与政策. 蔡运龙等，译. 北京：商务印书馆.

第三篇

自然资源生态原理

第六章 自然资源生态过程

自然资源从形成、演化到被利用的整个过程，都发生在地球生态系统中，经历着一系列生态过程，这就是自然资源生态过程。了解自然资源生态过程是正确认识和合理利用自然资源的前提。

第一节 自然资源生态学基本概念

一、生态系统与人类生态系统

1. 生态学与生态系统

1）生态学与人类生态学

自然资源学的理论基础包括生态学（ecology）、经济学（economics）和公平论（equity）中的相关学说，称为自然资源学的“3E”基础。经济学的立论起点是资源稀缺，生态学则指出“生态系统使我们了解自然系统的动态和结构所决定的限制”（Sauer, 1963）。生态学的“限制”概念与经济学的“稀缺”概念是相通的。economy 和 ecology 都以 eco-为词头，也说明两者有联系。eco-源于希腊文的 *oikos*，意为“家”“人的居所”，-nomy 含“管理”的意思，-logy 有“知识”的意思。“经济学”指对家园的管理，而“生态学”是指对人类家园的认知，即“人与环境”的关系。只有充分了解和尊重生存与生活的环境，人类才可能更好地对其加以管理，创造更发达的经济。在古汉语中也早有“经济”一词，意为“经世济民”。19 世纪西方经济学传入中国时，严复最早把 economics 译为“生计学”，其中含有人与环境的关系之意。1903 年后中国学者才逐渐认同日本学者的译法，采用“经济学”这个名称。可见无论中国和西方，经济学与生态学都有一定渊源关系。

生态学是研究生物（包括人类）之间、生物与无机环境之间相互作用的科学，事实上，生态学就是关于自然界各种联系的研究。一般把研究生物之间及其与环境关系者称为生物生态学，简称生态学；把研究人类与其环境关系者称为人类生态学。既然自然资源是相对于人类的需要而言的，自然资源是人与环境关系、经济与生态关系的中介环节，那么自然资源生态过程主要是人与环境相互作用的过程，涉及人类生态学原理，当然也包含部分普通生态学原理。从自然资源角度来看，人类生态学的一个基本原理是：任何生态系统对其所能支持的生命物质总量都有一个自然极限，在这个自然极限范围内，人类文化的调整发挥着极大的作用。为理解这个原理，有必要论及生态系统和人类生态系统。

2）生态系统

自然资源生态过程研究必然要涉及各种成分之间的联系，尤其是生命物质与其非生物环境之间、人与自然系统之间的相互作用，所有这些组成生态系统。生态系统是生物群落（包括人类）与其周围环境的动态集合，并且通过能量和物质联系而具有一定结构和功能。生态系统这一术语是 Tansley（1935）年提出的，Odum（1969）给它下了一个严格的定义：自然界的任何范围，只要有生命有机体与非生命物质的相互作用，并在其间产生能量转换和物质循环，就是生态系统。生态系统是由植物、动物和微生物群落与其无机环境相互作用而构成的一个动态、复合的功能单位。人类是生态系统一个不可分割的组分。生态系统研究的主要内容包括生态系统的组成、结构、物质能量联系、生产力、动态及管理等。

生态系统可以按不同空间尺度来界定，小至含有原生动物的一滴水，树洞里一个临时的小水洼，大至辽阔的海洋盆地和整个地表生态圈（包括生物圈、岩石圈、大气圈和水圈），都可以称为生态系统。其间可以划分出无数的生态系统等级，如地球生态系统可划分为陆地生态系统和海洋生态系统；陆地生态系统可进一步划分为森林生态系统、草原生态系统、农田生态系统、荒漠生态系统、湿地生态系统等，或者分为自然生态系统、人工生态系统，后者包括农田生态系统、人工林生态系统、养殖生态系统、城市生态系统等。生态系统的各种组分常与其他生态系统交叠，彼此重叠的范围称为生态交错区（ecotone）。即使像水域那样边界较明确的生态系统，似乎与周边的范围并无交叠，但除与外界有能量和水分的联系外，水禽一类的动物也会带来或带走某些物质。因此，不同生态系统之间常常没有截然的界线，很难在空间上对生态系统划出绝对清晰的范围，研究中常常人为限定生态系统的边界，虽然这种限定在理论上常欠完善，但对于实际研究而言尚可接受。

生态系统这一概念为分析人类与环境之间的联系，并据此进而采取适当的行动提供了一个宝贵的框架。

2. 生态系统的组成

生态系统由各种成分组成，这些成分又称生态因子，包括生物因子和非生物因子两大类。前者又包括如气候（日照、温度、湿度、降水、风等）、地质（地质构造、岩石、矿物）、地形（地貌形态、高度、坡度、坡向）、土壤（基质、质地、养分、水分、团粒结构、肥力）、水（水量、水质）等因子；后者包括植物、动物、微生物，尤其是人类活动（狩猎、放牧、垦殖、灌溉、采伐、采矿、建设、污染等）（图 6.1）。

生态系统内各生态因子之间相互影响，相互作用，相互依存，相互制约，其中一种因子的改变必然会引起其他一系列因子的改变，这种关系不仅存在于各非生物因子之间和各生物因子之间，也存在于生物因子与非生物因子之间，不仅环境作用于生物和人类，生物和人类也反过来影响环境。例如，光照减弱会引起大气温度、湿度及土壤中微生物等因子的变化；生物之间有种内相互作用，种间相互作用，竞争、捕食、寄生等；森林及其中的土壤之间相互联系极其紧密，如果温带的落叶林为针叶林所取代，那么原来的褐土会逐渐变成灰化土。自然资源生态过程意味着，当把一个生态系统中的某一生态因子当作资源来开发利用时，会使其他因子也发生变化。例如，我国亚热带的常绿阔叶林被砍伐后，如果人工种植杉木林，杉木生长过程中会显著地消耗土壤肥力，同时成土的生物过程较为缓慢，从而导致土壤肥力下降。另一方面，生态因子之间不可替代，只有各因子之间恰当地配合，才能对生物发挥有益作用。在一定的空间和时间条件下，生态因子中某一个因子的影响可能是主要的，这个因子称为限制因子。在一定限度内，可以通过调节限制因子来有效地管理生态系统，使系统发挥最大的效益。

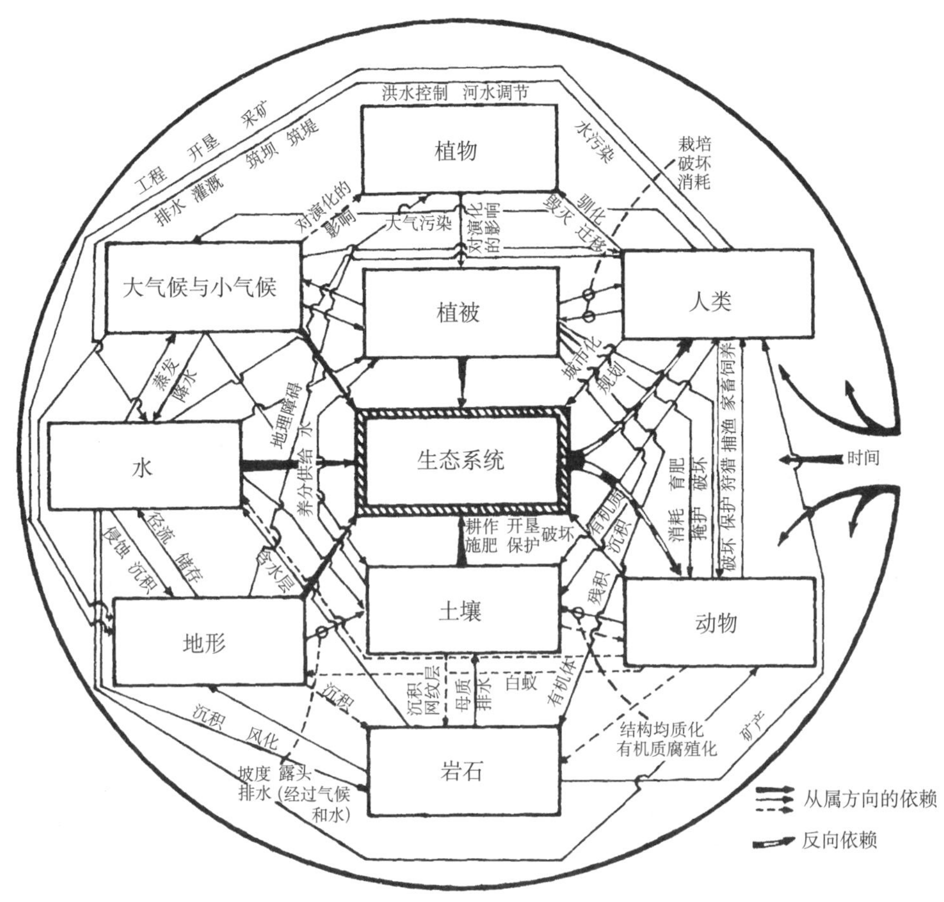

图 6.1 生态因子及其联系

生态因子之间的相互作用使生态系统的机理极为复杂，各种因子的相互关系和作用机制很难彻底搞清。在自然资源生态过程研究中，处理这种复杂问题的基本途径是：从研究生态系统的结构和功能入手，着力于已限定生态系统中的营养联系、能量流和物质流。

3. 生态系统的营养结构和物质、能量联系

1）生态系统的食物链

食物链是生态系统中各种生物通过捕食（食与被食）关系彼此联系起来的序列，又称营养链。能量和物质通过食物链在系统内流动和转换，各组成成分之间建立起来的这种营养关系就是生态系统的营养结构。

生态系统中的食物链有以下两种类型。

（1）植食食物链（grazing trophic chain），以植食动物吃活植物为起点。该食物链的初级生产者在陆地生态系统中是绿色植物，在海洋生态系统中主要是微小的浮游生物，在淡水生

态系统中依水体类型的不同是藻类或有花植物。在陆地生态系统中，初级消费者大多是昆虫类、哺乳动物中的啮齿类和蹄爪类等草食性动物。在海洋和淡水生态系统中，主要是吃浮游植物的甲壳纲等动物。次级消费者是以初级消费者为食的食肉动物。依此类推，分解者处于该食物链的末端，主要由微生物所组成。这些微生物将动植物死体及排泄物中的复杂有机物分解成简单的无机物，供生产者重新利用。

（2）分解者食物链（decomposer trophic chain），以死有机体为起点。例如，在森林生态系统中，每年新生长的枝叶只有极少部分被草食动物消费，而最终大部分都落回到地面变成死有机体，然后被消费者分解。这个食物链的消费者大多是土壤中的动植物，其中最主要的是真菌和细菌。它们以死的植物体和动物体为食物而繁殖生长，从而破坏有机质，并释放出营养元素和能量。植食食物链和分解者食物链在绝大多数生态系统中同时存在。

在营养结构中按生物在食物链上的位置将其分为不同的营养级。凡处于同一链环（具有相同能量和营养来源）的生物同属于同一营养级。例如，植食食物链中的绿色植物位于食物链的起点，构成第一营养级，以植物为食的草食动物属于第二营养级，依此类推。然而，有很多杂食动物常常捕食不同营养级中的生物，而同时占据若干个营养级，为了便于进行分析，常根据动物的主要食性决定它们属于哪一营养级。系统内生物之间的捕食和被捕食关系是由许多食物链彼此交叉而形成食源复杂的网络状营养结构，被称为食物网。

2）生态系统的物质、能量联系

生态系统中的生产者、消费者和分解者与其周围环境之间相互作用，不断地进行能量和物质交换，并使能量和物质在系统内流动和循环，从而保持生态系统的生命运动，并发挥其正常功能。

生物所利用的能量主要来源于太阳辐射，其途径是绿色植物利用太阳能，吸收空气中的二氧化碳和土壤中的营养物质合成自身，草食动物吞食绿色植物，肉食动物又食草食动物，当动植物死亡后又会被微生物分解。在这一过程中，太阳能被绿色植物固定后，以化学能的形式在食物链的各个营养级中传递，最终以热的形式散失。能量在生态系统中的传递服从热力学第一、第二定律，即能量由光能经化学能到热能不断地转换，但总量不变（能量守恒）；当能量从一种形式转换成另一种形式时，总有一部分能量变为热能而散失。在自然生态系统中，食物链内营养级间能量转化的效率平均为 10%左右，称为“能量十分之一定律”。以此效率顺着营养级序列向上，能量也随之急剧递减。用图形表示这一过程呈塔形，又称能量金字塔。

生态系统的物质循环分为生物地球化学循环和生物化学循环。在有机体的生命过程中，需要 30～40 种化学元素。根据生命过程对它们的需要状况，可将其区分为能量元素（碳、氢、氧、氮等）、大量营养元素（钙、镁、磷、钾等）和微量营养元素（铜、锌、硼、锰等），它们都是生命过程中不可缺少的。物质循环与能量流动不同，前者是循环的，各种有机物质最终经过还原者分解成可被生产者吸收的形式重返环境，进行再循环。物质循环有水循环、气态循环和沉积循环 3 种类型。生态系统中营养元素的生物化学循环是土壤与动植物之间营养元素的周期性循环，它是维持有机物质循环的主要过程之一，又是影响生产力的重要参数。该循环由吸收（主要是根）、存留（生物量一年的增长量）和归还或损耗（枯枝落叶和有机残体等）构成。生物地球化学循环在区域甚至全球范围内进行，涉及范围大，速度慢，周期长；生物化学循环则在生态系统内进行，涉及范围小，速度快，周期短。

生态系统中的生物与环境之间，生物各个种群之间，通过能量流动、物质循环和信息传递，达到高度适应、协调和统一的动态平衡。生态系统的动态平衡依赖于系统的自我调节能力，而生态系统的自我调节是通过负反馈机制来实现的。生态系统这种自我调节能力是有一定限度的，超出了这一限度，系统就不再具备自我调节能力，将导致系统结构被破坏，功能受阻。因此，有必要深入地研究生态系统的自我调节能力和机制，运用生态学的理论，合理经营生态系统。

生态系统的能量流动、物质循环和动态平衡统称为生态系统的功能。

4. 生物圈、智慧圈与人类生态系统

生态圈、生物圈、智慧圈（noosphere）和人类圈等概念对于研究自然资源生态过程都是很重要的。生态圈（ecosphere）一词的提出，是为了在讨论人类环境问题时强调一个最基本和最重要的概念——生态系统。生态圈被定义为地球及其所有生态系统的总称，也就是人类赖以生存的环境。生态圈也可被作为生物圈的同义语使用。生物圈一词是奥地利地质学家苏义斯提出的，俄国地球化学家维尔纳茨基把生物圈看作地球表层由生命控制的完整动态系统，其范围包括岩石圈（地壳部分）、水圈和大气圈相互交汇的整个地球表层。这里既是生命过程的产物，又是生命活动的场所。故生物圈又被表述为是由生命形成的活的圈层，是由生命转换能量和驱动物质循环并由生命系统调节控制的开放系统。

智慧圈最初由法国哲学家德哈•德夏丹提出。在希腊字中 noo 意为理智、智慧、思想。智慧圈是指超越生物圈的生灵圈，又被称为理智圈。维尔纳茨基定义智慧圈为按人类意志和兴趣而塑造的生物圈，即受人类控制和影响的生物圈。随着社会文明的发展，人类对自然界的控制和影响越来越大，所以智慧圈是在社会文明发展到一定阶段才出现的。维尔纳茨基将受人类影响较大和受人控制很强的人工生态系统，即农业生态系统和工业生态系统，分别称为农业圈（agrosphere）和技术圈（technosphere）。

与智慧圈近似的一个名词是人类圈。人类圈已作为一个条目出现于新不列颠百科全书中，被认为是现代生物圈的一部分，或者生物圈发展的现阶段。我国学者把人类圈从生物圈中提升出来，将其作为一个与地球其他圈层并列的地球圈层，并论述了它与生物圈的差别。“人类圈”概念是“人类”概念的一部分，它从地球圈层的角度研究人类，它强调人类的全球特性，强调物质流、能量流和信息流在人类圈内部及在与地球其他圈层联系中的作用。例如，在三个无机圈层中，物质流和能量流占绝对统治地位，而信息流的作用则微不足道。在生物圈中信息流的地位已明显提高，但对于生物体来说，物质和能量输入仍比信息输入重要，生物圈的整体性主要通过食物链和食物网来实现。与上述地球圈层不同，人类圈（尤其是近代的人类圈）中信息流比物质流和能量流更重要，从某种意义上说，人类圈的进化主要就是信息库（即文化）的进化（陈之荣，1993）。

发生于自然资源生态过程的生态系统其实是人类生态系统，它由自然-生态系统、经济-技术系统和社会-政治系统构成（图 6.2）。正如生态系统中各部分的相互作用一样，人类生态系统中的几个子系统之间也有复杂的相互作用。人类生态系统中的自然资源生态过程就不仅仅是自然-生态过程，还包括经济-技术过程和社会-政治过程。任何资源稀缺问题都是在一定经济-技术条件和社会-政治条件下产生的。例如，发展中国家广泛存在的贫困是最典型的资源短缺问题，其根源却在于经济-技术水平低下和社会-政治体制不公平。因此，任何资源问

题的解决也必须从经济-技术和社会-政治上入手。

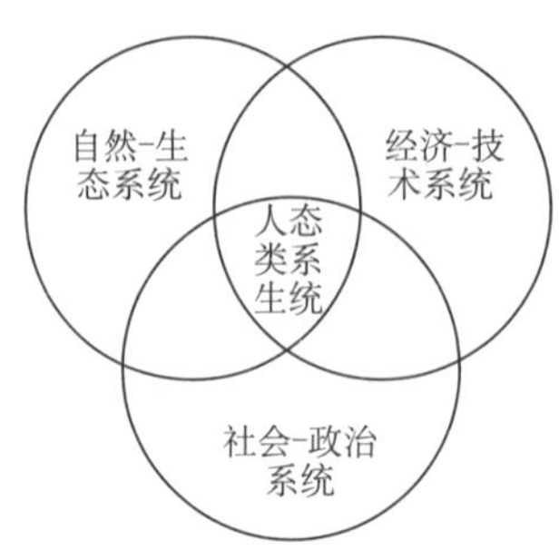

图 6.2 人类生态系统

二、生态系统服务与人类福祉

1. 生态系统服务及其价值

生态系统服务是生态系统在自然资源生态过程中形成和维持的，人类生存和发展必不可少的环境条件与效用，是人类直接或间接从生态系统中获得的所有效益。生态系统给人类提供各种服务，包括供给服务、调节服务、文化服务及支持服务。供给服务是指人类从生态系统获得的各种产品，如食物、燃料、纤维、洁净水，以及生物遗传资源等。调节服务是指人类从生态系统过程的调节作用获得的效益，如维持空气质量、气候调节、侵蚀控制、控制人类疾病，以及净化水源等。文化服务是指人类通过丰富精神生活、发展认知、大脑思考、消遣娱乐，以及美学欣赏等方式，从生态系统获得的非物质效益。支持服务是指生态系统生产和支撑其他服务功能的基础功能，如初级生产、制造氧气和形成土壤等（图 6.3）（Millennium Ecosystem Assessment Panel，2005）。科斯坦扎等将生态系统服务分为稳定大气、调节气候、缓冲干扰、调节水文、供应水资源、防治土壤侵蚀、熟化土壤、循环营养元素、同化废弃物、传授花粉、控制生物、提供生境、生产食物、供应原材料、遗传资源库、休闲娱乐场所，以及科研、教育、美学、艺术用途等 17 种（Costanza et al., 1997）。

生态系统服务可以用各种服务自己的生物物理量来核算，然后统一转换为货币，体现生态服务的价值。科斯坦扎等按全球 16 类生态系统估算其经济价值每年至少约为 33 万亿美元，是目前全世界年国民生产总值的两倍（Costanza et al., 1997）。印度加尔各答农业大学一位教授对一棵正常生长 50 年的树的生态服务进行了折算，其总的生态服务价值高达 20 万美元，其中包括生产氧气 3.1 万美元，净化空气、防止空气污染 6.2 万美元，防止土壤侵蚀、增加肥力 3.1 万美元，涵养水源、促进水分循环 3.7 万美元，为鸟类和其他动物提供栖息环境 3.1 万美元，生产蛋白质 0.25 万美元，还未包括树木果实和木材的价值。日本科学家 20 世纪 70 年代对日本全国树木的生态服务价值进行了综合调查和计算，得出了惊人的数据：在一年内，全国树木可储存水量 2300 多亿 t，防止水土流失 57 亿 m^3，栖息鸟类 8100 万只，供给氧气 5200 万 t。将这几项按规定价格换算成资金，其总的生态价值达 1208 万亿日元，相当于日本 1972 年全国的经济预算。我国吉林省环保所等单位 1984 年依照日本的方法对长白山森林的生态价值进行了初步估算，他们把长白山森林的效益分成涵养水源、保持水土、提供氧气、保护野生动物、调节气候等 7 项，而只对其中四项进行了计算，结果为 95 亿多元，是当年所产 450 万 m^3 木材价值（6.67 亿元）的 13.7 倍。

上述方法都是计算生态系统服务功能的绝对价值，说明了生态系统的服务价值非常可观而不容忽视，但所计算出来的数字缺乏对人类实际利用价值的反映。另一种估算方法是计算相对量，即计算生态系统服务价值是上升还是下降，以此判定获得一定经济资产的生态资产代价。

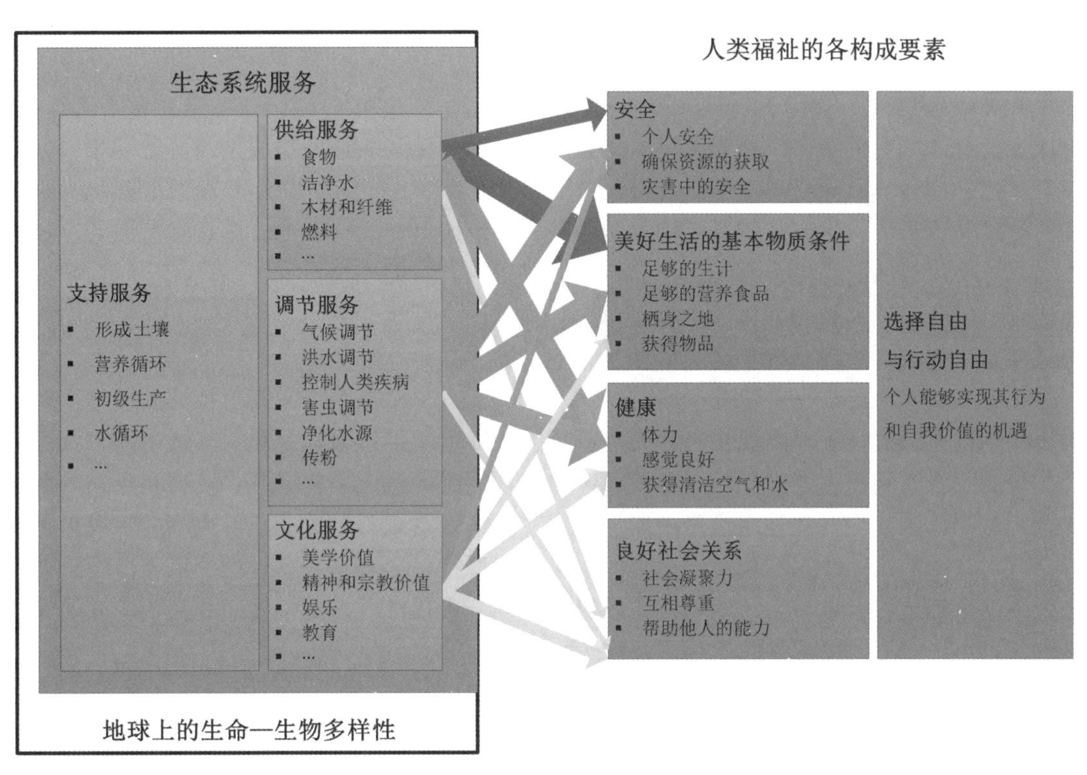

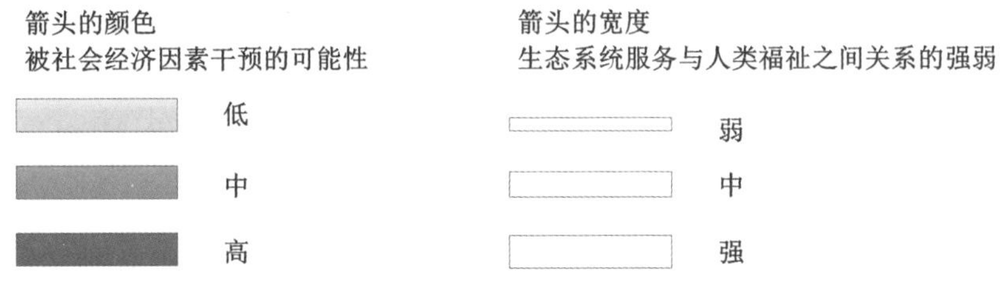

图 6.3 生态系统服务与人类福祉（Millennium Ecosystem Assessment Panel，2005）

2. 生态系统服务与人类福祉的关联

Olander 等（2018）认为生态过程或组分并非服务本身，只有与人类福祉联系起来，产生了社会效益才能算是服务，因此提出效益相关指标（benefit relevant indicator，BRI）来反映生态系统服务对人类实际利用价值，它是在生物物理核算的基础上，结合社会经济偏好与价值评估形成的一种独立的评价指标，从而连接生态变化与社会结果，更有利于为决策制定提供信息。利用 BRI 评价生态系统服务需要通过以下步骤：①界定生态系统服务范围（service shed），即明确什么资源或人群会受到生态过程变化的影响，以评价的主体作为生态系统服务范围的边界。②反映受益人与生态条件之间的关系。直接与人类福祉相关的生态条件变化才能够作为生态服务价值。③获取服务流的限制条件信息。有些服务的流动受到其他物理条件的因素或机构、法规、政策等的限制，为避免高估生态系统服务的实际效益价值和影响人群，要充分考虑限制条件。④构建合理的因果链连接生态结果和社会价值。存在“生态条件-生态系统服务-社会效益”的因果链，受政策管理、限制条件等影响的生态条件变化，会导致相应的生态系统服务变化，从而影响特定人群的福祉效益。

人类福祉具有多重成分，包括维持高质量的生活所需的基本物质条件、自由权与选择权、健康、良好的社会关系，以及安全等。人类对福祉的体验与表达，与周围情况密切相关，它反映了当地的自然、社会，以及个人因素，如地理、环境、年龄、性别及文化状况等。然而，在所有这些背景下，生态系统具有的供给服务、调节服务、文化服务，以及支持服务，都是人类福祉不可或缺的。生态系统服务的变化通过影响人类的安全、维持高质量生活的基本物质需求、健康，以及社会文化关系等而对人类福祉产生深远的影响。同时，人类福祉的以上组成要素又与人类的自由权和选择权相互影响（图 6.3）。

在必要制度、组织、技术和手段支持下，人类通过与生态系统之间可持续的相互作用，可以提高自己的福祉水平。如果上述人类福祉的提高过程是以参与式和公开透明的方式进行的，那么它将有利于提高人类的自由权和选择权，同时促进人类在经济、社会和生态方面的安全。然而，制度变化和技术进步所增加的生态系统效益既不会自动地，也不会平等地得到分享。与贫困的国家和人群相比，富裕的国家和人群往往更容易获得这样的机会，结果使得人们不能平等地占有生态系统服务，这就导致少部分人福祉的提高常常建立在牺牲其他人福祉的基础上。

生态系统服务变化通过以下几种方式影响人类福祉。

（1）安全：主要受生态系统供给服务和调节服务变化的影响。前者主要影响粮食和其他物品的供应，还由于资源减少而可能引发冲突；后者主要影响洪水、干旱、山体滑坡，以及其他灾难发生的频率与规模。此外，安全还受生态系统文化服务变化的影响。例如，重要宗教礼仪或精神品质的丧失，会导致社区内社会关系的削弱；反过来，削弱了的社会关系对物质福祉、健康状况、自由权与选择权、安全，以及良好的社会关系皆会产生重要影响。

（2）获取维持高质量生活所需要的物质：这既与生态系统的供给服务（如食物与纤维生产）有关，也与净化水源等调节服务密切相关。

（3）健康：与生态系统的供给服务和调节服务密切相关。前者主要指食物生产；后者主要影响传播疾病的害虫的分布，以及影响刺激性毒剂、病原体在水体和空气中的分布。此外，生态系统的文化服务具有娱乐和精神享受方面的效益，健康与此也具有一定的联系。

（4）社会关系：主要受生态系统文化服务变化的影响。生态系统的文化服务主要通过影响人类阅历的质量，来影响人类的社会关系。

（5）自由权与选择权：在很大程度上是基于人类福祉其他成分存在，因此主要受生态系统供给服务、调节服务和文化服务变化的影响。

知识或人力资本的替代作用可以减缓由生态系统服务耗损和退化而产生的不利影响，但是由于生态系统是复杂多变的动态系统，不可能无止境地对其进行替代，尤其是它的调节服务、文化服务和支持服务。此外，对某些服务（如控制侵蚀和调节气候）的替代，在经济上是不切实际的。更为重要的是，由于社会、经济，以及文化状况的不同，替代的机会差异很大。对于某些人，尤其是最贫困的人群，替代和选择的可能性非常有限；而对于那些相对富裕的人群来说，通过贸易、投资，以及技术手段，可能实现替代。

生态系统退化对弱势群体和贫困人口的危害往往更为直接，这是因为富人控制生态系统服务的多数份额，以较高的人均占有率消费生态系统的服务，并可以通过以相当高的成本来购买稀缺的生态系统服务或替代物品，以缓冲或降低生态系统服务变化对他们产生的影响。例如，在 20 世纪，尽管几个海洋渔场资源已经衰竭，但是富人获取的鱼类资源并没有减少，这主要是因为他们先进的捕鱼船队可以行驶到以前没有开发过的渔场去进行捕鱼作业。相比之下，穷人往往缺乏开发替代资源的能力，从而在生态系统变化造成的饥荒、干旱、洪水等自然灾害面前显得脆弱无助。穷人们常常生活在环境变化威胁的特别敏感区，并且在资金与制度方面缺乏应对环境变化的缓冲能力。例如，因为穷人缺乏开发替代渔业资源的能力，也没有钱去购买鱼，所以沿海渔业资源的退化就造成了当地社区对蛋白类食品消费的降低。生态系统的这种退化，直接威胁他们的生存。

3. 生态系统服务管理

对生态系统服务需要进行综合管理，并将生态系统服务作为自然资本，使其参与到自然资源管理决策中（郑华等，2013）。为此，需要针对生态系统服务退化的原因和各种生态系统服务的权衡和协同关系来制定管理策略。

生态系统服务退化的原因很多，管理策略主要考虑经济增长、人口变化、个人选择导致的对生态系统服务的过度需求和消耗。仅仅依靠市场机制往往不能保证生态系统服务得到有效的保护，其要么因为某些生态系统服务（如文化服务与调节服务）很难进入市场；要么虽然可以进入市场，但由于政策与制度方面的缺陷，生活在生态系统中的人们不能从生态系统服务获得收益，而该生态系统之外的人们却能获得收益。因此，现在已经开始制定相关的制度，如要求从碳储存中受益的那些外部受益者应当给当地的资源管理者支付一定的补偿，以激励他们对森林的保护，但是现实存在的强烈经济刺激，却常常驱使他们去采伐森林。此外，即使存在对生态系统某一服务功能起作用的市场，但无论是从生态角度还是从社会角度进行考察，市场作用的结果都不甚理想。通过完善的管理，一个国家对生态旅游的开发，可以产生强烈的经济刺激，进而维系生态系统的文化功能，但是如果管理不善，生态旅游活动就会导致其周围依托资源的退化。还需指出，如果生态系统服务功能的某些变化是不可逆转的，那么依靠市场机制往往不能正确处理在管理生态系统方面的代际和代内公平问题。

近几十年来，世界上不仅生态系统经历了巨大的变化，而且社会系统也发生了同样复杂的变迁。同时，社会系统的变化不仅给生态系统施加了压力，而且也提供了应对这些压力的机遇。随着一个更加复杂的制度组合（包括区域管理机构、跨国公司、联合国及民间社会组织）影响力的上升，单个国家的影响已相对减小。各利益群体已经更加积极地参与到制定决策的过程中。因为生态系统受许多部门决策的影响，所以为决策者提供生态系统信息的挑战就越来越严峻。同时，新的制度可能为生态系统信息的迅速扩展提供一个前所未有的机遇。完善生态系统管理，达到提高人类福祉的目的，将需要以新的制度与政策组合，以及资源所有权与使用权的变革为保证。在当今快速发展的社会背景下，以上条件的实现将比以往任何时候更有可能。

与由提高教育水平和完善政府管理而获得的效益相似，对生态系统服务的保护、恢复和增强将产生多重的效益。许多政府正逐步认识到对这些基本的生命支持系统进行更加有效管理的必要性。同时，在民间团体、地方社区及私营机构中，也出现了在对生态系统服务功能进行可持续管理方面取得显著进展的例子。

生态系统的变化不仅对人类，而且对无数的其他物种产生了重要影响。人类制定的生态系统管理目标，以及为此而采取的行动，不仅考虑生态系统变化对人类的影响，而且还应包含人类对其他物种与生态系统内在价值重要性的思考。内在价值是事物自身及其内含的价值，它与对其他事物的效用无关。例如，在印度，农村将所谓的“神地”保存为相对自然的状态；在中国，很多地方也有保存“风水林”的习俗。尽管根据严格的成本-效益分析，那些土地转变为农业用地或建设用地更为有利。与此类似，许多国家根据物种具有生存权利的观点通过了濒危物种保护法，尽管在经济上只有投入而无产出。因此，合理的生态系统管理不仅应考虑生态系统与人类福祉之间的联系，而且还要把对生态系统内在价值的考虑纳入决策过程中（Millennium Ecosystem Assessment Panel, 2005）。

4. 生态系统服务权衡

生态系统多种服务彼此之间相互影响，存在着不同程度的权衡或协同关系。在对某种生态系统服务使用的增加造成另一种生态系统服务的减少（也称冲突关系或竞争关系）的情形里，就需要在两者之间进行权衡，称为生态系统服务权衡；若两种生态系统服务同时增加或同时减少，则称为生态系统服务协同。采取有效措施管理生态系统服务之间的权衡和协同关系，对提升生态系统服务的总体效益、保证生态系统服务的可持续性，实现生态系统服务和人类福祉的“双赢”有重要意义（Rodriguez et al.，2006）。

生态系统服务之间的权衡或协同关系是普遍存在的。例如，农、林、牧生产等供给服务与土壤保持、水质净化、区域生物多样性维持等调节服务或支持服务之间往往存在着权衡关系，土壤保持、植被固碳、空气净化等调节服务或支持服务之间存在着协同关系，但生态系统服务之间的关系在不同区域是有差异的。例如，白洋淀流域植被固碳与淡水供给服务之间存在协同关系，而西班牙乌尔代百保护区植被固碳与淡水供给服务之间存在着权衡关系；加拿大魁北克省区域海岸带保护与旅游休憩服务之间存在着协同关系，而荷兰博内尔岛区域海岸带保护与旅游休憩服务之间存在权衡关系。不同区域的生态系统结构差异和人类活动差异是生态系统服务之间作用关系差异的直接原因，因此，界定生态系统服务权衡研究的空间尺度对科学分析其之间的作用关系，制定合理的生态系统服务管理策略至关重要（戴尔阜等，2015）。

生态系统服务随时空变化而变化，因此可以从以下几方面来认识生态系统权衡。

（1）空间上的权衡：指不同区域间生态系统服务的此消彼长，是由生态系统服务供给和需求能力的空间差异造成的。这类权衡表现为不同空间尺度上利益相关者对生态系统服务的竞争。

（2）时间上的权衡：指生态系统服务当前与未来利用之间的关系，是由不同类型的生态系统服务对管理的响应周期不同造成的，例如，供给服务的响应周期较短，而调节服务和支持服务的响应则具有滞后效应，往往需要较漫长的周期。

（3）权衡可逆性：指生态系统服务在当前权衡干扰停止后，能否恢复到最初状态的能力。当人类活动过度干扰自然生态系统时，其服务功能常常发生退化，甚至崩溃。因此，生态系统服务权衡必须重视管理策略对生态系统稳定性和恢复力的影响，力求在生态系统可逆性变化和不可逆性变化之间找到平衡点。

（4）权衡外部性：指生态系统服务权衡管理对非目标区域生态系统服务的影响。全球生态系统是一个有机整体，但特定空间尺度下的利益相关者在权衡管理时往往只偏重利益范围内的生态系统服务功能，而忽视对周边区域或上级区域乃至国家或全球环境稳定有重要意义的生态系统服务功能，不重视权衡管理与周边区域或上级区域之间权衡管理的整合和协调，进而有可能损害周边区域或上级区域的生态系统服务功能。

不同生态系统服务之间的权衡或协同关系表现出多种形式，认识这些形式有助于科学管理生态系统服务，有利于明确生态管理决策的最优和次优空间。根据两种生态系统服务数量变化的曲线特征，Lester 等（2013）构建了六种生态系统服务权衡的表现形式（图 6.4）：独立形式（a）、直线形式（b）、凸曲线形式（c）、凹曲线形式（d）、非单调凹曲线形式（e）和反“S”形曲线形式（f）。生态系统服务权衡的目标是使所有服务的总体效益最佳，应用这些模型可以从经济学角度估算两种生态系统服务的总体效益和价值变化，也有助于定量研究生态系统服务价值变化与生态系统结构和功能参数之间的联系，探寻模型拐点对生态系统管理可操作空间的指示意义，但这些模型只涉及两种生态系统服务之间的作用关系，现实生态系统管理更多面对的是多种生态系统服务之间相互交织的权衡或协同关系，解决一种生态系统服务冲突的同时，不可避免地会影响到其他生态系统服务之间的权衡或协同关系，造成新的冲突。因此，为更好地优化生态系统服务管理，迫切需要研究特定时空尺度下多种生态系统服务之间相互作用的表现形式，以及单一生态系统服务价值与生态系统服务总体效益之间的变化关系（戴尔阜等，2015）。

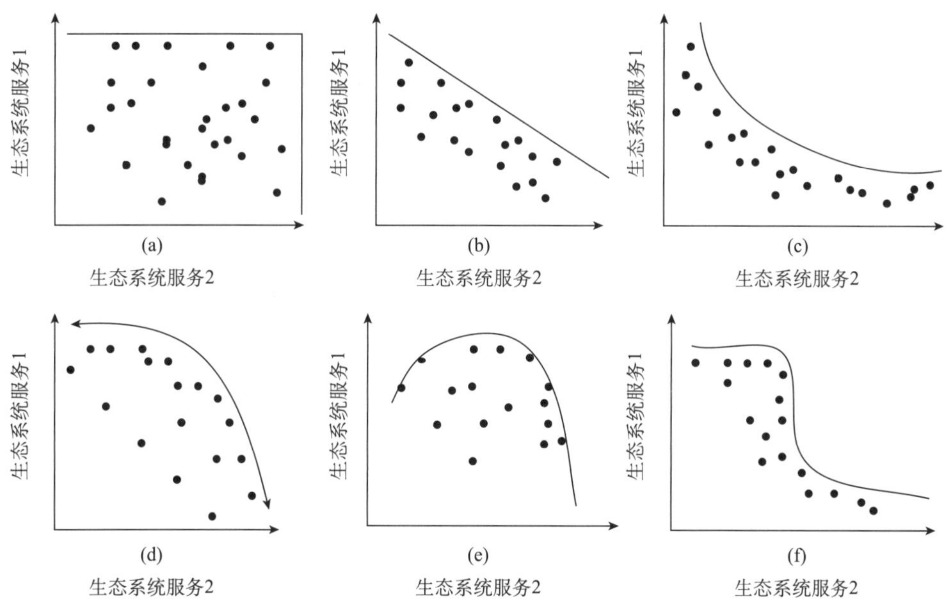

图 6.4　生态系统服务权衡的表现形式（Lester et al.，2013）

第二节 自然资源生态过程中的物质-能量联系

一、自然资源生态过程中的能量

1. 太阳能与光合作用在自然资源生态过程中的意义

能量对自然资源生态过程至关重要。生态系统中的能量主要来自太阳能，很小部分来自地球内能。若无来自太阳的能量输入，就不会有生命存在；即使是大气圈中无生命的风和雨，也是由太阳能驱动的；而矿物资源也是太阳能作用的结果，能源矿物如煤、石油等是过去太阳能的储藏，即使是无机矿物，也与太阳能驱动的风化、沉积、搬运过程有关。因此，太阳能对自然资源的形成具有极大意义。

到达地球表面的太阳能大约是 3400 kcal/（m^2 • d），这是一个平均数，实际上通量密度一地不同于一地。由地球上绿色植物光合作用所转换的最大值为 170 kcal/（m^2 • d），仅为到达地球表面的太阳能的 5%，平均值显然更低。地球上全部有机生命（包括人类）都依靠这一小部分太阳能，石油、煤等能源也来自这一小部分太阳能。

光合作用在自然资源生态过程中是一个关键环节。在光合作用过程中，绿色植物捕捉太阳能，把它转换并储存在复杂的有机分子中，然后这些分子就成为本身和其他有机体的“食物”。通过一系列非常复杂的反应，水和 CO_2 合成糖分，而后又代谢为淀粉，或者与某些矿物养分一起形成更复杂的分子，如氨基酸和蛋白质，这是生命物质的基础。光合作用所获取的太阳能并非全都以植物组织的形式出现，这是因为其中一部分被绿色植物在呼吸作用过程中的新陈代谢消耗。

美国生物资源学家对美国东部落叶阔叶林的太阳能转换率进行了定量测定（Whittaker, 1975），结果发现日照率（可见光）为 56000 cal①/（cm^2 • a），转换为植物有机物质的仅为 510 cal/（cm^2 • a）。可见，初始入射能量中仅有 0.91%变成植物的物质成分，不仅由于其呼吸作用消耗了部分能量，也由于某些光谱对光合作用无效，一些能量被绿叶表面反射掉。

英国海洋资源学家对北海中生物的能量转换率也进行了测定（Whittaker, 1975），日照率（可见光）是 473 cal/（cm^2 • d），转换为浮游生物机体的仅为 0.314 cal/（cm^2 • d），这是夏天测定的数字，其能量有效转换率仅为 0.066%，这不仅由于水的散射，也由于其他的因素限制了生产率。

2. 食物链中的能量过程

到达地球表面的太阳能只有很少一部分转换为有机物，生态系统中所有其他生命都依赖这些物质。绿色植物在单位时间单位面积上固定的总能量称为第一性生产，其中除去绿色植物自身呼吸消耗掉的部分所剩余的能量称净为第一性生产（net primary production，NPP）。净第一性生产是食物链的第一环，对自然资源生态过程非常重要。在天然生态系统中，净第一性生产的产物——植物，为食草动物提供食物，食草动物又为食肉动物提供食物，这就构成一个简单的食物链。在食物链上的每一环都会有能量损失，这是热力学第二定律发挥作用

① 1 cal=4.1868J。

的直接结果。热力学第二定律的一种表述如下：所有正转变形式的能量都倾向于转变成热能而消散，因此不能百分之百有效地转变为潜能（如生物组织）。在食物链中，生物组织中浓缩的潜能会由有机体的新陈代谢过程转换成热能而消散。食草动物所食的全部植物只有很少一部分可以转变成动物组织，这一过程中生成的有机物数量称为第二性生产。这样，食肉动物所获得的潜能就远比第一性生产所能提供的少。同样，食肉动物所食食物中只有很少一部分可以转换成动物组织，于是更上层的食肉动物所能获得的潜能就更少。

一个英格兰南部橡树林生态系统的例子显示，其日照率是 23.8 万 kcal/（m^2 • a），净第一性生产为 6200 kcal/（m^2 • a），主要食草动物（毛虫、田鼠等）的第二性生产为 12.2 kcal/（m^2 • a），主要食肉动物（蜘蛛、猫头鹰等）的第三性生产为 0.75 kcal/（m^2 • a）（Varley, 1974）。可见，食物链上的每一环（称为营养级或营养水平，trophic level）能量转换的效率是很低的。这对资源利用的含义就是：离第一性生产越远，单位面积上所能获得的能量就越少；人类对食物的利用若想达到最高效力，就必须作为食草动物，降低其营养水平。中国人的食物结构以植物为主，有人认为这就是因为历史上中国人口土地压力过重而不得不如此。

事实上每一营养级上的生物组织并非全部为上一级所消耗，陆地食草动物仅食植物的地上部分，很多食草动物也在未被食肉动物吞食时就死亡了。死亡的生物有机体被分解为无机物，这就形成另一类食物链，也就是分解者食物链，分解者主要是真菌和细菌。此外，在很多生物体上还有寄生生物，这既可看作一种单独的食物链，也可看作代表较高营养级的捕食者链。

在生态系统中的每一营养级上都有能量损失，这使通过物种网络的潜能的数量减少。因此，第二性生产和第三性生产中的生物个体数量与活物质数量递减。这些活物质通常按单位面积上的干物质来度量，称为生物量（biomass），这就形成生态系统中的金字塔现象。图 6.5 是个体数量金字塔的实例。如果按生物量来测算，那么就显示出更为明显的金字塔形态。生物量也还不能准确地表示能量浓缩度的差别，所以最好的方式是以能量关系表示金字塔现象（图 6.6）。

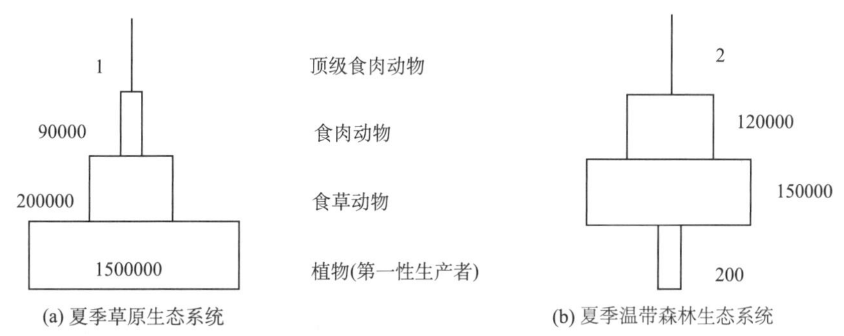

图 6.5　两个生态系统中的个体数金字塔（不包括微生物和土壤动物）（Odum, 1971）

3. 生态系统中的能量转换及其网络关系

生态系统中能量和物质的转换可表示为图 6.7。其中，太阳能作为一种自由能进入生态系统，经历一系列从“浓缩”状态到“消散”状态的变化后，又部分作为热能退出生态系统。

在这个过程中，生物体聚集了不少能量，成为富能量的有机物，其死亡后又经历分解过程。复杂的有机物被分解为相对简单的无机物，同时伴有能量的消散。

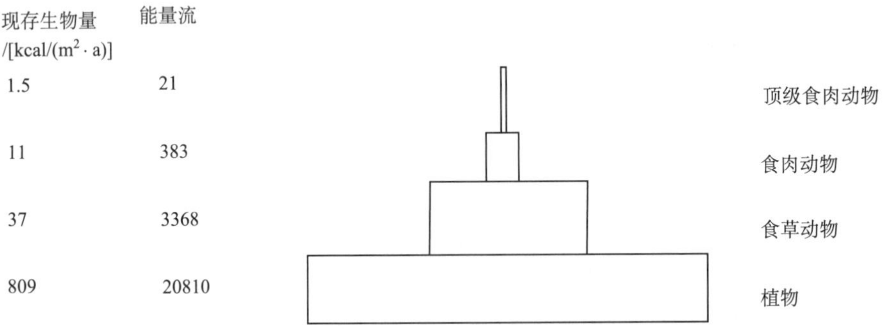

图 6.6 佛罗里达银泉（Silver Springs）村生态系统的能量金字塔（Odum, 1971）

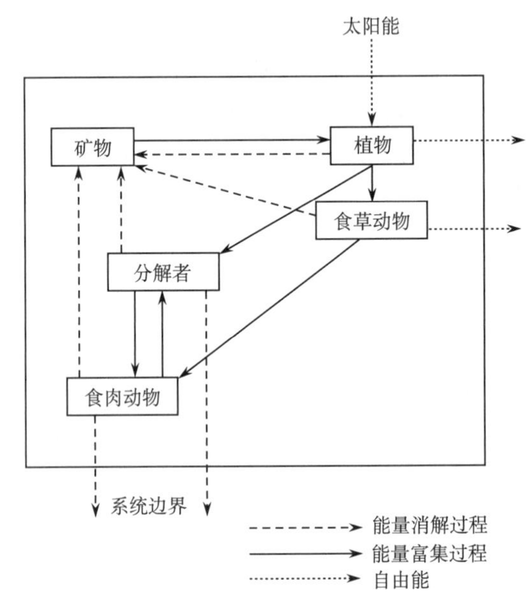

图 6.7 生态系统中能量与物质转换（Simmons, 1982）

实际自然生态系统甚至人工生态系统中的情况都远比图 6.7 所示的复杂。一种食草动物可能食用多种植物，也可能为多种捕食者所食。一种捕食者可能偏好某种食物来源，但当此种食物稀缺时又会转向其他食物。在生态系统中，杂食习性也并非不普遍。人类更是一种杂食动物。各营养级上都有复杂的营养关系（图 6.8），所有这些关系连接起来，就形成食物网（food webs）。若再考虑其他一些关系，如对空间的竞争关系和其他竞争形式，那么实际生态系统中的关系就扩展为物种网（species network）。

从自然资源生态过程的角度来看，这种复杂的关系意味着当人类把某一物种看作资源来使用时，必然在生态系统中引起一系列变化。而由于大多数生态系统的复杂性，这些后果是很难预测的，某些后果不可避免会损害未来人类的生存和生态系统本身的持续能力。

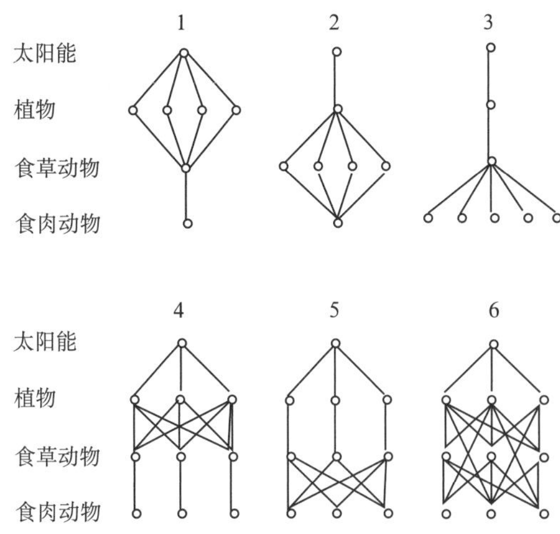

图 6.8 营养级关系图示（Watt, 1968）

1.一种食草动物食几种植物，又仅被一种食肉动物捕食；2.四种食草动物食一种植物，又仅被一种食肉动物捕食；3.五种食肉动物捕食一种食草动物；4.三种食草动物食三种植物，又分别被一种食肉动物捕食；5 和 6 则表示各种杂食关系，表现出更多的能量通道，若其中某种关键物种消失，对该生态系统的稳定性影响不大

二、自然资源生态过程中的无机物

1. 几种重要无机物来源

自然界 90 种天然化学元素中，有 30～40 种是生物有机体所必需的。它们对生物的供给来自若干经历不断循环的元素和化合物。某些是气态因而包含于生态系统的大气圈中，某些呈固态或溶解状态因而包含于陆地和水域中。在前一类中，CO_2 为植物光合作用所必需，是很重要的一种物质。如果不是生物的呼吸作用和分解作用不断生成 CO_2（当然还有其他来源，如矿物能源的燃烧），那么全世界的植物会在大约一年内耗尽大气圈中的全部 CO_2 储备。氮、氧和水的不断循环对生命也有极大意义。磷、钙、镁之类的矿物元素对活物质很重要，也在生态系统中不断循环。任何生态系统中的如缺少上述任意一种元素，都会对某种组分造成限制。

关于生态系统中的无机物循环，已有许多模型，可参考普通生态学教科书。对于自然资源研究而言，重要的是它们的来源和解体过程中的重要因素。

在自然界，生态系统获得无机物的来源很多。正如能量的情况一样，可以把植物看作无机物循环的起点。大气圈供给植物 CO_2，供给有固氮菌与其共生的物种以 N_2，这些植物又放出动物呼吸所需的 O_2。岩石的风化提供基本矿物元素，如钙、镁、磷、钾。水的作用方式有多种，或者参与土壤形成和岩石风化过程，或者以流水的形态传输营养物质，或者将从有机成分中散失的养分搬运走。植物对水蒸腾作用更是必不可少的，在此过程中，水把营养物质从土壤传输到植物体内。

2. 无机物循环及其中的重要环节

在天然状态下（不考虑人为干扰，如收获取走物质、不合理土地利用引起水土流失、人工施肥等），营养物质流大部分保存在生态系统内，少部分由径流带出系统外。与系统内的循环相比较，系统外的输入和输出一般较少，陆地生态系统尤其如此。这与能量转换的情况不一样。以森林生态系统为例，起源于岩石中的矿物养分进入土壤，变成植物的组成成分，产生枯枝落叶，被土壤微生物矿化，再被植物吸收。如此循环，都在生态系统内进行（图 6.9）。

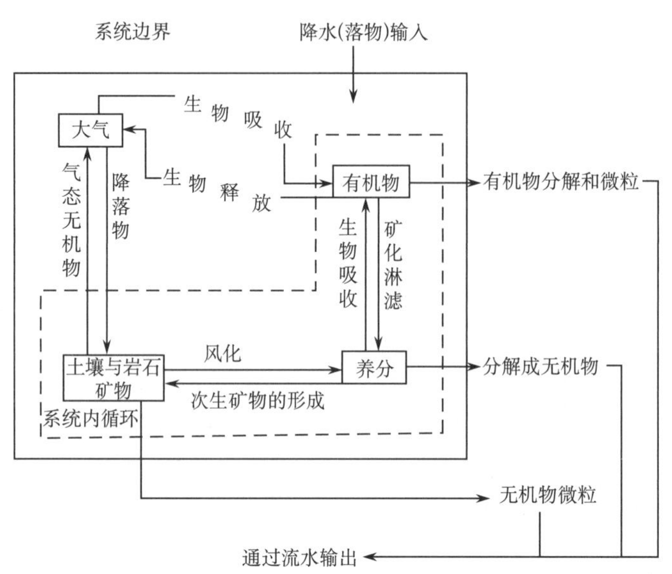

图 6.9　基本元素在陆地生态系统中的流动和储存（Simmons, 1982）

森林生态系统物质循环中，真菌的作用特别重要。它们对 Ca、Fe、Cu、Na、P 和 Zn 等养分起着一种储存器的作用。例如，热带雨林中的根瘤菌所持有的矿物养分是树叶中的 85 倍，而且它保持养分防淋滤的效率达 99.9%。动物在物质循环中也发挥重要作用，在陆地分解者链中，它们对有机物碎屑进行物理搬运。在海洋中，浮游动物是磷和氮循环的关键一环。在气候不宜土壤生物存活的地方，如北方针叶林带，有机物不断地在林地上堆积，其分解主要由林火完成。在天然陆地生态系统中，生命物质对保存基本营养元素有非常重要的作用，总营养元素储备中约有 50%都储存在活的或死的有机体中。在生物种群演替过程中，正是由于生物积累了足够的营养物质，才使得种群演替成为可能；而成熟的群落也正是由于保存了其基本营养元素才能维持其稳定性。一个稳定的生态系统，如原始森林，总能通过在土壤-植被亚系统内进行物质循环而保持其大多数营养物质，少数会由径流带出系统，但可从系统外得到部分输入（如降水和岩石风化）而保持平衡。如果某一生命物质组分的破坏（如过度采伐或森林火灾）而使营养物质循环通路改变，则将使矿物元素和微粒物质迅速丧失，为下游的富营养化和沉积作贡献。

在受扰动的生态系统中，演替物种（如森林破坏后生长起来的灌木和幼树）对重建物质循环和积存营养物质起着重要作用。例如，有些灌木积累氮的能力甚至比原始林高出 50%。因此，此类先锋树种的迅速生长显然可以把生态系统中的养分损失降至最低程度。

三、生态系统中的熵与自然资源

1. 生态系统中的熵与耗散结构

简单地说，熵是表示物质系统状态的一种度量，用它来刻画系统的无序程度。熵越大，系统越无序，意味着系统结构和运动的不确定与无规则；反之，熵越小，系统越有序，意味着系统具有确定、有序的结构和有规则的运动状态。熵外文原名（entropy）的意义是“转变”，指热量转变为功的本领。其量纲是能量除以温度，单位可用“焦耳/开尔文”(J/K)，所以“熵”的中文意就是热量被温度除的商。如果一个物体的绝对温度为 T，当对其加进热量 ΔQ 时，该物体的熵（记为 ΔS）：

$$\Delta S=\Delta Q/T \tag{6.1}$$

热力学第二定律指出：热量总是由温度较高的物体向温度较低的物体流动，而不能自发地由低温物体向高温物体流动。在封闭系统中实际发生的过程，总是使整个系统熵增大，自发地由有序到无序，使系统从非均衡态趋于均衡态。均衡态的特征是熵最大、系统最无序。

系统中能量转化为功的前提是必须有“温度梯度”存在，换言之，热机为了做功，必须存在着热端与冷端的差异。随着每一时刻热能的转换，两端间的冷热差异也相应减少。最后当熵达最大值时，差异消失，系统达到完全均衡的混乱状态，变成完全随机的、无方向选择的无序的极限。

熵是物质系统的热力学（状）态函数（由系统的状态决定，而与系统的历史过程无关），其值和系统间以做功的方式传递的能量有关。对于能量固定的一个系统，当其熵等于 0 时可以转化为功的能量等于它的全部能量；熵达最大值时可以转化为功的能量等于 0。因此可以把熵看作“有效能”的测度，即熵越大，有效能越小；熵越小，有效能越大。

自然资源生态过程中，参与者既有无生命系统（自然地理系统）的成分，也有生命系统（天然生态系统）的成分，还有以人类社会经济活动为中心的人类生态系统成分。这样，在资源系统的动态变化中，既有热力学第二定律中“热机”的熵增特点，也有“生命机”工作中的负熵增特点。因此，近年来的资源研究已逐步引用熵概念来说明自然资源利用的某些更深刻的共同性质。

按热力学第二定律，宇宙的熵在不断增加，意味着越来越多的能量不再能转化为有效能了，于是一切运动过程都将停止，宇宙将走向“热寂”。然而地表自然界以及人类本身，迄今却是由简单到复杂，从低级向高级，从混沌到有序地进化发展着，这不与热力学第二定律的推论相悖吗？原来生态系统并不是封闭的而是开放的，开放系统不断与外界交换能量与物质，形成足够的负熵流，使系统的总熵不增加，甚至减少，这样开放系统就能够远离均衡态而产生有序稳定的结构，这就是耗散结构。

耗散结构论认为，一个远离均衡态的开放系统，在外界条件变化达到某一特定阈值时，量变可以引起质变；系统通过与外界不断交换物质能量，可以从原来的无序状态变化为一种时间、空间或功能上的有序状态，这种非均衡状态下的新的有序结构，称为耗散结构。耗散结构要求不断地与外界交换物质和能量才能维持，所以它是一种“活”的有序结构。“耗散”的含义正在于这种结构的产生、维持和发展的根源是物质与能量的耗散，这也正是自然资源开发利用过程中的本质，开发利用即自然资源的消“耗”，开发利用后果随之扩“散”。

比利时物理学家普利高津创立的耗散结构理论成功地解释了远离热力学均衡态的系统机理（Prigogine and Stengers, 1984）。生态系统是耗散结构的典型例子，它有一定的功能、结构与自我调节能力。生态系统的生产者——绿色植物固定太阳能，为整个系统输入负熵流，负熵流经过消费者（食草动物、食肉动物）复杂的食物链和分解者的渠道流通转化、消耗散失，最终输出到环境中去。普利高津指出："非均衡是有序之源"，这种非均衡条件下形成的有序结构是"活"的有序结构，这一方面是指它必须不断与环境交换能量与物质，新陈代谢，吐故纳新；另一方面指它是一种自组织现象，是一种动态有序，这种产生新的有规则（有序）的运动过程就是自组织现象，或者称自组织，所以耗散结构理论也称为系统自组织理论。自组织过程中会有一些随机的涨落。涨落不仅是形成耗散结构的杠杆，而且小涨落也是耗散结构保持有序状态的条件，它使系统表现出自我调节能力。当小涨落扩大为"巨涨落"时，系统的旧有序状态就被破坏，系统将进化或退化，在新的水平上形成新的稳定结构。

2. *以熵概念解释自然资源过程*

在地球不断接受太阳能并将其进行各种转化的过程中，一方面，地球的熵值不断下降，相应地其间所包括的物质和能量会形成具有结构的、非均匀分布的有序状态，形成自然资源；另一方面，人类在自然资源的开发利用过程中，又不断改变地球物质与能量的结构和有序状态，向环境散热，使熵增加。这种自然资源生态过程与熵的关系如图 6.10 所示。

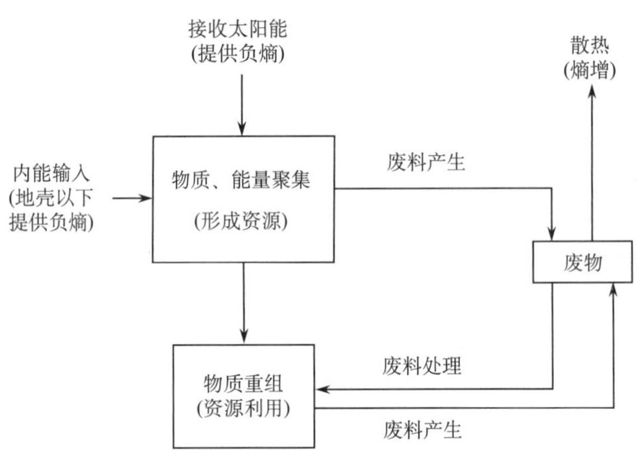

图 6.10 自然资源生态过程与熵的关系图示（牛文元，1989）

可以把熵与负熵的概念引入自然资源的性质中。所谓"高质量"的自然资源，可看作由"负熵资本储存"所组成的。随着这种具有"高质量"品位的利用，自然资源逐渐变成了"低质量"品位的形式，其"负熵资本储存"也就相应地减少。

显然，生物资源归根结底是来自太阳的负熵聚集，化石燃料也是如此。无机矿物要形成资源，需要有一定的富集程度，太阳能所驱动的风化、沉积、搬运等过程产生这种富集，也可以看作主要来自太阳能（当然也有来自地球内能）的负熵储存。

低浓度的自然资源如金属矿，可以通过各种方式提高其品位，但依赖能量的消耗。其所要求的品位越高，需要提供的有效功也就越多。技术进步可以增加这一过程的效率，可是无论如何都需要对其投入能量。随着一定数量有效功的投入，相应地负熵也就增加并储存于自然资源中。举例来说，石油、煤、天然气资源中负熵的耗散产生电力，以便从铝钒土中分离出纯铝。对于铝钒土，其品位的提高取决于石油等负熵的减小，相对地它本身的负熵储存却在增加。

从系统科学的观点认识，自然资源的开发与利用就其本身而言是它的“负熵耗散”；但是就它所起的作用以及由它而得益的系统而言，则是“负熵的储存”，二者之间并不相等。所提供的负熵，一部分由于各类原因转化为无用功，并不能被全部有效地利用，一部分还必须去补偿释放负熵时留下的废物所造成的环境损失。

可再生资源的利用，若其负熵的耗散超过了来自太阳能的负熵的补充，将使资源走向无序和退化。例如，林木的过伐、土地的过垦、草原的过牧，都将导致生态环境的恶化。此外，不可更新能源的利用，最终将以一种低品位（或无序）的“废物”的形式耗散，不仅其本身的负熵储存被消耗，而且会向环境释放熵，导致可再生资源的退化。例如，化石燃料的大量消费使大气圈受污染，损害植被覆盖层，导致地表温度升高，增加自然蒸发力，水分损失加剧，土壤抗蚀力减弱，表土流失，河床淤积抬高，洪水泛滥机会加大，最终导致生态环境恶化。总之，当“废物流”注入自然环境中并致使其污染后，必然破坏生态平衡。一个稳定的系统一旦被干扰，要经过多长时间或在多大程度上才能恢复它的平衡或抵达一个新的平衡？这仍是一个不能确定的问题，但可以肯定的是，一旦生态平衡被破坏，要使其恢复或达到新的平衡，必须花费更多的资源和人力去进行治理，而这又会从根本上引发不可再生资源的进一步消耗。这种愈演愈烈的反馈圈，只有实施合理的调配，才不致走向崩溃。合理的调配就是技术进步和社会经济约束。技术进步增强我们对低品位资源的开发能力，同时有效地增加可利用部分的数量和质量；社会经济约束则调控着对资源环境的损耗。因此可以说技术进步和社会经济约束相当于有效的“负熵储存”。

第三节　自然资源生态过程中的生物与种群

一、生物生产与生物多样性

1. 生物生产及其资源意义

生物生产是全部生物资源的关键，它也涉及生态系统中的非生物部分。植物和动物的新陈代谢对维持大气圈中气态物质的平衡起显著作用，全球水分循环也在某几个环节上与生物生产有关。生物生产也涉及矿物能源和原料，尤其在人类主宰的生态系统（如农田生态系统、城市生态系统、工业生态系统）中，人们会投入大量的矿物能源和元素。生物生产对自然资源及其利用具有十分重要的意义。

往往通过测算净第一性生产和生物量来测定生物生产。人与生物圈计划对世界上的主要生态系统都进行了这方面的研究，提供了有关生物生产的可比较信息（表 6.1）。

从对各种生态系统进行的第一性生产力测算的结果可见，生物量的分布模式与植被外貌所表现的模式大致相同，即净第一性生产的生物量显然反映出对各类植被外貌的直观评估，如热带森林的茂密外貌与高生产力是一致的。但值得注意的是，河口湾和礁岛（常称为珊瑚礁，但称为藻礁更合适），以及诸如木本沼泽（swamps）和草本沼泽（marshes）的湿地也有很高的生产力。另外，大家都知道冻原和荒漠的生产力很低，但很少有人知道开放性海洋（open oceans）（占全部海洋的 92%）也属此类。因此，陆地支配着全球生物生产的分布模式，这部分是因为太阳能在海洋中的穿透深度有限，部分因为浮游生物死后沉积深海而使养分大量散失。

表 6.1 生态系统净第一性生产及有关特征

生态系统类型	面积 /10^6 km^2	净第一性生产（干物质）			生物量（干物质）		
		正常范围 /[g/（m^2·a）]	均值 /[g/（m^2·a）]	总量 /10^9t/a	正常范围 /[kg/（m^2·a）]	均值 /[kg/（m^2·a）]	总量 /10^9t
热带雨林	17.0	1000～3500	2200	37.4	6～80	45	765
热带季雨林	7.5	1000～2500	1600	12.0	6～80	35	260
温带常绿林	5.0	600～2500	1300	6.5	6～200	35	175
温带落叶林	7.0	600～2500	1200	8.4	6～60	30	210
北方森林	12.0	400～2000	800	9.6	6～40	20	240
疏林与灌木	8.5	250～1200	700	6.0	2～20	6	50
萨王纳（稀树草原）	15.0	200～2000	900	13.5	0.2～15	4	60
温带草原	9.0	200～1500	600	5.4	0.2～5	1.6	14
冻原与高山	8.0	10～400	140	1.01	0.1～3	0.6	5
荒漠与半荒漠	18.0	10～250	90	1.06	0.1～4	0.7	13
裸地（岩、沙、冰）	24.0	0～10	3	0.07	0.1～0.2	0.02	0.5
耕地	14.0	100～4000	650	9.1	0.4～12	1	14
沼泽（木本与草本）	2.0	800～6000	3000	6.1	3～50	15	30
湖泊与河流	2.0	100～1500	400	0.8	0～0.1	0.02	0.05
陆地总量	149		782	117.5		12.2	1837
开放性海洋	332.0	2～400	125	41.5	0～0.005	0.003	1.0
上涌带	0.4	400～1000	500	0.2	0.005～0.1	0.02	0.008
大陆架	26.6	200～600	360	9.6	0.001～0.004	0.001	0.27
藻盘与藻礁	0.6	500～4000	2500	1.6	0.04～4	2	1.2
河口湾	1.4	200～4000	1500	2.1	0.01～4	1	1.4
海洋总量	361		155	55.0		0.01	3.9
海陆总量	510		336	172.5		3.6	1841

资料来源：Simmons, 1982。

耕地在生物生产的排序中位置较低，这是由于作物生长的季节性，还由于植株间常需有间隙，因而单位面积耕地上的生物量相对较少。即使现代农业附加了很多矿物燃料的能量、水、杀虫剂和肥料，耕地的生物生产力与一些天然生态系统相比也还是较低的。然而，某些耕地在作物生产季的生物生产力是很高的，因此控制生长季对提高作物生产力（如提高复种指数）很有意义。此外，作物作为资源的质量也使野生植物和农作物的生物量对比没有很大意义。几种主要作物的净第一性生产如表 6.2 所示。

干物质产量高的作物或植物，并不一定在经济上合意并在文化上可接受。因此，净第一性生产研究中还应考虑高产作物和植物在经济上和文化上的可接受性，而不是简单地以高产生物群落来取代低产植物或动-植物系统。

净第一性生产虽然并不是可直接获取的，但它确实代表了一个地区或一个国家在一个长时期里的生物资源，人均净第一性生产显示了一个国家对生物产品的自给程度，而食物是其中最重要的部分。

表 6.2 几种主要作物的净第一性生产

系统	净第一性生产/[g/（m^2 · a）]
Spartina 盐沼（佐治亚）	3285
荒漠（内华达）	40
20～35 年的人工松树林（英格兰）	2190
20～35 年的人工落叶林（英格兰）	1095
小麦（世界平均）	343
水稻（世界平均）	496
马铃薯（世界平均）	400
甘蔗（世界平均）	1726
群集海藻养殖（户外）	4526

注：所有系统皆未考虑化石能源的补给和有机物质的生物化学质量。温带作物的实际年生产力只集中在相对短的生长季。

资料来源：Odum, 1969。

测定第二性生产的困难较多。食物网常常是如此复杂的，不能简单地把某种动物归入某一营养级上；即使在简单的食物网中，也由于动物的移动而很难测算其生物量或卡路里值，尤其是那些不常见的物种。通常采用的测算法是净生长效率：

$$净生长效率=用于生长的卡路里\div消耗掉的卡路里 \tag{6.2}$$

例如，牧场上的菜牛，其净生长效率为 4%；猪、鸡和鱼的净生长效率大致相等，可达 20%左右，这显然只适用于现代集约饲养方法。在天然系统中，净生长效率要低得多。例如，坦桑尼亚草原地上部分的净第一性生产为 74 kcal/（m^2•a），而食草动物的生产率仅为 3.1 kcal/（m^2•a），净生长效率仅为 4.1‰，实际上还要低些，这是因为并非全部植物都被动物消耗掉。英国北部落叶疏林的净第一性生产为 6247 kcal/（m^2•a），其中只有 14 kcal/（m^2•a）被食草动物消耗，净生长效率仅为 2.2‰。可见，第二性生产不仅受第一性生产的限制，还受第一性产物被食草动物利用的程度及它们转化为动物组织的效率的限制。

生物生产的讨论对于自然资源生态过程的意义可用二字来概括——极限。它包括入射进地球的太阳辐射总量的极限，以及由于入射能量中一般仅有 0.1%～0.3%转换为净第一性生产而出现的光合作用率的局限。在无机养分方面也存在极限，无论就其供给量的相对短缺，还是就其循环周期漫长而言都是如此。此外，由于食物网上的每一个环节都有能量损失，第二性生产及后续各级生产的局限就更为严重。同时我们还应看到，通过分解者链的有机物质流也很可观，应充分重视其资源价值。

2. 生物多样性及其资源意义

生物多样性和生态系统是两个密切相关的概念。生物多样性是一个概括性的术语，包括全部植物、动物和微生物的所有物种和生态系统以及物种所在的生态系统中的生态过程。生物多样性是指来自陆地、海洋、其他水体生态系统，以及其他生态复合体中的生命有机体的变异性，包括种内多样性、种间多样性，以及生态系统的多样性。多样性是生态系统的一个结构特征，生态系统的变异性是生物多样性的重要组成成分。生物多样性的产出包括生态系统提供的多种服务（如食物和生物遗传资源），生物多样性的变化可以影响生态系统的其他服务。生物多样性除提供生态系统服务这一重要作用外，还具有独立于人类关注的问题之外的内在价值。

生物多样性有几个层次的含义：①遗传多样性，指遗传信息的总和，包括栖居于地球上的植物、动物和微生物个体的基因，包括一个物种内个体之间和种群之间的差别；②物种多样性，指地球上生命有机体种类的多样性，目前被科学家实际描述了的仅约 140 万种，但从多方面估计，在近期历史上的数量为 500 万～5000 万种或更多；③生物群落或生态系统多样性，指一个地区内（如草原、沼泽和森林地区等）各种各样的生境、生物群落和生态过程等。多种多样的生态系统使营养物质得以循环，也使水、氧气、甲烷和二氧化碳（由此影响气候）等物质及其他如碳、氮、硫、磷等得以循环。因此，生物多样性也包括生态系统功能多样性，指在一个生态系统内生物的不同作用，如植物有浓缩太阳能的作用，草食动物有抑制植物生长的作用。

至少 2000 多年来，尽管人类已系统地计算并划分人类以外的生物，关于物种数量的估计却有很大差别。某些估计认为物种的总数量为 300 万～3000 万，其中已被肯定的最多只有 180 万种。大多数鸟类、哺乳动物和植物已有科学的记录，但对其他种类，如绝大部分的昆虫和微生物（包括病毒、原生动物和细菌），却所知甚少。世界上生物多样性最丰富的地区处于热带，大约世界物种的 40%～90%生活在热带森林。国际鸟类组织搜集了全部鸟类品种和 50000 km^2 鸟类繁殖地的信息后发现，这些物种的繁殖地带有 3/4 在热带地区，并且全部鸟类品种的 20%局限于全球陆地总面积的 2%之内。像地中海气候区、珊瑚礁、岛屿和一些湖泊地区是物种特别丰富多样的生境。

每个水平的生物多样性都具有实用的资源价值。例如，遗传多样性对玉米的收成很重要，因为某些玉米群落具有抵抗某些害虫的独特天性。农民遇到虫害时，可以选用这些特性而避免使用大量农药或受到收成的重大损失。物种多样性为我们提供大量野生的和家养的植物、鱼类和动物产品，将其用作药品、化妆品工业品、燃料与建筑材料、食物及其他物品。从野生物种中提取出来的产品是传统及现代医学的基础。例如，美国已有 1/4 配制的药品含有从植物产品中提取出来的有效成分。适于在不良气候和土壤中生存的新的药用植物及粮食作物，可以提高气候严酷和土壤贫瘠地区的生物生产力，改善全球日益增长的人口的健康和生活水平。多样性在生态系统中的重要性有一部分是由于它们可以为人类提供服务，如水、气体、营养物和其他物质的循环；湿地可以改善降雨时的水流，并在此过程中滤去沉积物。又如，菌根真菌和土壤中的动物有助于植物获取营养物，对维持粮食作物、饲料和木材的生产具有极为重要的作用。此外，生物多样性还由于野生生物和荒野地区所提供的旅游、娱乐效益而备受青睐。

二、种群增长与资源承载力

生态系统中生命物质形式的能量流和物质流，以及生物个体对其环境空间的适应，都可用某一物种的种群动态来表达。搞清植物、动物甚至人口的数量动态变化，对认识生态系统和生物资源，以及人口增长与资源极限的关系都是很重要的。

1. 种群增长潜力与限制因素

1）种群增长潜力

对动物和人来说，一个物种的个体数量取决于出生率和死亡率之间的关系，当出生率超过死亡率时，种群（人口）就会增加；反之，当死亡率超过出生率时，种群将会减少甚至消亡。对于生殖性种群（breeding population）而言，种群增长可用式（6.3）表达：

$$N_t = N_0 e^{rt} \tag{6.3}$$

式中，N_t 为 t 时的个体数；N_0 为 0 时的个体数；e 为自然对数的底；r 为种群增长率；t 为逝去的时间。其增长曲线呈指数形式（图 6.11），此类增长率称为指数增长，其数量增长的潜力是很高的，按这种增长率，种群翻番所用的时间如表 6.3 所示。

表 6.3　不同增长率下种群翻番所用的时间

年增长率/%	种群翻番所用的时间/年
0.5	139
1	70
2	35
3	23
4	18

可见，即使很低的增长率也会使绝对数量很快增长。举一个极端的例子，一个细菌在 20 min 内可以分裂为二，15 天之内可以 1 in①的厚度覆盖整个地球，再过 1 h 覆盖厚度就会达 6 in。这种事情之所以没有发生，是因为有很多因素阻碍了它的增长，此类因素称为环境阻抗（environmental resistance）。没有这类阻抗，任何种群的潜力都会无限扩展。事实上，指数曲线总是在资源承载能力值（K）上平展（图 6.11），这可用式（6.4）表达：

$$N = \frac{K}{1 - e^{a + rt}} \tag{6.4}$$

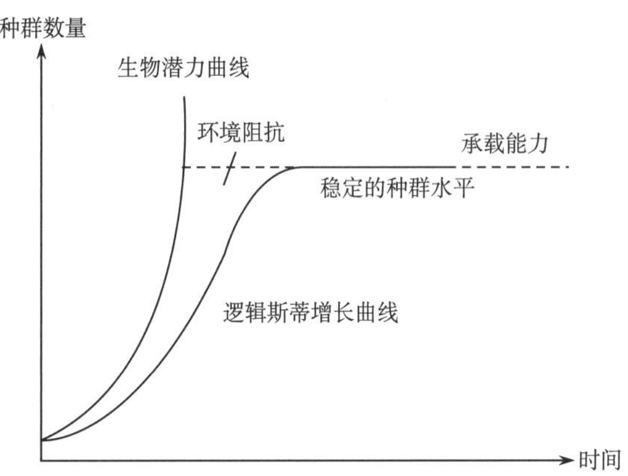

图 6.11　逻辑斯蒂增长曲线（Simmons, 1982）

增长曲线称为承载能力曲线的渐进线，其原因是诸如图 6.13 中的那些因素所施加的环境阻抗不断增加，如无此类因素，任何生物的增长潜力曲线都会无限制增长

① 1 in=2.54cm。

式（6.4）说明一个种群会不断地、无灾变地增长到接近资源承载能力，此时 $r=0$，α 为积分常数。种群也可能超过这个数值，然后由于死亡率增高和出生率减小而回落（可能有所波动）到承载能力以下（图 6.12）。

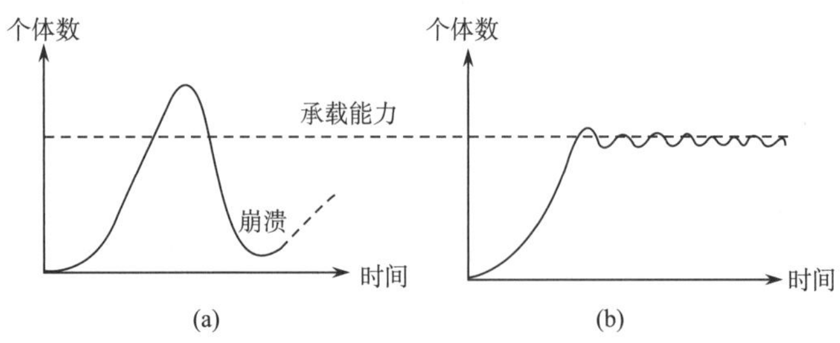

图 6.12 （a）某些种群迅速增长直到超过自然资源的承载能力，然后“崩溃”；（b）另一些种群则在承载能力水平上平展，虽然会围绕该水平有所波动而不会保持不变（Simmons, 1982）

2）种群增长限制因素

环境阻抗又称限制因素，生态学上的限制因素是一切妨碍物种实现其全部种群增长潜力（繁殖潜力）的环境要素。查理·达尔文将限制因素分为四大类，即食物供应、气候、疾病及异种捕食。食物供应对种群增长的限制作用是不言而喻的，有人认为恐龙的灭绝、鲸的下海都与食物供应短缺有关。而当今和历史上的人口减少，也多因饥荒引起。气候因素最明显地表现在某一特定地区动、植物的种类和数量上。例如，在北极冻原，只有很少几种动植物能够抵制严寒；而热带雨林温暖、潮湿的气候则对很多动植物生长都有利。疾病曾有效地控制了人口的增长（如 13～14 世纪欧洲的黑死病），人类也利用这个因素来控制那些对人类不利的有机体的繁殖。例如，20 世纪初有人从英国把兔子引入澳大利亚，这种兔子由于在新的栖息地没有天敌，很快（40 年代）在牧场上泛滥成灾，与牛、羊争夺牧草。后来，澳大利亚人在兔群中施放了黏液瘤病毒，破坏了兔群的生殖能力并传染开来。没过几年，这种动物在澳大利亚就几乎绝迹了。而在英国，由于狐狸、鹰等捕食动物和人类的捕杀，兔子的增长潜力是受到天然限制的，这就是异种捕食的作用。

当代生态学家尽管在用语说法上有所不同，但都不反对达尔文所列的上述四个主要限制因素。他们还进一步提出一些其他因素，如群体过密。约翰·卡尔霍恩（John Calhoun）在研究了群体过密对田鼠和家鼠的影响后，发现许多本来健康的母鼠当群体达到一定密度时就不育了。也有人推测，旅鼠几乎是自我毁灭似的周期性迁移，也与群体过密有关。而低等动物增殖的限制因素常常来自外部。上述因素之间及其与种群增长之间的关系可表示为图 6.13。

李比希（Liebig）首先提出“最小量定律”（law of minimum），指植物生长受制于其所必需的化学物质中供给量最小的因子限制，后来这个概念被扩展到包含更多因素。人们认识到一个有机体的稳定存在有赖于一整套复杂条件，于是现在用得更多的是“容限”（tolerance）概念。容限不仅指对限制因子的耐性，也指对种内攻击和种间竞争的耐性。每一种因素都有一种容限，而且会随着其他因素的变化而产生协同变化。在天然生态系统中，最基本的限制因子必然是投射进该系统中的太阳能量，但是在这个总限制范围内还会有很多其他的限制因子发挥作用。某一种矿物养分的供给不仅会限制植物的生长，而且由于它对动物的新陈代谢有重要作用，它也会限制动物的数量。现在已知，像硼这样的痕量元素对于动物营养补充是很重要的，这就使人们对限制因子的作用方式有了新的认识，即生态系统中一个很不起眼的成分也会成为一种限制因子。人类可以通过施放化肥等活动缓解某种限制因子；人类活动也会带来一些更严重的限制因子，如向海岸带水体中排放未经处理的废物，这会减少其中植物所能得到的光照，从而限制了其光合生产力，还带来其他一些限制，又如，降低其旅游价值。

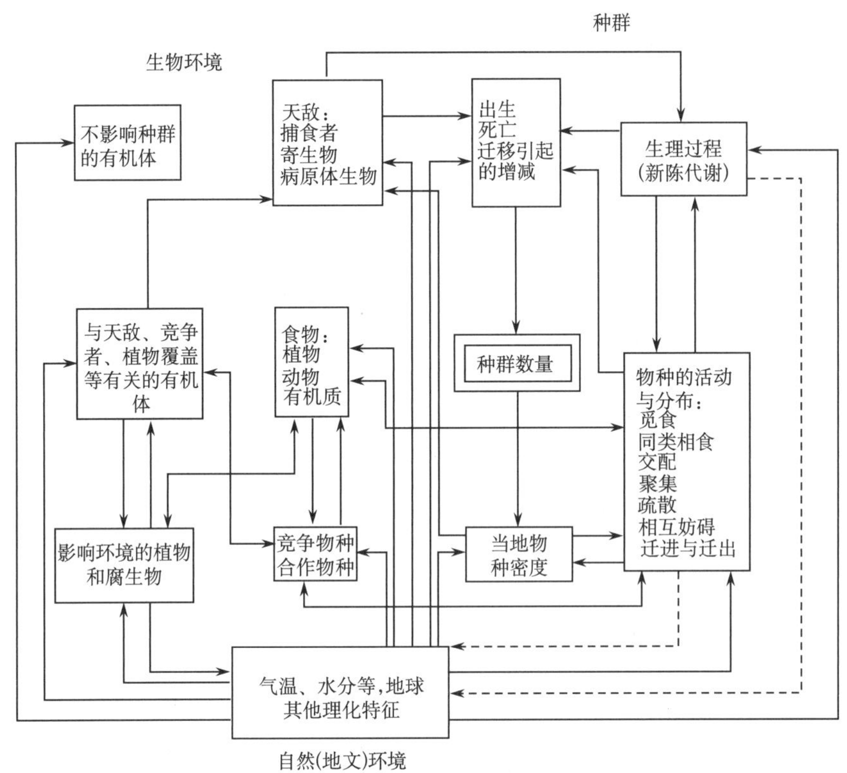

图 6.13 作用于动物种群的环境阻抗（Simmons, 1982）

2. 资源承载力与人口增长

人是有智慧的动物，人除有生物性外，更有复杂的社会性。因此，人口增长与动物种群增长既有联系又有本质区别。作为“理智”的人类，对于其种群增长必须研究三个基本问题：第一，研究和了解人类种群的增长型；第二，定量测定人类种群的最适规模和结构（与一定尺度环境范围内的自然资源承载力相关）；第三，研究如何采取“文化调节”措施，尤其是在自然调节不起作用（或不可接受、没有意义或为时太晚）时。

关于第一个问题，人类种群的增长型与逻辑斯蒂型或指数型不尽一致。由于人的生态幅较宽，人类社会的缓冲能力较大，因此人类的“自我拥挤效应”和过度利用自然资源的效应有一定的滞后，这就使种群密度和数量在开始感觉到有害效应以前已超越了承载力限度。对此，人类可以有两个基本的选择。其一，如图 6.12（a）的模式，人口增长继续不受限制，直到超过自然资源的承载能力，然后是人口大量死亡，或者忍受巨大的灾难，直到种群数量下降；或者承载能力上升（如果有可能的话）。如此往返波动，如图 6.12（b）所示。事实上，地球上已有部分地区经历过或正在经历这个过程，只要稍有干扰，如洪水、旱灾，一季作物歉收，就会造成成千上万人的死亡。与其说这种灾难往往归咎于“天灾”，其实倒不如说是“人祸”，它是人口过度增长所造成的。其二，人类自觉采取有责任心的态度，预测承载能力限度，建立人口控制机制，降低出生率，合理利用资源，保护环境，适度消费等，提高自然资源承载能力，使人口数量保持在临界限度（甚至是最适承载能力）以下。

关于第二个问题，人口承载能力研究和自然资源承载能力研究已成为各国各地区制定人口计划的重要基础，这是解决第一个问题所必需的。

关于第三个问题，目前的主要观点可归纳为两种：①技术可以解决人口、资源与环境问题；②技术只能延缓灾难发生时间，而不能根本解决人口、资源与环境的困境，必须采取道德、法律、政治和经济的约束措施。

3. 资源承载力动态与系统阶梯式发展

资源承载力受投入水平、技术进步等因素的影响，因此是动态的，图 6.11 中的承载力曲线可能上移。从生态系统的性质看，生态系统处于不断的演替过程中，这种演替受多种生态因子影响，按其作用可归为两类因子：利导因子和限制因子。在利导因子起主要作用时，各物种竞相占用有利生态位，种群呈指数型增长（图 6.14 中的 B）；但随着生态位迅速被占用，一些短缺性生态因子逐渐成为限制因子。优势种的发展受到抑制，种群增长趋于平稳，呈“S”型增长（图 6.14 中的 A）。但生态系统有其能动的适应环境、改造环境、突破限制因子束缚的趋向。通过改变优势种、调整内部结构或改善环境条件等措施，旧的限制因子又逐渐让位给新的利导因子和限制因子，系统出现新的“S”型增长。整个系统就是在这种组合“S”型的交替增长中不断进行阶梯式演进和发展，不断打破旧的平衡，出现新的平衡（图 6.14 中的 C）。

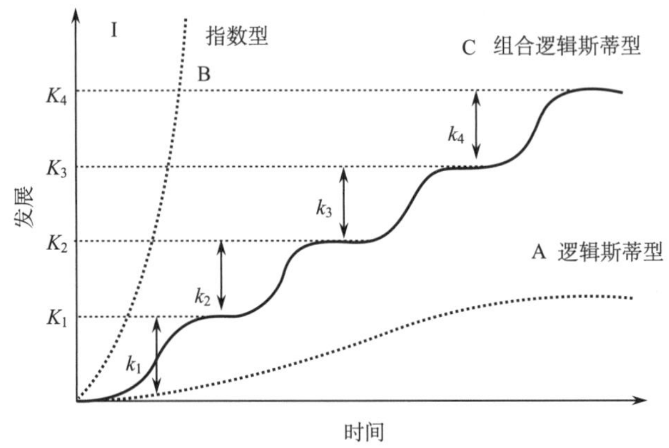

图 6.14　资源承载力动态与组合逻辑斯蒂曲线（王如松，2004）

图 6.14 中系统 A 只有平衡而无发展，是一种没有生命力的发展过程，迟早会被新的过程取代；系统 B 只有发展而无平衡机制，是一种不能持久的过程，迟早也会由于限制因子的作用受阻或崩溃。这两种系统的可持续能力都较差。系统 C 具有持续的发展能力，又具备一定的自我调节功能，能自动跟踪其不断演变着的生态环境，实现组合“S”型增长，因而其过程稳定性较好。过程稳定性可由发展速度、“S”型波动的振幅，与受限制因子约束的滞留期等来测度（王如松，2004）。

思考题

1. 从自然资源利用角度看，生态学最基本的原理是什么？
2. 生态系统服务变化通过哪些方式影响人类福祉？
3. 什么是生态系统服务的权衡与协同？可以从哪些方面来认识生态系统权衡？
4. 为什么说太阳能对自然资源的形成具有极大意义？
5. 在自然资源生态过程中如何表达热力学第二定律？它对资源利用的含义何在？
6. 自然资源生态过程中的无机物循环有哪些主要因素和主要环节？
7. 试用熵的概念解释自然资源过程。
8. 生物生产力概念对自然资源利用的意义何在？
9. 生物多样性的资源意义何在？
10. 逻辑斯蒂增长曲线是如何形成的？
11. 人口增长与逻辑斯蒂型和指数型增长有何异同？
12. 资源承载力动态如何促进生态系统的演进发展？

补充读物

戴尔阜, 王晓莉, 朱建佳, 等. 2015. 生态系统服务权衡/协同研究进展与趋势展望. 地球科学进展, 30(11): 1250-1259.

杰拉尔德 • G. 马尔腾. 2012. 人类生态学——可持续发展的基本概念. 顾朝林, 译. 北京: 商务印书馆.

第七章 自然资源生态过程中的人类作用与适应

自然资源的概念是相对于人的需要而言的，生态系统中的物质能量之所以成为自然资源，自然资源之所以得到开发利用并产生相应后果，都是因为人类活动的作用。显然，人类是自然资源生态过程中最重要的组成部分，而且其作用远大于其他任何组成部分，可以说整个自然资源生态过程的持续性都维系于人类活动。

第一节 人类在自然资源生态过程中的作用

一、人类的优势地位与远程耦合

1. 人类在自然资源生态过程中的优势地位

在地球生态系统中占据最大优势地位的物种是人类，一般人都把这种状况视为理所当然，如西方宗教就把自然界看作上帝创造出来由人类支配的。其实人的优势地位并非不可动摇，如果人类滥用其支配权，会导致生态系统的崩溃。为了维持整个生态系统的持续性，有必要认识人在生态圈中的优势地位是如何确定的，认识人的优势地位表现在哪些方面。

1）人口数量

一般物种的种群增长由于受到各种限制因素的制约，其总数不会永远呈指数增长趋势，而是在一定的时候大致维持在系统对该物种的承载能力之上。然而，迄今为止人口的增长历史表明，人类是唯一呈指数增长的物种，而且在今后相当长的一段时间内人口数仍呈指数增长。虽然从理论上讲，全球应出现一种与地球自然资源相匹配的稳定的人口水平，而且就国家或地区而言，也有了人口数稳定在某一水平的实例，但世界人口增长曲线什么时候会呈“S”形，现在尚不很清楚。因此，在种群规模和增长方面，人类显然已在全球生态系统中占据绝对优势，并将继续发展这种优势。人类之所以能达到这种优势地位，与下述能力有关。

2）人类的适应能力

大多数物种都局限在狭小的适宜生态环境内，如大象只能生存在热带，北极熊仅出现于寒带。而人类则占据地球上广阔的领域，在几乎所有的生态系统中都能生存，这是由于人类具有极强的适应能力，包括生理上的适应能力和文化上的适应能力。按著名地理学家卡尔•苏尔（Carl Sauer）的看法，人类最宝贵的适应能力是其消化能力，这使人类能利用各种各样的食物。人处在食物网中多个消费者级别上都能生存，因此某一食物链的中断对人类的影响不大，他们可以转向另外的食物链。人类还创造了各种各样的生活方式，从而能适应不同的环境。

3）人类的意识和智力

人类是唯一具有反射性意识能力（即增强自己智力的自觉能力）的物种。由于人类有了这种意识，某些潜在的限制因素所造成的问题对人类来说用文化手段适应环境就可以解决。例如，天气太冷不适于生存，人类发展出各种服装和取暖设施来适应。使用工具是人类适应能力的重要方面，虽然也有一些动物能使用工具，但绝不能制作人类水平的工具，绝不能像人类一样依靠工具来维持生存。人类又是唯一具有主观能动性、能有意识地计划和控制自己行为的物种。人类还是唯一靠教育传授本领和知识的物种，因而能使每一代人的智慧、经验和技术得以积累，使文明和技术不断发展。因此，人类已部分地从本能和天然遗传中得到解放，其进化的动力主要是在文化方面而不是在生物学方面。人类与其他物种的最大不同之处在于人类具有通过改变自己的文化而不是通过改变物种的遗传因素来改善其与环境关系的能力。遗传因素的进化需要漫长的过程，而人类对文化的适应则迅速得多，敏捷得多。

4）社会化大生产和现代科学技术

当代人类在生态圈中的优势地位的最重要方面在于已形成社会化的大规模生产力，并且人类掌握了威力巨大的科学技术。人类可以靠社会化生产和科学技术大规模地提高食物产量，解除食物资源短缺的限制；靠建筑能力和科学技术在极地建造温室，解除不利气候的限制；靠科学技术和医疗设施控制疾病，大大提高人类寿命，降低死亡率，甚至可以在一切生物皆不能生存的太空和外星创造出适于人类生存的环境。人类的社会实践活动已深刻地改变了自然生态系统的形态、结构和功能，影响着它的前途和命运。

2. 人类活动的远程耦合与全球化

1）人类活动的远程耦合

自人类诞生以来，人类活动就以各种方式影响着地球。尤其是工业革命以后，以工业化和城市化为代表的现代文明进程给地球带来了前所未有、不可磨灭的影响。人类活动对地球的累计压力已具有全球规模，就其威力和对地球生态圈的影响而言，堪与达到地球的太阳能和地质力量相比，以至于一些学者认为地球进入了人类世（anthropocene），即当今地球已进入一个人类主导的新地质时代（Steffen et al.，2011）。这个时代人类营力的主要标志有工业化、城市化、农业现代化、全球变暖、土地覆被变化、生物灭绝、海洋酸化，以及核武器和核能、化石燃料、新材料、化肥和化学合成品的使用等。

技术变革、人口增长和城市化相互作用与相互促进的过程对自然资源生态过程产生了重大影响，人类与自然相互作用的尺度和程度在不断增加，人类活动甚至已深刻地影响了气候和全球环境，使生态系统面临不确定性演化的风险。人类在能源利用、交通运输和信息通讯等方面的技术进步突飞猛进，使人类活动的空间范围扩展到前所未有的程度。区域连通性、人类移动性和资源流动性增强的总体趋势与全球化与城市化密切相关，在全球化和城市化过程中，不断强化的区域联系和日益加速的要素流动，逐步将基于当地生态系统服务的乡村社会转变为以远距离资源调度为基础的城市社会，并深刻地改变了人类与自然的互动方式。尤其在 20 世纪中叶以来，人类影响和改变生态系统的程度比历史上任何时期都强（Millennium Ecosystem Assessment Panel, 2005）。

在全球化的当今世界，任何特定区域的发展和可持续性都直接或间接地依赖于其他区域的发展和可持续性。这种远距离人类与自然耦合系统间的作用关系具有多尺度和跨区域特征。

一方面，一个尺度的发展和可持续性会在其他尺度上产生影响；另一方面，一个地区的生态环境变化可能会危及其他地区的可持续性，而促进某个地区实现可持续发展目标可能会增强或损害其他地区实现同等目标的能力（Liu et al., 2018）；同时一个地区管理生态系统的决策也会影响其他地区生态系统服务的可持续性（Liu et al., 2015）。如果与特定区域相关的其他区域不可持续发展，则系统中各区域均很难真正实现可持续发展，因为由此产生的影响可以在人类与自然耦合系统之间传播，进而阻碍全球可持续性的实现。

人类与自然的相互作用由于远距离人类活动（如国际贸易、移民）和大尺度自然过程（如厄尔尼诺-南方涛动、台风、海啸）而跨越了行政和生态系统的边界，从而在局部到全球多重嵌套的空间尺度上发生并相互反馈（Liu et al., 2007）；因而人类与自然耦合系统的连接从邻近演化到更远距离，在尺度上从局部演化到全球。这就是“远程耦合”，即“远距离人类与自然耦合系统之间的社会经济和环境相互作用”（图 7.1）（刘建国等, 2016）。

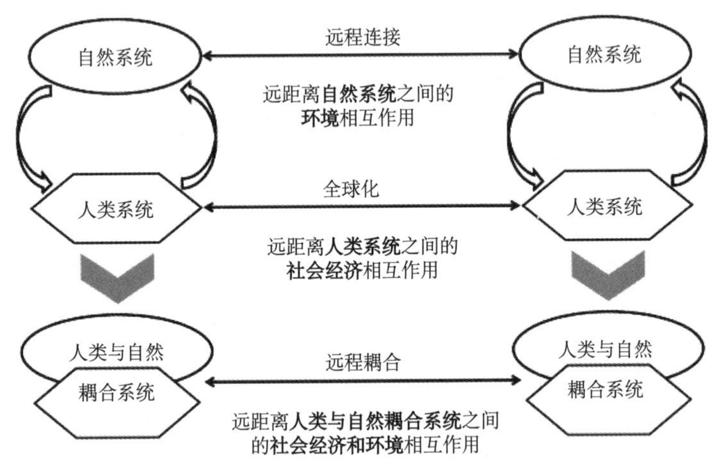

图 7.1　远程耦合示意（刘建国等, 2016）

这种远距离相互作用的主要形式可归纳为远距离人类活动和自然过程两大类，其中远距离人类活动可以从城市化和全球化过程来审视。

2）城市化与工业化

城市化与工业化过程相伴而生，相伴而行。城市化是资源要素的集聚与扩散及多元文化与价值观念的融合、再生与传播等作用，使以农业为主的乡村系统向以工业为主的城市系统转化的历史过程，是陆地表层人文与自然因素交互作用的综合地理过程，具有综合性与多维度特点（陈明星, 2015）。城市化过程是不同空间距离上人类与自然耦合系统之间的社会经济和环境相互作用，这种区域间相互作用跨越了不同的空间距离，其作用方式、具体内涵与主要依赖于交通运输和信息技术的全球化存在很大区别。以土地利用/覆被变化为例，一方面，城市化通过空间扩张直接导致近距离上的土地利用/覆被变化，如建设用地扩张不断占用城市周边的其他类型土地；另一方面，城市化则通过要素集聚过程，如乡村人口迁移、远距离调水、农产品和原材料运输等方式，在远距离上直接或间接地改变遥远区域的土地利用/覆被（马恩朴等, 2019）。

城市化所导致的生产与消费的空间分离和环境影响扩张是远程耦合的重要表现。通过将土地变化与潜在的城市化动态联系起来，已发现遥远的地区之间（尤其是城市化与农村土地利用变化之间）的联系（Seto et al., 2012）。图 7.2 示意了城市化背景下土地利用/覆被变化的近远程驱动力概念模型，有助于同步解释中国近几十年来的城乡土地利用/覆被变化，如城市扩张、城中村涌现、村庄空心化和农地边际化等（马恩朴等, 2019）。

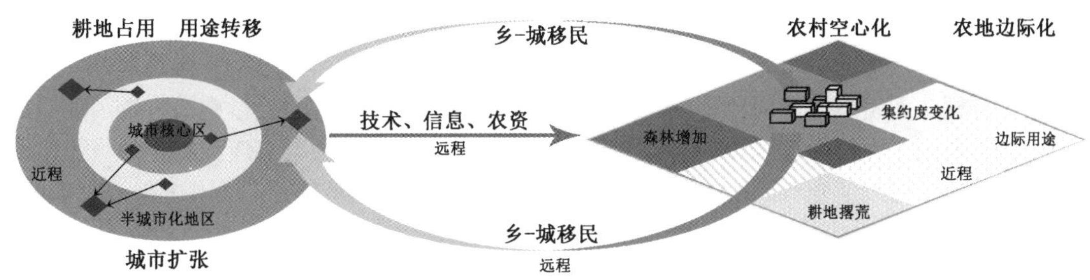

图 7.2　城市化背景下土地利用/覆被变化的近远程驱动力概念模型（马恩朴等, 2019）

3）全球化

全球化指全球互联的扩大、深化和加速，是通过将人类活动联系在一起并在各个地区和大陆之间扩展人类活动，从而促进人类事务组织方式转变的时空变化过程（David et al., 1999）。全球化中远距离人类与自然耦合系统的相互作用往往需要经历各种流（信息流、资金流、人口流、货物流）在社会、经济、政治和文化等不同人类组织层面的传递与反馈过程（马恩朴等, 2019），因此更为复杂。以巴西和中国的大豆贸易为例，其实质是通过大豆流、资金流和农产品价格、农业技术等信息流将中国消费者和巴西的社会经济与生态环境联系起来，并给发送系统（巴西）、接收系统（中国）和外溢系统（如美国）带来多方面的影响，如巴西土地利用集约度提高，亚马孙河流域边缘地带林地减少（杜国明等, 2015），中国豆农受到竞争冲击，美国大豆在中国的市场份额被部分取代（Yao et al., 2018）。在全球化的世界经济中，区域间贸易不仅将商品或服务从一个地区转移到另一个地区，也通过商品贸易中隐形土地、水资源等利用的跨境转移从其他地区获得环境福利。例如，美国约 40%的耕地利用来自加拿大等外国地区，日本 90%以上的耕地利用来自亚洲和非洲等地，而印度本土可耕地资源中约 20%则用于国外消费（Wu et al., 2018）。

可见，随着全球贸易中生产活动地域与消费活动地域的脱钩，越来越多的地区不再完全依赖当地的生态系统服务，而越来越多地消耗遥远区域的环境资源。贸易使一些地区能够获得当地稀缺的资源，从而改善其发展条件，但某些时候也会将环境影响转移到其他国家。于是，一些地区可能通过将环境负担转移到国外来缓解其自身环境压力，但并不一定会产生整体优化的结果。

海外农业投资、移民、跨国旅游和信息传播等也是全球化中远距离人类与自然耦合系统相互作用的主要形式。在海外农业投资和跨国土地使用权交易中，被投资国通常面临治理薄弱问题，导致其很难有效管理外商的农业投资，进而难以确保这些投资能够促进农村发展和减轻贫困（Schutter, 2011）。移民和跨国旅游对目的地的社会-生态系统产生显著影响，如近 6000 年来的人类-海鸟互动关系揭示了移民和跨国旅游中人类与野生动物之间的关系及其相关的远程耦合过程（Rey et al., 2017）。在信息传播方面，1980～2012 年有关“卧龙自然保护区”多达 806 篇的国际新闻报道，为世界各地的读者提供了文化服务，而作为反馈，这些信息流则帮助该保护区吸引了世界自然基金会（WWF）的大熊猫保护项目资金，并在汶川地震后促进了国内外的救灾捐款流向大熊猫栖息地（Schröter et al., 2018）。可见，全球化中各方面所体现的跨区域相互作用和远程耦合既可能是消极的，也可能是积极的。

4）人类活动对自然系统远程连接的影响

自然系统之间相互作用及地球生物物理过程（如气候、生物多样性、氮/磷循环）的远程连接已受到人类活动的显著影响，大气环流和海洋环流等大尺度自然过程不再是单纯的自然相互作用过程，而是越来越深刻地打上人类活动的烙印。其中以远程连接中的人类活动排放物流动最为典型，人类活动排放的有害气体、污水、垃圾和船舶泄漏等废弃物，如今正借助气压梯度和温盐梯度的驱动，在大气环流和海洋环流形成的“全球输送带”上运移（Steffen et al., 2011）。

一个典型例子是太平洋垃圾带（Stokols，2017），受北太平洋副热带环流驱动，从北美洲和亚洲陆地的人类活动中排放的大量垃圾顺洋流运动，形成横跨北美西海岸到日本水域的巨型垃圾漩涡，给海洋生物带来毁灭性影响（National Geographic Society, 2017）。另有研究发现，中国电镀工业每年大约排放 10～14t F-53B，这是电镀工业中常用的铬雾抑制剂，其中累积排放量的 0.02%～0.50%通过海洋平流到达北极，尽管显示出较低的远距离运输潜力，但其累积效应仍然增加了水生环境的潜在风险，尤其是华东地区的近岸水域（Ti et al.，2018）。

远程连接本身会影响社会-生态系统的可持续性。例如，受东北信风驱动，每年大量来自撒哈拉沙漠的尘埃通过大气运动穿越大西洋到达加勒比地区，在这些地方造成珊瑚礁减少、哮喘病增加、疾病传播和土壤肥力下降等多重影响（Prospero and Mayol-Bracero, 2013）。又如，厄尔尼诺-南方涛动在一些区域引发极端降水的同时，却又在另一些区域引起极端干旱，进而影响农业生产和粮食安全，甚至改变土地利用/覆被，厄尔尼诺-南方涛动循环是东亚土地覆盖变化的重要驱动力（香宝和刘纪远，2003）。

同时，远程连接本身也受到人类活动的影响，某些情况下人类活动甚至可能改变生物地球化学循环的状态。例如，一些大型气候模型表明，随着全球变暖，格陵兰冰盖融化导致的海水盐度变化很可能导致北大西洋的温盐循环停止（Verburg et al.，2016）。远程连接中的废物流动，以及远程连接与人类活动的相互影响本质上是人类系统与自然系统相互作用的表现。

二、人类对生态系统能量和物质的干预

人类毕竟是自然界的产物和其中的一部分，是源于自然、依赖自然的一个生物种群，人类与自然资源系统的其他组成要素具有千丝万缕的联系，其中最重要的是物质能量联系。从生态过程来看，人类对自然资源的利用就是在一定的空间范围内取走生态系统中富能量的物质，又把资源利用后的产物返还给同一生态系统或其他系统。能量作为热能消散后就不可恢复，但其他产物对全球生态系统而言，事实上并未消失。人类输入生态系统的物质和能量有多种形式，但现在大多数输入资源过程的能量都来自化石燃料，某些物质也来自矿物和岩石。整个自然资源的利用过程都伴随着人类对生态系统物质和能量的干预。

1. 人类对生态系统能量转换的干预

能量是联系人类及其环境的重要中介，这种中介的形式是多种多样的。首要的一种形式显然是人力本身，它只需要一般的生存条件就可直接发挥作用，而社会组织可以极大地改变其效率。其他形式的能量对人类来说是外在的，在成为有用的做功方式以前必须经过转换利用，并且因此需要对它们有某种程度的认识。人类在进化过程中先后认识而加以利用的外部能量形式有火、畜力、风力、水力、化石燃料和原子能，现在还开始了对有经济意义的太阳能、海洋能、地热能等新能源的利用。随着人类利用外部能源的进展，对其他自然资源的利用也不断加速，自然资源的承载能力不断提高。

近现代人类社会的主导能源是矿物燃料。人类利用储藏于煤、石油、天然气中的能量，以及水力和原子能等，使自然资源的开发利用达到了前所未有的规模，整个经济不断向能源密集型发展。人类对自然资源的态度主要被眼前的经济利益左右，克服目前问题的主要途径是进一步扩大人类经济活动。这种趋势是难以持续的，因为当代经济赖以为基础的矿物燃料是不可再生资源，迟早要面临资源枯竭的问题。此外，这种形式的人类活动带来了严重的环境问题。以当代农业为例，它是靠巨大的物质能量投入维持的。矿物能源取代了传统的人力和畜力，耕作实现了机械化，化学肥料投入迅速增加，除草也以机械方式或化学方式进行，农药的使用也加剧了物质能量投入及其环境影响。图 7.3 概括地表示了当代农业中的能量流，可见矿物燃料的重要作用。在美国，这种能源密集型的农业使每个农业劳动力可以养活 32 倍于己的城市-工业人口，然而其资源代价也是巨大的。美国每公顷谷物产量大致值 23.4 美元，而需投入的物质能量就值 21.87 美元（Odum, 1971），此例和图 7.3 中都还没有包括这种投入的副作用和环境影响。

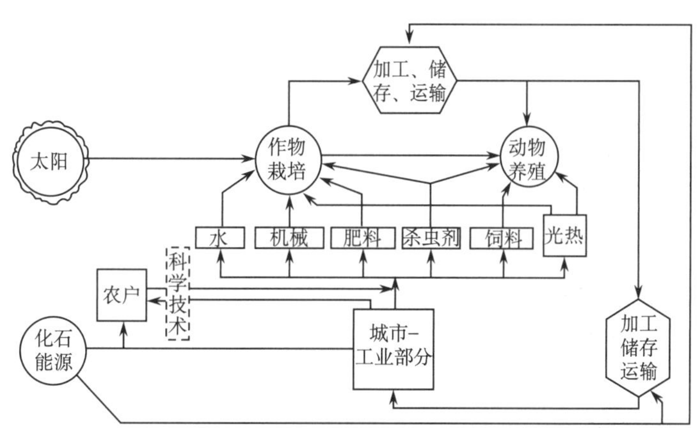

图 7.3　当代农业中能量流的简化网络图示（Simmons, 1982）

表 7.1 和表 7.2 显示了能源投入作为一个极其重要的因素在人与环境关系中的作用。从表 7.1 中特别可以看出不同食物生产系统中的相对生产率（以干物质量和能量表示），可以看出从无化石能源辅助的系统到有化石能源辅助的系统生产率急剧增加。

表 7.1 自然资源系统的食物生产率（净第一性生产中的可食部分）（Odum, 1969）

农业水平	干物质/[kg/（hm^2•a）]	能量/[J/（m^2•a）]
食物采集文化	0.4～20	840～41870
无化石能源辅助的农业	50～2000	104675～418.7 万
有化石能源辅助的谷物农业	2000～20000	418.7 万～4187 万
有化石能源辅助的海藻养殖理论值	20000～80000	4187 万～16748 万

表 7.2 按能量流划分的生态系统类型（Odum, 1975）

生态系统类型	能量流/[J/（m^2•a）]	
	范围	均值
无额外天然太阳能辅助的生态系统，如开放性海洋和高地森林	418.7 万～4187 万	837.4 万
有额外天然太阳能辅助的生态系统，如潮汐河口、低地森林、珊瑚礁。自然过程有助于额外太阳能输入，如潮汐、波浪带来有机物质或促进营养循环，额外太阳能进入有机物质生产过程。这是地球上最有生产力的天然生态系统	4187 万～20935 万*	8374 万
额外人为太阳能辅助的生态系统，如在传统农业中由人力或畜力辅助的食物与纤维生产生态系统，以及现代机械化农业中由化石能源辅助的农作生态系统。例如，绿色革命使作物不仅利用太阳能，也利用化石能源作为肥料、杀虫剂，并常需灌溉，某些水产养殖生态系统也属此类	4187 万～20935 万*	8374 万
化石能源辅助的城市-工业系统。化石能源已经取代太阳能成为最主要的直接能源。这些生产财富的经济系统也是环境污染的发生器。它们依赖上述 1～3 类生态系统提供生命支持（如供氧）和提供食物	4.187 亿～125.61 亿	8.374 亿

* 生产力最高的天然生态系统和农业生态系统也有上限，即 20935 万 J/（m^2•a）。

表 7.2 把食物生产放到更广的背景上来考察，即按照能量特征和密集程度对生态系统进行分类，然后考察各类生态系统中人对能量流的影响。第一类是天然的资源系统，其中人类仅在狩猎-采集水平上发挥作用，人与自然都未给食物生产提供任何能量辅助。第二类是天然辅助的资源系统，其中有天然的额外能量输入，最典型的例子是潮汐河口湾和藻（珊瑚）礁带来能量和营养碎屑，也带走废物，另一个典型例子是红树林河口，洪水带来稳定的淤泥输入。第三与第四类资源系统都受到化石能源输入的作用，并有赖于其他系统提供物质。甚至还有需要更多能量投入的系统，如宇航员在太空的生存环境中，每人每天需要 27000 亿 kcal 的能量输入。

2. 人类对生态系统物质循环的干预

近现代人类像细胞合成物质一样，制造出自然界原来不存在的物质。到 20 世纪 80 年代，美国《化学文摘》中登记的人造化学物质已达 6000 万种，并且以每周 6000 种的速率增加，此后的增长仍在加速。人造物质不仅种类繁多，而且质量巨大。据估计，1950 年全世界人工合成化学物质的产量约为 700 万 t，1970 年增加到 6000 万 t，1985 年达 2.5 亿 t（方精云等，2000）。人类活动剧烈地冲击了生态系统的物质循环，最明显的表现就是人类活动排放的温室气体显著地改变了大气圈的组成并导致全球变暖。

以氮循环为例，可以充分说明人类活动在生态系统物质循环中的作用。大气圈中的氮气是生态系统中氮元素的主要来源，由火山活动的补充来维持平衡。人类活动产生的大多数活性氮来自合成化肥生产和工业用途，也由化石燃料燃烧的副产品和农业生态系统中某些固氮作物和固氮树种产生。按 20 世纪 80 年代的估计，化肥工业从大气中获取 N_2 的比率大约是天然生物固氮率的 26%；此外，矿物燃料燃烧所释放出的氮氧化物量是生物释放量的 11%（Simmons, 1982）。目前人类活动产生的活性氮与陆地自然过程所产生的大致相当，估计 2050 年将大大超出，如图 7.4 所示。图 7.4 也显示了陆地自然生态系统中固氮菌的天然固氮速率范围（农业生态系统除外），可资对照 Millennium Ecosystem Assessment Panel（2005）。

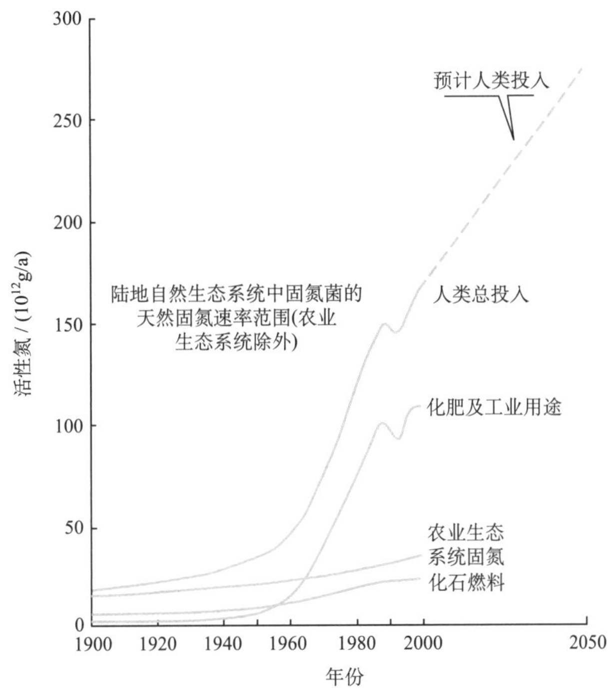

图 7.4 全球人类活动产生的活性氮趋势（Millennium Ecosystem Assessment Panel, 2005）

再以磷为例，磷主要储存在地壳和沉积层中，向生态系统的释放非常缓慢，但在生态系统内的流失却很快，尤其是在有土壤侵蚀的地方。水土流失把磷元素带入深海，这对陆地生态系统来说是一种绝对损失，因为能由此回到陆地上的仅仅靠少量鸟类和鱼的携带。人类磷矿采掘目前可为陆地生态系统补充的磷为 1260 万 t/a，而陆地植物从土壤中取走的磷为 1.76 亿 t/a，估计流水从土壤中带走的磷为 250 万～1230 万 t/a。可见在磷循环中人类作用的重要性。磷肥的投入不仅取决于磷矿储量，也取决于能源，这是因为磷化工是一种高耗能工业。地壳中磷的总藏量（资源基础）为 28.8×10^{15} t；储量（包括探明含量和条件含量）约为 30 亿～90 亿 t，因此按目前的开发利用水平预计还可维持 240～720 年，若按预计增长速率则仅可维持 51 年（Simmons, 1982）。若再考虑到能源价格、技术进步等因素的变化，有关的估算将复杂得多，其影响所涉及的也不仅限于生态系统中的磷循环。

人类身体的新陈代谢需要 40 种基本元素，人类的文化活动还需要其他一些元素。人类利用矿物元素的总趋势一直在不断加速自然界的物质循环，并引发一系列生态变化。自然界物质循环加速的一个结果是，地壳元素加速向海洋迁移。而在海洋中发现和开发这些元素即使技术上可能，但在经济上也是非常昂贵的，生态上则会具有破坏性。

三、人类对自然资源生态过程的干扰和调控

1. 人类对自然资源生态过程的干扰

地球表面的人类活动把植物和动物物种从其自然生境转移到其他地方。很多物种到了新的生境就不能生存；但某些物种在新的生境反而大量繁殖，兔子曾经被引入澳大利亚并大量繁殖就是广为人知的一例。当某些生境未被本土动物占据，或者当外来物种战胜本土物种时，引进的物种就可能成功地繁殖，这也可能是由于它们避开了天敌，并且在新生境上无任何新天敌。高度人为干扰的生态系统，如城市、垃圾堆放地和农作物地，常常为引进的新物种（如老鼠）提供生境。

在作物生产过程中，竞争者被人为地除掉，以便把本来要被它们消耗掉的物质和能量让给选定的作物。这些竞争者被称为“杂草”“害虫”“害兽”，而在天然生态系统中是无所谓“杂”“害”的，所以这些都是文化上的概念。除掉竞争者也就使生态系统简单化，从而减少了系统中总的能量流。这种把食物链引导向人类聚集的过程可能会增加作物产量并使之更富营养，但系统中总的能量流并不一定比天然状态更多，损失的部分是靠化石燃料来补偿的（图 7.5）。

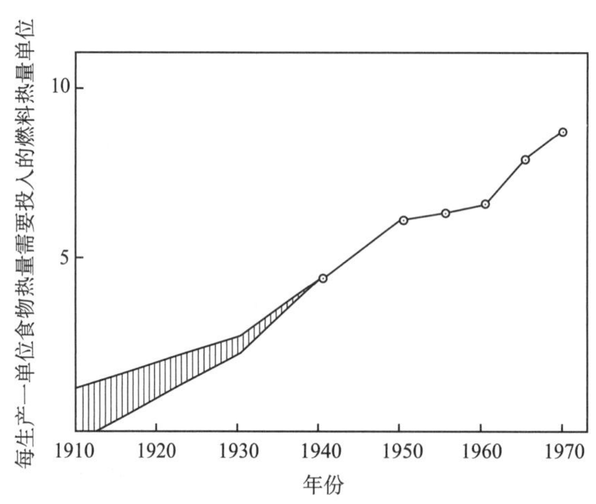

图 7.5　从农场到消费者的食物系统中的能量补偿（Simmons, 1982）

1910～1937 年的数值尚不确切，故只表示其可能的范围

迄今为止的人类活动总趋势是减少生物多样性。物种多样性是生态系统较易测度的特征，常表达为物种的数量比或物种所占的面积比。此类比率在生态系统演变的早期和中期呈增长趋势，但一旦达到稳定状态或顶极状态就不再增加甚至略有减少。多样性表明生态系统的复杂程度，也表明系统中能量流的强度及能量转换的效率，即越是多样，能量流越强，其转换效率越高。生态系统中的物种越多样，某物种的食物来源也越多样，其捕食者也同样越多样，构成的食物网络越复杂，于是任何意外的扰动将被衰减，因此就可以推定一个科学假设：生态系统的稳定性是其多样性的函数。

人类常常通过对生物演替过程的干预来影响生物多样性。生物演替过程意味着建立多样

性，但人类活动常常打断甚至逆转这一过程，而将生态系统保持在某种阶段。例如，过度垦殖就引起生态系统退化到演替的早期阶段，并且极易造成土壤侵蚀；半干旱草原的过度放牧使荒漠地区扩大；森林的过度砍伐使其倒退为灌丛和草地。此类逆向演替是不稳定的，或者将顺向演替（在一定的自然条件下制止人为破坏），或者将进一步逆向演替（若进一步人为干预）。人类对这种不稳定性的反映常常是再增加物质能量投入，这使人类干预呈螺旋形上升；为了维持某一阶段的暂时稳定，就必须投入一定物质能量，为取得下一阶段的均衡，则要投入更多的物质能量。

生态系统单一化的另一个后果是物种的灭绝。由于长期的捕杀、采伐及生境破坏，很多动植物物种已在地方范围和区域范围乃至全球范围内灭绝。虽然物种灭绝在自然历史上曾经发生，但在人类活动剧烈的 20 世纪，已知的物种灭绝速率，大致 50～500 倍于从化石记录中计算的速率（每千年 0.1～1000 种）；如果考虑可能的灭绝，则为背景灭绝速率的 1000 倍（图 7.6）。物种和基因（遗传）资源损失的后果很可能是灾难性的。

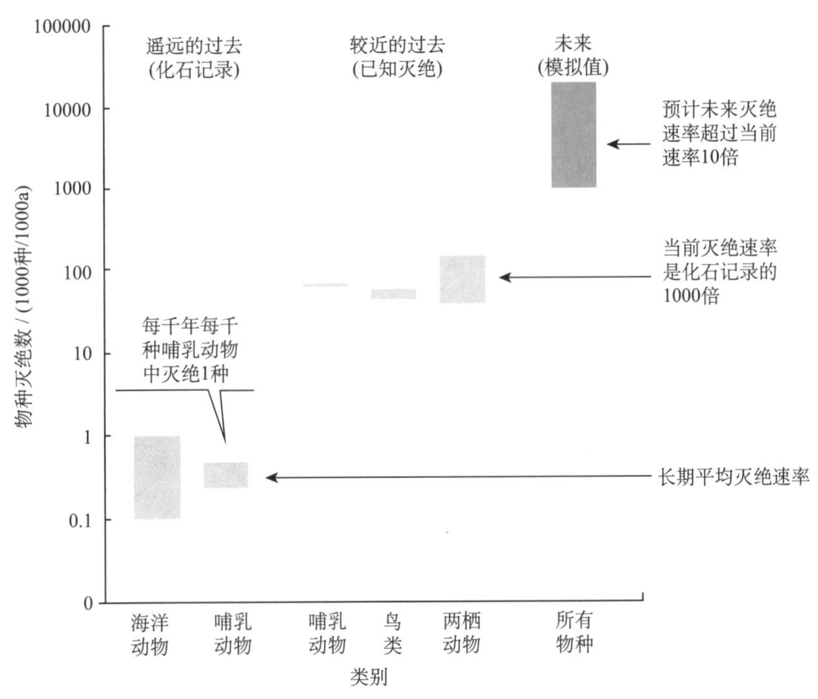

图 7.6　物种灭绝速率（Millennium Ecosystem Assessment Panel, 2005）

“遥远的过去”的平均灭绝速率是从化石记录中估计的，“较近的过去”的灭绝速率是根据已知灭绝物种（最低估计）或加上可能的灭绝物种（最高估计）计算的。这里所谓的“可能的灭绝”是专家的估计，但初步调查尚未提供充分证据。“未来”灭绝是应用各种模型推导出来的

一个典型的例子是纽芬兰东海岸大西洋鳕鱼存量在 1992 年枯竭，使当地捕鱼业在兴盛 100 年后全部破产（图 7.7）。直到 20 世纪 50 年代，捕捞都是由当地渔民用季节性流动的小型渔船在近海进行。此后，远洋拖网船开始捕捞深海鱼群，导致捕捞量急剧增长，而存量迅速减少。70 年代早期建立了国际协议配额，随后加拿大宣布专有捕鱼区，但国家配额体制最终并未能阻止这种捕捞和存量下降。到 80 年代末和 90 年代初，存量崩溃到极低水平，乃至

商业性捕捞在 1992 年 6 月终止。1998 年又重新开始小规模的近海捕捞，但是捕捞量大减，整个捕鱼业终于在 2003 年倒闭（Millennium Ecosystem Assessment Panel, 2005）。

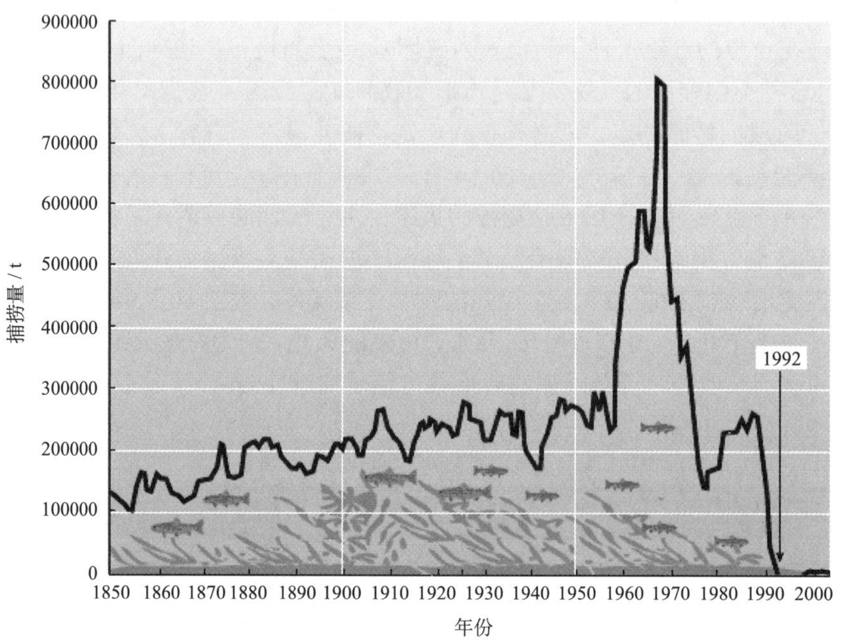

图 7.7　纽芬兰东海岸大西洋鳕鱼捕捞量的变化（Millennium Ecosystem Assessment Panel, 2005）

某营养级上的稳定性随其竞争物种的变化而变化，某营养级的多样性随高一级稳定性的变化而变化。所以在某些系统中，一个关键成分可决定整个系统的稳定性。人类活动常常会减少某一营养级的竞争物种，或者改变较高一级的稳定性，从而对生态系统的物种多样性和稳定性造成显著影响。在人为生态系统（如农田生态系统和排污系统）中，原有生态系统的生物多样性和稳定性都已改变，此外还往往要取走大量资源或注入大量废物，系统稳定性取决于系统受到干扰后恢复到初始状态的能力，或者在某种持久应力下维持新稳定水平的能力，人类活动显然会加强或减弱这些能力。

生态系统的稳定性除受生物多样性的影响外，还有一种复杂的稳定机制，用控制论术语称为负反馈环，它趋向于维持系统的稳定状态。在有机体的生长繁殖、死亡和迁移及其所涉及的非生物成分过程中，都有许多反馈环，它们控制系统中物质能量运动的数量和速率。而人在资源过程中的主要活动常常不断破坏生态系统的稳态机制和增加不稳定性，有时竟使生态系统到彻底崩溃的地步，如草坡过牧，开始时迅速降低植物生产力（因而减少动物产量），然后又导致土壤侵蚀。

2. 人类对自然资源生态过程的调控

人类把天然生态系统中的某些要素转换为能为人类利用的自然资源，从而调控自然资源生态过程。这种转换常常在各种资源利用方式上有不同表现，因此可以按照资源利用类型来分析人类的调控作用。现在大多数陆地表面都不同程度地受到人类活动的干扰，我们可以根据人类干预程度的强弱排列出一种资源利用序列，在这个序列的一端是人类尚未触及的天然生态系统，或者人类有意尽可能保留其天然状态的生态系统，如极地、高山和外海及自然保护区；另一端则是人类的建设使其自然性质完全改变的生态系统，如城市。

除完全杳无人迹的土地外，某些天然风景区和自然保护区代表着受人类干扰最少的状态。人类利用和经营此类地区的目标一般是尽可能小地扰动其自然现状，甚至使其恢复到更原始的状态，这种目标甚至可能会被引导到过分的地步，如制止一些天然演替过程（如林火），而这些过程在天然状态下的偶尔发生对于保护某些特殊生物或景观是有积极作用的。此类生态系统的限制因子常常是某些特意保护物种的数量，或者是参观旅游者的数量，它们如果数量过多就会损害景观的质量。因此，人类控制此类生态系统的方式之一是控制某些已超过承载能力的动物种群数量，或者保护濒临灭绝物种。

水资源的汇聚需要较多的人类控制。在开发程度较低的地区，这种活动常常能与原有的土地利用很好结合。除建坝使一些陆地被水体取代造成大的景观变化外，流域范围内的变化并不显著。而关于森林对产水的作用是有利（由于稳定释放）还是有害的（由于蒸腾使系统内相当一部分水分返回大气圈），目前尚无完全一致的意见。水资源一旦被储存，其利用就完全受人类控制了，如用于灌溉和导向城市、工业供水。水体越大，受人类控制的影响越小。

牧畜业和林业是历史悠久的土地利用方式，它们受人类控制的程度是逐渐加强的，但都保持着天然再生过程。传统林业基本上只是砍伐，森林的再生主要依靠自然再生能力。现代发达的林业更像种植业，人类控制森林的营养投入，精心地剪枝扶壮，慷慨地使用杀虫剂，有控制地择伐等。因此林业中人类控制的程度很不一样，从很少人工控制到完全人工控制都有。总的看来，现代林业的人工控制比放牧业多但比种植业少。按生态学观点来看，林业意味着取走当地生态系统中的物质能量，意味着优势群落的消失。

农业受人类控制的程度很高，可分三种基本类型。第一种是游动农业（shifting agriculture），即土地耕作一段时间后又弃耕，以使其返还原来状态，恢复地力，可是当人口达到一定水平，需要在地力恢复以前就再次播种时，此类农业的收成必然递减，并引起土壤侵蚀和土地退化。第二种是传统农业，“采菊东篱下，悠悠见南山”描述了这种农业的情景，靠人力（和畜力），并大量返还有机物或从周围生态系统中取得有机物（有机肥）以维持其产量和稳定性。同样，若人口过多，此类生态系统也易退化。第三种是现代农业（或称石油农业），呈工业化趋势，靠大量的矿物燃料投入维持其高生产力，这些物质能量都取自系统之外，系统内的有机物也多被取走而很少返还。

受人类控制程度最高的是城市生态系统，它更是靠从系统外输入物质能量来维持的，它本身又对其他生态系统产生影响，如水、气污染，城市热岛效应等。

可以用熵的概念来看人类对生态系统的调控。一百多年前麦克斯韦对热力学第二定律提出诘难，他假设有一个容器里充满了温度均匀的空气，所有的分子都做无序的、随机的运动，这就相当于一个处于均衡态的封闭系统。再假定把这个容器分成甲、乙两部分，分界上有一个小孔，有一个能识别单个分子的假想物，它打开或关闭分界面上的小孔，使得只有能量高的分子从甲跑到乙，而能量低的分子从乙跑到甲，从而在不消耗功的情况下，乙室温度升高，甲室温度降低，这就违反了热力学第二定律，封闭系统竟然从无序走向有序，总熵降低了。麦克斯韦这个破坏热力学第二定律的假想物，被人们称作麦克斯韦妖。现在人们普遍认识到，这个麦克斯韦妖必须是有智力的假想物，它要识别空气分子的运动速度，就必须有光；要开启小孔的阀门，又要做功。可见只要有麦克斯韦妖工作的系统，就不再是封闭系统了，需要从外界输入能量和信息，也就是负熵。这样，那个系统总熵的降低也就可以理解了，并不违反热力学第二定律。

如果把自然资源生态系统比作麦克斯韦假想的容器，人就是“麦克斯韦妖”。人是智能生物，能识别并获取负熵物质。人将负熵物质集中到乙室，使它成为比甲室（环境）更为有序的系统，这个乙室就是人类生态系统。为了生存，人这个麦克期韦妖的工作一直很有成效，人类生态系统高度发展，有序程度越来越高。同时环境（甲室）也付出了熵增的代价。目前世界人口已超过 80 亿，维持如此众多的“麦克斯韦妖”的生存成了大问题，看来人类对生态系统的调配并未尽如人意。

第二节 人类对自然资源的适应

一、人类的适应行为

1. 关于适应的进化论生态学观点

“适应”这个概念最初是达尔文提出来的，他在《物种的起源》一书中阐述了“自然选择，适者生存”的原理。由于环境的限制，每一物种都在长期演变过程中淘汰掉不适应生存条件的个体，保留并增加适应性更好的成员。在这个过程中，物种在总体上进化了。这种增强物种生存和繁衍的可能性的过程就是适应。后来孟德尔又从遗传学上加以补充，解释了适应的继承性。进化论和遗传学所论的“遗传适应”要经很长的演化时期才能形成，而且代价是极其高昂的，它使物种形成特殊的生活方式，却不能保证这种生活方式已适应的环境不发生变化。而一旦环境变化，这种适应又成了“不适应”。

实际上物种（尤其是动物）对当前环境也有一些适应机制，不妨称之为生态适应，可归纳为生理适应和行为适应两大类。生理适应是个体做出的体质反应，是一种低代价的生理变化，这种变化本身并不遗传给后代，虽然它的最终机制还是遗传和继承。生理适应是一种本能，是人类没有想过却不断在做的重要事情，如热时出汗，冷时发抖。生理适应来得快也消失得快，比遗传适应更有用和更“便宜”。只要有机体能够通过短期的生理适应去对付环境的挑战，就不必进行长期的遗传演变。 最有效的适应是行为适应，这是人类适应环境最重要的形式。这就是发展新的行为来适应环境及其变化，而且新行为通过学习代代相传。正是人类具有这种学习而不断积累和发展行为适应的能力而有了文化，所以人类对环境的适应主要是文化适应，其中技术的作用很重要。本章介绍进化论生态学如何解释人类群体对自然资源的适应。

生态学研究生物体与环境的关系，而生物和环境都是变化的，所以这一定义暗示着生态学与进化论有某种联系。从进化论方面看，进化过程的一个关键因素是生态因素，因此，进化论与生态学是有联系的，二者实际上都把焦点集中于同一个现象——适应。进化研究侧重于长期演化过程，生态学则注重于现在，把二者结合起来，就是进化论生态学，它把生物体置于它们的总体环境中来研究，以发现它们如何适应环境，它们形成的特征和求生的手段如何帮助他们在那种环境中生存下来。

人类也是生物，也必须适应环境，而且人类是地球上适应环境最成功的物种。人类如何为自己占据如此巨大的生存空间？可以用进化-生态的透视方法研究此类问题。进化论-生态学着意研究人类行为与特定环境下生存挑战之间的关系，人类行为就是一种适应机制。这一理论主要探讨三个问题：特定人类群体在其特定生态系统中的地位如何？这一群体的行为如何适应环境？这一群体适应过程中的行为多样性和变动性。

2. 获食模式及其对资源的适应

不同的人类社会由于其与环境的特殊关系而发展出不同的生活方式，人类与资源的关系中的一个核心问题，就是特定社会如何获得基本生存资料——食物，人类学称之为获食模式，是适应某种环境而产生的生活方式。一个特定社会的生活方式、生产方式乃至文化活动，尤其是组织资源开发和分配的方式，以及保持整个系统平衡的方法，都可以根据这个社会在生态系统中的地位来理解。

人类社会的获食模式或社会形态主要有狩猎-采集社会、粗耕农业（生计农业）社会、畜牧业社会、精耕农业社会、工业社会。某种社会一般并非绝对奉行单一的获食模式，而是采取混合的获食模式。各种获食模式对资源的适应包括以下三方面。

1）对资源可得性的适应

每一种环境对所供养的生命都有一定的极限，即一定的承载能力。种群适合于或低于承载能力才能稳定。当然，随着环境的变化，承载能力也是可以变化的。每一种获食模式都有一定的机制来控制人口，或者在人口增加的时候提高承载能力，使人口数量适应资源承载能力，这可以看作对资源数量的适应。

一定环境的承载能力不仅受可得资源数量的影响，而且还受制于可得资源的质量。为了避免营养不良，人类群体有各种适应办法，或者做出某些生理调整，或者通过调节饮食和加工食物来解决某种营养成分不足的问题。例如，因纽特人食生肉的习俗其实是一种为了弥补维生素摄入量不足的适应机制。以玉米为主食的地区，往往在食用前将玉米与碱混合加工，以避免缺少几种关键的氨基酸和维生素 B 而导致的营养不良。若无这种行为适应，社会就不能以玉米为主食。新几内亚岛的郴巴噶人盛行“祭杀生猪宴”的习俗，它其实是一种适应他们生存于其中的生态系统的行为模式。郴巴噶人以种植薯类植物（甘薯、芋头）为生，缺乏蛋白质，一方面，经常屠杀和食用生猪，弥补了所需的蛋白质；另一方面，屠杀使猪群减小到可以控制的程度，保护了园圃。这种表面上的宗教礼仪实际上调整了社会及其与食物资源之间的关系，从而有助于维持生态系统的稳定性（普洛格和贝茨，1988）。

影响资源承载能力的另一个因素是人群对食物资源的观念，也就是什么植物和动物可以食用这样一个简单问题。不同文化对食物资源的理解可以大异其趣，一种文化认为不适于食用的动植物，在其他文化中可能是主要食物来源甚至是美味佳肴；被一种文化认可的资源可能被另外的文化视为毫无价值；一些普通人很少利用的稀奇古怪的资源，可能是长期维持某个社会的关键所在。此外，一个地区资源的承载能力还依赖于社会的组织、社会的投入和群体之间的关系。

2）对资源变动的适应

人类群体不仅要适应可得资源的数量和质量，还要适应资源供给的变动。尤其在气候条件年际变化较大的地区，食物资源的可得量常常起伏不定。这些地区人们适应资源变动的方法是广泛依赖各种资源，并实行高度流动的生活方式。

北美大盆地（今犹他州部分）的肖肖尼人提供了一个适应资源变动的好例子。该地区降雨变化无常，动植物食品的产量波动极大。肖肖尼人适应这种资源供给不定性的方式就是按可得资源的种类和数量变换住地和居住方式。一年中的大多数时间，少数人家结伴云游四方，采集植物根系和种子，捕猎小动物。当偶尔出现兔子或羚羊异常丰富的时候，许多人家可能暂时聚合在一起集体狩猎。当离群索居的人家知道某种资源在某地出产丰富时，会按时前去收获，采集过后又分道扬镳（普洛格和贝茨, 1988）。

在畜牧业和农业的获食模式中，食物资源的供给要稳定得多，但同样也受季节和年际波动的影响，同样也必须适应这种波动，而且由于人口更加集中，食物短缺的后果可能比狩猎-采集者更加严重。因此传统畜牧业基本上都采取游牧的方式。在农牧交错带，农业收成因降水量变化而极不稳定，农民采取在多雨季节向牧区扩展、少雨季节向农区退缩的方式来适应这种可得资源的变动，我国西北很多地区称这种耕作方式为“撞田”。

在现代社会，消费者不会直接面临短期的资源变动，这是因为有高效的运输系统传递广阔地区的资源。这种稳定的资源供给依赖的是储存和运输技术，弥补了食物的局部短缺；技术还把资源供给的波动减小到最低程度，尽管为此要付出昂贵的代价。现代社会对资源可得性波动的适应方式比传统社会复杂得多，但实质却是别无二致——尽量减小食物供给的不确定性，这是困扰一切人类群体的问题。现代社会的适应手段不见得比简单社会高明，旨在稳定和增加食物供给的反映可能导致适得其反的效果，即可能给获食系统的稳定性造成新的、更为严重的威胁。例如，为了减少干旱和降雨变率大的影响，社会可能增加对灌溉的依赖，而不当的灌溉却加重了土壤的盐渍化，使农作物无法生长。一个群体对资源适应的成功，不是依靠如何操纵其生态系统，而是依赖于维持这一系统的程度。

3）对其他群体的适应

一个社会的人群频繁地与其他人群交流，也卷入了争夺资源的相互竞争。正如社会必须适应自然资源的变化一样，每一个社会也必须适应毗邻的人群及其活动。不同的群体在同一区域占据不同的环境时，他们可能相互依赖，进行资源交换或贸易，使每一个群体均得益于另一个群体的资源。例如，农牧交错带的牧民和农民往往建立广泛的贸易联系，农民用粮食、蔬菜、瓜果等与牧民交换肉、奶、皮毛。

同一环境中不同群体之间火药味十足的竞争也相当普遍。毗邻的部落为争夺土地而不断争战。一个群体可能被另一个更强大或技术更先进的群体驱逐或并吞，欧洲人移民美洲土著人区域时就出现了这种情形。牧人的牧场干涸时，可能骤然开始与邻近的农民争夺可耕地。这样，一度的和平共处就被公开的敌对争夺取代。对人类群体的适应就像对环境的适应一样，也是一个变化的、动态的过程。

3. 资源适应的可持续性衡量

适应是生态过程的一部分，一切生物为了避免灭绝都必须不断地适应他们的资源与环境。人类用如此繁多的方式适应千变万化的环境，成为一切生物中适应资源和环境的行家里手。然而，并不是所有的适应方式都能够长久持续。无数的物种灭绝了，若干人类文明也消失了，在于他们选择了错误的适应之途。为什么有的成功了，有的失败了呢？生态学家斯洛勃德金对这个问题给出了一个饶有趣味的答案。他把进化比喻为一种“生存的博弈”，其目的并非是赢得大把钞票，而只是能继续玩下去。赢得的钞票代表着那一个物种的总数量，总量大的物种自然有一定的优势，钱多的要比钱少的能坚持更长的时间，但是大量的钞票并不能保证不被淘汰出局，钱少的也不一定就会输得精光。生存博弈的宗旨是继续玩下去而不致被淘汰出局，那么增强物种应付可能出现的食物供给、环境变化、生存空间等挑战的能力和手段才是第一位的。最可能成功的物种并不一定是一时成功地适应了其环境的物种，而是那种能用广泛多样的方式适应资源和环境的物种。也就是说，适应能力比适应状态更为重要（普洛格和贝茨, 1988）。

现代社会基本上靠大量消耗化石能源来提高食物生产，以适应人口增长对食物资源的需求。这一选择并非尽善尽美，其代价是十分昂贵的，因为它带来了严重的资源稀缺和环境破坏问题，这种过分依赖不可再生资源的适应策略是不可长期持续的。一个群体能否成功地适应其资源和环境，关键还要看它是否保持了其生态系统的平衡，是否采用的是代价最小的适应策略。

二、各社会发展阶段对自然资源的适应

1. 早期社会对自然资源的适应

在狩猎-采集获食模式里，对自然资源的适应特征表现为资源环境决定生产-生活方式。粗耕农业本身就是一种适应，自此开始了资源的人为再生产。畜牧社会也是一种对资源的适应方式，畜牧业是在不适宜农业的资源条件下开发能量的相对有效途径。这三种获食模式都与其有限的资源保持了相当长时期的平衡，因为它们有某些共同的适应机制。

1）低能源消费

早期人类社会的人均能源消费是很低的，但这并不说明那时人类的食物消费水平很低。例如，人类学家实地调查表明，东南部非洲仍实行狩猎-采集生活方式的多比•昆人，每人每天摄入热量 2140 cal，蛋白质 42.1 g，这大致相当于现在的世界平均水平。而他们是每周仅用 2.5 天，每天仅用 6 h 就获得了这些食物资源（普洛格和贝茨, 1988），他们的生活质量并非现代人想象的那么低下。之所以能源消费很低，是因为他们直接从自然界获取食物，没有中间环节，能源利用率很高。相比之下，现代人的食物生产过程中间环节太多，按照热力学第二定律，每一个环节上都有能量损耗，能源利用率很低，所需能源就很多。例如，生产一袋小麦所投入的能源就包括化肥、农药、耕耘土地、田间管理、收割、包装、运输等所消耗的能量。

2）人口控制

早期人类社会都有一定的人口控制机制，如杀婴和弃老，这就把人口增长水平控制在食物资源的承载能力之内。在这一点上多比 • 昆人特别有趣，因为他们的繁殖能力异常低下。多比 • 昆人妇女一般产后四年才会再次受孕，其中的原因仍是一个谜。多比 • 昆人并没有很长的产后禁忌，也没有人为的节育措施，多比 • 昆人妇女把她们的低生育力归咎于“上帝的吝啬，上帝喜欢孩子，把他们都留在他自己身边”。漫长的哺乳期或许是一个因素，因为她们没有细软食物让婴儿断奶。多比 • 昆人妇女哺乳婴儿至少三年，直到小孩能消化坚硬的食物。另外，一些人类学家认为某些多比 • 昆人妇女也许在与欧洲人和班图人的接触中染上了淋病，从而降低了生育能力。当然，婴儿夭折也是人口增长率低的原因之一（普洛格和贝茨, 1988）。

3）高度变通灵活的社会组织

早期人类社会一般都分成较小的群体，密切相关的一些家庭组成一定的群体，群体的大

小和整个社会的规模都取决于自然资源的可得性。这些小群体往往流离转徙，他们为适应不同时间、不同地方的可得资源而季节性地举家迁徙。不同群体在一定的区域组成更大的群体，大群体的构成也异常灵活，随资源的波动起伏而收缩或膨胀。当资源稀缺时，大群体星离雨散。当资源集中在某地区或发现丰富的水源时，许多群体又会聚居一处，共享资源。社会习俗在群体的灵活性方面也起了一定的作用。人们经常出访或接待亲属，脱离相处不和的群体，迁入资源充足、有了交情的群体。这样，群体就不断地重新组合。

4）自然崇拜

早期人类依赖自然的赐予而生存，他们都非常崇拜自然。因此，大规模彻底破坏资源和环境的事很少发生，所奉行的生存策略对生态系统的干预最小。

5）自给自足、互惠和平均主义

早期社会都是自给自足的，他们还共享食物和其他资源，因此很少出现一些人食物充足而另一些人忍饥挨饿的现象。工具、装饰品和其他物质财富也在无休止的送礼、受礼的循环中不断易手，财富的不平均就降低到最低程度，任何人也没有必要聚敛财富，这就使对资源的消耗维持在适当的水平。

2. 精耕农业对自然资源的适应

精耕农业社会发展出一些与早期社会不同的特征，主要有：①单位土地能量投入的增加。畜力、肥料、农机动力和人力的投入都大大增加；农田基本建设、灌溉设施和其他农业基础设施的建设更要消耗能源；精耕细作、轮作与套种等田间管理手段也都是耗能巨大的生产活动。在精耕农业中，土地资源被更大限度地使用，农民付出了更多的劳动，同时也使生产量大大地增加。②单位土地产量的提高。精耕农业的单位面积产量大概是粗耕农业的 6 倍甚至更多。这使食物生产能养活更多的人口，人口开始加快增长；同时也使一部分人可以不直接从事食物生产，从而发展了劳动分工。精耕农业的出现还伴随着城市、国家的出现，以及由此而产生的许多社会变化，如人口密度增加、贫富分化、贸易、等级森严的宗教组织的发展等。③基本上重新安排了生态系统。早期社会的几种适应方式只在很短时间里干预自然，然后让其自然恢复，基本保持了生物的多样性；而精耕农业则是持续不断地人为干预生态系统。例如，农田生态系统趋于单一化，灌溉改变了水文和气候系统，不断从外界输入物质能量又取走物质能量。这些行为提高了产量，修筑梯田、培肥土壤等活动也维持了土地利用的可持续性；但也导致了土壤盐碱化、外部资源消耗增加等环境问题。人们越是改变其生态环境，就越发需要更多的附加能源、更多的劳动和组织力量来维持生产。这些特征使精耕农业社会产生了对自然资源的新适应机制。

1）不断地投入

越是改变生态系统，就越是需要更多的投入维持其生产力的稳定，必须付出巨大努力来保持人工生态系统的平衡；解决老问题的同时，又产生新问题，如此螺旋式发展。精耕农业在增加产量的同时，也增加了风险，加重了代价。

2）高度有组织的社会

精耕农业社会大多是专制集权社会，这使得可以集中力量进行大规模的边际土地开发（如屯垦戍边）、农田和水利基本建设（如我国古代的都江堰）等活动，从而大大扩展了土地的承载能力。

3）资源私有化

世袭领地、教会或皇家领地、私人领地作为世世代代传承的资源，其利用必须考虑可持续性，这就防止了对自然资源的过度开发利用。资源私有化还产生了一定的分配机制，农民的收获除用于满足自己的生存所需外，还包括礼仪性支出、补偿性支出、地租和赋税，这三部分支出，尤其是租税，将农民与整个社会联系起来。

4）庞大、自足、少进取、相对贫困的农民阶层

自给自足的自然经济使农民被终身束缚在土地上，很少有大规模聚敛财富的动机，这有利于保护自然资源。亲族关系在精耕农业中的作用至关重要，这有利于维系社会的稳定和平衡。不时爆发的战争和起义发挥重新分配资源的作用，饥荒的不断发生使人口减少，也平衡了人口增长与资源承载能力的矛盾。“节俭”之儒家道德，“禁欲”之西方新教伦理，佛教之不杀生行为规范等，这些伦理和道德规范对于维持自然资源和生态系统的平衡具有显著的作用。

5）平均主义取向的资源分配

精耕农业的风险使得农户总有歉收的时候，平均主义分配取向可以帮助渡过难关。农民起义的主要动机——均贫富，突出地表现出资源分配方面的平均主义取向。此外，表面上作为习俗的礼仪，实际上也是均衡资源的一种适应机制。人类生态学家对墨西哥南部奥萨卡山谷精耕农业的研究发现，通过“共济”和“共庆”这两种社会习俗，达到了平均资源的目的。“共济”是一种定时的同等产品交易与劳动服务交易，“共济”成为一种使社会均贫富的机制。“共庆”是奥萨卡山谷中主要的社会活动，是一个人自豪感和地位的标志。每个男人在其一生中应至少有一次赞助（或举办）这种节日，邀村里人共庆，共庆中有丰富的酒肉、礼乐、烟火等。每次共庆需大量花费，用去其积储，但多不能单独承担其费用，那么解决的办法就是“共济”，以将来的盈余作抵押，四处借物筹款。这样，“共庆”花去这个人的盈余，也防止任何人积聚大量财富，同时为“共济”制度的存在提供了一个促动因素。这种持续的借入和借出，把不稳定收成带来的风险分散到全村；同时也使过多的财富集聚对个人并无好处。这就使他们维持一种相对低水平的生产和生活，也意味着他们与其所处的资源条件保持着某种平衡关系，而没有过度利用资源。因此“共济”“共庆”之类的平均主义分配取向有着平衡生态系统功能和适应资源条件的作用。后来墨西哥政府促使奥萨卡山谷实现现代化、商品化，打破了原来防止过度开发的机制，从而加速了资源开发和耗损，关键自然资源（地下水）的开采越来越深，也越来越少，使该地越来越严重依赖政府和外部的支持。这种现代化的可持续性遭到某些人类学家的质疑（普洛格和贝茨, 1988）。

3. 工业化社会对自然资源的适应

工业化社会具有以下特征：①急速扩张的人均资源消费。工业化时代也就是“化石燃料时代”，即依赖不可更新能源生存和发展的时代。工业化社会人均摄入的热量所增无几，但人均能耗却成倍增加，大量能源消耗在非食物生产活动方面。因此维持一定人口所需的能量和资源比任何其他形态的社会都多得多，环境影响的程度也前所未有。②专业化生产。与其他社会相比，工业社会的专业化分工更细，每个人只是整个社会大机器中的一个“螺丝钉”。早期的乡村铁匠可以制造任何铁制品，从锄头、砍刀、马掌到车轮和风车；而今天自动装配线上的工人大概只知道拧紧一只螺栓。这归咎于工业化社会生产的规模和复杂程度。专业分工

的发展使农业趋向商业化，更集中于单一作物，农业和农村社会在很大程度上摆脱了过去那种简单的家庭根系和亲族关系。③社会组织更复杂。阶级、种族、劳动团体、工会、政治俱乐部和政党、国家机器，大大超过了以往的亲族关系，以此来分配资源和组织社会化生产。文化差异缩小，相互依赖增加，整个世界经济走向一体化，世界成为一个“地球村”。④财富集中，使人们对资源的掠夺更加贪婪。拥有土地和资本的人比仅有劳动力的人更富有，他们的消费导向使一般穷人也追求高消费。这样，资源利用从一种谋生手段变成一种获得财富的途径，不可避免地加剧了短期行为，造成人们对自然资源的掠夺性开发。⑤人口变迁。人口增长前所未有地加快，由此派生的一个后果是劳动力过剩，劳动价值下降；劳动力的贬值又造成高出生率。随着工业化和城市化进程，农民不断破产，被迫离开他们的土地，大量农村人口涌入城市，人口的城市化前所未有。人口还在国家内和国家之间流动，以寻求新的资源和生存机会，这就是 19 世纪后期和 20 世纪初期欧洲人向美洲和澳洲大规模移民的一个主要原因。

工业化毕竟还是近期的发展，工业社会的人类社会如何适应资源和环境还有待观察，但现在已经可以看出，工业社会也具有对资源的适应机制。

1）经济全球化与产业转移

工业革命开始以来就伴随着经济全球化。首先是资源贸易的全球化，从而建立一种能源和资源全球性流通的机制，以解决资源相对稀缺问题。这是一个循环过程，经济全球化增强了各国间的依赖，这又反过来更进一步刺激了经济全球化的发展。经济全球化在集中化程度和操纵能源、资源流动的权力方面，都代表了工业化的极端表现形式，这种适应策略把工业化的自然和社会的影响都扩展到全球范围。同时，工业尤其是采掘业和加工业向发展中国家转移，虽有利于穷国的经济发展和提高穷人的生活水平，但其负影响更引人注目。在自然影响方面，与地方企业不同，全球化企业（跨国公司）没有压力迫使他们放弃破坏生态的行为，如果一个地区资源耗尽，他们可以转移到别的地方。而且通过扩张和多样化经营，全球性企业使自己不仅不受市场压力的影响，而且也不受当地政府的制约。在社会方面，传统社会亲属和邻里间的信任与互惠已大大削弱，本土文化崩溃而又没有及时产生维持社会和文化稳定的社会组织，传统社会受到严重冲击。

2）农村人口城市化

农业的现代化生产方式使农村劳动力和人口过剩，失地和破产的农民涌入城市，人口城市化的进程大大加快。进入城市的农村人口不是依赖土地和其他自然资源，而是依赖人力资源生存，减缓了对自然资源的压力。在很多国家和地区，进入城市的农民建立起自己的社区，往往是贫民窟，但生活水平仍高于农村。虽然需求方面是城市化的，但仍保留着农村的社会关系，具有一定的适应性能。与此同时，城市中犯罪、吸毒等问题发展起来，社会更加不稳定。

3）人口稳定机制

因为人均消费和教育水平的提高，养育孩子的成本大大高于传统社会，所以工业化社会的家庭很少有过多的孩子。另外，工业社会的社会保险也较发达，使得人们没有传统社会“养儿防老”的考虑，导致生育愿望降低。此外，节育技术的进步也使生育控制大为方便。这些因素都使人口增长得到控制，在某些工业化国家甚至出现人口负增长。

4）市场响应机制

市场机制使资源产品的价格不断上涨，一方面刺激供给，使资源开发向边际领域进军从而增加资源的数量，另一方面又使人们对资源的有效需求下降。市场机制还推动技术进步，促进替代品的开发和资源保护方法的发展，促进循环利用技术，这就在一定程度上均衡了自然资源供给与需求的矛盾。当然，市场机制不能彻底解决资源稀缺的难题，甚至还会产生新的难题。

5）科技进步与产业结构升级

工业社会的科学技术和管理以比传统社会快得多的速度发展，产业结构也不断升级，从以直接依赖自然资源的第一产业为主，逐渐转型为以不那么依赖自然资源的加工业为主，再到以自然资源因素作用很小的第三产业为主。资本和人力资源的作用在工业社会中超过任何前工业社会，在一定程度上替代了自然资源。依靠教育、高素质的人力资源和技术进步及产业转型，经济增长中自然资源因素的作用不断降低，一再推迟了自然资源报酬递减的到来，相反还实现了报酬递增。当然，这并不意味着可以摆脱自然资源，而是把自然资源的开发转移到别的地区，发达工业社会的报酬递增是以其他地区自然资源的报酬递减为代价的。

6）社会、文化、政策响应

工业社会的社会组织更为复杂、更为精致，社会文化和体制政策也在不断改善，以应付不断出现的新问题。现在，各国都在加强资源环境的管制，国际社会也在谋求采取共同行动对付环境变化和资源稀缺的全球性问题。

然而，工业化来得太快，以至于可能超出人类的适应能力，尤其在保护自然资源和生态系统方面。人类已经认识到自己正在全球毁灭自己的资源基础，在能够补救资源环境所受到的损害以前，可能已给全球生态系统造成了不可挽回的损失。

三、不可持续适应的历史教训

对资源环境变化的适应机制如果不可持续，会导致局部文明的消亡，人类历史上已出现不少此类教训。人类在生态系统中的支配作用如此巨大，以至于人类曾认为可以支配自然界，可以成为自然的主人。然而，现在人类已认识到，必须使自己的行为符合自然规律，否则会破坏自身赖以生存的自然环境和自然资源。一旦资源和环境变化，人类的文明也就随之衰弱。有人曾经用这样一句话来勾画历史的简要轮廓：“文明人跨越地球表面，足迹所过之处留下一片荒漠”。这种说法虽然有点夸张，但并不是凭空而言。人类已糟蹋了自身居住其上的大片土地，这正是人类的文明不断从一处移向另一处的主要原因，也是若干古代文明衰败的主要原因。历史学家指出“历史上绝大多数战争和殖民运动的发起，是因为入侵者想占有更多的土地和自然资源。但他们却很少注意到，这些征服者或殖民者常常是在夺取邻国土地之前就已经破坏了他们自己的土地。一些现代史作者注意到现在强大富有的国家，好多都是有着丰富自然资源的国家，然而，他们很少注意到许多贫困弱小的国家也曾一度有过丰富的资源，很少注意到地球上好多贫困的民族之所以贫困，主要是因为他们的祖先滥用和浪费了现代人赖以生存的自然资源”（卡特和戴尔，1987）。

以下就是历史上几个资源基础被破坏导致文明衰落的典型例子。

1. 苏美尔文明的衰落

公元前 3500 年，苏美尔人在美索不达米亚地区即两河（底格里斯河和幼发拉底河）流域的下游建立了城邦，这是世界上最早的文明发源地之一。公元前 3000 年，苏美尔人开始使用文字，是世界上最早使用文字的社会。同时，苏美尔人在幼发拉底河流域修建了大量的灌溉工程，其不仅浇灌了土地，而且防止了洪水。巨大的灌溉网提高了土地的生产力，使成百万的人从田间解放出来，去从事工业、贸易或文化工作，他们创造了灿烂的古代文明——苏美尔文明。

但是两河流域，特别是下游，严酷的自然条件给文明的发展带来了严重的限制。首先是降水量少，年内分配也不均，在作物最需要水的 8～10 月正是枯季；其次是气温很高，夏季往往超过 40℃，高温增大了土壤表面的蒸发，导致土壤的盐化；另外对于平坦的地形和低渗透性的土壤，在上游森林覆被破坏而引发的洪水时期，从而加剧了土壤的盐渍化。土壤盐渍化的直接结果是土地生产力的下降，其表现是不耐盐的小麦（仅能容许土壤的含盐量小于 0.5%）为耐盐的大麦（能在含盐量达 1.0%的土壤中生长）所取代。在公元前 3500 年，整个苏美尔地区全部种植小麦；公元前 2500 年，苏美尔地区小麦占谷类生产的 15%；而到了公元前 2100 年，小麦仅占 2%；小麦在这块土地上消失的时间是公元前 1700 年。

比小麦为大麦所取代更严重的另一个问题是耕地的减少，盐碱化的泛滥和人口的增长是其直接原因。为此，苏美尔人每年都要花大量的人力来开垦新的土地，但新垦土地的量毕竟有限。到公元前 2400 年，耕地的数量达到了最高，然后逐渐下降。在公元前 2400～2100 年，新垦土地中有 42%的部分出现盐化；到公元前 1700 年，竟达到了 65%。当时的文字记载是“土地变白了”。

自然资源状况的恶化，使文明的“生命支持系统”濒于崩溃，并最终导致文明的衰落。在美索不达米亚地区，历次朝代更替，都没能恢复土地的生产力、改善环境和资源的恶化状况。美索不达米亚地区沦为一个人口稀少的穷乡僻壤，苏美尔文明的中心永远地北移了（Rzoska, 1980）。

2. 地中海古文明的衰退

地中海文明包括环地中海地区的各个文明，主要的有黎巴嫩地区的腓尼基文明、古希腊文明和古罗马文明，以及北非和小亚细亚地区的文明。历史从这个地区找到了例证，很有说服力地证明了文明人怎样毁坏了自己的生存环境。

腓尼基人的国土位于海边，由一条狭长的海滨平原和与之平行的一条狭长的丘陵地带组成。其自然条件非常优越，具有肥沃的土壤，充足的降水，郁郁葱葱的草地和森林，包括著名的黎巴嫩雪松。有利的地形阻止了好战的内陆部落的入侵，给腓尼基人提供了可靠的保护，同时也阻碍了腓尼基人向内陆发展，因此向地中海发展而成为航海家和商人就是一种必然。腓尼基人很早就发现了遍布在其国土上的木材是一种畅销商品，对于埃及及两河流域等大平原上的文明人来说更是弥足珍贵。于是随着木材交易的盛行，林地迅速减少。公元前 8 世纪至公元前 6 世纪，腓尼基人度过了他们的黄金时期，但是这种繁荣有着明显的局限性，这是因为它依靠的是海上权力庇护下的木材交易。当古希腊的舰队在公元前 480 年成为海上霸主时，腓尼基文明就开始衰落了。

而在古希腊，第一次大规模的破坏发生于公元前 680 年，其原因是人口的增长和聚居区的扩大，造成了耕地的减少和土地生产力的下降，于是古希腊人开始其殖民政策，以求缓解本土上的人口压力。尽管古希腊人从其亲身的教训中痛切地认识到保护土壤的重要性，使用肥料来保持土地的肥力和土壤的结构，修筑台地来防止水土流失等；尽管从公元前 590 年开始，历代统治者为了恢复土地的生产力，号召人们种植橄榄树及修筑台地，并采取了一系列保护环境及鼓励生产的措施，但是人口增长的压力实在太大，以至谁也没能阻止古希腊文明在公元前 339 年的伯罗奔尼撒战争之后衰落。

几个世纪以后，古罗马也出现了同样的问题。人口的增长引起植被的消失、水土的流失和洪水的泛滥，这一切使肥沃的表土被带进河流，并在河口处沉积下来。环境的恶化使强大的古罗马文明遭到毁灭性的打击，繁荣的都市一个接一个地消失于沼泽和荒漠中。古代罗马主要港口之一的佩斯图姆港在公元前 1 世纪被沉积物完全淤塞，整个城市变成一望无际的沼泽，疟疾的流行使该城市直到公元 9 世纪还荒芜一人。庞廷沼泽出现于公元 200 年左右，而 400 年以前在这块土地上曾出现了 16 个繁荣的市镇。

地中海地区各个国家的文明兴衰过程非常相似。起初，文明在大自然漫长年代中造就的肥沃土地上兴起，持续繁荣达几个世纪；当越来越多的土地变成了可耕地，或者当土地上原先的森林和草被遭到破坏的时候，侵蚀就开始剥离富于生产力的表土；接下来持续的种植和渗透淋溶，消耗了大量作物生长所需的矿物质营养。于是，生产开始下降，随之其所支持的文明也开始衰落。当然有些国家为延续自己的繁荣，通过征服来掠夺邻国的资源，但这种治标不治本的手段，并不能避免它的衰落，而只是延长了苟延残喘的时间（Hughes, 1973）。

3. 玛雅文明的消亡

在中北美洲现今墨西哥、危地马拉、伯利兹和洪都拉斯一带的低地丛林，最早于公元前 2500 年出现了玛雅文明。其后到公元前 450 年，人口一直稳定地增长，聚居地的面积和建筑结构的复杂度也越来越大。这是一个高度文明的社会，其文明的成就反映在他们对宇宙的认识程度，城市、建筑的设计艺术和独特深奥的玛雅文字方面。这样一个伟大的文明后来却突然地消失了。第一个鼎盛时期的玛雅文明大约在公元 900 年神秘地自行毁灭了，第二个鼎盛时期出现于两个世纪之后，在原地址以北 250km，也在 15～16 世纪突然消失了。

人们估计早期玛雅文明的基础是一种砍伐和焚烧森林植被而形成的短时农田系统。每年 12 月到来年 3 月的旱季用石斧清除一片林地，在雨季来临之前用火焚烧，然后种植玉米和大豆，秋季收获。开垦的土地在使用几年之后，因肥力下降和很难清除的杂草侵入而被放弃。应该说，这种农业系统是适宜热带地区的，而且生产力也较稳定，但是因为使用过的土地必须等到地力恢复，丛林再生以后才能再次使用，这段时间一般需要 20 年或更长，所以大片的土地只能维持少部分人的生活。然而，根据考古学证据，可认为当时整个玛雅低地丛林中生活的人口最高可能接近 500 万，而今天这块土地却仅生活着几十万人。这样一个庞大的人口对其生存的土地来说，很明显不可能靠这种短时农田系统来维持，那么这样一个高度的文明怎样解决其食物问题呢?

最近考古工作者发现，后期玛雅社会已经产生了集约化程度很高的农业系统。这种系统的特点主要体现在对土地的治理上。在坡地，清理丛林以后，土地被垒成了台地以防止水土流失；而在低湿地区采取了网格状的排水沟，不仅可排除洪水，而且利用沟中的淤泥来垒高地表。当时玛雅人主要的作物是玉米和大豆，也有棉花、可可之类。然而，热带雨林地区土壤的侵蚀非常严重，3/4 的土地属于侵蚀高敏感地区，一旦森林覆被破坏，土壤就随之流失。而人们对农业用地、木材及燃料的需求都使森林的消失不可避免；与之相关的是河流中泥沙的含量增高，造成低地和沟渠的淤塞，以及地下水面的抬升。另外，玛雅社会不饲养家畜，因而对土壤中有机肥的补给不足。环境及资源的恶化直接导致农业生产力的下降，威胁着玛雅文明的生存。公元 800 年，食品的生产开始下降，发掘出的墓葬显示出婴儿和妇女因营养不足而大量死亡。而对统治者和军队来说，食品的减少，就意味着对农民剥削的加剧和城市之间战争的频繁。在随后的几十年内，高死亡率导致人口锐减，城市逐渐变成了废墟，整个丛林只剩下少数的幸存者，历史上又一个高度的文明消失了（Culbert, 1973）。

4. 古楼兰文明的衰亡

新疆塔里木盆地的塔克拉玛干沙漠南部，是我国历史上记载的富饶地区之一。这里早在新石器时代就出现了灌溉农业，公元前 2 世纪张骞出使西域时，看到不少沙漠之中的城郭和农田。此后，西域广大地区一统于汉朝中央政府管辖之下，发展屯田、兴修水利。作为西域交通要道的丝绸之路南道所经楼兰、且末、精绝、渠勒、于田、莎车等地均有很发达的农业。到了唐代，农业更为发达，《大唐西域记》详细记载了焉耆、龟兹、莎车、于田等地的农业盛况。

古楼兰王国以楼兰绿洲为立国根本，历经好几个世纪，曾经繁盛一时。古代的楼兰地区，由于塔里木河的存在，沿河有大片胡杨林、芦苇和草地，如《汉书》记载，该地区“多胡桐、柽柳、白草”。塔里木河的灌溉还形成了大片绿洲，有农业和牧业，出土简牍中大量记载着古楼兰地区的农业生产和农业灌溉。这里还曾建立起楼兰古城，成为丝绸之路上重要的中转站。考古发现大量精美的丝绸制品、穿着华丽丝绸服饰的中亚或西亚商人的墓葬、来自西方的工艺品，还有大量汉文和佉卢文等文字书写的文书，以及具有古希腊艺术特征的雕塑等艺术品，表明古楼兰在丝绸之路上的重要地位和繁盛景象（王守春，2005）。然而在今天，古代的大片良田已沦为流沙，古城废墟历历在目，曾经浩瀚的罗布泊已经干涸。罗布泊西南的楼兰古城，现已为一片荒凉的风蚀土丘、风蚀低地和沙丘环绕，古楼兰绿洲也全变成不毛之地；尼雅河下游三角洲上的精绝古国，如今在干涸的河流沿岸残存着枯死的胡杨林，而古城已被 3～5m 高的沙丘包围；丝绸之路上的碉堡和烽火台，现在已是深入沙漠 3～10km、依稀可见的遗迹；古楼兰一带的古文明已消失在荒漠之中。

古楼兰一带的环境变迁和古文明消失，固然与气候变干、降水量减少、冰川融水萎缩、河流断流、水系改道、沙漠入侵等自然因素的波动有关；但土地的过度开垦、水资源和生物资源的不合理利用、天然植被的破坏，以及盛唐以后民族纷争不断、战火摧残农业、灌溉兴废不常等人为因素也不可忽视。实际上，人为活动加剧了土地盐碱化和水资源的耗竭，没有人为因素，自然条件无从发生作用，人为因素是这里古文明消失的主导原因。

上述几个案例表明，人类文明发展的历史，是一个对资源和环境施压越来越大的历史。这种压力，不仅仅表现在对环境改造和资源破坏的强度随时间的延续而增大，也很明显地体现在影响范围的变化上。在古代，压力还只局限于地球的局部范围或各个孤立的地域上；而到了近代，这种压力随着人口的增长、资源的开发已遍及世界的各个角落，其影响甚至已出现在杳无人迹的“三极”和球外空间。

上面所讨论的几个文明结束的原因是其破坏了他们赖以生存和发展的资源基础。任何一个文明社会存在的关键都在于一个持续的“生命支持系统”，而该系统又依赖于一定的自然环境及自然资源。苏美尔文明、地中海文明、玛雅文明和古楼兰文明的历史提出了今天人类社会所面临的问题，我们今天的社会比古代社会能更有力地控制资源的利用和面对环境的巨大压力吗?

历史学家阿诺德·汤因比在 86 岁高龄溘然长逝时，留下了最后一部书稿，他为之取的书名是《人类与大地母亲》。在这部从全球角度对世界历史进行全景式考察的巨著中，老人的最后一段话是："人类将会杀死大地母亲，抑或将使她得到拯救？如果滥用日益增长的技术力量，人类将置大地母亲于死地；如果克服了那导致自我毁灭的放肆贪婪，人类则能使她重返青春。人类的贪婪正在使伟大母亲的生命之果——包括人类在内的一切生命造物，付出代价。何去何从？这就是今天人类所面临的斯芬克斯之谜。"（汤因比, 1992）

四、当代适应策略与生态系统管理研究

1. 当代适应策略研究

人类如何适应当代面临的资源和环境变化？这个问题引起学术界的高度重视，成为相关学科的研究热点。目前还不到得出结论的时候，但已逐渐明晰了需要研究的问题。当代适应策略研究包括三方面的问题：①需要适应的资源和环境变化是什么性质？②受资源环境变化干扰的人类社会系统自身有什么特征会影响适应策略？③需要采取什么适应行为和策略？

1）资源可得性与变化的性质

适应策略的制定首先需要明确适应什么，因此要研究资源可得性与变化的性质，这是适应的客体。包括以下内容。

（1）资源可得性：对资源数量、质量、承载能力和开发条件的综合评价与综合分析。

（2）资源与环境变化的大小或严重程度：尤其是已超出系统承载能力和吸收能力的大变化，对人类社会的冲击更大，因而需要加快适应过程。

（3）频率：指一定大小的资源和环境变化发生的频度，它关系到变化影响的累积效应。变化越频繁，其间的恢复过程越短，因而对系统的危害越大，越需加快适应过程。

（4）延时：指一次变化持续的时间。变化延时越长，对人类社会影响越大，但也提供了更多的适应机会。

（5）突然性：即某一变化发生的速度。越是突然的变化，越难适应，也难预测；反之则易适应，易事先采取对策。

（6）区域范围：变化所影响的空间尺度不同，适应对策也不同，如对"绝对稀缺""相对稀缺"有不同对策。

2）人类社会系统特征

适应策略的制定还需要研究面对资源环境变化的人类社会系统自身特征，这是适应的主体。包含的内容如下。

（1）稳定性：指系统受干扰后恢复平衡状态的能力，包括系统受干扰的程度和恢复的速度，在一定变化下受干扰的程度越小，恢复速度越快，系统越稳定。

（2）弹性：指对系统已受到的某种干扰的耐受程度。例如，一个资源系统在环境条件变化时产出相对不变，这是指稳定性；而即使产量变了，对系统影响不大，这是指弹性。

（3）脆弱性：指环境变化对系统产生副作用的程度，显然与稳定性和弹性有关。系统越脆弱，受资源环境变化的冲击越大，越需要采取适应对策。增强稳定性和弹性一般可减少脆弱性，但也可能产生深层的、潜在的脆弱性和损失。

（4）灵活性：指系统中已存在的机制或行为的机动性。系统越灵活，越能适应环境和资源变化。例如，生产单一作物的农场，比多种经营的农场更少灵活性，因为前者对技术、资本、资源和市场结构的依赖程度更严重，很难适应这些因素的变化。

（5）尺度：系统特征要从不同的时间和空间尺度上来界定。不同尺度的系统，环境资源变化产生的问题不同，适应对策也不同。还要注意不同尺度适应对策之间的关系，例如，地区的适应（如砍树以弥补资源不足）会妨碍大尺度的适应（如保持水土和减少温室气体）；短期的适应（如开垦边际土地以扩展承载能力）会影响长期的适应（土地的可持续利用）。

3）适应策略与措施

适应是人类社会系统在资源与环境变化下维持或改善其生存或能力的行为，可从两个层次来研究：适应策略和适应措施。适应策略包括内容如下。

（1）战术性与战略性适应：例如农业，某一生长季改变化肥施用量是一种战术性适应，一般是短期的，对付较缓和的变化；而整个改变土地利用方式（如退耕还林、还草、还湖）则是战略性适应，一般是长期的，对付较严重的变化。

（2）目的性与偶然性适应：按主动程度来划分。大多数适应策略是有目的、有针对性、精心策划的；但有些适应策略却是附带的、偶然产生的。例如，修运河以利交通，却产生了灌溉的效益。一般而言，系统尺度越小，越易采取有目的的适应策略。

（3）适应的时机：有事前、事中、事后采取行动的不同时机。事前适应最为重要，居安思危，有备无患。预测和规划对于事前适应的作用至关重要，科学研究和教育可以提高和改善预测和规划的能力。事情发生时采取行动是“临阵磨枪，不亮也光”；事后采取行动则可能是“马后炮”，但也有“亡羊补牢”的作用。

（4）适应的空间尺度：不同空间尺度的适应策略是有一定区别的。

（5）政府和社会的作用：有些适应是自发的，个人、公司、企业自己会采取相应措施；大多数适应策略需要政府和社会干预（自为的），如基础设施、大型水利工程、建筑标准、立法、研究与教育。

（6）缓冲与变动：前者采取行动缓解变化以维持原有系统特征，如维持某种土地利用：后者干脆改变系统特征，如改变土地利用。

（7）技术适应与制度适应：例如，对温室气体所引起的气候变化，可采取各种技术和工程措施；也可调整经济结构、制定限制排放公约等制度改革。

适应措施包括农业、工业、沿海带、能源供应、林业、水资源、城市、土地利用等方面分别采取的具体适应措施。例如，农业对资源环境变化的具体适应措施就包括改变土地利用，如调整农业区和地域类型、改变土地用途等；调整管理措施，如改造地形、增加灌溉和施肥、防治病虫害、控制水土流失、改造农业基础设施、提高用水效率等；改变作物和畜牧制度，如改变农作方式、调整农时、引入新品种等；制定具体的农业政策，包括在加强农业科技与教育的政策。

必须强调社会体制适应的重要性。例如，气候变化和波动对农业的影响在相当程度上是社会经济条件的产物，而不仅仅是气候本身的结果。以食物保障问题为例，如人口过剩、技术不足或不当、贫困、政策失误等因素的作用并不亚于土壤和气候的生产潜力，所以对气候变化的适应与更为紧迫的发展问题密不可分。增强应对当前气候波动的能力，将扩大对潜在全球气候变化响应和适应的选择范围与余地。而加强农业系统实力、发展持续农业、提高农村的教育和科技水平等战略，即使没有全球变暖问题也是很必要的（蔡运龙和 Smit, 1996）。

2. 生态系统管理研究

生态系统管理正日益为人类调控和适应自然资源生态过程的重要途径和目标。从广义上讲，生态系统管理是在一个自相似、自我维持的区域系统或更大系统中，认识和管理生物自然和社会经济环境之间的相互作用。生态系统管理涉及运用制度、行政方法和科学方法管理整个生态系统，而不是人为划分的管理单元（Slocombe, 1998）。生态系统管理的实质是管理人类社会与自然生态系统之间的相互作用（Kay and Schneider，1994）。

人类非置身生态系统之外，而是其中的一部分，这就意味着生态系统管理不应过分执着于以人类为中心，在管理中还应该考虑与人类共享这个星球的非人类物种的需求。生态系统管理区别于传统资源管理之处，在于后者专注于对资源的操控和收获，人类在其中发挥控制作用；而生态系统管理则关心保护生态系统的内在价值或自然状态，商品价值变为第二位的副产品，这非常类似于“利息”之于“本金”的关系。保护生态系统的完整性被置于压倒的优先地位，商品性和舒适性产出则应调节到满足基本需求而已（Cortner and Moote, 1999）。

Grumbine（1994）明确了以下十个与生态系统管理相关的主导性论题。

（1）等级背景：关注生物多样性等级体系中的任何一级（基因、物种、种群、生态系统、景观）都是不够的，必须重视所有等级之间的联系。此类方法往往具有系统观点的特征。

（2）生态边界：自然资源和环境管理需要关注生物自然或生态单元，而不是行政或政治单元。例如，迁徙的鸟类不会限于政治边界或行政边界，针对它们的任何管理计划必须以与它们的需求和活动有关的边界为基础。当然，困难之处在于，迁徙鸟类适宜的生态区对水的管理却不一定合适，因而可能很快会采用许多相互重叠的生态单元。

（3）生态完整性：生态完整性指保护全部自然（环境要素、生物物种、种群、生态系统）多样性，以及保护维持多样性的类型和过程。重点一般放在保护本地物种中在特殊气候条件下生存的种群、维持自然干扰系统、重新引入已灭绝的本地物种，保持自然变化范围内的代表性生态系统。

（4）数据采集：为了管理生态系统，必须采集数据并进行分析研究，特别是要回答机能性（如果怎样就会怎样？）而不是描述性（是什么？）问题，要根据生境调查和分类、基线物种、扰动范围动态和种群评估采集数据。

（5）监测：管理者必须记录他们决策和行动产生的结果，以便判断和记录成功与失败之处。系统监测将会形成有用的信息，并洞察出一些问题。

（6）适应性管理：人们对生态系统的了解往往是不全面的，常常出现误判和意外。因此需要将管理和规划看作一种学习的过程，鼓励将管理视为一系列的实验，从中获得新的知识，并不断进行调整修正。监测是适应性管理中的关键行动。

（7）跨部门合作：无论采用生物自然边界还是行政边界，在市、州、国家和国际机构之间，以及在私营部门和非政府组织之间，都必须共享和合作。规划者和管理者都必须改善能力以处理相互冲突的法律授权和管理目标。例如，在一个政府中，农业部门可能会强调消除湿地以提高作物产量，而自然资源保护部门则会强调保护或恢复湿地以改善野生动物的生境，政府必须统筹各部门的管理。

（8）组织变革：多数部门机构的取向或结构并不适宜采用生态系统方法。为了实施生态系统管理，自然资源和环境管理机构必须在结构和实施程序上进行变革。这些变革可以是相对简单的（建立一个跨部门的协调组），也可以是根本性的（重新分配权力，改变基本的价值观或原则）。

（9）人类融入自然：人类不能和自然相分离，生态系统管理需要将人类视为生态系统的一部分，而不是置身其外。

（10）价值观：生态系统管理需要涉及科学知识和传统知识，涉及人类的价值观，人的价值观在设定生态系统管理的目标中将发挥主导作用。因此，生态系统管理不仅仅是科学上的努力，它也必须融入人类的价值观。

美国联邦生态系统管理动议中包含生态系统管理的一般原则，这为设计生态系统管理提供了更进一步的思路：①将科学知识和其他方面的知识整合成一个整体的、综合的方法来管理自然资源；②在生态系统不断变化于其中的自然空间界线和时间层面基础上管理生态系统和生物多样性；③生态系统管理需要认识到，生态系统的组成要素是相互联系的，组成要素也包括人类，改变一个要素会影响其他要素；④对政策制定而言，要利用充分的科学信息而不是做主观判断；⑤在得到新的信息时，要使管理战略和管理技术相适应；⑥在度量和评价生态系统的特征时要承认不确定性；⑦体制要能适应新的方法，适应合作；⑧要在当事者中形成基于对资源同舟共济的伙伴关系，从而实现合作民主决策，同担资源代价，共享资源收益；⑨应用冲突管理来解决不同当事者之间的纠纷；⑩生态系统管理通过环境伦理和资源同舟共济，寻求实现社会经济和环境可持续性之间的平衡（Malone, 2000）。

思　考　题

1. 人类在生态圈中的优势地位和能动作用表现在哪些方面？
2. 何谓“远程耦合”？举例说明其对自然资源生态过程的影响。
3. 试以现代农业为例，说明人类对自然资源生态过程中能量转换的干预。
4. 试以全球氮循环的变化为例，说明人类对自然资源生态过程中物质循环的干预。
5. 人类通过哪些活动干扰生态系统的物种和生物多样性？
6. 人类在各种资源利用方式中分别起到什么样的调控作用？
7. 获食模式对资源适应包括哪三方面？分别阐述之。
8. 如何衡量资源适应的成败？
9. 阐述早期社会的资源适应机制。
10. 阐述精耕农业社会的资源适应机制。
11. 工业社会出现了哪些资源适应机制？
12. 有一种观点认为绝大多数地区文明衰落的基本原因是文明赖以存在的自然资源基础遭到破坏。试对此观点加以评论。
13. 当代适应策略研究包括哪些主要内容？
14. 生态系统管理研究中的基本论题有哪些？

补 充 读 物

弗・卡特, 汤姆・戴尔. 1987. 表土与人类文明. 庄崚等, 译. 北京: 中国环境科学出版社.

刘建国, Hull V, Batistella M, 等. 2016. 远程耦合世界的可持续性框架. 生态学报, 36(23): 7870-7885.

普洛格 F, 贝茨 D G. 1988. 文化演进与人类行为. 吴爱明, 邓勇, 译. 沈阳: 辽宁人民出版社.

第八章 自然资源利用的生态影响

人类对自然资源的适应和开发利用显著干预了生态系统，对这种干预应该加以调控，尤其对人类干预造成的生态破坏和退化要进行修复。为此，必须认识各种自然资源利用的生态影响方式和过程。

第一节 采矿的生态影响

采矿方式分为地下开采和露天开采，都导致自然环境和社会经济环境的变化。随着经济的不断发展，人们对各种矿产资源的需求越来越大，采矿活动也随之变得频繁，规模不断增大，采矿对环境的影响不断加剧。

采矿活动的生态影响及其机制非常复杂，不仅取决于被开采矿物的种类、采矿方法、采掘机械的选用，还取决于矿山周围的自然地理特征和社会文化环境等。可以按采矿对自然环境和社会经济环境各要素产生的影响及其机制来讨论；但是应该清醒地认识到环境是各要素相互联系、相互作用而构成的有机整体，采矿活动对其各要素的影响不是孤立地发生作用的，它在使此要素发生变化的同时，也直接或间接地使彼要素发生变化；因此，下面以要素为线索的论述只是为了方便和条理化，论及某一要素时不可避免地会涉及其他要素。

一、对地形和水文的影响

1. 对地形的影响

1）地下开采对地形的影响

地下开采常引起地层的变形、裂缝甚至塌陷，此外还有固体废物堆砌。把矿物从地下开采出来后形成的地下空间使矿区周围的应力分布发生了变化，这种持续不断的应力变化一般发生在地下矿工作面周围，导致地下采空区上方的岩层变形、运动乃至破坏。当地下采空区的面积越来越大时，应力变化超过了阈值，岩层就会塌陷，从而在采矿区上方形成塌陷区。塌陷区的形状取决于地下采空区的深度、高度，顶板的坚固程度，岩层的性质以及采矿方法等。塌陷区的面积通常取决于采矿活动造成的地层往下垂直拗陷的深度，小的可能仅几亩，而大的却可能达数百亩甚至更大。

煤矿开采所引起的地表塌陷按其形态和破坏程度可分为两种类型：一类是浅层开采急倾斜煤层或厚煤层形成的漏斗状陷坑和台阶状断裂，这类塌陷常突然发生，其上方的植被和建筑物均遭到猝不及防的损害，但塌陷局部发生，虽危害剧烈，但范围小；另一类塌陷是开采深部的急倾斜煤层，以及开采深厚比大于 20 倍、倾角小于 45°的煤层所发生的大范围平缓下沉盆地，这类塌陷是在不知不觉的缓慢过程中形成的。一般说来地表塌陷的最大深度约为煤层开采厚度的 70%～80%，甚至可达 90%。通常由于地下留有各种煤柱，它们对地层的支撑作用使塌陷区出现凹凸不平的复杂形状，塌陷容积约为煤层采出体积的 60%～70%，塌陷面积约为煤层开采面积的 1.2 倍。

裂缝往往伴随着塌陷出现，但它也可单独出现。当应力变化扩展到岩层以外的地区时，在地下采空区上方就会形成许多裂缝。这些岩层中的裂缝垂直扩散的距离可以是开采厚度的百倍多。通常，在致密的细粒嵌布岩层内，发生剧烈破裂的垂直区估计是被开采地区厚度的 20～30 倍。

地表塌陷使塌陷区上的建筑物（包括房屋、管道、铁路、公路、桥梁等）变形乃至破坏，尤其是塌陷区下沉不均匀时对建筑物危害尤其大，建筑物的变形直接危及人类安全和生产建设。当塌陷深度超过地下水位时，塌陷区被地下水浸满，陆地变为沼泽、湖泊，原有的陆生植物被水生植物取代;陆生农业生态系统也变为水生农业生态系统或水-陆生农业复合生态系统，随之当地的生产劳作习惯改变。这种沼泽地或湖泊含有较多的矿物质，并且这些矿物质还有可能进入附近的河流及其他水体，从而增大它们的影响范围，进而对这些水体内及其周围的植物和土壤产生影响。在靠近塌陷区的边缘部分，平坦的耕地一般会形成小于 5° 的坡地，被称为“坡子地”，影响农业生产。大面积塌陷区积水还可能对周围小气候产生一定的影响，这是因为它们的蒸发和热容作用使空气湿度增加、气温变化幅度减缓。在裂缝较多的地区，水体常常会逐渐干涸，地表水、浅层地下水会沿着裂缝渗入更深层地下，从而导致该地区生产和生活用水的困难及植物水分匮乏。另外，与矿床伴生的一些有毒、有害气体会沿着裂缝逸出地表，也会对该地区的人类健康、动植物生长及土壤性状产生不良影响，如从煤矿逸出的沼气可改变土壤的结构并导致动植物死亡。

2）露天开采对地形的影响

露天开采是将矿体的上覆地层和表土剥离后直接采掘矿石。剥离方式有面状剥离和等高剥离两种（图 8.1 和图 8.2），一般都会大规模地挖损土地，剥离后的土体或岩石还需要堆放，又占压了大量土地。因此，露天开采造成双重的土地破坏。

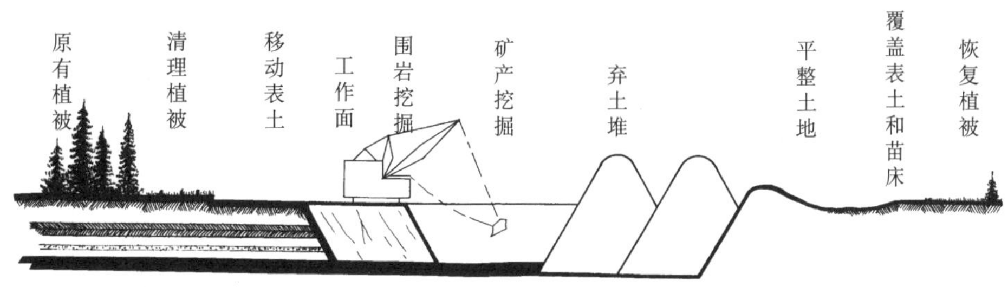

图 8.1 面状剥离采矿（Law, 1984）

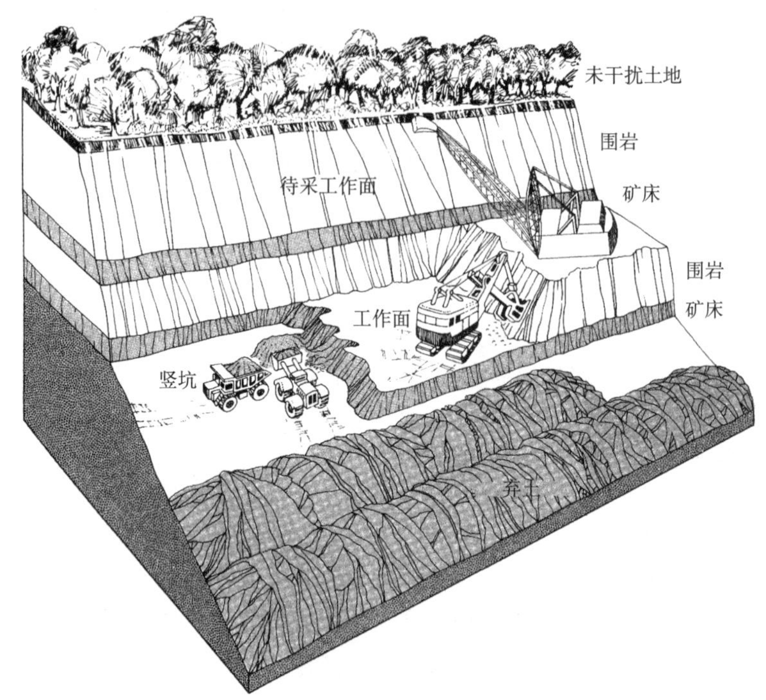

图 8.2 等高剥离采矿（Miller, 1990）

土地挖损形成岩石裸露的深坑，如抚顺露天煤矿已形成一个长 11 km，宽 2.5 km，深 288 m 的采场大坑，破坏土地 2700 hm^2。有些挖损地常年或季节性积水，特别是干旱、半干旱地区的露天开采加剧沙漠化和水土流失，往往对脆弱生态系统造成不可逆转的破坏。

无论是露天开采还是地下开采，都有大量的剥离物和废弃物，此外还有坑口电厂排放的粉煤灰，它们的堆放严重占压土地。采煤和洗煤废弃物即煤矸石的不断堆积形成矸石山，占用大量土地。有的矸石山含有较多的碳、硫物质，这些物质氧化自燃后，释放出大量的二氧化碳、一氧化碳、硫氢化物和粉尘，从而造成大气污染；而有的矸石山含有铝、砷、铅、硫化铁等可溶性盐，被雨水淋滤后析出，并随着地表径流或地下径流进入附近水体，引起这些水体的污染。

2. 对水文的影响

1）采矿活动对表水的影响

采矿活动导致塌陷区、裂缝的出现，可能会造成附近地表水体如河流、湖泊、沼泽的干涸，也可能会形成新的河流、湖泊、沼泽，但无论哪一种情况均对矿区附近的水文状况产生了干扰，而且干扰的面积通常大于塌陷区的面积。采矿活动通过改变矿区附近的水循环又间接影响了该地的其他地理要素。

在采矿过程中，许多技术和工作都要用大量的水，另外大气降水、地表水体、地形水等也可通过岩石的孔隙、裂缝、细钻孔、断层破碎带等进入矿井。为了保证井下人员的安全和生产的顺利进行，对上述各种水都要采取各种措施将之排至地表。

从矿井中排出的水注入河流，增加了河流的流量，增强了侵蚀的力量，从而加深和拓宽了河床。为了达到新的平衡就要增加堆积这一边的砝码，干流的河床变宽变深使得支流的侵蚀基准面降低，支流侵蚀加剧；侵蚀下来的物质被搬运到干流堆积下来，这样堆积就逐渐与侵蚀又达到了动态平衡，但此时的河流与采矿前的河流已截然不同。

从矿井中排出的水所含的悬浮物、矿物成分、溶解氧、有毒物质和它的 pH、颜色等因所采矿物、所处地理位置的不同而不同，但均要对矿区附近的水体水质产生或多或少的影响。从矿井排出的未经净化或不完全净化的水会造成河流、湖泊、沼泽的污染，污染范围取决于被其他水稀释的程度。当河流为主要污水接收体时，河水的增涨可使污水得到迅速的稀释。接收污水的水体中的水生生物不可避免地要受到污水的影响，天然河流中污水占 15%～35%就会引起各种水生生物群落生物质量的降低，对高等营养性生物的破坏作用更大，特别对食肉鱼类可造成全部死亡。

2）采矿活动对地下水的影响

矿床可成为一个蓄水层，但采矿掘走矿石后可能会切断蓄水层，导致不利影响。首要的影响是破坏了地下水的自然状态及其在矿井工作面周围的分布，形成水位下降漏斗区。漏斗区的大小与矿区的地质条件及矿区的工作面范围有关，当矿层处于渗水的砂砾岩层中时，单个矿井及水平走向的露天矿可排出半径为数公里之内的地下水；而当矿区附近的岩石多孔疏松时，漏斗区半径可大至 20～30 km。许多小的漏斗区可连成一片，形成一个大的漏斗区，产生更大的影响。漏斗区的形成使矿区附近的河流、湖泊、沼泽不再是较低含水层的水平水源，并且这些河流、湖泊及沼泽还有可能干涸；如果矿区附近有永久性的冻土层存在，漏斗区的形成也会破坏它。首先，漏斗区形成意味着地下水位的降低，地表上层的土壤及岩石中的水分也会随之降低，从而影响植物的生长。如果地下水位降低很多引起深层岩石的干涸，那么还会造成岩层的变形，进而导致地表的弯曲变形。其次，采矿不可避免地要把油污、有机废物等带入地下，从而使蓄水层的水质恶化。最后，尤其应关注的是对蓄水带补给区的影响。整个地下水系统依赖于水源的补充，如果补给区被破坏，蓄水层就会枯竭。地下水的补给区是水循环中的敏感部分，这些地区在生态重建中应给予足够的重视。

二、对土壤和生物的影响

1. 对土壤的影响

采矿活动对土壤的影响主要是引起土壤侵蚀。土壤侵蚀一般是指在风和水的作用下，土壤或岩石物质被磨损、剥蚀或溶解，并从地表脱离的一系列过程，它包括风化、溶解、侵蚀和搬运等。在自然状态下，纯粹由自然因素引起的地表侵蚀过程，速度非常缓慢，表现很不显著，并且常和自然土壤形成过程处于相对平衡状态。但采矿活动如大面积的剥离、清理地面，搬运土、石、矿渣堆积物等，都会加速和扩大自然因素作用所引起的土壤破坏和土体物质的移动、流失。

在造成土壤侵蚀的所有因子中，最常遇到的是分解和搬运土壤的水。在雨水的冲击作用下，土壤微粒产生移动，这种情况在暴雨时尤为明显。雨水的分解作用是造成土壤侵蚀的重要原因，降水时，雨水降落的最高速度可达 7～9 m/s，从而对地面可产生巨大的冲击力，测定雨水的冲击力可使小于 0.5 mm 的土粒离开原位被激溅到离地面 60 cm 以上的高度，并且可产生 1.2～1.5 m 的水平位移。在雨水的持续冲击下，就产生了土壤微粒的搬运。

根据降水强度、地表植被状况、土壤理化性质等因素的不同，土壤侵蚀可分为下列几种类型：①冲刷侵蚀。雨水冲击到土壤上引起土壤微粒的分散，松散的微粒可能会接着被地表径流搬运走。②片流侵蚀。理化性质相当一致的土壤层被表流冲走。③细流侵蚀。在雨水的冲击下产生无数仅几厘米深的小冲沟的侵蚀过程，主要发生在刚开耕不久的土壤上。④冲沟侵蚀。在较短时间内，水在狭沟内积蓄，并从这个狭窄的区域内移走相当深度的土壤，从 30 cm 到 30 m 不等，此即为冲沟侵蚀。

在不同的地区，土壤的侵蚀率是不同的。在废弃矿区，典型的土壤侵蚀率约 950 t/km^2，这 100 倍于相同面积的森林地区的侵蚀率。在生产着的矿区，土壤侵蚀率约 19000 t/km^2，2000 倍于同面积的森林地区的侵蚀率。细小微粒组成的疏松土壤由于侵蚀而受到的损失明显较质地粗或紧实的土壤要严重，而原始土壤表层因存在集合体要较有废弃物的土壤稳定性大。

土壤侵蚀的危害除使土地退化乃至荒漠化外，还包括占据水库库容，填充湖泊、池塘，堵塞水道，沉积在具生长力的土壤上，破坏水生群落，产生的混浊物减损水的再生性并且降低其可见度，水质恶化，提高水处理成本，破坏水分配系统，携带其他污染物，如杀虫剂、除草剂、重金属等，充当细菌与病毒的载体。

采矿活动对土壤的影响除产生土壤侵蚀外，还能造成土壤污染、土壤酸化等。对某些重金属矿的开采可致使更多的重金属进入土壤，由于土壤的吸附、络合、沉淀和阻留等作用，绝大多数重金属都残留、累积在土壤中，造成土壤污染。土壤中重金属的含量一旦超过了土壤环境容量，就会对生长于其上的植物产生污染与危害，造成农作物产量下降。土壤酸化是指人类活动所产生的酸性物质使土壤变酸的过程，一般硫化矿床的开采可使土壤环境酸化。土壤酸化的不良后果反映在许多方面，最重要的是随着 pH 的降低，土壤对呈离子态的元素的吸附能力发生显著变化，如对钾、钙、镁等养分离子的吸附显著减少，导致这些养分随水流失。土壤酸化还对多价离子的元素活动性影响很大，它使某些金属离子的活动性增加，使某些毒害性阳离子毒性增加。

为了保护矿区土壤，在采掘之前对其进行分层剥离和保存，就近堆置，以备采掘后复垦时利用，这个过程本身就可能影响土壤的各种特性。在采集土壤时要使用许多大型机械，这样可能会压实土壤，造成土壤结构及微生物的损害；堆放土壤如果堆放过高且堆存期过长，土壤中的微生物将停止活动，土壤将发生板结，土壤的性质会迅速恶化，雨水淋溶后有机质含量将下降。这些影响均会使土壤的肥力降低，给以后利用这些土壤带来困难。

2. 对生物群落和生态系统的影响

生物群落具有一定的稳定性，同时也在不断地变化发展。演替是群落动态中最重要的特征。一般说来，由生态系统内自身变化引发的演替称为自发演替，而由生态系统外部力量引发的演替过程称为异发演替。在异发演替中，植物和动物只不过是对发生变化的环境和地理因素做出反应而已。如果演替发生在裸地（此前从未被生物定居过的地点）上，该演替称为原生演替；如果演替地点曾被其他生物定居，原有植被受到人类或自然力破坏后再次发生的演替称为次生演替，次生演替有先前群落留下的有机质、土壤层等有利条件，所以该演替经历的时间较短。采矿活动对生物群落的一个主要影响就是使之发生次生异发演替。

采矿活动破坏矿区地表植被、土壤等，只留下岩石。原来的生物群落在矿区衰落下去，逐渐地有植物（可能是地衣）开始在这儿定居（此植物谓之先锋植物），地衣分泌的酸性物质促进了岩石风化，它们和残骸及吹入其中的土壤微粒造成了苔藓能够进入的环境；然后多种多样的一年生草本植物也出现了，紧接着是两年生的草本植物，最后是多年生草本植物。随着草类的生长，小灌木也普遍出现；如果环境状况尤其是气候比较理想，乔木将是下一个定居者。最终形成一个适应于矿区生境和气候的群落（谓之顶级群落），此时群落结构最复杂、最稳定，只要不受外力干扰，它当保持原状。完成这个演替过程需要6～10个世纪。如果该矿区有土壤残留下来，演替时间会大大缩短；如果采矿后立即重新覆盖表土，时间会进一步缩减，这个过程的演替时间可能仅需不具表土地区的1/5；而播种演替系列高级阶段的植物可使演替时间更短。在演替过程中可能产生各种干扰因素，如进一步开采、塌陷形成湖泊等，这些均会使演替结果发生变化，如顶级群落由陆生生物群落变为水生生物群落。

采矿活动不仅干扰生物群落的环境而使生物群落发生演替等变化，而且还可直接作用于生物上。采矿形成的各种污染物经由大气、水、土壤进入生物体内，导致生物死亡、病变等。例如，有的矿区排放的污水含有较多的生物营养元素，使水体富营养化，促进了藻类等浮游生物的大量繁殖，在水面形成密集的“水华”“赤潮”，消耗了水中的溶解氧，致使水质恶化，影响鱼类生存，最终可使水中生物绝迹。

三、对人体和社区的影响

1. 对人体的危害

采矿活动直接危害矿工或生活在矿区附近的人们。某些采矿设施，如废弃堆、尾坝的突然事故造成人员伤亡。由地下采矿造成的塌陷和裂缝也会危及人身安全，废弃矿井的稳定性往往无法得知，这给该地的安全留下了隐患。爆破在矿山生产中占用重要地位，可以说采矿离不开爆破，但爆破也是一项危险性极大的工作，在其操作过程中稍有不慎，就可能发生事故。此外，因爆破不当引起的瓦斯爆炸更是时有发生。无论是地下开采还是露天开采，运输和提升都是生产过程中的重要环节之一，也是一个事故隐患所在。

采矿过程中爆破、采掘、运输等都可产生噪声，人们长期在噪声较强的环节中工作和生活会对人体产生两类不良的影响：一是听觉器官的损伤，二是对全身个别系统特别是神经、心血管和内分泌系统的影响。噪声使听觉敏感性下降，引起听觉疲劳，使听觉功能退化；如果长期无防护地在强烈噪声的环境中持续工作，听力损失会逐渐加重甚至不能恢复，造成噪声性耳聋。爆破产生的极其强烈的噪声可造成听觉器官的急性损伤，也可导致耳聋。据研究，生活在矿区的人老年出现耳聋的时间普遍较其他低噪声地区的人早。噪声具有强烈的刺激性，如长期作用于中枢神经系统，可使大脑皮层的兴奋与抑制过程失调，结果引起条件反射混乱，脑电波发生变化，轻者头晕、失眠，重者可导致神经衰弱甚至神经错乱。噪声对交感神经产生兴奋作用，可导致心动过速、心律失常、心肌受损等。此外，噪声还可引起植物神经系统功能紊乱，使血压波动增大；对肠胃道的消化功能、血液的组成成分及视觉功能也有一定的影响。噪声对人们休息和睡眠的干扰也是不容忽视的，人得不到充足的休息和睡眠，其健康必然受到损害。

采矿排放的“三废”进入自然界后经过两条途径危害人类：一条为陆生生物食物链，即土壤→农作物→牲畜→人；另一条为水生生物食物链，即水→浮游生物→鱼→人。由此可见，只要大气、水、土壤受到污染，均可通过食物链逐级传递，最后影响到人体健康。

采矿过程中要产生大量的矿渣和粉尘，排土场内的矸石山和尾矿坝也含有大量的矿渣和粉尘，这些粒度不一的微粒通过呼吸系统进入人体后，或者沉淀于肺泡内，或者被吸收到血液和淋巴液内，随后输送至全身各个部分，对人体造成危害。"尘肺"是人们所熟知的一种职业病，它是长期吸入被粉尘污染的空气而引起的一种疾病。另外，矿区内矿渣、粉尘飞扬，遮天蔽日，使日照量大为减少，紫外线的辐射也减弱，从而影响儿童的发育。一些矿排放出一氧化碳、硫化氢、二氧化硫等有毒气体，也会影响人体健康，造成各种疾病。

矿业固体废弃物对水的污染有两种方式：一种是废弃物风化后形成的较细碎屑或尾矿本身被流水冲刷和搬运到某些地段而造成的污染；另一种是废弃物和尾矿在风化过程中形成某些可溶于水的有害化合物或重金属离子，经地表水或地下水的搬运而造成的污染。我国许多矿区水资源紧缺，只能将矿井排出的污水用于灌溉农田。污水灌溉农田同时兼有水、肥资源的再利用和廉价的污水土地处理两方面的效益，但是污水灌溉农田给农业环境和城郊环境带来不同程度的污染，并且污染物通过上述两种方式进入人体危害了人体的健康。

2. 对社区的影响

采矿活动包括挖掘剥采土地、堆放固体废弃物等，破坏生物和水景、降低大气可见度、破坏名胜古迹，严重影响社区景观，降低景观美学价值。当然，采矿也会造成某些景色，如塌陷导致湖泊的出现，可是这些湖泊无论从景观学还是美学的角度来看均不及天然湖泊，其美学价值也有限。可见，采矿活动对景观美学具有巨大的破坏力。

采矿活动直接导致了以之为基本部门的城镇的兴起、繁荣与衰落。城镇的基本部门是指为该城镇以外的居民提供产品的工业和服务部门，该部门为城镇获得收入并购买该城镇不能自己生产的食物和原料，它是城镇得以存在和发展的经济基础。基本部门之外的非基本部门常为基本部门提供产品和服务，并且随基本部门的发展而发展。现在我国大部分矿区往往是该矿区所在城镇的基本部门，它的发展好坏直接影响该城镇的经济社会状况。如果某个小村镇附近发现了大矿藏并对其进行开发，就会引进许多投资，于是厂房、住宅兴建起来，与外界的交通也得以改善，医院、学校、商店、娱乐设施也相继出现，小村镇成长为一个现代化的工业城市，经济得以迅速发展。当一个城镇赖以成长、繁荣的矿藏挖掘殆尽、资源枯竭时，如果该城镇不另外寻求基本部门的话，那么它的经济就会衰退，从繁荣走向衰落。

第二节　可再生资源利用的生态影响

一、土地利用变化的生态效应

马什（Marsh, 1864）指出，人类在其生命过程中有权使用土地，但是当要求他们把土地交给后代时，应该使土地的状况变得比他们自己接收时更好一些。然而，人类对土地的利用往往只关心经济收获，而不顾对生态的影响，由此导致一系列生态效应。

1. 食物生产、城市化和工业化用地导致土地退化

不管对土地的利用方式作何种改进，土地面积都是基本不变的。然而，人口增加和经济发展对土地需求日益扩大，有限土地所受的压力越来越严重。为了满足人口增加的需求，人

类不断开垦自然土地，导致很多生态服务丧失。例如，巴西政府在20世纪70年代对亚马孙河流域热带雨林实施开发利用计划（“草原化计划”），鼓励该国东北部干旱区的农民迁移到亚马孙河流域热带雨林区去开发土地。但亚马孙河流域热带雨林的土壤并不适合于耕作或放牧。广大热带雨林赖以生长的土壤其实是贫瘠的，养分都在植被里而不在土壤里。森林一旦被砍伐，土壤很易遭受侵蚀，结局是农地和牧场不可持续，这也毁坏了雨林，剩下不毛之地。亚马孙流域热带雨林的生态服务至关紧要，雨林被破坏对全球生态系统产生显著影响（格林伍德和爱德华兹，1987）。

生物多样性和生态系统服务政府间科学政策平台发布的《为决策者提供的土地退化与恢复专题评估概要》报告对全球主要土地退化类型进行了归纳（表8.1），并提出了应有的响应对策（IPBES，2018）。

表8.1　全球土地退化类型、过程及响应

退化类型	退化过程	响应
城市土地退化	土地自然属性或功能丧失	城市土地利用分类，空间规划
农田退化	土地生产力下降	休耕轮作，加大农业投入，精耕细作，生态农业
森林与草地退化	森林覆盖率下降	国家政策和项目，如森林编码、退耕还林
	草地覆盖率下降	退耕还草、降低载畜率、划区轮牧
土壤退化	土壤板结	环境法规，环境行动计划
	土壤污染	环境影响评价，环境管理计划
湿地退化	湿地减少	综合海岸带管理，综合流域管理
……	……	……

资料来源：IPBES，2018。

我国人口众多，又处在工业化和城市化高速发展的阶段，在有限的土地上，“一要吃饭，二要建设，兼顾生态”的用地需求不可避免地发生冲突。曾经依靠开垦自然土地来弥补建设所占用的耕地，但现在适宜开垦的自然土地资源已不多，开垦不适宜耕作的自然土地损害了生态系统服务。为了改善生态，国家实施大规模的退耕还林（还草还湖）计划，1999～2005年全国退耕还林13496万亩，成为近年来耕地减少的最主要原因，食物安全和城市化、工业化的用地需求面临极大挑战。

2. 边际土地开发和不合理利用加速土地退化

边际土地开发和不合理利用造成的土地退化最为严重。边际土地，指那些本来不适宜某种用途，若开发利用也得不偿失的土地。但在人口和经济发展压力下，对土地的需求日益高涨，于是土地利用不断向边际土地进发。边际土地一般处在生态脆弱地区，其自然条件和土地质量都较差，对其开发和不合理利用会产生一系列生态影响，导致土地退化，主要有如下表现。

1）水土流失

水土流失是使土地资源遭受破坏最严重的过程之一。造成水土流失的原因有自然因素，如土地坡度大、土壤抗侵蚀能力低、降雨集中、降水强度大等。但过度开垦、过度放牧、过度砍伐、为建设而清理地表等不合理的土地利用，破坏了地表植被，使地面失去保护，加速了自然水土流失。水土流失损失土壤肥力，降低作物产量。产量越低越要求多垦，越多垦，水土流失越严重，这样就形成了“越垦越穷，越穷越垦”的恶性循环。

2）土地荒漠化

干旱、半干旱地区土地的不适当开发（如过度收获植被、过度放牧和不适当扩大耕地）往往导致荒漠化。荒漠化威胁着可利用的土地，成为当今时代的一个严重的环境问题。

20 世纪滥垦草原引起严重的土壤风蚀，美国在 30 年代、苏联在 60 年代都曾发生过，这就是著名的“黑风暴事件”。在美国中部大平原的大部分地区，放牧比农作更为合适，但 20 世纪好几次雨量充沛的多雨年份延长了，促使新移民对大平原的生产能力产生了不切实际的乐观心理。在雨水多的年份，人们超出安全限度，一再扩大农场和牛群。当周期性地重现干旱年份时，由北方刮来的风横扫堪萨斯和科罗拉多东部，风过之处，把耕地的表土刮去一层，集结成大片尘云，向东南方涌去。此类沙尘暴使全国至少有 8000 万 hm^2 的土地受到加速侵蚀的损害，有 2000 万 hm^2 生产性土地被弃耕。“黑风暴事件”成为美国生态史上一个重要的转折期，1935 年美国成立了土壤保持局来处理此类问题（格林伍德和爱德华兹，1987）。

1954～1960 年，苏联数十万拓荒者在哈萨克斯坦北部、西伯利亚西部和俄罗斯东部，利用 4000 万 hm^2 新开垦的土地进行耕作。起初的结果尚令人满意，因为增加了耕地面积，全国谷物产量比过去 6 年猛增 50%，但是 1963 年干旱的春天发生了尘暴，300 万 hm^2 的作物由于干旱全部损失。1962～1965 年，总共有 1700 万 hm^2 土地被风蚀损害，400 万 hm^2 土地颗粒无收。对此，苏联于 1965 年开始使用新设计的机械把作物根茬留在地里，并且增加每年的休耕面积，注意造林和恢复植被（格林伍德和爱德华兹，1987）。

我国北方地区的荒漠化土地的发展过程有两种类型：一是风力作用下沙漠中沙丘的前移，造成沙漠边缘土地的丧失，如塔里木盆地南部塔克拉玛干沙漠边缘、河西走廊、柴达木盆地及阿拉善东部一些沙漠边缘的地区均属此种情况。二是强度土地利用破坏了原有的脆弱的生态平衡，使原非沙漠地区出现类似沙漠的景观，如草原过度农垦、过度放牧、过度樵采，水资源利用不当和工交建设破坏植被引起的荒漠化。表 8.2 列举我国北部地区不同成因类型荒漠化土地所占的比例，从中可以清楚地看出不当的人为活动是土地荒漠化的主要原因。

表 8.2　我国北方荒漠化成因及其面积比例

荒漠化土地成因类型	所占比例/%
草原过度农垦所形成的荒漠化土地	23.3
过度放牧所形成的荒漠化土地	29.4
过度樵采所形成的荒漠化土地	32.4
水资源利用不当所形成的荒漠化土地	8.6
工交建设所形成的荒漠化土地	0.8
自然风力条件下沙丘的前移入侵所形成的荒漠化土地	5.5

资料来源：陈静生等, 2001。

3）土壤次生盐渍化

人类的灌溉活动对盐渍土的生成有很大影响。正确的灌溉方式可以达到改良盐渍土的目的；而不正确的灌溉（灌溉水量过大、只灌不排、灌溉水水质不好等）可以导致潜水位提高，引起土壤盐渍化。由于人类不合理的灌溉而发生的盐渍化被称为次生盐渍化，土壤次生盐渍化是干旱、干旱地区土地资源农业利用中最易产生的重要环境问题之一。例如，美索不达米亚可能是世界上最古老的灌溉区，但历史最悠久的灌溉实践却彻底破坏了这里的土地，至今没有复原。巴基斯坦印度河平原是世界上最广大的灌溉地区，但早先的灌溉大多是在河水上涨时才进行，灌溉区局限在沿河的狭长地带。19 世纪中叶英国人在这里建设了大规模的永久性的灌溉系统，使这地方成为印度次大陆的粮仓。他们修建了大量的水渠和供储水用的堤坝。这些设施刚刚建成就发生了水井水位的上升。新建的水利设施改变了水循环的平衡，有 1/3 的水渗进地下水中，使地下水位以每年 0.3～0.6m 的速度不断上升。在不到 20 年的时间内，上层 1m 厚的土壤的含盐量达到 1%，使作物无法忍受这种浓度的盐分（格林伍德和爱德华兹，1987）。水涝和土壤次生盐渍化问题造成重大损失，土地产量大幅度下降，甚至颗粒无收。我国一些地区不合理的灌溉也造成了大面积的土壤次生盐渍化问题。

二、水利工程的生态影响

水利工程在造福人类的同时，对生态系统产生了显著的影响。有些影响是正面的，如水力发电工程提供了清洁能源，相应减少化石燃料的使用和温室气体的排放；建成的水库可以调节地方气候、改善水资源供给服务的时空分布、形成新的湿地栖息环境。这里主要关注某些水利工程的负面生态影响。

1. 大中型水库的生态影响

水库大坝把自然河流分隔为坝上和坝下两部分，两部分的水文情势、水力性质、含沙量和营养物质含量均发生了显著的变化，引起河段及其岸带各生态要素的连锁效应。

水库工程对坝上库区的生态影响主要表现为：①生境变迁。库区蓄水后水位抬升，淹没土地，原陆生动植物消亡，生境消失；水生物种的生境（如水位、水温、流速）也发生较大变化。②水体温度发生垂直分异，相应地影响水质、物质循环和水生生物。③泥沙淤积。受库区水流流速变缓及库尾回水的影响，流水挟带的泥沙在库区沉降淤积，在库尾和坝前尤其严重；泥沙淤积又会影响库区生境。④形成水库消落带及污染。由于水库水位季节性涨落，周边一定范围内的土地周期性地被淹没和出露，形成水生生态系统和陆生生态系统交替占据的过渡带，称为水库消落带。消落带在水、陆交错影响下，极易发生污染，进而引发一系列生态影响。⑤库区水体富营养化。水文情势的变化一方面导致库区营养物质富集，另一方面又降低了水体的自净能力，往往会造成水体富营养化，进而影响水生生态。⑥库区水位抬升致使周边地下水位也相应升高，诱发边坡下滑、土壤盐渍化等生态问题。

水库工程对坝下河段及其岸带也会产生诸多生态影响，如下泄水流的流速、含沙量等发生变化，打破了原自然河流的侵蚀-堆积动力平衡，会改变下游河道和岸线的形态，从而导致其他生态要素的变化；若清水下泄，流水侵蚀力增强，会造成大坝下游干堤发生崩岸。此外，大坝成为洄游鱼类不可逾越的障碍，影响其繁殖和发育，甚至导致某些鱼种的消亡。

2. 灌溉、围垦工程的生态影响

在干旱地区，不合理地过量引用地表水导致河湖干枯。例如，新疆的塔里木河是我国最大的内陆河，大量引用河水灌溉，使输给下游的水量减少，致使断流。新疆罗布泊在 1934 年实测面积为 1900 km^2，至 1962 年尚有 530 km^2，但目前由于孔雀河下游断流无水补给，已完全干枯。玛纳斯湖 1958 年以前面积为 550 km^2，湖水深 5～6 m，现在也全部干枯。艾比湖由 1958 年的 1070 km^2 缩小为目前的 570km^2。有些湖泊由于引水排水不当，水质变咸。例如，博斯腾湖由于上游把大量农田排水泄入湖内，每年带入湖内的盐分达 63.7 万 t。湖水矿化度由 1958 年的 0.25～0.40 g/L 上升到 1980 年的 1.6～4.6 g/L，此湖已由淡水湖变成微咸水湖。

湖泊本身有调节洪水、灌溉、供水、航运、旅游及水产养殖等多种功能。我国为扩大耕地面积，曾一度大量围湖造田，致使湖泊面积和容积一度日益缩小，不但增加了洪水灾害，而且也削弱了湖泊的其他功能，并使有的湖泊完全消失。江汉平原在 20 世纪 50 年代的湖泊数量达 1066 个，现减为 350 个以下，湖泊总面积由 8330 km^2 缩小为不到 2500 km^2。洞庭湖和鄱阳湖均曾有可观的面积被围湖造田。太湖在 1969～1974 年被围了 1.53 万 hm^2。洪湖 1956 年前面积为 6 万 hm^2，20 世纪 50 年代平均年产鱼 697.5 万 kg，由于围湖，至 70 年代只剩下 3.3 万 hm^2，1975～1979 年平均年产鱼量仅 260 万 kg 左右，只及 50 年代的 37%。此外，植被破坏和陡坡开垦加重了水土流失，也使湖泊淤塞，湖面缩小，水量下降。

3. 地下水开采的生态影响

作为重要水源的地下水，不仅能弥补地表水时间分配上的不均，也能弥补地表水空间分配上的不均。地下水水质一般较地表水为好，从化学成分上看大部分地下水是最适于饮用的。随着城市及工业的发展和人口增加，世界上许多大城市对地下水的开采量越来越大，地下水位逐年下降。例如，在我国北方干旱和半干旱地区，降水较少和降水集中，使可利用的河川径流量有限，主要利用地下水源。不合理超量开采地下水，使许多地区地下水开采量大大超过其补给量，导致地下水位连续大幅度下降。华北平原的许多地区，20 世纪 60 年代以前孔隙承压水是自流的，但由于 70 年代以来的大量开采，地下水资源已出现严重枯竭，地下水降落漏斗区大范围扩展，含水层被大范围疏干。

沿海城市地区大量开采地下水引起海水倒灌，使淡水层遭到咸水入侵而被破坏。采矿时往往遇到地下水涌入矿坑的问题，能够长期造成大量矿坑涌水的，必定与附近有较大的含水层有关。从供水的角度看，这些含水层，只要水质适宜，当然是良好的供水水源，但是采矿以获得矿产为目标，两者的出发点不同。大力进行排水采矿的结果，便在相当大的范围内疏干了地下水。矿山排水将一定深度以下的地下水疏干，实际上就是将地下水位强行降低至一定深度以下，这样必然也造成周围地区地下水短缺，甚至使矿山自身所需的供水也无法保证。

三、生物资源利用的生态影响

1. 森林破坏与生物多样性减少

由于人类对木材和其他林产品需求的不断增长，加之对林地的农业、工业、矿业、城镇等开发，世界森林不断被砍伐，面积持续减少，无论是温带森林还是热带森林都如此，特别是热带森林的减少速度明显加快。如果这种趋势不能扭转，世界上的热带森林将在 177 年内被砍伐殆尽（世界资源研究所和国际环境与发展研究所，1989）。

世界森林的不断减少直接导致生物多样性的消失和物种灭绝。物种多样性被破坏，特别是热带雨林植被被大量破坏，必大大改变碳、氮等营养元素和微量元素的源、汇分布，使营养元素和微量元素在地球系统中的循环遭到破坏，从而给自然生态系统和人类社会带来巨大影响。

从地球出现生命起直到现在，始终存在物种灭绝过程。古生物学的研究表明，现代的几百万个物种是曾生存过的几十亿个物种中的幸存者。地质时期的物种灭绝是由自然过程引起的。而在今天，人类活动无疑是造成物种灭绝的主要原因。据非常粗略的估计，物种灭绝的平均“背景速率”为：每一个世纪有 90 个脊椎动物种灭绝；每 27 年有一个植物种灭绝。在过去的一两百年内，由于人类活动，世界上物种灭绝的速率大大加快了。人类活动导致的灭绝主要发生在海岛上和热带森林地区，在近代历史上灭绝的哺乳类和鸟类中有 75%是岛栖物种（麦克尼利和米勒, 1991）。

2. 生物入侵

外来物种的引入是人类利用生物资源的一个重要途径，如我国食物中的玉米、小麦、甘薯、马铃薯、番茄等都是从国外引进的，猪、牛、羊等家畜中的一些优良种类或品种也引自国外，园林园艺的引入更是不胜枚举，但外来物种也造成生物入侵的问题。

生物入侵或称外来物种入侵，是指通过人类活动有意或无意地将外来物种引入其自然分布区之外，在那里的自然、半自然生态系统或生境中建立种群，并对那里的生物多样性构成威胁、影响或破坏物种和生物资源。外来入侵物种对生物多样性的影响表现在两方面：第一，外来入侵物种本身形成优势物种，使本地物种的生存受到影响并最终导致本地物种灭绝，破坏了物种多样性，使本地生态系统物种单一化。第二，压迫和排斥本地物种，导致生态系统的物种组成和结构发生改变，最终导致生态系统被破坏。

生物入侵对生物多样性和生物资源造成现实的和潜在的危害与损失，已成为仅次于栖息地破坏的重要因素。外来入侵种对我国生态和生物资源的破坏已经非常突出，入侵我国的物种涉及众多门类，全国 34 个省、自治区、直辖市都发现了入侵种，几乎所有的生态系统都或多或少地遭到生物入侵的破坏。保守估计，外来入侵种每年给我国造成的经济损失达数千亿元之巨，还不包括生态服务功能的损失和其他间接损失。

凤眼莲（水葫芦）原产南美洲，1901 年作为花卉引入我国，并曾作为饲料和净化水质的植物推广，后来逸为野生，广泛分布于华北、华东、华中、华南、西南大部分地区的主要河流、湖泊和池塘中。至 20 世纪 90 年代，在我国南方一些河道和湖泊里，凤眼莲覆盖率达 100%，泛滥成灾，严重破坏水生生态系统的结构和功能，导致大量水生动植物死亡。例如，昆明滇池引入凤眼莲后，水生植物已由 16 种到大部分消亡，水生动物从 68 种到仅存 30 余种。

紫茎泽兰（飞机草）在 20 世纪 70 年代传入我国西南地区，最初呈零星分布，后来泛滥成灾，云南、四川、贵州很多地方深受其害。仅以四川凉山彝族自治州为例，到 1990 年紫茎泽兰就蔓延到 40 万～50 万 hm^2，还在以每年 $30hm^2$ 的速度扩散。为消灭这种草害，凉山彝族自治州政府专门下发红头文件，并通过广播、电视和报纸进行广泛宣传动员，层层建立专门工作班子，力图将防除任务落实到乡、村乃至农户，尝试了各种人工挖除、生物防治、化学防治和工程防治等措施，但是仍然控制不住紫茎泽兰的蔓延。除草剂防治不但成本高，而且副作用危害更大；人工拔除不但没有控制住其长势，反而使其生长得更旺盛。也尝试利用紫茎泽兰作饲料、造纸、薪柴或提炼物质，都未成功。

互花米草（大米草）于 1979 年从美国引进我国，1980 年 10 月在福建沿海等地试种，1982 年扩种到江苏、广东、浙江、山东等地。当初引进互花米草的目的是保护海滩、改良土壤、绿化与改善海滩环境，未曾料到会损害沿海生态系统，成为影响沿海地区渔业产量、威胁红树林等原生态系统的严重生物入侵问题，1990 年仅福建建宁德东吾洋一带的水产损失就达每年 1000 万元以上（李振宇和解炎，2002）。

外来物种入侵最根本的原因是人类活动把它们带到了不该出现的地方。人类在利用生物资源的时候，有意地引入一些物种或品种，作为粮食作物、纤维作物、牧草或饲料、水产养殖品种、观赏植物、观赏动物或宠物、药用植物，或者作为改善环境的植物等，都导致外来物种入侵。此外，人类活动也通过人口迁徙、旅游、贸易、交通等，无意地带来外来物种入侵。那些生态适应能力强、繁殖和传播能力强的物种一旦处于适当的生境，获得足够的生长条件，在入侵地区缺乏自然控制机制的情况下，就会泛滥成灾。

第三节　自然资源利用与气候变化

一、自然资源利用对气候的影响

1. 化石燃料利用与“温室气体”积聚

工业革命以来，人类燃烧化石燃料的数量越来越多，加上其他自然资源利用活动，排放出大量二氧化碳（CO_2）、甲烷（CH_4）、氧化亚氮（N_2O）、氢氟碳化物（HFC_s）、全氟化碳（PFC_s）和六氟化碳（SF_6）等。2013 年，全球大气中 CO_2、CH_4 和 N_2O 的浓度分别为工业革命前（1750 年前）的 1.42 倍、2.53 倍、1.21 倍；2005～2013 年，全球大气中 CO_2、CH_4 和 N_2O 浓度持续增加，且其平均增速分别约为 0.54%，0.29 %和 0.22%（表 8.3）。

表 8.3　全球主要温室气体在大气中的浓度

类别	2005 年	2006 年	2007 年	2008 年	2009 年	2010 年	2011 年	2012 年	2013 年	1750 年	2005～2013 平均增速/%
CO_2/ppm	379.2	381.2	383.1	385.2	386.8	389.0	390.9	393.1	396	1.42	0.54
CH_4/ppb	1782	1782	1790	1797	1803	1808.0	1813	1819	1824	2.53	0.29
N_2O/ppb	319.3	320.1	320.9	321.8	322.5	323.2	324.2	325.1	325	1.21	0.22

资料来源：世界气象组织，2014。

1990～2010 年，全球 CO_2 排放量年均增速约为 2.11%，人均排放量年均增速约为 0.76%；全球 CH_4 排放量年均增速约为 1.21%，但人均排放量年均增速约为–0.05%（表 8.4）。温室气体总排放量的不断增加也解释了大气中温室气体浓度的逐步增加，与气候变暖趋势一致。

表 8.4　全球主要温室气体的总排放量和人均排放量

类别	1990 年	1995 年	2000 年	2005 年	2010 年	年均增速/%
CO_2/千 t	22222874	23202117	24807255	29677031	33615389	2.11
人均 CO_2/t	4.21	4.07	4.07	4.57	4.88	0.76
CH_4/千 t CO_2 当量	6426562	—	6292291	7019386	7515150	1.21
人均 CH_4/t CO_2 当量	1.22	—	1.03	1.08	1.09	–0.05

资料来源：世界银行数据库，2014。

这些不吸收或很少吸收太阳辐射但却强烈吸收地–气红外长波辐射的大气微量气体被称为“温室气体”，它们在大气中不断积聚（表 8.5）。各种大气科学的研究都得出一致的结论：“温室气体”的积聚形成“温室效应”，使全球平均温度增加，导致人类活动引起的气候变化。

表 8.5 温室气体的种类和特征

种类	在增温效应中的比例/%	在大气中的寿命/年
CO_2	63	10～1000
CH_4	18	12
N_2O	6	114
HFCs+PFCs+SF_6	12	1.4～50000
其他	<1	0.7～1700

资料来源：IPCC，2007。

温室气体中对气候变化影响最大的是 CO_2，它产生的增温效应占所有温室气体总增温效应的 63%，而且在大气中的平均存留期可长达 200 年。人类活动中排放 CO_2 最显著的是化石能源燃烧，其中煤含碳量最高，石油次之，天然气较低。化石能源开采过程中的煤炭瓦斯、天然气泄漏可排放 CO_2 和 CH_4，水泥、石灰、化工等工业生产过程排放 CO_2，水稻田、牛羊等反刍动物消化过程排放 CH_4，土地利用变化减少吸收 CO_2，废弃物释放 CH_4 和 N_2O。

对地球大气圈中 CO_2 浓度的直接观测是从 1957 年在夏威夷的 Mauna Loa 观测站开始的，结果清楚地表明 CO_2 浓度直线上升，大致从 1957 年的 315ppm 上升到 2009 年的 387ppm（IPCC，2007）（图 8.3）。根据各种不同的测量与代用资料（主要是冰芯分析），可以重建历史上大气中 CO_2 浓度的变化。结果显示，从公元 10 世纪到 18 世纪中期，大气中 CO_2 的浓度水平大致稳定地维持在 280ppm。从 1750 年（大致与工业革命开始时对应）开始，CO_2 浓度开始上升，近 50～100 年呈加速上升的趋势，这显然与工业化后化石燃料的加速使用密切相关。其他温室气体加起来对地球变暖的作用也很可观。200 多年来不断加剧的人类活动造成了大气中各种温室气体浓度的增加（表 8.6），目前地球大气的 CO_2 浓度已经超过了过去 65 万年任何时期的浓度。

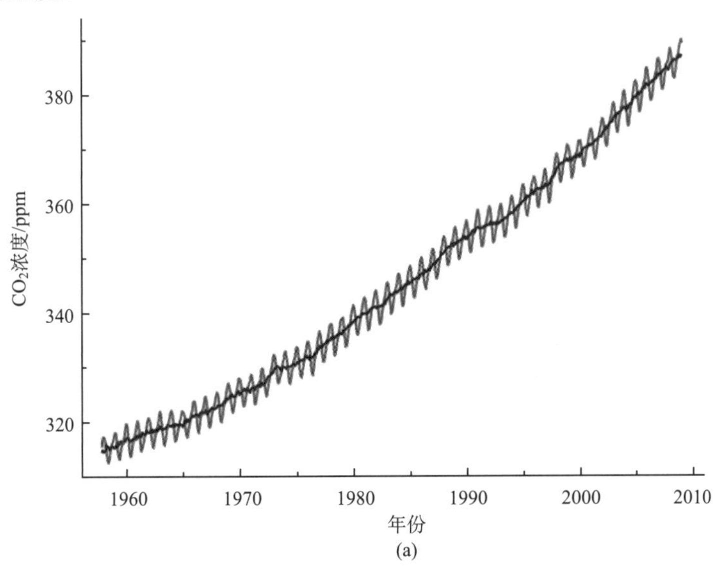

(a)

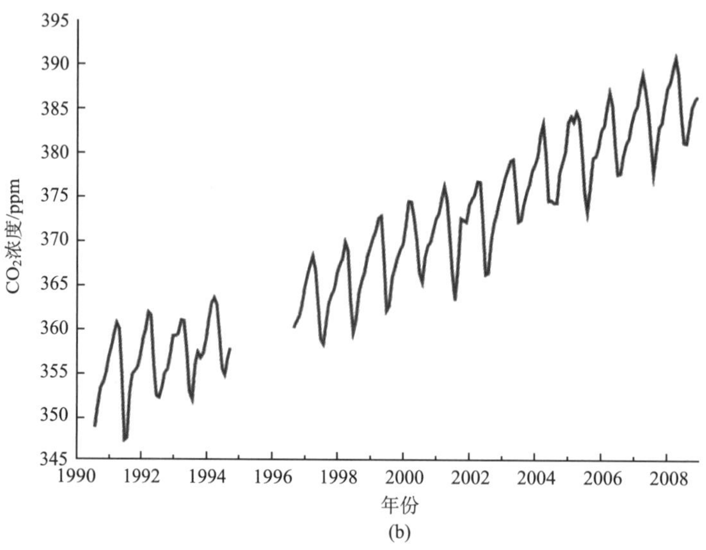

图 8.3 美国夏威夷 Mauna Loa（a）（http://www.esrl.noaa.gov/gmd/ccgg/trends）和中国瓦里关（b）（http://gaw.kishou.go.jp/cgi-bin/wdcgg）观测到的大气 CO_2 浓度变化

表 8.6 1750 年以前和 2005 年大气中主要温室气体浓度的对比

年份	CO_2 /ppm	CH_4 /ppb	N_2O/ppb
1000～1750	280	700	270
2005	379	1774	319
增幅/%	35	153	18

资料来源：IPCC，2007。

IPCC 第四次评估报告指出，2004 年全球温室气体排放构成中，26%来自能源供应，19%来自工业生产，土地利用变化和林业占 17%，农业占 14%，交通运输占 13%，住宅及服务行业占 8%。全球与化石燃料相关的二氧化碳排放，从 1850 年的 2 亿 t，增长到 2006 年的 285 亿 t，增长了超过 140 倍。2006 年，电力及热力供应大约占温室气体排放的 45.1%，制造业和建筑业占 19.2%，交通运输业占 19.2%，其他燃料燃烧占 11.3%，工业过程温室气体排放占 4.5%（IPCC，2007）。此外，农业排放 CH_4 和 N_2O，产生了约占全部人为温室气体排放 14%的二氧化碳当量。毁林也造成相当的碳排放（IPCC，2007）。

2. “温室气体”积聚与全球变暖

在玻璃温室中，太阳辐射可透过玻璃到达室内并被植物和土壤吸收，同时后者又以长波辐射的方式向外发射，但这些长波辐射被玻璃吸收并将部分辐射再反射回室内，从而使室内温度升高，并且温室抑制了与外部空气的对流热交换，能够相应地保持温室的温度。一般认为大气中水汽和 CO_2、CH_4、N_2O、HFCs、PFCs、SF_6 等气体对地表的作用，犹如玻璃对温室的作用，故称“温室气体”。但大气发生“温室效应”的根本物理机制是：“温室气体”可以吸收地-气红外长波辐射加热地表，同时温室气体还像覆盖在地表的棉被，使地表辐射不至于无阻挡地射向外空，从而使地表和对流层增温。这或许称为“大气红外保温气体”“大气红外保温效应”更恰当（秦大河，2009）。

此外，人类利用的全部能量（包括化石燃料燃烧及太阳能、水力发电、风能等）最终都将转化为热能进入地球大气系统，这就存在着一种可能性：即使全部停止化石燃料的消费，改用太阳能、水力发电、风能等清洁能源，地面和大气对流层仍然都将被加热。人类如果不改变生存方式，减少能源的消费，全球变暖的进程似将愈演愈烈。

IPCC 第三次评估报告（IPCC，2001）指出，20 世纪地表平均气温已升高 0.4～0.8℃（图 8.4）。

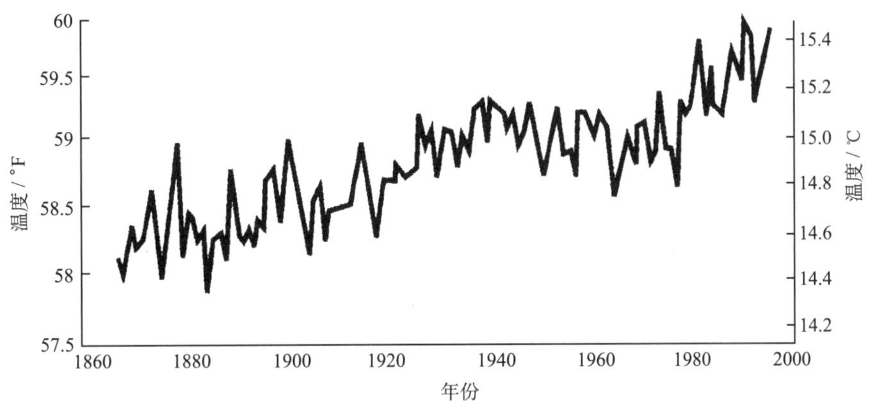

图 8.4 全球表层平均大气温度（IPCC, 2001）

预计到 2100 年，全球平均地表气温将比 1990 年增加 1.4～5.8℃（IPCC, 2001）。IPCC 第四次评估报告（IPCC，2007）的研究结果显示，近百年（1906～2005 年）全球平均地表温度上升了 0.74℃，过去 50 年的线性增暖趋势为每 10 年升高 0.13℃，几乎是过去 100 年的两倍，升温在加速。根据全球地表温度器测资料，1995～2006 年有 11 年（除 1996 年）位列 1850 年以来最暖的 12 个年份之中。综合多模式多排放情景预估结果表明，到 21 世纪末，全球地表平均增温 1.1～6.4℃，全球平均海平面上升幅度预估范围为 18～59cm。在未来 20 年中，气温大约以 0.2℃/10a 的速度升高，即使所有温室气体和气溶胶浓度稳定在 2000 年水平，每 10 年也将进一步增暖 0.1℃。如果 21 世纪温室气体的排放速率不低于现在，将导致气候的进一步变暖，某些变化会比 20 世纪更明显。IPCC 第五次评估报告（秦大河和 Stocker，2014；IPCC，2013）的基本结论是，1880～2012 年全球地表平均温度上升约 0.85℃，1983～2012 年可能是近 1400 年来最暖的 30 年；20 世纪 50 年代以来全球气候变暖一半以上是人类活动造成的；未来全球气候系统将进一步变暖，与 1986～2005 年相比，2081～2100 年全球地表平均气温可能升高 0.3～4.8℃；限制气候变化需要大幅度持续减少温室气体排放。如果将 1861～1880 年以来的人为 CO_2 累积排放控制在 1000 GtC,那么人类有超过 66%的可能性把未来升温幅度控制在 2℃以内（相对于 1861～1880 年）。

中国的气候变暖趋势与全球基本一致。1908～2007 年中国地表平均升高了 1.1℃，最近 50 年北方增温最为明显，部分地区升温高达 4℃。气候模式预估结果表明，与 1980～1990 年相比，到 2020 年中国年平均气温可能升高 0.5～0.7℃，到 2050 年可能升高 1.2～2.0℃，到 21 世纪末可能升高 2.2～4.2℃。北方增暖大于南方，冬、春季增暖大于夏、秋季（秦大河，2009）。

3. 土地利用变化对气候的影响

土地利用变化是人类活动影响气候变化的另一主要因素。土地利用变化导致地表覆被变化，改变了地表反射率等物理特征，影响辐射、热量和水分的交换，从而影响温度和湿度的变化。总的来说，基于人类利用方向的土地利用变化倾向于增加反射率，使得更多的能量返回大气中，使对流层温度增加，大气的稳定性增强并减少对流雨。

土地利用/覆被变化对气候的影响还在于土地表面是温室气体如 CO_2、CH_4、N_2O 等的重要来源。植被类型、密度和土壤特征的变化通常引起陆地碳等元素储存和其通量的变化，进而使大气组成和含量发生变化，从而影响气候变化。前工业时期，大气中的 CO_2 增加量主要来自土地利用的变化，目前大气中 CO_2 含量比前工业时期增长了大约 25%。估计 1850～1985 年大气中 CO_2 增加量的 35%是由土地利用变化引起的，主要是森林的退化。1850～1980 年碳的释放量中，由于化石燃料的燃烧占 150～190PgC，而土地利用变化则占 90～120PgC。土地利用/覆被变化，如农业的扩张、城市化过程、森林的退化、生物量的燃烧等是 CH_4 的直接来源。湿地是 CH_4 的最大来源，估计湿地释放 CH_4 量占大气中 CH_4 总释放量的 20%，湿地 CH_4 释放量是 115Tg/a，水稻释放量估计可达 110Tg/a。草地也是 CH_4 的重要来源，主要通过动物粪便，释放量可以通过世界牛、羊及野生动物的量来估计。森林的砍伐和焚烧也导致 CH_4 的增加。近年来 N_2O 的增加可能是来源于热带（大片森林的砍伐）和北半球中纬度地区（人类活动影响）。在所有的 N_2O 来源中，土地利用/覆被变化引起的占 80%。土地利用/覆被变化导致土壤特性变化会影响 N_2O 的释放量，如巴西从草地释放的 N_2O 是从未受干扰的森林土壤释放量的 5 倍。但有些研究并不认为从热带草原地区的 N_2O 释放量比森林土壤多。

土地利用/覆被变化可以改变大气中气体的含量和组成从而影响大气质量。正如上面所提到的对 N_2O 的影响，N_2O 可以破坏臭氧层而引起地表辐射的增强；同样土地利用/覆被变化对 CH_4 有重要影响，而 CO 的最大来源是 CH_4 的氧化，据估计 60%的 CO 来源于土地利用/覆被变化；城市化和工业的发展影响对流层光化学烟雾的组成成分，光化学烟雾通过分散和吸收太阳辐射而改变地表受到的辐射量。有关光化学烟雾浓度和光温度增加的证据还不多，但一些工业地区其浓度确实增加了，而且有证据表明其浓度的增加不仅局限于当地。土地利用/覆被变化引起的 S 释放量还不确切，但估计不超过 S 所有来源的 5%；SO_2 主要来自化石燃料的燃烧，在 SO_2 浓度高的地区还可能引起酸雨。

二、气候变化的影响

1. 全球变暖的可能效应

气候变化古已有之，现在气候变化的独特之处在于人类活动改变了大气圈的组成和行为，致使其变化速率前所未有。如果目前这种趋势继续下去，则地球将面临突破任何历史记录的气候冲击。虽然区域气候对全球温室气体积累的响应还不甚明确，但从古气候记录和其他证据可知，地表平均温度哪怕是很小的异常变化，也足以对地方气候产生严重的影响。例如，现代与小冰期气候差别的平均温度体现不过就是 1℃，但在欧洲，延续于 14～17 世纪的小冰期却使传统农作物频频歉收或绝收。中国小冰期的开始早于欧洲，其间作物产量亦显著下降。若地表平均温度在目前水平上提高 5℃，则地球将比过去 300 万年中的任何温暖期都热。在已经历过那些温暖期间的北半球的极地冰盖消失，海平面比现在高出 75m，热带和亚热带曾向北扩展到现在的加拿大和英格兰。

气候与其他自然过程乃至经济发展都有解不开的联系。温室气体的增温效应及有关的气候变化必然会导致生物—自然过程和社会经济条件的改变。一种直接影响是全球海平面上升，其原因是海洋水体热膨胀和冰川融化的综合作用。自 1961 年以来的观测表明，全球海洋平均温度的增加已延伸到至少 3000m 深度，海洋已经并且正在吸收 80%以上被增添到气候系统的热量。这一增暖引起海水膨胀，并造成海平面上升。南北半球的冰川和积雪总体上都呈退缩状况，冰川和冰帽的大范围减少也造成了海平面上升。20 世纪全球海平面上升约 0.17m。1961～2003 年，全球平均海平面上升的平均速率为 1.8mm/a。1993～2003 年，该速率有所增加，约为 3.1mm/a。IPCC 第三次评估报告预计，到 2100 年全球平均海平面将比 1990 年上升 9～88cm（IPCC, 2001），IPCC 第四次报告则预估上升幅度范围为 18～59cm。人口密集的世界大河三角洲和沿海低地将受到显著影响，自然系统和人类活动都会受到严重威胁。

由于大气圈保持水汽的能力随温度的增加而增加，全球变暖很可能导致全球变湿。某些模拟结果显示，二氧化碳倍增将使全球平均降水量增加 7%～11%。另外，较高的大气和地面温度也将加强植物和土壤的总蒸发。两方面平衡，土壤水分已趋紧张的地区将更为紧张。特别是作为世界主要粮食产区的中纬度和大陆中部地区将变干旱，夏天更为明显，作物生长期的水分条件恶化将导致农业减产。

温室气体的增温效应在全球的分布是不均匀的，将会显著缩小热带与极地之间的温差，从而影响全球天气系统的热动力机制，显著改变决定区域气候的大气环流和洋流的格局。这种天气动力的变化将改变很多地理区域的生态和生产条件，而且极端天气事件发生的频率、出现时间、延时和分布都会变化。

人类活动的很多方面如农业、林业、渔业、人体健康、沿海的基础设施、聚落、交通运输等都会受影响。由于农业的普遍存在，其对人类生存的重要性和对气候条件的敏感性，以及气候变化对它的影响更受到高度重视。

气候变化包括长期平均状况的渐变，“正常范围”内的大波动，可能极端事件的类型、频率、强度和分布的变化，而且所有这些可能会同时出现，包括农业在内的人类活动不仅对平均状况的变化，而且对波动和预料不到的情况都应做出响应。气候波动尤其是极端事件的变动对人类社会的冲击，很可能比可预料的长期平均状况变化还严重。

对全球气候变化虽然有了普遍的认同，但还存在一些重大的不确定性。未来气候的状况一般都由普通环流模型或全球气候模型（GCMs）导出，而大多数此类模型对与全球变暖有关的季节性和区域性气候变化的判断却大异其趣，尤其在区域降水量变化的判断上差异更显著，而区域温度变化的判断上差异较小。全球气候变化会在什么时候产生重要的社会经济影响，也不是很明确的，部分原因使未来温室气体的排放量不确定。气候将渐变还是突变，也不确定。很多此类不确定性的根源在于我们对全球气候系统的动态机制缺乏详细的认识。但气候本质上就是不确定的，所以这不能成为阻止分析气候变化（或不确定性）对经济和其他方面影响的理由。必须承认气候的波动性和不确定性，不管它是否“变化”，这是分析气候对社会经济负面影响的前提。

2. 气候变化对全球生态的影响

目前气候变化的影响已经逐步显现，体现在冰冻圈、农业、水资源、生态系统、海岸带、人类健康诸多方面，预计未来影响会更加严重（秦大河，2009）。IPCC 第四次评估报告总结到，气候变化已经并将可能影响到自然和社会系统的方方面面，适应气候变化任重道远，未来气候变化影响的脆弱性水平取决于选择可持续发展的途径，适应和减缓并重方可降低气候影响的风险（IPCC，2007）。

大量观测资料表明，许多生态系统已经发生了显著变化。在已观测到的气候变化影响方面，包括冰冻圈的退缩及其伴随的冰湖扩张、多年冻土区的不稳定现象增加、极区生态系统发生显著变化；冰雪补给使河流径流增加、许多河湖生态系统由于水温增加而改变；陆地生态系统中春季植物返青、树木发芽、鸟类迁徙和产卵期提前，动植物物种向两极和高海拔地区推移；海洋和淡水生物系统中，水温升高导致的盐度、含氧量和环流变化使高纬度海洋和高海拔地区湖泊中藻类与浮游生物受到显著影响，河流中鱼类的地理分布发生改变。

到 21 世纪中叶之前，高纬和部分热带潮湿地区，预估年平均河流径流量和可用水量会增加 10%～40%，而某些中纬度和热带干燥地区，径流量和可用水量则会减少 10%～30%，21 世纪内冰雪储水量预估会下降。21 世纪气候变化的影响扰动（洪涝、干旱、野火、虫害、海水酸化）和全球变化的多因素叠加（土地利用变化、污染、资源过度开采），其影响强度将超过许多生态系统的适应弹性，陆地生态系统碳净吸收可能达到峰值后衰减，进而加速气候变化。如果未来全球平均气温升高 1.5～2.5℃，目前所评估的 20%～30%的生物物种灭绝的风险将增大，生态系统结构、功能、物种的地理分布范围等可能出现重大变化。在中高纬地区，如果局地温度升高 1～3℃，农作物生产力预估会略有提高；而升温超过这一幅度，在某些地区农作物生产力可能会降低。在低纬地区，特别是季节性干燥和热带地区，即使局地小幅升温（1～2℃），农作物生产力也可能降低。由于海平面上升，海岸带预估会有较大风险，盐沼和红树林等海岸湿地受海平面上升的不利影响，到 2080 年预估数百万沿海人口遭受洪涝灾害。海水表面温度升高 1～3℃，会导致珊瑚礁白化甚至大面积死亡。气候变化对人居环境和健康的影响将越来越突出，如高温、热浪、传染性疾病等。

3. 全球气候变化的区域影响

气候变化的影响在世界各大区域均有不同程度的表现（表 8.7）。

表 8.7 IPCC 预估部分区域影响

地区	影响表现
亚洲	到 21 世纪 50 年代，在中亚、南亚、东亚和东南亚地区，由于洪水增加，海岸带（特别是在南亚、东亚和东南亚人口众多的大三角洲地区）将面临的风险最大 气候变化会加重对自然资源和环境的压力，这与快速的城市化、工业化和经济发展有关 由于预估的水分循环变化，在东亚和南亚和东南亚，预计地区与洪涝和干旱相关的腹泻疾病发病率与死亡率会上升

续表

地区	影响表现
欧洲	气候变化会扩大欧洲在自然资源与资产上的地区差异。负面影响将包括内陆山洪的风险增大，海岸带洪水更加频繁和海水侵蚀加重（由于风暴潮和海平面上升） 山区将面临冰川退缩、积雪消融和由此造成的冬季旅游减少、大范围物种消失（在高排放情景下，到2080年，某些地区物种损失高达60%） 在欧洲南部，气候变化会使那些已经对气候变化显得脆弱的地区条件更加恶劣（高温和干旱），使可用水量减少、水力发电潜力降低、夏季旅游减少、农作物生产力普遍下降 由于热浪以及野火的发生频率增加，气候变化也会加大健康方面的风险
北美洲	西部山区变暖会造成积雪减少，冬季洪水增加以及夏季径流减少，加剧过度分配的水资源竞争 21世纪最初几十年，小幅度气候变化会使雨养农业的累计产量增长5%～20%，但区域间存在重要差异。对于农作物，主要挑战是接近其温度适宜范围的变暖上限，或者取决于对水资源的高效利用 目前遭受热浪的城市在21世纪会受到热浪袭击的频率、强度、持续时间都会增加，可能对健康造成不利的影响 海岸带和居住环境将日益受到与发展和污染相互作用的气候变化影响的压力
拉丁美洲	到21世纪中叶，在亚马逊东部地区，温度升高及相应的土壤水分降低会使热带雨林逐渐被热带稀疏草原取代，半干旱植被将趋向于被干旱地区植被取代 在许多热带拉丁美洲地区，物种灭绝使其面临显著的生物多样性损失风险 某些重要农作物生产力下降，畜牧业生产力降低，对粮食安全带来不利的后果。预估温带地区的大豆产量会增加。总体而言，面临饥饿风险的人数会有所增加 降水形态的变化和冰川的消融会显著影响供人类消费、农业和能源生产的可用水量
澳大利亚和新西兰	到2020年，在某些生态资源丰富的地点，包括大堡礁和昆士兰湿热带地区，会发生显著的生物多样性损失 到2030年，在澳大利亚南部和东部地区，新西兰北部地区，水安全问题会加剧 由于干旱和火灾增多，在澳大利亚南部和东部大部分地区以及新西兰东部部分地区，农业和林业产量会下降，但在新西兰其他区域，最初效益会上升 到2050年，在澳大利亚和新西兰的某些地区，由于海平面上升，风暴潮和海岸带洪水的频率和程度会增加，该地区的海岸带发展和人口增长会面临的风险增大
非洲	到2020年，有7500万到2.5亿人口会由于气候变化面临的缺水压力加剧 在某些国家，雨养农业会减产高达50%。在许多非洲国家农业生产包括粮食获取会受到严重影响，进而影响粮食安全，营养不良现象加重 到21世纪末，海平面上升将影响到人口众多的海岸带低洼地区，采取适应措施所花费的成本总量至少可达到国内生产总值的5%～10% 根据一系列气候情景，到2080年非洲地区干旱和半干旱土地会增加5%～8%
极地地区	冰川和冰盖厚度、面积将减少，自然生态系统的变化对许多生物将产生有害的影响，包括迁徙鸟类、哺乳类动物和高等食肉类动物 对北极的人类社区的各种影响（特别是冰雪状况变化产生的影响）会交织在一起；包括对基础设施和传统本土生活方式的不利影响 在两极地区，由于气候对物种入侵的屏障降低，特殊的栖息地会更加脆弱
小岛屿	海平面上升会加剧洪水、风暴潮、侵蚀及其他海岸带灾害，进而危及小岛屿的基础设施和环境设施，而这些设施对维持小岛生存至关重要 海岸带环境退化（如海滩侵蚀和珊瑚白化）会影响当地的资源 到21世纪中叶，气候变化会减少许多小岛屿的水资源，如加勒比海和太平洋，因而少雨期难以满足对水资源的需要 较高温度条件会增加非本地物种入侵的风险，特别是在中高纬度的岛屿

资料来源：IPCC，2007。

如果全球平均温度升高1～3℃，预估某些影响会给一些地区和行业带来效益，而在另一些地区和行业则会增加成本。如果升温4℃，全球平均损失可达国内生产总值的1%～5%，而发展中国家预期会承受大部分损失。自IPCC第四次评估以来，有越来越多的证据表明，人类活动正在适应观测到的和预期的气候变化。对于某些影响来说，适应是唯一可行和适当的应对措施，随着气候的不断变化，可选择的有效适应措施会减少，相关的成本增大。可供人类社会选择的潜在适应措施有很多，从纯技术（如海堤）到行为（如改变食物和娱乐方式），再到管理（如改变耕作习惯），最后到政策（如计划规范），适应措施的执行在环境、经济、信息、社会、态度和行为等方面存在着相当大的障碍，对于发展中国家，资金到位及适应能力建设尤为重要。

脆弱地区面临多重压力，而这些压力会影响暴露程度、敏感性和适应能力，从而导致脆弱性加剧。这些压力来自当前的气候灾害、贫困、资源获取上的不公平、粮食短缺、经济全球化、冲突及疾病的发生。由于假定的发展路径不同，所预计的气候变化的影响也会迥然不同。这种差异在很大程度上是脆弱性的差异，而非气候变化的差异。通过提高适应能力并增强恢复能力，可持续发展能够降低应对气候变化的脆弱性。然而，目前几乎还没有把适应气候变化影响或提高适应能力明确地纳入可持续发展规划中。

在未来几十年内，即使做出最迫切的减缓努力，也不能避免气候变化的进一步影响，这使得适应成为主要的措施，特别是应对近期的影响是迫在眉睫的任务。从长远看，如果不采取减缓措施，气候变化可能会超出自然系统、人工管理和社会系统的适应能力。

思 考 题

1. 采矿活动对地表的破坏有哪些表现？
2. 采矿活动如何影响地表水和地下水？
3. 采矿活动如何影响土壤和植被？
4. 何谓边际土地？为何不得不开发边际土地？边际土地开发会产生那些生态影响？
5. 水库工程会产生哪些生态影响？
6. 灌溉工程的负面生态效应有哪些表现？
7. 人类活动如何减少了生物多样性？
8. 举例说明不慎引入外来物种的恶果。
9. 人类利用自然资源如何增加了地球大气中的温室气体？
10. 为什么说温室气体集聚是引发全球变暖的重要原因？
11. 气候变化将在哪些方面影响生态系统？

补 充 读 物

谢高地. 2009. 自然资源总论. 北京：高等教育出版社.

秦大河. 2014. 气候变化科学与人类可持续发展. 地理科学进展, 33(7): 874-883.

第九章 自然资源利用生态代价核算

自然资源利用影响生态系统的可持续性，需要把握这种影响的程度，因此有必要核算自然资源利用的生态代价。生态代价核算已成为国内外的学术热点，涌现出很多方法，本章介绍其中两种——自然资源利用的生态足迹（ecological footprint）核算和环境经济一体化核算。

第一节 自然资源利用的生态足迹核算

一、生态足迹的概念与核算方法

1. 生态足迹的概念

生态足迹指人类消耗自然资源或消纳废物所占用的具有生态生产力的地域面积（包括陆地和水域），用以定量评估人类消耗自然资源（包括生态系统服务）对生态的影响。该概念最早由加拿大生态经济学家 William Rees 于 1992 年提出（Rees, 1992），由 Wackernagel 和 Rees（1996）进一步完善，他们形象地把这个概念比喻为“一只负载着人类与人类所创造的城市、工厂……的巨足，踏在地球上留下的足迹”（图 9.1）。这一形象化概念既反映了人类利用自然资源对地球生态系统的影响，也隐喻“一旦生态足迹超出了地球所能提供的生态潜力，人类文明终将无以支撑”。

图 9.1 生态足迹意象（Wackernagel and Rees, 1996）

生态足迹占用生态“潜力”（ecological capacity），即一定区域能够提供的生态生产性地域面积。生态足迹和生态潜力分别代表人类自然资源利用的生态影响及自然界为人类生存和发展提供的支持能力。通过核算特定区域内资源消耗及废物排放所需要的生态生产性面积，可以定量地衡量生态足迹，这表征着对自然资源的生态需求；另外，用该区域能够提供的生态生产性土地面积来衡量生态潜力，这表征了自然资源的生态供给。通过二者的比较可以反映在一定的社会发展阶段和技术条件下，自然资源消耗与生态承载力之间的差距，从而衡量和分析区域自然资源利用的可持续性。

生态足迹的概念生动新颖，核算简明，适用范围很广，既可以核算个人、家庭、城市、地区、国家乃至整个世界的生态足迹，对这些不同尺度的生态足迹进行纵向的、横向的比较分析，也可以就不同人类活动（如某一产业、某类资源开发、货物贸易、汽车的使用）进行生态足迹核算。生态足迹的概念和核算结果可为决策、公众教育和行为准则制定等方面提供依据，已在许多国家和地区得到应用。世界野生生物基金会等机构每两年发布一次世界各国生态足迹核算结果，很多国家都进行了生态足迹核算，在区域和城市等尺度上更是涌现了大量研究案例。

2. 生态足迹和生态潜力的度量与比较

自然资源来自地球生态系统，与一定的地表面积相联系，所以生态足迹与生态潜力都可用“生态生产性地域”来表征。生态生产性地域可分为六大类：①矿产开发土地。指开采矿产资源所占用的土地，还包括吸收化石燃料使用所排放废气所需的生态空间，如林地面积。这里的生态空间并不包括生物多样性保护所需的林地和提供木材的林地，它们提供的产品和生态服务需另占生态空间。②可耕地。主要指提供粮食、纤维、油料等农产品的土地。从人类生态角度看，可耕地是所有生态生产性土地中生产力最重要的一类，它所能集聚的适合人类生存需求的生物量最多。③林地。包括人造林或天然林，其生态生产力主要提供木材和其他林产品，还提供防风固沙、涵养水源、调节气候、维持大气水分循环、防止水土流失、保护物种多样性等诸多生态系统服务。④草地。其生态生产力可通过单位面积承载的牛羊数或奶、肉、毛皮类产量来核算，也提供诸多生态系统服务。⑤建筑用地。人居设施、基础设施、工厂商场等各类工程建设所占用的土地，是人类生存和发展必需的场所。人类多定居在最优质的土地上，由于城市化的急速发展，大量可用于生产的耕地已被建筑用地侵占，建筑面积的增加意味着生物生产量的降低。⑥水域。水域的生态生产力主要指水产品的单位面积产量，水域还提供多种生态系统服务。

生态生产性地域以标准化的土地面积单位即全球公顷（global hectare，ghm^2）来度量，表示世界所有生态生产性土地的平均单位面积产量，据此可对不同国家和地区的生态足迹进行核算与比较。实际生态生产性土地面积向标准化全球公顷的转化是通过均衡因子（equivalence factor）或产量因子（yield factor）进行的。均衡因子是某类土地潜在生态生产力与世界上所有土地的平均潜在生态生产力的比值，反映不同类型土地之间生态潜力的差异，可根据联合国粮食及农业组织和国际应用系统分析研究所在全球农业生态区划研究中估计的适宜性指数求算（Wackernagel et al., 2002）。产量因子是某类土地在特定地区的实际平均生产力与世界实际平均生产力的比值，反映土地管理和技术水平的差异。

1）生态足迹的度量

生态足迹分为两大类型（图 9.2）：一类是直接的，依赖生态系统的供给功能，如为满足食物消费占用农地；另一类是间接的，依赖生态系统的其他服务，如能源消费需要地域空间来吸纳 CO_2。能源消耗之所以占用土地，主要是因为：①化石能源本身就是土地的重要组成部分，是地球生态系统生产力在长期地质历史中形成的不可再生资源；②无论化石燃料的开采，还是水力电站、风力电站、火力电站、核电站的建设，乃至输电塔架，都直接占用土地；③能源消费所排放的废热和 CO_2 等废气需要有一定的环境容量才能被吸收。

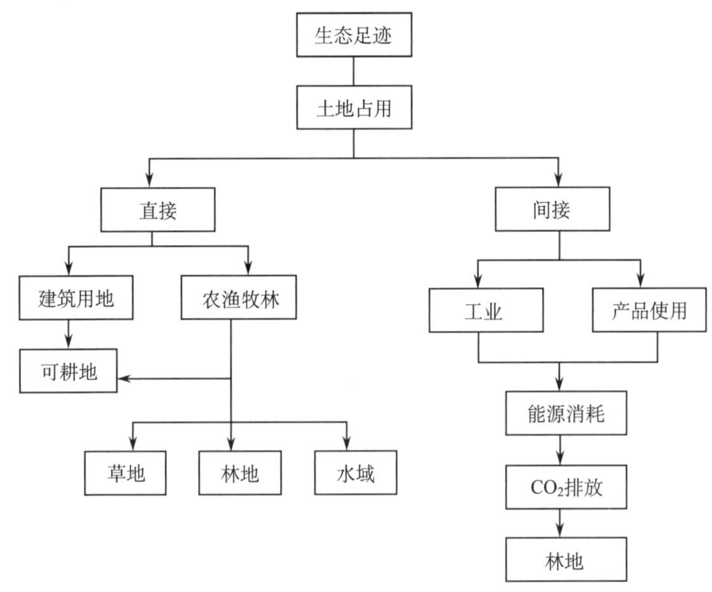

图 9.2　生态足迹类型

2）生态潜力的度量

生态潜力表现为自然资源承载力，是指在不损害区域生产力的前提下，一个区域有限的资源能供养的最大人口数。这一概念只强调人口数量而忽视不同地区人口在生产和消费方式上的差异，因而在地区间是不可比的。其实自然资源承载力不仅取决于人口本身的规模，而且也取决于人均消费及其生态影响。Hardin（1993）进一步提出“生态容量”的概念，其定义为“在不损害有关生态系统生产力和功能完整的前提下，可无限持续的最大资源利用和废物产生率”。生态潜力的度量接受了哈丁的概念，用一个地区所能提供给人类的生态生产性土地面积的总和来度量该地区的生态潜力，表征该地区的生态容量。

3）生态赤字与生态盈余

区域的生态赤字（ecological deficit）或生态盈余（ecological remainder），反映了区域人口对自然资源的利用状况及其生态影响（张志强等，2001）。一个地区的生态潜力小于生态足迹时，就出现生态赤字，用生态潜力减去生态足迹的差数来度量；生态潜力大于生态足迹时，则产生生态盈余，用生态潜力减去生态足迹的差数来度量。生态赤字表明该地区的自然资源利用超过了生态容量，要满足该地区人口在现有生活水平下的消费需求，需要从地区外进口欠缺的资源以平衡生态足迹，或者需要通过过度消耗自然资源来弥补当前资源供给量的不足。

这两种情况都说明该地区的自然资源利用处于相对不可持续的状态，不可持续的程度可用生态赤字来衡量。相反，生态盈余表明该地区的生态潜力足以支持自然资源消费，地区内自然资源的供给流大于消费需求流，地区自然资源总量有可能增加，生态容量有望扩大，该地区自然资源消费模式具有相对可持续性，可持续程度用生态盈余来衡量。

4）全球基准

扣除其他生物生存所需地域面积后的世界人均土地资源拥有量为全球基准（global benchmark），它是各类地域人均值的总和。Wackernagel 等（1997）核算出 1995 年世界人均占有生态生产性土地 1.8hm^2，但至少应留出 12%的生态潜力空间来保护全球生物多样性。因此，实际人均占有量的全球基准应为 1.6 hm^2。将所研究区域的人均生态足迹与全球基准相比较，可知该地区人均资源利用水平在世界范围内的相对位置，也可判断资源消耗及分配的公平性。

3. 基本假设

生态足迹核算基于如下基本假设。

（1）可以追踪国家或地区年度资源消耗量和废物排放量，度量单位可以是质量单位、热量单位或体积单位。

（2）大多数自然资源消耗量和废物排放量可折算成生态生产性土地面积。

（3）可赋予不同类型的土地面积一定的权重，从而将其折算成同一标度（全球公顷）。

（4）各类生态生产性地域在空间上互斥。例如，若同一块土地用于城市建设，就不可能同时用于生产林产品、农产品、畜牧产品等。这种假设是为了避免累加各类生态生产性地域面积占用时的重复计算，并不意味着同一土地不能同时提供多种服务，但生态足迹核算仅考虑人类利用自然资源的主要功能。对于同一块土地上的轮作，则按其份额分别核算。

（5）累加的生态足迹和生态潜力可以直接进行比较，都用标准面积来表示，分别度量了对自然资源的需求和供给。

（6）需求面积可以超过供给面积。均衡方式有两种：一是通过自然资源进口来均衡赤字；二是通过过度开发当地自然资源来满足需求，结果将导致自然资源耗竭或生态耗竭。

4. 核算方法

按照数据的获取方式，核算一个地区的生态足迹通常有两种方法。第一种称为综合法（compound approach），就是自上而下法，是在地区性或全国性统计资料中提取地区生产总量、出口总量、进口总量和年终库存总量，据此得到全地区消费总量的数据，再除以地区总人口，就可以得到人均消费量；第二种称为成分法（component approach），是自下而上法，即通过查询统计资料、发放调查问卷等直接获得人均消费量数据。一般来说，自下而上法核算的人均生态足迹不包含地区经济运转、社会发展所需的消费量，核算结果比第一种方法偏低。但与全国性统计资料相比，完整而准确的局部进出口贸易和消费资料更难获取，尤其对小尺度的研究区而言，所以通常两种方法结合，以使数据更全面、准确。生态足迹的核算及其与生态容量的比较遵循以下 5 个步骤（杨开忠等，2000）。

第一步，核算各主要消费项目的人均年消费量。包括：①划分消费项目。包括直接消费和间接消费，还包括受益的商业和政府消费与服务。各具体研究的项目有所不同，如居民消费可分为能源消费和食物消费，也可分为粮食消费、木材消费、能源消费和日常用品消费等项目；②核算区域第 i 项年消费总量，消费=产出+进口–出口；③核算第 i 项的人均年消费量（C_i，kg）。

第二步，核算为了生产各种消费项目人均占用的生态生产性土地面积。利用生产力数据，将各项资源或产品的消费折算为实际生态生产性土地面积。设生产第 i 项消费项目人均占用的实际生态生产性土地面积为 A_i（hm^2），$A_i=C_i/P_i$，其中 P_i 为相应的生态生产性土地生产第 i 项消费项目的年平均生产力（kg/hm^2）。

第三步，核算生态足迹。①汇总生产各种消费项目人均占用的各类生态生产性土地；②核算均衡因子（γ）：六类生态生产性土地的生态生产力是存在差异的，均衡因子就是一个使不同类型的生态生产性土地转化为在生态生产力上等价的系数。某类生态生产性土地的均衡因子=全球该类生态生产性土地的平均生态生产力÷全球所有各类生态生产性土地的平均生态生产力；③核算人均占用的各类生态生产性土地等价量；④求各类人均生态足迹的总和（ef）：$ef=\Sigma\gamma A_i$；⑤核算地区总人口（N）的总生态足迹（EF）：$EF=N\times ef$。

第四步，核算生态容量。①核算各类生态生产性土地面积。②核算生产力系数：因为同类生态生产性土地的生产力在不同国家和地区之间存在差异，所以各国各地区同类生态生产性土地的实际面积是不能直接进行对比的。生产力系数就是一个将各国各地区同类生态生产性土地转化为可比面积的参数，是一个国家或地区某类土地的平均生产力与世界同类平均生产力的比率。③核算各类人均生态容量：某类人均生态容量=各类生态生产性土地的面积×均衡因子×生产力系数。④总计各类人均生态容量，求得总的人均生态容量。

第五步，核算生态盈余（ER）或生态赤字（ED），$ER=EC-EF$（$EF\leqslant EC$），$ED=EF-EC$（$EF>FC$）。

二、生态足迹核算案例

1. 全球生态足迹

全球尺度生态足迹指标考虑了地区间差异，并利用不同消费活动的内在联系——直接或间接利用自然资源——将核算结果高度整合。这些特点使得该方法尤其适合大范围区域（如全球尺度）的评价。Wackernagel 等（2004）分别核算了 1993 年、1995 年、1997 年、1999 年和 2002 年的全球生态足迹，结果如表 9.1 所示。

表 9.1 全球生态足迹 （单位：ghm^2）

年份	人均生态足迹	人均生态潜力	生态赤字
1993	2.8	2.1	0.7
1995	1.8	1.5	0.3
1997	2.3	1.8	0.5
1999	2.3	1.9	0.4
2002	9.6	5.2	4.4

资料来源：Wackernagel et al., 2004。

此研究使目前人类对自然资源利用的情况一目了然，并警示了生态环境保护的迫切性。就 1999 年而言，全球人均可利用生态生产性土地面积（人均生态潜力）仅为 1.9 ghm^2，若按留出 12%的生物生产性土地面积以保护生物多样性，则全球实际人均生态生产性土地面积不足 1.7 ghm^2。人均 1.7 ghm^2 的生态生产性土地面积就是 1999 年全球人均生态基准或生态潜力的底线（bottom-line）（徐中民等，2000）。可见，从全球范围而言，人类的生态足迹已超过了全球生态承载力，人类现今的消费量已超出自然系统的再生产能力，即人类正在耗尽全球的自然资源存量。

Living Planet Report（WWF et al., 2000）一书对全球 1961～1997 年各类型生态足迹进行了时间维的动态分析（图 9.3），结果表明 20 世纪 70 年代后期开始，人类的生态足迹已超过了自然环境的生态承载力，并且增长速度呈逐年上升趋势。

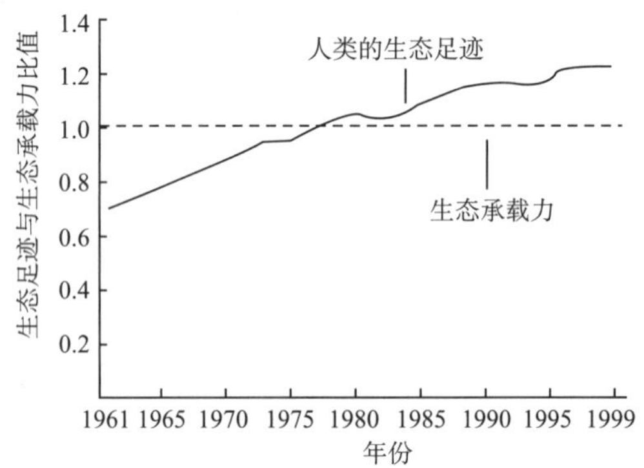

图 9.3　1961～1999 年全球人均生态足迹动态变化（WWF et al., 2000）

全球生态足迹网（Global Footprint Network，GFN）发布的新数据表明，2011 年全球生态足迹总量为 185 亿 ghm^2，人均生态足迹为 2.7ghm^2。1961～2011 年，人均生态足迹相对稳定在 2.4～2.9ghm^2；但世界人口数量由 31 亿增加到 70 亿，生态足迹总量增加了 146%（图 9.4）。欧洲和北美地区的人均生态足迹高于全球平均水平；高收入国家的人均生态足迹高于全球平均水平，是低收入国家的 5 倍（表 9.2）。

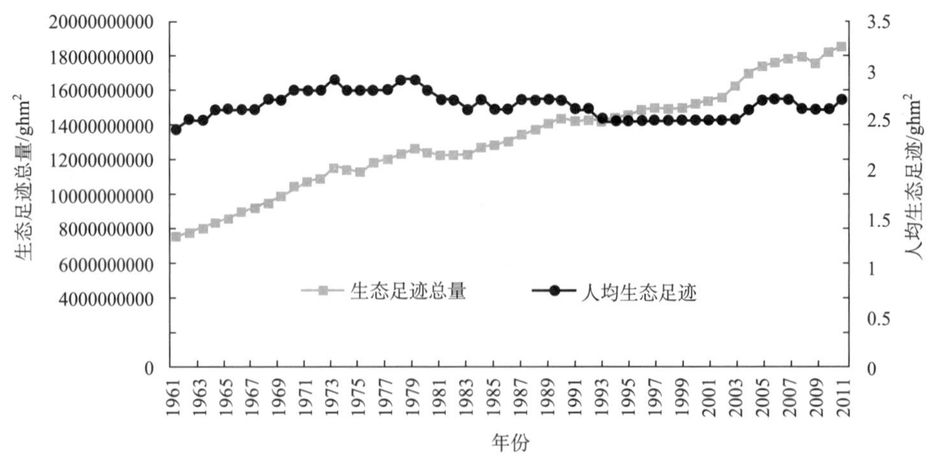

图 9.4　全球总生态足迹与人均生态足迹（GFN, 2015）

表 9.2　不同区域 2011 年人均生态足迹（GFN, 2015）

区域	人均生态足迹/ghm^2	与世界人均生态足迹的比值
非洲	1.0	0.4
亚太地区	1.8	0.7
欧洲-27	4.1	1.5
欧洲其他国家	3.9	1.5
中亚	2.5	0.9
北美	6.7	2.5
低收入国家	1.0	0.4
中低等收入国家	1.1	0.4
中高等收入国家	2.6	1.0
高收入国家	5.1	1.9

注：欧洲-27 指不包括克罗地亚的欧盟成员国。

2. 典型国家/地区生态足迹

Wackernagel 等（1997）对世界上 52 个国家和地区的生态足迹进行了核算，结果表明，所核算的 52 个国家和地区中的 35 个国家和地区存在生态赤字，只有 12 个国家和地区的人均生态足迹低于全球人均生态承载力。

GFN（2015）发布的新数据表明，发达国家人均生态足迹均高于全球人均水平，尤其是澳大利亚和美国，分别为全球平均水平的 3.1 倍和 2.5 倍。新兴经济体国家的生态足迹总量相对较高；人均生态足迹除巴西和俄罗斯外，仍低于全球平均水平，尤其是中国和印度分别是全球平均水平的 93% 和 36%左右，但是由于人口数量大，生态足迹总量分别位居全球第一和第三。发展中国家生态足迹总量和人均生态足迹相对较低，除不丹外，人均生态足迹低于全球平均水平。最不发达国家生态足迹总量和人均生态足迹最低，人均生态足迹约为全球平均水平的 30%（表 9.3）。

表 9.3　典型国家 2011 年人均生态足迹、人均生态容量和生态赤字（GFN,2015）

	发达国家					新兴经济体国家					发展中国家					最不发达国家				
	美国	德国	挪威	澳大利亚	日本	巴西	俄罗斯	中国	印度	南非	印度尼西亚	不丹	埃及	尼日利亚	委内瑞拉	阿富汗	孟加拉国	苏丹	莫桑比克	埃塞俄比亚
生态足迹总量/亿 ghm^2	21.29	3.62	0.24	1.89	4.84	5.61	6.40	34.84	11.11	1.28	3.24	0.03	1.38	1.69	0.77	0.19	0.99	—	0.21	0.84
人均生态足迹/ghm^2	6.8	4.4	4.8	8.3	3.8	2.9	4.5	2.5	0.9	2.5	1.3	4.1	1.7	1.0	2.6	0.6	0.7	—	0.9	0.9
生态容量总量/亿 ghm^2	11.49	1.71	0.41	3.65	0.88	18.18	9.61	13.01	5.50	0.58	2.95	0.05	0.43	1.00	0.81	0.12	0.57	—	0.51	0.48
人均生态容量/ghm^2	3.7	2.1	8.4	16.1	0.7	9.2	6.7	0.9	0.5	1.1	1.2	6.2	0.5	0.6	2.8	0.4	0.4	—	2.1	0.5

续表

	发达国家					新兴经济体国家					发展中国家					最不发达国家				
	美国	德国	挪威	澳大利亚	日本	巴西	俄罗斯	中国	印度	南非	印度尼西亚	不丹	埃及	尼日利亚	委内瑞拉	阿富汗	孟加拉国	苏丹	莫桑比克	埃塞俄比亚
生态赤字总量/亿 ghm^2	–9.79	–1.91	0.18	1.76	–3.96	12.56	3.21	–21.83	–5.62	–0.70	–0.29	0.02	–0.95	–0.69	0.04	–0.06	–0.43	—	0.30	–0.36
人均生态赤字/ghm^2	–3.1	–2.3	3.6	7.7	–3.1	6.4	2.2	–1.6	–0.5	–1.4	–0.1	2.1	–1.2	–0.4	0.1	–0.2	–0.3	—	1.2	–0.4
需要地球/个	3.9	2.5	2.8	4.8	2.2	1.7	2.6	1.4	0.5	1.4	0.8	2.4	1.0	0.6	1.5	0.4	0.4	—	0.5	0.5

可见，人均生态足迹与国家发展水平高度相关。人均生态足迹大的国家，其人类发展水平较高，人均 GDP 也较大，发达国家的人均生态足迹往往较高；而人均生态足迹小的国家，其人类发展水平较低，人均 GDP 也较低。最不发达国家的人均生态足迹往往最低，新兴经济体国家和发展中国家的人均生态足迹、人均 GDP 和人类发展水平整体上均处于中间水平，新兴经济体国家的人均生态足迹一般大于发展中国家。

徐中民等（2003）通过核算得出中国 1999 年人均生态足迹为 1.326 ghm^2，人均生态潜力仅为 0.681 ghm^2，人均生态赤字为 0.645 ghm^2，大部分省（自治区、直辖市）处于不可持续发展状态。而 Wackernagel 等（1999）的核算结果是，中国 1997 年的人均生态足迹为 1.2 ghm^2，而人均生态潜力为 0.8 ghm^2，人均生态赤字为 0.4 ghm^2。

3. 城市、行业、家庭和个人的生态足迹

已有研究核算了波罗的海流域 29 个大城市的生态足迹，这 29 个城市占波罗的海流域面积的 0.1%，但却至少占用整个波罗的海流域 75%～150%的生态系统，是其城市面积的 565～1130 倍。对渥太华、东京、伦敦等也分别进行了案例研究，基本结论是，渥太华的人均生态足迹为 5.0 hm^2，总生态足迹是其城市面积的 200 倍；东京都（包括东京都 23 区和神奈川县、琦玉县、千叶县）的生态足迹为 4811.94 万 hm^2（仅仅核算了食物、森林和废弃物吸收），是日本国土面积（3777 万 hm^2）的 1.27 倍，而全日本可居住的土地面积仅占其国土面积的 1/3（1255 万 hm^2），因此，要养活东京的现有人口，需要 3.8 个日本。伦敦的总面积为 15.8 万 hm^2，而每年需要的燃料、氧气、水、食物、木材、纸张、塑料、玻璃、水泥、砖头、石料、沙子、金属、工业废弃物、家庭和商业废弃物、下水道污泥、CO_2、SO_2、NO_2 等的总生态足迹为 1970 万 hm^2，是其面积的 125 倍，是英国国土总面积的 80.7%（Lawrence et al., 2003）。

生态足迹核算能够清晰地估算各种资源的利用情况，因此也用于分析特定产业的资源或能源消耗，如旅游业生态足迹、制造业生态足迹等，以辅助产业内部资源战略的制定及方案的优选。例如，运用这种方法核算了 2000 年非洲塞舌尔 117690 个旅游者的生态足迹，结果表明每个游客（10.4 天）的生态足迹 1.8 倍于世界人均年生态足迹（Gössling et al., 2002）。

家庭是社会终端消费的基本单元，它直接或间接地消费能源、原材料和水资源，同时产生各种排放物和废弃物，对环境产生各种负面影响，这些影响主要涉及食品、住宿、能源、交通、照明等，如在能源消费中，家庭是除工业外耗能最多的部门。因此，家庭生态足迹的核算应该是生态足迹研究的一个重要方面。苏筠和成升魁（2001）运用生态足迹法，估算了1999年北京和上海两直辖市居民家庭的食物、衣着、生活用品、生活用能等主要生活消费占用的生态空间，结果表明，两直辖市居民人均生态足迹面积分别为1.62 hm^2和1.33 hm^2。虽然估算相对保守，但结果都表明城市居民家庭生态足迹的总面积已经数十倍于城市实际面积。

三、生态足迹核算的改进

生态足迹核算在定量化评估人类利用自然资源的生态影响方面是一大创新，成为运用最成功和广泛的生态代价评价方法之一，但也存在一些缺陷和不足之处。国内外学者应用生态足迹分析的理论和方法进行了大量的案例研究，同时也注意到该理论和方法应用过程中存在的一些明显不足，并就如何改进和完善提出了许多建设性的意见与建议（白钰等，2008）。

1. 成功之处

（1）形象的概念、丰富的内涵和新颖的思想。生态足迹概念以生态学的视角，形象地反映人类利用自然资源对地球生态的影响，同时又把自然资源需求与自然资源供给联系起来，形象地描绘了人类对自然界和生态系统的依赖。一方面从供给角度测算生态潜力，另一方面从需求角度估计生态足迹，二者的比较得出特定区域的生态赤字或生态盈余，这就从一个全新的角度考虑人类社会经济发展与生态环境的关系，是一种全面分析人类对自然影响的有效工具。

（2）可测度性和全球可比性。生态足迹模型基于“全球平均生态生产性土地面积”这一简单、直观的标准单位来实现对各种自然资本的统一描述，并引入均衡因子和产出因子，实现了不同国家、区域各类生态生产性土地的可比性。

（3）可为决策提供支持。生态足迹核算能够在一定时期的特定经济背景下，定量地测定人类社会发展的物质需求与自然生态承载能力之间的总体性盈亏状况，揭示了一系列重要信息，如资源消耗对生态环境产生什么后果？自然资源利用在国家和地区之间的分配怎样?与可持续发展相关的重要资源问题是什么?可从什么途径解决?怎样使资源利用和人口更可持续?国际贸易产生了哪些环境压力？目前和未来的资源利用模式该如何?这就为自然资源管理和可持续发展决策提供了重要的科学依据。

（4）测算方法易于掌握。采用人们熟知的生态生产性土地面积为核算单位，测算生态生产性面积所需要的数据相对容易获取，具体实施障碍较少，生态足迹核算方法比较容易掌握和推广。核算结果较为可信，具有广泛的应用范围，既可以核算个人、家庭、城市、行业、地区、国家乃至整个世界的生态足迹，也可以核算不同行动方案的生态足迹，从而能够对时空二维的可持续性程度做出比较客观的量度和比较。

2. 不足与缺陷

（1）生态偏激。生态足迹分析法关注自然资源利用对生态系统的影响，偏重生态的可持续性。然而人类的福利是多面向的，人类对生态问题的响应也是动态的，生态足迹没有考虑经济、社会、技术方面的可持续性，也忽视人类对现有消费水平和分配格局的满意程度，更缺失人类社会的多种响应机制及其进步。

（2）对生态系统服务认识片面。生态足迹核算方法对生态系统提供的服务考虑尚不完备，因而不能全面反映生态环境压力。例如，忽视了地下资源、水资源、大气资源等，未纳入生态系统的调节、支持、文化等功能，对污染的生态影响也考虑不足，未包括生态风险，如物种消失、生态功能丧失等。

（3）生态生产性土地概念模糊。各种类型土地的生态生产性有时呈现不可替代性，有时呈现多功能性，忽略这种复杂特征而将不同类型土地汇总，各种土地折算的标准（均衡因子）又不统一，尽管引进了产量因子，但没有洞察各种潜在因子的影响，核算均衡因子和产量因子等的数据资料也不完全、不精确，从而造成了生态足迹核算的误差。此外，没有区分资源利用方式本身是否可持续，这可能造成自相矛盾的评价结果，如造成土地质量下降的农业生产可能有较高农业生产率而减少生态足迹。

3. 改进趋势

（1）通过长时间序列的研究，检验不同假设条件下该方法的有效性和灵敏度，从生态足迹角度为决策者提供更丰富的决策信息。Haberl 等（2001）对奥地利 1926～1995 年长达 70 年的生态足迹核算为此提供了一个借鉴。

（2）修正和完善方法。最近的研究加强了土地分类工作，引入了“均衡因子”“产量因子”“区域公顷”（或真实公顷）对不同生态生产力地区和不同类型的生态生产性土地利用类型进行修正；引入“废弃因子”对净进口产品所耗原材料的生态空间占用分量进行核算；逐渐将水资源纳入生态足迹的核算当中（徐中民等，2001）；考虑了污染（酸雨、工业废水等）因素（Lower Fraser Basin Eco-Research Project，2001）。

（3）与其他指标相结合。试图将该方法及其指标体系与其他能反映社会经济方面的可持续度量指标结合起来，互相补充。例如，传统的 GDP 也许是应该考虑的指标。此外，国际上一批可持续发展研究者也正试图将生态足迹指标体系与“满意气压表”（satisfaction barometer）结合起来度量可持续发展，后者是一个衡量人们对生活质量满意程度的指标。

第二节 环境经济一体化核算

自然资源利用的生态代价核算还可以联系可持续性评价来进行，其中应用较为广泛的是环境经济一体化核算。

一、可持续性评价模型

1. 物质流核算

经济系统内的物质流核算（material flow accounting，MFA）将进入经济系统的物质流作为环境压力和可持续性的跟踪指标。通过核算经济系统的物质需求总量（即经济系统某一年的资源消耗总量）、物质消耗强度（经济系统某一年的人均资源消耗量）和物质生产力（经济系统某一年的资源利用效率）三项指标，来判断一个国家或地区的经济系统是否可持续。一般来说，物质需求总量和物质消耗强度越大，经济系统越背离可持续性目标；物质需求总量和物质消耗强度越小，经济系统越趋近可持续性目标。而物质生产力越高，经济系统越趋近于可持续性目标；物质生产力越低，经济系统越背离可持续性目标（Schuetz and Bringezu, 1998; 陈效逑和乔立佳, 2000）。

2. 能值分析

环境-经济系统能值分析（energy-based analysis，EbA）把环境系统内的各种关键自然资源换算成标准太阳能当量形式（eMergy）的能值，这些能值为经济系统使用时则按其能效换算成有用能形式（eXergy）的能值。在此基础上，核算出：①生态系统的国民能值剩余（national emergy surplus，NES），即一个国家在一定时期内所生成的环境能值与同期该国经济所消耗的环境能值之差；②经济系统的国民能值剩余（national exergy surplus，NXS），即一个国家在一定时期内适合于经济生产投入的有用能值与同期该国经济生产或消费所消耗的有用能值之差；③经济系统的熵度（Ne–Nm），即因经济活动引起的自然环境的熵增（Ne）与获取同样的经济产品时从技术上说可能出现的最小熵产生（Nm）之差。显然，若 NES≥0，（Ne–Nm）趋近于 0，生态系统是可持续的；NXS≥0，经济系统是可持续的；反之，NES＜0，（Ne–Nm）趋近于∞，生态系统是不可持续的；NXS＜0，经济系统是不可持续的。在进一步研究环境经济系统的外在平衡一体化、技术进步和生产要素的替代弹性后，该方法提出了理论性很强的可持续性判定模式（Faucheux and O'Connor, 1998; Odum and Odum, 1991）。

3. 环境经济一体化核算原理

环境经济一体化核算（system of environmental and economic accounting，SEEA）（United Nations, 1993, 2000；Atkinson et al., 1997）提供了一套度量可持续性的指标。简单地说，就是将环境账户（可以视为资源利用的生态代价账户）和资源账户作为国民经济核算账户体系（system of national accounting，SNA）的卫星账户，并与之对接而形成一体化核算。由于核心账户是货币型账户，环境账户和资源账户是实物型账户，需要将环境账户和资源账户转换成货币型账户。最后，核算出真实储蓄（S_g）。如果 $S_g \geq 0$，并且能一直得以维持，则发展是可持续的；反之，则是不可持续的。SEEA 的优点是将资源和环境的价值核算同整个国民财富增长变化的核算，以及国民经济运行中投入-产出使用的核算体系全面地联系起来，准确地表现了资源和环境在整个国民经济活动中所起的作用，并能最终以简明的经济指标反映发展的可持续性。

按照上述思路，真实储蓄（S_g）为经济净储蓄（S_n）与资源净产值（NRP）、环境净产值（NEP）之和

$$S_g = S_n + \mathrm{NRP} + \mathrm{NEP} \tag{9.1}$$

其中

$$S_n = Y - C \tag{9.2}$$

$$\mathrm{NRP} = n(g - R) \tag{9.3}$$

$$\mathrm{NEP} = \sigma(d - e) \tag{9.4}$$

式中，Y 为国民可支配净收入；C 为最终消费支出；n 为自然资源租金；g 为自然资源增长量；R 自然资源消耗量；σ 为污染排放的边际社会成本；d 为环境的自净能力；e 为污染排放量，n（g–R）和 σ（d–e）分别为自然资源净消耗价值和污染物净积累价值。于是

$$S_g = Y - C + n(g - R) + \sigma(d - e) \tag{9.5}$$

由于存在多种资源和多项环境污染物，则式（9.5）变成如下形式

$$S_g = Y - C + \sum_{i=1}^{n} n_i(g_i - R_i) + \sum_{j=1}^{m} \sigma_j(d_j - e_j) \qquad (i=1, 2, \cdots, n，j=1, 2, \cdots, m) \tag{9.6}$$

为了便于核算并能充分利用现有统计和研究资料，有必要对 $n_i(g_i - R_i)$ 和 $\sigma_j(d_j - e_j)$ 两项作些变通。自然资源的期内增长量与消耗量之差 $(g_i - R_i)$ 相当于该资源期内的存量变化值 ΔR_i，其租金 n_i 按照市场评价方法应等于同期该资源的市场价格 P_i；从长期看，环境对任何严重超标排放的污染物的吸纳能力都将达到饱和；从短期看，对于任何污染物，因其不能及时为环境所吸收，必然造成社会成本。先视 d_j 近似为 0，核算出全额的污染净损失值。实际上任何污染物的环境吸纳能力 d_j 在短期内并非为 0，所以再分别对 d_j 取不同的参数，求出不同的环境吸纳能力下的环境净产值的损失值。

传统的经济净储蓄能有效地反映经济增长状况，但它忽视了经济增长的资源和环境代价。在考虑资源净产值和环境净产值的前提下，一个国家或地区有可能总储蓄或经济净储蓄为正值，而真实储蓄却为负值，即 $S_g<0$。这表明，资源的损失大于经济净储蓄或环境的损失大于经济净储蓄，或者资源和环境损失之和大于经济净储蓄，无论哪种状况都是不可持续的。只有 $S_g \geqslant 0$，并且能一直维持下去，发展才是可持续的。

二、环境经济一体化核算案例

下面运用 SEEA 方法评估中国农村资源、环境与发展的可持续性。研究时段为 1990～1997 年，这正是我国农村经济增长较快、自然资源消耗及其生态代价巨大、农村发展可持续性问题最为人所关注的时期，同时这一时期所需要的各种资料也比较容易收集。评价中的相关基础数据大部分来源于国内统计年鉴，少部分来源于相关专著和论文，个别数据借用了国外研究成果。

1. 经济净储蓄

S_n、Y 和 C 如表 9.4 所示。

表 9.4 中国农村 1990～1997 年 Y、C 和 S_n

项目	1990 年	1991 年	1992 年	1993 年	1994 年	1995 年	1996 年	1997 年
Y/亿元	6149	6415	7146	8417	11175	14464	17709	19130
C/亿元	5238	5611	6007	7029	9306	12013	14454	14801
S_n/亿元	911	804	1139	1388	1869	2451	3255	4329

资料来源：《中国统计年鉴》，1991～1998 年；《中国农村统计年鉴》，1991～1998 年。

2. 自然资源实物存量与污染物排放量

资源账户很难囊括所有的自然资源，只能挑选对农村发展起决定作用且具备资源统计数据和基础资料者。进入资源账户的有耕地、林地、草地、地表水、地下水、森林立木资源、表土资源。

耕地存量有正有负（国家统计局，1999）；草地存量减少量为重度草地退化数量，因缺少相应的年际变化参数，以平均值代替（国家统计局农村社会经济调查总队，1991～1998；黄文秀，1998）；地表水和地下水资源供需缺口可看成存量不足，其缺口即为它们当年存量（理论分析数值）的减少量（陈百明，1992）；林地增量为当年植树造林面积（国家统计局农村社会经济调查总队，1991～1998），森林木材存量以当年采伐量为存量的减少量（国家统计局，1991～1992）；土壤（表土层）流失增量根据土壤侵蚀面积统计数据（国家统计局，1999）和土壤流失量的数据（以 1990 年的 50 亿 t 为基数）（黄文秀，1998）换算而来（表 9.5）。

表 9.5　1990～1997 年中国农村主要自然资源实物存量

年份	耕地[a] /万 hm^2	林地[a] /万 hm^2	草地[a] /万 hm^2	地表水[b] /亿 m^3	地下水[b] /亿 m^3	木材[a] /万 m^3	表土层 /亿 t
1990	1.7	502.9	−165.4	−330	−45	−4098	−50.00
1991	−1.9	559.5	−165.4	−328	−45	−4907	−50.40
1992	−22.8	603.0	−165.4	−326	−44	−5378	−50.85
1993	−32.5	509.3	−165.4	−323	−44	−4393	−50.80
1994	−19.4	599.3	−165.4	−321	−44	−4223	−52.26
1995	6	496.2	−165.4	−319	−43	−4239	−53.77
1996	6	491.6	−165.4	−317	−43	−3872	−55.32
1997	6	435.5	−165.4	−315	−42	−43674	−55.32

资料来源：a《中国农村统计年鉴》，1991～1998，1996 年和 1997 年按 1995 年的数据不变；b 陈百明，1992；c《中国统计年鉴》，1991～1992；黄文秀，1998。部分数据经过整理。

进入环境账户的是导致农村生活质量和生产条件发生重大变化的各类污染物，包括农村自身排放的污染物和城市向农村排放的污染物。因为农村污染物排放多，治理少，而且大量污染物来自外部环境，所以在选定农村环境账户内容时要特别注意外生变量的负面影响，应着重考虑工业化和城市化对农村环境退化的巨大压力。当然，对农村非农产业特别是乡镇企业也要予以充分考虑。在实际处理城市污染和农村污染的归属问题上，可以认为它们之间是点与面、源与汇的关系。环境账户的排污有工业排放的二氧化硫、烟尘、粉尘、固体废物、废水，同时还应包括环境服务的价值。

《中国环境年鉴》（中国环境年鉴编辑委员会，1991～1998）清楚地显示了废水、SO_2、烟尘、粉尘和固体废物排放量。但是这些污染排放量只包括了县及县级以上有污染的工业企业单位所排放的污染物，未包括乡镇企业的排污量。我们利用了 1996～1997 年国家环保局、农业部、财政部、国家统计局联合组织的“全国乡镇企业工业污染调查”资料，对各项污染排放量进行了修正和补充。其中乡镇工业污水排放量占全国工业污水排放量的 46.5%，SO_2 占 28.2%，烟尘占 54.2%，粉尘占 68.3%，固体废物占 37.7%，此外，它们分别有 14.41%、15.55%、15.55%、18.86%、36.68%的年均增长率（田应斌，2000），据此推算全国各年相应的各种污染排放量。各类污染物中的已经达标处理和综合利用的部分不核算在排放量内（表 9.6）。

表 9.6 1990～1997 年中国农村主要工业污染物排放量 （单位：万 t）

年份	废水	SO_2	烟尘	粉尘	固体废物
1990	3298673	1852	2168	1355	5124
1991	3389828	2033	2295	1260	3794
1992	3721707	2159	2531	1398	3156
1993	3945899	2350	2721	1595	2905
1994	4308462	2466	2933	1746	2954
1995	4666237	2634	3227	2016	3652
1996	5088252	2223	2764	2199	3606
1997	5597440	2354	3006	2490	4127

资料来源：《中国统计年鉴》，1999 年；《中国环境统计年鉴》，1991～1998 年。各项数据已包括乡镇工业的污染排放量。

表 9.5 和表 9.6 分别显示了 ΔR_i 和 e_j，P_i 和 σ_j 的标准较为复杂，需进一步讨论。

3. 资源价格与污染的边际社会成本

资源价格数据来自不同文献，其中耕地价格参照国内 7 省市国家征用土地的价格（刘文等, 1996），以 1990 年为基年按可比价格折算成当年价格。对于耕地的价格，需要在新增耕地和减少的耕地之间做出不同的价格判断。大多数减少的耕地是优质耕地，这些耕地主要分布于较发达地区，水热条件较好的地方，其中相当数量属于城市郊区地带，它们的地价较高；大多数新增耕地来自后备耕地资源，分布在较不发达的地区，水热条件较差，区位条件也较差，它们的地价较低。林地和森林立木价格分别为 7 类未成林理论价格和按生长量核算的 7 类幼龄林、中龄林、成熟林平均价格所换算的当年价格（胡昌暖，1993），其中植树造林按照幼林价格，木材价格同时参照了李金昌（1997）的研究成果。地下水资源价格为国内不同地区的平均值（胡昌暖，1993），地表水资源价格为拟调整价的平均值（刘文等, 1996）。关于草地退化和土壤流失的代价，相关研究资料较匮乏，已有研究对其损失的估价也有较大差别，这里引用较高估价（王伟中，1999），并对其进行了适当修正（表 9.7）。

表 9.7 中国农村各类自然资源的价格

年份	耕地 新增的 /（元/hm²）	耕地 减少的 /（元/hm²）	林地 /（元/hm²）	草地 /（元/hm²）	地表水 /（元/万 t）	地下水 /（元/万 t）	木材 /（元/m³）	表土层 /（元/万 t）
1990	32400	97200	10759	17979	3.4	8.8	408	697.5
1991	33336	100008	11070	18498	3.6	9.3	430	717.6
1992	35130	105390	11666	19494	4.0	10.6	487	756.3
1993	39763	119289	13204	22065	4.9	12.8	593	856.0
1994	48389	145168	16069	26852	5.7	14.7	681	1041.7
1995	55550	166649	18446	30825	6.0	15.6	722	1195.9
1996	58935	176804	19570	32703	6.1	15.8	728	1268.7
1997	59403	178208	19726	32963	5.9	15.4	709	1278.8

资料来源：《中国统计年鉴》，1990～1998 年；刘文等, 1996；胡昌暖, 1993；李金昌, 1997；黄文秀，1998。数据经过整理。

粉尘的社会边际成本借鉴英国的研究成果（Wilson, 1997）。需要说明，国内已经有了 SO_2 和烟尘的损失研究，为了便于在污染物的边际社会成本之间有横向可比性，需将粉尘和 SO_2 及烟尘的社会边际成本按英国的相应比例调整到与国内相关研究所得社会边际成本相协调的水平上，按当年汇率折算成人民币当年价格。在此基础上，考虑到英国社会福利和劳动生产率大大高于中国，特别是大大高于中国农村，它所研究的粉尘的健康损失赔偿额度相对于中国农村来说，高得惊人，运用到国内时，按其 1/10 折算较容易为人所接受。同时，农村按其排放量和受害影响程度需承担粉尘 2/3 的边际社会成本。SO_2 和烟尘、固体废物和废水的边际社会成本运用国内的资料（刘文等, 1996；王西琴和周孝德，2000），农村按其排放量和受害影响程度至少承担 SO_2 和烟尘的 2/3 的边际社会成本，以及几乎全部的固体废物和废水的边际社会成本（表 9.8）。

表 9.8　中国农村排污的边际社会成本　（单位：元/t）

年份	废水	SO_2	烟尘	粉尘	固体废物
1990	1.13	1303	1303	694	105
1991	1.16	1341	1341	714	108
1992	1.23	1413	1413	753	114
1993	1.39	1599	1599	852	129
1994	1.69	1946	1946	1037	157
1995	1.94	2234	2234	1190	180
1996	2.06	2370	2370	1262	191
1997	2.07	2389	2389	1272	193

资料来源：Wilson，1997；王文兴等，1996；刘文等，1996；王西琴和周孝德，2000。数据经过整理。

4. 资源净产值

核算结果表明，中国农村资源净产值各年皆为负值[表 9.9～表 9.12，图 9.5，图 9.6（a）]。资源净产值损失幅度为 780.25 亿～1615.42 亿元，年均损失高达 1318.21 亿元。造成资源损失的主要原因是严重水土流失和重度草地退化，其次是木材蓄积量减少造成的损失。耕地减少的损失在一些年份内很大，在另一些年份却较小。耕地损失值的变化曲线呈 V 字，这与过去仅

表 9.9　中国农村资源、环境净产值　（单位：亿元）

项目		1990 年	1991 年	1992 年	1993 年	1994 年	1995 年	1996 年	1997 年	年均
NRP	耕地	−64.28	−102.54	−348.84	−473.97	−448.57	−232.20	−246.13	−248.45	−270.62
	林地	112.07	123.85	140.70	155.89	192.59	183.25	192.77	171.81	159.12
	草地	−297.37	−305.96	−322.43	−364.95	−444.13	−509.84	−540.91	−545.21	−416.35
	地表水	−10.89	−11.14	−11.66	−13.08	−15.82	−18.05	−19.03	−19.06	−14.84
	地下水	−3.87	−3.98	−4.10	−4.64	−5.65	−6.34	−6.73	−6.62	−5.24
	木材	−167.20	−211.00	−260.91	−260.48	−287.58	−306.06	−281.89	−260.45	−254.45
	表土	−348.75	−361.70	−384.56	−434.85	−544.40	−643.01	−701.86	−707.44	−515.82
	合计	−780.29	−872.47	−1191.80	−1396.08	−1553.56	−1532.25	−1603.78	−1615.42	−1318.21

续表

项目		1990 年	1991 年	1992 年	1993 年	1994 年	1995 年	1996 年	1997 年	年均
d_j=0.4 时的 NEP	废水	−223.65	−235.93	−274.66	−329.09	−436.88	−543.15	−628.91	−695.20	−420.93
	SO_2	−144.78	−163.54	−183.02	−225.47	−287.88	−353.02	−316.08	−337.40	−251.40
	烟尘	−169.50	−184.62	−214.60	−261.04	−342.46	−432.55	−393.04	−430.90	−303.59
	粉尘	−56.42	−53.99	−63.17	−81.56	−108.65	−143.91	−166.51	−190.04	−108.03
	固体废物	−32.28	−24.59	−21.59	−22.49	−27.83	−39.44	−41.32	−47.79	−32.17
	$P_B \cdot B$	64.25	105.47	119.95	134.06	157.37	203.61	224.77	208.43	152.24
	合计	−562.39	−557.21	−637.08	−785.60	−1046.33	−1308.46	−1321.10	−1492.91	−963.88
	其中：来自城市的	*−242.65*	*−244.01*	*−268.68*	*−310.07*	*−383.62*	*−456.44*	*−382.97*	*−381.84*	*−333.78*
不同 d_j 的 $\sum\sigma_j(d_j-e_j)$	**d_j=0.4**	**−626.64**	**−662.68**	**−757.03**	**−919.66**	**−1203.70**	**−1512.07**	**−1545.87**	**−1701.34**	**−1116.12**
	d_j=0.2	−835.52	−883.58	−1009.37	−1226.21	−1604.94	−2016.10	−2061.15	−2268.46	−1488.16
	d_j=0.6	−417.76	−441.79	−504.68	−613.10	−802.47	−1008.05	−1030.58	−1134.23	−744.08
	d_j=0.8	−208.88	−220.89	−252.34	−306.55	−401.23	−504.02	−515.29	−567.11	−372.04
不同 d_j 的环境资源损失值	**主方案（采用）**	**−1342.68**	**−1429.68**	**−1828.88**	**−2181.68**	**−2599.89**	**−2840.71**	**−2924.87**	**−3108.33**	**−2282.09**
	方案Ⅰ（参考）	−1551.56	−1650.58	−2081.22	−2488.23	−3001.13	−3344.74	−3440.16	−3675.45	−2654.13
	方案Ⅱ（参考）	−1133.80	−1208.79	−1576.53	−1875.13	−2198.66	−2336.69	−2409.59	−2541.22	−1910.05
	方案Ⅲ（参考）	−924.92	−987.90	−1324.19	−1568.58	−1797.42	−1832.66	−1894.30	−1974.10	−1538.01

表 9.10　中国农村环境资源净产值构成情况

项目	1990 年	1991 年	1992 年	1993 年	1994 年	1995 年	1996 年	1997 年	平均
NRP/%	58.11	61.03	65.17	63.99	59.75	53.94	54.83	51.97	57.76
NEP/%	41.89	38.97	34.83	36.01	40.25	46.06	45.17	48.03	42.24
其中：自身形成的 NEP/%	56.85	56.21	57.83	60.53	63.34	65.12	71.01	74.42	63.16
来自城市的 NEP/%	43.15	43.79	42.17	39.47	36.66	34.88	28.99	25.58	36.84

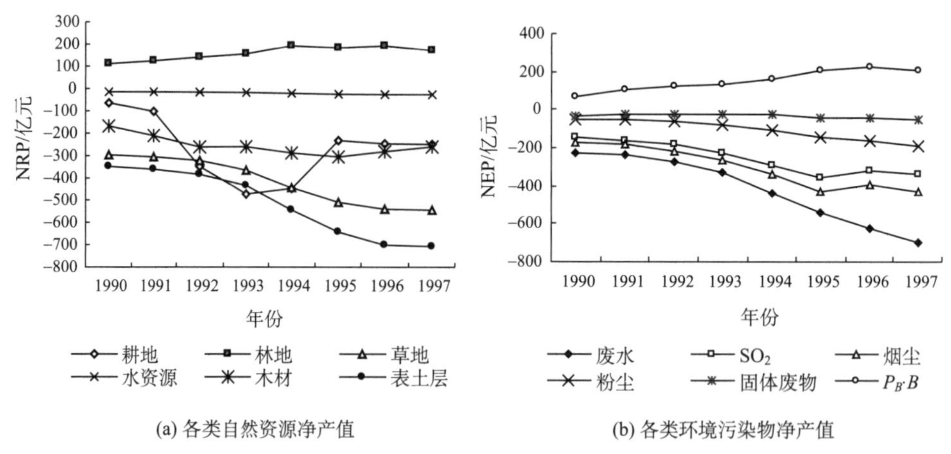

(a) 各类自然资源净产值　　(b) 各类环境污染物净产值

图 9.5　中国农村各类自然资源净产值和各类环境污染物净产值

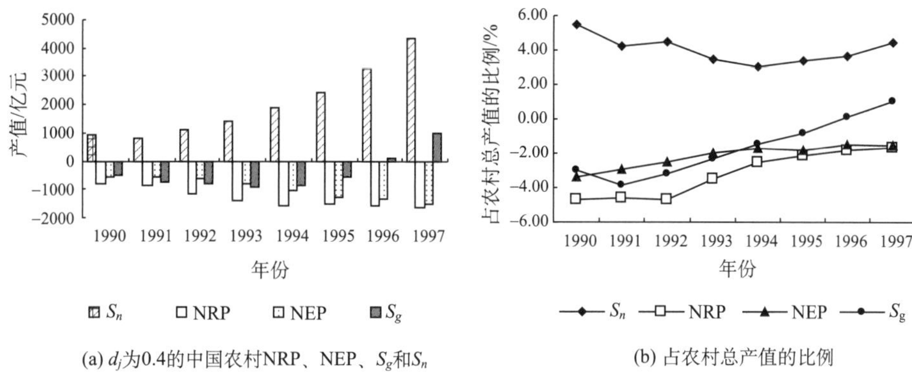

(a) d_j为0.4的中国农村NRP、NEP、S_g和S_n　　(b) 占农村总产值的比例

图 9.6　d_j 为 0.4 的中国农村 NRP、NEP、S_g、S_n 及其占农村总产值的比例

表 9.11　不同吸纳能力下的中国农村环境净产值　　（单位：亿元）

项目		1990 年	1991 年	1992 年	1993 年	1994 年	1995 年	1996 年	1997 年	年均
d_j=0.2	废水	−298.20	−314.57	−366.21	−438.79	−582.51	−724.20	−838.55	−926.93	−561.25
	SO_2	−193.04	−218.05	−244.03	−300.63	−383.84	−470.69	−421.44	−449.87	−335.20
	烟尘	−226.00	−246.16	−286.13	−348.05	−456.61	−576.73	−524.05	−574.53	−404.79
	粉尘	−75.23	−71.99	−84.23	−108.75	−144.87	−191.88	−222.01	−253.39	−144.04
	固体废物	−43.04	−32.79	−28.79	−29.99	−37.11	−52.59	−55.09	−63.72	−42.89
	P_B·B	64.25	105.47	119.95	134.06	157.37	203.61	224.77	208.43	152.24
d_j=0.4	废水	−223.65	−235.93	−274.66	−329.09	−436.88	−543.15	−628.91	−695.2	−420.93
	SO_2	−144.78	−163.54	−183.02	−225.47	−287.88	−353.02	−316.08	−337.4	−251.40
	烟尘	−169.5	−184.62	−214.6	−261.04	−342.46	−432.55	−393.04	−430.9	−303.59
	粉尘	−56.42	−53.99	−63.17	−81.56	−108.65	−143.91	−166.51	−190.04	−108.03
	固体废物	−32.28	−24.59	−21.59	−22.49	−27.83	−39.44	−41.32	−47.79	−32.17
	P_B·B	64.25	105.47	119.95	134.06	157.37	203.61	224.77	208.43	152.24
d_j=0.6	废水	−149.10	−157.29	−183.11	−219.39	−291.25	−362.10	−419.27	−463.47	−280.62
	SO_2	−77.22	−87.22	−97.61	−120.25	−153.54	−188.28	−168.58	−179.95	−134.08
	烟尘	−90.40	−98.46	−114.45	−139.22	−182.65	−230.69	−209.62	−229.81	−161.91
	粉尘	−30.09	−28.79	−33.69	−43.50	−57.95	−76.75	−88.81	−101.35	−57.62
	固体废物	−17.22	−13.11	−11.51	−11.99	−14.84	−21.03	−22.04	−25.49	−17.16
	P_B·B	64.25	105.47	119.95	134.06	157.37	203.61	224.77	208.43	152.24
d_j=0.8	废水	−74.55	−78.64	−91.55	−109.70	−145.63	−181.05	−209.64	−231.73	−140.31
	SO_2	−48.26	−54.51	−61.01	−75.16	−95.96	−117.67	−105.36	−112.47	−83.80
	烟尘	−56.50	−61.54	−71.53	−87.01	−114.15	−144.18	−131.01	−143.63	−101.20
	粉尘	−18.81	−18.00	−21.06	−27.19	−36.22	−47.97	−55.50	−63.35	−36.01
	固体废物	−10.76	−8.20	−7.20	−7.50	−9.28	−13.15	−13.77	−15.93	−10.72
	P_B·B	64.25	105.47	119.95	134.06	157.37	203.61	224.77	208.43	152.24

表 9.12 d_j=0.4 的中国农村总产值、环境净产值和真实储蓄 （单位：亿元）

项目		1990 年	1991 年	1992 年	1993 年	1994 年	1995 年	1996 年	1997 年	平均
农村总产值（P_r）/亿元		16619	19004	25386	39952	61374	72121	88620	97329*	52551
环境资源净产值之和	/亿元①	–1343	–1430	–1829	–2182	–2600	–2841	–2925	–3108	–2282
	占 P_r 的比例/%	–8.08	–7.52	–7.20	–5.46	–4.24	–3.94	–3.30	–3.19	–4.34
S_n	/亿元②	911	804	1139	1388	1869	2451	3255	4329	2018
	占 P_r 的比例/%	5.48	4.23	4.49	3.47	3.05	3.40	3.67	4.45	3.84
$\sum P_i \Delta R_i$	/亿元 ③	–780	–872	–1192	–1396	–1554	–1532	–1604	–1615	–1318
	占 P_r 的比例/%	–4.70	–4.59	–4.69	–3.49	–2.53	–2.12	–1.81	–1.66	–2.51
$P_B \cdot B^{**}$	/亿元 ④	64	105	120	134	157	204	225	208	152
	占 P_r 的比例/%	0.39	0.55	0.47	0.34	0.26	0.28	0.25	0.21	0.29
NEP	/亿元 ⑤	–562	–557	–637	–786	–1046	–1308	–1321	–1493	–964
	占 P_r 的比例/%	–3.38	–2.93	–2.51	–1.97	–1.70	–1.81	–1.49	–1.53	–1.83
$\sum \sigma_j e_j$	/亿元⑥	–627	–663	–757	–920	–1204	–1512	–1546	–1701	–1116
	占 P_r 的比例/%	–3.77	–3.49	–2.98	–2.30	–1.96	–2.10	–1.74	–1.75	–2.12
S_g	/亿元⑦	–496	–731	–810	–928	–888	–593	105	1012	–416
	占 P_r 的比例/%	–2.98	–3.85	–3.19	–2.32	–1.45	–0.82	0.12	1.04	–0.79

注：①=③+⑤；⑤=④+⑥；⑥=⑤–④；⑦=②+③+⑥。

* 此数据为该列数据的回归外延值。

** P_B 为环境服务价格；B 为环境服务流量。

考虑年内耕地的减少而未将新开垦的耕地纳入其中所核算的损失值（杨友孝和蔡运龙，2000）有较大差别。这也说明在我国耕地动态平衡政策的作用下，耕地数量的确得到了保障，但质量仍然值得重视，生产力较低耕地面积的增加在数量上部分抵消了优质良田的减少，因而掩盖了问题的实质。此次研究的结果说明仅有数量的动态平衡，并不能解决耕地的实际损失。水资源短缺造成的损失只占很小份额。林地面积的增加对弥补资源净产值损失起到了重要作用，在整个研究期间内，我国的植树造林面积的基数都很大，其正效益显而易见。

进一步分析可以发现资源价值损失量占农村总产值的比例在 1.66%～4.70%波动，年均损失达 2.51%，总的趋势是下降的。资源净产值损失总量的增长率与农村经济增长的速度有密切正相关关系，在农村经济增长速度高的年份出现资源损失总量相对大一些，增长低的年份损失相对小一些，资源净产值损失的增长与农村总产值的增长基本同步[图 9.7（a）]。

这反映了中国农村经济的高速增长付出了较大的资源代价，也表明中国农村自然资本与人造资本之间的替代作用很强。随着各类资源保护法规的出台和逐步实施，有一部分资源损失的数量在缓慢下降，比较明显的是 1992 年和 1993 年之后耕地减少得到了控制，木材采伐的数量有明显下降趋势，但是荒漠化和水土流失未能得到有效遏制，它们造成的资源价值损

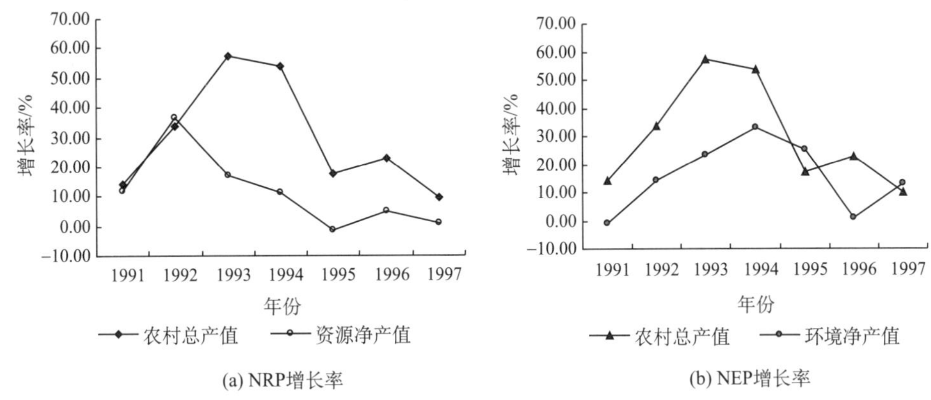

图 9.7　中国农村 NRP 增长率、NEP 增长率与农村总产值增长率的对应关系

失的相对比例在上升。这里存在着一种矛盾现象，林地面积逐年增加，荒漠化和水土流失却加重了，这可能是弥补耕地下降而将后备资源用于开垦所造成的负面影响，也有可能是因为植树造林的成果有待检验。总的来看，资源净产值占环境资源总损失的比例的年均值为 57.76%，为环境损失的 1.37 倍，1990～1993 年上升较快，1993 年之后有较明显的下降。

5. 环境净产值

表 9.11 给出了不同吸纳能力之下的环境净产值的核算结果，按照 d_j=0.4 所核算的结果能比较准确地反映中国农村环境损失的客观事实。下面根据 d_j=0.4（即主方案）的结果说明中国农村的环境损失状况，并给出了 d_j=0.2、d_j=0.6、d_j=0.8 条件下的核算结果（表 9.9）以资对照。

环境损失无论从绝对值还是相对值来看都达到了不容乐观的地步，各年环境净产值均为负值。损失最低的 1991 年为 557.21 亿元，损失最高的 1997 年为 1492.91 亿元，年均损失为 963.88 亿元。年均环境净产值损失占农村社会总产值的比例达到了 1.83%，这说明农村经济发展所付出的环境代价略低于资源代价。尽管这种代价有 36.68%（8 年平均值）来自城市以及和农村接近的工矿企业，但农村乡镇企业也应该对这种环境损失负主要责任。城市排污的比例已经由 1990 年的 43.15%下降到了 1997 年的 25.58%，乡镇企业自身造成的农村环境损失越来越突出了。环境净产值损失大的另一个主要原因是环境服务产业十分弱小，年均“三废”综合利用的产值仅占农村总产值的 0.29%，最高值为 0.55%，最低值为 0.21%，而且农村的“三废”综合利用可能还达不到这一水平。“三废”利用以及广泛意义上的环保产业具有巨大潜力和前景，忽视或行动迟缓都将造成不应有的环境损失。

环境净产值的损失占农村总产值的比例逐年稳步下降，评价期的初年为 3.38%，末年则降至 1.53%。这一趋势表明自 20 世纪 90 年代中国政府所制定和实施的一系列环境保护政策与措施在减少环境排污量方面已经发挥作用，但这种作用在减少城市向农村排放污染物上作用明显，而对减少乡镇企业的各项排污量方面作用甚微。中国农村经济的高速增长，特别是乡镇企业的发展产生了相当大的环境代价。环境损失占农村总产值的比例趋于下降只能说明整个农村经济增长对农村可持续发展的作用特别显著，它在很大程度上弥补了环境损失相对比例，但不能掩盖乡镇企业所造成环境损失的上升趋势。核算结果对此能做出明确的解释，农村环境损失的总量和比例由 1990 年的 319.74 亿元和 56.85%上升到了 1997 年的 1111.07 亿元和 74.42%。这还可以从农村经济增长和农村环境损失之间的对应关系中得到解释。除 1997 年外，环境损失增长率与农村总产值的增长率之间存在着正相关关系[图 9.7（b）]，农村总产值增长率高的年份，环境损失值也大；农村总产值增长率低的年份，环境损失值也相应地小一些。与资源的变动趋势相反，环境净产值占环境资源总损失的比例上升较快，1992～1997 年上升了 13 个百分点。因此，需要辩证地分析乡镇企业的双面影响。研究期间的环境损失相当于资源损失的 73%，此数据表明中国农村的环境问题相当严重，而且相对于资源来说，环境问题显得日益突出了。

6. 真实储蓄

中国农村各年的经济净储蓄为 911 亿～4329 亿元，占农村社会总产值的比例为 5.48%～4.45%，年均 3.84%，但无论从绝对值还是相对值来看，这一经济净储蓄状况并不理想，反映出中国农村相对贫困的一面。研究期间的绝大多数年份中，这种经济净储蓄不足以弥补资源和环境的双重损失。由于资源和环境损失无论从绝对值还是相对值来看都比较大，环境服务的产值特别小，因此，除最后两年外，研究期间的其余各年的真实储蓄也都小于 0。真实储蓄幅度为–496 亿～–928 亿元，年均真实储蓄为–416 亿元[表 9.12 和图 9.5（a）]。整个研究期间，年均真实储蓄占农村总产值的比例达到了 0.79%，这说明中国农村在这一时期的发展是不可持续的。

然而，应该看到真实储蓄的损失占农村总产值的比例逐年稳步下降[图 9.6（b）]，这表明中国农村的发展趋势已经开始逐渐好转，根本原因在于：一方面，我国农村非农产业的迅速扩张，较大幅度地提高了农民的收入水平；另一方面，城市对农村的污染排放得到了一定程度的控制，减少了污染损失代价的转移。此外，随着技术的进步，人造资本对自然资本的替代作用在逐渐增强，粗放经营向集约经营的生产方式的转变在发挥作用。经济发展战略已经开始了由比较单纯致力于经济增长向社会-经济-资源-环境协调发展的转变过程，这起到了关键作用。1997 年，真实储蓄出现了较大的增长，这除环境资源损失的相对比例下降外，经济净储蓄较大幅度的增长显得更加重要。从它们占农村总产值的比例可以看到，自然资源损失的比例下降较快，环境损失的比例下降较慢，经济净储蓄增长经过了 1994 年的低谷后，有较大幅度的增长。因此，真实储蓄在 1996 年出现了 105 亿元的正值，1997 年出现了 1012 亿元的正值。这是否表明中国农村发展真正实现了可持续性？还要看这一趋势能否稳定。

7. 结论与讨论

综上所述，中国农村发展在研究期内付出了巨大的资源和环境代价，但情况已开始好转。

各类资源租金的基础研究工作还未全面展开，目前只能纳入已有研究成果所涉及的资源类型，而且其价格的估计尚未考虑自然资源的全部生态服务价值，因此资源净产值的估算是很不完善的，进一步的改进有待结合自然资源价值的重建。

污染排放的社会边际成本难以有普遍接受的标准，测定环境媒介的纳污能力也非常困难，所以还未能将全部环境污染要素纳入相应账户中。例如，使用农药、化肥、地膜等的生态影响不言而喻，其物质生产和使用状况的数据也容易获得，但因缺少环境污染的边际社会成本的分析，本次评价未能纳入环境账户中。此外，很难监测所有污染物，所以环境净产值的全面估算更加困难。需要指出，上述评价的环境损失包括了城市工业污染排放，这是因为农村实际承担了城市污染排放的后果。

尽管真实储蓄评估方法尚待完善，但它仍具有科学性和实用性。采用该方法对中国农村资源、环境与可持续性的评估结果同采用物质流方法的评估结果（陈效逑和乔立佳，2000）相比，在同一时段内有非常一致的内在变化趋势，这意味着两种方法从不同角度揭示了同一研究对象的真实情况。

环境经济一体化核算表明，不能脱离经济来认识自然资源及其开发利用，因此需要理解自然资源经济学原理。

思　考　题

1. 何谓生态足迹？如何度量？
2. 何谓生态容量？如何度量？
3. 生态生产性地域有哪些类型？
4. 何谓生态赤字？何谓生态盈余？
5. 生态足迹核算基于哪些基本假设？
6. 简述生态足迹核算的方法和基本步骤。
7. 简述生态足迹核算方法的得失与改进趋势。
8. 简述经济系统内物质流核算基本原理。
9. 简述环境-经济系统能值分析基本原理。
10. 简述环境经济一体化核算的基本原理。

补 充 读 物

杨开忠, 杨咏, 陈洁. 2000. 生态足迹分析理论与方法. 地球科学进展, 15(6): 630-636.
杨友孝, 蔡运龙. 2000. 中国农村资源、环境与发展的可持续性评估：SEEA 方法及其应用. 地理学报, 55(5): 596-606.

第四篇

自然资源经济原理

第十章　自然资源经济基本问题

世界上的自然资源是有限的，而人类的需要是无限的。经济学的基本问题就是人类不能用有限的资源生产出足够的物质财货（goods）和服务（services）来满足每一个人无限的需要。因此，个人也好、企业团体也好，乃至全社会，都必须对用有限的资源生产什么财货和服务、如何生产、生产多少，以及如何分配这些问题做出决策。经济学就是研究个人和团体如何做出此类决策以满足其需要与需求的学科。任何产品的生产和使用都会对生态环境和自然资源造成影响，经济决策也会影响到生态环境质量和自然资源基础，因此经济学也研究自然资源和生态环境保护的经济机制。如果说自然资源生态学原理说明了“限制”“文化调节限制”这两个基本原理的话，那么以下关于自然资源经济学原理的章节将阐述人类在这种限制下如何调节、适应。我们先从一些经济学基本概念讲起。

第一节　自然资源的稀缺与供需平衡

一、经济分析的基本假设

正如大多数理论概念一样，经济学理论也是建立在若干基本假设基础上的，理论的合理性总是取决于作为其前提的那些假设的合理性。经济分析中一个最重要的假设是：人是一种理性存在，其行为方式总是合理的和符合逻辑的。由此派生出其他一些假设，其中最重要的两个是人通常力图使其利润达最大和价格支配资源的配置。

在详细讨论这两个基本假设前，有必要指出，经济分析常常还需做出其他一些假设，其中一个常有的假设是“其他条件相同”，如“若其他条件相同，人们在较低价格水平下购买的某种货物会比在较高价格水平下购买得更多”。这里的“若其他条件相同”就假设：①消费者的收入或口味无显著变化，②其他货物的价格无变化，③买者预期此货价格不会再降低，④市场上没有此货的更好替代品，⑤不存在炫耀价值（摆谱，显示身价）（prestige value）的情况，这种情况会使购买者只是因为价高而买这些货物。实际生活中这些假设并非都切实，至少不可能同时切实。经济分析中还常常有另一些假设，如“买方与卖方相互充分了解，因此有一种完善的自由竞争”“货物和生产要素具有充分的流动性”“生产要素的充分弹性供给”等。这些假设通常都与实际相去甚远，但它们确实能提供某种人为的“实验室”气氛，可用作一种手段，以使大多数因素保持不变从而将注意力集中在对解释经济社会行为具有重要意义的特殊因素上。

1. 利润最大化

在大多数经济活动中，人们都追求利润最大化。企业家需要最大限度地赢利、农民力图获得最好收成、工人要求得到尽可能高的工资等现实证明个人自我利润最大化这个基本假设是合理的，也是重要的。但还必须看到，人们既强调严格意义上的经济利益，也追求非经济的目的；人类行为既为利润最大化所激励，也为获得精神满足和闲暇时间、保证安全、实现自我价值等所促动。这两方面的倾向如何，以及倾向到什么程序，在人与人之间是有差别的。在自然资源开发利用中的这种倾向关系到开发利用的经济效益、生态效益和社会效益之间的协调平衡。

由于影响收益的因素既多又复杂，因此要追求经济利益最大化就要求人们具有完备的知识和远见。如果人们能够事先预测什么样的经济决策和什么样的生产要素组合能得到最大利润，那么最大化的问题就会变得很简单。然而，人的这种能力们是有局限的，常常要面对风险和不确定性。实际上大多数人都不得不在某种程度上的黑暗中摸索，其决策并非完全有把握，必须准备承受好的或坏的后果。人们对这种情况的反应是非常不同的，一些人倾向于冒险，他们或许能成为暴发户，也可能彻底破产，另一些人则强调安全，他们常常采取保守行为，满足于虽然陈旧但经过实践检验是有把握的策略。这种区别对于自然资源开发利用决策有重要作用。

在现代自然资源开发利用中，决策至关重要，不同的决策会有不同的后果。决策过程要获得成功绝无简单的模式，即使是最老练的决策者也要准备接受失败。但经验证明，大多数成功的决策都能在大胆冒险与过分保守这两极端之间找到某个平衡点，从而使其开发利用的收益达到最大，同时使潜在的损失达到最小。

2. 价格支配资源配置

在市场机制下，人们愿意支付的价格通常决定谁得到什么和得到多少。一方面，如果资源的供给相对于当前需求是短缺的，那么人们通常可以通过支付比他们的竞争者更多的钱来获得资源以保证其需求。另一方面，对资源需求的上升又常常导致价格上涨，这又会刺激资源的供给。因此，在整个经济学思想中都充斥着“价格支配生产并决定资源配置”这个一般假设。在自由市场条件下这个假设完全符合逻辑，没有哪一个有经济头脑的人会以低于他所能得到的报酬来出售他的产品、资源或劳务；自然资源的使用权一般属于那些能够抬价并支付最高价格的买主；资源通常被引向那些博得最高市场价格并提供最高纯收入的用途，而很难分配给那些产品没有适当市场保证的用途；价格水平的上升常常有利于将低丰度或通达性差的自然资源投入使用，并增加已利用资源的集约度；反之，价格水平的下降则导致低效利用，有时甚至使自然资源闲置和荒废。

虽然在自由市场条件下价格倾向于支配资源配置，但在很多场合里其他因素也会发挥作用。例如，需求者不了解行情，他的消费习惯、他的炫耀性虚荣、非货币报酬最大化等因素，常常使价格不能发挥配置资源的正常作用。再如，按照公认的分配公平的原则，不能只把资源分配给富人，而应当使穷人也享有一份权利，这又使价格不能支配资源，而需要采取某些社会改良措施以达到分配公平。这样，政府补助、社会救济、福利计划、慈善机构等，常常使那些在开放市场上难于得到资源使用权的人得到资源。政府的税收政策、投资倾斜也会对资源配置产生显著影响。此外，投机商即使在价格已很高时也不见得就会向市场提供商品，反而会囤货居奇；政府在紧急状态期间（如战争、灾荒）也常常实行配给制并控制价格暴涨。这些都会对资源配置发生作用，但价格仍然是支配资源分配的最重要经济机制。

二、自然资源稀缺的经济学观

经济学研究如何将稀缺的资源有效地配置给相互竞争的用途。经济学产生于资源的稀缺（scarcity），经济学研究的主题也围绕着稀缺。全部自然资源问题，在生态学看来归根于“限制”二字，在经济学看来则归根于“稀缺”二字。稀缺指在获得人们需要的所有产品、资源和服务方面所存在的局限性，稀缺的严格定义是供给相对于需求的不足。与生态学一样，经济学中的稀缺概念也承认物质世界是有限的，正是这种有限性造成了种种经济学问题。经济学从根本上说，就是研究稀缺性及由此带来的一切困难问题的学问。

1. 稀缺的生产要素

物质财富和无形服务的稀缺，是由于它们必须用稀缺的资源来生产。经济学上的资源有时称为生产要素，是用来生产物质财富和服务的基本投入物。有三种基本生产要素：①人力资源即劳动，包括从简单劳动到具有最高技能的管理人员和专业人员的所有形式的劳动；②土地即自然资源，包括土地本身、地下矿藏、水资源、野生植物和动物等；③资本，固定资本（厂房、机器、设备等）和流动资本（资金、产品）。

在任一特定的时间内，生产要素的数量是一定的。过了这一特定时间，它们的数量和质量都会发生变化，但仍然是有限的。因此，我们必须确定这些资源在许多种用途中派作何用，这是资源经济学的一个基本问题。经济学非常关注“稀缺资源的最佳配置”，其就是以最好的方式利用我们所拥有的稀缺资源。

物质财富和无形服务可以划分为经济的与自由的两种，但其中大部分是经济财货（economic goods），也就是稀缺的。然而，有少数财货在零价格上的供给仍大于需求，这些财货就称为自由财货（free goods）。如大气圈中的空气、公海中的海水、撒哈拉沙漠中的沙子等。自由财货还可以是人们不想要的东西，如被污染的空气或水域。自由财货无论是人们想要的还是不想要的，都不是稀缺的，因为它们相对于需求来说，其供给量足够大，也不是用稀缺的生产要素生产出来的。因此，它们不属于经济学家的研究范围。但如前所述，生态学家却要研究它们，而且希望经济学家也研究它们。此外，随着自然资源概念的演进，自由财货也会变为经济财货。

大部分商品和劳务是利用稀缺的生产要素生产出来以满足某种需要的，相对于零价格上的需求而言其数量有限，因此这些商品和劳务需要有一个正值的价格，这类财货就称为经济财货，这就是经济学所关注的问题。如果利用稀缺的生产要素移动自由财货，或者改变它们的状况从而使其变得更为有用，那么自由财货也可以变为经济财货。例如，有空调的房间中的空气、被净化了的污水，以及作为建筑材料的砂子都属于经济财货。

2. 自然资源稀缺的经济学含义

我们已指出，自然资源的一个基本特性是稀缺性，这里有必要进一步说明自然资源稀缺概念的经济学含义。

（1）自然资源的绝对稀缺：当对自然资源的总需求超过总供给，这时造成的稀缺就是绝对稀缺，这里的总需求包括当前的需求和未来的需求。从关于自然资源可得性度量的阐述中可知，按现在开采量的年增长率计算，很多不可更新资源会在不久的将来枯竭。在其枯竭以前，绝对稀缺的问题会日益尖锐，获取这些资源的代价会越来越高。从全球和人类整个历史来看，所有自然资源都是绝对稀缺的。在此限制内，有时或有些地方还会面临更紧迫的相对稀缺问题。

（2）自然资源的相对稀缺：当自然资源的总供给尚能满足需求，但分布不均衡会造成局部的需缺，这称为相对稀缺。例如，当前世界粮食总产量可以满足人口的需要，但一些发展中国家农业生产比较落后，人口增长过快，食物不能自给，又无足够的外汇用于进口粮食，产生显著的相对稀缺。又如，全世界的石油资源和产量迄今都足以满足需求，但对一些国家来说，石油资源的藏量和产量，以及能在世界石油中获取的份额，却不能满足需求，也造成相对稀缺。在此相对稀缺期间，石油价格会不断上涨。再如，我国的煤炭储量和产量现在和可预见的将来都可满足需求，但江南各省份缺煤；煤炭资源丰富的省份可能“产能过剩”。

无论是自然资源的绝对稀缺和相对稀缺，都会造成该种自然资源价格的上升和供应的减少，产生资源危机，如随着老石油生产国资源的逐渐耗竭，石油相对稀缺的态势加剧，人们对绝对稀缺的担忧也一直存在，加之国际地缘政治经济变幻无穷，石油危机频频出现。当自然资源的开发利用超越了资源基础的最终自然极限，就发生自然资源的自然耗竭。然而，在自然耗竭远未出现时，由于高质量的自然资源逐渐先被开采，余下较低质量的自然资源，其开采成本必然上升。当自然资源的开发成本超过其价值的时候，就发生了经济耗竭。目前看来，对人类发展构成主要威胁的还不是自然资源的绝对稀缺和自然耗竭，而是其相对稀缺和经济耗竭。自然资源经济学首先关注的也是自然资源的相对稀缺和经济耗竭。

3. 自然资源稀缺与价格

稀缺导致市场价格上升，从而引发一系列需求、供给和技术等方面的响应。虽然很难准确地判断需求对价格变化的响应，尤其就长期而言，但一般认为价格每上涨10%，大多数非燃料矿物的需求将降低6%～20%（Tilton, 1977；US Congress，1974）。例如，石油的需求即使在很短的时期内也会显示出明显的价格响应，每当石油价格上涨，消费就会减少。但是价格并不一定总能反映某种资源的稀缺程度。若某种资源的生产者能完全控制其供给，就会形成垄断，于是他就可能减少供给，人为地制造稀缺，提高该种资源的价格。某种资源的主要供给国就该种资源的生产、供给和价格达成协议，这就形成卡特尔（cartel），如石油输出国组织（OPEC），它们也发挥着垄断的作用。在这种情况下，资源本来并不稀缺，但价格高涨，影响资源分配，造成相对稀缺。

政府可通过各种手段刺激或控制某种资源的供给，从而在价格以外影响资源的稀缺程度。这些手段可能是免税、征税、补贴、贷款等经济手段；也可能是法规、行政命令等行政司法手段。对生产者来说各种补贴可减少资源开发成本，鼓励多开发，也可鼓励保护某种资源；对消费者来说，该种资源的价格降低，但这种人为的低价并不反映该种资源不稀缺，却降低了消费者保护、节约此种资源的热情。政府对造成环境问题和损害资源基础的企业可通过征税等手段增加其生产成本，从而限制其生产；对消费者来说，这种资源产品的价格必然上涨，迫使其珍惜、节约此种资源，刺激其去寻求代用品。

三、自然资源的供需平衡

自然资源的供给与需求处于经常的矛盾运动中，常出现供需不协调。自然资源供需不协调往往会导致国民经济结构失衡，也会导致自然资源的破坏和浪费，甚至会引起社会的动荡不安，所以调节自然资源的供需矛盾实为社会经济发展的一个非常重要方面。在协调自然资源的供给和各种需求时，必须遵从经济规律、自然规律和社会控制原理，指导自然资源利用达到经济、生态、社会三方面效益的总体最优。在市场经济条件下，经济规律对自然资源利用的调控作用尤其重要，而在有关的经济规律中，供给和需求是一对非常重要的概念，供求分析是确定资源的合理投入和利用、平衡供需矛盾的一个重要前提。

1. 经济学的供给和需求概念

1）供给

供给是卖者在某一时间、一定价格条件下愿意并能够出售的产品、资源或劳务的数量。供给量（Q）一般随价格（P）的升高而增加，随价格的下降而减少，这称为供给的运动；供给的运动构成供给曲线 S（图 10.1）。价格变动引起供给的相应的变动率称为供给弹性。凡某物的价格有轻微变动就会引起供给的大幅度增减，则称为富弹性的供给；反之，某物的价格虽大起大落，但该物的供给不变或仅有微小变化，则称为无弹性的供给。供给弹性在供给曲线图上表现为曲线的曲率或斜率。

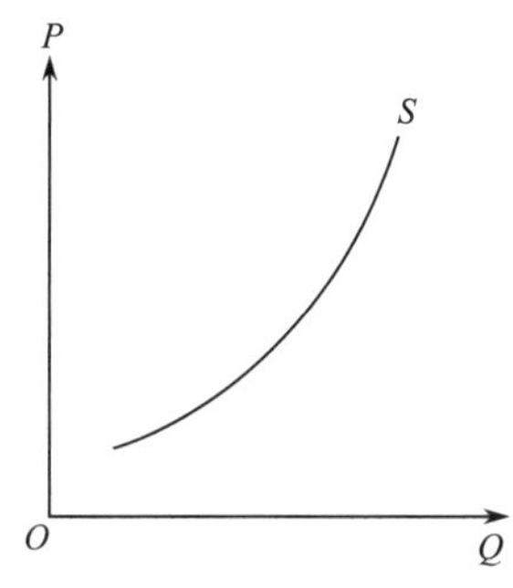

图 10.1 供给曲线图

实际上还有一些其他因素也影响供给。首先，投入成本增加（或减少）会使卖者在某一价格水平上减少（或增加）供给量。其次，当有关商品的价格变化时，供给量也会发生增减。例如，一个可以生产两种产品的工厂，在一种产品的价格下降时会减少这个产品的生产而增加另一种产品的产量，这后一种产品的供给就不是由它本身的价格而是由前一种产品的价格影响而增加的。最后，卖者会出于除谋取利润外的其他动机而增减供给。因此，在某一价格水平上，其他因素会使供给增加（供给曲线右移，S_r）或减少（供给曲线左移，S_l），这就是供给的移动（图 10.2）。

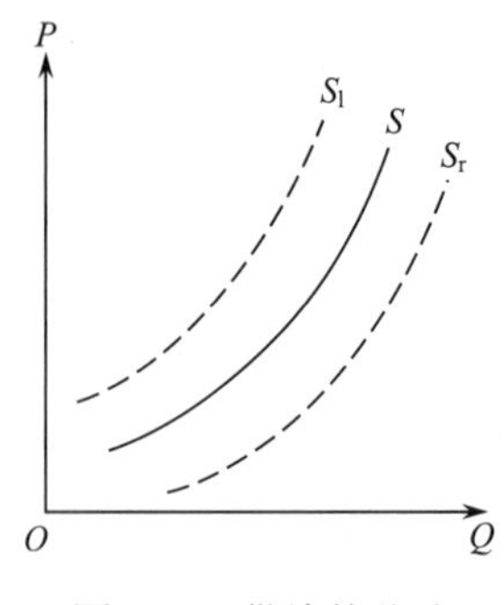

图 10.2 供给的移动

2）需求

需求是买者在某一时间、一定价格条件下愿意并能够购买的产品、资源或劳务的数量。需求量（Q）一般随价格（P）的上升而减少，随价格的下降而增加，这就是需求的运动，它构成需求曲线 D（图 10.3）。价格变动引起需求的相应的变动率称为需求弹性，它在需求曲线图上表现为曲线的曲率或斜率。

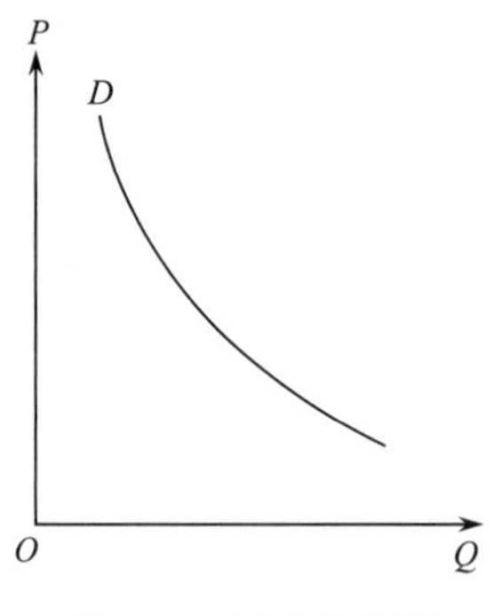

图 10.3 需求曲线图

实际上也有另外一些因素影响着需求。首先，需求者对某种产品或劳务的偏好的增强（或减弱）会使需求增加（或减少）。其次，需要者人数和支付能力的上升（或下降）通常会使需求上涨（或下落）。再次，代用品价格的提高（或降低）将引起需求的增加（或减少）；附属品（如汽油之于汽车）的价格上升（或下降）将导致需求减少（或增加）。所以，在某一价格水平上，其他因素会使需求增加（需求曲线上移，D_u）或减少（需求曲线下移，D_d），这就是需求的移动（图 10.4）。

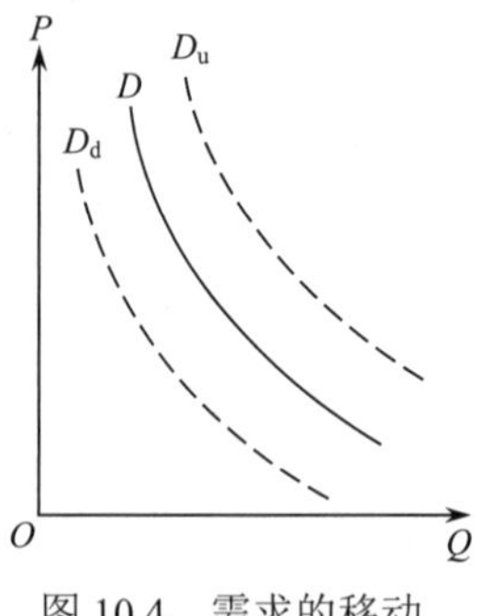

图 10.4 需求的移动

自然资源是最基本的生产资源和生活资料，它的供给和需求也符合一般供求规律。但自然资源有独特的基本特性，因而其供给和需求也有特殊的表现。

2. 自然资源的自然供给与经济供给

自然资源的自然供给指实际存在于自然界的各种自然资源的可得数量。全世界的自然资源总数量是固定的，既非人力所能创造的，也不会随价格和其他社会经济因素的变化而增减（图 10.5）。

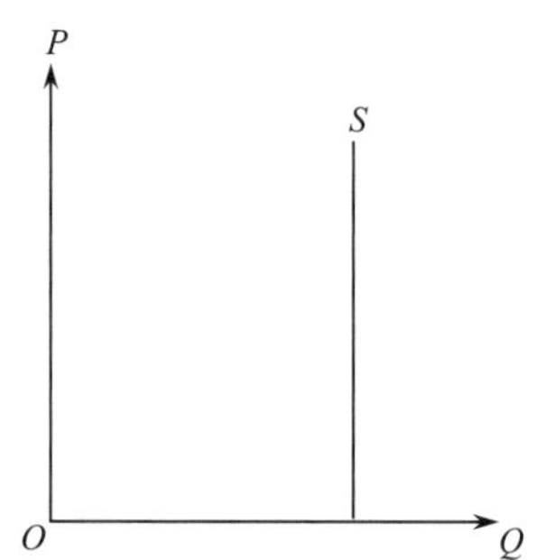

图 10.5　自然资源的自然供给

就某一国家或某一区域而言，自然资源的自然供给一般也是固定的。由于土地的不可移动性，不可能从别处搬来土地以增加本国或区域的土地供给。因此，无论就某一区域或全世界而言，多数自然资源的自然供给总是毫无弹性的供给。

就某一种用途的自然资源而论，有时也有自然限度的问题。例如，耕地只能是水热条件合适、有一定厚度的土层、坡度不太大的土地；种植橡胶的土地只能在热带，矿产地只能在有矿藏的地方等。此类专门用途的自然资源，其自然供给也不会随价格和其他社会经济因素的变化而增加，也是无弹性可言的。相反，由于其他用途（如建筑）的挤占和自然毁损（如沙漠化和水土流失），矿产地则不断被采掘，此类供给还有减少的趋势，其供给曲线将会左移，自然供给不断左移造成资源的自然耗竭。

自然资源由于其多用性，往往可以用于多种目的，可以作为多种用途的供给。于是各种资源利用之间经常互相竞争和相互替代，当某种用途的需求增加，该用途的收益提高时，原供他用的自然资源必有一部分会转作该种用途，使其资源的供给量增多，但不会超过其自然供给。这种在自然资源的自然供给范围内，某用途的资源供给随该用途收益的增加而增加的现象称为自然资源的经济供给。

自然资源的经济供给是有弹性的供给，但供给弹性的大小除其他因素外还依据接近自然供给极限的程度而不同。这可用自然资源经济供给曲线图（图 10.6）来加以说明，图 10.6 中 S_p 为自然资源自然供给曲线，S_e 为自然资源经济供给曲线。在远离自然资源自然供给极限时，自然资源经济供给的弹性较大，供给价格的轻微变化就会引起供给量的较大变化。随着供给量的增加，优等自然资源不断投入使用，所余自然资源的质量越来越差，开发新自然资源的成本越来越高，经济供给越来越接近自然供给极限。这样，供给弹性越来越小，即供给价格越来越高而供给量的增加越来越少。当达到自然资源自然供给极限时，自然资源的经济供给也就毫无弹性了，这时供给价格再有大幅度的提高也不能增加供给量。

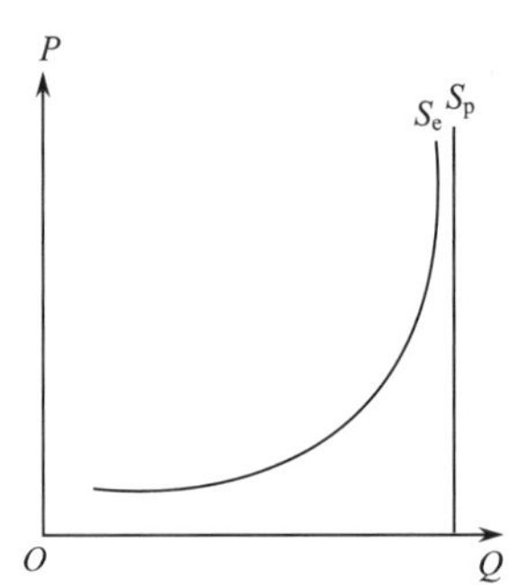

图 10.6 自然资源经济供给曲线图

自然资源经济供给的弹性大小在不同利用上也是有差异的，如用作建筑基地的土地因其所需数量相对较少，受自然条件的限制又不太严格，故其经济供给的弹性较大；林业用地、牧业用地对自然条件的要求较低，经济供给的弹性也较大；而矿产地和某些特殊作物用地则受严格的自然条件限制，其经济供给的弹性就比较小。

在自然资源自然供给的范围内，影响自然资源经济供给的因素是很多的，其中重要的如下。

（1）对自然资源的需求。需求越大，价格越上升，促使供给增加；反之，需求小从而需求价格下降，促使供给减少。

（2）自然资源的自然供给量。如上所述，自然资源的经济供给只能在自然供给限度内变动，这个规律从生产成本角度看就意味着当适宜于某种用途的优等自然资源相继投入使用，余下等级较低的自然资源时，要增加自然资源的经济供给必将付出更多的边际成本。

（3）其他用途的竞争。自然资源具有多用性，当其他用途的供给价格提高从而供给量增加时，对该用途的自然供给必有减少的趋势。这里必然包含着机会成本，即一种用途的自然供给价格也取决于将同样的自然资源用于另一种用途时的价值。

（4）科学技术的发展。当自然资源利用的科学技术发展到一定程度时，原不能利用的自然资源变得可以利用，或者原来利用成本太高的自然资源可以降低利用成本，从而使自然资源的自然供给曲线右移，自然资源经济供给远离自然供给限制而增大了扩展的可能性。此外，科学技术的发展不断创造出可以取代自然资源产品的新材料，如化学纤维代替棉花，则该项产品会退出（或减少）资源利用，从而增加其他用途的资源经济供给。

（5）自然资源利用的集约度。自然资源利用的集约度越强，自然资源的供给价格越高，自然资源利用率越高，自然资源经济供给也就随之增加。由于报酬递减律的作用，自然资源利用集约度不会无限制地增强，在经济效益方面，它应当符合生产要素合理投入的原理，即资源利用的集约程度应使边际收益等于边际成本。

（6）交通条件的改善。这使原来由于通达性不够而未投入使用的自然资源易于接近，或者降低了运输成本，因而增加了自然资源的经济供给。

（7）政府政策与公众舆论。政府通过法律、法规、规划，以及有区别的税收、投资、信贷和价格政策，可以促进或抑制自然资源的经济供给。公众舆论往往是促使政府采取有关政策的动因，它本身也发挥着促进或抑制某些用途的经济供给的作用（蔡运龙，1990）。

3. 自然资源的自然需要与有效需求

自然资源的需求也有自然的和经济的两种概念。自然资源需求的自然概念是指人们对自然资源的需要（或欲望）；自然资源需求的经济概念则是指人们对自然资源的需要和满足这种需要的能力，称为自然资源的有效需求。

人们对自然资源的需要固然与生存的需要关系最为密切，人们需要自然资源来提供维持衣食住行的资料和生产生活空间；自然资源的需要与心理的需要也不无关系。例如，人们需要自然资源来保障未来的生活，需要娱乐、休闲的地方和设施，需要土地所象征的权利，需要土地所有权或使用权所带来的安全感、稳定感和社会威望等。从需要（而不是满足需要的能力）来看，人的欲望通常被认为是无穷的，这些欲望一个接一个地产生，前一种需要一旦得到满足甚至只部分得到满足，就会产生后一种需要。对自然资源的需要也是如此。就人类总的需要而言，人口在不断增加，人们还总想得到更多更好的食品和其他生活资料，希望有更充足的住房，更好的教育、娱乐、交通设施，因而对自然资源的需要有无限扩大的趋势。就个别生产者而言，总希望尽可能多地占有自然资源来弥补其他生产要素（资金、劳动、管理）的不足。因此，自然资源的需要具有无穷大的弹性，即在一定供给价格水平下，总希望自然资源越多越好。

然而，满足需要的能力是有限的，无能力满足的需要是一种无效需求，供求分析主要研究有支付力的需要，即有效需求。自然资源的有效需求一般随价格的上升而减少，随价格的下降而增加，这与一般商品的需求规律相同。此外，影响自然资源有效需求的因素还有如下几种。

（1）自然资源的经济供给。经济供给越充分，供给价格将下降，有效需求将增加；反之，供给价格将上升，有效需求将减少。

（2）自然资源的需要。自然资源的有效需求显然以自然资源的需要为前提，若无需要，再大的支付能力也不能构成有效需求。如上所述，自然资源的需要与地区人口和产业发展有关，因此自然资源的有效需求必须联系地区经济、社会发展战略来考虑。

（3）需要者的支付能力。当这种能力提高，自然资源的有效需求一般会增加；反之则减少。

（4）自然资源与其他生产要素的比价。按照经济原理，生产者必须将他的支付能力合理地分配给各个生产要素。于是他对各个生产要素的有效需求将遵循均等边际原则，使支付能力的分配在每一种生产要素上所获得的边际报酬大致相等，各生产要素所获得的总报酬才能达最高（详见第十五章）。这样，若自然资源价格相对于其他生产要素价格越低，对自然资源的有效需求就会越多；若这种比价越高，则对自然资源的有效需求就会越少。

（5）自然资源产品与其他产品的比价。与上同理，消费者也应当遵循均等边际原则，将他的购买力合理地分配于衣、食、住、行等各方面。因此，自然资源产品无论是作为生产要素还是作为消费物资，当它的比价过低时，对它的需求会增加，从而导致生产初级产品的自然资源的有效需求增加；反之，若初级产品比价过高，则对它的需求相对减少，从而导致生产它的自然资源的有效需求减少。同理，各种初级产品之间比价的高低，也会导致对某种资源的有效需求的增减，如我国近年来大量耕地改作果园、鱼池等，就是因为果品和鱼的价格相对于粮食的价格过高。

（6）自然资源利用集约度。以土地为例，当土地利用尚未达到精耕边际时，增强集约度比开辟利用新土地更为有利，这时土地的有效需求一般不会增加。当土地利用已达到或超过精耕边际时，再增加集约度就使边际成本大于边际收入，对生产者是得不偿失的，这时应开辟利用质量较低的边际土地，故土地的有效需求将增加（蔡运龙，1990）。

4. 自然资源供需平衡的经济学原理

在市场经济条件下，一般商品的供给与需求受供求定律的支配。需求大于供给，价格将会上升；需求小于供给，价格将会下降。这种关系可用图 10.7 来说明：当价格为 P'时，需求量为 Q'_2，供给量为 Q'_1，供过于求，过度供给量为 $Q'_1-Q'_2$，这将导致价格下降。若价格降至 P''，则需求量为 Q''_2，供给量为 Q''_1，求过于供，过度需求量为 $Q''_2-Q''_1$，这将导致价格上升。上述两种情况都是不稳定的，只有当价格为 P_0 时，供给与需求才会达到平衡，从而存在一种稳定状态，此时的价格称为均衡价格，此时的供求数量称为均衡数量。

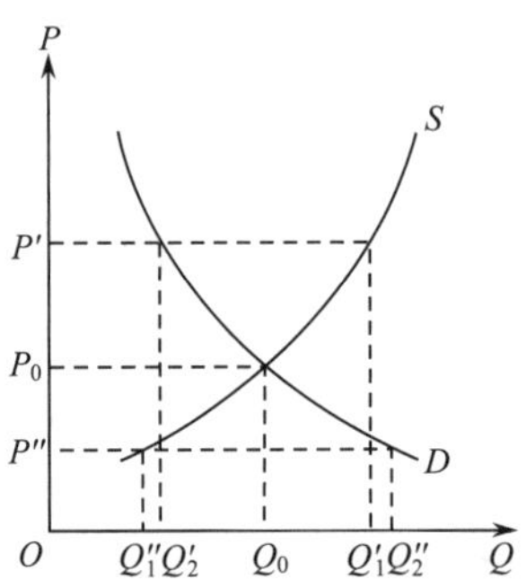

图 10.7 一般商品的供需平衡

以上就是亚当·斯密所说的“看不见的手”在指挥着经济活动。自然资源利用作为一种经济活动也不例外，尽管自然资源有区别于其他商品和生产要素的特点，其供给与需求平衡的基本经济机制仍服从这一原理，但自然资源价格的决定以及价格在平衡供需矛盾中的作用，与一般商品的情形又有所不同。

第一，一般商品的供给量和需求量两者都处在经常变动之中，供给和需求的共同运动达到均衡，从而决定了价格。但自然资源的供给是受限制的，很多自然资源如土地的供给量通常不易变动，其自然供给绝对固定，其经济供给虽可变动但很受限制，因此自然资源的价格常常是由需求单方的运动决定的，需求越大，价格越高。一般商品的供需矛盾可以通过扩大供给和约束需求两条途径来解决；而自然资源的供需矛盾常常只有通过约束需求一条途径来解决。价格越高，越能控制需求、平衡供需矛盾。自然资源的这种供求关系如图 10.8 所示。可见，自然资源的供需矛盾一般不能通过扩大供给来解决，只能从控制需要上入手。使用价格杠杆，把自然资源的需要转化为有效需要（即有支付能力的需要），使之不致无限扩大而服从供求定律，就能有效地平衡自然资源供需矛盾。

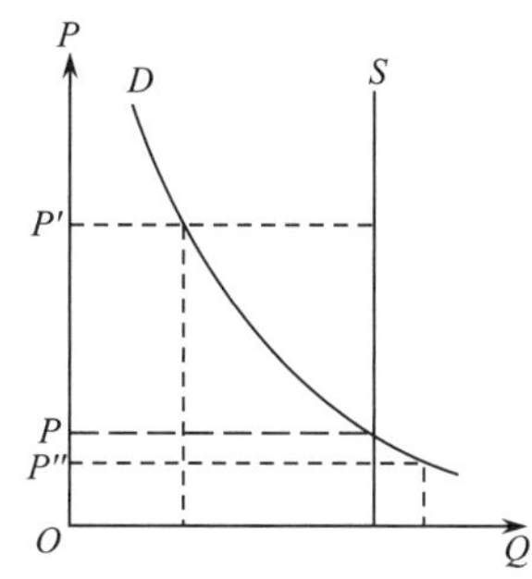

图 10.8 自然资源的供需平衡

第二，一般商品的价格通常以生产成本为基础，任何一种商品的供给价格决不能低于其生产成本，更准确地说，生产任一种商品的边际成本决不能低于边际报酬，否则生产者势必停止生产或减少产量，直到产生求大于供的形势，迫使价格上升，所以生产成本总是决定商品价格的主要因素。而自然资源则主要是自然的产物，没有生产成本，因而其价格中一般不包括生产成本的因素，自然资源的价格以其价值为基础。

第三，一般商品的价格较易于确定，也有客观标准可依。例如，以生产成本作为估价基础，或者以标准化了的等级定价。但自然资源既无生产成本，其等级的确定又涉及非常复杂的自然特征和社会经济条件，因此自然资源价格的确定是非常复杂的事情，还免不了带有一定的主观推断成分。

第四，一般财物都有折旧的情形，故其将来的价值总是低于现值。但自然资源会越来越稀缺，又具有生产能力的持久性，所处的社会经济条件还总会不断改善，因此不会折旧反会增值；同时人们对自然资源的需求日益增长，更使自然资源的将来价值常比现值为高。从图10.8 可知，需求曲线会上移，自然资源价值是上涨的。现在价格又会受将来增值涨价的影响而提高。

第五，一般商品都有统一的市场价格，也可通过价格来竞争市场。而有些自然资源如土地因其位置固定，功能又不可替代，其价格在当地具有垄断性而无竞争性，而垄断性地价可以更严格地控制需求。

可见，通过足够高的价格来约束需求，从而达到供需平衡，这在自然资源利用中比其他经济活动中更有必要，也更为有效（蔡运龙，1990）。

四、自然资源供需平衡分析实例

1. 水资源市场

1）水资源供给分析

一定区域内水资源的供给一般是没有弹性的。也就是说，水资源的总量是一定的，其供给不会随水价的变动而涨落。水资源供给的这种垂直线的位置依赖于一系列复杂的水文因素（降水量、径流模数、河流系统的容量、地下水、蒸发和渗漏等），也依赖于水利工程的建设和运行，它们可以提高蓄水能力，调节供水的时空分配。显然，这样的供给系统在短期对水的需求价格的变动不会有显著的反应，所以一般可以把它看作一条没有弹性的供给线。

通过建造新的蓄水和供水系统，可以使曲线右移，但这也有限度，右移也会达到极限。

当然，也可以从外地调水，如中国的“南水北调”，这对受益地区而言，水资源供给可以右移；但对整个国家而言，供水总量不变，只是改变了其区域分配。另外，建坝蓄水很可能使供水减少而不是增加，因为这加大了流域内的蒸发与渗漏。因为地表水已被完全利用，地下水也正以高于自然补给率的速度开发利用，其获取趋于减少，所以供水曲线在将来很可能向左移动而不是向右移动。因此，从长期来看，没有弹性和不移动的供水曲线假定也是成立的。

2）水资源需求与供给分析

对水的需求大致可以分为农业用水和城市用水，后者包括工业用水。城市用水与农业用水直接冲突的情况是较为普遍的。如图 10.9 所示，D^u 为城市用水需求，D^a 为农业用水需求，于是对水的总需求 D^t 就是 D^u 和 D^a 水平相加。如果水价 P 是由政府而不是由市场决定的，在这个价格下，所有的需求都得到满足，而且还有所剩余，水的需求量 W_d^t 小于供给量 W_s。

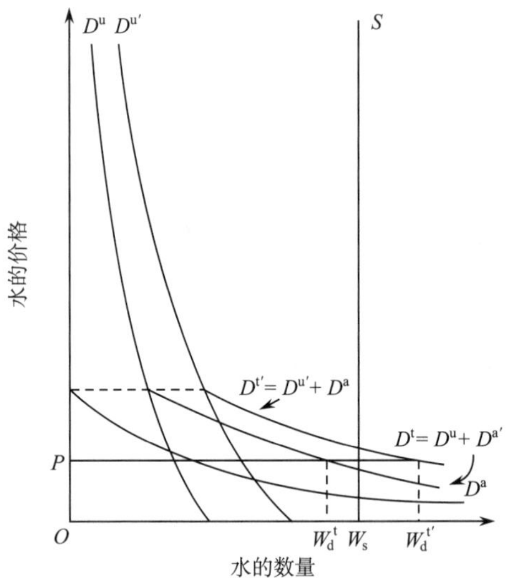

图 10.9　水资源的需求与供给（兰德尔，1989）

随着工业和城市的扩大和发展，城市用水需求右移，新的城市水资源需求曲线是 $D^{u'}$，若农业用水需求曲线仍为 D^a，则新的水资源总需求曲线是 $D^{t'}$。在政府规定的价格 P 下，需求数量 $W^{t'}{}_d$ 超过了供给量 W_s，出现了供水短缺。现有水价已不再能在不同用户之间很好地进行分配了。必须提高水价，或者找到其他的分配办法（如限制、配给）。当价格是由政府控制的时候，价格就不再仅仅对供给和需求的压力做出反应，它们也对政治压力做出反应。一般情况下要提高农业用水的价格比较困难，但城市用户能够比农业用户承受更高的水价，于是可以建立一个双重价格制度，城市用水的价格定为 P^u，农业用水价格维持在 P^a（图 10.10），这样就有效地把水市场隔离成两部分，当城市用户在价格 P^u 得到了他们所需的水量 $W^{u'}$，农业用户在价格 P^a 的需求也得到了满足（W^a）。除此之外还有一些剩余，这时 $W^{t'}{}_d$ 小于 W_s，分配用水的双重价格制度对这种情况下的水资源供需平衡确实是有效的。

工业和城市又进一步发展，城市用水需求增加到 $D^{u''}$。设想政府仍不愿意提高任何用户的用水价格。在现有的城市用水价 P^u 和农业用水价 P^a 上，现有水量 W_s 不能满足所有的用水需求 $W^{t''}_d$，$W^{t''}_d>W_s$，出现了严重的供水短缺。

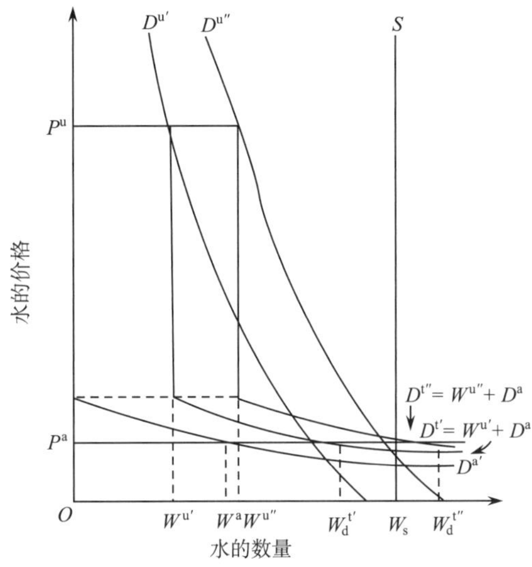

图 10.10　双重水价下的水资源（兰德尔，1989）

如果种种经济、政治原因不允许政府采取提高 P^{u} 和 P^{a} 的政策，那么就必须找出一个非价格的配给办法。政府可以建立一种用水分配的复杂制度，每一个用户都能以相应的价格得到一定的用水量，但都不能满足全部需求。于是这些配给量就变得很值钱，因而可能出现用水“黑市”。如果政府成功地取缔了黑市，那么分配给城市居民、城市工业用户和农户的用水量指标的价值将资本化，成为地产价值的一部分。增加用水配给量的唯一办法就是购买更多带有用水配给额的土地和不动产。

这一分析很有启发性，它表明当自然资源需求不断右移而供给不移动时会发生什么情况；它也表明当政府因为某些可理解的政治原因而拒绝让价格上升到维持供需平衡时会发生什么情况；它还表明当政府试图把单一商品市场分隔开来时会出现什么情况（兰德尔，1989）。

2. 旅游资源市场

1）供求分析

旅游资源越来越成为社会的重要需求，因而也常常出现供求矛盾。设想一个大小有限、因而容纳旅游者的能力也有限的国家公园，为简单起见，假设野营是这里旅游活动的主要形式，而野营只能在指定地点，适合野营的地点是严格有限的。于是这个国家公园的野营营地的供给曲线是完全没有弹性的（即垂直的）和不能移动的。假定政府已确定了营址的租费价格 P，营址的需求可以用典型的向下倾斜的需求曲线表示。当需求为 D' 时，在价格 P 的所有实际的需求都能满足，而且还有剩余（图 10.11），剩下的营址数就是（$C_{s}-C'_{d}$）。

随着生活水平的提高和通达性的改善，旅游需求迅速增加，需求曲线右移为 D''。在价格 P 上营址供不应求，出现短缺，C''_{d} 超过了 C_{s}。这时可以把价格提高为 P'，达到供需平衡。但是如果政府出于各种考虑，或者受到种种压力而不能把营址租费提高，那就必须找出某种非价格的分配办法。最常见的办法是按照先来后到的原则分配营址。要租用营址的人必须排队，为了排在前面，就必须提前到达排队，或者前一天夜里就赶到这里在旅馆过夜。这样，时间还有旅馆这样的非野营费用，就代替野营租费成了平衡营址供需矛盾的手段。不过国家公园的经营者得不到这方面的收益。

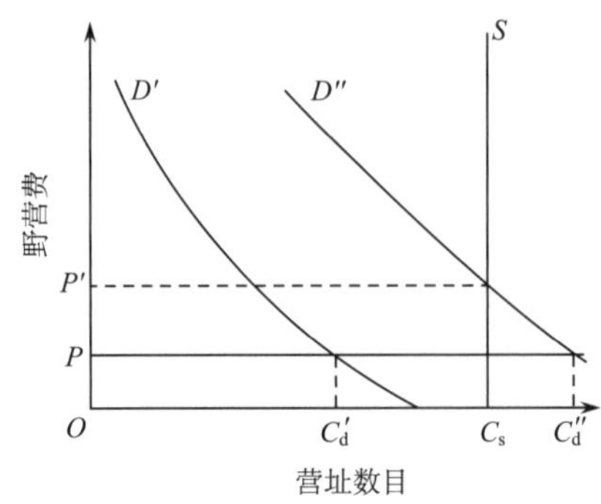

图 10.11　旅游资源的供给与需求（兰德尔，1989）

2）供求关系的季节差异

对这种旅游资源的需求常常是季节性的。在旅游淡季，营址的需求 D^w 位置在左方很远，营址有大量的剩余，即 $C_d^w < C_s$（图 10.12）；在旅游旺季，营址的需求 D^s 移向右方很远，在现行价格下，营址存在重要短缺。在淡季，现行价格发挥一种分配作用，可是这时并不需要分配；在旺季，现的价格作为分配手段完全不起作用，必须辅之以“排队时间”。

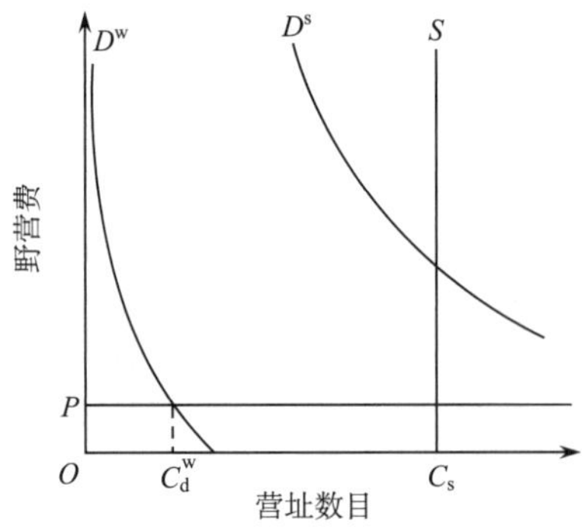

图 10.12　旅游资源需求的季节变动（兰德尔，1989）

把淡季的野营租费定为 0，旺季的租费提高到均衡价格水平，这种办法可以使国家公园经营者的收入和利用国家公园的人数都最大化。长期来看，这样一种策略对于使供给曲线右移可能是有帮助的，因为经营机构的收入最大化使之能逐渐购置和建设更多的野营地（兰德尔，1989）。

3. 化石燃料的供求均衡

1）供给与需求

化石燃料的开发利用，极大地促进了工业社会的经济发展。虽然现在还不能准确判断化石燃料的自然总供给（最终可采资源）到底有多少，但可以肯定其是有限的，现在的开采肯定会减少未来的开采量。因此有一种观点认为，为了给后代留下均等的利用机会，我们应当约束现在的开采和消费，但另一些人认为这种观点未必正确，现在使用化石燃料可以促进经济增长，加速资本的形成和积累，从而使后代能开发高成本的化石燃料，或者发现适当的化石燃料代用品，这不见得就不如把地下矿藏留给后代。

化石燃料主要有煤炭、石油和天然气。全世界煤炭储量中所含的能量远远超过石油和天然气。美国已知的煤炭储量中的能量大约是已知石油和天然气储量的50倍，我国能量供给也主要来自煤炭。但煤的开采成本较高，井下采煤需要相当多的资本和劳动，而且有害工人健康和安全。采煤的环境破坏相当严重，尤其是露天开采；若制定严格的法规要求采煤后进行土地复垦，又会进一步加重成本。此外，煤的燃烧对大气和其他环境媒介的污染也更严重，对全球气候的“温室效应”贡献也最大。因此目前发达国家的主要化石燃料需求是石油和天然气。英国从20世纪60年代就停止了开采煤炭，并非因为煤炭资源已耗竭，而是因为在目前的经济、社会和技术条件下，使用煤已不合算，所以发达国家的能源结构以石油和天然气为主，发展中国家的工业化过程也增加了对石油和天然气的需求，世界对石油的需求不断高涨。另外，主要石油出口国越来越认识到本国石油储量有限，按目前的开采速度，其石油资源迟早会耗竭，再加上力图把石油资源用作政治武器，于是世界石油的价格不断攀升。

总之，在全球范围化石燃料的供求关系中，代间平等、资源替代、开发成本、环境代价都是重要因素，价格在防止和减缓资源耗竭以及资源分配中都发挥着重要作用。

2）供求均衡对策

每一个石油进口国都以各自的方式对世界油价上涨做出反应，以达到国内的供求均衡。

（1）国内石油制品价格对策。美国历史上由于有大量的石油和天然气蕴藏，且曾是一个石油净出口国，因此实行的是“廉价燃料”政策。早期对石油和天然气行业实行各种补贴，后来又实行鼓励消费的价格管制，因此美国人均石油消费量远高于一般发达国家。相反，西欧国家国内的石油和天然气储量相对很少，在第二次世界大战结束后的重建时期，它们还受到严重的外汇储备控制，进口石油的能力也有限。同时为了保护在国际贸易中已很虚弱的地位，必须抑制石油进口。因此在国内必须抑制消费（需求），同时为了多收税款，石油制品和奢侈品一样从重征税，其后果是保持和改进了公共运输系统，广泛使用摩托车和燃料效率高的小型汽车，空调设备也大力推行节能方法。因此，虽然西欧国家人均能源消耗量少于美国，但由于经济迅速恢复和发展，生活水平也与美国不相上下。1973年石油危机后，西欧国家的石油制品高价政策更显示其作用，它们让世界石油价格的增加完全反映在用户使用的石油制品价格上。美国则由于历史上形成的惯例，而且由于大部分供给来自国内，却尽可能仍把石油制品价格保持低价。其对策是把“新”石油价格提高到和世界价格一样，但“老”石油——1973年石油禁运前已投入生产的油井生产的石油——仍然受到严格管制。这种政策刺激了在国内发现和开采新的石油供给，促进了页岩油气开发技术的突破，同时又使加油站的石油制品平均价格尽可能保持低价。上述各国燃料价格政策的对比是发人深省的。第一，它说明经济生产率与化石燃料消费之间并无必然的绝对联系，经济增长也可以在控制化石燃料消费量的情况下实现。第二，它再一次说明价格在供需均衡中的作用。

（2）节能对策与技术改造。所有国家都努力发展节能技术，推广其应用。“节能”的经济意义就是在任何给定价格下减少对能源的需求。例如，在高速公路上限速，改善汽车发动机的燃烧效率，鼓励发电厂从烧油改为烧煤（但出于环境污染控制考虑，又限制煤的使用）或把煤炭转化为人造石油或天然气。政府还利用税收手段来鼓励住宅的保温、绝热和利用太阳能取暖，有些政府还采取配给政策。

（3）勘探和开发向国内转移。依靠进口化石燃料已表明具有极大风险，石油危机后，西方发达国家开始注意提高自给率，于是勘探和开发又重新指向国内，如美国在阿拉斯加、英国在北海都加强了开发工作。另外，油价的上涨也使国内原来“不经济”的矿藏得以进行“经济”的开发，美国页岩油气开发技术的突破更是增加了国内供给甚至还大量出口。

总之，化石燃料的供求均衡可通过限制消费、鼓励生产、鼓励开发替代能源来达到，而价格对每条途径都有至关重要的作用。但能源价格的上涨牵一发而动全身，会影响到整个国民经济，因此又不得不用政策措施加以限制。

第二节　经济决策与自然资源管理

一、经济决策与经济制度

如果生产要素的供给是无限制的话，人们就会得到他们所希望得到的一切，社会也就不需要制定经济决策。然而，一切生产要素都是稀缺的，于是社会面临资源利用的决策问题，即如何利用有限的可得资源生产何种商品和劳务?生产多少?如何生产?如何分配?这些经济决策的基本问题如何解决？在很大程度上取决于经济制度。

1. 经济决策

（1）生产什么和生产多少?这个问题是基于这样一个不可回避的事实：无论现在还是将来，都不得不就稀缺资源用在何处做出抉择。例如，土地是稀缺的，用它来种庄稼，还是建房子，或者是建公园？其实都需要，我们就要做出各种土地利用决策，这是回答生产什么的问题。但关键在于它们的生产量各是多少?一个地区用多少土地种粮食?用多少土地建城镇和交通网络?还要划定多少面积的自然保护区?是要回答生产多少的问题。

（2）如何生产？一旦第一个问题得到解决，我们就面临着确定何种资源用于生产的抉择问题。前文曾经指出，资源的一个基本特征是互补性（或可替代性和多用性）。扩大到生产要素层次上来看也是这样，几乎总是存在着一种要素代替另一种要素的可能性。例如，多用机器（资本）来代替一些劳动力（资本密集型生产），或者用少量较先进复杂的机器代替大量不太先进的机器（技术密集型生产），用大量劳动来弥补资本和资源的不足（劳动密集型生产），或者仅生产自然资源的初级产品（资源开发型生产）等。各国、各地区由于各自在劳动力、资本储备、自然资源的情况不同，解决如何生产的具体方式就大不一样。

（3）如何分配?这个问题既涉及每个消费者能够得到何种商品和劳务，又包括消费者能够得到多少商品和劳务。一旦我们决定了生产什么、生产多少、如何生产商品和劳务，我们还必须确定向最终消费者提供的数量和品种搭配，以及让谁来享用这些商品和劳务。是分配给“最需要的人”，还是“出价最高的人”或者是“先到的人”呢？还是“按劳分配”。除这种资源产品的分配问题外，自然资源的分配还涉及资源利用的收益如何分配，以及资源开发利用的环境代价如何分配。

就自然资源分配而言，国际经济关系和区际关系起很大作用。例如，全球南北不平等问题，是由一方（发达国家）支配的不平等国际贸易关系造成的。各国由于发展水平的差距，经济实力和综合国力不均衡，发展中国家一般受国际经济状况的影响，而反过来影响国际经济状况的实力却有限。我国东、西部不均衡的问题也与此类似。这种不平等的经济关系给试图管理自己的环境、维护自己的自然资源基础的贫穷国家和地区设置特别的难题。因为在这些国家和地区中，自然资源和初级产品的出口仍然占很大比例。大多数这类国家和地区所面临的不稳定与不利的物价动态使得它们不可能管理好自己的自然资源基础，以保证持续性生产。日益沉重的债务负担和新的资本流动的减少加剧了牺牲长远发展利益、导致环境恶化和资源枯竭的不利因素。例如，热带木材的交易是导致砍伐热带雨林的一个因素。对外汇的需要促使许多发展中国家以伐林快于植林的速度滥伐林木，这种乱砍滥伐不仅造成了世界木材贸易赖以存在的森林资源的枯竭，也导致了以林木为生计的人们失去生存基础，还加剧了水土流失和下游水灾泛滥，而且加速了生物品种和物种资源的灭绝，近年的研究还发现这是全球变暖的一个因素。不平等的国际关系同样导致一些发展中国家着力发展经济作物以换取外汇，如非洲干旱地区的棉花生产，正是在 1983～1984 年干旱和饥荒席卷萨赫勒地区时，这个地区的五个国家（乍得、马里、尼日尔、塞内加尔和布基纳法索）的棉花生产创造了最高纪录，而此期间国际市场上的棉花价格实际上却在不断下跌。这些国家只有通过再扩大生产来弥补价格下跌对他们外汇收入的影响，陷入恶性循环；同时付出饥荒和土地退化的代价。

所有国家，无论大国小国、富国穷国，都面临这些基本经济决策问题，需要提出解决办法，而不同的经济制度有不同的解决办法。

2. 经济制度

可以总结出四种基本经济制度：传统经济、纯市场经济、纯计划（指令）经济、混合经济。

1）传统经济制度

在传统经济制度中，人们按照习惯和传统来回答和解决那些基本经济决策问题。传统经济一般都是生存（subsistence）经济，以家庭、部落或其他群体的组织形式生产产品，其产品仅用以满足生存需要，基本上没有什么剩余供出售和贸易。传统经济制度是建立在家族群体基础上的，这种基础后来逐渐消亡，在传统经济体制中，采集什么植物、捕猎什么动物，种植什么作物，谁来完成这些任务，如何分配食物，这些问题的决定都是以部落过去的惯例为依据的。每个部落成员的作用都由习惯所规定，都很明确。任何个人都很难有推进经济变动的愿望，即使有也会受到阻止。与传统相抵触并威胁到社会秩序的技术进步和发明也会受到阻止。非传统经济社会中也还保留一些以传统为基础做出决定的习惯。例如，决策中男性的意见往往占上风，这是迄今为止几乎一切经济制度都或多或少保留的一种传统。

2）纯市场经济制度

在纯市场经济制度下，所有的决策皆在市场上做出。买者（需求者）和卖者（供给者）在市场上对各种经济财货和服务自由地讨价还价，没有政府或其他因素的干预。这种制度的一个前提特点是生产专业化分工。人们既无时间，也无能力和资金去生产自己所需要的所有东西，而只能生产某一样或少数几样商品，以这些商品供给市场，从而得到货币，再买他们需要的其他商品。因此纯粹市场经济制度是按生产来分配的，即生产者才有收入从而能够买商品；而不生产任何东西的人则没有收入，因而无参与分配的权力。这种分配形式，既包括按劳分配，也包括按资分配。市场经济制度建立在财产私有、自由选择、完全竞争的基础上。一切经济资源皆为私人或私有企业所有而不是为政府所有；所有私人或私有企业在保持其所得和以其所得买何物上都是自由的（如无税、无投资限制），他们也可以用掉、卖掉甚至放弃其所有且无任何限制。所有的买和卖都建立在完全竞争的基础上，在这种竞争中，很多小买者和很多小卖者都独立行动。没有任何买者或卖者强大到足以控制需求、供给和价格的程度。任何人都允许生产某种商品，并允许卖给他人，但要参与市场竞争，买者和卖者都必须接受当时的市场价格，此即自由资本主义。

市场经济制度下的资源分配受市场价格支配，即价格控制供给与需求之间的消长关系；另外，需求与供给之间的消长关系也影响价格，达到一种市场均衡状态，这是经济学也是资源经济学中的一个重要原理。这里看看市场经济下如何回答和对待那几个基本经济决策问题。

（1）生产什么?生产多少?这取决于买者（消费者）对卖者（生产者）提供的商品和劳务做何反应。例如，如果一个生产者打算以 300 元/t 的价格每年销售 1000 t 煤，那么市场上的消费者可能每年要购买的煤少于 1000 t，也可能多于 1000 t，或者恰好等于 1000 t。市场上的这些反应，都给生产者一个信号。如果市场需求小于生产者预计的销售量，价格会下降，他下一次就会提供较少的商品量，或者转而生产其他商品。但如果市场上他的商品很快销售一空，价格可望上涨，就会促使他以后生产更多的商品。在买卖恰好相等的情况下，销售者就会继续提供同等数量的商品。显然，这里的价格对买者的反应起决定作用。当然，价格也受生产成本的影响，而自然资源产品的生产成本还应包括地租和自然资源本身的价值。如何把自然资源的价值包含进产品成本中，从而形成一种珍惜自然资源，使之可持续利用的经济机制，这是当前自然资源经济学面临的一大任务。本书后面将再阐述这个问题。

（2）如何生产?这是指用多少劳动力，用多少和什么样的土地或自然资源，用多少资金的问题，它在很大程度上取决于企业间现存的竞争状况，包括占有的人力、资本与自然资源。例如，某些企业用复杂、精密的机器和少数熟练工人，开采的是富矿，生产 1t 精煤的成本是 200 元。另一家企业则用不太复杂的精密机器和更多不太熟练的工人，开采的又是贫矿，生产 1t 精煤的成本可能是 380 元。如果市场上 1t 精煤可售 300 元，第一个企业 1t 煤获利 100 元，而第二个企业 1t 煤要亏损 80 元。因而，成本高的企业要么改进生产方法，采用更先进技术，启用更熟练工人并减少人工数以降低成本，要么就放弃当地开采，另寻富矿。可见，这里既有生产要素合理组合的问题，也有自然资源配置的公平性问题。

（3）如何分配？这里指谁将获得生产出来的商品和服务，它取决于什么人可花费的钱更多，出得起大价钱。每种商品和服务在市场上都有一定的价格，那些想买且买得起的人就会获得这种商品和服务。

3）纯计划（指令）经济制度

纯指令经济制度也称为完全计划经济制度，全部经济决策皆由政府做出。政府决定生产什么、如何生产、生产多少、卖多少钱、怎样分配。这种经济制度是对“资本主义生产无政府状态”的反对，相信政府控制是生产、利用和分配稀缺资源的最有效方式。

4）混合经济制度

实际上现在没有哪一个国家是纯市场经济制度或纯指令经济制度，所有国家都实行的是混合经济制度，即既有市场经济成分，又有计划经济成分，还带有某些传统经济的色彩，差别在于各种经济制度所占的比例不同。

为什么不能实行纯市场经济?因为它不能满足整个社会的需要，政府的干预是很有必要的，其作用至少有以下几方面。

（1）促进和保护市场竞争，阻止垄断的形成。

（2）提供国防、教育和其他公共需要。

（3）通过对收入和财富的再分配（如征收所得税、发放失业救济），促进社会公平，尤其是保证穷人的基本需要。

（4）防止纯市场经济制度下常见的经济过热和经济衰退，保证经济发展的稳定性。

（5）帮助补偿洪水、地震、飓风等自然灾害造成的剧烈损失，减轻灾害对社会的冲击。

（6）制止和减少环境污染。

（7）管理公共的自然资源。

为什么不能实行纯指令经济?实际上多数社会主义国家都曾实行过以指令经济为主的制度，结果普遍出现生产者生产热情不高、生产效率低下、官僚主义盛行等弊病。因此，多数社会主义国家或多或少地引进市场经济的一些机制，普遍推行经济体制改革，我国正在由计划经济体制向社会主义市场经济体制转变，要使“市场在资源配置中起决定性作用”。

二、经济增长与社会发展

1. 经济增长与经济发展

经济增长是以生产总值来衡量的。国民生产总值（gross national product, GNP）是一个国家（或地区）在一年中生产的全部财货和服务按当时价格计算的市场总值，其计算以一国（或地区）常住居民为准。若以国界（或区界）为准计算其范围内本国居民和外国居民生产的全部财货与服务，则称为国内生产总值（gross domestic product, GDP）。由于经济日益全球化，目前多采用 GDP 来衡量经济增长。这里面没有考虑物价上涨的因素，为更准确地表示出经济产出实际上如何增长或下降，经济学家使用真实国内生产总值（real GDP）的概念，它表示国内生产总值扣除通货膨胀部分，即减去财货和服务平均价格水平增加的那部分。现在世界上任何国家，无论经济制度如何，都在努力促进经济增长。经济增长就是某一经济（单位）所生产的全部财货和服务的真实价值的增加，换言之，即真实国内生产总值的增加。如果说经济增长产生了一个更大的馅饼的话，那么一般人很少关心这个饼增大了多少，而更关心自己分到的那一块增大了多少。为表示平均每人得到的那块经济馅饼如何变化，经济学上计算人均真实国内生产总值，即真实国内生产总值除以总人口数所得之值。显然，如果人口增加快于经济增长，人均真实国内生产总值将减少，馅饼增大了，但每人得到的那块却缩小了。

经济发展（economic development）比经济增长（economic growth）的含义更为广泛，除人均真实国内生产总值（或人均收入）的提高外，还包括：①经济结构的变化，其中两个最重要的变化就是：产业结构变化，即工业和服务业在国民总产值中的比例上升，农业的比例下降；人口结构变化，即城市人口所占比例上升，人口年龄结构也会有显著变化。②消费结构的变化。人们再不用把全部收入用于购买必需品，而是逐步转移到购买耐用消费品和满足高层次需求（如旅游、康乐、教育、文化）的消费品及劳务上。③人民分享经济发展带来的好处，并且参与形成这些好处的生产活动。如果经济增长仅仅使一小部分人发财，就谈不上经济发展。

经济增长意味着产出的增加。而经济发展既要包括产出的增加，又要包括与产品生产和分配相关的技术与体制的变革；不仅要求生产效率的提高，还要求包括整个经济体系的完善。经济发展是一种包含着崇高目标的过程，强调人的发展，强调社会的公正。当然，发展依赖于增长，但衡量发展的不仅是 GDP。如果 GDP 成为追求的主要目标，这种导向的发展会带来很多问题。其中一个重要问题是，一个国家的无形资产或无形财富被忽视。优美的环境、清新的空气、干净的水源、流畅的交通、健全的法制、高尚的情操、温馨的氛围、创造的冲动、求真的精神、互助和友爱等才是人类生活更重要的追求，甚至是最本质和更重要的追求（戴星翼等，2005）。

2. 社会发展和人类福祉的衡量

1）GDP 指标的局限

GDP 指标只能衡量经济增长的快慢，而不能全面地反映社会发展和生活质量情况。真实国内生产总值和人均真实国内生产总值可以说明各国相对富有的一般情况，某些情况下也可以表现出国民的平均生活标准，但是这中间存在某些歪曲之处，这种指标所包含的财货与服务的价值中，既有有益的，也有有害的。例如，1995 年中国烟草工业上缴利税达 700 亿元，生产更多的香烟无疑增加了真实国内生产总值，但也引发更多的癌症和心脏病。具有讽刺意味的是，这些疾病又增加了医疗费用和保险费用，从而进一步增加了真实国内生产总值，而这种增长并不能反映出疾病受害者的死亡和生活质量的下降。又如，污染工业的产出也增加了 GDP，但它们对环境的污染和对人民健康的危害也未反映在 GDP 中。破坏环境和耗损自然资源的代价也未反映在 GDP 中。此外，GDP 也不能反映资源与收入如何在各种人们之间进行分配，在经济收入这个大筵席中，有人吃肉，有人喝汤，有人啃骨头，甚至“朱门酒肉臭、路有冻死骨”，GDP 并不能反映这些情况。

为了衡量真正的社会发展和人类福祉的改善，需要用某些指标来区别经济增长中的有益部分和有害部分，并显示谁受益，谁受害。

2）替代指标

（1）探索过程。经济学家 William Nordhalls 和 James Tobin 早就提出一种指标，称为净经济福利（net economic welfare, NEW），用以估计一个国家生活质量的变化。他们把包含在 GDP 中却不能改善生活质量的那些“起副作用”的财货和服务，以及环境污染和资源耗损贴上一种价格标签，然后从 GDP 中减去这些负面因素的费用，得到 NEW。另外，把某些对改善生活质量有贡献，但却未反映在 GDP 中的服务，如家务劳动（清扫、烹饪、维修等），也加进 NEW 中。然后用 NEW 除以一个国家的人口数，算出人均净经济福利。这些指标也考虑通货膨胀因素并加以调整。用这些指标衡量美国 1940 年以来的情况，结果表明，美国人均 NEW 的增加仅及人均 GDP 增加的一半。NEW 指标是 1972 年提出来的，但至今未得到广泛应用，原因之一是对负面因素贴上价格标签并非易事，并且其是个引起争论的问题。另一个原因是很多政治家宁愿用人均 GDP，因为这可使人民感觉到今非昔比（Miller, 1990）。

在评价一个国家或地区社会发展和人类福祉的改善时，也使用了一些社会指标。例如，美国海外开发委员会（Overseas Development Council）设计了一套物质生活质量指标（physical quality of life indicator, PQLI），以三项社会指标为基础，即平均寿命、婴儿死亡率、识字率（文盲率）（Miller, 1990），但这些指标也未得到广泛应用。当然，社会指标和所有指标一样，并非完美无缺；但它们总比不考虑生活质量和环境质量的 GDP 好，没有适当的社会指标，人民对环境代价和生活质量就若明若暗，也不可能明确该做什么来改善环境与生活，所以关于可持续发展的指标体系研究成了一个热门课题。

Kenneth Boulding 提出一套指标思路来衡量走向持续地球社会（sustainable-earth society）的进展。一方面以恒定资源和可更新资源的持续利用，以及不可更新资源更多的循环利用和重复利用为基础，来度量财货和服务的价值。另一方面则根据未经循环利用和重复利用的不可更新资源的耗损，表示出财货和服务的代价。若前一个指标的增加超过后一个指标的代价，则表明向持续地球社会前进了一步（Miller, 1990）。

生态学与地理学家也提出一些指标，如土壤侵蚀率、植被覆盖率、人均公共绿地、人口密度、人均耕地、人均卡路里。

（2）人类发展指数。目前国际上已建立的众多社会发展和人类福祉指标体系中，影响较大的是联合国开发计划署（The United Nations Development Programme，UNDP）设计的人类发展指数（human development index，HDI）（UNDP，1990），它采用了能反映经济福利和社会公平状况的三个综合指标——人均期望寿命、成人识字率、人均 GDP。人类发展指数反映了世界及各国人类发展的状况，揭示了一个国家的优先发展项，为世界各国特别是发展中国家制定发展政策提供了一定依据，有助于挖掘一国的发展潜力。通过分解人类发展指数可以发现一个国家或地区社会发展中的薄弱环节，为经济与社会发展提供预警。根据人类发展指数的高低，UNDP 将世界各国依次分为极高人类发展水平、高人类发展水平、中等人类发展水平和低人类发展水平四个组别。从 1995 年开始，UNDP 每年发布《人类发展报告》，应用这套指标对各国的经济-社会状况进行了评价和排序。近期的报告（UNDP，2014）认为，世界各国人类发展指数达到 0.8 的时候将是社会问题减少、人类发展水平较高的阶段。因此，该报告根据现有不同组别人类发展水平的年均增长率，估算出世界平均人类发展指数的发展趋势和不同类型的样本国家人类发展指数达到 0.8 时的时间（表 10.1）。就全世界看，人类发展指数大约将在 2040 年前后达到 0.8，之后增速将放缓，预计在 21 世纪末达到 0.95（图 10.13）。

表 10.1　典型国家人类发展指数达到 0.8 目标的实现时间

国家类型	国家名称	目标实现时间
发达国家	美国	2013 年
	德国	2013 年
	挪威	2013 年
	澳大利亚	2013 年
	日本	2013 年
新兴经济体国家	巴西	2024 年
	俄罗斯	2017 年
	中国	2029 年
	印度	2053 年
	南非	2040 年
发展中国家	印度尼西亚	2035 年
	不丹	2053 年
	埃及	2036 年
	尼日利亚	2067 年
	委内瑞拉	2020 年

续表

国家类型	国家名称	目标实现时间
最不发达国家	阿富汗	2074 年
	孟加拉国	2058 年
	苏丹	2073 年
	莫桑比克	2089 年
	埃塞俄比亚	2080 年

资料来源：UNDP, 2014。

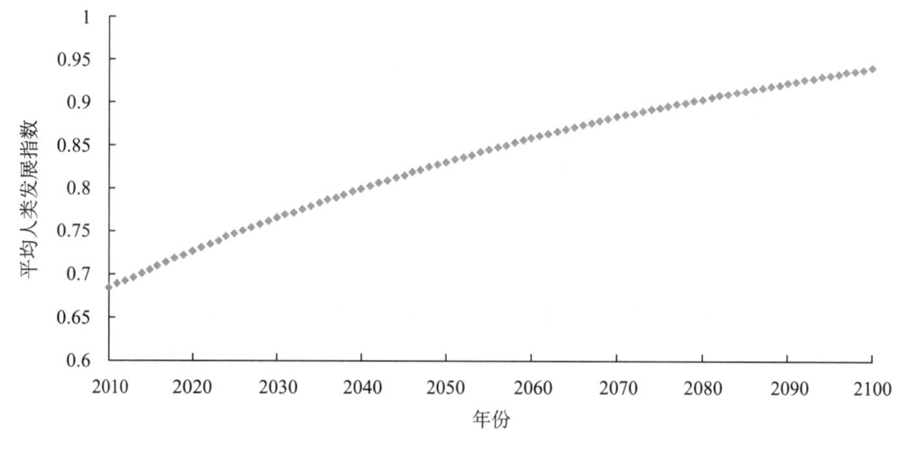

图 10.13 世界平均人类发展指数及预估

2020 年的《人类发展报告》首次纳入二氧化碳排放和物质足迹两大新衡量指标，将人类活动对地球环境的破坏和自然资源的耗损纳入考量。

（3）幸福指数。也尝试用幸福指数（happiness index）而非 GDP 等经济指数来衡量一个国家或地区的人民对生活水平、政府管理、社会发展的满意程度。虽然幸福指数为非经济统计数据，但它能够反映社会整体的运行状况和民众的生活状态，也是社会发展的“晴雨表”。联合国发布了全球首份幸福指数报告《全球幸福指数报告》（UNSDSN，2013），对全球 156 个国家 2005～2011 年的幸福指数做了评估。该报告的标准包括 9 个大领域：教育、健康、环境、管理、时间、文化多样性和包容性、社区活力、内心幸福感、生活水平等。全球幸福指数的阈值为 0～10，指数数值越接近 10，表明该国家的幸福程度越高；反之，指数数值越接近 0，表明该国家的幸福程度越低。根据报告显示，北欧的丹麦成为全球最幸福国家；西非的多哥成为全球最不幸福的国家。就不同类型的样本国家而言，经济和社会发展水平较高的国家均排名靠前，而最不发达国家排名相对靠后（表 10.2）。

表 10.2 典型国家的幸福指数（2013）

国家类型	国家名称	得分	世界排名
发达国家	美国	7.082	17
	德国	6.672	26
	挪威	7.655	2

续表

国家类型	国家名称	得分	世界排名
发达国家	澳大利亚	7.35	10
	日本	6.064	43
新兴经济体国家	巴西	6.849	24
	俄罗斯	5.464	68
	中国	4.978	93
	印度	4.772	111
	南非	4.963	96
发展中国家	印度尼西亚	5.348	76
	不丹	—	—
	埃及	4.273	130
	尼日利亚	5.248	82
	委内瑞拉	7.039	20
最不发达国家	阿富汗	4.04	143
	孟加拉国	4.804	108
	苏丹	4.401	124
	莫桑比克	4.971	94
	埃塞俄比亚	4.561	119

资料来源：UNSDSN, 2013。

3. 经济增长方式

促进经济增长有多种方式。一种方式是用更多的生产要素（自然资源、资本和劳动）生产更多财货和服务。例如，可通过增加人口来增加生产，因为人多意味着潜在劳动力多，消费者也多。从消费刺激生产的角度来看，增加人均产出和人均消费量也可增加生产，但这种认为一切经济增长都好的“增长狂”是有害的和不经济的，它看不到负面影响。

另一种增加生产的方式是提高生产效率，即更有效地利用各生产要素。生产效率可以看作生产要素（自然资源、资本和劳动）的投入与经济财货和服务的产出的比值，提高生产效率意味着更好地利用我们所有的经济资源，用同样多的或较少的生产要素取得更多的产出。这种方式可降低价格，使竞争更有效，提高利润，提高生活标准，保护资源基础和环境。提高生产效率而不增加消耗，相比于简单增加生产投入，能更好地保护自然资源并有助于环境保护。当然，提高生产效率并不能解决我们所面临的全部资源与环境问题。我们还需要强调增加那些既有益于人类福祉的改善，又有利于地球生态系统的财货和服务的生产。

三、外部成本及其内化

1. 外部成本

一辆汽车的价格包括建设汽车厂和经营汽车厂的费用、原材料费用、劳动力费用、销售费用、运输费用，以及公司和推销者的利润。汽车的使用还必须支付汽油费、保养费、维修费等。所有这些由某一经济财货所包含并计入市场价格的直接费用，称为内部成本。

任何经济财货的制造、分配和使用也包含经济学家所称的外在性事物，即市场过程以外的社会效益和社会代价，以及环境效益和环境代价，它们并未包括进经济财货或服务的市场价格中。例如，如果一位汽车销售商建造了一座具有美学观赏价值的销售大楼，那么对其他未对此付钱的人来说，这就是一种外部效益。另外，当一个工厂向环境排放污染物，其有害作用就是转嫁给社会和后代的外部成本。可见，外部成本就是生产和使用某种经济财货又没有包括在该财货的市场价格中的有害社会后果。再以汽车为例，其外部成本是多方面的。制造和开动汽车都会造成污染，有时还出交通事故，这都使别人受到损害。交通事故使汽车保险、健康保险、医疗费用上涨，没有汽车的人也受其害。汽车造成的空气污染使树木生长受阻，从而使木材、纸张的价格上涨等，于是公众又会要求政府花费很多钱，用于控制由汽车的制造和使用，以及其原材料的加工所引起的土地、空气和水的污染与退化，这又会使税收增加。这些有害的代价是外部性的，因而未包括进市场价格中，人们一般不把它们与自己使用的汽车联系起来。但作为一个消费者和纳税人，你或迟或早都要担负这些隐形费用。如果你使用一辆汽车，你就把很多外部成本转嫁给社会。你可能不会直接为这些有害活动付出什么，但你和别人都要间接地承担这些代价，如高税收、高健康保险、高医疗费用、环境质量的下降等。

2. 外部成本的内化

对于自然资源开发利用所引起的环境污染、资源耗竭、土地退化和废料存放等，虽然其危害已众所周知，但很少有人愿意改变其行为减少外部成本。设想你拥有一个公司，并且相信污染环境到超出地球自净能力是错误的，你自动安装了昂贵的污染控制或处理设备，但你的竞争者却没有。那么你的生产成本将增加，利润将减少，在与对手竞争中，你将处于不利地位，所以谁也不愿自动减少外部成本。

解决外部成本问题的一般方式是，政府强迫生产者把外部成本的全部或大部分包括进经济财货的初始价格中。这样，经济财货的价格就能反映其真实的成本，即内部成本加上其短期和长期的外部成本，这就是经济学家所称的外部成本的内化。显然，外部成本的内化要求政府采取行动。因为除非竞争者也不得不增加成本去担负外部成本，人们是不会这么做的，这就需要由政府采取强制手段迫使大家都这样做。政府干预已促进了某些污染外部成本的内化，如现在政府法令要求工厂安装设备以减少某些污染物的排放，很多国家也要求汽车必须安装空气污染控制设备。外部成本内化是今后资源与环境管理的根本趋势，但此类工作还刚开始，还处在发现新外部成本的阶段，一些已知的外部成本也还未找到有效的内部化手段。

如果我们能将环境污染和资源耗损的外部成本充分内化，以达到更为适宜的污染和资源利用水平，情况会怎样呢？经济增长会重新取向，GDP 中的有益部分将增加，而有害部分将减少，有益财货的生产将增加，净经济福利将增加。另外，由于生产成本将增加，你所买的大多数东西都会涨价，买得起的人减少了，甚至有些你本来可得到的商品将再也得不到了，这就约束了消费。但是商品的市场价格会更接近其真实成本，一切都将明朗化，外部成本再也不是隐形的了，人们会得到经济决策所需的信息。

然而，这种真实价格也不一定总是很高的，某些东西可能甚至会更便宜。外部成本的内化激励生产者通过提高生产效率来减少成本，这样做有助于他们与尚未把外部成本内化的国家中的同行竞争。更重要的是，人类福利和社会健康将得到改善。

既然外部成本的内化如此必要，那么为什么迄今尚未广泛实现呢?一个原因是，大多数有害物品的生产者不愿承担外部成本。另一个原因是，要确定制造和使用某种经济财货的有害后果的价格，这不是一件容易的事。人们对有关的形形色色的成本与效益如何作价，仍然意见纷纭。这是资源经济学和环境经济学正着力解决的问题。

四、自然资源管理的经济、政策手段

1. 自然资源保护与环境污染控制的分寸

大多数人都知道保护自然资源与改善环境质量的重要性，大家都希望有一个清洁的环境和持久的自然资源基础。但环境应清洁到什么程度?是否应把污染控制的目标定为零污染（Zero pollution）?自然资源的保护与开发利用之间如何权衡?能不能因为不可更新资源正走向枯竭而停止其开发利用?能不能因为可更新资源在退化而要使生态系统恢复原始状态？为达到保护资源与改善环境的目的，人们愿付出多大代价？愿把自己的生活方式改变到什么程度？这些问题都是需要研究的。

显然，零污染或零损耗既不可行又无必要。以污染治理为例，首先，因为我们做任何事都会产生某种程度的潜在污染物，只要不超过一定限度，自然界有一定的自净能力，可以消化某些废物。问题在于不要破坏自然过程，不要使之退化或超载。当然，除某些不能被自然过程降解，或者在环境中分解很慢的非常有害的产物外，这些污染物是既不应生产又不应使用的。其次，对于大多数有害物质来说，达到零污染的代价是非常昂贵的。把空气、水和土壤中的污染物清除少部分，代价一般不会太高。但清除的比例上升时，其单位成本将一再翻番，两者呈指数增长的J形曲线如图10.14所示。

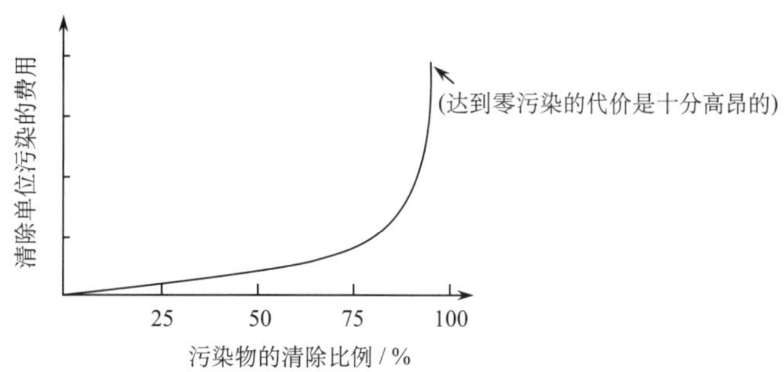

图10.14 清除不同比例污染物的成本指数曲线（Miller, 1990）

美国国家环境保护局在1972年曾作过计算，若把1971～1981年全部工业和生活污染物的85%清除掉，将花费620亿美元；若100%清除掉，则至少要用3170亿美元（Miller, 1990）。也就是说，清除最后15%的代价约是清除前85%的代价的4倍。如何掌握这当中的分寸呢?如果我们在治理污染上走得太远，那么其代价会大到超过其有害作用的程度，这可能导致一些企业破产，从而引起失业、减少国民收入等经济衰退现象；但是如果我们迈的步子太小，那么污染的有害外部成本又会使我们付出比把污染减少到适当程度更大的代价。因此，找到一个正确的平衡点至关重要。

做这件事的基本方法是：绘一条清除污染的估计社会成本曲线，绘一条污染的估计社会成本曲线。然后把这两条曲线综合起来得到总社会成本曲线。第三条曲线的最低点就是允许污染的最适当水平（图 10.15）。当然，这个曲线图看起来单纯而简单，问题在于环境保护者与企业家们在估算污染的社会成本时意见会大不一致。此外，不同的地区其允许污染的最适当水平也不一样。人多且产业密集的地区允许污染的最适当水平应更低些；就酸性沉降来说，某些地区的土壤和湖泊可能比其他地区的更为敏感。

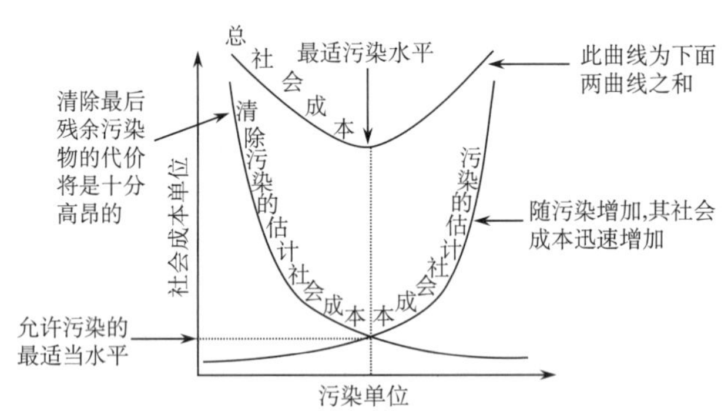

图 10.15　最适当的污染水平（Miller, 1990）

2. 自然资源保护与环境改善的经济、政策途径

在市场经济制度下要防治污染和减少不必要的自然资源耗损需要政府干预。政府一般可以采取以下干预途径。

（1）使有害活动非法：通过有关法律法规制定污染标准，限制有害活动，要求保护某些资源等，并用经济、行政手段强制执行这些法律法规，违者罚款。

（2）惩罚有害活动：对排入大气或水体中的每一单位污染和不必要的每一单位资源耗损征税。

（3）使用权商品化：建立市场污染权和资源利用权，出售可允许污染到估计的最适水平的权利，以及对公共土地或其他公共资源开发使用到一定程度的权利；使这些权利商品化，以市场机制加以约束。

（4）奖励有益活动：以税收所得来鼓励或补贴安装了污染控制设备的企业和个人，奖励那些通过资源重复利用和循环利用、通过发明更有效的加工工艺和设施而减少了不必要的资源利用和耗损的单位与个人。

以上途径在处理环境和资源问题时常常几个并用或全部并用。前三种是让污染者或资源耗损者负担的方式，其实质是将某些或大部分污染和资源耗损的外部成本内化，这对厂家是一种约束，不仅如此，由于内化的成本要转嫁到消费者身上，这些途径会使我们每一个人都直接承担生产我们所消费的经济财货所引起的环境污染和资源耗损的费用，从而也促使消费者约束此类消费，反过来又约束厂家。

大多数经济学家都倾向于第二和第三种途径，因为它们使市场机制发挥作用以控制污染和资源耗损，在使外部成本内化上更为有效。而大多数资源与环境保护主义者主张这前三种途径结合起来使用。

但这前三种途径也有一些问题。由于污染成本的内化，产品的初始成本会更高，除非开发出更高生产效率的技术。在国际市场竞争中，这就使这些国家的产品处于不利地位。较高的初始成本还意味着穷人被排斥在购买者之外，除非减免他们的某些税收，或者从公共资金中拿出一部分给他们补贴。此外，罚款和其他惩罚必须足够严厉并执行得足够快，才能阻止违反法规，这就必须建立一支庞大的执法队伍，即使如此也难免挂一漏万。

第四种途径是让纳税人负担，而未将外部成本内化，这会导致污染和资源耗损高于适当水平，污染企业和资源耗损者通常倾向于这种方式，这不难理解，因为这实际上是把外部成本转嫁到他人身上，而污染者和耗损者能得到最大化的近期利润。但这最终使每个人在经济上和环境上都受到损害。

以上四种政府干预途径还有其他一些优点和缺陷，总结如表 10.3 所示。

表 10.3　资源保护与环境改善途径的评价

	优点	缺陷
政府法规	有助于使污染和资源耗损保持在某种水平之下；使某些外部成本内化；各地污染物排放和资源循环利用的标准一致，防止污染者和资源耗损者转移到国内低标准地区；让企业自由地决定如何满足标准；鼓励发明和开发新的污染控制和资源保护技术；对于家庭生活引起的污染和资源耗损（如私人汽车、家用炉灶），这是唯一有效的方式；比其他方式更易于在立法机构通过	要求所有污染排放者和资源耗损者满足同样的标准，这只能使少部分成本内化；未考虑各地环境自净能力的差别；要求所有生产者使用同样的控制技术，这不利于更好和更便宜的污染控制与资源保护技术的开发；使无足够资本安装新设备的小生产者破产停业；标准倾向于是可执行的而不是最适当的；污染者遵从法规后对任何损失和危害皆不负责，这有失公允
污染排放税和资源使用税	若征税额接近估计的外部成本，则各种外部成本都得以内化；鼓励生产者把污染和资源耗损减少到最适水平；增加税收岁入而不是让纳税人负担外部成本；污染者要承担危害和损失的代价，因此是公平的；有利于自觉服从	在确定正确的收费水准时可能要经反复试行，也可能产生误差；若税收不能自动随通货膨胀，则通货膨胀会导致污染和资源耗损的某种增加；很难在立法机构通过
污染权和资源使用权	鼓励生产者把污染和资源耗损减少到最适水平；环境和资源保护团体可以购买和持有这些权利来保护脆弱地区，增加税收岁入而不是让纳税人负担外部成本；通货膨胀会自动提高这些权利的价格，从而使污染和资源耗损不致上升让市场来设置税收	需要广泛的监测和强制执行，以确保未购买这些权利的人不污染环境、不使资源退化和耗损
经济奖励	减少生产成本并可得较高利润，使商品价格保持低水平，改善国际市场上的竞争	不能使外部成本内化；生产者倾向于为取得津贴而游说以增加其产出，而不是保护资源和改善污染控制；用去税收岁入而不是创造税收；津贴常常给予那些有影响的人和企业；当不再需要时难于中止；占用其他用途的财政支出

资料来源：Miller, 1990。

由于对污染物近期影响和长期影响的信息既不完备又有争议，以上四种途径都受到限制。关于如何估计不可更新资源的可得供给，如何估算可更新资源的持续产量，也存在争论和不同算法。这四种途径都要求大大加强环境监测，以决定其效果如何。此外，全面监测违法者的任务也非常艰巨。需要做大量研究工作和监测工作以取得更完备的信息，但很难做到详尽完备。缺乏信息会使在调控资源保护与环境改善时犯错，但若听之任之，将遭受更严重的危害和付出更大代价。

上述控制污染和资源耗损的途径还存在另一个问题，即潜在的国际经济讹诈。跨国公司都以一国为基地，但在很多国家经营。如果在一个国家为控制污染或保护资源要支付的成本太高，跨国公司会关闭在该国的工厂，而在环境和资源法规不太严格的国家开新厂。这意味着资本、就业机会、税收等的转移，当然也意味着环境污染和资源耗损的转移，但是这种经济讹诈不应成为政府不过问资源和环境问题的借口。既然很多此类问题都涉及区域和全球，各国政府必须共同制定全球政策，如《保护生物多样性公约》《森林公约》《保护大气层公约》《环境与发展宣言》《21 世纪议程》《联合国防治荒漠化公约》等。

思 考 题

1. 经济学有哪两个基本假设？实际情况与之有何差别？为何需要这两个基本假设？
2. 经济学的“稀缺”概念是什么？稀缺的生产要素有哪些？
3. 什么是自然资源的绝对稀缺和相当稀缺？
4. 什么是自然资源的自然供给和经济供给？影响自然资源经济供给的因素有哪些？
5. 什么是自然资源的需要和有效需求？影响二者的因素分别有哪些？
6. 图示说明一般商品供需平衡的市场机制。
7. 价格在平衡自然资源供需矛盾中的作用有何特殊之处？
8. 试用市场均衡的原理分析某种自然资源的供求消长关系。
9. 如何表述资源稀缺条件下社会面临的基本决策问题？市场经济体制如何回答这些问题？
10. 衡量社会发展和人类福祉的指标应该包含哪些方面？
11. 何谓内部成本与外部成本？何谓外部成本的内化？
12. 经济学关于资源、环境外部性内化的设想是否可行？如果付诸实施，如何操作？将会产生什么影响？
13. 简述适度资源耗损水平（或适度污染水平）的基本原理。
14. 政府实行资源保护和环境改善的主要途径有哪些？各有何优缺点？

补 充 读 物

蔡运龙. 1990. 论土地的供给与需求. 中国土地科学, 4(2): 16-23.
兰德尔 A. 1989. 资源经济学: 从经济角度对自然资源和环境政策的探讨. 北京: 商务印书馆.

第十一章 自然资源与经济社会的关联

自然资源在经济社会中的作用是随着经济社会的发展而变化的，在不同发展阶段具有不同的表现，也具有动态性。本章分别从发展中经济社会和发达经济社会的视角讨论相关问题，然后再阐述当代资源环境问题与经济社会的关联。

第一节 发展中经济社会的透视

一、自然资源在经济发展中的作用

1. 经济发展的必要条件

关于自然资源作为经济社会的必要条件，历史唯物主义经典作家有明确的论述。马克思（1960）指出："任何人类历史的第一个前提无疑是有生命的历史的存在，因此第一个需要确定的基本事实就是这些个人的肉体组织，以及受肉体组织制约的他们与自然界的关系……任何历史记载都应从这些自然基础以及它们在历史进程中的活动而发生的变更出发。"普列汉诺夫（1959）则进一步从地理环境影响社会历史的具体方式上阐述其唯物史观，他特别重视"自然界对社会生产力状况，并且通过生产力状况对人类的全部社会关系以及人类的整个思想上层建筑的影响"；"地理环境对于社会人类的影响，是一种可变的量。被地理环境的特征决定的生产力的发展，增加了人类控制自然的能力，因而使人类对于周围的地理环境产生了一种新的关系"；"自然环境成为人类历史运动中一个重要因子，并不是由于它对人性的影响，而是由于它对生产力发展的影响"。可见，唯物史观关于自然资源与经济社会关系的理论诉诸人类社会经济活动，特别是生产力，以生产力作为自然资源与经济社会关系的中介，而且认为人类社会一旦形成，就有了自己的内在发展规律，对一切资源限制和环境变化都会做出主动的响应和适应。

经济发展需要充足的、稳定的、长期的自然资源供给来保障，自然资源是人类取自自然界的社会生产初始投入，是社会生产的基础。自然资源提供劳动的素材，劳动把自然资源素材变成财富。"无此必不然"，没有自然资源这个必要条件和初始投入，绝不可能出现生产活动。例如，没有油田、气田，采不出原油和天然气；没有足够的积温、营养，作物无法成熟；夏季最热月气温 11℃是春小麦成熟的最低温度，最热月气温 11℃线成为春小麦分布的北界。橡胶在冬温降到 2℃时会受到严重的冻害。人类劳动和自然资源共同构成生产力，共同构成社会财富的源泉。为什么在鸦片战争后，在五口通商的港口中，上海脱颖而出，成为我国最大的贸易中心，最大的工业城市？其优越的地理位置发挥了决定性的作用。在干旱地区布置工业时，充裕的水资源往往是决定性的条件。“以水定厂”“以水定城”讲的就是这个道理。在崎岖的山地布置生产时，平坦的土地往往是决定性的条件。即使是精神生产，也离不开自然资源。

发展中国家和地区的经济发展更多地建立在自然资源可能性的基础上，否则不但达不到预期目的，还会给国民经济带来不应有的损失。例如，过去我国曾在天然气不足的地方，建设大型天然气田，修建大口径运输气管线，投入了大量资金，引进设备，修桥铺路，沿管线兴建消费天然气的企业，最终因为资源不足而不得不下马，造成惊人的浪费。江西曾经在不适宜种甘蔗的红壤丘陵区砍伐了 4 万亩马尾松以开拓蔗园，建设“东亚第一糖厂”。结果甘蔗长不好，群众失去薪炭林，还引起严重水土流失，工厂发不出工资。不具备自然资源就盲目上马发展项目，是某些经济建设效果不好的原因之一（胡兆量，1999）。

然而，有了必要的自然资源，并不必然出现某种生产活动和经济发展。自然资源是经济发展的必要条件，但还不够成为充分条件。自然资源、资本资源和人力资源才共同构成经济发展的充分条件。一些自然资源禀赋并不很好的地区能够有较高的经济发展水平，而一些自然资源禀赋很好的地区反而经济落后，一个主要原因是资本资源和人力资源的差异。

2. 对经济发展的影响

1）影响生产力布局

自然资源的分布状况是影响生产力布局的一个不可忽视的重要因素。自然资源的地理分布是生产力布局的基础条件之一，特别是第一产业的开发布局，一般都与自然资源的地理分布相一致。多种自然资源的地域组合状况也可影响生产力布局。例如，土地的开发离不开水资源，有色金属的冶炼必须有充足的能源。自然资源与消费地的距离常常是资源开发布局的决定性因素，特别是用量大、运输难的资源。

2）影响经济结构

经济结构一般指国民经济各部门、各地区、各种经济成分和组织、社会再生产各方面的构成及其相互关系。一个国家或地区的经济结构是多种因素综合影响的结果，特别是社会制度、国民素质、自然条件、自然资源、经济基础、历史背景等。多种因素中很重要且不易改变的是自然条件和自然资源。

世界各国受自然资源自给情况影响的经济结构大体可分为如下三类：①以加工工业为主导产业的经济结构。具有这类结构的国家一般都是本国资源已不能满足生产需要或资源比较贫乏，主要靠进口资源来发展经济。西欧、日本和美国多属此类，以矿产资源为例，它们的产量不足世界的 1/4，而消费量却占世界的 3/5 以上。日本几乎是完全利用国外资源的国家，是以资源加工为主导产业的经济结构，利用先进的技术、足够的资金特别是利用海岛多港湾的优势，建立了庞大的海上交通运输体系，并以此获得廉价的资源而得到保障的。②是以矿业为主导产业的经济结构。沙特阿拉伯、巴西、澳大利亚等国家的经济均属于此类。③资源生产和加工工业并重的经济结构。这些国家由于技术和资金的限制，经济结构建立在资源基本自给自足的基础上，如印度。

可直接出口的自然资源产品主要是矿产资源和生物资源，而土地资源、水资源和气候资源，是以其生产力和产品（如农产品）等资源载体间接形式出口的。自然资源的存量不仅会对一个国家的经济结构产生重要影响，而且使各国之间的经济联系变得越来越广泛和紧密，许多国家的经济相互依赖，并因此趋向集团化和区域化。这种经济关系虽然具有不平等的性质，但对各国都有有利的一面（封志明，2005）。

3）影响经济效益和劳动生产率

资源的质量好，开发利用难度低、生产流程短、投入少、产出多，经济效益就高；资源的质量差，开发利用难度高、生产流程长、投入多、产出少，经济效益就低。随着科学技术的进步和创新，以及人们开发能力的增强，其对资源质量的认识也在不断更新。从提高经济效益的目标看，应尽可能利用高质量的资源。从某种意义上来说，经济竞争是对高质量资源的竞争。谁先利用了高质量的资源，谁就掌握了竞争的主动权。另外，对自然资源要优质优用，“地尽其力，物尽其用”。优质木材被当作薪柴、焦煤仅用于取暖、上等耕地被取土烧砖、共生矿和伴生矿被白白丢弃等现象，都大大降低了优质资源的经济效益，造成极大的浪费（封志明，2005）。

在其他条件相似的情况下，金属矿的品位对劳动生产率、成本和产值有决定性的影响。品位 30%左右的贫铁矿采出后要经过选矿才能入炉，选矿成本比天然富矿高 4～5 倍。铜矿品位相差更大，富矿含铜 10%以上，贫矿含铜只有 0.5%，导致经济效益的显著差别。油田的丰饶度对经济效益和劳动生产率有显著影响，波斯湾的油井每口每天可喷油 1000 t，而其他很多地方的油井每口每天只能出油 2 t 左右（连亦同，1987）。

资源开发条件也显著影响经济效率和劳动生产率。例如，我国大型煤井建设周期不断延长，原因之一是平均井深逐年增加。第一个五年计划期间，煤矿平均井深不到 200m，建设周期为三年半；第二个五年计划期间煤矿平均井深超过 400m，建设周期达 6 年。地形影响工矿企业与聚落建设，地面坡度在 2%～5%时，如果建筑物与等高线垂直布置，建筑物的长度受到限制；地面坡度在 5%～7%时，建筑物一般只能与等高线平行布置；地面坡度超过 7%时，大规模建设的经济效果较差（胡兆量，1999）。

4）影响产品质量

自然条件是影响产品质量的自然基础。许多特产，如密云金丝枣、乐陵无核枣、山西沁州小米等，都有特定的自然环境。新疆哈密瓜、吐鲁番葡萄、库尔勒香梨与当地大陆性气候有关。辽宁苹果成熟后进入寒冷时期，糖分转化慢，不易发绵，耐储存，质量较好。干旱地区小麦蛋白质含量高，营养价值也高，适合制作面包，在国际市场上售价较高。潮湿地区小麦淀粉多，则适合制作面条。亚麻油的含油量和质量与干燥度成正比。柴达木盆地年平均气温为 3～4℃，全年日照 8000h 以上，日温差 14～15℃，有利于光合作用，有利于养分积聚，春小麦千粒重达 50～60g，比大多数地区高一倍。名酒如贵州茅台酒、山西汾酒、四川五粮液、泸州老窖特曲、安徽古井贡酒、贵州遵义董酒、四川剑南春、江苏洋河大曲、青岛啤酒、绍兴黄酒等都得益于其产区有良好水质和独特的优越自然条件。茶叶质量与气候条件有关，其实还与岩性和地貌有关。根据皖南休宁县产茶区考察，以千枚岩为主的前震旦纪变质岩上发育的山地红壤土层厚，有机质含量高，保水保肥能力强，栽种的茶叶肉质好，味纯。花岗岩、流纹岩、花岗片麻岩、红砂岩、页岩上发育的山地黄壤砂性重，通气排水性好，保水保肥能力差，有机质层较薄，茶叶品质逊于前者。在泥质红砂岩、泥灰岩上发育的土壤含钙多，中性反应，不适宜茶树生长。在河漫滩、冲积阶地和冲积扇上的冲积土以沙壤为主，土层深厚，有机质含量及自然肥力较高，茶树枝叶茂密，茶叶汁水好，产量高，但常遭洪水之灾。

本溪铸造铁又称“人参铁”，铸成的球墨铸铁合格率高，不必经过热处理便可获得较高的强度和韧性，深受国内外机械工业界的好评。经过分析，其主要原因是矿石中硫、磷含量低，微量有害杂质如铝、钦、钒、铬等都较少，这是大自然赋予本溪的礼物（胡兆量，1999）。

3. 自然资源影响的阶段性

自然资源对一个国家经济发展和社会繁荣的重要意义自不待言，但发展阶段不同的国家或地区自然资源所起的作用却不尽相同。随着发展阶段的提升，自然资源的作用会逐渐减弱，而资本和人力资源的作用会越来越显著。自然条件和自然资源的影响是变化的，而且变化是有规律的。制约这一变化的主导因素是生产力和科学技术水平。生产力和科技的发展水平左右着人与自然间的相互关系。生产力和科技水平越低，人们对自然的依赖性越大；生产力和科技水平越高，人们对自然的依赖性越小，人们利用自然的程度越高。生产力和科技水平提高，并不是人们可以离开自然，而是更深入地认识自然，利用自然，更恰当地对待自然。从这个意义上说，生产力水平提高以后，人与自然的关系更加密切了。

在生产力发展的不同阶段，影响经济发展的主导自然因子是有变化的。在人类历史的长河中，为什么经济中心、文化中心不断转移？为什么文明古国出现在亚热带地区而资本主义国家首先出现在温带地区？为什么在工业高度发达的国家人口和经济出现新的再布局趋势？如果要探索其中的规律性，必须研究不同阶段影响社会发展和生产力布局的主导自然因子的变化。

马克思指出：“外界自然条件在经济上可以分为两大类：生活资料的自然富源，如土壤的肥力、渔产丰富的水等；劳动资料的自然富源，如奔腾的瀑布，可以航行的河流，森林、金属、煤炭等。在文化发展初期，第一类自然富源具有决定性意义；在较高发展阶段，第二类自然富源具有决定性意义。”马克思认为，在较低的农业生产力水平下，亚热带地区可以提供较多的剩余产品，提供产生文明古国的物质基础。然而，到了生产力进一步发展的资本主义阶段，更重要的不是自然的丰饶性，而是自然的多样性。“资本主义生产方式以人对自然的支配为前提。过于丰饶的自然使人离不开自然的手，就像小孩子离不开引带一样，它不能使人自身的发展成为一种自然的必然性。资本的祖国不是草木繁盛的热带，而是温带。不是土壤的绝对肥力，而是它的差异性和它的自然产品的多样性，形成社会分工的自然基础，并且通过人所处的自然环境的变化，促使他们自己的需要、能力、劳动资料和劳动方式趋于多样化。”

新的技术革命出现后，自然条件影响经济发展的主导因素又有新的转机。随着人们物质生活和精神生活的提高，普遍要求良好的生活环境，首先是良好的自然环境，包括气候温暖、风景秀丽、空气清新，或者依山傍水，或者面临海湾。同时，新兴工业对原料、燃料的依赖性较小，布局上的机动性较强，人们对自然条件的主要追求是温暖的天气、清新的空气、纯洁的水源。新兴工业要求接近科学教育中心，而科学教育中心对自然环境的要求更强（胡兆量，1999）。

4. “资源诅咒”

一般而言，丰富的自然资源对一个国家或地区的经济增长具有重要的推动作用。然而，20 世纪 50 年代后，日本、新加坡等资源相对贫乏的国家的经济发展水平步入世界前列，而撒哈拉以南非洲、中东地区和南美洲部分自然资源丰富的国家却发展缓慢，自然资源促进经济发展的观点开始被质疑和挑战。诸多事实表明，某些国家和地区自然资源富集却没有实现经济的持续增长，丰富的自然资源反而起到了一定的阻碍作用，这就是“资源诅咒（resource curse）”（Hodler，2006；Auty，1993），也称为“富饶悖论”（paradox of plenty）。“资源诅咒”指的是某些国家或地区拥有丰富自然资源，却过分依赖资源开发利用，导致经济结构单一、工业化和经济发展水平低下、产业难以转型、收入分配极端不均、人力资本投资严重不足、内乱频发等社会经济问题；同时资源与权利关联，容易出现权钱勾结、资源垄断、寡头政治、贪污腐败、经济自由度低、非资源开采行业不发展等落后现象。

“资源诅咒”是如何形成的呢？目前的解释主要有：①“挤出”效应。资源产业占用了过多的经济资源，抑制了制造业等对推动经济增长更为重要的产业的发展，以及政府在教育、科研和创新等方面的投入（赵康杰和景普秋，2014）。自然资源结构不协调也产生“挤出”效应，如在水资源缺乏的地区，对水资源需求量大的煤炭开采业就对其他水资源密集型产业产生“挤出”效应。②“荷兰病”效应。荷兰在 20 世纪 50～70 年代因发现海岸带蕴藏巨量天然气，而迅速成为天然气出口大国，采掘业的急剧膨胀导致传统制造部门萎缩，资源带来的财富使国内创新动力萎缩，其他部门失去国际竞争力，最终导致荷兰经历了一场前所未有的经济危机。这种现象被称为“荷兰病”，即资源产业较高的利润会导致经济体内收入水平和要素成本提升，导致汇率升高和出口下降，不利于经济长远发展（鲁金萍等，2009）。③资源产品价格效应。自然资源的供给弹性较低，资源价格波动性较大，使以资源型产业为主导的经济体面临较高的不确定性，降低了社会投资意愿。同时，随着技术进步，资源等初级产品相对于工业制成品的价格逐渐降低，从而导致资源富集地区所拥有的资源价值相对降低（董国辉，2001）。④“制度弱化”效应。法律不健全、产权制度不合理的情况下资源产业被少数人控制，行政腐败，贫富差距增大，社会矛盾激化，使该区域缺乏和平安定的建设环境（Bleaney and Halland，2016）。⑤生态破坏效应。自然资源的大规模开采会对生态环境产生严重的负面影响，如破坏和污染土地与水体，进而阻碍其他产业和经济的发展。

在某些国家和地区出现的“资源诅咒”现象是否具有普遍性？丰富的资源到底是经济发展的“福音”还是“诅咒”？还是有争议的话题。由于选取指标和研究角度的不同，得出的认识会有很大差异。例如，Collier 和 Goderis（2007）等采用世界 130 个国家 1963～2003 年的数据进行的分析发现，这些地区存在明显的“资源诅咒”现象；而 Lederman 和 Maloney（2006）通过采用新的计量方法对多国进行研究，却发现并不存在“资源诅咒”。

资源丰富的地区可能由于过分依赖资源产业而出现“资源诅咒”，当资源枯竭时，优势不再，地区陷入危机，而且生态环境退化，社区经济萧条。但并不是所有的资源富集的国家和地区都会遭遇这种困境，只要警惕资源开发过程中可能面临的困难和陷阱，妥善处理自然资源与经济社会发展的关系，结合本地优势合理、有远见地布局产业，优化地利用资源所带来的财富，是可以避免“资源诅咒”并实现长期发展的。例如，自然资源丰富的马来西亚利用资源收益投资教育和技术，推动高储蓄率，实施了强健高效的行动计划并采取了健康的宏观经济政策，将产业结构从传统的自然资源开采和加工业转为资本技术密集型产业，减少了对自然资源的依赖。又如，石油资源丰富的挪威没有被石油带来的巨大财富冲昏头脑，通过立法规定，用国有石油公司的大部分收入建立一个投资基金，这个基金的目的在于保证石油收入不被滥用，“保证石油和天然气收入也能够使后辈儿孙受益”（鲁金萍等，2009）。

国内也有成功避免过分依赖自然资源而造成的“资源诅咒”的典型事例，如大庆市，因油而生，因油而兴。油田开发建设近60年来，创造了原油产量、上缴税费、原油采收率“三个第一”的油田开发奇迹。1992年以来，以建设国家级高新技术产业开发区为标志，大庆开启“二次创业”新征程，着力打造石油、化工、汽车及高端装备制造、电子信息、现代服务业五个千亿级和现代农业、食品加工、新能源、新材料、新经济五个超五百亿级产业板块，形成支撑转型发展的多元产业体系。成功地避免陷入“资源诅咒”困境，走上了一条社会经济可持续发展之路。

二、资源稀缺性质的进一步透视

当前，发展中国家或地区经济增长的紧迫需求构成了一系列与发达国家极不相同的资源环境问题，主要关注不是西方通常所理解的“环境”问题，而是“贫困”问题。对于被称为“贫困污染”所引起的问题，不能要求采取与起因于“富裕污染”的问题相同的解决办法（Mabogunje，1984）。对于发展中国家的此类主要问题，可从四方面来说明其实质，即稀缺、风险及不确定性、福利分配和资源耗竭。这些问题没有一个是孤立存在的，每一特定的资源关注都包含这四方面，能使我们明确自然资源利用和分配中大多数冲突问题的核心。

1. 稀缺

1）基线稀缺

基本可再生资源的供给不足以维持人们在生命“基线”标准上的生存，可称为“基线稀缺”。在这个水准上，就谈不上环境“质量”资源的供给，尽管它们很重要。按这种定义，基线稀缺主要是欠发达世界的问题，重要可再生资源的严重稀缺已影响到千百万人的基本生存。土壤侵蚀和荒漠化已是一种广泛现象，导致农业生产力显著下降，尤其（但不限于）在半干旱地区。地区性的水资源稀缺已影响到世界近50%的人口，不仅直接降低人们的健康和福利水平，还使增加农业产出的困难更加严重。此外，森林砍伐已引起严重的地区性薪柴短缺，而薪柴在很多欠发达国家仍然是重要的燃料来源，森林砍伐还是加速土壤侵蚀的一个重要因素。

此类稀缺是由复杂的经济、社会、人口、制度和政治条件造成的，没有简单的解决办法。食物、水和木材有明确的使用价值，长期以来就是潜在的市场产品，即使在世界上最贫穷的地方也有确认的价格，但仅存在使用价值或价格并不能保证其足够的供应。许多欠发达国家的消费者缺乏有效需求，因而在服务于国内市场（如满足人民基本生活需求的能源）的资源供给上缺乏投资能力；而在现存的经济、政治和财政系统内，他们也难以扩大可再生资源的有效需求。

然而，基线稀缺不能简单地通过投资和增加资源产品可得性的技术方法来解决。例如，“绿色革命”的历史表明，技术和财政援助计划必须伴随社会经济、政治和制度的变化。因为从提高农业生产力中得到的好处常常大部分集中在少数人手中，而那些最穷的社会群体则进一步“边际化”，无论是从经济上还是从空间上说都是如此。这种收入差距被“发展”加剧的过程与不可再生资源的情况类似，即从矿产开发得到的物质利益使少数人受益，而广大人口的生活条件并无改善。

那些历来未纳入市场，或者就其性质来说不能上市的可再生资源也会产生稀缺问题，生态系统的支撑服务、调节服务和文化服务就属于这种类型。尽管这些问题无疑也会出现在发达国家，但基本上不危及人类在基线标准上的生存。发展中国家有占世界近一半的人口缺水，即使在降水相对较多的发展中国家也面临缺水。水资源稀缺问题并不仅仅是自然造成的，也不仅仅是由于投资不足，生态系统服务退化也是重要原因。例如，水污染正威胁着千百万渔民的生存，也威胁到千百万其他人的健康。虽然一些污染物是工业产物，但诸多困难是由垃圾及其他废弃物污染径流而引起的。缺乏基本的基础设施以清除和处理所有形式的人类废物，这产生了在发达国家看来难以想象的环境问题。这些问题的解决不仅需要稀缺的财政投资，还需要在管理体制、经济增长模式及观念态度等方面有显著的改变（Rees, 1990）。

2）经济稀缺

当现行价格上的需求数量超过供给数量时，就产生了经济稀缺。如果价格上升，需求量将减少，供给量将增加，直到再次取得均衡，才不发生经济稀缺。当消费并不直接关系到基本生存时，所产生的任何供给短缺都可以通过增加供给和抑制需求来解决，而价格上涨是一种可行的方法。然而对于基本生活资源，如果接受支付能力是正确的分配标准，那么价格的变化可以解决稀缺，但也只能解决在相互竞争的用户之间分配供给的问题，而不能解决基本供给的稀缺问题。从某种意义说，第三世界基本流动性资源的稀缺是经济稀缺，因为人们能够支付的价格不足以提供刺激以维持供给。然而，在这种情况里，价格的上升只能改变市场稀缺的表象，而没有触及（事实上还加剧了）供给与基线需要之间的差距这一根本问题。

2. 风险及不确定性

不确定性与缺乏知识、不可确定的风险，以及处理风险的不完善体制和经济机制有密切关系。

1）全球风险

人类活动已减少了生物多样性，改变了全球能量收支平衡及至关重要的生物地球化学循环。撇开人类中心主义的观点来看，变化本身并不是问题。一定的环境状态本身并无好坏，自然系统一直独立于人类活动随时间发生显著变化。例如，“自然”气候就具有永远变化的特征，全球水分和热量平衡的自然变化使任何由人类引起的变化相形见绌，人类直到近 100 年才对自然有显著影响。现在成为问题的是，人类引起的变化是否威胁到人类自身的长期生存？生态、能量和生物化学循环在多大程度上受人类活动的干扰？干扰的后果怎样？我们对此类问题的认识还远不充分，其面临很多不确定性。

20 世纪 70 年代环境运动的高峰时期，生命支持系统很快会崩溃的预言盛行一时，其基础常常是对自然规律或调节机制的不确定性作了主观的推断和猜想。现在，普遍认为人为引起的环境变化可能有深刻的社会经济含义。例如，全球变暖问题的解决将依靠各个国家联系世界经济范围内其他（通常是更为紧迫的）经济、政治和社会“危机”来响应，并依赖于政策干预。

2）地方风险

在地方尺度上，资源环境冲突也具有不确定性。甚至在科学家之间，他们对与有害设施（包括核电厂）、人工肥料和杀虫剂利用及潜在有害废物的堆集等有关的风险的看法也根本不一致。许多此类风险具有公共性质，个人对风险扩散和改变废弃物战略的影响很小。

在评估潜在有害活动中如何考虑风险？要客观看待这些问题总是很困难的，因为大部分对资源环境风险的评价都是主观的。例如，科学家根据概率估算、概率发生的时期间隔，以及按死亡、伤害或损坏评估的结果来评价风险。然而公众都是主观地感知风险，很少理性地评价它们；在风险感知方面的差别对理解人类响应至关重要。甚至在诸如洪水或旱灾这样突出的风险中，常有各种记录给出了充分准确的发生概率，但个人的感知与实际的可能性差别很大，并且随经历、教育等而变化。

福利经济学依据消费者权益推理，设想个人的偏好应该是决策的基础之一，然而这在资源环境风险评价上导致三个问题。

（1）当公众对风险的感知是基于不完备的知识或对可能性的不充分理解时，是否将此纳入考虑之列？如果公众的感知太不准确以至于不能加以考虑，那么是否有理由仅依靠“专家”的意见呢？当污染者垄断了专门知识时，这样做并非完全正确，因为大部分专家为确保自己的利益和地位，很难做到完全客观、公正。

（2）如果将公众对风险的可接受性作为决策的基础，那么谁构成相关的公众？个人被某一污染危害影响的概率不仅随空间变化，而且也是生活方式、就业类型和生理特征的一个函数。例如，空气中的铅对小孩有危害，而烟雾则特别影响那些已有呼吸系统疾病或心脏疾病的人。在这种潜在影响有差异的情况下，是否处在风险最大处的人叫得最凶？是否每个人都能平等地参与决策过程？那些不得不承受灾害不确定性代价的人，比那些不受直接影响而能持中立态度的人，更趋向于较低的风险可接受性。对于核电厂或核废料存放地附近的人们来说，核反应堆失效的风险或辐射性废物弃置的风险超过了便宜且有保障之电力的好处。

（3）既然各个人在风险感知上大不相同，怎样才能把他们的观点集中起来呢？方法之一是企图证明：如果风险涉及很多人，那么风险对于作为一个整体的社会来说可能是中性的，这就使不确定性的代价在评价中可以忽略。然而，这是一种偷懒的办法，对于决定风险的可接受性和空间分布的政治决策并无实际意义。

一旦确认某个风险，就需对如下问题制定决策：①源于有损资源环境活动的好处是否超过风险？②在减少风险方面值得投资到什么程度？③如果风险事件发生，谁来承受其不确定性代价及损失？在缺乏控制或规划的地方，可接受的风险及谁承担风险的决定实际上是由生产者决定的。在已建立规范机构的地方，大部分决策将采取控制者和被控制者之间讨价还价的形式，其中公众的偏好及感知发挥的作用很小。只有在风险已成为显著政治问题的地方，个人的可接受性才会被纳入决策过程。所有这三个问题的决策都涉及不同利益集团间的权衡，其结果绝不会是客观的，而是反映了流行的社会态度和社会上有效权力的平衡。因此，实际上大多数资源环境的风险问题与财富和福利分配的问题不可分开。

3. 福利分配

可再生资源各种形式的退化都产生实在的经济和福利损失，一方面，这些损失包括对人类健康的损害，农业、渔业或林业产出的减少，水处理费用的增加，建筑或其他材料的加速贬值，以及作为审美或休闲资源的特殊环境价值的下降。另一方面，避免或减少损失绝非无须成本。那么，归根结底的基本问题是如何把各种不同的费用和损失在社会不同集团之间进行空间与时间上的分配？换句话说，根本的关注是收入、财富、福利和代价的有效分配。

对于某些污染形式，有关的代价显然是从一群人转嫁到另一群人，如家庭固体废弃物运至远处的垃圾场，不再影响污染者。在另一些情形中，污染者或多或少要分担损害和风险。

例如，工厂主把废物排入大气或当地水系，自己也遭受其害；但通常是作为个人（如家庭成员、业主、垂钓者或鸟类爱好者）而不是工厂主感受到的。同样，汽车的主人向大气排放废气，这可能影响他们自己小孩的健康。污染的代价不仅涉及人与人之间的财富转移，而且也改变每个人可得到的环境产品和服务的构成。

减少污染的费用和效益的分配方式也可能改变相对收入水平，并且影响不同家庭获得的商品组合。控制污染的花费对实际收入的分配会产生什么样的影响？这在很大程度上取决于社会不同集团对清洁环境所赋予的价值，取决于谁来承担控制污染的费用。

尽管自然资源开发会造成生态损失，但损失是否重要到值得付出不开发的代价？常常是有争议的，不可能通过客观而不受价值观影响的科学评价来找到任何简单明了的正确解法。问题最终归结于判断，正确解法将因人而异，反映其不同的价值观和利益诉求。用某种伦理道德来鼓励保护自然资源和生态环境的确很省事，但如果其结果隐含着某种实际收入再分配的倒退，那么伦理决不会促使人们实行控制和保护。实际上，环境质量和资源保护的问题不可能脱离更为广泛的社会福利分配公平问题来解决。

4. 资源耗竭

从人类中心主义的观点来看，耗竭和稀缺之间并无必然的一致性。在某些情况里，耗竭确实产生供应短缺的问题，如地下水、森林、土壤肥力耗竭。然而，稀缺是相对于人类需求的概念，如果存在替代品，某种自然资源的耗尽并不一定意味着稀缺。举一个极端的例子，鼠的物种灭绝就不至于产生稀缺问题，因为没有多少人把它当作有价值的资源。如果有替代能源（如可燃冰、可更新能源）可行，则天然气储存量的耗竭就并不重要。如果能保证有足够的替代食物供应，则某种鱼类储存量的耗竭就不会成为问题。这就出现了一种可能性，即如果有新资源可望取代所关注的资源作为产品和服务的来源，则耗竭就只不过是一种概念。当然，这种观点违背生态学原理，因为生物多样性对人类长期生存至关重要。这种观点也不符合动物保护主义者的愿望，更会受到那些认为所有生命都有生存权利的生态伦理学者的抵制。

第二节　发达经济社会的视角

一、自然资源在经济增长中的作用

自然资源一直被视为经济增长的重要因素，但现代经济社会开发出更多类型的自然资源替代物，其数量和品质的提高对于经济增长越来越重要。于是，经济增长的源泉除自然资源外，还有其他更好的资源，它们提供了具有相对较高收益率的机会，意味着各类资源在经济增长中的作用和配置方式发生显著变化。

1. 自然资源作为财富和生产要素的作用

对于自然资源的重要性，现在有两种截然不同的观点：一种观点如同古典动态经济学中的那样，赋予自然资源决定性的作用；另一种观点则认为自然资源的作用并不重要，如在哈罗德模型中就没有土地。哈罗德说：“我不打算把土地报酬递减律作为先进经济中的一个基本决定因素……我之所以抛弃它，只是因为在我们这样一个特定环境下，土地的影响在数量上无足轻重。”（舒尔茨，2001）。

这两种对立的观点都不具有普遍有效性，不论是从财富存量还是从其提供的生产性服务的角度来度量自然资源，都是一种估计。戈德史密斯估计，1910～1955 年美国“全部土地”所代表的财富比例从 36%下降至 17%，农业土地在国民财富中的比例从 20%下降至 5%。当从生产性服务的角度来衡量自然资源的时候，它们所占比例甚至更小。从 1904～1913 年到 1944～1950 年，美国消费的全部原材料的价值从占国民生产总值的约 23%下降至 13%。从 1910～1914 年到 1955～1957 年，美国农用地的收入剔除附加在这些土地上的资本设备，在国民净产值中的比例从 3.2%下降至 0.6%（舒尔茨，2001）。

按照自然资源和其他资源提供的生产性服务流量而不是财富存量来表示，传统意义上的自然资源和其他资源之间存在两个一般性关系：①在穷国，自然资源在全部被用来产生收入的资源中所占的比例高于富国。舒尔茨估计，穷国自然资源对全部资源比例的上限大约是 20%～25%，富国的下限大约是 5%。②当经济增长使人均收入随时间的推移而提高时，自然资源在所有用来产生收入的资源中所占的比例会不断下降，近几十年来下降得尤其显著。

2. 自然资源对经济增长的贡献

关于这个问题同样存在两种对立的观点。一种观点认为，初级生产——矿业，特别是农业——是穷国经济增长的负担，穷国被过分地束缚于农业了。土地通常被密集使用，而土地的供给实际上又是固定的。农业中劳动力的边际收益实际为 0 或接近 0。在这样的情况下，为提高初级产品的产量而增加额外劳动，不会增加国民产出，而投入工业品生产的同等劳动和投资将带来巨大的收益。自然资源部门，尤其是农业，比起工业部门回报要少得多。因此，落后是依赖土地的行业的固有特点，农业尤其如此；而工业部门被认为是穷国经济增长的基本依靠。此外，生产初级产品的国家特别易受富国经济不稳定的影响，这是穷国经济的又一忧患。另一种观点认为，这些国家自然资源的禀赋，包括农用土地，是相对更为重要的资产，穷国在这些资源存量上的差异，是决定这些国家增长可能性的主要因素。

之所以有这样截然不同的观点，主要源于概念的含混。正如上面已经指出的，穷国自然资源在所有资源中的相对重要性通常要高于富国。然而，大部分含混源于未能区分追加现有形式的可再生资源所带来的收益率和从更好形式的新可再生资源中获得的收益率。这两种资源形式的技术特征不同，经济属性也不一样，追加现有形式资源所产生的边际收益率低于对新形式资源投资带来的收益率。对这两种形式的可再生资源区分的一个关键问题是，新形式资源是否具有独特性，其技术特征是否可运用在初级产品生产上。

更好形式新资源的使用并不仅限于工业部门，其中有很多同样适用于农业及其他高度依赖自然资源的部门。如果仅仅是增加一些传统的资源，如灌溉水井、沟渠、耕牛，或者增添一些原始工具，那么获得较高的收益率的前景注定是渺茫的。能够在农业和工业部门都产生更大回报的一种选择是，采用新的更好形式的可再生资本。

经济思想领域长期以来都相信，在穷国增加资本投入会带来较高的收益率，因为穷国用于劳动力和土地的可再生资本的供给量相对较小。这种观点得到历史上资本大量从西方国家转向穷国这一现象的支持。这种大规模的转移，被认为是对富国普遍较低的收益率和穷国此类资本较高收益率之间差距的响应。但这一观点没有弄清一个事实，即资本转移中大部分不是用来使穷国已有形式的可再生资本翻倍；相反，伴随着资本转移，许多新的资本形式被引入穷国。

传统经济思想还认为，由于经济增长，相对于其他可再生要素的价格，自然资源的供给价格会上升。伴随着人口和产量的增长，可再生资本的存量增加。运输成本的降低和生产技艺的改进，可能暂时阻止自然资源供给价格的上升，但投入土地的劳动和资本终究会遭遇报酬递减。然而，这种经济教条与近期的实证研究相左。以美国农用地价格的变动为例，从1910～1914年到1956年，农用地的价格相对农产品价格大幅度下降了，相对用于耕作的投入而言，价格下降的幅度更大，而且农产品价格相对于所有商品的批发价及消费品的零售价，均下降了15%（舒尔茨，2001）。在美国，土地作为农业的投入比起第一次世界大战以前便宜多了，农用地价格的下降并非反常现象。这并非因为农业的萎缩，事实上农业产量在这一时期增加约80%；也不是因为农用地大量增加，事实上耕地从1910～1914年的平均3.3亿英亩（1英亩≈4046.86m^2）下降为1956年的3.26亿英亩。可见，随着时间推移，自然资源的价格相对于可再生资本的价格必然上升的观点并不符合事实（舒尔茨，2001）。

自然资源作为生产要素，其成本在价值上相对于所有资源的总体价值一直在下降，自然资源的边际贡献并没有随时间推移而上升。另外，尽管自然资源主要是许多穷国经济中所谓落后部门的重要组成部分，但这也并不意味着这些国家的生产可能性使自然资源成为经济增长的负担。

3. 自然资源、资本、劳动相对地位的变化

经济增长极大地改变了自然资源、可再生非人力资本及劳动力之间的联系。迄今所经历的经济增长表现为一种利用新的更好资源所导致的经济变迁。这些资源在经济中的许多方面成为自然资源的有效替代品。为了更全面地理解这一过程，需要使用一个更有解释力的资本概念，这一概念包括非人力和人力财富，这样便于把对经济有利的劳动力存量的增加放进来加以考虑，而这种能力可以通过对人的投资获得。

更好的新机器可作为劳动力的替代物。事实上，在农业中它们既替代了劳动，也成为土地的重要替代物。关于美国粮食收成的一项研究显示，自1880年以来玉米产量增加，有1/3归功于农业机械化。种子改良也成为农业用地的重要替代物，并且它们对产量增加的贡献不亚于机械化（舒尔茨，2001）。化肥生产中也使用了新形式的资本，这使得化肥的真实价格显著下降，因为它的替代作用，它成为维持乃至降低农业土地价格的有利因素。最重要的是人（这里指农民和在农业劳动力队伍中的其他人）的能力的提高。这些新能力中某些部分也成为农业土地的替代物。

很多国家持久的经济增长并不符合传统思维模式。并非所有经济增长的历史都如传统思维所构想的那样，是建立在土地、劳动和资本之上的长期静态均衡。对应于一定存量的自然资源（土地），劳动和资本的增加会带来报酬递减，这只是在一定的技术、管理等条件下的规律（详见第十五章）。但技术和管理等本身在不断进步，新的更好的资源不断涌现，新的更好的生产函数已从某处显现了。劳动力的能力提高了，并且资本与劳动间的分界线由于对人的投资而变得模糊不清了。由于新的有用知识的引入，资本与自然资源之间的分界线也变得模糊不清了。

4. 农业土地的经济重要性下降

在古典经济学看来，自然资源（土地）极大地制约了社会的经济财富，没有哪个社会可以逃离自然施加的限制。然而，现在的情况发生了很大的改变，这种惊人变化的发生不是因为经济的萎缩，从而减少了对用于生产食物的土地的需求量，并使这种特定要素变得相对充裕；也不是由于人口减少，实际上人口在这一时期快速而显著地增长。根本原因在于，相对于其他要素，农业土地的经济重要性下降了。

导致土地经济重要性下降的发展包括两方面：第一，农业与经济其他部分的关系发生变化，用于生产农产品的投入占社会总投入的比例在下降；第二，农业内部土地投入的变动与其他投入的变动，在用于生产农产品的所有要素投入中，土地所占比例没有上升，而人力使用得更少了。这里的土地限于用于生产农产品的农业土地，不包括矿产、城市建筑物、娱乐设施等及其他从土地上获得的服务。如果仅有第一个发展，农业在总经济中地位的下降并不必然意味着土地的价值也下降，有可能在特定条件下，土地贡献的价值上升到足以维持甚至提高它在社会总投入中的地位。同样，如果全部土地增加的价值相对于农业中所有其他投入下降，而同时它在社会收入中获得更大的份额，那么土地的重要性从作为投入的全部农业土地提供价值的角度来衡量，可能保持不变甚至上升。但是一旦两个发展都出现，土地在经济中的重要性必然下降。在第一个发展的情况下，第二个发展所言的土地实际占所有耕种投入的比例更小了，土地重要性的下降也就加速了。这两个发展都符合事实，全部农业土地作为投入所提供的增加值相对于社会全部投入所带来的价值必定下降了。这里的关键在于人们开发了农用地的有效替代物。

二、人力资源在经济增长中的作用

1. 报酬递增的源泉

如果在固定的技术和经济体系内看自然资源的作用，不可避免地出现报酬递减，但考虑技术和经济体系的高度动态性，最终结果将不是报酬递减，而是报酬递增。尽管美国人口数量从 1900 年的 0.76 亿增长到 1970 年的 2.03 亿，GDP 更是增长了近 9 倍，但是人们却能以更少的劳动获得更多的报酬，而且以大约相同的价格可以买到更多的物品，这充分说明社会总报酬是递增的（舒尔茨，2001）。

报酬递增的源泉可以归为劳动分工，专业化，技术进步，人力资本积累，培训、教育，干中学，知识的获得，知识的外溢，经济思想和知识的发展，经济制度的改善，经济组织的改善，经济均衡的恢复。

在高收入国家中，农业土地和其他自然资源的经济重要性下降了，这在很大程度上归因于从土地和其他自然资源的替代物中获得的收入提高了。这些替代物的产生主要来源于有组织的研究活动，农业产出的增长超过农业投入的增长，其原因在于作为人力资本组成部分的技术和知识的相应增长。

农业研究的高增长率说明了这种研究的价值。1950～1988 年，世界人口增长超过一倍，而世界食物的产量增长也超过一倍。世界范围内用于农业研究的实际支出增长超过 7 倍，这说明了对农业研究的巨大需求。农业研究的不断进步依靠的是科学的发展。

在引进杂交品种之前的 1933 年，美国玉米的种植面积为 1.098 亿英亩，产量为 24 亿蒲式耳[1 蒲式耳（玉米）=25.40kg]。到 1987 年玉米种植面积只有 0.767 亿英亩，但产量却达到 82.5 亿蒲式耳，与 1933 年相比，虽然种植面积减少了 0.331 亿英亩，产量却是其 3 倍多。此外，玉米生产的成本下降，畜类、禽类产品饲养的成本下降，消费者剩余大增（舒尔茨，2001）。

农业投入可分为农业内部产生的投入和农业外部提供的投入。穷国农民可以自给自足的所有投入一般都是低回报的资源，所有可产生高回报的农业资源都来自农业外部，如化肥、农业机械、杀虫剂及转基因植物和动物等。教育培训及其他途径能提高农民的技能，尽管这对回报的贡献不那么迅速、明显。高回报的途径主要是提高农业投入的质量，而农民只能从非农企业或从事农业研究、推广和教育培训的机构那里获得这些高质量的投入。因此不仅需要通过各种途径提高可再生物质投入的质量，而且需要提高从事农作的人力质量。

2. 劳动和资本替代自然资源的可能性

不可再生的自然资源被普遍认为最终将消耗殆尽，自然环境将遭受难以弥补的损失；而对可再生的自然资源来说，可用来生长谷物和树木的土地面积也存在着最终的限制。对此，一个重要的经济学原理是：自然资源、劳动和可再生资本之间的相互替代的可能性随时间而变化。

在生产自然资源产品和服务时，可直接以资本和劳动替代自然资源；在工业生产领域，可用资本和劳动替代自然资源产品；在家庭生产中也可进行类似的替代；在最终消费领域，向自然资源的节约方向进行调整。但是要完全预料到这些替代的可能性，我们就还得了解实现替代的技术可能性如何随着时间的推移而发生变化。

许多自然资源已经有了相应的人造替代物了。例如，在农业生产领域出现了土地的替代物；在工业生产和家庭生产及最终消费领域也出现自然资源产品的替代物。不论投入替代的基本原因是技术还是价格，事实表明，制造业中用自然资源所生产的产品，绝大多数都可用劳动（还有资本）去替代自然资源。

农业用地的生产率有很大一部分是由土地改良投资等人为因素决定的。当然某些时期也会出现负投资的情况，例如，美国在 20 世纪 30 年代就出现过严重土壤侵蚀导致的土地肥力耗竭问题，这引起了人们的广泛关注。罗斯福新政为土地保护计划提供了政府资助，土地保护计划确实为土地改良带来了不少的公共投资。

世界上其他一些地方的情况也说明农业土地的肥沃程度在很大程度上是由人为因素决定的。例如，西欧的荒地总的来看都较贫瘠，但成为农业用地之后，这些土地就变得非常肥沃了。芬兰的荒地比与其相邻的俄罗斯西部的绝大部分土地都要贫瘠，然而现在芬兰的农业土地已经相当肥沃了。日本未开垦的处女地较印度北方的农业用地的肥力差得多，而现在日本农田的肥沃程度远甚于印度。阿根廷拥有肥沃的适应种植玉米的原始土地，但是它的玉米产量却远低于美国艾奥瓦州和堪萨斯州。在久远的年代，绝大部分未经开垦的土地都是贫瘠的，然而随着时间的推移，用于改良土地肥力的农田投资发挥着越来越重要的作用。

在美国，农民们为改善原始土地的肥力所进行的初始投资具有各种各样的形式，并且这种投资的累积数量也十分巨大。然而，因为投资激励因素随着时间的推移而显著变化，所以这种投资并非以一种稳定的比率进行。在 20 世纪前 20 年的绝大部分时间里，这种对农业基础设施的投资特别巨大，尤其是对农业排灌系统，其惠及之处即使在现在也是最好的耕地。

1920～1929 年，土地改良投资处于低潮，20 世纪 30 年代情况更糟。从那以后，伴随着政府在这方面的大量支出，这种投资又飞速上扬。现代推土设备也极大地削减了开垦梯田、改进排灌系统等的成本。20 世纪 30 年代末以来，灌溉工程所惠及的农田面积翻了一番。这些灌溉工程的投资高达数十亿美元，其中绝大部分都是由美国纳税人承担的。

投资还提高了土地的价值。例如，1970 年在美国，没有灌溉系统的耕地平均每英亩售价不足 1090 美元，有灌溉系统的土地平均每英亩售价为 1670 美元，而那些对果树进行了投资且有灌溉系统的果园和小树林平均每英亩售价为 2730 美元（舒尔茨，2001）。

3. 新资源在经济增长中的作用

现实表明，GNP 的增长超过人口的增长，这使人均消费上升。尽管消费者对初级产品的需求弹性较低，但主要由于人口的增长，其对初级产品的需求仍保持增长。从 1904～1913 年到 1944～1950 年，美国所有原材料的消费量实际翻了一倍。尽管初级产业（如农业、林业的产品）比次级和第三级产品和服务更依赖于土地，但还是在供给价格（按不变价格计）长期下降情况下，提供了足够的产品。这些事实需要一种新的经济增长理论来解释（舒尔茨，2001）。

古典经济学没有充分考虑用于生产的所有资源，其中有一些是新资源，它们已经有效地替代了土地。有多种途径可增加资源存量，某些物质资源存量增加起来比其他资源要容易得多，而土地无疑属于存量相对不能增加的一类物质资源，这一基本的特点使它与其他物质资源区别开来。度量一个国家物质财富的存量通常使用二分法，即分为可再生的物质资本及不能再生的土地。

现代经济增长的一个特点是许多新资源得到开发且其在生产中的作用日益加强。有一些资源，如对有用的新知识的投资，会产生高得多的收益。此类资源是大大提高经济增长率的方式和途径的关键，这些没有被指明的另类资源提供了对自然资源的有效替代。

可以认为存在两类资源，一类包括劳动力、土地和可再生物质资本，即那些在传统经济学中处理和度量的资源；另一类由没有包括在传统类别里的各种形式的人力和物质资本构成。第二类资源的特点如下：它们主要与传统资源质量的提高有关，它们通常具有人力资本的特性，因为它们主要表现为劳动力队伍素质的提高和知识存量的增加。与传统类型资源相比，第二类资源的规模和存量在不断加速增加，并且从这些新资源的服务中获得的收益率相对较高。

教育可以提高人类劳动的质量，如果把教育视为资本形成，会发现其总量的上升比传统类型总资本的形成得更快。在美国，教育总量占传统资本总量的比例由 1920 年的 7%上升到 1956 年的 28%。不仅如此，人力资本获得了更长的平均寿命，而物质形式的（非人力）资本的平均寿命在下降。这样，相对于传统资本，净资本的增量比上面提到的总资本更倾向于教育。

还有许多迹象表明，用于开发新型生产技术的资源会有较高的收益率。例如，1910～1955 年，美国杂交玉米的研究支出累计达 1.31 亿美元，而同期从中获得的累计净收益达 65 亿美元，而且目前每年的总收益达到 9.02 亿美元。美国的化肥价格在 1910～1914 年到 1956 年，相对于农产品价格下降了 1/3，第二类新资源对降低化肥的相对价格起了重要作用。

可见，自然资源在农业经济增长中的作用与常识或古典经济学有关土地的观点迥异。自然资源作为生产要素，其经济重要性一直在下降，它在生产国民产值的总要素成本中所占的比例变得更小了。但从整个生态系统服务与人类福利关系的角度看，自然资源的生态重要性却越来越增强了。

上述阐明了一种经济增长理论的框架，它不仅可用来解释自然资源（土地）的替代物，而且可以解释别的理论无法解释的其他经济增长。这种的理论提出了两类资源——传统类型资源（土地、可再生资本和劳动力）和由于资源质量提高所构成的新型资源。一般而言，新型资源具有人力资本的性质，这些新资源的存量相对于传统资源在上升，而且收益率也比较高。新型资源所导致的报酬递增与传统经济学所言的报酬递减属于两个不同的关联域，字面上似乎针锋相对，其实并不矛盾。

第三节　当代资源环境问题与经济社会的关联

一、经济增长与资源环境变化

1. 经济增长与环境质量关系的库兹涅茨曲线

1）环境库兹涅茨曲线

一些环境经济学家基于技术、感知和环境投资的静态假设认为经济活动的增长不可避免地会损害环境，可表达为

$$e = ay \tag{11.1}$$

式中，e 为某种污染物的人均排放量；y 为人均收入；a 为系数。按此，e 随 y 线性增加，如图 11.1（a）所示。假定 a 自身与 y 是线性函数：

$$a = \beta_0 - \beta_1 y \tag{11.2}$$

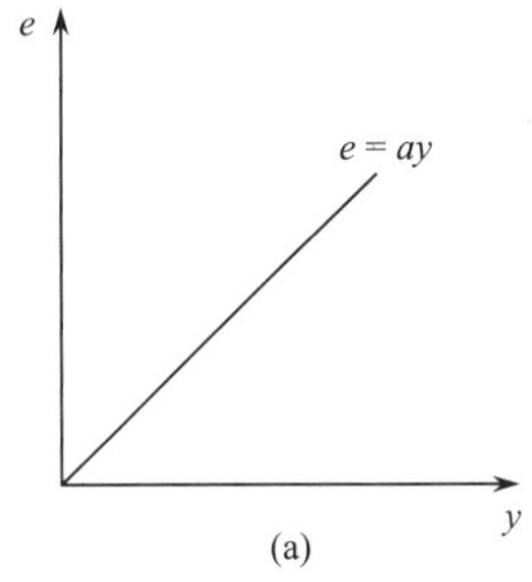

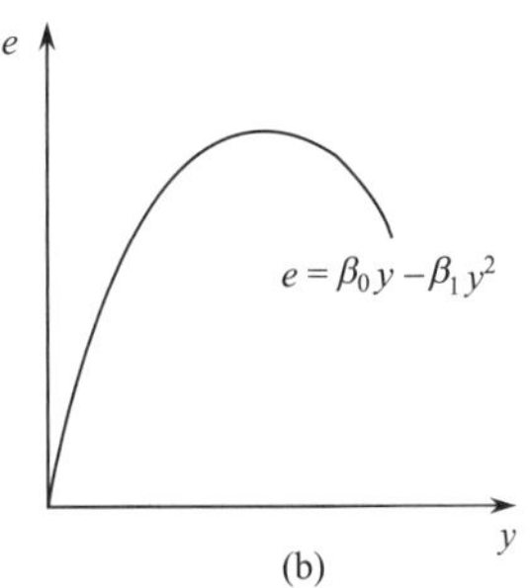

图 11.1　收入与环境影响（引自 IBRD，1992）

将式（11.2）代入式（11.1），得

$$e = \beta_0 y - \beta_1 y^2 \tag{11.3}$$

e 和 y 的关系为一个倒“U”形曲线[图 11.1（b）]，即经济增长意味着更多的人均污染排放，直到人均收入达到拐点，然后人均污染物排放量会明显下降。这种关系类似库兹涅茨（Kuznets, 1955）提出的一个假设：收入分布不均的度量与收入水平之间的关系是一个倒“U”形。环境经济学家根据这个假设提出环境污染与收入的上述关系，并称之为环境库兹涅茨曲线（environmental Kuznets curve，　EKC）。

对环境库兹涅茨曲线假设的论点可作如下简述：当经济发展处于低水平时，环境退化的数量和程度受生存活动对基本资源及有限的生物降解废弃物数量的影响。当经济发展加速，

伴随着农业和其他资源开发的加强和工业化的崛起，资源消耗速率开始超过资源的再生速率，所产生废弃物的数量和毒性增加。在经济发展到更高水平，产业结构向资本密集、信息密集的产业和服务转变，加上人们环境意识的增强、环境法规的执行、更好的技术和更多的环境投入，环境退化现象逐步减缓和消失（Panayotou, 1993）。

显然，这个假设具有极重大意义。如果总的经济增长确实对环境有益，那么就没有必要通过减缓世界经济增长来保护环境。正如布伦特兰报告中展望的那样，可持续发展的前景是光明的（世界环境与发展委员会，1989）。然而，可以提出两大质疑：第一，环境库兹涅茨曲线假设与经验数据是否一致？第二，即使环境库兹涅茨曲线假设在个别国家符合经验证据，它是否在全球普适？

2）环境库兹涅茨曲线的适用性

Shafik 和 Bandyopadhyya（1992）提出十个环境指标来指示环境退化和人均收入之间的关系：干净水的缺乏程度、城市卫生设施的缺乏程度、城市悬浮颗粒物、城市 SO_2 浓度、1961～1986 年的森林面积变化、1961～1986 年的森林年采伐速率、河流中的溶解氧、河流的大肠杆菌、人均市政废物、人均 CO_2 排放，部分结果反映在图 11.2 中。他们的研究表明，干净水的缺乏程度和城市卫生设施的缺乏程度随收入的增加而下降，关于森林的两个指标与收入的关系不大，收入的增加倾向于使水质恶化，两个空气污染指标与环境库兹涅茨曲线假设相符，但人均 CO_2 排放和人均市政废物与环境库兹涅茨曲线假设不相符，明显地随收入的增加而升高。

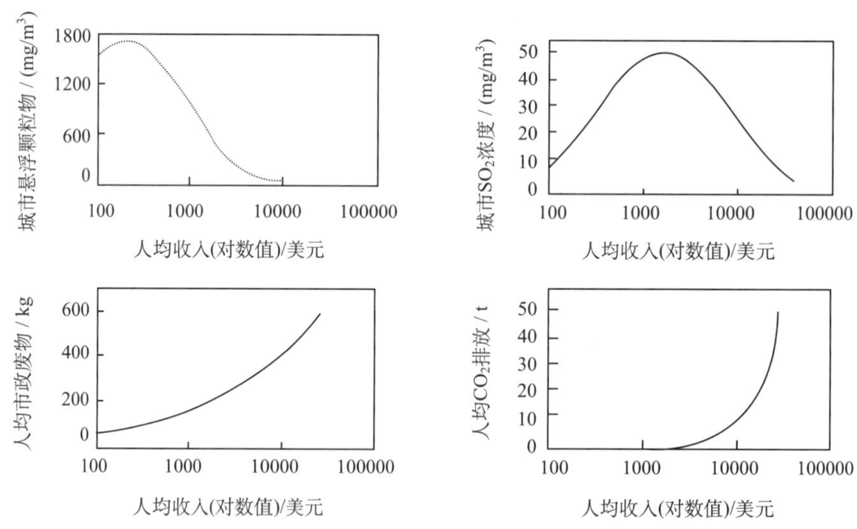

图 11.2 环境库兹涅茨曲线假设的某些经验证据（引自 IBRD，1992）

Panayotou（1993）用 SO_2 人均排放量、NO_x 人均排放量、悬浮颗粒物人均排放量和森林采伐几个指标来验证环境库兹涅茨曲线假设。所有指标的变化都呈倒“U”形，与环境库兹涅茨曲线假设一致。SO_2 人均排放量的结果如图 11.3 所示，其中的拐点在人均收入 3000 美元时。图 11.3 所反映的关系可能使人们相信，在一定收入水平下，相关的全球环境影响会在某个时期趋于下降。拐点时的收入接近目前世界平均水平，但事实上由于收入分配的极不均衡，占人口数量大多数的发展中国家远低于平均水平。

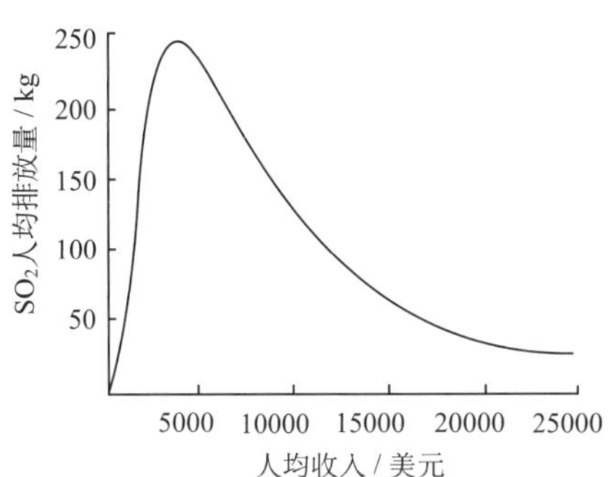

图 11.3　SO_2 人均排放量与人均收入的关系（Panayotou，1993）

Stern 等（1996）对已有关于环境库兹涅茨曲线及其意义的文献（包括上述研究）作了综述，提出了 1990～2025 年各变量的预测，结果表明，世界人口将从 1990 年的 52.65 亿增加到 2025 年的 83.22 亿，世界人均收入将从 1990 年的 3957 美元增加到 2025 年的 7127 美元，与图 11.5 所显示的环境库兹涅茨曲线关系不同，全球 SO_2 的排放量将从 1990 年的 3.83 亿 t 增加到 2025 年的 11.81 亿 t，人均 SO_2 排放量将从 1990 年的 73kg 增加到 2025 年的 142kg；森林覆盖面积将从 1990 年的 4040 万 km^2 下降到 2016 年的最低值（3720km^2），到 2025 年又会增加到 3760km^2。森林减少导致生物多样性损失，这是不可逆的环境效应，所以对于森林的变化来说，环境库兹涅茨曲线假设是不可靠的。

Stern 等（1996）的工作回答了上述两大质疑：①只是某些有选择的污染物排放的经验数据符合环境库兹涅茨曲线假设，环境库兹涅茨曲线假设不能普遍应用到整个环境质量上。②即使可以证明某个国家的经验数据符合环境库兹涅茨曲线假设，也并不能证明全球环境动态今后会按环境库兹涅茨曲线假设发展。因此，经济增长并非改善环境质量的万灵药方，促进 GDP 增长的政策不能代替环境政策。

2. 经济增长与资源环境“脱钩”

迄今的人类历史进程中，经济增长总是与资源消耗量和废物排放量“挂钩”的，甚至同步增长。经济增长一直在无限制地继续，而自然资源和环境容量总是有极限的，所以经济增长到目前水平就受到了自然资源和生态环境承载力的限制，产生了诸多资源环境问题。要从根本上解决这些问题，应该控制资源消耗和废物排放的过快增长，使其与经济增长“脱钩”（decoupling），即打破经济增长与资源消耗和废物排放之间的联系。通过产业转型和技术进步等途径，提高资源利用效率，控制废物排放，可以实现经济增长与资源消耗和环境损害不同程度的“脱钩”，这是突破自然极限，实现可持续发展的一条重要途径。

研究脱钩理论的先行者是 Weizsäcker 等（1997），他们分别针对全球和发达国家提出了脱钩目标——“四倍数革命”“十倍数革命”，即将全球和发达国家的资源利用效率在 50 年内分别提高 4 倍和 10 倍，以实现资源消耗与经济增长的脱钩。为了衡量并跟踪脱钩目标的实现程度，需要建立科学可行的脱钩评价指标。应用脱钩理论，根据经济增长与资源消耗及废物排放的定量关系表达式（陆钟武等，2011），可以探讨全球及各国经济增长对资源的依赖程度。脱钩指数的最终表达式为

$$D=t/g\times(1+g) \tag{11.4}$$

式中，g 为从基准年到其后第 n 年 GDP 的年均增长率（增长时为正值，下降时为负值）；t 为同期内单位 GDP 资源消耗或废物排放的年均下降率（下降时为正值；升高时为负值）；D 为对应的脱钩指数，根据 D 的大小，可将资源消耗及废物排放与 GDP 的脱钩程度分为三个等级（表 11.1）。

表 11.1　不同脱钩状态下的脱钩指数

	$g>0$	$g<0$
绝对脱钩	$D\geqslant1$	$D\leqslant0$
相对脱钩	$0<D<1$	$0<D<1$
未脱钩	$D\leqslant0$	$D\geqslant1$

以 CO_2 排放为例，计算全球及各国的脱钩指数。其中，GDP 为 2005 年不变价美元，单位 GDP 二氧化碳排放量指平均产生 1 美元（2005 不变价美元）所排放的二氧化碳量（t/美元），g 为基准年 2002 年至 2010 年 GDP 的年均增长率，t 为同期内单位 GDP 二氧化碳排放量的下降率，D 为二氧化碳排放脱钩指数。根据世界银行数据库，分别计算 g、t、D（表 11.2）。

表 11.2　全球 CO_2 排放脱钩指数

年份	g	t	D	脱钩状况
2003	0.03	–0.031	–1.15	未脱钩
2004	0.04	–0.011	–0.27	未脱钩
2005	0.04	–0.001	–0.03	未脱钩
2006	0.04	0.007	0.17	相对脱钩
2007	0.04	0.015	0.40	相对脱钩
2008	0.01	–0.010	–0.71	未脱钩
2009	–0.02	–0.016	0.76	相对脱钩
2010	0.04	–0.008	–0.20	未脱钩

资料来源：世界银行数据库。

如表 11.2 所示，2003～2007 年，全球 CO_2 排放由未脱钩达到相对脱钩，人类摆脱自然极限的努力初见成效；但 2008～2010 年又陷入波动，说明其道路是曲折的。表 11.3 为典型国家 CO_2 排放脱钩指数，说明不同发展阶段的国家脱钩状况具有显著差异。

表 11.3　典型国家 CO_2 排放脱钩指数

年份	发达国家					新兴经济体国家					发展中国家				欠发达国家			
	美国	德国	挪威	澳大利亚	日本	巴西	俄罗斯	中国	印度	南非	印度尼西亚	埃及	尼日利亚	委内瑞拉	孟加拉国	苏丹	莫桑比克	埃塞俄比亚
2003	0.81	1.78	–13.15	0.48	–0.01	3.79	0.58	–1.24	0.43	–2.23	0.31	–4.11	1.49	0.92	0.90	–0.52	–2.45	5.81
2004	0.49	1.76	0.98	0.84	0.24	0.12	1.02	–0.67	0.34	–1.67	–0.31	0.51	0.88	1.68	–1.76	–5.56	0.98	0.56
2005	0.82	4.29	1.21	–0.24	2.31	0.11	0.88	0.16	0.50	2.38	0.77	–1.41	–1.29	0.23	1.93	1.79	1.59	1.31
2006	1.57	0.93	–0.86	0.21	1.33	0.97	0.59	0.15	0.29	–0.29	0.83	0.00	1.72	1.55	–3.25	0.26	–0.37	0.33
2007	0.10	1.94	0.29	0.57	0.27	0.27	1.01	0.58	0.27	0.20	–0.39	–0.09	1.49	0.74	0.90	0.22	–1.85	0.20

续表

年份	发达国家					新兴经济体国家					发展中国家				欠发达国家			
	美国	德国	挪威	澳大利亚	日本	巴西	俄罗斯	中国	印度	南非	印度尼西亚	埃及	尼日利亚	委内瑞拉	孟加拉国	苏丹	莫桑比克	埃塞俄比亚
2008	−10.35	1.08	−170.75	0.26	−2.39	−0.30	0.45	0.63	−2.19	−0.33	−0.63	0.68	1.43	−0.19	1.70	0.87	1.37	0.29
2009	−1.18	−0.16	−2.95	−0.11	−0.59	−15.13	−0.05	−0.01	−0.11	6.48	−1.13	0.88	4.25	0.75	−1.52	−2.60	−0.55	0.48
2010	0.10	0.56	−43.92	3.84	−0.37	−0.90	−1.35	0.26	0.87	3.77	1.68	0.32	−0.28	6.95	−0.31	0.76	−0.68	1.20

资料来源：世界银行数据库。

二、当代资源环境问题的社会经济根源分析

一般认为导致当代资源环境问题的因素有人口压力、技术变化、经济增长、市场失效及伦理信念等（Rees，1990）。然而情况并不简单，有必要逐一加以分析，而且资源环境问题的原因也不是单一的，针对单一原因提出的解决办法也不是放之四海而皆准的万灵药。

1. 人口压力

许多研究者把人口压力看作资源环境问题的根本成因，并呼吁“人口零增长”，甚至提倡“独生子女家庭”，控制生育及流产自由化被看成有效的解决办法。然而这些办法不一定在政治上或道德上可接受，此外人口数量显然只是自然资源产品和服务需求水平的一个方面。如果那些剩下的人对物质繁荣的欲望增长，那么稳定的甚至下降的人口也不一定能减少总需求从而防止资源耗竭、稀缺及环境退化。例如，近几十年来西欧的人口已经稳定或低增长，但这既没阻止北海鱼类储量的耗竭，也没有防止污染。

欠发达国家人口控制计划的首要目的是提高生活标准，同时减少需求对资源的压力。然而，如果因少生育而减少的需求使多出来的产品被人均食物、木材或水资源消费的增加抵消，那么资源环境的压力并不会减轻。此外，随着物质财富的增长，人们需求更多的产品和服务，因而对自然系统将施加更大压力。例如，食物结构由谷物类为主向动物蛋白类为主的转化，意味着需要增加土地生产力。不可否认，人口控制计划对解决欠发达国家的资源稀缺和耗竭问题是必要的，甚至是重要的；但同时又只能将它们看作其他社会和经济政策的一种附属物。此外，减少人口增长并未触及不确定性问题和福利分配问题的实质。

2. 技术变化

有些研究者把所有资源环境问题归因于技术变化的速度及其对环境无情的性质。通常认为现代工业化技术比其所取代的传统技术具有更大的破坏性和污染性。无疑，大批量生产技术、包装水平的提高、复杂加工品的生产、能源密集技术及“非自然”合成物质的开发等，所有这一切都增加了对自然系统的需求和压力。但须知，传统的生产技术也可引起资源耗竭和污染，如土壤侵蚀、荒漠化、水分亏缺和森林退化等往往都基本上是传统技术导致的。

所有形式的生产都涉及对资源环境的利用，是否导致耗竭和损害取决于利用强度。现代工业化技术是否比过去的技术导致更大的资源耗竭和环境破坏？这部分取决于所关注的论题是自然系统的哪一部分。当石油或天然气代替传统能源煤或木材时，能源消耗率及对环境的

损害总体上并不一定更大。技术发展创造出发生可能性更小、潜在破坏性更大且扩散效应更广的风险，如核能发电。但就生命损失和工作条件而言，可以认为核能发电比采煤风险更小。也有一些技术比其所代替的技术破坏性明显更小。例如，当污染物和污水处理技术代替直接排污、污水池和化粪池时，健康风险和污染就会明显地减少。技术进步使某些资源环境问题加剧，但它将继续为另一些问题提供解决办法。

3. 经济增长

技术并非独立的“原因”，因为技术受经济增长的驱动，反过来又驱动经济增长。增长和新投资促进技术变化，这反过来又产生新的市场机会，而后又促进增长过程。这就提出了资源环境问题的第三个普遍成因，即按照物质标准衡量的经济增长步伐，尤其是经济增长方式。普遍提倡的解决办法是停止增长，或者至少重新限定增长的含义，包括“生活质量”等变量。

技术之所以成为导致资源环境问题的原因，是因为：①经济增长的无限性与本质上封闭的、有极限的自然系统不协调。②政治家和经济学家都重视短期经济增长，趋向于根据目前偏好和收入水平来衡量的物质产出最大净现值。这损害了时空分配的公平，不仅忽略了后代人的需求，而且也不顾当代消费者对不可上市的生活质量和服务的需求。就长期来说，对实物增长的一味追求将减少而不是增加真实社会福利。③采用 GDP 作为经济福利的度量指标，歪曲了人类福利的本质。GDP 指的是在一个经济系统内所生产的全部财货和服务的市场价值。作为一个概念，它以市场系统内的财货交换为依据。任何非市场产品和服务（家务劳动、自我服务、自给的生产、某些生态系统服务等）都被排除，负面但无价格的环境和社会代价，如污染、栖息地损失、犯罪、过分拥挤或精神紧张等，也被排除。具有讽刺意味的是，某些此类有害活动的增加实际上还可以增加 GDP，如更多的犯罪必然需要更多的警力，以及污染的增长可使医疗和净化机构的产值增加等。

要把 GDP 的增长等同于人类福利的增长，需要三个基本前提：①实际所有的财货和服务，包括无利润的，都必须标价且包含在市场交换系统以内。这显然未被实行，而它尤其与可再生资源部分有关，生态系统服务是很少被纳入市场的。②消费者应有主权，不受生产者的束缚，自己决定所有商品的价值。实际上，在现代工业社会中生产者具有更大的权力和影响，因此市场价值、市场上商品和服务的获取与消费者偏好的关系是非常薄弱的。③在人们生产的实物产出、财富与事物对人们的使用价值之间，应有一种直接的关系。这同样也没有实现，获得的收入和财富就不是同一回事，而且一个人能够支付的东西并不一定能正确反映其使用价值。

鉴于 GDP 的缺陷，已尝试采用一些替代指标。但无论对经济增长和人类福祉如何度量，都不可不包含消费的增加，因此也增加了对地球资源基础及其生命支持系统的需求，所以经济增长本身就是所有资源环境问题的基本成因。有些研究者提出“非增长”的解决方案。然而，对于第三世界国家，“非增长”办法并没有抓住问题的实质，或者缺乏道义上的合理性。

为使那些生活在仅够生存水平上的人继续生存下去，就不得不有某种增长，除非人口增长也降为 0。“非增长”只会使千百万人沦于仅在物质水平上生存，这是难以接受的。此外，当目前的利用强度已经超过环境的自然再生能力时，“非增长”不能解决已存在的问题。

“非增长”观点应用于富裕的工业社会似乎有更为直观的感染力。当增长的结果是不涉及基本生存需要的产业（如生产电脑游戏机、建造美丽的厅堂和享受精美的餐饮）发展时，不考虑增长的需要似乎比较容易，但“需要”是一个相对而不是绝对的概念。尽管在发达国家收入和财富的差别不很明显，而且福利计划某种程度上也在减缓赤贫，但相对贫困者仍然处于不利地位。除非“非增长”政策伴以在国家和国际尺度上都进行大规模的财富重新分配，否则大多数人都不可避免地要求增长并分享其带来的富裕机会。

更高水平的消费不可避免地对资源施加更大的压力。此外，如果消费增长是通过服务而不是物质占有，也不一定减少这些压力。一个目前很流行的观点认为，资源环境问题将在后工业化社会减缓，因为物质消费达到了享受的顶峰。但很少有证据能证实这个观点，实际上，新的服务需求只会趋向于增加原有的物质消费。此外，许多新的服务需求也增加对环境质量资源的压力，户外娱乐、旅游等就是如此。总之，经济增长是资源耗竭和环境退化的一个重要因素，但这并不能证实“非增长”是一个道义上、政治上或经济上可行的政策选项。

4. 市场制度的缺陷

GDP 不能真实地反映人类福利，这实际上提出了导致资源环境问题的第四个普遍成因，即市场制度的不完善和不完全运作。这里的关键概念就是“外部性”。外部性概念是传统经济学研究资源耗竭和环境退化问题的核心。简言之，外部性（外部成本及外部效益）就是在做个人决策时所有未被考虑的经济或社会活动的无补偿副作用。当一种活动的副产品引起其他人的非市场成本或收益，而这又没有通过现金或商品交换得到补偿时，外部性就发生了。在任何社会的日常生活中都普遍发生外部性，在拥挤房间里吸烟、在图书馆大声喧哗、在所有人都熟睡时操练乐器都是明显产生外部成本的例子。规划控制、建筑分区或规定室内不许吸烟，禁止汽车晚上鸣笛，是努力减少个人行动社会代价的少数几个例子，但更多的外部性问题却不是如此明显，也是难以处理的。

外部性在可再生资源方面无所不在。在目前的经济系统中，只有那些直接用于生产和消费的资源环境产品与服务（基本上等同于生态系统的供给服务）才被标价并纳入市场，而生态系统的调节服务、支撑服务和文化服务基本上没有被纳入市场。在物质生产和消费过程的每一个阶段，物质都重返环境系统中。换句话说，由于返回流（残余物）的加入，经济系统变成封闭的了，要持续就必须保持物质平衡。物质平衡意味着随处可见的废物生产和外部性问题。

如果承认市场机制在解决外部性问题上的失效是资源环境问题的“成因”，题解就比较简单了。保证所有的资源产品和服务，包括环境同化废物和为所有生命物种提供栖息地的能力，都被标价并纳入市场交换系统，所有的资源就会分配得使其净使用价值达最大。但需要指出，上述纠正市场失效的纯理论简化掩饰了几个关键的政治、社会、实践和伦理限制。现存经济制度在考虑资源利用所涉及的全部社会代价方面是有缺陷的，对资源耗竭和环境退化的确负有责任。但是从这类分析而得出的经济政策药方，不能解决由不同利益团体的价值和利益冲突而产生的那些基本的问题，也不能摆脱维护代际公平和保持持续发展的两难境地。

5. 自然资源的公共性质

市场在应对资源环境问题方面的缺陷，关键在于“外部性”；又由于自然资源往往具有公共财产的性质，还产生了特别尖锐、难以克服的外部性问题。

1）国际公共财产资源

在全球尺度上，生态系统本身及所有包含在其中的生物-地球化学循环都表现为最明显的公共财产资源。当利用维持在系统的自然吸收或调节能力以内时，无控制地自由进入还不成为问题。但一旦超出这个限度，继续利用就将使所有人付出损害的代价，无论任何个人对这些代价的贡献如何。除非有一个强有力的世界政府承担全球生命支持系统的有效拥有权，而且其能控制人与环境相互作用的各方面，否则它们将保持公共财产性质。个人的利用决策将继续忽视有关的社会代价，继续产生资源耗竭和环境退化问题。

全球内的次级系统，如大气、海洋、迁徙鸟类和鱼类等，它们都不是人为的国家主权界线所能界定的，具有明显的国际公共财产性质。对此也有必要达成国际协议，但此类协议绝不是可以轻而易举达成的。欧洲经济共同体对公共渔业政策就曾争吵不休，国际捕鲸的协议甚至经历了更长时间的争论。尽管每个国家都可在原则上同意限制准入和进行控制，但也不可避免地力图把其自己承担的有关代价降低到最小。甚至在那些已签署承诺协议的领域，也存在严重的实施问题。例如，即使像关于气候变化的《京都议定书》《巴黎协定》那样经全球各国艰难努力而达成的具有法律效力的国际协议，由于美国在不同总统任期内出尔反尔[①]，其实施的效果也大打折扣。

在海洋渔场方面，对国际公共财产问题可采用如专属经济区（exclusive economic zone，EEZ）那样的方式来维护和保卫（必要时可用武力）专有国家的进入权，在此范围内，禁止外国渔船进入，国内捕鱼也受到控制，强加一系列关于捕捞吨位、捕鱼季节、允许的工具、渔网大小等的规则。然而，实施这些规则的费用及有关的问题令人畏惧，而且对海上和空中防卫力量有限的欠发达国家来说，困难更大。例如，尽管毛里塔尼亚努力在其 EEZ 内对捕鱼实行控制，但是“对海上资源有组织的掠夺实际上继续有增无减，因为来自欧洲和亚洲的超现代化捕鱼船得到了毛里塔尼亚商人和政府官员的默许”。从开发中可得到较大的短期利益，而违反规则被罚的机会极小，被罚款的数目也微不足道。此外，这还给有权力的官员提供了腐败机会。

当制定了份额分配的协议或宣布了单方管辖区域时，资源从某种程度上说不再是公共财产，而受制于一定的所有权和控制形式（虽然很不完善）。然而，在个人利用者的尺度上，它们仍然是公共财产，仍然存在对可得量的竞争。能否真正保护，取决于控制法规的适用性和实施措施的有效性，迄今的实践并不理想。

另一种国际公共财产资源是濒临灭绝的特殊物种及其栖息地，或者独一无二的自然景观，它们被国际保护团体赋予很高的价值，大熊猫和东非野生动物及其栖息地、某些跨国境河流等就属于这种类型。这里的关键问题在于：①国际保护团体对此类资源的评价是否就优于当事国家或地方很可能完全不同的评价？②如果要保护，谁得到相关利益？谁承担相关费用？谁来补偿不开发而失去的机会？关于云南澜沧江、怒江等跨国境河流水电开发的争论就涉及此类问题。当地政府认为，从此项目获得的经济增长和就业等效益要超过自然保护的价值。但环境保护主义者们主张保护“最后的未受人类工程影响的天然河流”。此类价值观和利益上的分歧引出了至关重要的公平问题：为满足国际环境保护的价值观和利益，一个“捧着金碗乞讨”的贫困地区是否应该放弃潜在的开发机会？在非洲野生生物的保护上也有此类

---

① 美国在小布什任总统期间退出《京都议定书》，在特朗普任总统时退出《巴黎协定》。

公平问题，保护不仅意味着那些地区不能开发，而且巡视保护区以防止偷猎的费用也很高，谁来承担这些费用？

2）国内资源的公共性

国家尺度上，自然资源的公共财产特性更多源于制度而不是自然性质。很多自然资源都是公共所有（或国家所有），如地表水、地下水、公共土地、国家公园、自然保护区，甚至大气。大多数国内公共财产资源的准入不是对所有人都开放，而是通过习惯法、公共法令或立法限制在特殊的使用者阶层。

具有多种用途的资源表现出一种更为不同的公共财产性质。尽管一个特定的土地拥有者可能有绝对的财产权，但他可能不是唯一从其经营中获益的人。森林不仅为其拥有者提供木材和其他林产品，而且对其他人也很有价值，如可为他人提供视觉审美、娱乐资源、野生生物栖息地、防止土壤侵蚀或调节径流等生态系统服务。土地拥有者常常面临具有巨大潜在利益的开发机会（如将林地开垦为农地，将耕地转变为建设用地），而其他人则希望他全部或部分地放弃机会，以使自然资源维持对他们的价值，这就产生了利益的冲突。

当所有权与使用权分离时，会出现更进一步的问题。例如，租赁安排所给的土地使用权仅限于有限时期，那么使用者很可能会努力尽一切可能掠夺土地肥力，使当前的产出达最大，而忽视土壤或森林的长期生产力。换句话说，租用者在其使用权期间只会关心他们自己当下的成本和收益，而忽视其行为的长期社会和生态代价。

3）矿产资源的公共性质

自然资源的公共性质不仅在可再生资源上表现突出，在矿产资源上也有特殊的表现。许多国家的矿产资源所有权都属于公共或国家所有。谁代表公共或国家行使所有权？是中央政府？还是地方政府？这些权力不同的机构在矿产资源开发上会有不同的利益和代价，它们对待矿产资源开发的态度也就有所差别。即使矿产资源的所有权是明晰的，矿产资源开发的环境效应却是公共的。这就产生了与上述森林资源和土地资源开发类似的利益冲突问题。

公海范围的海底锰结核开发就面临公共财产问题，需要制定一个国际协议以对开发权进行适当的分配。如果以“先到者优先”为基本原则，那么开发的收获不可避免地仅为技术先进的国家所得，这对发展中国家是不公平的。如果通过军事力量来解决争端，那更是历史的倒退。可选择在海岸国家之间划分海底，如对大陆架的划分那样；但对于内陆国家，对于那些海岸线相对短狭又与潜在生产力巨大的海洋接界的国家来说，这显然也不能接受。曾建议由一个国际机构来发放专有开发执照，但这也不能解决问题，要设计一个被所有国家都认为公平的分配系统仍然非常困难，而且只有发达国家才有实际开采锰结核的技术，那么最终必须解决如下问题：①怎样保证具有技术能力的国家行使开发权？②这些国家准备拿出多少开发收益来进行国际分配？③以什么为根据在各国之间分配？迄今对诸如此类的问题尚未找到公认的解决办法，所以很多潜在价值巨大的公海资源只能保持未开发状态。

6. 外部性问题

前面的论述已指出，市场机制的关键缺陷就是“外部性”，而自然资源的公共性质和多用性质又使得“外部性”问题具有特殊的表现，主要有三种：外部效益、交互外部性和转移外部性。

1）外部效益

主要指个人对自然资源的经营和保护能为公共带来福利。但如果个人付出的成本超过他的全部所得，那么就不能刺激个人在资源保护或提供环境服务方面投资。虽然总的社会收益超过相关费用，但这对个人来说没有多大关系，也不能保证外部受益者为提供这些费用做出贡献。例如，保留森林或沼泽地对公共来说具有显著的生态价值，但当其所有者面对开发的可观利益时，景观美感、野生生物栖息、径流调节等公共生态价值方面的外部效益与自己的关系不大，对他们的决策起不了什么作用。个人从洪水控制、野生动物禁猎或自然保护中所获得的效益并不足以鼓励他们提供投资。同样，地下水和渔场的利用者也没有动力在水源或渔场保护上投资，除非他们有某些阻止别人获取投资回报的手段。此外，个人对这些外部效益往往不用分担成本而分享收益，因此也难以使他们主动做出贡献。这种外部效益的维护需要社会组织来灌输集体责任感，对自私行为的道德约束在传统社会里曾经很普遍，但在发达的工业化经济里却大为减弱。

第二和第三种形式的外部性都涉及外部成本，它们之间的界线有点模糊，但是仍有必要区分交互外部性与转移外部性。

2）交互外部性

这是指公共财产资源的所有使用者都对大家（包括他们自己）造成损失。例如，当大家抽取地下水的速率超过自然补给的速率时，超量抽取的每一升水都将增加每个人的抽水成本。其实所有使用者都很容易明白，他们是在利用一种正在耗竭的自然资源，超量抽水是不可能长期持续下去的，需要每个人都采取保护措施。然而，限制抽水对个人造成的损失非常具体，而限制抽水所产生的长期效益却较为虚幻，很难使大家都自觉地采取保护措施，而必须制定强制性的保护规则。在公共土地、渔场及野生生物的开发上同样存在交互外部性问题，个别利用者可能忽视其利用对资源耗竭的作用，也难以控制他人的行为。除非采取强制性的保护规则，否则在短期内资源会使用过度，而从长期看则可能耗尽资源。当耗竭速率相对较低时，利用者把资源耗竭的问题转移给后代，这就出现了世代之间的外部性问题，对付这种问题的困难将更为棘手。

Hardin（1968）在《公地的悲剧》一文论述了此类问题，为说明“我们目前在再生产中的自由放任政策”将导致灾难，他采用了牧人利用公地的类比：“设想对所有人开放的一片牧地，可以预料每个牧人都将在这片公地上饲养尽可能多的牛。作为一个理性的人，每位牧人都寻求最大限度的所得。”甚至在已超过那片公地的载畜能力时，每位理性的牧人还将继续增加牲畜量，因为他将获得追加牛群销售的全部利益而只承担部分过度放牧的代价。“在那里就出现了悲剧。每位牧人都被禁锢在一个迫使他无限制增加牛群的系统中，而这是一个极其有限的世界……公地内的自由使大家都遭殃。”Hardin 的基本观点是，毫无控制地自由进入某一供应有限的公共资源会导致其过度使用和退化。当今世界上半干旱地区由过度放牧导致的荒漠化问题及全球气候变化问题，证明 Hardin 的观点确实具有一定的合理性。

然而，断言个人会无限制地增加牧群并不准确。正如在抽取地下水的例子中所看到的，当超量抽水的代价显现时，就需要限制抽水。此外，放牧不是没有个人成本的，这对每一个牧人认为是最有利可图的牲畜数量设置了限制。在人口增长的关联域内，假想额外的孩子不花成本显然与事实不符。在发达经济里，额外孩子的机会成本，无论在物质上还是在精力上，都成了一种控制生育的机制。在公地的例子中，随着牧群的生长，节制个人使用的倾向会加强，牛的售价将下降，这不仅是因为牲畜供应的增加将降低市场价格，而且因为过量放牧将降低其质量。当个人成本超过收益时，生产者将放弃继续放牧而转向更有利可图的活动。从这个意义上看，资源流的总体耗竭并非不可避免。Hardin 的假设——公地对所有的人都开放——也与现实不符。实际上它只对那些属于特殊团体的人开放，并且受到社会导向和集体责任规则的束缚。也就是说，当对私人经济控制的激励不足以防止公共财产的严重外部损失时，就会出现社会规范、政府管制或所有权改制。在理论上，公共资源的私有化在一定程度上可解决此类外部性问题，这是因为明确其资源所有权的生产者在制定利用速率的决策时，要考虑所有短期和长期的利用成本和收益。然而，私有化的解决办法将加重社会不公平。此外，如果按所有者的估计，目前的收益超过与耗竭有关的成本，那么业主仍将继续掠夺资源。

3）转移外部性

在交互外部性情况里，所有受影响的个人都分担他们造成的损失；而在转移外部性情况中，损失的制造者把代价强加于其他人身上，包括转移给后代。

当一个工厂利用水道来排放污水时，就把污染损失转移给了排污口下游。此类外部成本包括捕鱼产量的损失、水处理费用的增加、河流娱乐和审美价值的减少等；如果水质量恶化到不适于灌溉或供水，还会涉及一些其他损失。工厂在选址、设计、制定产出水平、生产技术或输入原料类型时，往往忽视这些成本。因此，废物处理的投资、致力于减少废物或改进治污技术的科学研究都不足，而造成损害的废物却大量生产。此外，外部性问题表明，现存经济系统内商品和服务的相对价格被严重扭曲。高污染产品的价格会较低，它们可以大批量出售。市场机制本身不能解决这种问题，只有用环境影响评价、规划审查、排污收费之类的强制手段来控制。

在废物排入大气的情况下，交互外部性与转移外部性之间的区别不太明显，某些损害代价转移到下风位置，但在扩散受到限制时，损害的主要部分会降落在污染者自己身上。例如，所有城市内的车辆使用者都分担一份他们自己制造的损害代价。

当转移外部性问题只涉及少数有关单位时，他们可以通过谈判协议。然而，这类自行解决外部性问题的情形很有限。通常许多单位并不完全知道他们施加或引起的代价，以至很难达成一个完整可行的协议。例如，在瑞典，一个产生污染的炼油厂与一个相邻汽车制造厂之间曾经达成协议。当炼制劣质石油且盛行风携带着污染物吹向汽车厂时，这大大增加了金属和新车油漆的腐蚀程度。经谈判后，炼油厂同意将其炼制劣质石油的操作限制在腐蚀性成分被吹离汽车厂却吹向居民区的时期。而当地广大居民却被排除在决策过程之外。如果减少汽车腐蚀的价值超过地方居民遭受损失的价值，那么就总货币价值来说，这个协议可能确实减少了净外部损害成本。但同样可能发生的是，总体损害代价保持不变，甚至在达成协议后比达成协议前更大。在这个例子中，并没有减少总外部成本，只是把代价从汽车厂及其顾客转给了当地居民。可见，此类协议应有所有受影响的当事人参与，而且为了广泛的公平，他们都应有同样的讨价还价权力，这种权力可以以财政资源、信息和政治影响来衡量。因此，转移外部性问题的解决办法需要一定形式的政府干预。

7. 伦理观念

最后一个普遍认同的资源环境问题成因与人类的基本伦理信念有关，基本上有两种相互关联的观点。

（1）在“先进”文化中占优势的宗教和政治哲学，把人类想象成与自然分离且高于自然的，可称为“人类中心主义”。许多“传统”的社会没有这种情况，他们认为自然、人类和上帝是相互依赖的，人类与自然界和上帝分不开。在“人类中心主义”的哲学中，资源环境是提供产品和服务的一种集合，要满足人类需求而不顾其他物种的权利。此外，一个广泛流行的信念认为，自然是可驯服、可征服来为人类眼前需要服务的，而未充分注意对复杂而相互作用的生命支持系统的长期影响。

（2）人类天生就目光短浅，根深蒂固地偏向于已知的当前，而不顾不确定的未来。这意味着社会、政治和经济的决策不可避免地要倾向于当代人的需要，而很少顾及后代人的潜在需要。

生态学家倾向于强调人仅是全球生态系统中的一个物种，经济学家关注眼前利益；其他一些学者认为植物、动物，甚至岩石自身都有存在的权利，应该独立于人的看法。其实这些观点都是从人类的视角看问题，是人类道德判断和推理的产物。自然界并不关心环境伦理，资源环境保护是建立在人类价值系统基础上的，其有效性有赖于人类的状况和人类的关怀。不同的伦理观念其实在某种程度上代表不同的利益诉求。为了寻求解决资源耗竭和环境质量问题的可行办法，环境伦理的抽象概念也需要结合社会实际走向可操作化（郑度和蔡运龙，2007）。

三、解决资源环境问题的社会生态途径

对资源环境问题及其解决途径的看法严重依赖于意识形态，而不同思想学派之间的意识形态差别巨大。

1. 生态革命、社会革命与社会改良

生态革命派提倡根本变革，其出发点是生态系统内各要素的性质、极限、需要和权利。其中一些人将管理目标看作把资源环境或生态系统恢复到“自然”状态。另一些人则怀疑此目标的意义，认为不存在“自然”的资源环境状态，应该追求“可持续性”。这就引出了“可持续性是什么”“为谁而可持续”的问题。如果接受所有的物种都有平等的生存权利而不只是关注人类的可持续性，那么就隐含了非常不同的利用水平和类型。此学派的不同成员虽然在具体目标等方面有所不同，但都强调经济社会的整体变革，要创造与自然协调的人类生产方式、生活方式和经济社会体制。

社会革命派也主张根本变革，但不同意把自然界放在首位。其中一些人认为，资源环境本身不存在问题，或者说是一个虚假的问题；问题的根源在政治、经济和社会上。他们担心资源保护和污染控制会有利于富人，而那些本来可带来收益的资源开发如果被制止或限制，将不利于穷人。而另一些人认为，环境改善也有利于穷人，因为穷人一般都居住在污染和退化最严重的地区。此派所有的人都承认，主要可再生资源的稀缺问题（水资源稀缺、土地退化等）正在发生，而且愈演愈烈；但不接受那种终结经济增长、工业化和技术变化的解决办法。他们认为这种办法完全没有抓住空间不均衡和社会不公平的实质问题，而且不能使每个人都有满意的生活质量。变革不是为了创造一个与自然限制更协调的系统，而是为了满足所有人的需求。

社会改良派企图在现存社会经济和政治框架内寻求解决办法，持有比较现实的观点，即

必须以非革命的方式使当前的经济社会体制对资源环境问题做出敏感的响应。这个广泛的派别对资源环境管理的最终目标并无一致看法，大部分人主张提高社会或经济福利，但对这些概念的实质意义却未达成共识。一些人坚持经济效益标准，主张改变市场体制以使资源的开发和配置能发挥其最大价值；另一些人把实际收入的分配公平看作最终社会目标，还有一些人则主张机会均等。

主张公平的观点强调，需要改变管理系统以使所有人都平等地进入决策过程，然后可达成关于资源环境问题的折中解决办法。其中一些人特别主张公众参与，或者把持异议者纳入咨询过程，这样才能实现真正的机会均等。但有证据表明，当反对派成为正式讨价还价过程的一部分时，他们常常被政府和大企业招安，因此变成无效的监督力量；不仅如此，除非人们有平等的资源和影响，否则平等参与决策必然流于形式。

还应提及一个有影响的思想团体，即前文提到的技术中心丰饶论者，他们认为根本不存在资源环境问题，主张依赖经济和技术变化的动力机制来解决已出现的资源耗竭或环境退化。

其实，意识形态与社会经济地位和利益密切相关，不同的意识形态很可能反映出不同的社会经济利益和地位。衣食无忧者看重环境质量、资源保护、生态系统完整性、审美享受等，而对那些温饱需求还得不到满足的人来说，这类目标并不重要，甚至简直就与他们不相干。

2. 走向生态文明社会

生态文明和可持续发展的理念提供了解决资源环境问题的一种社会经济愿景，其关键是不断增强人力资源（尤其是技术进步，包括信息化）和生态化在经济发展中的主导作用，实现经济增长与资源环境的“脱钩”。

人类社会的发展先后经历了狩猎-采集文明（原始文明）时代、农业文明时代、工业文明时代，各时代具有不同的主导发展因素（图 11.4）。在狩猎-采集文明时代，主导因素是人的体力。在农业文明时代，土地（自然资源）成为最重要的主导发展因素。在工业文明初期，资本以其稀缺的特性和在经济增长中的重要作用而成为主导发展要素；在工业文明的中期，技术对经济的增长起到了关键作用，成为主导发展要素；到了工业文明后期，信息化的作用凸显。当代人与自然的矛盾日渐突出，迫使人们在经济增长的同时重视自然资源和生态环境可持续性对人类发展的重要作用。人类社会发展进入一个新的文明时代，“生态化”将是未来经济社会发展中的主导发展要素，这就是生态文明时代。生态化就是全面实现各种生态系统服务的价值，并使之在社会经济发展中发挥主导作用，被形象地比喻为“绿水青山就是金山银山”。

虽然主导发展要素不断更迭，但先前的主导发展要素仍在发挥作用，并且其形式也随着经济的发展不断适应变化。例如，原始文明时代的主导发展要素劳动力主要指体力劳动，到了工业文明时代劳动依然发挥作用，但不仅仅是体力劳动，脑力劳动者的作用更为重要。农业文明时代的主导发展要素土地主要作为劳动对象，在工业文明时代土地依然是重要的经济资源，而且是经济活动必不可少的载体。因此，对于一个当前处于工业化初期的区域来说，其经济的跨越式发展必须同时兼顾劳动力、资本、技术、信息、生态等多个主导要素的更替（中国科学院可持续发展研究组，2006）。

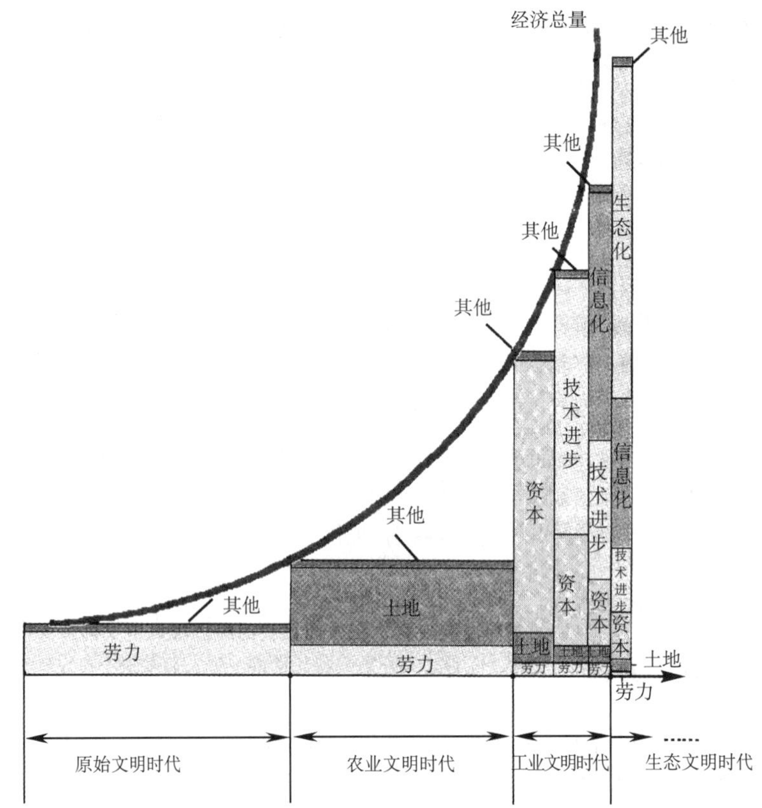

图 11.4 不同经济社会发展阶段主导增长因素的演变（中国科学院可持续发展战略研究组，2006）

3. 社会–生态系统可持续性分析

自然资源具有公共性，Ostrom（2009）称为公共储备资源（common-pool resources）。资源的使用者往往会过度使用公共资源而不关心这种行为对他人和生态环境产生的负面影响；对维护和改善公共储备资源的状态也缺乏必要的投入。这种问题必须放在社会–生态系统（social-ecological systems）中来观察和解决。

社会–生态系统应包含资源系统（如一个占据一定面积，包含森林、野生动物、水等资源的特定保护区）、资源单位（如保护区中的植物、野生动物的种类，水资源的存量和流量）、管理系统（如负责保护区管理的政府或其他组织、与保护区使用有关的具体规则，以及这些规则的制定过程）和用户（如出于不同目的使用该保护区的个人或团体）四个核心子系统。四个子系统之间相互影响，子系统相互作用的结果与关联生态系统中间有反馈关系（图 11.5），每个子系统都由更低一级的子系统所构成。研究草原、森林、水、渔等可再生资源乃至生态系统服务的退化问题不应该仅限于资源的自然属性，资源所在地区及资源所有者的特点、管理体系、产权、用以规范个体之间关系的应用规则等社会因素也同等重要。社会–生态系统的管理没有万能灵方，对内部变量相互依赖的社会–生态系统的诸多问题的解决必须超越简单的、可预测的模型，需要对这个复杂的、多变量的、非线性的、跨尺度连接的和不断变化的系统做诊断分析。开展诊断分析首先要做的就是开发一个嵌套的、多层次的框架来完成变量分析（表 11.4）。

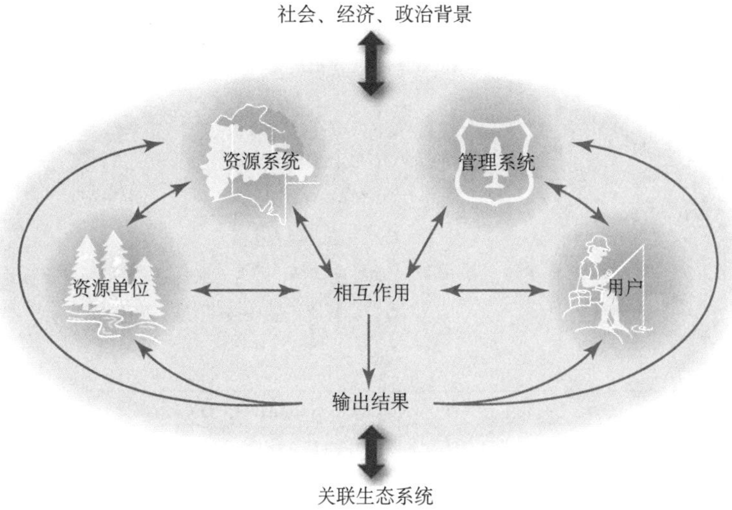

图 11.5　社会-生态系统分析框架中的核心子系统（Ostrom，2009）

表 11.4　社会-生态系统诊断框架中的核心子系统下的二级变量举例（Ostrom，2009，2007）

社会，经济与政治背景（settings，S）	
S1 经济发展程度；S2 人口变化趋势；S3 政治稳定程度；S4 政府资源政策；S5 市场激励作用；S6 媒体组织情况	
资源系统（resource systems，RS）	**管理系统（governance systems，GS）**
RS1 资源部门（如水、森林、牧场、渔业）	GS1 政府组织
RS2 系统边界的清晰度	GS2 非政府组织
RS3 资源系统的大小	GS3 网络结构
RS4 人为设施	GS4 产权系统
RS5 系统的生产力	GS5 操作规则
RS6 平衡性	GS6 集体选择规则
RS7 系统动态的可预测性	GS7 宪法规则
RS8 储存特性	GS8 监督与惩罚机制
RS9 区位	
资源单位（resource units，RU）	**用户（users，U）**
RU1 资源单位的流动性	U1 用户的数量
RU2 增长或更新速率	U2 用户的社会经济属性
RU3 资源单位间的相互作用	U3 使用历史
RU4 经济价值	U4 区位
RU5 资源单位的数量	U5 领导力/企业管理能力
RU6 明显的标记	U6 规范/社会资本
RU7 时空分布	U7 有关社会-生态系统的知识/思维模式
	U8 资源的重要性
	U9 所使用的技术

续表

相互作用（interactions，I）→ 输出结果（outcomes，O）	
I1 不同使用者的收获水平 I2 用户之间的信息共享 I3 商议过程 I4 用户间的冲突 I5 投资行为 I6 游说行为 I7 自组织行为 I8 网络关联行	O1 社会表现力衡量 （如效率、公平性、责任感、可持续发展） O2 生态表现力衡量 （如过度捕捞、弹性、生物多样性、可持续性） O3 对其他社会-生态系统的外部性
关联生态系统（related eco systems，ECO）	
ECO1 气候模式；ECO2 污染模式；ECO3 核心社会-生态系统的流动	

Hardin“公地的悲剧”理论，可以用社会-生态系统诊断框架中的五个假定来加以描述：①作为牧场的资源系统（RS1）；②不存在与该资源管理有关的管理系统（即 GS 空缺）；③单个资源单位是移动的（RU1），每个放牧人拥有的牲畜可以被识别（RU6），牲畜在养肥之后可以变卖换钱（RU4）；④足够多的放牧者（U1），在给定大小的牧场（RS3）上放牧，对牧场资源的更新（RS5）产生负面影响。根据这些假定条件得出的结果就是，每个放牧人都从自己的短期利益或收获水平的最大化（I1）出发，从而导致资源的过度开发，进而导致草原生态系统的退化（O2）。

Meinzen-Dick（2007）运用 Ostrom 总结的社会-生态系统诊断框架，以水资源为例，对可能影响灌溉系统管理的变量做了深入的辨别和分析。回顾过去 50 年水资源政策的变迁，从强调政府控制，到强调使用者群体共管，再到水资源市场，经过仔细研究那些成功和失败的案例，发现解决水资源管理问题并没有单一的方法。单一的制度体制，不论是国有的、集体的、还是私有的，其实都是具有多元特征的制度组合。理想的制度应该是“三脚架”，国家、集体和市场都在其中发挥各自不同的作用。政策制定者应努力寻找现有制度的优点，并且在此基础上设计后构建新的有效制度。要发现不同制度之间的联系，使不同制度之间能够形成互补。例如，政府机构可为资源使用者提供培训，资源使用者可以监督政府机构的行为。

Ostrom（2009）强调，在诊断社会-生态系统管理中存在的问题时，要逐层分析问题的属性，对特定社会、经济、政治背景的特征做准确的判断。采纳了初步的解决方案后，要努力深入挖掘问题的结构并继续监测系统的各种指标。根据由此得到的详细信息，应从失败的经历中汲取教训，从而改善方案。在社会-生态系统管理中，不同变量及其相互作用的组合也会产生不同的结果。政策分析需要研究特定政策干预的意外影响，避免针对特定资源系统或资源单位多种属性变量所制定的政策风险。就像世界上没有包治百病的特效药一样，社会-生态系统研究也没有理想的切入点。对于有些问题而言，要分析局地系统所在的社会、经济、政治背景的时空异质性及其对用户和管理系统中的决策者解决资源问题的能力的影响，以及用户与决策者之间的相互作用对资源系统和资源单位的影响。

在社会-生态系统分析中，明确问题往往是第一步。一旦我们找到了针对特定问题的合适的切入点，我们就能够嵌入这个使用多层次变量分析的框架中。跨学科、多问题的研究的发展，可为社会-生态系统的可持续发展提供更多的理论知识。基于不同资源系统所得到的社会-生态系统的变量数据，可以帮助建立或验证不同政府、集体和个人之间的成本-收益模型，从而能对现有政策进行改进。

社会-生态系统可持续性分析框架催生了制度生态经济学（Paavola and Adger, 2005）。生态经济学从制度经济学那里寻找理论源泉，构建复杂的模型以洞悉人类行为，解释制度在集体行动和环境管理中的作用。在制度生态经济学中，相互依赖替代了外部性。相互依赖通常跨越不同的地理单元，并且要求各个级别的管理体制同时做出反应。全球气候变化、生物多样性丧失等环境问题都是相互关联的。制度生态经济学阐明了管理方案和相互依存格局之间的兼容性，同时还为管理方案制度设计中的交易成本的核算提供方法支持。它强调社会资本和社会网络对交易成本与管理政策有效性的影响。以前，环境经济学通常将环境政策的失效归结为信息缺失，尤其缺乏环境效益的货币价值信息。制度生态经济学则强调，当缺乏明确归属权时，资源系统的过程和功能之间的相互依赖是环境危机的来源。

思 考 题

1. 为什么说自然资源是经济发展的必要但非充分条件？
2. 自然资源从哪些方面影响经济发展？
3. 何谓“资源诅咒”？为什么会出现“资源诅咒”？
4. 什么是自然资源的基线稀缺和经济稀缺？
5. 风险和不确定性如何影响自然资源稀缺？
6. 为什么说资源环境问题不能脱离社会福利分配公平问题来解决？
7. 自然资源、资本、劳动等基本生产要素的相对地位如何随着社会经济的发展而变化？
8. 报酬递增的主要源泉是什么？其如何在经济增长中发挥越来越重要的作用？
9. 什么是环境库茨涅茨曲线假设？其适用性如何？
10. 试述“脱钩理论”的基本原理。
11. 分析当代资源环境问题的社会经济因素。
12. 为什么说经济增长是资源环境问题的基本成因？为什么不能通过“非增长”来解决？
13. 自然资源的公共性质表现在哪些方面？
14. 资源环境问题的“外部性”有哪些表现？
15. 阐述和评价“公地的悲剧”的基本观点。
16. 生态文明社会如何解决资源环境问题？
17. 简述社会-生态系统诊断框架的基本内容。

补 充 读 物

戴维 S 兰德斯. 2001. 国富国穷. 门洪华等, 译. 北京: 新华出版社.

舒尔茨 T W. 2001. 报酬递增的源泉. 北京: 北京大学出版社.

丽思 J. 2002. 自然资源: 分配、经济学与政策. 蔡运龙, 译. 北京: 商务印书馆.

王羊, 刘金龙, 冯喆, 等. 2012. 公共池塘资源可持续管理的理论框架. 自然资源学报, 27(10): 1797-1807.

第十二章　自然资源配置

自然资源是有限的，而对自然资源的需求是多样的，自然资源配置就是在相互竞争的各种用途之间分配稀缺的自然资源。

第一节　自然资源配置基本论题

一、自然资源配置的主题与关注

1. 自然资源配置的主题

自然资源配置涉及三个经济学基本主题：效率（efficiency）、优化（optimality）、可持续性（sustainability）。

1）效率

经济学的效率概念留待下文阐述，先给出一个直观的简单定义。效率就是使资源利用的收益最大化，但这仅指技术或物质生产上的效率，而经济学更关注的是配置上的效率。即使自然资源利用在技术上是有效率的，但在资源配置方式的选择上会导致无效率。例如，发电厂选择污染较严重的化石燃料而不是污染程度较轻的替代燃料（如乙醇），是因为化石燃料的价格较低。以利润最大化为目标的厂商这样做具有技术效率，但污染损害人类健康，导致环境污染，对此要付出治理污染的成本，可能大大超过使用廉价燃料所节约的成本，在配置上就无效率。更进一步看，在目前的市场机制下，污染代价中很多是外部成本，厂商并不支付，采用廉价燃料对厂商来说较有效率，但对整个社会来说代价很大，导致无效率。纯粹市场经济中充满着这种自然资源和环境利用的无效率。

2）优化

优化指自然资源利用的决策从社会的角度看是否合乎需要。对某种自然资源利用方式的选择在受到约束的情况下，能够使目标最大化，那么该选择就是社会优化。优化与效率有关，一种资源的配置如果没有效率就谈不上优化，效率是优化的必要条件，但效率不是优化的充分条件，即使资源配置是有效率的，也不一定令全社会最满意，因为总存在各种不同的有效率的资源配置，但从社会观点看只有一个是“优化”。

3）可持续性

经济学关于资源配置优化的追求，没有必要也不可能考虑长远的未来。如果把照顾子孙后代的利益看作一种伦理义务，那么对优化的追求就需要用可持续性的要求来约束。可持续性主题已在前面的章节论及，本章主要考察效率和优化主题。

2. 经济学关于自然资源配置观点的发展

自然资源经济学研究方法源于主流经济学，力图通过更合理的经济核算促进自然资源利用的效率、优化和可持续性。主流经济学理论的最终发展就是福利经济学精确理论的发展，经历了从古典经济学、新古典经济学到福利经济学的阶段。

1）古典经济学

自然资源和环境问题是古典经济学关注的主要问题。在古典经济学中，自然资源通常被看作国民财富及其增长的决定性因素，土地（常常指自然资源）的可得性是受限制的（绝对稀缺），并表现出报酬递减，因此经济增长不可避免地停滞在某种稳定状态。这一论断与马尔萨斯（Malthus，1798）有密切关系，他的《人口原理》深入论证了人口增长与自然资源局限的矛盾。他认为，土地供给是有限的，人口是持续增长的，农业报酬将出现递减趋势，因此存在一种使人们生活水平下降到只能维持生计的长期趋势，人口的再生产维持在一个稳定的水平，经济达到稳定状态。李嘉图看到了知识增长和技术进步对农业和制造业的补偿作用，当时由于殖民地开拓、矿产开发和革新使农业生产率飞速增长，他不太看重报酬递减律的影响。但并未抛弃稳定状态的概念，反而认为是一种能够达到相对较高水平物质繁荣的状态。穆勒则认为，土地除有农业和采掘的用途外，还具有游憩价值，并且会变得越来越重要。斯密指出市场是只“看不见的手”，是自然资源配置的关键机制，市场机制的作用是现代经济学（包括自然资源与环境经济学）的一个基本信条。自然资源配置是在上述条件下进行的。

2）新古典经济学

新古典经济学认为，价值取决于交换，反映了产品偏好与成本，价格与价值的概念不再有差别。此外，相对稀缺论取代了绝对稀缺论。这个变化为福利经济学的发展开辟了道路。在方法论上，新古典经济学采用边际分析技术，给报酬递减概念一个正式的理论基础。根据效用和需求理论形成消费者偏好理论，导致重视经济行为的结构和效率，而不是经济行为的总体水平。提出一般均衡理论，为效率和优化提供了一个严密的理论基础。基于价格决定机制阐述供给和需求的局部均衡。这些技术是自然资源与环境经济学继续使用的解释工具。

3）福利经济学

福利经济学试图提供一个评价经济行为的框架，尤其需要判断一种资源配置是否优于另一种，这就涉及判断的伦理标准，主流经济学普遍采用的是功利主义伦理标准。功利主义提出的社会福利包括全社会所有个人能享受到的平均总效用。福利经济学寻求资源配置的优化，将经济效率的概念称为“有效配置”或“帕累托优化”。福利经济学认为，若给定某些严格条件，完全竞争的市场经济将达到帕累托优化状态。这是斯密“看不见的手”发挥作用的更严谨版本。若没有维护市场的条件，资源就达不到有效配置状态，就存在“市场失灵”的情形。市场失灵的表现之一是“外部性”现象的存在，这种现象存在是由于产权结构不合理，市场不能有效地调整各经济人之间的关系。因此需要公共政策来纠正市场失灵。

4）生态经济学

生态经济学将经济系统看作地球系统的子系统（如鲍尔丁的“太空船经济”），生态经济学是基于对经济与环境系统相互依赖的认识，根据过去两个世纪以来自然科学特别是热力学和生态学的发展，在研究经济-环境一体化大系统的基础上产生的。按“eco-”源于古希腊文

“oikos”的意义，生态学研究自然资源管理的自然方面，经济学研究自然资源管理的经济方面，而生态经济学研究这两方面的联系。基于经济系统和自然系统的相互依存提出了可持续性问题，可持续性是生态经济学的中心问题。生态经济学主张：解决可持续性问题需要社会价值观和科学定位的根本转变，并且在一定程度上倾向于怀疑技术进步能否解决问题。

与此同时，一些经济学家认为没有必要超越新古典经济学分析技术在自然资源与环境问题上的应用，他们强调建立一套能够更彻底地诱导有效率行为的准市场激励措施，不认可改变现存社会价值的观点，相信持续的技术进步具有解决自然资源和环境问题的能力。无论主流经济学还是生态经济学，都认同以下重要论题：市场力量不能解决经济与环境的关系，其需要准市场措施发挥作用。政策措施的争论在于：不同政策工具的有效性，政府该做多少（珀曼等, 2002）？

3. 自然资源配置的基本关注

1）产权、效率与政府干预

既然自然资源经济学的一个基本主题是有效配置，那么市场和价格的作用就是该主题分析的中心。现代经济学的一个核心观点是：给定必要的条件，市场能导致有效的配置。明晰且可实施的产权是必要条件之一，因为很多生态环境资源的产权不存在或不明晰，所以资源得不到有效配置。因此，价格信号不能反映真正的社会成本和收益，政府有必要为增进效率而采取干预政策。判断何时、何处需要干预及应采取何种干预措施，是自然资源与环境经济学研究的中心问题。

2）经济决策的时间尺度

自然资源利用的效率和优化不仅要在某一个短时段上考虑，而且必须要在长时段上考虑。效率和优化具有短期（静态）和长期（动态）两个尺度。在短期尺度，必须注意由储蓄和投资所积累的资本的生产率变化。如果当前的投资在未来某个时期才收获，由这种投资引起的未来消费的增值将超过被推迟的初始消费的价值，推迟消费所得报酬就是投资报酬率。为了鉴别资源环境利用的长期有效且优化的方式，必须考虑一般经济学意义上的资本回报率和自然资源-环境资产的回报率（珀曼等, 2002）。

3）可耗竭性、可替代性及不可逆性

针对自然资源的可耗竭性提出了一个至关紧要的问题：当下的资源利用影响未来利用的机会。而各种资源在一定程度上是可以互相替代的，自然资源在一定程度上可以由其他投入（尤其是人工资本）替代，这对于经济和环境的长期相互作用及可持续性具有深远意义。人工资本的存量是可再生的，而很多自然资源的存量是不可再生的，在某种意义上说，对其利用是不可逆的。自然资源的各种生态服务具有作为生产投入（供给功能）的潜在价值，调节服务、文化服务和支撑服务也具有潜在价值，考虑开发利用的不可逆性，应该给予保护更大的优先权。

二、效率的概念

1. 经济效率

经济效率在自然资源配置的经济学分析中是一个核心概念。经济效率包括三个相关但又明显不同的组成要素，即技术效率、产品选择效率和配置效率。

技术效率指用自然资源生产出的产品成本低而收益高。竞争的私人公司会自动寻求技术效率，因为无效率的生产者不能赢利，这样的企业就不能生存。

产品选择效率指资源利用者所生产的产品和服务必须反映消费者的偏好。表面上看，对产品的偏好是消费者自己的事情，生产者只不过对消费者的要求做出响应。然而，在现实世界里，生产者能通过广告，通过选择把什么产品放到市场上去，来操纵和控制消费者的偏好。消费者的选择取决于可得到什么东西（可得性限制），如果没有更好的产品上市，较差的产品和将要淘汰的产品也会有市场；也取决于消费者会购买什么东西（有条件偏好限制），如果已安装了昂贵的空调系统，家庭就不会再选择其他能源。

因为自然资源是有限的，对它的需求又是多种多样的，这就产生了稀缺。稀缺性要求在两方面就竞争的各种用途之间分配资源做出选择：第一，在同一时段如何在各种用途、各人群、个人和国家之间配置资源？第二，在长时期里如何在代与代之间配置资源？配置效率就是在不同需求之间分配稀缺资源的有效性。

2. 配置效率与帕累托改进

配置效率涉及生产要素、产品或服务在一定经济体制内的全面分配。资源的所有权意味着如何使用资源的权力及谁有权利从资源使用中获益。可将既定的所有权格局称为资源的最初分配。在资源的重新分配中，如果使一方较有利的同时又不使另一方较不利，那是无效率的，这就是帕累托①标准。现实世界中大多数有效率的决策，事实上都使某些人占另一些人的便宜。如果要使一个人或更多人受益又不使其他人受损，需要对帕累托标准加以改进，这就需要应用“补偿规律”。

按照帕累托标准，大多数资源的再分配会使一些人较不利，这不是一个值得追求的配置效率。如果一些人获得的收益大得足以使他们补偿亏损者，那么资源的重新配置就会更有效率，这就是补偿规律，可用图 12.1 直观地说明。图 12.1 中显示两个消费者对单一产品的需求（边际效用）曲线。假设开始的情况是：消费者 B 有 *OX* 单位产品，消费者 A 没有。B 增加一单位额外产品所获得的价值已降为 0，但对 A 来说却非常有价值（*OZ*）。如果仅仅从 B 那里把一单位产品给 A，B 的损失很小（黑影部分），而 A 增加的价值（灰影部分）很容易补偿 B 的损失，还会有明显盈余。这个再分配过程和可能的补偿可以一直进行到（*X–Y*）个单位产品从 B 转移到 A，这时产品的价值对消费者 A、B 都已相同（*E*）；进一步的补偿已不再可行，这时就达到了产品的优化再分配。在这种帕累托改进下，当获益者补偿了受损者之后，无人会吃亏，甚至某些人还会增益。按照帕累托改进，配置效率本质上意味着所有人的经济总收益达到最大。按照效率的标准，如果 1%的人口拥有 90%的财富，这种情况可能是有效率的；如果某个计划或政策使所有的收获都集聚于这 1%的人口，也可能是有效率的。是否补偿并不重要，重要的是能够补偿。这就涉及分配公平的问题，所有关于配置效率的定义与

---

① Pareto Vilfredo（1848—1923）。意大利经济学家、社会学家，因关于群众与上层社会优秀分子的相互作用理论和运用数学进行经济分析而闻名于世。他提出了“帕累托优化状态”概念，奠定了现代福利经济学的基础。他认为，只要任何一个人有可能按照自己估计的条件更加富裕，而同时使其他人还保持他们估计的原来水平上，就意味着没有达到社会资源分配的最佳状态。他看到有些社会问题不是经济学所能解决的，遂转而研究社会学。

资源配置的结果在经济上并不相干，配置效率不一定要求分配公平。

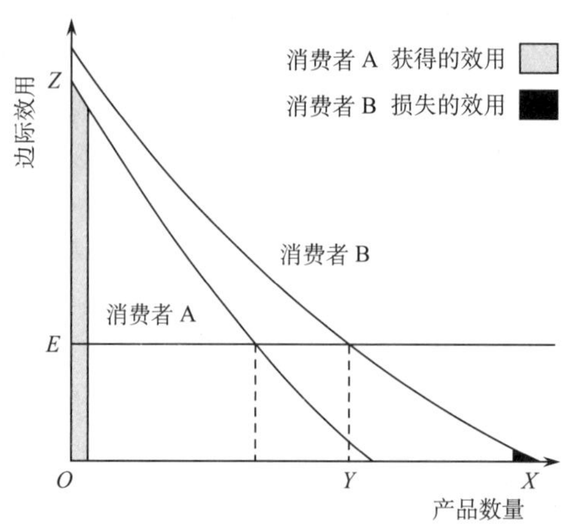

图 12.1 边际效用曲线与补偿规律（Rees, 1990）

3. 效率和完备的市场条件

经济学认为市场体系能自动运行实现效率，但必须具有完备的市场条件，其中重要者包括如下几方面。

（1）消费者是理性经济人，不仅要求且能够在现在和将来都使他们的效用函数达最大，包括掌握充分的信息。

（2）生产者也是理性经济人，理性地要使他们的利润达最大，也具有这种能力，包括掌握充分的信息。

（3）经济的各个部分是完全竞争的，包括资本和劳动市场。

（4）所有的生产要素都完全可流动。

（5）产权完全明确，所有的物品和服务都在市场体系内，换句话说，没有不定价的公共物品，不存在公共性质的环境资源。

（6）不存在外部性。

（7）经济不受政府干预。

显然，现实世界并不满足这些条件。经济学透视为了认识主要变量如何运作，必须对现实世界加以简化和抽象。帕累托改进就是这种简化和抽象，它设想经济系统由 A、B 两人组成，对某种资源实行再分配，并假设上述条件部分甚至全部成立。这种抽象模型产生了两个普遍认同的经济学结论：第一，市场机制能产生近似的技术效率和资源配置效率；第二，无效率根源可以得到纠正，某些特殊的市场缺陷可通过立法、管理变革和价格管制来校正，从而恢复“效率”，这就为政府干预提供了理论基础。然而，现实中并不存在完备的市场条件，相反，现实中普遍存在不完全竞争的公司、不能充分流动的劳力和资本、非理性的行为、不可流动的生产要素、政府行为、无定价的公共物品、公共性质的环境资源等，要设计出有意义的纠正面临极大的挑战。

第二节 不可再生资源的配置

一、不完备市场条件下的技术效率和产品选择效率

在实际市场条件下，大多数矿产资源的开发利用和消费过程具有不完全竞争的特点，因此很难实现技术效率和产品选择效率。由于技术效率是配置效率的先决条件，配置效率也很难实现。

1. 现实中的技术效率

在完备的竞争形势下可以假定：生产者为了维持下去必须以最小的成本来经营。从理论上讲，在长时期内，新的企业会加入产业中，再加上替代品的竞争，迫使生产者以最低成本生产。然而，在很多实际情况里，非最低成本的经营也能维持相当长的一段时间。这些情况有：①新加入的竞争企业有自然的、技术的和人为的障碍；②跨国联合大企业可以控制替代品的产量；③企业需要在一些成本相对高的生产中心维持产量以减少风险；此外，垄断、卡特尔、纵向联合康采恩、长期供应合同、价格固定或心照不宣的巨头价格协定的存在，都消减了效率规则。

例如，从世界石油工业的历史看，石油总产量常常不是以最低的成本来生产的。在 20 世纪 60 年代后期，估计中东的长期边际生产成本仅每桶 0.05～0.25 美元，而在美国约为 3 美元。各大公司充分控制了市场以维持他们传统源地的产量，同时又保持了多样的供应源，并在中东的经营上获得巨大的反常利润。OPEC 力量的崛起并没有增加技术效率，不仅其价格和产量控制政策允许在卡特尔中的高成本生产者保持其协议上既定的市场份额，而且石油大国和消费国政府在北海和加拿大北冰洋沿岸这样的地区开发石油，这些地区虽然不是成本最低，但是它们具有安全和可控制的优势（Rees, 1990）。

在整个矿产部门，多产地和多工厂的企业是很常见的，通过调整价格和成本安排在各工厂之间进行交叉补偿，总生产成本也许会增加，但因保持了生产中心的多样化而大大地减少了风险和不确定性，而且也可实现销售或市场分享的目标。由于避开风险极其重要，任何多国公司都不可能成为最低成本生产者。例如，每个重要的铝业公司都在许多国家显著不同的成本条件下维持铝土矿的生产。这就避免了供应中断的可能性，因为不可能所有的公司同时中断生产。

在纵向联合康采恩中，其产品和服务多用于自己公司的第二生产阶段，不管它们是否是成本最低的投入。原料和半成品矿产长期供应合同的广泛存在，意味许多公司在长达二十甚至三十年的时期内并没有寻求最低成本输入的自由。例如，就世界范围来说，40%的铁矿石贸易是通过产权关系控制的，另外 40%被 20 年合同约束，这就意味着大批的钢铁生产商不一定能使用最低成本输入。把矿产部门作为一个整体来看，世界铁矿生产是高度竞争的，然而供应的连续性太重要，因而不可能使钢铁生产者充分利用这种竞争形势。显然，在一定限度内，供应稳定、易于控制和管理所带来的好处，比自由利用最便宜供应来源所获得的成本优势更为重要。

国营矿产企业不仅面临全部不完全的竞争，而且通常负有各种非利润最大化目标，如实

现有利的贸易平衡、保障本地的供应来源、减少由失业引起的社会、经济和政治代价。在这样的情况下，追求技术效率就意味着牺牲其他目标。然而这些目标如此重要，就常常不得不牺牲效率。例如，需要维持高成本煤矿的生产、各矿之间的交叉补偿及电力工业对维持燃煤发电厂的补贴，必然意味着煤炭和电力工业都不能以最低成本生产，因此都没有实现技术效率和配置效率。

为使问题简化，在经济分析中一般假设生产者有充分的市场力量，能自己选择供给来源、价格策略和生产策略。然而，即使市场竞争是完备的，如果经营目标是满意（而非最大化）的利润或平静的生活，如果重要的信息受阻，如果公司事先已购买了资本设备或签署了劳动协议而被束缚在特定的要素投入或原材料上，那么矿产生产者也可能不采用最低成本的生产战略，就不可能实现理论上的技术效率。而且，不管是完全竞争还是不完全竞争的公司都要面临资金、土地和劳动力市场的严重不完备，这就带来了进一步的技术无效率。金融资本配置的无效率使得资金不能完全地流动，特别是在不同国家之间。已投进系统的资本的刚性也特别重要，当适应最低成本的努力涉及抛弃现有的工厂和机器，公司就不能轻易采用当前最低成本的办法。已固定的劳动力组合也会限制重新适应当前的劳动力成本。政府要求特定产地维持生产的压力也会延长技术上无效率的经营。

2. 现实中的产品选择效率

许多矿产资源的需求都源于对最终消费品的需求，而初级产品生产者往往远离最终消费，很难控制产品选择。但许多类型的矿产开发和生产都具有纵向联合公司的特点，为了赢得对市场更大程度的控制，往往要把联合推向最终消费品的生产，甚至推向销售。

能源部门的产品选择是最不完备的。石油公司的大量广告预算在相当程度上操纵了消费者的偏好（有条件偏好限制）。把燃料矿物转换成可用能源（如电）需要资本投资，这强加了可得性限制。这种可得性限制有很多表现，如用户不得不“需要”核能，因为他们没有能力可以拒绝与别的电源混合在一起的原子能发电。同样，汽车主不得不使用汽油，因为替代燃料（如氢或乙醇）还未能以有实质意义的规模上市。

一些大型企业常常收购或控股甚至消灭提供替代产品和服务的企业，由此控制消费者的产品选择。例如，石油公司、汽车及轮胎制造厂家联合起来，买断提供城市公众服务的公司，以便保证汽车交通的最大优势而削弱电车或轨道交通。通用汽车公司、ESSO 公司和固特异（Goodyear）公司组成的财团就买断了旧金山电车公司，并且把它改造成为汽油驱动的汽车公司；通用汽车公司、凡士通（Firestone）公司和加利福尼亚标准石油公司拆散了洛杉矶市内的轨道交通系统。在美国，有 45 个城市的 100 家有轨电车系统被类似的共谋破坏。私有经济决策只在市场上提供特定的产品和服务，是对消费者产品选择可得性的主要限制（Rees, 1990）。

私有公司在提供替代品时，他们关于提供什么、在哪里提供和以什么价格提供的决定，都基于公司内部的经济考虑，而不顾所涉及的广泛社会成本和利益。一个典型例子是伴随天然气的开发，它和石油一起被发现并常常由石油公司生产。一些公司一直不愿花费成本把它运往市场中心去和石油竞争，因此相当大的部分被烧掉或排放到大气中。尽管明知道这既浪费又污染环境，仍然照此处理，即使在离生产中心很近或已建立天然气市场的地区也是如此。例如，在英国北海，各公司一直认为让消费者能以当前价格得到天然气，对他们是不合算的；

投资储存设备以使这些天然气可在将来利用，对他们也是不经济的。

二、不完备市场条件下的配置效率

配置效率的前提包括技术效率和产品选择效率，然而，即使假设现实中技术效率和产品选择效率的必要条件得到满足，还是有许多因素表明很难实现配置效率。这里有两个重要的配置问题：①矿产资源供给在不同用户之间的分配；②时间上或不同世代之间的供给分配。考虑矿产资源的可耗竭性质，第二点尤其重要，因为当前的消费水平一定会影响未来利用的机会。

1. 不同用户之间的配置效率

在当前不同用户之间分配矿产资源时要实现帕累托改进的效率，必须满足两个价格条件：第一，各用户应该支付为提供矿产品而花费的边际成本，而各单位同种矿产品的边际成本是不一样的；第二，在供给成本的范畴内，同种矿产品对所有用户应该有一样的单位价格。在这两个价格规则之下，至少从理论上讲，只要矿产品对每个用户的边际价值等于供给成本，他们就会购买所提供的矿产品，而且也不可能通过再分配而使从可得供给上获取的总利润增加，这就实现了配置效率。但实际上计算边际成本是很困难的，即使假设公司能一清二楚地计算他们的边际生产成本，从他们的利益角度看，还是有很多理由说明为什么没有必要采用边际成本作为产品定价的基础。

1）价格的差别

不完全竞争的大公司需要维持一定产量来实现规模经济，需要将高度固定的资金成本分散到大量产品单元上去，需要维持销售量或市场份额，还需要避免由于增加可得供应而宠坏主要市场的危险。在这些情况下，不会采用边际成本来制定价格；相反，采用差别对待的定价常常对他们更有利，这就违背了帕累托改进所要求的定价规则。差别对待的价格策略主要有以下方式。

（1）分割市场。为了实现规模经济，就必须扩大产量，这就增加了供给，从而导致价格下降，这就会宠坏市场。为避免出现这种局面，大公司会尽可能把消费者分割为不连贯的市场，在他们占优势的市场中维持既有价格，不惜牺牲销售量，而把任何超量产品以低价倾销到优势市场之外。

（2）不同距离消费者之间的价格差别。实现固定产量或市场份额目标，或者保持经营地点多样性的愿望，可以在与生产中心距离不同的消费者之间导致价格的差别。从配置效率考虑，每个消费者应支付生产成本加上把产品运输给他们的成本。然而，这种系统（一般称为离岸价格，free-on-board，FOB）将限制一个公司的市场范围。因此，到岸价格（cost-insurance-freight，CIF）和单凭经验定价，或者据对运费的承受能力来设置价格，就成为现实中普遍采用的策略。

（3）内部交换价格。纵向联合公司以低于市场的价格设置内部交换价格，以使其下属企业具有竞争优势。当市场上最终产品比采矿和初级加工阶段更有竞争力的时候，这种情况最为常见。例如，铜矿面临废铜材料和替代金属的竞争，为了增加公司对铜矿市场的控制，并使市场份额目标能得到满足，就会制定较低的内部价格。此外，这种内部价格也可能用来保证下属企业营业额的相对稳定，这样就不仅使所有加工阶段的联合和计划生产较为容易，而且可以减少在开放市场出售过剩原料和半成品金属的不确定性。当然，这种内部定价也可能会变化，公司会随时调整生产过程中不同阶段之间的交叉补偿关系，以反映经济条件、税收水平或风险评估的变化。

（4）优惠价格。对有长期关系或订有合同的大主顾给予优惠价格，他们一般能在很低的单位成本上得到供应。矿产部门的成本结构中固定资本占很大比例，需要保持高负荷（或高生产率）成为一个重要目标，如果大部分已建立的生产能力闲置不用，单位生产成本就显著提高。此外，矿产部门又面临市场需求的波动，如能源需求就有季节性的和昼夜性的波动；而许多金属的需求则随总体经济活动水平的变化而变化。储存大量产品以供需求高峰期之用，或许可以避免此类波动对生产的影响，但这样做非常困难或代价昂贵。因此，在所有工业化国家，天然气和电力当局提供可观的折扣来吸引大工业消费者，其用量比对天气高度敏感的民用和商业部门的需求要稳定得多。

2）价格的波动

许多金属矿产的需求和价格都是反复无常的，波动最大的是铜、锡、金等。在完全竞争和要素完全流动的理想世界里，需求的变化会影响价格水平，并且将立即引起供给的相应变化。因此，供不应求或供过于求（以及相关的价格波动）的现象都是“短命”的。然而，在矿产部门的经营中，主要有四种不完备性共同抑制着市场的快速反应，并且使价格周期变化更趋复杂。

（1）形成新的矿产供给能力一般至少需要四年时间，因此一旦发生稀缺，不可能指望靠立即扩大供给能力来解决，稀缺会持续，导致价格上涨。

（2）一旦建成新的供给能力，就投进了巨额的固定成本，只要能有收益，生产者是不愿抑制产量从而让设施闲置的。因此，如果发生供过于求，过剩也会持续一段时间；对于其收入依靠矿产出口的国家，这种情况及其造成的恶果会更加严重。

（3）价格变化被某些矿产的需求性质放大了。大量金属矿产的最终用途是建筑业和机器制造、交通工具和其他中间产品，所有这些部门比其他经济部门更容易受不景气的影响。在经济不景气时期，消费者对最终商品的需求下降，这些产品的制造商有足够的能力去满足需求，因此，没有多少使他们扩大生产的推动力。而且，即使他们想扩大供给能力，也很难获得财政支持。在经济回升期间，消费者需求上升，但并不能立即形成新的生产能力，而且金属矿产在最终产品总成本中所占比例一般很小，如铝土矿成本只占铝材价格中的少部分，而在建筑成本中，铝材本身所占比例又最小，这意味着在短时期内对金属价格上涨的反应并不敏感。在短期内，制造商趋向于被约束在现存生产协议内，而只有在长期维持高价并被预期为长期市场特征时，才会有扩大供给的响应。

（4）许多矿产品的开放市场或拍卖市场性质。大多数情况下，矿产品市场是严格意义上的边际市场，即它们仅仅处理一小部分生产和销售。例如，全世界铜的贸易量中只有 5%～10%通过伦敦金属交易市场，而在另一个主要市场纽约商品交易市场的交换量更小。铝的开放市场甚至更受限制，根本没有真正的“现货”价格，生产者的供给要么在内部交换，要么签订长期合同。虽然伦敦金属交易市场自 1978 年后建立了现货市场和期货市场，但这一度遭到许多大公司的反对，他们仍在力图采用另外的定价机制。在 1973 年的石油危机中，现货市场只占所有原油交易的 2.3%（Rees, 1990），这有助于解释为什么稀缺担忧对现货价格有如此大的影响。

3）投机的影响

当开放市场处理的数量很少时，需求或供给的微小变化都不可避免地对价格产生明显的冲击。而生产国和消费国政府都会操纵价格，投机商也可能在市场上活动。如果市场像经济理论预测的那样运行，那么投机行为将使市场稳定，因为价格低时会买进，价格高时会抛出。然而实际上投机行为趋于加剧已存在的局部性价格波动。从事这种交易的多为金属制造商，在不景气时期，这种企业无力持有大量金属储存，因此趋于减少他们的拥有量，从而价格进一步下跌。但当贸易改善时，他们有财政能力购进更多金属储存，因此价格进一步上涨。此外，独立的投机商（既无生产利益也无消费利益）趋于加强这种趋势，当价格下跌时，他们期望价格进一步下跌从而推迟购买；当价格上升时则相反。如果有很多的投机商照此行事，实际上就能保证他们的期望实现。当消费国政府扩大或处理他们的储备时，涉及的数量则更大，大得足以冲击市场价格。

2. 代际配置效率

以上分析表明，矿产部门在现实经济运行中的配置与福利经济理论定义的那种优化条件并不相符。在不同代人之间的矿产资源配置上，高度不完备的经济系统也不可能会更有效率。然而很难绝对地说当前矿产开发过程太快或太慢从而在时间上未实现资源配置的优化。关于最终资源储备的数量、技术变化的速度和性质、自然界生物地球化学循环的脆弱性和未来社会的偏好，都存在着极大的不确定性。分析家们对这些关键因素不仅有完全不同的判断，而且他们关于什么是“优化”的资源消耗途径的观点，也严重依赖他们关于代际平等的定义，以及赋予代际平等的优先权。

1）资源消耗的代际配置效率与时间偏好

关于资源消耗的代际优化或效率，最流行的经济学定义是：以现在的价值标准度量，现代及未来各代人从资源配置中获得的净效用总和达最大。如果假定市场在完备条件下运行，那么私有企业选择的贴现率将自动地产生资源在时间上的优化配置。企业将会考虑未来的成本和需求，将以由消费者时间偏好决定的比率贴现未来的纯报酬，并且将在消费和保护间建立适度的均衡。然而，这些理想条件在现实中并不存在。此外，对作为这种分析方法基础的那些价值判断也大可置疑。

在上述理论中，全部资源配置问题是以现代人的眼光来看待的，关于财富、收入和消费的时间偏好是由现代人决定的。还未出生的后代显然不能和我们商量这件事，而现代大多数人都认为现在收入的价值远高于未来收入的价值。以这种偏好来计算资源的消耗速率，后代从资源配置能获得的收益就贬值了，于是就不可避免地偏向当前的消费。这种当代偏好的资源配置模式如果“要求某些鱼群灭绝、某些矿藏耗竭、环境质量下降，也不必担忧，因为按照帕累托标准，所有这些情况正符合经济效率”（Butlin, 1981）。经济学家认为，如果市场机制产生的代际分配违背了生态伦理和社会公正概念，那么这是政治决策的事，与经济效率无关。在理论上可以设想政府引入负的贴现率会积极推进自然资源保护①，但实际上经济、社会、政治系统的增长指向使得这种可能性微乎其微。现在的大多数人不能或不愿认识自然资源消耗对后代的深远含义。事实上，自 20 世纪 60 年代以来，各国盛行很高的贴现率，在这

① 关于贴现率对自然资源保护的作用，详见第十七章。

种情况下，人们自然漠视自己的未来需要，更不会关心后代的需要。

然而，20 世纪 20 年代以来，以现在的偏好决定未来资源可得性的伦理基础已大可置疑。普遍认为，个人偏好是缺乏远见的，受制于人的短暂寿命和微弱想象力。虽然人们可能会关注他们孙子辈的福利，但不可能顾及未来更久远世代的需要和偏好。一般认为，未来人们肯定会活得更好，他们会掌握先进得多的技术，所以偏向当前的消费既合理又合情。如果 19 世纪的先人削减他们的煤炭消费和生活标准，这可能使我们有更多机会利用煤炭资源，这种设想显然是荒谬的；同样，主张剥夺自己的消费以留下有利于子孙后代的机会也是愚蠢的。这种观点有以下三个根据。

（1）技术进步可能会显著减少矿产资源的价值，所以把这种资源保留到未来是不明智的。

（2）现在使用低成本能源使我们的经济更有效率，并且将使资源配置转向促进科学技术的发展。换言之，与留给子孙后代更多的矿物燃料相比较，留给后代更先进的科学技术肯定对他们有更大的价值。

（3）使用低成本能源可以使经济有更多的增长，从而增加未来国民财富和人均消费的机会。而使用较昂贵的替代能源而损失经济增长，能使后代的财富进一步增加吗？

然而未来是不确定的，如果未来世代并非更繁荣，如果技术变化不能减缓不可再生资源稀缺，如果任何威胁生命的污染问题得不到解决，如果后代对消失的自然资源生态服务有很强的社会偏爱，那么现在看来有效的自然资源消耗方式就显然违背了普遍接受的公平概念。

人们对保护或消费的偏好，不能独立于他们生活于其中的经济系统。经济增长过程的一个促动因素是鼓励消费，所以虽然以保护和零增长来减缓长期稀缺问题的战略提出已久，但政府和大公司都不完全认同，甚至完全不认同。例如，很多大公司都不断鼓励人们消费，很少关注节约和保护；他们甚至鼓吹，仅仅保护根本不能解决问题，减少经济增长意味着生活水准的普遍降低。关于环境库兹涅茨曲线的评价中已指出，如果总的经济增长确实对环境有益，那么就没有必要通过减缓经济增长来保护环境。然而事实是，经济增长并非改善环境质量的万灵药方，促进 GDP 增长的政策不能代替环境政策。

此外，如果考虑现实市场配置体系的全部不完备性，那么就有充足的理由认为，理论上有效率的模式并不存在，实际的生产模式会造成更多的环境污染和更严重的自然资源稀缺。

2）不完全竞争下的资源消耗代际配置效率

矿产资源部门普遍存在垄断和不完全竞争，从理论上看，这会促进矿产资源的保护，实践中也曾发生过这种情况。例如，1973 年后 OPEC 的行为就减少了世界石油消费。但这只是例外而不是规律，没有证据可以表明矿产采掘业会普遍保存已知储量，这是因为矿产开发具有下列导致不合理行为的特点。

（1）矿产开发是具有高度风险的产业，大多数公司反对冒险，这不仅大大地加速了位于政治不稳定或敌对地区的储量消耗过程，而且全部生产过程也趋向于对将来不利。即使在政治较稳定的国家，延期销售矿产会面临价格下跌的风险，而初级产品价格实际上在持续下降，这已造成严重的危害。

（2）如果公司有操纵市场需求的能力，他们并不需要靠限制产量来维持价格和利润水平。当消费者被约束在某些特殊产品上，以至这些产品必不可少时，削减很少的产量就可以提高价格水平，而且如果公司能成功地引导消费者，以消费更多的石油和锡罐，那么整个需求曲线向外移动，也就没有必要削减产量。此外，许多公司把他们的市场分割成明显分离的实体来避免低价或减产。

（3）大部分矿产生产者都是大型资金密集型企业，大规模生产设备和技术的投入，在偏远或自然条件严酷地区生产所需的固定投资规模，都使生产者倾向于加速开采和消耗。他们需要维持产量来实现规模经济，限制生产所付出的代价会远远超过任何潜在的价格优势。

（4）许多公司的市场份额目标和产量稳定目标会压倒利润最大化目标。在所有权与使用权分离的地方，只要实现满意的利润水平，经营规模关系到管理、安全和绩效；更多的产量意味更多的就业、更多的设备和工厂及更大的预算。对于所有者管理而言，增长的目标比增加利润水平的目标更真实和更有绩效，是更显著的成功标志。

（5）所有的公司，不管是私有的还是国有的，为了将来能继续生产，就不得不维持现在的生存，他们必须创造足够的当前收入来维持工厂、设备和劳动力。小型私有企业没有足够的储备使他们在较长时间里抑制产量以待将来有更高的价格。跨国公司的经理必须维持足够的产量和开发活动，以维持和保护公司的技术专家体系。此外，如果他们不能维持使其继任者获得最大利润的那种消耗方式，并不会被解雇；但如果现在的增长和利润被判断为不充分，则很可能被解雇。一些欠发达国家的财政需求在很大程度依赖矿产资源出口，加速消耗的压力甚至会更大。由于国际贸易条款对初级产品不利，再加上债务问题日趋尖锐，许多欠发达国家必然要把短期的需求置于比潜在长期利润更为优先的地位，不得不选择增加产量以维持总收入。例如，1974 年以后的一段时间，铜价的下跌使主要产铜国赞比亚、刚果（金）、秘鲁和智利不得不以增加产量来维持外汇收入，这又加剧了铜价的下跌。

矿产部门不确定性、市场操纵目标和非利润最大目标等不完全竞争的性质，不会促进保护和在代际间有效地配置资源；其他“不完备性”实际上还趋于加强对当前消费的偏重。现有的市场机制使生产决策很少考虑环境变化的全部成本，这使产业无所顾忌地采取资源密集和污染密集的生产模式。政府也时常强调增长和产出数量，政策导向趋于加速开发，不惜牺牲自然资源和环境保护。

总之，尽管经常用效率来为自由市场制度辩护，但很难认定矿产业实现了经济效率。市场的不完备程度使技术效率、产品选择效率和配置效率都不可能实现，以至于需要引入公共干预。

第三节　可再生资源的配置

一、可再生资源配置的经济学透视

1. 经济机制在可再生资源配置中的作用

可再生资源管理的传统经济方法严格地以效率、消费者权益和效用最大化概念为基础，这导致上述关于不可再生资源配制讨论中的那些问题。现在人们已认识到，经济学对这些问题的处理，不一定能产生政治上可接受、在分配和代际公平或满足长期保障（持续性或生态稳定性）要求方面符合大多数人观点的答案。显然，市场机制只是社会对自然资源控制的多种方式之一，其他社会控制机制也有重要作用，需要将社会价值、政治目标与传统市场机制结合起来。

20 世纪 70 年代，一些学者曾试图摆脱福利经济学概念和分析方法的束缚，认为资源、环境引起了如此尖锐、复杂的问题，以致“传统经济理论”框架和工具在分析和解决这些问题时不得要领。现在，这种态度已经有了一些回转。固然，建立在经济效率标准基础上的传统经济学方法，并不能对本质上必然包括政治、社会和道德主观选择的各种问题做出绝对、客观的解答，但它们对可再生资源的稀缺、耗竭和衰退的经济特征，确实提出了有价值的见解。经济学家发展了“外部性”概念，尽管在计算广泛的外部成本和外部效益时存在着许多难题，外部性概念仍然是一个重要而有用的工具。此外，经济透视确实也在自然资源和环境政策上扮演着重要角色。

认识资源环境问题需要参照产生它的社会、经济和政治系统，因为无论是社会体制还是政治体制都离不开经济系统引导生产和分配的运行方式，所以经济体制起着关键作用。在分析可再生资源问题和发展适当的政策响应时，不能无视市场机制和经济机制，因为要对传统资源配置实践作任何变革，都会给某些社会部门增加成本。

在现有的经济、政治和社会体系下，大部分可再生资源问题，实际上可归结到可得物品和服务的时空配置问题。可得的物品和服务并不是全是物质性的，也不能全纳入传统市场交换体系内。但基本问题仍在于：应提供什么物品和服务（包括生态系统服务）？谁得到什么？什么时候得到？这些都必然涉及经济选择。所有公共政策、措施都影响人们之间有效收入的分配，可再生资源管理政策也不例外。尽管经济分析不能决定财富的最终分配，但它有助于鉴别收入变化的性质、范围和方向。

大多数经济学家把可再生资源问题看作公共财产权问题，认为该问题忽视自然资源利用的社会成本和效益，需要靠政府干预来解决。然而，国家所有或法规本身并不能解决问题，必须伴随在相互竞争的需求之间分配可得供给或使用权的机制，必须为提供生态系统服务和增加自然资源供给而投资，这就必须诉诸经济机制。

为了达到这些目的，传统经济方法采用市场机制和评价标准。假定现存可再生资源的经营是为着使它的净使用价值最大化，那么分配决策就应该让消费者来裁定，让对具体资源环境物品和服务显示出偏好的个人来裁定。为此，必须确定所有那些迄今没有市场价值的自然资源物品的价格（或偏好度量）。

2. 理论简化：污染控制案例

可以用污染控制作为典型事例，来评价经济学方法在实践中的应用及局限。用以研究污染控制的经济学概念，同样可以用来研究渔业、水、森林等可再生资源，当然也需要考虑这些可再生资源的实际情况，以阐明一些特别的概念性问题、政治问题或实践问题。

为了有效地配置可再生资源，首先要确定有多少资源可供分配。在控制污染的传统经济对策中，涉及在废物排放与环境自净能力之间建立一种平衡，解决办法并不是绝对禁止废物排放，而是找到一个抑制排放的花费与减少损害的收益相等的点。第十章已介绍了这个基本概念，这里再做进一步阐述。

只要付出一定的成本，总可以抑制环境媒介中的任何一种废物。例如，改变生产过程本身，改造所用原材料或燃料的质量和数量，改变产品类型或设计，都能减少废物排放。如果废物已排入环境中，可以通过循环设施和副产品提取技术，通过处理设备来控制其数量，也可以通过运走废物来减少表面上的排放量，但除非废物后来被重新处理，这其实不能减少对环境系统的总排放量，然而可能有益于减少其所导致的危害。废物排放也能够通过减少产量或关闭工厂来减少，这是一种极端的做法。

一方面，一般而言，污染物被减少或被处理的数量越多，所导致的成本也越高。消除污染物的比例越高，消除污染物的花费也越高。据一个典型的大型肉类加工厂往水里排放废物的案例，按照残余物的生物需氧量（biological oxygen demand，BOD）测算，若消除30%的残余物，单位成本是每磅（1 磅≈453.59g）6 美分；但是一旦消除 90%的 BOD，再进一步消除余下残余物的成本为每磅 60 美分；若要消除 95%以外的 BOD，成本将增加到每磅 90 美分（Kneese and Sefultze, 1975）。虽然这种成本在不同行业和不同厂家之间有很大差异，但总体而言，控制污染的边际成本随着排放水平的降低和治理水平的提高而升高（图 12.2）。

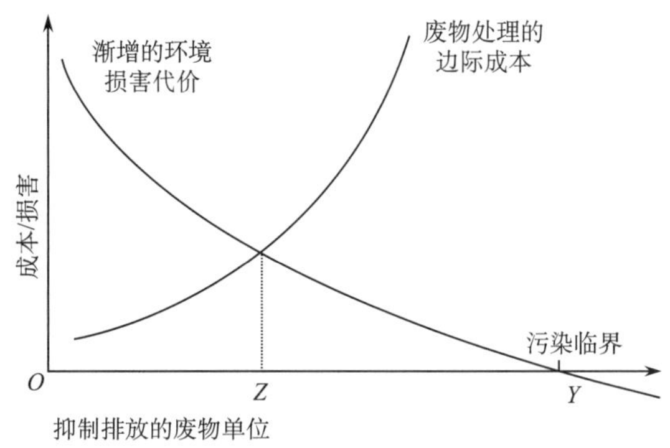

图 12.2　污染减少的最佳水平（Rees, 1990）

OZ：废物减少的最佳水平；*Y*：废物排放水平低到不足以引起任何损害的点

另一方面，随着排放到环境中残余物数量的减少或质量的改善，所产生的损害降低，最终达到污染临界点。在这一点上，排放量不超过环境的自净能力，对社会不会造成损害。然而，对大多数污染物来说，在远未达到零污染之前，控制污染的边际成本会超过进一步减少排放水平带来的收益。当然，有些情况例外，如污染物具有剧毒性质，不能生物降解或只能经过极长的时期才能降解。从经济上透视，优化的环境利用应发生在 *Z* 点；在 *ZY* 段上污染仍在继续，但是因为所涉及的成本要超过收益，追求进一步减少废物的努力就没有效率。

3. 实际问题

努力平衡减少废物的收益与处理废物的成本，在理论上是合理的，但实际计算平衡点时所涉及的问题却很多。

1）计算污染损害

首要的问题是，某一特定位置上废物排放的损害并不固定，而是随时间有明显变化。例如，当把河流当作排放媒介时，污染损害的代价受下列主要变量的影响而波动：①河水的流速、流量；②气候条件，特别是气温和风速，二者均影响河水的天然氧含量；③河道特征，最显著的是河床的不规则性影响湍流、表面积水与水量的比例，这些都影响天然氧化率；④废物排放的时间周期，如果排放逐渐进行，并且根据河流吸收能力的自然变动来调整排放量，那么污染损害将较低；⑤这个地区其他污染源的数量、规模和位置。如图 12.3 所示，如果有 A、B、C 三个企业向同一条河流排污，当排放量在河流的自净范围内时，不会产生损害；但是一旦企业 D 和 E 也都向这条河流排污，就会达到污染临界值，于是产生了损害，在这种情形下，就很难确切地界定超越污染临界的责任在哪一个企业；⑥河流中其他污染物的性质，如果污染物协同作用，污染的损害就会加重。两种或更多污染物的结合造成的损害程度，大于每种污染物造成的损害之和。例如，铜和镉综合作用对鱼的毒害，是它们各自作用毒害程度的两倍以上；⑦其他用水者的数量、位置和类型，如果在临近排放口的下游布置取水点、灌溉设备或水上娱乐场所，损害显然会更大。

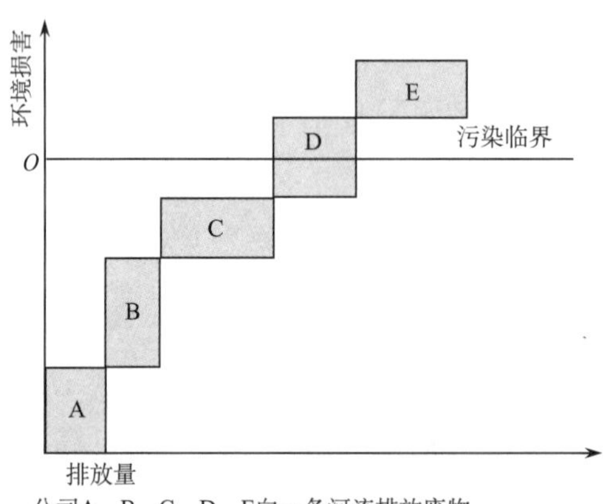

图 12.3 污水排放与污染临界（Rees, 1990）

在所有变量中，只有排放的时段是污染者本身可控制的。在许多情况下，一个企业的排放量没有任何变化，仅其他用水者改变了其行为即可造成明显的损害。如果上游的取水者增加其消费，或者供水控制机构和水电站决定给水库蓄水，河流水量可能减小。水利部门或航运部门通过清除障碍物，或者裁直疏通河道，会降低天然氧化率，从而增加污染损害。下游娱乐场所的需求、公共供水需求和灌溉水量的增加同样会导致更高程度的污染损害。在这些情形下，很难说清谁给谁造成了损害。

在大气污染中也有类似情况。损害随着风速、风向、日照、降水、历时和分布，以及温度随高度的变化而显著变化。损害也极大地取决于其他污染物的类型和数量。例如，光化学烟雾是由氮氧化合物、碳氢化合物及太阳紫外线之间复杂的光化学反应产生的。当损害是由各种污染物和化学过程的复杂综合作用导致时，就很难计算任何一种污染源对污染损害的个别“贡献”。

核算污染损害的第二个问题是，许多代价很难甚至没有必要转化为货币形态。虽然为核算污染损害的货币成本已做了大量研究，但是此类研究尚未获得普遍认同，其计算结果还不能用于实际决策。对土地和财产造成的有形损害所涉及的成本计算也存在许多困难。而要用货币度量人类健康、早死或审美、娱乐价值的损失，则困难更大。噪声、气味、侵害性开发及有害设施对人类健康的损害，很大程度上都是主观的，不同个人之间会有很大差别，这使得客观评价变得更加困难甚至不可能。然而，如果不实现货币转换，则不仅不可能将所有不可比较的损害类型同化为同一标度，而且也无法比较控制污染的成本和收益。

核算污染损害的另一个困难在于我们知识的局限。污染损害的核算只能包含现在已知的成本，而整个自然系统受到的影响具有极大的不确定性，因而难以知晓。从宏观上看，实际上并不能确切地知道所追求的经济均衡是否与可持续性相适应。在较小尺度上，关于污染对人类健康、植物及动物群的损害，仍然知之甚少。例如，在美国进行商品性生产的化学品约有 70000 多种，人们仅对其中小部分做了充分研究，也只对这一小部分可以评估它们的残留性和长期生物效应（Sandbach, 1980）。

2）环境的相互依赖性

除上述计算困难外，经济均衡的方法还存在一些严重的概念性困难。这种均衡本质上是静态的，仅能处理明显的、有限空间的污染损害。但是环境系统的一个基本特征是相互依赖性。在系统的一部分被污染后，能产生广泛传播的连锁反应，相互依赖性引起环境扰动的因果链，其种类和复杂性都与传统经济学家所关注的那些完全不同。损害评估之所以如此困难，原因还在于必须考虑环境系统和经济系统之间的相互关系。

在计算损害成本时，有必要打破某一点上的因果反应链，而这一点本质上是任意选择的。图 12.4 虽已高度简化，但仍表明，试图追踪从以矿物燃料为能源的发电厂排放到大气中的废物所造成的损害，涉及种种困难。污染损害评估的空间尺度应为多大？很清楚，如果忽视跨国的污染影响，表面的损害代价将低得多。在一条损害链上，何处是合适的断裂点？如果仅考虑第一级影响，忽视次级及所有的后续影响，代价也会显得较低。

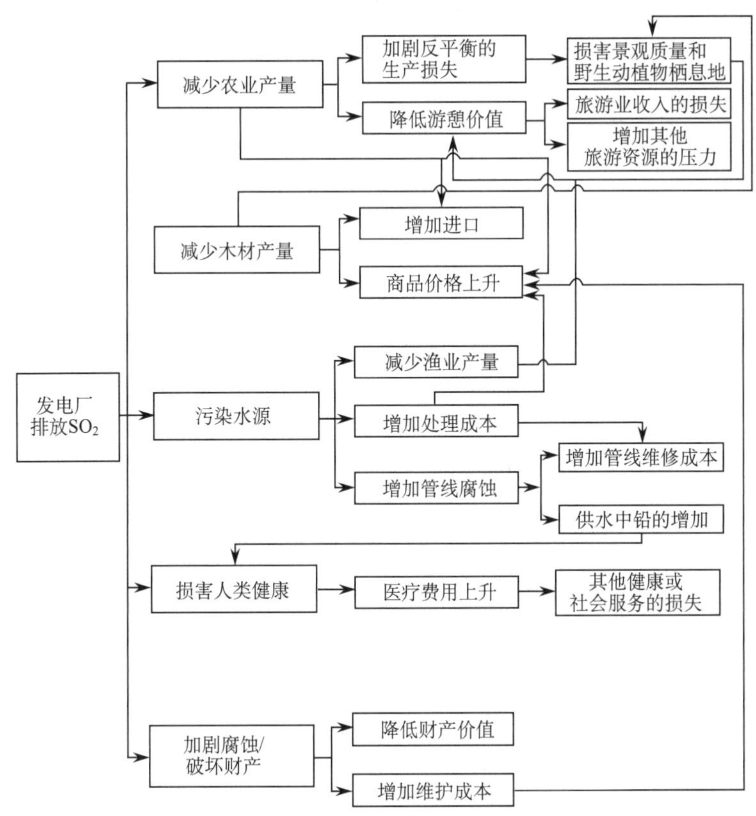

图 12.4　环境的相互关系：发电厂排放 SO_2 废物的潜在影响（Rees, 1990）

3）媒介交叉传播及环境选择

进一步的困难在于，污染损害依赖于减污措施。因此对图 12.2 中的两条曲线不能分开来单独评价。众所周知，物质既不能创造也不能消灭，被处理的废物必然会排放到整个环境系统的某一位置。因而，采用不同的减污技术，残余物的形式、接受污染物的媒介和损害程度都在改变。如果最终排放在环境中较不敏感之处，或者有过剩吸收能力或再生能力的媒介中，可以将废物排放所造成的损害降到最低。换句话说，我们正在处理的是一个不能够仅用损害和控制成本这两个量纲来度量的多维问题，优化利用整个环境系统所要求的数据量极其庞大。关于边际损害的信息非常必要，这些边际损害成本发生在所有可选择的环境媒介里，发生在所有可能排放的位置上；而和每个选择相联系的污染控制成本的信息也很必要。此外，实际上还需要一个能够确保能充分考虑到各种处理选择的管理体系。

4）减污措施

如果控制污染的政府机构决定不是仅让污染者单独承担减污成本，而是采取集体减污措施，损害曲线和减污成本曲线也会移动。在污染单位集中的地区，集中处理比单个公司在控制技术上的投资要便宜得多。如果达到规模经济，那么减污成本曲线将外移和下移。此外，公共污染控制部门比单个公司更有能力采用广泛得多的减污技术，能以较低的总成本实现环境改善。从这个意义上说，这可能导致一个更有效的解决方式。以水为例，增大流量或氧化率，将会增大环境的吸收能力。或者利用区划手段把污染者同受害者分开，或者允许一些河流承担排污，同时保留另一些河流用于取水和娱乐。类似地，可以采取各种城市规划措施来减少大气污染造成的损害，例如，土地利用分区管制、规划布局绿化带、改善高速公路设计、禁止机动车辆通行商业中心。只要采取其中的任意一个措施，上升的损害曲线都会下移。在这种情形下，寻求一个优化答案的研究工作就变得高度复杂，而当需要考虑的变量太多时，问题就可能无解。

5）对污染损害的感知

人们对污染损害的感知，既受利益集团影响（利益集团总是希望他们的减污成本最小），又受社会舆论的影响（社会舆论往往对环境质量资源赋予很高的价值）。此外，个人偏好往往建立在缺乏远见和无知的基础上。再者，偏好往往随经济政治形势的变化而迅速变动，或者随传媒的报道而变动，这意味着所感知的损害曲线也将移动，从而很难把它作为减污战略的基础。最后，采用货币评估使所定政策倾向于迎合高收入者的偏好，忽视低收入者的偏好。因此，不能认为损害曲线是一个固定的、客观的存在。

总之，建立在成本-收益客观评价基础上的减污“优化”水平概念，在理论上看起来比较完美，但在实际中很难实行。需要通过“讨价还价”的环境质量标准或目标来确立减轻污染的适当水平。当然，这并不否定使自然资源和环境利用实现均衡的想法，不否定计算损害水平及损害代价分配的努力。事实上，讨价还价过程需要有尽可能多的成本数据，否则污染控制的优先权将被嗓门最大者和权势利益集团把持。损害成本数据作为一种对这些势力集团抗衡的力量至关重要，至少能指出可识别的控制成本。

4. 污染影响的时间效应

传统经济学认为，污染的外部性基本上是静态的、与时间无关的。还假定自然资源的可更新能力和污染所造成的损害不受先前废物排放的影响，并且假设目前的排放也不会影响未来的吸收能力或损害程度。如果污染物能迅速降解，或者自然资源的更新速率非常快，上述假设也许是合理的。例如，虽然流经重工业区和城区的某段河流在短期内就可能彻底丧失全部更新能力，但较为合理且广为接受的假定是：对大多数污染物而言，一年内的排放量不会影响下一年的同化能力。然而，即使在这种情况下，虽然水质的自我更新可能不依赖于先前的污染程度，但对于河中的生物，一旦产卵地被破坏，鱼群就需要经过很多年才能自然再生。

因此，在处理减少污染的优化策略时不能不考虑时间效应。无论何时，如果残余物的平均排放率超过资源的再生率和污染物的分解率，其效应就会积累起来。在水量的自然替代相对缓慢的湖泊和内海里，任何污染物都不能在一个时段内完全降解，这将降低下一个时段的吸收能力。就像过度捕捞将导致渔场资源耗竭一样，如果污染物的排放量持续地超过资源更新量，水体降解污染物的自然能力将会被耗尽。

当污染物只有在一个相当长的时期内才降解时，时间效应的问题就更为严重。放射性废弃物镉和汞的一些特殊形式，可称为“储存性污染物”，它们的自然分解与化合过程进行得如此缓慢，以至于在人类历史尺度上已经没有意义了（Nobbs and Pearce, 1976）。这类污染物的每一次排放都将减少未来可安全排放的数量。因此，很难直截了当地明确适当排放水平与储存性污染物积累水平之间的关系。

对于长期存在的污染物，如汞和半衰期在 30 年左右的 DDT，一定的排放水平所造成的危害，极大地取决于受影响的生态系统中已存在污染物的数量。这些污染物向食物链集中的趋势，使所造成的问题更为恶化。与此类似，铅污染对人体健康的损害，不仅与目前的含量有关，而且还是过去摄入量的一个函数，因为大部分过去摄入的铅仍然保留在身体组织里。噪声污染也能产生积累影响，长期暴露在噪声里会对听觉造成损害。

5. 其他可再生资源的配置

可更新自然资源的可得性是过去使用率的函数。对这一论题最早、最基本的认识是在海洋渔业关联域里发展起来的，以后就广泛地应用在其他可再生资源领域。

持续产量曲线表明海洋渔场资源的可得性取决于捕捞强度，优化任务就是在曲线上找出捕捞纯收益达最大的那一点。这样，分析就高度简化了，并且假设每个时段的优化捕捞量与剩余存量的再生能力相一致，这样的分析基本上是静态的。在这个简化模型里，没有包含下述可能性：将捕捞进行到耗竭点对社会来说可能是优化的。还应当指出，在纸上画出一条持续产量曲线很简单，但要计算其实际意义却不是一件容易的事。很难精确地推知渔场最大承载能力、鱼群现存规模及其自然再生率。如果污染等其他因素也发生作用而影响基本参数，那么就必然涉及更为复杂的过程。

一般认为，为使鱼的持续产量每年都达到最大，应考虑如何控制捕捞量。但从经济学家的观点来看，目标不是可捕捞的鱼量达到最大，而是捕捞成本与捕获物带来的利润之间的差距达最大。也就是说，经济学关注的不是鱼产量本身，而是利润。在图 12.5 中，假设鱼的价格恒定，并将该价格乘以鱼产量，持续产量曲线就转化为持续收入曲线，现在这条曲线表示每年收获量的销售价值。再假设单位捕鱼量的成本相同，成本与捕鱼量相对应，那么可过原点画一条直线型成本曲线。假设渔民们都是“经济上理性”的人，那么在一个不受控制的渔场，渔船可以连续运作至 *OA* 个单位产量。理性的渔民不会在超过这一点后继续捕捞，因为成本大于回报，除非成本也包括雇佣劳动及资本的正常回报。然而，*OA* 并非有效利用劳动力和资金的最佳经济点，因为仅用 *OB* 个作业单位，以低得多的成本就已经获得了相同的生产收入。但优化作业水平也非 *OB*，而应该是 *OC*，在这一点上捕捞物价值与成本之差达最大，也即纯利润最大。

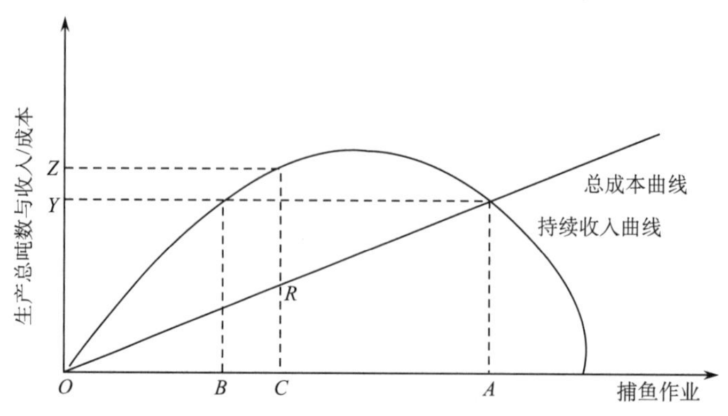

图 12.5 捕鱼作业与持续收入曲线（Rees, 1990）

上述分析似乎使问题很清楚了，但实践中的问题要复杂得多。遇到的第一个问题是，如果把捕鱼量控制在 *OC* 水平，那么多余的劳动和资本如何处置？理论上，过剩的生产要素可以转移到别的经济活动中去，前提是人和渔船都是充分流动的，并存在可转移的空间。但渔民一般缺乏转变职业所需的技能，也很难重新配置已经固定在现有渔船中的资本。因而，虽然减少捕鱼作业可以优化使用渔业资源，减少过度开发的外部成本，但这样做可能导致另外的社会成本，如增加失业、渔业社区萎缩、投在船上和社区基础设施上的固定资金闲置浪费。这种社会成本可能会超过从捕鱼作业"优化"中获得的经济利益。然而，即使控制住捕鱼总量，也不一定能防止渔业资源的耗竭。大麻哈鱼等鱼群都是集体行动，沿着已知且易被阻截的路线游向产卵地，采取简单和成本很低的捕鱼技术（"夹道网"式的捕捞方式）就可以消灭整个鱼群。在这种情况下，为了避免资源完全耗尽而导致的更大成本，也需要接受部分社会成本。

第二个问题涉及优化结果的再分配。优化的结果其实是使净收益从失业的劳动者身上转移到仍就业的劳动者中。优化管理会导致较高的总收益，在理论上处于优势的人应当向失业的人支付赔偿。按照帕累托标准，这里存在某种潜在的福利改进。但在实际中，这种赔偿不可能支付。之所以会有过度捕鱼，通常是因为低收入水平，因此渔场管理最重要的目标之一通常是确保提高渔民的收入，但在决定谁受益时就难免发生困难。当这种分配问题涉及不同国家的渔船时，问题变得更加尖锐，没有哪个国家愿意接受跨国界的实际收入再分配。或许可以利用价格机制来决定谁承担使渔场保持优化管理的代价，如对每一单位捕鱼量征税，或者拍卖剩余的捕鱼权，那么最有效率的生产者将继续经营下去，而低效率的渔船将被迫退出，用优化的收入来补偿失业者。但实际上这种机制意味着新创造的利润将被管理机构收获进入国库。是否将收入作为一种赔偿再分配给失业的劳动力和退出行业的资本，这种机制本身并不能决定，而是政治决策的事。

第三个重要问题已在讨论矿产资源时提及，即假设商品价格反映了消费者的真实价值。在捕鱼业的例子中，对发达国家而言这大致合理，这些国家很少发生食物短缺现象，而且健康问题多由过量饮食而非营养不良引起。但是，对于欠发达国家，这种假设的有效性将大受怀疑，那里的食物，尤其是蛋白质普遍缺乏。因此，在这些欠发达国家，管理鱼类资源使其达到最大化产量而不是最大化经济收益，才是社会优化。

对于所有可再生资源而言，要建立一个理想的利用水平，并没有任何一种客观的方法。经济效率提供了一种评价标准，但它很少是管理者或政策制定者的唯一考虑。在建立一个可接受的使用水平时，就业需求、实际收入再分配等目标都起着重要作用。为了避免其他形式的社会代价，为了获得一种能使某些控制措施得以生效的一致认同，可能不得不接受经济上的次优利用模式。

二、可再生资源配置的价格机制

1. 价格机制在各种控制手段中的地位

如果控制污染的目标是要达到某种特定的环境质量标准，甚或只是将废物排放减低至当前水平以下，那么采取什么途径来实现目标呢？主要有两种差别明显但又不互相排斥的选择：一是增加环境的吸纳能力，二是减少废物的排放。对于诸如水、森林、鱼、土壤及野生动植物之类的资源，这两种途径都存在。可以通过投资存储能力的加强、植物的人工种植、鱼类孵卵场的建造、动物的人工喂养等，来增加可再生资源的供给；或者可以将需求控制在一个“自然”限度之内。在水资源供给方面，人们长久以来一直认为扩展供给能力是最好的解决方案，而在很大程度上忽略了需求管理。与之相反，在污染问题上，通常认为控制废物排放是最合适的政策措施。这种着重污染控制的做法反映出环境政策的被动性，是等到污染成为事实之后才去努力解决。虽然迄今一直提倡将环境政策从事后的纠正转向事前的预防，但人们很少选择改变环境吸纳能力的途径。

其实在减少废物排放的选择里，可采用六种手段：①给所有环境资源定价，使用环境媒介的吸收能力（排污）要付费；②建立合适的排放标准，限定所排废物的性质与数量；③禁止排放污染严重的物质；④引入其他形式的法规，如关于生产布局、工艺与设备设计、产品类型及其他方面的法规；⑤补贴治污者，使他们装备减污技术；⑥要求所有污染者使用集中处理废物的设施。

大多数经济学家都偏爱用价格机制来解决问题，也就是将污染视为一种外部性问题而力图使之内化。赞同价格机制的理由很多，但都缺乏从实践经验中得来的客观证据。

第一种赞同价格机制的理由是，只有收费才可以不断地向污染者施加压力，迫使其不断改善排放技术。建立排放标准仅仅促使厂商达到标准；其他形式的法规按照当前的技术水平固定了生产方法，无法促进创新，而价格机制的压力可以促使在创新方面投资。然而，是否任何收费制度都可以产生较好的效果？是有争议的。

第二种赞同价格机制的理由是，收费可以使得厂商能自由地选择成本最小的减污方法。这方面的选择存在很大的空间，原材料、产品、加工工艺等的变化及循环利用，都可以减少废物的数量。而其他控制措施注重废物产生后的处理而不是事前减少排放量。实际上，法规及补贴手段不仅有利于事后处理，而且也不一定就会剥夺厂商选择的自由。例如，大多数大气质量法规都包括要增加装置以从汽车尾气及烟囱废气中清除有害元素，补贴也可以用来帮助生产者改变生产流程及产品，其中也有相当的选择空间。

第三种赞同价格机制的理由与第二个相关。价格机制使厂商会比较处理废物和降低排放两方面的不同成本，据此做出选择，具有灵活性。而排放标准则忽略不同的减污成本，惩罚老而破旧的工厂或有技术障碍的生产者。如图 12.6 所示，在一个统一的排放标准下，公司 B 可以在相对便宜的费用点 *Oa* 处实现所要求的减排，而公司 A 则付出 *Ob* 单位的费用。从理论上讲，一个排放收费方案应在废物排放方面导致相同的总缩减；两个公司都支付同样的单位残余费用，但对公司 B，将其排放控制在 *OY* 是经济的；而对公司 A，它会选择将排放减少为 *OX*。可见，价格机制有助于减少为达到所要求的质量目标而付出的成本，并且可以在潜在的废物排放者之间有效地分配同化能力。

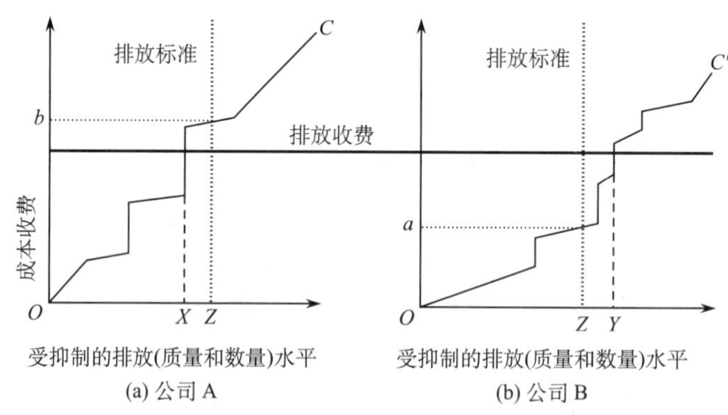

图 12.6 排放标准与排放收费的效果比较（Rees, 1990）

C,*C*′：控制排放的成本曲线；*OZ*：排放标准下的排放水平；
OX,*OY*：排放收费下的排放水平；*a*,*b*：排放标准下污染控制的费用

第四种赞同价格机制的理由是，只有它才可以真正实行“污染者支付”的原则，不至于将代价转嫁。而所有其他机制都将导致社会来承担污染代价，除非全面禁止超过污染临界的废物排放。例如，补贴显然意味着由纳税人而不是由商品或服务的消费者支付清除废物的费用。此外，任何非价格的法规形式，都不可能获得资金用以支付在建立和强化污染控制体系方面的庞大开支。在理论上，只有污染者支付其产生的全部社会成本，才可能在国民经济中实现全部资源的有效配置，否则那些导致高废物排放的商品会有低价优势并被过量消费。换言之，消费者响应于错误的成本-价格信号，不会把他们的有效需求转向环境损害低的产品。这涉及帕累托效率的概念，前面已经讨论过其中的问题，但这里仍需提及三个特殊的难题。①某些高污染但很重要的商品，如燃料、电能及在生产中需要使用大量化肥及杀虫剂的食品等，往往在相对贫困家庭的支出中占较高比例。在这种情况下，执行“污染者支付”的原则就可能导致收入再分配的倒退。②要求厂商承担所有成本，可能会导致他们获利能力的下降，厂商有可能因此而减少他们的产出、出口销售或雇佣人数。这些响应都将会给整个经济或其中的某些群体造成显著的经济和社会代价。③某些形式的污染损害，可以被视为由消费者而不是厂商造成的。例如，如果消费者在靠近废物排放的地方购房或进行娱乐活动，则可以在某种意义上说，是他们的选择造成了损害。这三个问题表明，从社会角度而言，坚持彻底的“污染者支付”策略是否正确，还需要探讨。

第五种赞同价格机制的理由是，它是代价最小的控制形式，因为它只要求较少的信息，并且容易执行。其他的控制手段都被认为是不灵活的和昂贵的，会阻碍执行。但实际上排放标准和收费制度二者要求的信息数量大体相同，为防止厂商规避监控，二者也都需要排放监测系统及检查人员队伍，而且在许多情况中，执行收费政策需要算账、收款等程序，费用会

更加昂贵。

总之，为了实现特定的环境质量目标，价格机制从成本角度上来说可能是最有效的方法；但在很多情况里，其他控制手段也可能适用。

2. 价格手段的实际问题

价格手段的适用性取决于三个重要因素：①建立适当的价格方案；②污染者对价格机制的响应；③价格机制的后果。

1）建立适当的价格方案

要用一个价格方案击中污染问题的要害，其中所涉及的实际困难非同一般。迄今已列出的污染物质已成百上千，为了制定收费标准，是否要对所有物质都进行测算？实际上一个能执行的价格方案通常只能针对少数几种容易辨识和监测的化合物，而对那些在收费体制之外的污染物就不得不采取其他手段。事实上，各国都把价格机制作为法规的一个补充，当然也把它作为提高收入以支付管理费用的手段。

所有的收费方案至少都应该考虑质量和数量两方面，仅根据单位体积的收费会鼓励污染者浓缩排放物，而单独根据质量参数又会引导污染者稀释污染物。在某些情况里，收费方案还需要一种定时标准，以防止高浓度污染物的集中排放，或者鼓励在环境媒介自净能力达到最高时排放。对特殊地区还可能需要制定特殊的价格方案，如对不同的大气范围或河段有不同的质量标准，或者生产者对价格具有不同的反应，为了保证实现控制目标，就需要采用不同的收费标准，但是制定和实行不同的收费系统是极其困难的。

2）污染者对价格机制的响应

污染者是“经济人”，他们对任何收费都会做出理性的响应，并设法将成本降到最低。大量经验证明，价格对排放水平的影响并不显著，对此的一个解释是价格太低，但是很多研究表明，还存在更复杂的解释。

只有当企业认识收费系统，他们才会做出合理的响应。他们需要认识收费怎样影响他们，认识改变污染物的浓度或体积构成对支付水平会有怎样的影响。但大部分排污收费涉及很多不同的组分，系统越复杂，污染者就越不容易清楚地理解其含义。即使在排污收费结构相当直观的英国，也发现 20%～30%的企业不能对价格信号做出合理的响应，这仅仅是因为他们不清楚收费会怎样影响总支出（Rees, 1981）。认识问题的另一方面来自企业对其排污权的感应。许多公司认为，既然他们已经付费，就有随便排污的权力。

某些企业没能做出预期的响应却是由于太了解收费系统。收费系统往往根据已建立污染处理工程的运行费用制定，如果企业对收费的响应强烈而减少排污，则该处理工程将在低于其处理能力的情况下运行。但运行成本是高度固定的，并不因为处理量低而减少，所以当局不得不提高单位排污的收费标准来弥补成本，于是排污占比大的企业就知道他们过多地分担了该处理工程的费用，不会再增加投资以减少排污。

此外，相当一部分企业能掌握的信息非常有限，他们对污染处理的方法和费用，对改变产品、程序或投入从而减少废物排放的潜力知之不多，他们趋向于高估处理的费用和难度，而且一些企业指望别的企业在相关研究上带头，自己并不在减少排污的技术上努力创新。企业内部责任分散也造成另一种形式的信息限制。负责排污的人一般并不熟悉财务，因此，除非支付的款项成为重要支出，否则企业对所要求的数额就照付不误，排污部门很少重新考虑排放惯例是否合理。

资金市场的不完备性也是一个重要的限制因素。企业一般都面临有限的资金预算，所有投资计划都得请示总管，这限制了在减污技术方面的投资。许多企业都希望两三年内就能收回成本，而废物控制方面的投资很少能在六年之内收回成本，减污投资又受到进一步的限制。小企业还为资金的短缺所困扰，尤其是在利息很高的时候，他们宁愿上缴排污费，而不愿投资污染处理设备而招来债务。

尽管这些妨碍响应的因素表明，仅仅依靠价格机制并不能提供足够的刺激来减少污染；然而从实践角度看，价格机制是对法规的一个有用补充，至少使污染控制当局能收取资金用于实施减污战略，包括加强标准的制定、提供技术咨询、支付减污津贴、对减污提供优惠贷款等。

3）价格机制的后果

价格机制的适用性还取决于其经济后果和分配后果。价格机制就是实行“污染者支付”，对此，排污企业往往抱怨排污收费增加了生产成本、加剧了通货膨胀、降低了产业的竞争力等。具有讽刺意味的是，竭力主张市场机制和不受政府干预的企业家集团，在环境质量控制上却反对市场机制。他们反对排污收费的一个荒唐理由是：排污收费不如排放标准好回避，因为后者很难严格实施，企业很少为此付出代价。

根据基本经济学理论，排污收费对产品价格和产出的影响依企业的竞争结构和消费者需求的价格弹性而改变。如图 12.7 所示，排污收费使生产成本增加，从而使企业的供给曲线从 S_1 移到 S_2。如果对企业产品的需求是低弹性的（曲线 D_1），那么随着价格上升（从 P_1 上升到 P_3），排污收费就直接转嫁给消费者。垄断产业或公用事业在转嫁排污费用方面有相当大的空间，于是很少有采用减污措施以减少排污费用的热情。另外，如果消费者对价格更敏感（曲线 D_2），价格的上升会较缓（P_1 到 P_2），而相关企业的供给将从 Q_1 下降到 Q_2。完全竞争企业就面临着这种具有相当弹性的需求曲线，他们的生产水平将受影响。除非所有同行企业（国内和国外）都面临同样的成本增加，否则企业为了销售出其全部产品，就不得不支付全部减污费用。

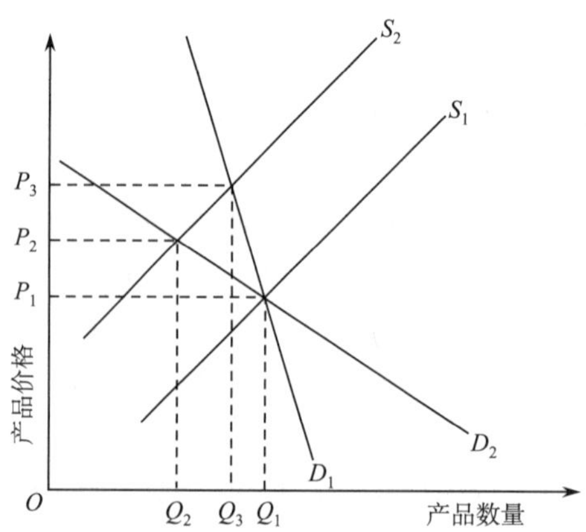

图 12.7　污染控制费用对产品数量和价格的影响（Rees,1990）

S_1：无排污收费或控制条件下的供给曲线；S_2：排污收费和控制条件下的供给曲线；D_1：弹性小的需求曲线；D_2：弹性大的需求曲线；P_1, P_2, P_3：产品价格；Q_1, Q_2, Q_3：产出水平有证据表明，污染控制费用已成为一些小企业崩溃的最后一个因素，尤其是在与国外同类企业竞争中处于不利地位的那些企业。然而，很难说排污收费就是原因，因为这些企业其实本来就处于经济困难时期。排污收费的影响也会依产业的不同而变化，如对可循环利用和回收副产品的企业，能回收有用物质重新利用或出售，就能节省可观的费用。但是副产品回收的可获利性必然会随着更多企业从事这种活动而下降。此外，材料回收也会给那些生产新材料的经济部门带来产出和就业方面的不利后果。

3. 其他经济手段

虽然排污收费是迄今应用最广泛的方法，但还有其他经济手段可供选择。

（1）排污特许权的市场化。一种方法是对环境质量目标限度内的排污特许权进行拍卖，这种手段可以避免排污者对价格响应的那些问题，并保证实现环境质量目标，但这也可能使那些持有排污特许权的企业失去革新减污技术的热情，而且一旦特许权拍卖殆尽，新的企业就没有发展空间了。也许能克服这种问题的一种形式是把排污特许权限制在较短时期，但这又会使企业无法有效地规划长期生产和减污战略。此外，如果企业由于没能在拍卖场上获得排污特许权而倒闭，还会引发大量的经济和社会问题。拍卖制度必然有利于较大的企业，因为他们的出价较高，这就使环境吸收能力不能得到有效的分配，而且企业之间还可能串通起来压低出价。另一种形式是将排污特许权商品化，转化为可进行交易的所有权，从而允许新的或扩大的企业购买排污容量，并能刺激已有企业采用减污措施。

（2）罚款和奖励。另一种经济刺激方法是实行污染罚款，规定企业如果违犯了环境质量标准，则施加财务处罚。反之，如果企业达到了一定的减污水平，就得到一定的污染费用退还，一旦退还超过支付，就成为一种奖励或津贴。对于采矿或采石，事先要求支付一定的契约金，如果能修复被开采破坏的土地，就退还契约金，否则没收。

在公用土地、水资源、渔场和狩猎场等公共自然资源的管理上，也采用了价格机制，主要有两种收费类型：准入费和使用费。

（3）准入费。在发放狩猎、捕鱼、放牧、抽水等的特许证和许可证时，收取准入费，从而限制需求。然而，准入费对于防止资源过度利用的效果也有限，因为这种收费可以限制使用者的数量但不能控制每个使用者的获取量。无论许可证获取者是获取一条鱼或是一万条鱼，他所付的钱是一样的，这就没有经济机制刺激许可证持有者保护资源，反而刺激他们增加获取量，特别是在技术改进导致单位生产成本降低时。对此，可增加一些附属条款，如渔场的许可证持有者必须遵守捕获量定额、限制用具及规定捕鱼季节，抽水许可证经常限定可允许抽取的总量。

（4）使用费。按所使用的单位自然资源收费，利用价格平衡供给与需求，已成为各国管理可更新自然资源的一种普遍手段。

（5）赎买及补偿。在法律严格规定了个人权利和自由的国家，如果要收回自然资源的私有权利，必须赎买或给予补偿，尤其对于私有土地上的可再生资源（风景资源、自然栖息地、动植物以及某些水流都属于这类）。例如，在美国，保护野生生物、海岸线、湿地及其他资源的措施如果限制了私有土地的开发，而且只是“不补偿的剥夺”，那么将被认为是违法的（Garner, 1980）；加拿大在合理利用太平洋鲑鱼渔场的计划中曾采用“赎买”方案。由于已经给予渔民捕鱼权，为了控制过度捕捞而要让一些渔民放弃捕鱼，就有必要加以“赎买”

（Copes, 1981）。

思 考 题

1. 自然资源配置涉及哪三个经济学基本主题？各有何含义？
2. 自然资源配置的经济学视角经历了哪几个发展阶段？各自的要义是什么？
3. 自然资源配置的基本关注有哪些？各自的含义如何？
4. 什么是经济效率？
5. 什么是配置效率中的“补偿规律”？
6. 现实中存在哪些阻碍实现不可再生资源技术效率的因素？
7. 现实中存在哪些阻碍实现不可再生资源产品选择效率的因素？
8. 现实中存在哪些阻碍实现不可再生资源配置效率的因素？
9. 如何看待不可再生资源代际配置效率？
10. 为什么可再生资源配置中需要经济机制？
11. 建立在成本–收益评价基础上的减污“优化”水平概念在实际执行中存在哪些问题？
12. 对可再生资源配置实行价格机制的理由何在？在实践中会面临哪些问题？

补 充 读 物

丽丝 J. 2002. 自然资源：分配、经济学与政策. 蔡运龙，译. 北京：商务印书馆.

第十三章 自然资源价值重建与自然资源资产

价格是平衡供求关系的一个关键因素，对自然资源的供求也不应例外。现行各种经济体制中，自然资源产品的价格并未涵盖自然资源的外部性价值，这是导致一系列资源环境问题的一个重要根源。为了推进自然资源利用的可持续性，需要将外部性“内化”，而“内化”概念的实质是全面认识和度量这些价值以便其纳入市场体系。自然资源的价值重建就是全面认识和度量其价值，尤其是目前市场体系不能涵盖却极其重要的生态系统服务等价值。

第一节 自然资源价值重建

一、自然资源价值论

1. 自然资源无价值论批判

在传统的经济价值观中，一般认为没有劳动参与的物品或服务没有价值，或者认为不能交易的物品或服务没有价值，因此都认为自然资源或生态系统是没有价值的。资源无价值论的产生既有思想观念、经济体制和历史传统的因素，也与自然资源本身的性质有关。

1）自然资源无价值论的根源

（1）劳动价值论的绝对化。根据马克思的劳动价值论，价值取决于物品或服务中所凝结的社会必要劳动量。片面地理解这一原理，就认为凡不包含人类劳动的自然物（自然资源）都没有价值。实际上马克思主义经济学并未主张自然资源无价论，马克思本人就引用古典经济学家威廉•配第的话说：“劳动是财富之父，土地（即自然资源）是财富之母”。片面理解劳动价值论，导致认为自然资源是没有价值和价格的，因此从理论到实践都忽视自然资源的价值和价格。

（2）确定价格的市场机制不合理。一般采用生产价格定价法和市场价格定价法。原料即自然资源产品的价格，都只包括了开发资源的成本和利润等项内容，没有包括自然资源本身的价值。例如，木材的价格只计采伐运输成本，或许还有营林成本，但不计地租和生态系统服务的损失。再如，水资源的价格只计供水成本，不计排水成本和污水处理成本，更不计水资源本身的价值。矿产的价格也多只计开采成本和运输成本，未把资源本身的价值纳入价格中。

（3）历史因素。传统观念忽视自然资源的价值，而且社会发展早期，资源与环境问题并不突出。在经济社会发展水平和人们生活水平比较低下的情况下，人们对自然资源的开发利用程度也比较低下，自然资源相对比较丰富，大多为自由财货。人类的需要也是较低层次的，即首先需要解决温饱等基本生存问题。在这种情况下，人们没有认识到自然资源和生态环境的价值。

（4）“公共财产”问题。大气圈、江河湖海、荒野等自然资源往往是公共财产，很难计算其价格，更难收取其费用，因而谁都可以无偿使用，但谁都不负责任。即使是私有领地，也具有公共性质。例如，一片私有森林的土地和立木的所有权和使用权都属林场主，但其风景美学价值、生态系统服务价值却是公共的，这部分“公共财产”的价格难以计算，更难以实现。

2）自然资源无价值论的危害

资源无价值的观念及其在理论、政策上的表现，导致了资源的无偿占有、掠夺性开发和浪费，以致资源损毁、生态破坏和环境恶化，成为经济社会持续发展的制约因素。具体说来有以下弊病。

（1）导致自然资源的破坏和浪费。因为自然资源不计价值、价格，可以无偿使用，所以自然资源使用者都力图多占多用，随意圈地，任意截流引水，矿产资源利用上“采富弃贫、采厚弃薄、采主弃付、采易弃难”，乱伐林木，大材小用，好材劣用等现象普遍存在。得到自然资源使用权的单位或个人可以无视资源利用的经济效益，没有节约资源、提高资源利用效率的主动性、积极性和约束机制，因而造成自然资源和恶性破坏与浪费。

（2）导致财富分配不公和竞争不平等。既然自然资源无价值和价格，其所有权和使用权的获得就不能通过市场竞争获得，而是通过权力或关系等得到。获得资源的单位或个人比未获得资源的单位或个人处于有利地位；获得丰饶性好的资源的单位或个人比获得丰饶性差的单位或个人处于有利地位，这就导致资源分配不公平，竞争不平等，丰饶的自然资源往往掩盖了低劣的经营管理。尤其是采矿、伐木、农业等第一产业部门，其劳动生产率与自然资源的丰饶性直接相关。在相同的经营管理与外部条件下，在富铁矿区开采 1t 铁矿所取得的销售价格可以等于贫矿区的 5 倍。油田的劳动生产率相差更大。由于自然资源的无偿使用，资源丰饶的企业即使经营管理较差，往往也可以比自然资源欠佳、经营管理较好的企业获得更好的经济效益。自然资源带来的财富抵消了经营不善造成的损失，掩饰了经营管理中的种种问题。

（3）一项重要的国家收入化为乌有。很多自然资源是公共所有，其所产生的价值本来可以成为一项重要的国家财政收入，但是由于自然资源无价，其使用者无须付钱，因此公共所有或国家所有徒具虚名，这项收入化为乌有。

（4）资源物质补偿和价值补偿不足，导致自然资源枯竭。自然资源在被开发利用的同时，应当不断得到保护、改善、补偿和整治。人类开发利用自然资源的历史，也就是不断改善和保护自然资源的历史，但是在自然资源没有价值、无偿使用的情况下，对自然资源的改善、保护、补偿措施都不会得到应有的重视，都会被视作额外负担，即使受到重视了，也被视为非生产性投资，这种投资是无法收回的，因此常常欠账，无以为继。

（5）国民财富核算失真。国民财富是反映一个国家经济水平的重要指标，反映一个国家几百年来甚至几千年来劳动积累的成果，而自然资源是国民财富的重要组成部分。自然资源没有价值和价格，整个国民财富的核算不能完全反映国家的经济实力和经济水平（蔡运龙，2000a）。

2. 自然资源价值的理论重建与实现途径

1）效用价值论

随着社会经济的发展及人口、资源、环境问题的突出，人类对自然资源功能效用的认识及对功能效用的利用都发生了深刻的改变。自然资源对于人类的效用已不仅仅是单纯的生产要素，它所提供的其他服务亦越来越受到关注。自然资源价值理论就建立在效用价值论的基础上。

效用价值论认为商品价值并非由劳动决定而是由效用决定，这一理论后来被完善为边际效用价值论。边际效用价值论认为：①价值起源于效用，效用是形成价值的必要条件，又以物品的稀缺性为条件，效用和稀缺性是价值得以表现的充要条件。②价值量取决于边际效用量，即满足最后欲望的那一单位商品的效用，“价值就是经济人对财货所具有的意义所下的判断”。③人们对某种物品的欲望程度，随着享用的该物品数量不断增加而递减，此即边际效用递减规律；无论各种欲望最初的绝对量如何，最终使各种欲望满足的程度彼此相同才能使人们从中获得的总效用达到最大，此即边际效用均等定律（详见第十五章）。④效用量是由供给和需求之间的状况决定的，其大小与需求强度呈正比例关系，物品的价值最终由效用和稀缺性共同决定。⑤生产资料的价值是由其生产出来的消费资料的边际效用决定的；有多种用途的物品，其价值由各种用途中边际效用最大的那种用途的边际效用决定。

2）自然资源价值的构成

（1）弗里曼的资源价值构成系统。根据效用价值论，自然资源的价值取决于两个因素：是否具有效用和是否稀缺。他提出用数学规划计算影子价格来量化资源价值的方法，提出了许多资源价值观念，但偏重于计算资源价格，缺乏价值说明。弗里曼的著作《环境改善的效益：理论与方法》打破了这种局面，该书后来修订为《环境与资源价值评估：理论与方法》（Freeman, 1993），为资源和环境价值评价提供了坚实的理论基础。

弗里曼侧重从资源-环境与人类行为关系角度研究自然资源的价值，认为资源-环境系统提供的价值可以由以下三组函数关系来表述。

第一组是关于资源或环境与人类对其干预的关系，表示为

$$q=q(S) \tag{13.1}$$

式中，q 为一定质量或数量的资源-环境；S 为政府干预。在政府对影响 q 的私人活动进行管制的地方，S 所产生的变化取决于私人决策者对公共规章的响应，鉴于此，弗里曼又将上述函数关系式表述为

$$q=q[S,\ S(R)] \tag{13.2}$$

式中，$S(R)$ 为私人对政府规章响应的程度。

第二组是关于资源-环境对人类的用途及用途对 q 的依赖性，其函数关系可表达为

$$X=X[q,\ Y(q)] \tag{13.3}$$

式中，X 为资源-环境用途的活动水平；Y 为获得资源-环境服务而输入的其他资源。

第三组是资源-环境的价值函数

$$V=V(X) \tag{13.4}$$

式中，V 为资源-环境服务的货币价值。将式（13.2）和式（13.3）代入式（13.4），可得

$$V=f\{S, S(R), Y[S, S(R)]\} \tag{13.5}$$

式（13.1）～式（13.5）的推导过程表明，资源-环境的价值是其对人类效用的函数，取决于政府干预、私人对政府规章响应的程度及为获得资源-环境服务而输入的其他资源。

（2）皮尔斯与经济合作与发展组织的资源价值构成系统。皮尔斯等（Pearce and Turner, 1990）将环境资源的价值分为两部分，即使用价值和非使用价值，各部分又分别包含若干种价值。特别指出了非使用价值，包括自然资源自身的传承价值和存在价值，虽然目前对人类还没有使用价值，但根据伦理、宗教及文化观点来判断，自然资源本身及其内涵具有内在的价值（图 13.1）。经济合作与发展组织的《项目和政策评价：经济学与环境的整合》（OECD, 1994）一书，提出与皮尔斯系统类似的自然资源价值构成系统（图 13.2）。

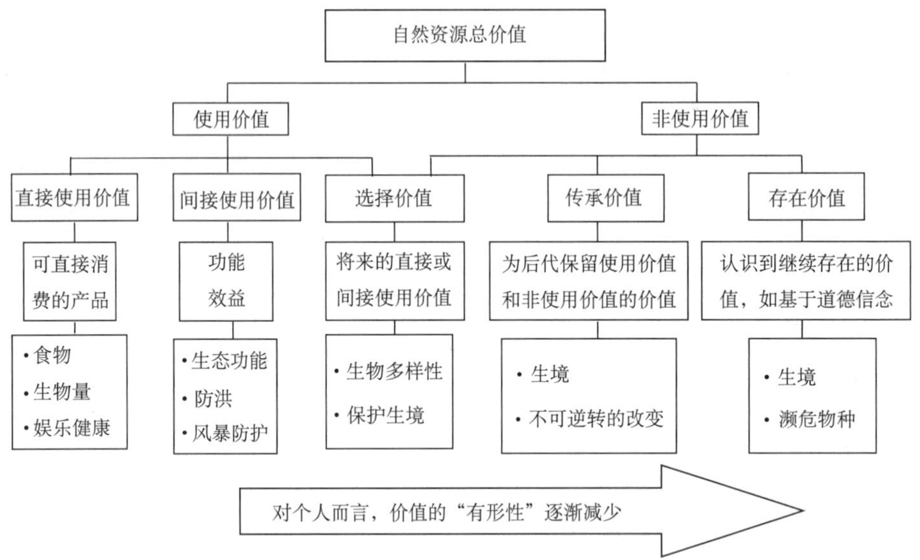

图 13.1　皮尔斯的资源价值构成系统（Pearce and Turner, 1990）

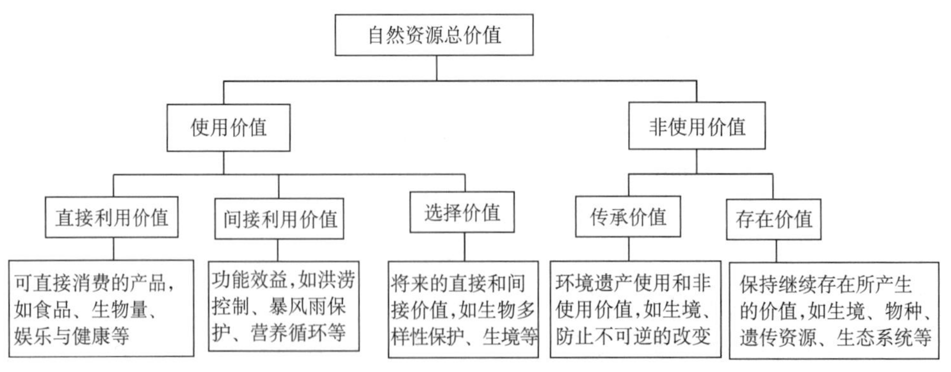

图 13.2　经济合作与发展组织资源价值构成系统（OECD, 1994）

（3）联合国千年生态系统评估计划的资源价值构成系统。联合国千年生态系统评估计划把生态系统服务看作自然资源，联系人类福祉来评估生态系统服务及其价值（图 13.3）。已经发展了许多方法来试图量化生态系统服务及其价值，其中对供给服务的量化方法尤为完善，近年来的研究也提高了对调节服务及其他服务价值进行量化的能力。在特定情况下，价值评估方法的选择受评估对象的具体特征及可获得的数据资料限制。

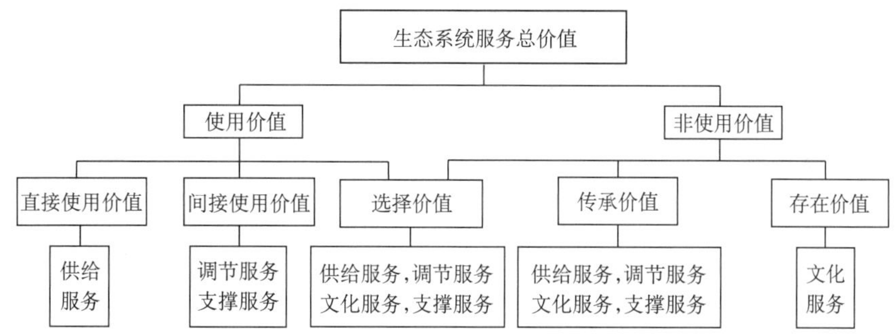

图 13.3 生态系统服务及其价值（Millennium Ecosystem Assessment Panel, 2005）

3）自然资源价值的重建和实现途径

资源紧缺和生态退化已成为经济-社会持续、稳定、健康发展的重要制约因素。解决自然资源问题、生态环境问题，应该从体制、政策、法规、技术措施等多方面入手，而重建自然资源价值则是一项带根本性的对策。其关键在于弥补市场不能对付自然资源和环境的外部性的缺陷，对此存在着两条不同的途径。

（1）政府干预途径。庇古在其《福利经济学》（Pigou, 1920）中指出：外部性问题不能通过市场来解决，而必须依靠政府的介入，依靠征收附加税或发放津贴，以实施一个影响私人决策的变量，从而使私人决策的均衡点向社会决策靠近。这样，借助国家的干预，市场秩序得以重建。政府在促进私人达成协议（而不是发布命令）方面的作用，符合当代经济学对政府调节作用的理解。但庇古理论存在着以下局限性：①庇古理论的前提是政府天然代表公共利益，并能自觉按公共利益对外部性活动进行干预，但公共决策其实存在很大的局限性。②政府不是万能的，如它不可能拥有足够的信息。③政府干预本身也要花费成本。④庇古税使用过程中可能出现寻租行为。

（2）市场机制途径。科斯（Coase, 1960）质疑庇古的分析，认为外部效应的存在并不构成国家干预的必然根据。他在“社会成本问题”一文中反思了庇古在《福利经济学》中所提出的外部性问题的治理思路，提出了不同于政府干预的多种内化途径。科斯认为，只要明确地界定产权关系，私人成本和社会成本就不会发生背离。通过市场的交易活动和权利的买卖，可以实现资源的合理配置。其实质是引入市场机制，使外部性在产权界定的基础上，重新回到市场中来。产权在治理市场失灵和提高资源配置效率中的主要作用是：①产权可以引导人们实现外部性内化，减少资源浪费，提高资源配置效率；②产权可以构建激励机制，减少经济活动中“搭便车”的机会主义行为；③产权可以通过减少不确定性来提高资源配置效率。

从理论上看，无论是市场机制途径还是政府干预途径，都有不可克服的固有缺陷。当发现一种途径有缺陷时寻求另一种途径，在逻辑上并不能保证做出合理的选择。从实践上看，无论是政府干预途径还是市场机制途径，对于纠正市场失灵问题都不是尽善尽美的。借鉴庇古的政府干预说和科斯的重建市场说，将有助于正确选择两者的配合关系。然而，无论是政府干预途径还是市场机制途径，都需要重建和实现自然资源的价值。

总之，市场是价值实现的首选途径，所以社会应该着力为自然资源的价值实现创造竞争市场。建设和完善自然资源市场的途径，是建立资源产权及纠正失真的价格机制。但某些自然资源价值不可能或暂时不可能在市场上实现，甚至独立于经济系统之外，市场对这些价值的确定与实现无能为力，其需要政府的作用，通过制度调控，健全市场的游戏规则，或者直接通过政府转移支付来实现（戴星翼等，2005）。

二、自然资源价值重建方法

自然资源价值重建的主要方法是以货币来表现自然资源价值。对于可进入市场的那部分自然资源价值，可以用传统市场价格来度量。为了弥补市场机制的不足，需要对自然资源的外部性进行非市场评估。根据自然资源价值的不同属性和获得信息的不同途径，把自然资源价值评价方法划分为三种基本类型：①传统市场法（conventional market approaches），包括生产函数法（production function method）、重置成本法（replacement cost）。②替代市场法，包括旅行费用法（travel cost method）、规避成本（averting behavior）或防护费用法（defense cost）。③意愿评估法（contingent valuation method，CVM），或者译作条件估值法、市场模拟法。各种评价方法的比较如表 13.1 所示。

表 13.1　自然资源价值评价方法的比较

项目	传统市场法	替代市场法	意愿评估法
评估技术	生产函数法 重置成本法	旅行费用法 规避成本或防护费用法	意愿调查法
市场信息完备程度	有充分的市场信息	市场信息不充分	不存在市场信息
获取信息的渠道	将市场交易商品与非市场交易物品的实物联系起来，直接或间接获取相关信息	通过对人们的实际行为的观察来推断其偏好，以此间接获取相关信息	创建模拟市场，通过询问人们的支付意愿获取评估信息
在资源价值评价中的作用	评估使用价值	评估使用价值	评估非使用价值

1. 传统市场法

1）生产函数法

生产函数法把自然资源作为生产要素之一，利用自然资源产出水平变动导致的产品或服务的变动来衡量其价值。

将自然资源作为生产要素，自然资源产出 X 的生产函数可表述为

$$X = f(K, L, N, Q) \tag{13.6}$$

式中，K 为资金；L 为劳动；N 为自然资源价值；Q 为自然资源投入量。

2）重置成本法

重置成本法，又称恢复费用法，是通过将受损自然资源恢复到原有状态所需的费用来衡量原自然资源的价值。重置成本法具有易度量的优点，故被广泛地用来评价自然资源生态服务价值。运用重置成本法衡量自然资源生态服务价值所需的信息数据可通过两种途径获取：对自然资源生态恢复费用（如修建防止农田泥沙淤积的挡墙和堤坝的费用）做直接调查；通

过恢复成本的工程核算。使用重置成本法隐含着许多假设。例如，假设所恢复状态完全可替代原有的自然资源生态服务，实际上这不可能。此外，成本和效用之间的界限有时比较模糊，重置成本法只能用于度量恢复的成本，而不能直接度量效用。

3）对传统市场法的评价

传统市场法以所观察到的市场行为为依据，具有直观明了、易于解释和有说服力等优点，因而应用广泛。但当市场发育不良或严重扭曲时，或者产出的变化可能对价格有严重影响时，它的局限性就表现出来了。由于存在消费者剩余和忽略外部效应，市场价格常常会低估被评估对象真实的价值。因此，传统市场法在自然资源价值评价中的运用只能在下列适用条件下和适用范围内：①自然资源数量、质量变化直接引起了自然资源产品或生态系统服务的增减，这种产品或服务是市场上已有的，或者在市场上有替代品；②自然资源数量、质量变化影响明显，并可观察到，还可通过实验检验；③市场比较成熟，市场功能比较完善，价格能准确反映经济价值。

在上述条件和范围之外，自然资源价值的相当部分不能被市场涵盖。科学评价这部分不具备直接市场表现形式，因而也没有可见市场价格的自然资源价值，是完整评价自然资源价值的关键和重点。于是发展了替代市场法和意愿评估法来对自然资源的非市场价值进行科学的价值评价。

2. 替代市场法

当所评价对象本身没有市场价格来直接度量时，可以寻求替代物的市场价格。例如，清新的空气、美好的环境、自然资源的旅游/休闲价值等，并没有直接的市场价格，需要找到某种有市场价格的替代物来间接度量其价值。这就是自然资源价值评估的替代市场法。其基本思路是：首先对待估自然资源进行价值分析，再寻找某种有市场价格的替代物来间接衡量待估自然资源的某种价值。例如，对自然资源的旅游/休闲价值评价，就可以将旅行成本作为替代物来衡量。替代市场法包括旅行费用法、规避成本或防护费用法。

1）旅行费用法

旅行费用法是用以评估非市场物品价值最早的方法之一。自然游憩资源一般被认为是一种准公共物品（Carson et al., 1996）。公共物品的消费者剩余难以计算，故其价值亦难以度量。旅行费用法首次把消费者剩余这一重要概念引入公共物品价值评估，是对公共物品评价的一次重大突破。该方法被用于评估包括国家公园在内的各种游憩目的地的价值。旅行费用法评估结果可用于辅助旅游地的门票价格制定、在不同旅游地之间分配政府的游憩和保护预算及土地利用的成本-效益分析等。

旅行费用法将旅游成本（如交通费、门票和旅游地的花费等）作为旅游地入场费的替代，通过这些成本，求出旅游者的消费者剩余，以此来测定自然资源的游憩价值。在实际评估中，旅行费用法是针对具体旅游地而言的。首先确定旅游目的地，把目的地四周的面积分成若干与该目的地的距离逐渐增大的同心区，距离增大意味着相应旅游成本的增加。在目的地对游客进行调查，以便确定游客的出发地区、旅游率、旅游费用和游客的各种社会经济特征，然后分析来自这个游客样本的资料，利用分析产生的数据将旅游率对旅游成本和各种社会经济变量进行回归。

$$Q_i = f(\mathrm{TC}, X_1, X_2, \cdots, X_n, E) \tag{13.7}$$

式中，Q_i 为旅游率（每 1000 个 i 区的居民中到该旅游地旅游的人数）；TC 为旅游成本；X_1，…，X_n，为包括收入、教育水平和其他有关变量的一系列社会经济变量；E 为该旅游地的旅游资源质量。

2）规避成本法或防护费用法

面对可能的自然资源变化，人们会试图保护自己免受危害。他们将购买一些物品或服务来抵消自然资源变化所带来的损失。这些物品或服务可被视为自然资源价值的替代品。购买替代品的费用构成了人们对自然资源价值的最低限度衡量。这种以自然资源变化而导致的替代物费用的变化来度量自然资源价值的方法，就称为规避成本法或防护费用法。

规避成本法用实际购买花费来度量人们对自然资源的偏好，度量自然资源价值，具有很强的直观性。运用规避成本法度量自然资源的非市场价值，其主要步骤如下。

（1）识别有害的环境因素。这一步骤也许一目了然，但是逃避行为经常有若干动机，所以在任何情况下都应识别主要的有害环境因素。用规避成本体现自然资源价值，会因多种行为动机和环境目标的存在而夸大单个有害环境因素的价值。因此，在运用规避成本法时，应分出主要和次要环境因素，并将规避成本归到某个主要目的上。

（2）确定受影响的人数。对于某个不利的自然资源因素，需要划分受影响的人群。根据受影响程度的不同可区分为受影响较大和受影响较小的人群。规避成本法研究应从前一类人群中抽取数据，以避免只考虑受部分影响的人群而导致对价值的低估。

（3）获取关于人们对所受影响的响应措施的数据。数据的收集有几种方式：对潜在受影响者的综合调查；在受影响者较多时采用抽样调查，这主要适用于因空气、水质量下降或噪声问题采取预警措施的家庭，采取对丧失养分的土壤施肥等防止土壤侵蚀措施的农民等；还可以咨询专家意见，通过专家可以了解采取预防措施的费用，恢复资源环境原状或替代环境资产的费用，以及资源环境替代品的购置费用。然而专家意见只能是作为补充的信息来源，并用于检验其他方法得到的数据的可靠性，而不能直接利用专家意见进行价值评估，或者改变通过观察到的行为所获取的数据。

3）对替代市场法的评价

替代性市场方法提供了使用可观察的市场行为和市场价格来间接评估资源环境非直接市场价值的途径，具有比传统市场法更广泛的适用范围，也较为简单和直观。但由于需要借助另一种市场商品或服务的价格，替代市场法需要比传统市场法更多的数据和其他资料，也要求比传统市场法更严格的经济假设。

规避成本法在运用中存在着一系列的问题：①有时找不到能完全替代自然资源质量的物品，如用化肥来补充土壤养分并不能恢复土壤结构，只能是部分替代。因此，用规避成本法求得的自然资源价值只是其最低的价值。②规避成本法建立在一个假设基础上，即人们了解防护费用的水平并能计算其大小。但对于新风险或跨时间风险，人们可能会不自觉地低估或高估。③即使人们了解实际需要的费用，市场机制的不完备性及收入水平的限制也会制约他们的行为，如贫困而使自然资源变化受害者无力支付足够的花费来保护自己。这些问题最终都会影响到用规避成本法所度量的自然资源价值。因此，这个方法也只有在人们知道他们受到自然资源变化所带来的威胁，采取行动来保护自己，并且这些行动能用价格体现的条件下才适用。

3. 意愿评估法

传统市场法和替代市场法都存在价值低估的可能。对于自然资源的非使用价值，目前多采用意愿评估法。意愿评估法是一种“万能”的自然资源价值评价方法，任何不能通过其他方法进行评价的几乎都可以用意愿评估法评价。

1）意愿评估法的总体框架

意愿评估法是在缺乏市场价格数据的情况下，对不能在市场上交易的自然资源效用（如空气净化功能等外部效益）假设一种市场，让被调查者假想自己作为该市场的当事人，通过对被调查者的直接调查，了解被调查者的支付意愿。被调查者根据自然资源给自己带来的效用，在待评价自然资源服务供给量（或质）变化的情形下，为保证自己的效用恒定在一定的水平上的支付意愿（willingness to pay）或获取补偿的意愿（willingness to accept）做出回答，研究者据此评价该自然资源服务的价值。意愿评估法采用补偿变量（compensating variation）和均衡变量（equivalent variation）指标来测度自然资源的消费者剩余，以此求取自然资源的价值。

意愿评估法通过构建假想市场，揭示人们对环境改善的最大支付意愿，或者对环境恶化希望获得的最小补偿意愿。当该法应用于游憩领域时，受访者面对环境状况的假想变化，引导其说出对游憩资源或游憩活动的支付意愿（Walsh，1986）。在意愿评估调查中，需要通过某一种引导评估技术来获得受访者的支付意愿/补偿意愿。这些引导评估技术主要包括投标博弈法（bidding games）、支付卡法（payment card）、开放式问卷法（open-ended questionnaire）、封闭式问卷法（close-ended questionnaire）等，其中后三种方法应用比较广泛。

支付卡法是让受访者在列举了一系列支付意愿标值的支付卡上选择出愿意支付的数额。该方法的优势是受访者选择起来比较简单；不足之处是面对不熟悉的公共物品估值，受访者往往难以确定哪一个数值比较适宜，这时就有可能出现猜测或任选的现象。还有一种针对支付卡法存在问题而提出的改进方法，称为支付卡梯级法（card ladder）（EFTEC, 1998），该方法是请受访者在支付卡上选择两个数值，一个是肯定能够接受的最低值，一个是肯定不能接受的最高值，选出这两个数值显然要比确定一个数值更容易一些。

开放式问卷法直接询问人们对环境改善的最大支付意愿，尽管易于提问，但受访者在回答问题时却有一定的难度，易产生大量的不回答、许多“零”支付、部分过小和过大的支付意愿现象，对待评估对象不熟悉时尤为如此。针对上述弱点，Bishop 和 Heberlein（1979）引入了封闭式问卷法，也称二分选择问卷（dichotomous choice questionnaire, DCQ），即受访者面对一个支付意愿标值只需回答“是”或“否”。该问卷形式更能模拟真实市场，便于受访者回答，也克服了开放式问卷中常见的没有回应的问题。Hanemann 等（1991）又引入了双边界（double-bounded DCQ）二分法，即假如受访者对第一个支付意愿标值回答“是”，那么第二个支付意愿标值就要比第一个大一些，反之就要小一些。与单边界二分式问卷相比，这种方法能够提供更多的信息，在统计上也更为有效。Hanemann 等（1991）进一步引入了 1.5 边界二分法，受访者先被告知物品的价格为 $X \sim Y$ 元（$X<Y$），然后询问受访者是否愿意支付 X 元，若为否定回答，问题结束，若为肯定回答，就继续询问其是否愿意支付 Y 元。与双边界二分法相比，1.5 边界二分法在统计有效性方面更进一步，该方法在受访者回答之前就告知其

一高一低两个支付意愿标值，从而避免了新标值的提出而可能引致的偏差。

2）意愿评估法的有效性及偏差控制

理论上讲，无论用调查支付意愿还是补偿意愿的方法所评定的自然资源的价值应该都是一致的。但当 Hammack 和 Brown（1974）同时运用支付意愿和补偿意愿研究水禽的外部效益时，结果发现补偿意愿大约是支付意愿的 4 倍，后来的大量研究也证实了这种差异的存在。经济学家对此提出了以下三方面的解释：①补偿意愿调查中让被调查者放弃权利的暗示容易激发他们提出较高的补偿意愿价值。②消费者的小心和谨慎，在他们没有时间去权衡支付意愿和补偿意愿的情况下，出于回避风险的意识使他们趋向于给出较低的支付意愿而较高的补偿意愿值。③根据预期理论，一般消费者对失去现有东西的评价较高，而对未来才能获得的东西的评价则较低，自然资源的供给数量固定，让消费者的选择不仅具有终决性，而且只能做出要么接受，要么永远放弃式的选择，这样就会更加重消费者对“得”与“失”的评价差异。

因此，意愿评估法首先面临着具体选择补偿意愿还是支付意愿的问题。补偿意愿在很多情况下，特别是在受益关系或权利关系十分复杂和定义不清的情况下，很难反映真实有效的补偿意愿值，一般都避免使用。而对于支付意愿，一方面，如果回答者认为自己的支付意愿值将要实际支付，那么为了将来少支付，他可能会尽可能地少报告支付意愿值；另一方面，如果回答者明确实际支付额与意愿值完全没有关系时，他为了享受这种外部效益，又可能会过大地报告支付意愿值。

偏差的存在提醒我们在运用意愿评估法进行自然资源价值评估时应小心谨慎，尽可能地避免或减少偏差。例如，可通过运用相关图片、恰当的比喻来清晰地描述调查对象所面临的模拟市场以减少假想偏差；扩大调查样本规模数目，争取从有代表性的人群中选择被调查者，以减少支付意愿（或补偿意愿）的汇总偏差。消除策略误差的一个常用方法是采用“是”或“不是”的提问方式来询问他们是否愿意支付某一笔特定数额的费用，同时告知调查对象有可能按他们的支付意愿来真正收取费用；或者根据支付意愿的高低，决定是否继续提供相关的环境服务，以免他们过分夸大或减少支付意愿。

3）对意愿评估法的评价

意愿评估法通过调查采访中人们所表达的支付意愿/补偿意愿来评估自然资源的价值，几乎可以用来评价任何自然资源变化所具有的价值。特别是在缺乏市场价格或市场替代价格数据的情况下，意愿评估法便有了用武之地，但要求的数据多，需要花费大量的时间和费用，问卷的设计和解释专业性很强。意愿评估法更大的缺点在于，它不是基于可观察到的或预设的市场行为，而是基于调查对象的回答，是从人们声称的偏好中获取信息，所以是一种主观评价法。对于具有不同经济社会地位或持不同环境伦理观的人，回答会大异其趣。在对模拟的市场进行回答中会产生许多偏差，这些偏差虽然可以通过对问卷的精心设计来控制或消除，但也不可能完全避免偏差。因为模拟市场与实际市场毕竟不同，它缺少反馈调节机制，由此而得的评估结果的精度显著低于实际市场值。意愿评估法是一种在对某些自然资源价值尚无科学、客观方法评价的情况下差强人意的评价方法。问题在于这种偏差是在所容忍的范围之内，还是大得足以使人们放弃这种方法的使用。

三、自然资源价值重建案例

耕地资源至少具有保证粮食安全、满足工业化和城市化的用地需求及生态服务等效用。中国政府高度重视耕地保护，甚至将其列为基本国策。但虽然“采取世界上最严格的耕地保护政策”，却未能控制住耕地的流失。耕地不断流失的根本原因在于耕地农业利用的比较收益低下，不可避免地向效益较高的其他用途转换（蔡运龙, 2000b）。耕地向非农用途转移，经济效益可能提高了，但社会效益和生态效益的损失巨大，导致总效益的净损失。在市场机制下，耕地保护的收益仅仅是耕地的经济产出，而耕地的生态效益和社会效益中相当一部分具有外部性，被全社会共享，从而导致耕地保护的投入与收益不对称。如果能把耕地总效益纳入耕地保护收益中，就能扭转耕地农用比较效益低下的局面。另外，由于耕地的价值未得到充分体现，地方政府可以通过低价征用农地，转而高价出让建设用地使用权获得巨额财政收入。正是这种巨大的利益驱动，使作为理性经济人的地方政府很难有效地贯彻执行中央的耕地保护政策。若对耕地的全部价值有了明确的界定，耕地转用的社会成本、生态成本、机会成本及后代代价也就顺理成章地纳入征地成本，这就从经济机制上防止耕地向非农用途的无序转变。因此，建立耕地保护机制的主要途径在于：一方面提高耕地利用的比较收益，另一方面通过提高耕地征用的价值补偿来抑制地方政府的逐利行为。这两条途径归结于重建耕地资源的价值（蔡运龙和霍雅勤，2006）。

1. 耕地资源的效用及其价值评价方法

就我国当前的需求看，耕地资源的效用可概括为经济产出功能、生态服务功能和社会保障功能（俞奉庆和蔡运龙, 2003）。对于经济产出功能，可以用其市场价格来度量。对于具有“外部性”的生态服务功能和社会保障功能，本案例尝试通过替代市场法来评估。

1）经济产出功能及其价值

耕地资源与人类劳动相结合，产出了人类生存和生产所必需的食物与原料，也是中国农民主要的收入来源之一。人类食物中 88%来自耕地，不仅粮、油、蔬菜等食物产品靠耕地资源供给，而且 95%以上的肉、蛋、奶产量也由耕地资源主副产品转化而来。耕地还是轻工业原料的主要来源地，特别是纺织工业原料，如棉花、麻类等，大多来源于耕地。制糖业的主要原料甘蔗、甜菜等作物也产自耕地。

耕地资源的经济产出价值就是耕地年经济收益的提前支付，通过收益还原法求耕地资源年收益的现值即可获得耕地资源的经济产出价值，也就是说，耕地资源的经济产出价值为耕地年收益与贴现率之商，即

$$V_c = \frac{a}{r} \tag{13.8}$$

式中，V_c 为耕地资源的经济产出价值；a 为耕地资源的年收益；r 为贴现率。耕地资源年收益可从农业生产的投入产出数据算出。贴现率的选择一直是收益还原法应用的难点，本研究针对我国近期经济态势，本着简化和可操作的原则，参照林英彦的实质利率基本公式（周小萍等，2002；林英彦，1989）确定此贴现率，其修正后为

$$r = \frac{b}{c}(1-d) \tag{13.9}$$

式中，b 为 1 年期银行存款利率，采用 2001 年的 2.25%；c 为同期物价指数，采用 1998 年、1999 年、2000 年农业生产资料价格指数的几何平均数，即 103%；d 为农业税率即农业税[①]与农业产值的比值，计算得 4.38%。由此，代入式（13.9），可得 r 为 2.1%。

2）生态服务功能及其价值

耕地及其中的生物提供生态系统服务，包括生物多样性的产生与维持、气候调节、营养物质储存与循环、土壤肥力的更新与维持、环境净化与有害有毒物质的降解、植物花粉的传播与种子的扩散、有害生物的控制、减轻自然灾害等许多方面（欧阳志云等, 1999；Costanza et al., 1997）。此外，农田系统可以成为人们的休闲、娱乐、文化、教育和科研场所。谢高地和鲁春霞（2001）计算的我国耕地资源生态服务的年价值为 5140.9 元/hm^2，但这是全国平均值，对具体地区的评价还需要根据各地自然条件的差异加以修正。假设生态系统服务与其生物量成正相关，鉴于生物量的测定比较繁杂，可用一个地区的潜在经济产量替代。据此提出修正系数：

$$k_e = \frac{b_i}{B} \tag{13.10}$$

式中，k_e 为生态系统服务价值修正系数；b_i 为被评价地区耕地生态系统的潜在经济产量；B 为全国一级耕地生态系统单位面积平均潜在经济产量，皆据王万茂和黄贤金（1997）的研究成果获得数据，B 为 10.69t/hm^2，b_i 在各农业区域各异。

于是，耕地资源的生态服务的年价值 $V_{e'}$ 为

$$V_{e'} = V_a \bullet k_e \tag{13.11}$$

式中，V_a 为我国耕地生态服务年价值的平均值。

与年经济收益的贴现（还原）同理，耕地资源的生态服务价值为耕地生态服务年价值与贴现率的商：

$$V_e = \frac{V_{e'}}{r} \tag{13.12}$$

3）社会保障功能及其价值

耕地资源主要在两个层次上发挥社会保障功能：在国家层次上提供粮食安全，在农民层次上提供社会保障。民以食为天，耕地几乎是粮食生产的唯一来源，是国家粮食安全的基础。耕地吸纳了我国农村大量的剩余劳动力，缓和了剩余劳动力的就业压力，保障了社会的稳定。大量涌入城市的民工在面临就业的不确定性时，耕地也为他们提供了退路和生存保障。耕地还是农民养老的保证。粮食安全和农民生活保障是社会稳定的重要基础，因此耕地的社会保障功能作用巨大（蔡运龙, 2000b；霍雅勤等, 2004）。

本案例主要计算耕地提供养老保险和就业保障的价值：

$$V_s = (V_{s_1} + V_{s_2}) \times k_s \tag{13.13}$$

式中，V_s 为耕地的社会保障价值；V_{s_1} 为养老保险价值；V_{s_2} 为就业保障价值；k_s 为修正系数。

V_{s_1} 的计算公式为

① 我国已于 2006 年 1 月 1 日起全面取消农业税。

$$V_{s_1} = \frac{Y_a}{A_a} \tag{13.14}$$

式中，Y_a为人均养老保险价值；A_a为被评价地区人均耕地面积。根据农用土地定级估价规程（国土资源部，2002），Y_a计算公式为

$$Y_a = (Y_{am} \times b + Y_{aw} \times c) \times \frac{M_i}{M_o} \tag{13.15}$$

式中，Y_a以当地人口平均年龄为a时的个人保险费趸缴金额代替；Y_{am}为a年龄男性公民保险费趸缴金额基数；Y_{aw}为a年龄女性公民保险费趸缴金额基数（Y_a、Y_{am}、Y_{aw}皆可从中国人寿保险公司2000年版个人养老金保险费率表中查询）；b为男性人口占总人口的比例；c为女性人口占总人口的比例（皆可从当地社会统计年鉴中查询）；M_i为农民月基本生活费；M_o为月保险费基数。在本案例研究关联域内M_i=M_o，并将农民月基本生活费定为从50岁起月领200元。

V_{s_2}的计算公式为

$$V_{s_2} = \frac{C_a}{A_a} \tag{13.16}$$

式中，C_a为当地乡镇企业人均固定资产原值；A_a为被评价地区人均耕地面积。

中国农村的现实与我们在案例区调查的结果表明，农民对耕地的依赖程度与农民的非农收入水平呈反向关系，而各地农民的非农收入水平差异明显，本案例研究用当地农业人口人均非农业纯收入与全国平均水平的比值来对各地耕地资源的社会保障价值进行修正，得k_s的计算公式为

$$k_s = \frac{p_0}{p_i} \tag{13.17}$$

式中，p_0为全国平均水平的农业人口人均非农业纯收入；p_i为评价案例所在地区（省级）农业人口人均非农业纯收入。

4）耕地资源的总价值

耕地资源的总价值（V）为耕地资源的经济产出价值、生态服务价值和社会保障价值的总和：

$$V = V_c + V_e + V_s \tag{13.18}$$

2. 耕地资源价值评价案例

本案例分别选择具有不同自然环境条件和社会经济发展水平的广东潮安县（2013年撤县设区）、河南淮阳县（2019年撤县设区）和甘肃会宁县三个县作为评价案例，其可分别作为我国东、中、西部的代表。

1）经济产出价值计算

根据潮安县2002年统计局年度报表、农业局年度农村经济统计表、物价局农产品成本调查表、主产区（镇）农技站调查数据，计算出该县单位耕地面积的年净收益为23849.13元/hm^2。根据淮阳县2002年统计局年度报表、农业局年度农村经济统计表、物价局农产品成本调查表、主产区（镇）农技站调查数据，计算出该县单位耕地面积的年净收益为14951.09元/hm^2。根

据会宁县2002年统计局年度报表、农业局年度农村经济统计表、物价局农产品成本调查表、主产区（镇）农技站调查数据，计算出该县单位耕地面积的年净收益为229.94元/hm^2。于是，按式（13.8）计算，潮安县、淮阳县、会宁县耕地的经济产出价值分别为

$$\frac{23849.13}{0.021}=1135672.86\text{元}/\text{hm}^2$$

$$\frac{14951.09}{0.021}=711956.67\text{元}/\text{hm}^2$$

$$\frac{229.94}{0.021}=10949.52\text{元}/\text{hm}^2$$

2）生态服务价值计算

根据王万茂和黄贤金（1997），潮安县耕地潜在经济产量为15.3t/ hm^2，淮阳县耕地潜在经济产量为13.2t/ hm^2，会宁县耕地潜在经济产量为9.2t/hm^2。按式（13.10）和式（13.11）计算，三县耕地的生态服务年价值依次为

$$(15.3/10.69)\times 5140.9=7357.88\ \text{元/hm}^2$$

$$(13.2/10.69)\times 5140.9=6347.98\ \text{元/hm}^2$$

$$(9.2/10.69)\times 5140.9=4424.35\ \text{元/hm}^2$$

再按式（13.12）计算，三县耕地的生态服务价值依次为

$$\frac{7357.88}{21\%}=352052.03\ \text{元/hm}^2$$

$$\frac{6347.98}{21\%}=303730.98\ \text{元/hm}^2$$

$$\frac{4424.35}{21\%}=211691.29\ \text{元/hm}^2$$

3）社会保障价值计算

根据2002年社会经济统计数据和中国人寿保险公司2000年版个人养老金保险费率表，得出三县与人均养老保险价值相关的数据如表13.2所示。

表13.2 与人均养老保险价值相关的数据

	农业总人口/万人	男女比例	男性平均年龄/岁	女性平均年龄/岁	男性趸缴保险费/元	女性趸缴保险费/元	人均耕地/hm^2
潮安县	93.76	1∶1	31.0	32.0	55260.84	60650.18	0.021
淮阳县	123.47	1∶1	31.8	33.2	56612.32	62189.06	0.078
会宁县	55.62	1∶1	31.1	32.8	55260.84	62189.06	0.280

按式（13.15）计算，潮安县、淮阳县、会宁县的人均养老保险价值分别为

$$(55260.84\times 0.5+60650.18\times 0.5)\times 1=57955.51\text{元/人}$$

$$(56612.32\times 0.5+62189.06\times 0.5)\times 1=59400.69\text{元/人}$$

$$(55260.84\times 0.5+62189.06\times 0.5)\times 1=58724.95\text{元/人}$$

按式（13.14）计算，潮安县、淮阳县、会宁县耕地提供的养老保险价值分别为

$$\frac{57955.51}{0.021}=2749925.92\text{元/hm}^2$$

$$\frac{59400.69}{0.078}=760415.08\text{元/hm}^2$$

$$\frac{58724.95}{0.28}=209377.03\text{元/hm}^2$$

根据2002年《中国乡镇企业年鉴》的数据，2001年乡镇企业固定资产原值在广东省为21363530万元，河南省为16637892万元，甘肃省为2131967万元；集体企业从业人员在广东省为4869896人，河南省为9203036人，甘肃省为1681667人。计算出广东省、河南省、甘肃省乡镇企业人均固定资产原值分别为43868.55元/人、18078.77元/人、12675.19元/人。按式（13.16）计算，潮安县、淮阳县、会宁县的耕地就业保障价值分别为

$$43868.55/0.021=1792015.27\ \text{元/hm}^2$$

$$18078.77/0.078=231434.5\ \text{元/hm}^2$$

$$12675.19/0.28=45191.93\ \text{元/hm}^2$$

根据2002年《中国农村统计年鉴》的统计，2001年全国农民人均非农业纯收入为906.77元；广东、河南、甘肃农民人均非农业纯收入分别为1813.73元、500.69元、492.59元。按式（13.17）计算，三省的k_s值依次为

$$\frac{906.77}{1813.73}=0.50$$

$$\frac{906.77}{500.69}=1.81$$

$$\frac{906.77}{492.59}=1.84$$

按式（13.13）计算，潮安县、淮阳县、会宁县耕地的社会保障价值分别为

$$(2749925.92+1792015.27)\times0.50=2270732.70\ \text{元/hm}^2$$

$$(760415.08+231434.5)\times1.81=1795247.7\ \text{元/hm}^2$$

$$(209377.03+45191.93)\times1.84=468406.88\ \text{元/hm}^2$$

4）耕地资源总价值计算

按式（13.18）计算，潮安县、淮阳县、会宁县耕地资源总价值分别为

$$1135672.86+352052.03+2270732.70=3758457.59\ \text{元/hm}^2$$

$$711956.67+303730.98+1795247.7=2810935.35\ \text{元/hm}^2$$

$$10949.52+211691.29+468406.88=691047.69\ \text{元/hm}^2$$

3. 耕地资源价值的区域差异

潮安县、淮阳县和会宁县的评价结果可以反映出我国东、中、西部的区域差异。

1）价值量的区域差异

由于自然、社会和经济发展水平、区位的不同，耕地资源价值量在三个案例地区差异明

显，呈现东高西低的梯度特点（图13.4）。潮安县自然地理条件好，农作物的复种指数高，作物产量高，经济产出价值和生态服务价值最高；淮阳县地处中原，土地肥沃，但农业复种指数比不上潮安县，虽然在农业投入方面与潮安县相当，但经济产出价值和生态服务价值低于潮安县；会宁县自然环境恶劣，土壤贫瘠，农业复种指数和农作物单产均很低，农产品价格也相对较低，所以耕地净产出很低，经济产出价值和生态服务价值也低。

耕地资源的社会保障价值是由耕地的养老保险功能和就业保障功能提供的，前者与被评价地区农业人口数量呈正相关，后者与乡镇企业人均固定资产投入呈正相关。因此，人口密度大、乡镇企业人均投入高的潮安县耕地资源的社会保障价值高于其他两县，淮阳县次之，会宁县最低。

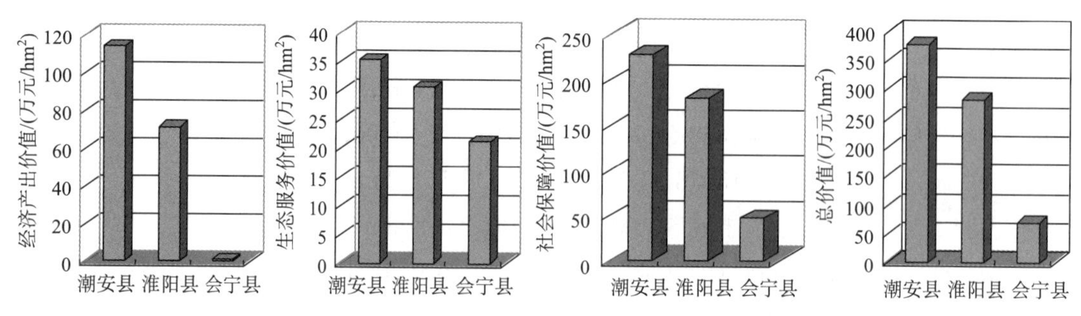

图13.4 2002年耕地资源价值量的区域差异

2）价值构成的区域差异

在耕地资源价值构成中（图13.5），社会保障价值在三个案例区都占60%以上，但所占比例从东到西渐增（60.3%—63.8%—67.8%），从一个侧面证明了农民对耕地资源的依赖程度与社会经济发展水平呈反相关。耕地资源的经济产出价值在总价值中所占比例则从东到西递减（30.3%—25.4%—1.6%），主要原因是自然条件的差异。生态服务价值所占比例也表现出东低西高的特点（9.4%—10.8%—30.6%），反映出生态系统从复杂到简单的变化使得农田生态系统对于西部地区生态环境显得更加重要。

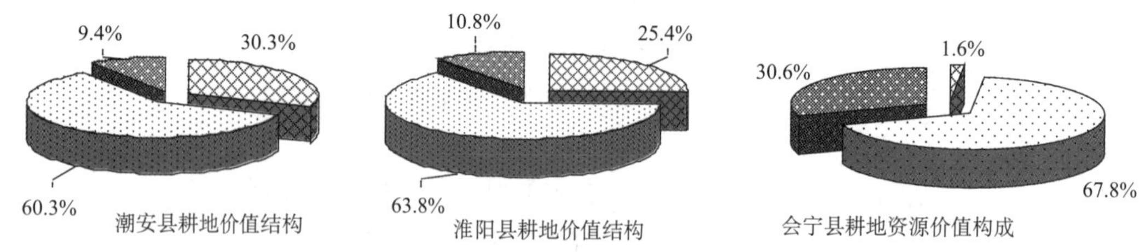

图13.5 2002年耕地资源价值构成的区域差异

4. 结论与讨论

1）结论

（1）本案例研究试图全面认识耕地资源的经济、生态和社会保障价值，重新建立耕地资源价值体系，以为提高耕地农业利用效益提供一种思路，也提供一条把耕地损失造成的社会、生态损失的外部成本“内化”的途径，以便能重新建立耕地用途转移的成本核算体系，使占用耕地者付出足够的代价来补偿耕地的损失。这种将“外部性”进行“内化”的过程，不能指望市场自发形成，只能通过政府的干预才能实现。

（2）耕地资源的价值重建表明，农业用地为社会提供了大量外部效益，这成为实行农业补贴的一大理由，也可成为计算补贴量的一种依据。

（3）在我国现阶段，耕地是大多数农民赖以生存的主要生产资料，在农村社会保障不充分、不完善的情况下，耕地的社会保障功能不可忽视。社会保障价值在耕地资源总价值中占有较高的比例，然而在耕地资源产权转移（土地征用或交易）过程中却被忽视，从而给农民造成重大的财产损失，使他们失去基本的生存依托，威胁社会稳定。

2）讨论

（1）本案例研究指出粮食安全是耕地资源的重要社会保障功能，但如何计算其价值？尚未找到有效而可行的方法，留待进一步研究。

（2）本案例研究假设耕地资源的价值包含农民的社会保障，因为目前我国的社会保险系统尚未全覆盖农民，农民的社会保险在很大程度上依赖土地，他们对土地社会保障的期望远大于对其生产功能的期望（霍雅勤等，2004）。随着农村社会保险制度的逐步完善，这个假设也需要修正。当未来农村居民的社会保障能够由社会或政府提供而不是依赖耕地资源时，耕地资源的社会报保障价值就会下降。这符合舒尔茨关于农用土地和其他自然资源在穷国相对重要、而在高收入国家的经济重要性不断下降的论断（舒尔茨，2001）。李秀彬等（2018）的研究也表明，对于大多数农户而言，家庭承包的几亩耕地资产，已基本丧失了其原有的社会保障功能。

（3）关于耕地资源经济产出价值的计算，贴现率的确定至关重要。根据经济合作与发展组织（OECD, 1975）建议使用的复合贴现率方法，r 应为 4.8%，显著高于本研究所采用的贴现率。虽然复合贴现率融合了时间偏好和资金的机会成本，理论上比较完善，但采用高的贴现率会加速自然资源的利用，它使“保护者”向“开发者”让步，子孙后代的利益没有得到应有的考虑。因此，从保护耕地资源和关注代际公平的角度出发，应选择较低的贴现率。

（4）关于耕地资源的生态服务价值，更为准确的计算应该基于小尺度的定位观测。还应考虑区位因素，同质同量的耕地在不同地区的生态相对重要性显然不同，因而价值会有差别。正如同一株大树，其价值在城市里肯定会大于在山区。

第二节　自然资源资产与产权

一、自然资源资产及其账户

1. 自然资源资产

资产是国家、企业或个人拥有的具有使用价值且能够带来收益的有形或无形的财产，主要特征是能够给所有者带来收益。资产根据基本经济用途和存在领域不同，可以分为经营性资产和非经营性资产两大类。自然资源是维持国民经济持续发展的物质基础，是关系国计民生的重要资源，能够带来巨大的社会、经济和环境效益。因此，自然资源具有资产的主要特征，它是经营性资产和非经营性资产不可分割的组成部分，称为自然资源资产。

自然资源资产是自然资源价值的货币形态和价值储备，也称自然资本或自然财富。自然资源资产包括所有对人类社会产生效用的自然资源，包括所有人类易于识别和度量的资源，如矿物、能量、木材、农地、渔场和水；也包括通常不可直接感受到的生态系统服务，如空气和水的过滤、防洪、碳储存、作物授粉和野生动物的栖息地。自然资源为人类提供了大量有价值的物品和服务，所以经济学家早就把自然资源当作有价资本来看待，如威廉·配第在17世纪就提出“土地是财富之母，劳动是财富之父”的著名论断。在可持续发展已成为全世界共识的背景下，环境经济学家 Pearce 和 Turner（1990）最早提出自然资本的概念。Freeman（1993）和 Daly（1996）认为自然资本包括自然资源以及对人类生命起到支持作用的生态环境，自然资本均是有价值的资产。哈肯等（2002）在《自然资本论——关于下一次工业革命》中系统地阐述了自然资本的概念和内涵，并提出了向自然资本投资的策略。

对自然资源资产的概念有多种理解，一种观点认为自然资源资产是自然资源的一部分，另一种观点则认为自然资源资产等同于自然资源；还有观点扩展了自然资源资产的外延，将人类投入生态环境建设所形成的资产也视为自然资源资产。有的学者将自然资源资产定义为国家和政府拥有或控制、在现行情况下可取得或可探明存量的能够用货币计量，并且在开发使用过程中能够给政府带来经济利益流入的自然资源，如土地资源、森林资源、矿产资源等。不具有“资产”属性的自然资源，如海水资源、空气资源等，则不能称为自然资源资产（闫慧敏等，2018）。

对自然资源资产的认识虽然见仁见智，但在以下几点上已取得广泛的认同和应用：①自然资源资产不仅包括物质型的自然资源，还包括服务型的生态环境要素；②自然资源资产具有价值，这种价值是生存、生产和生活必需的，自然资源资产的价值一般通过对各种资源在其使用年限内的“经济租金”进行贴现和加总来估算；③将自然资源资产对人类福祉的贡献纳入现有经济核算体系，对生态系统服务功能进行经济计量（联合国环境规划署，2018）；④自然资源资产具备稀缺性、有价性、可计量性和产权明晰性等特性（闫慧敏等，2018）。

自然资源资产化的理论和方法基础是自然资源价值重建，这使自然资源资产具备了有价性和可计量性的特性。但自然资源转化为自然资源资产的另外两个必要条件：是否具有稀缺性？是否具有明确的产权？则需要视具体情况而论。例如，在水资源取之不尽、用之不竭的地区，即使其具有明确的产权，但并不稀缺，就不称其为资产。只有在水资源短缺的地区，它才具有资产的特性。自然资源资产化有上述的特定条件，不管自然资源的形势而主张全部资产化，在实践上不可操作。因此，自然资源的资产化，并非适用于全部的自然资源，而只是部分自然资源，并且具有时空的差异性。有些自然资源从整体上可以划分为自然资源资产，但从局部或时间上来看，它也可以转化为非自然资源资产。例如对于水资源，根据其时空分布的不同，在缺水地区可以进行资产化，但不能将洪水包括在内，因为它不仅不能给人类带来效用，反而造成巨大损失（姜文来，2000）。

至于自然资源资产的产权，更是一个复杂而有待解决的重要问题。我们已在前面的章节讨论过自然资源的产权问题，自然资源资产的产权问题将在下面自然资源资产管理的关联域内论述。

广义的自然资源资产就是全部自然资源价值（包括物质供给和生态系统服务）的货币形态（United Nations, 2017），还要体现资产的属性，如权益性、财产性、保值增值等。但受到产权界定、评估方法、认定成本等方面的局限，所能认定和计量的自然资源资产范围有限，目前所能认定和计量的自然资源价值就是狭义的自然资源资产（胡咏君和谷树忠，2018）。

自然资源资产反映了自然资源稀缺性，为复杂的自然资源系统存量、质量和变动提供了统一的测度标志，为自然资源纳入国家资产以便真实衡量国民财富提供了一个链接，为可持续发展提供了一种评价依据。

2. 自然资源资产账户

自然资源资产账户是反映权益主体（国家、地区、企业、个人等）在一定时期内所拥有的全部自然资源数量、质量和价值量的报表。编制自然资源资产账户的前提是进行自然资源资产核算。自然资源资产核算指对一定时间和空间内的自然资源，在合理估价的基础上，从实物、价值和质量等方面，统计、核实和测算其总量与结构变化并反映其平衡状况的工作（曲福田, 2001）。

我们在第九章中介绍过 SEEA 的原理和案例，其将环境账户和资源账户作为国民经济核算账户体系的卫星账户，并与之对接而形成一体化核算。联合国等机构在 1993～2012 年数次发布并更新了 SEEA，SEEA-2012（United Nations et al., 2014）由七个账户组成，包括矿产和能源资源资产、土地资产、土壤资源资产、木材资源资产、水生资源资产、其他生物资源和水资源资产。纳入核算范围的自然资源是具备稀缺性、有用性和明确产权的自然资源资产。

自然资源资产核算能为资源环境的利用和保护提供判别标准，自然资源资产账户可以反映自然资源资产的存量及其变动情况，以便对资源“家底”和生态环境质量心中有数；也可反映各经济主体对自然资源资产的占有、使用、消耗、恢复和增值活动的情况，以便进行离任审计，督促管理部门负责人重视社会经济发展过程中的资源环境问题，确保生态文明建设顺利进行；还可为监测预警、决策支持、政策调整等提供信息基础。将自然资源资产账户纳入国民核算体系，使得资源环境核算和经济统计体系确立了有效的链接，从而对 GDP 进行了调整（陈玥等，2015），是促进资源、环境、经济可持续发展的必要且重要的措施。

封志明团队以国家生态文明先行示范区浙江湖州市及其下属安吉县为例，探索了“先实物后价值、先存量后流量、先分类后综合”的自然资源资产账户的编制路径，构建了由“总表-主表-辅表-底表”组成的自然资源资产账户体系，编制完成了全国首张市/县自然资源资产账户（闫慧敏等，2017）。

自然资源资产账户总表样式见表 13.3，包括自然资源资产、自然资源负债及资产负债差额三大类，其中自然资源资产包括土地资源资产、水资源资产与林木资源资产，自然资源负债包括资源过耗、环境损害与生态破坏。

表 13.3　自然资源资产账户总表样式　（单位：亿元）

科目编号	资产类	期初值	期末值	科目编号	负债类	期末值
101	土地资源	—	—	201	资源过耗	—
102	水资源	—	—	202	环境损害	—
103	林木资源	—	—	203	生态破坏	—
⋮	⋮	⋮	⋮	⋮	⋮	⋮
	合计			301	合计	
					资产负债差额	—

自然资源资产负债表主表，包括自然资源核算表、环境核算表和生态核算表三大类，三类表均有实物量和价值量两种形式。自然资源核算表样式见表 13.4，（a）栏列示土地资源、水资源、林木资源及对应二级类型的实物核算，（b）栏列示各类自然资源资产的期初值、期末值及变化量。环境核算表样式见表 13.5，（a）栏列示水污染、大气污染、固废污染及其细目指标项，（b）栏列示各类污染物的期初值、期末值及变化量。生态核算表样式见表 13.6，（a）栏列示森林生态系统、草地生态系统、湿地生态系统的各类生态服务，（b）栏列示各类生态系统生态服务的期初、期末及变化量。

表 13.4　自然资源实物核算表和价值核算表

（a）自然资源实物核算表

一级类	二级类	单位	期初（1）	期末（2）	变化量（3）=（2）－（1）
	耕地				
	林地				
	草地				
土地资源	园地	hm^3			
	水域				
	其他土地				
	合计				
	Ⅰ类水				
	Ⅱ类水				
	Ⅲ类水				
水资源	Ⅳ类水	亿 m^3			
	Ⅴ类水				
	劣Ⅴ类水				
	合计				
	乔木林	万 m^3			
林木资源	竹林	百万株			
	合计				

（b）自然资源价值核算表

一级类	二级类	期初（1）	期末（2）	变化量（3）=（2）－（1）
	耕地			
	林地			
	草地			
土地资源	园地			
	水域			
	其他土地			
	合计			
水资源	Ⅰ类水			
	Ⅱ类水			

续表

一级类	二级类	期初（1）	期末（2）	变化量（3）=（2）-（1）
水资源	Ⅲ类水			
	Ⅳ类水			
	Ⅴ类水			
	劣Ⅴ类水			
	合计			
林木资源	乔木林			
	竹林			
	合计			

表 13.5　环境实物核算表和价值核算表

（a）环境实物核算表

污染物	指标	期初（1）	期末（2）	变化量（3）=（2）-（1）
水污染	重金属	排放量/t		
	氰化物	排放量/t		
	COD	排放量/t		
	石油	排放量/t		
	氨氮	排放量/t		
	废水	排放量/万 t		
大气污染	SO_2	排放量/万 t		
	烟粉尘	排放量/万 t		
	NO_x	排放量/万 t		
固废污染	工业固废	储存量/万 t		
		排放量/万 t		
	生活垃圾	简易处理量/万 t		
		堆放量/万 t		
合计				

（b）环境价值核算表

污染物	指标	期初（1）	期末（2）	变化量（3）=（2）-（1）
水污染	重金属			
	氰化物			
	COD			
	石油			
	氨氮			
	合计			
大气污染	SO_2			
	烟粉尘			
	NO_x			
	合计			
土壤污染	工业固废			
	生活垃圾			
	合计			

表 13.6 生态实物核算表和价值核算表

（a）生态实物核算表

生态系统	生态功能	核算指标	单位	期初（1）	期末（2）	变化量（3）=（2）−（1）
森林	涵养水源	水源涵养量	亿 t			
	保育土壤	固土	万 t			
		保肥：有机质	万 t			
		保肥：氮	t			
		保肥：磷	t			
		保肥：钾	t			
	固碳释氧	固碳	万 t			
		释氧	万 t			
	净化大气环境	吸收 SO_2	t			
		滞尘	万 t			
草地	涵养水源	水源涵养量	亿 t			
	保育土壤	固土	万 t			
		保肥：有机质	万 t			
		保肥：氮	t			
		保肥：磷	t			
		保肥：钾	t			
	固碳释氧	固碳	万 t			
		释氧	万 t			
	净化大气环境	吸收 SO_2	t			
		滞尘	t			
湿地	涵养水源	水源涵养量	亿 t			
	调蓄洪水	地表滞水	亿 t			
	保育土壤	固土	万 t			
		保肥：氮	t			
		保肥：磷	t			
		保肥：钾	t			
	净化水质	净化：氮	t			
		净化：磷	t			
合计						

（b）生态价值核算表

生物功能	期初（1）	期末（2）	变化量（3）=（2）−（1）
森林	涵养水源		
	保育土壤		
	固碳释氧		
	净化大气环境		
	合计		

续表

生物功能	期初（1）	期末（2）	变化量（3）=（2）-（1）
草地	涵养水源		
	保育土壤		
	固碳释氧		
	净化大气环境		
	合计		
湿地	涵养水源		
	调蓄洪水		
	保育土壤		
	净化水质		
	合计		

自然资源资产账户辅表分类反映核算期内湖州市各类资源资产、环境质量及生态服务，包括不同资源（土地、水、林木等）、环境（水、大气、土壤等）、生态（森林、草地、湿地等）要素的数量、质量、存量、流量、实物及价值核算，以及分部门、分地区核算表。表现形式根据资源、环境和生态类别有所差异。湖州市自然资源资产账户辅表样式示例如表 13.7 所示。

表 13.7 自然资源资产账户辅表样式示例

（a）土地资源资产存量表

土地资源类型	面积/hm^2	面积占比/%	土地质量备注
耕地			
林地			
草地			
园地			
城镇村及工矿用地			
交通运输用地			
水域及水利设施用地			
其他土地			
合计			

（b）水污染实物量核算表

行业	污染/t															废水/万 t
	重金属			氰化物			COD			石油			氨氮			
	产生量	去除量	排放量	产生量	去除量	排放量	产生量	去除量	排放量	产生量	去除量	排放量	产生量	去除量	排放量	排放量
第一产业																
第二产业																
第三产业																
合计																

（c）林木资源流量表

项目	乔木林/m^3	竹林/百株
期初存量		
存量增加		
自然生长		
造林还林		
存量减少		
灾害损失		
自然枯损		
采伐		
净变化量		
期末存量		

（d）水质统计表

	区域 1	区域 2	…	区域 n	合计
地表水					
Ⅰ类水量					
Ⅱ类水量					
⋮					
Ⅴ类水量					
劣Ⅴ类水量					
地表水					
Ⅰ类水量					
Ⅱ类水量					
⋮					
Ⅴ类水量					
劣Ⅴ类水量					

自然资源资产账户底表，记录了各类资源存量及其动态变化（流量）、资源变化的来源和去向及其数量与属性、各行业资源利用数量与质量等属性。在确保准确性及可靠性的前提下，对核算期的资源、环境和生态状况进行了最详细的记录与统计，是编制自然资源资产账户的数据基础表。表式结构不固定。

湖州市和安吉县的自然资源资产账户编制实践针对土地资源、水资源、林木资源等几类主要自然资源开展，最终形成包括 1 张总表、6 张主表和 72 张辅表及百余张底表的账户。结果表明，湖州市 2013 年自然资源资产总量为 9378.39 亿元，相当于该市当年 GDP 的 5.20 倍；2003～2013 年，自然资源资产负债总量 109.51 亿元，相当于核算期该市 GDP 总量的 6.01%。安吉县 2013 年自然资源资产总量达 3114.68 亿元（位居湖州市两区三县首位），相当于该县当年 GDP 的 11.73 倍；2003～2013 年，自然资源资产负债总量为 15.65 亿元，相当于核算期该县 GDP 总量的万分之三。

二、自然资源资产产权与审计

自然资产产权与审计是实施自然资源资产管理的核心问题。自然资源资产管理是自然资源管理部门作为产权代理人所开展的确定资产价格、制定政策、确定经营代理人、收取资产收益等活动（马永欢等, 2014）。而经济学上的资产管理指资产被投资于资本市场的实际过程，主要是自然资源资产货币化、证券化管理（钱阔和陈绍志，1996）。自然资源资产管理应在实行分类管理的基础上，根据不同门类自然资源之间的系统性、关联性和综合管理的趋势，强化集中统一管理。自然资源资产管理应发挥市场化机制的作用，其方式可以是直接出售、入股、抵押和作为生产要素直接从事经营等。

随着我国市场经济的不断发展和完善，市场机制将在资源配置中发挥决定性作用，必然逐渐要把计划管理分配资源的模式转化为市场优化配置资源的模式，国家主要起宏观调控和服务的作用，并且要求在经济上实现所有权。建立自然资源资产管理制度，是加强资源管理、实现所有权的具体步骤之一。自然资源资产化管理的目的就是根据自然资源生产的实际，从资源的开发利用到资源的生产和再生产的全过程，按照经济规律进行投入产出管理，以确保资源所有者权益不受损害、自然资源保值增值，增加自然资源产权的可交易性（姜文来，2000）。

中国政府2015年颁布的《中共中央 国务院关于加快推进生态文明建设的意见》强调，以自然资源资产产权和用途管制、自然资源资产负债表、自然资源资产离任审计、生态补偿等重大制度为突破口，把生态文明建设纳入法治化、制度化轨道。自然资源资产化管理的主要工作包括自然资源资产的产权管理、审计和价值实现等方面。

1. 自然资源资产产权

健全自然资源资产产权制度是自然资源资产管理的核心，自然资源资产产权是自然资源资产管理中最为基础、最为敏感的问题，也是最为棘手、最为困难的问题，关系到权益的保障和责任的认定，与人民利益紧密相关，也涉及自然资源资产账户数据的准确性，还与自然资源资产的价值实现紧密相连。《中共中央关于全面深化改革若干重大问题的决定》明确指出，健全自然资源资产产权制度，就是为了强调自然资源的资产价值，给予自然资源开发主体以激励与约束，促进节约集约利用自然资源，从而减少自然资源不合理利用导致的环境污染。

自然资源资产产权的界定，有二分法（所有权和用益物权）、三分法（所有权、使用权和管理权）、多分法（所有权、占有权、处分权、受益权）。中国自然资源资产产权制度存在产权体系不协调、发展不平衡、权利边界不清晰、权责不明确、主体地位不平等、利益机制不完善等问题（谷树忠和李维明，2018）。与国外很多国家逐步建立的以土地私有制为核心的自然资源产权制度体系不同，中国的自然资源以公有制为核心，自然资源资产的国家所有权是产权研究的重点，要妥善处理好国家所有者、管理者与经营者的关系（谢美娥等，2018）。

针对目前中国自然资源资产产权制度不完善、产权归属不清晰、权责不明确、产权保护不严格、产权流转不顺畅、所有者权益难落实等问题，需要构建归属清晰、权责明确、流转顺畅、保护严格的自然资源资产产权制度，使市场在自然资源资产配置中发挥决定性作用，形成多样化、多层次的自然资源资产产权制度体系。主要工作包括：①建立统一的确权登记系统。对水域、森林、山地、草原、荒地、滩涂等所有自然生态空间统一进行确权登记，清晰界定全部国土空间各类自然资源资产的产权主体，逐步划清全民所有和集体所有之间的边界，划清全民所有和不同层级政府行使所有权的边界，划清不同集体所有者的边界。②健全自然资源资产产权体系。明确全民所有自然资源资产所有权主体代表，细化授权相关职能部门行使全民所有权的职权范围，落实集体所有自然资源资产所有权地位，明确占有、使用、收益和处分等权利的归属与权责，适度扩大使用权的出让、转让、出租、抵押、担保、入股等权能。③健全自然资源资产产权保护制度。尊重和保障自然资源使用权人的合法权益，在符合用途管制及法律规定的条件下，保护自然资源使用权人的自主权，允许自然资源使用权人根据自然资源的具体情况进行合理的开发利用，不得以任何行政手段干涉其合法生产经营活动（马永欢等，2017）。

2. 自然资源资产的价值实现

1）健全有偿使用制度

有偿使用制度是发挥市场配置资源决定性作用、提高资源保护和合理利用水平的重要途径。虽然中国自然资源资产有偿使用制度建设取得了显著进展，但仍然存在制度不健全、产权体系不协调、利益机制不合理、监管不完善等问题，在一定程度上导致自然资源耗损严重、生态环境恶化。改革的重点包括：①取消土地供应双轨制。扩大国有土地有偿使用范围，逐步缩小非公益性用地划拨范围，除军事、国防、社会保障房等特殊用地外，各类建设用地均实行有偿出让和使用；建立健全未利用地有偿出让制度，明确未利用地开发的前提条件，不涉及改变地类性质的，原则上以租赁方式供地。②从严控制矿产资源协议出让，完善矿业权分区设置出让管理办法，大幅度提高矿业权竞争性出让比例。③明晰水、森林、草原有偿使用范围。区分经营性用水和公益性用水，重点探索建立国有森林资源景观资产有偿使用制度，严格界定全民所有草原资源有偿使用范围。④完善自然资源有偿使用方式，规范出让收益管理（马永欢等，2017）。

2）健全生态补偿制度

生态补偿制度是实现自然资源资产价值（尤其是外部性价值）的重要途径，也是促进生态修复的重要手段。中国生态补偿制度在补偿范围、补偿标准、补偿方式、管理体制等方面尚不完善，一定程度上影响了生态环境保护措施实施的成效性。健全生态补偿制度，应科学界定生态保护者与受益者的权利义务，加快形成生态损害者赔偿、受益者付费、保护者得到合理补偿的运行机制。目前的重点任务有：①加快建立生态补偿制度，探索补偿途径、补偿标准和补偿方式等，逐渐形成“谁开发谁保护，谁受益谁补偿”的利益调节格局。②建立地区间横向生态保护补偿机制，搞清生态受益地区与保护地区、自然资源消费区与自然资源生产区、上游与下游、东部与西部之间的生态关联，建立生态补偿机制；逐步建立体现生态价值和代际补偿的生态补偿制度，促进社会主体节约资源、保护环境，用生态补偿的制度成果保障生态文明建设。③逐步建立和完善重点生态区域的生态补偿机制，建立生态恢复保证金制度，完善矿山地质环境保护和土地复垦制度，形成国土综合整治和生态修复的长效机制（马永欢等，2017）。

3. 自然资源资产审计

《中共中央关于全面深化改革若干重大问题的决定》指出，要建立生态环境损害责任终身追究制，对领导干部实行自然资源资产离任审计。这项旨在“用制度保护生态环境”的政策设计，将考核领导干部在发展经济的过程中对自然资源资产的利用状况及对生态环境的破坏或修复程度，扭转传统的唯 GDP 政绩考核偏向，将对自然资源的合理利用、生态环境的有效保护，甚至生态文明制度的建设形成倒逼机制。

自然资源资产的审计主体可以是国家审计部门和国家资源管理部门。审计对象是领导干部任期内所辖区域的自然资源资产使用及开发保护情况。审计目标主要针对责任和治理优化，对应短期目标和长期目标。

自然资源资产审计可以有三种模式：①依据自然资源资产账户审核自然资源资产变动情况；②合规绩效审计，即对各级政府及主要领导在自然资源资产保值增值方面的主观努力进行审计；③综合审计模式，即前两种结合，既要对自然资源资产变动进行审计，又要进行合规绩效审计。第一种模式目前基础数据不足，而第二种模式又主观性太强。关于审计模式的现实可行性，李越冬等（2015）认为应先行开展针对土地、森林等重点资源的审计，审计其开发、使用、保护、交易和管理活动中的合规性与有效性，而不是等自然资源资产账户编制完成再开展审计。张宏亮等（2014）、侯杰（2017）针对现实情况，提出了用关键指标替代基础数据的不足与缺陷进行审计的方法。从中共中央办公厅和国务院办公厅（2015）发布的《关于开展领导干部自然资源资产离任审计的试点方案》提出的五项内容来看，基本上是对领导干部与自然资源资产相关工作的审计，而不是对工作实际成效即自然资源资产本身变化情况的审计。

审计的基础是自然资源资产变动，包括数量和质量变动情况的监测，其前提是要编制好自然资源资产账户。但目前中国编制自然资源资产账户的基础数据在真实性、系统性、准确性、可靠性、权威性和及时性等方面都还很不完善，而且审计的责任认定还涉及产权问题和工作规范。在基础条件还很不完善的情况下，快速推进自然资源资产账户编制和自然资源离任审计，仍然存在很多问题。应在完善自然资源资产数据统计制度、加强自然资源资产数据库建设及推进信息共享机制，从而编制好自然资源资产账户的基础上，开展自然资源资产离任审计（胡咏君和谷树忠，2018）。

思 考 题

1. 分析自然资源无价值论的根源及危害。
2. 简述边际效用价值论的主要观点。
3. 自然资源的价值包括哪些方面？分别阐述之。
4. 实现自然资源价值的市场机制途径和政府干预途径各有何作用与缺失？
5. 用传统市场法评价自然资源价值有哪些具体方法，其适用性和优缺点如何？
6. 用替代市场法评价自然资源价值有哪些具体方法？其适用性和优缺点如何？
7. 如何用意愿评估法评价自然资源的价值？其适用性和优缺点如何？
8. 耕地资源价值重建的结果有何政策启示？
9. 何谓自然资源资产？对此概念已取得哪些共识？
10. 编制自然资源资产账户的目的和意义何在？
11. 概述自然资源资产管理的主要内容。

补 充 读 物

蔡运龙, 霍雅勤. 2006. 中国耕地价值重建方法与案例研究. 地理学报, 61(10):1084-1092.

戴星翼, 俞厚未, 董梅. 2005. 生态服务的价值实现. 北京：科学出版社.

姜文来. 2000. 关于自然资源资产化管理的几个问题. 资源科学, 22(1): 5-8.

第五篇

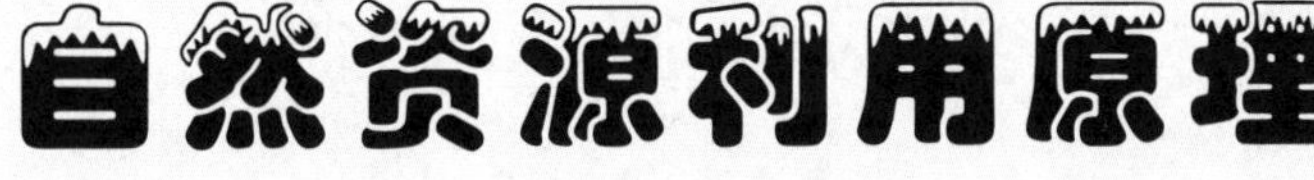

第十四章 自然资源评价

为了充分、合理、可持续地开发利用各种自然资源，需要认识资源的数量和质量，还需要对与资源开发利用有关的各个方面，如资源分布、开发条件、经济价值、环境影响等，做出相应的评价，这就是自然资源评价。

自然资源评价与自然资源可得性的度量（第二章第二节）有相同之处，即都要在不同程度勘测的基础上把握自然资源的数量；但又有区别：①看问题的角度不同。自然资源可得性的度量主要从资源本身的性质和数量特征看，自然资源评价则从开发利用的角度看。②内容不同。自然资源可得性的度量只是高度概括地表达了资源可得性的几个概念，自然资源评价则是具体地评估每一类资源的数量、质量、分布、开发条件、经济价值、开发利用的环境影响等。③目的不同，自然资源可得性的度量试图对人类可利用的资源总量有一个宏观的认识；自然资源评价则要研究各类自然资源的开发利用在经济、技术、社会诸方面的可行性和合理性，以便为资源开发利用可行性论证和规划、管理提供基础。

第一节 矿产资源评价

矿产资源评价包括地质评价（即自然特性评价）、经济评价和环境影响评价。地质评价应用地质学理论和方法，从矿藏本身的形成、分布规律和采矿技术要求出发，研究与矿产资源开发有关的各种自然技术要素和经济要素，以便确定勘探方向和判断其矿产价值，提出开发利用可能性的依据，是全部评价的基础。经济评价是在地质评价的基础上，从国民经济发展需要和市场供需平衡、当前技术水平与矿产开发利用的关系等方面，用定量指标刻画开发利用的合理性和经济效益。地质评价与经济评价密切配合，而且常常是共同进行的（连亦同，1987），甚至一起整合为技术经济评价。环境影响评价评估矿产资源开发利用对生态环境和社会环境的影响（李万亨等, 2000）。

一、矿产资源地质评价

1. 矿床类型

矿产资源赋存于矿床中。矿床是在一定地质作用下，在地壳的某一特定地质环境中形成，并在现有技术和经济条件下能够被开采利用的有用矿物聚集体，也称矿藏。矿床由矿体、围岩和矿体内的夹石（如煤层中的矸石，或称夹矸）组成。矿体是矿产资源开采的对象，由矿石矿物和脉石矿物组成。脉石矿物是矿床中与矿石矿物伴生的无用矿物，通常在采矿或选矿过程中被废弃。但对矿石矿物和脉石矿物的判断是相对的，如果技术改进或其他条件改变，脉石矿物也可以成为矿石矿物，如铅锌矿石中包含的黄铁矿、赤铁矿等，在当前经济技术条件下不能被利用，或者能利用但不经济，就被看作脉石矿物；一旦经济技术条件改变，使之能够被利用或是经济的，也就成为矿石矿物了。

矿床类型分矿床成因类型和矿床工业类型，前者是按照矿床形成作用（成因）不同而划定的矿床类型，如岩浆矿床、热液矿床、沉积矿床、变质矿床等；后者是根据矿床在工业上的使用价值和现实意义，特别是有关采矿、选矿、冶炼等矿石加工工艺方面的特征所划定的矿床类型。划定矿床工业类型的主要指标有矿石的有益和有害组分、组构及品位，矿体的形状及产状，矿床的规模，围岩的性质等。

矿床类型的划分可以反映各类矿床的储量、质量和开采条件，而且也在很大程度上反映了各类矿床开发利用的可能性和工业价值的大小。不同的矿床类型影响着采矿、选矿和冶金工业的工艺方法和工艺流程。同类矿床内部也有差异，在大类型中可能有小矿床，在小类型中也可能有大矿床。在同一类矿床类型中，由于矿床规模、形态、产状、空间分布和物质成分的不同，它们对于采矿、选矿和冶金工业的冶炼方法的工艺流程也有着不同程度的影响。

1）金属矿床类型

矿床类型尤其对金属矿产资源的评价来说是一个重要指标。特以铁矿为例加以说明（表14.1），这里列出了具有较大工业价值的铁矿床工业类型。铁矿床成因类型中还有一部分没有太大工业价值的，就不算工业类型。矿床工业类型和非工业类型之间的具体界线，有人认为只有铁矿石产量占世界铁矿石产量1%以上的那些矿床类型才算作铁矿床工业类型。铁矿石产量占0.3%～0.8%的矿床类型可以认为是各自国家的铁矿床工业类型。不同的铁矿床工业类型，有着显著不同的工业利用价值。它们的基本特征影响着铁矿石的采、选、冶等各个方面。因此，通过铁矿床工业类型的划分，可以对某一地区的铁矿资源远景做出评估，并作为矿山开发计划的依据之一。

表14.1　铁矿床工业类型及其主要特征

<table>
<tr><th colspan="2" rowspan="2">铁矿类型</th><th rowspan="2">主要矿石</th><th rowspan="2">品位/%</th><th rowspan="2">储量比/%</th><th colspan="3">对开发利用的影响</th></tr>
<tr><th>采矿</th><th>选矿</th><th>冶炼</th></tr>
<tr><td rowspan="2">岩浆型</td><td>钛磁铁矿</td><td>钒钛磁铁矿、钛铁矿</td><td>14～34</td><td rowspan="2">7.6</td><td>地下开采</td><td>需采用特殊工艺流程</td><td>需采用特殊工艺流程。可炼特殊钢。伴生有益元素，可综合利用</td></tr>
<tr><td>含磷灰石磁铁矿</td><td></td><td>>60</td><td></td><td>品位较富，一般不需选矿</td><td>因矿石含磷量较高，需在托马氏炉中冶炼</td></tr>
<tr><td colspan="2">接触交代型（夕卡岩型）</td><td>磁铁矿、赤铁矿</td><td>20～70</td><td>2.4</td><td>地下开采</td><td>品位较富，一般不需选矿</td><td>因矿石含硫量较高，需在碱性平炉中冶炼</td></tr>
<tr><td colspan="2">热液型</td><td>磁铁矿、赤铁矿</td><td></td><td>0.5</td><td>地下开采</td><td>品位较富，一般不需选矿</td><td>因矿石含硫量较高，需在碱性平炉中冶炼</td></tr>
<tr><td colspan="2">风化壳型（残余型）</td><td>褐铁矿、其他铁的氢氧化物</td><td></td><td>3.2</td><td>露天开采</td><td></td><td></td></tr>
</table>

续表

<table>
<tr><th colspan="2" rowspan="2">铁矿类型</th><th rowspan="2">主要矿石</th><th rowspan="2">品位
/%</th><th rowspan="2">储量比
/%</th><th colspan="3">对开发利用的影响</th></tr>
<tr><th>采矿</th><th>选矿</th><th>冶炼</th></tr>
<tr><td rowspan="2">沉积型</td><td>陆相</td><td>赤铁矿、含水赤铁矿、土状褐铁矿等</td><td rowspan="2">20～50</td><td rowspan="2">19.4</td><td></td><td>需选矿</td><td></td></tr>
<tr><td>海相</td><td>鲕状赤铁矿、肾状赤铁矿、鲕状褐铁矿、菱铁矿</td><td>一般地下开采，偶可露天开采</td><td>需选矿</td><td></td></tr>
<tr><td colspan="2">变质型</td><td>磁铁矿、赤铁矿、假象赤铁矿</td><td>一般为 14～40，可达 60 以上</td><td>60</td><td>一般地下开采，偶可露天开采，多大型矿</td><td>需选矿</td><td></td></tr>
<tr><td colspan="2">未分类</td><td></td><td></td><td>6.9</td><td></td><td></td><td></td></tr>
</table>

2）非金属矿床类型

非金属矿产资源因为矿种多、分布普遍、用途广泛，而且大部分是加工和使用整个矿体，不同矿种、不同用途对矿床规模、矿石质量和开采条件的要求不同，区别比较严格，所以矿床类型降到相对次要地位。只有用作化工原料的非金属矿物原料资源，因为和金属矿物一样，也是从中提取某一种元素，矿床类型的作用和影响相对突出。以磷矿为例，其矿床工业类型及其特征如下。

（1）磷块岩矿床。成因为外生沉积岩磷矿床，依据其成矿特点，又可以将其分为以下类型：①地槽型磷块岩矿床。储量大，工业价值高，占世界磷矿储量的 64%。矿石中磷的含量比较高且均匀，P_2O_5 含量一般达 28%～36%，SiO_2 含量为 5%～12%，同时含钒、铀和其他稀土元素。矿石质量较高，一般无须选矿即可加工利用。②地台型磷块岩矿床。在一般地台区的磷块岩矿床，矿石含 P_2O_5 为 12%～28%，虽较地槽型低，但分布广、构造简单，易于开采，也有较大工业价值。在活动性较大的地台区，磷块岩矿床则有很大差异，矿床储量、矿石质量、选矿难易程度、工业利用价值皆因地而异。③风化型磷块岩矿床。残积型 P_2O_5 含量变化较大，为 5%～35%；淋积型含量较高，达 25%～30%。④变质型磷块岩矿床。矿石品位较低，一般为百分之十几，并且变化大；但较易选矿，可制作优质磷肥。

（2）磷灰石矿床。为内生火成岩磷矿床，依据其成矿特点，又可将其分为：①霞石正长岩中的磷灰石矿床。矿石呈斑状与条带状构造。斑状矿石含 P_2O_5 为 22%～35%，条带状矿石含 P_2O_5 为 19%～26%。这类矿床规模巨大，储量丰富，是世界磷灰石矿床中规模最大的类型。矿石经选矿后，磷灰石、霞石、钛及其他稀有金属都可以综合利用，因而有很大的工业意义。②正长岩中的磁铁矿—磷灰石矿床。矿石中含磷灰石 8%～12%，与共生的有磁铁矿、钛铁矿等可综合利用。③透辉石岩中的磷灰石矿床。矿石中磷灰含量变化很大，为 10%～40%。矿床储量规模较小，适合中小企业开发利用。

（3）鸟粪磷矿床。鸟粪堆积而成，包括：①可溶性鸟粪磷矿床。在干燥气候条件下形成，含大量磷酸盐和硝酸钾，为良好氮磷钾复合肥料。②淋滤鸟粪磷矿床。在湿热气候条件下形成，小块易溶硝酸盐。

2. 矿产资源储量

矿产资源储量是经过地质勘探手段查明的矿产资源数量。矿产资源储量的大小，特别是设计储量和远景储量的大小，决定着采矿企业未来可能的生产规模、投资额、生产装备、工艺流程和生产年限，以及未来扩大矿山生产规模、延长服务年限的可能性，是制定开采规划、生产计划和企业设计的重要依据。了解各种矿产资源的储量及其分级情况，对于评价各种矿产资源的开发利用价值有着重要意义。

1）矿产资源储量分类体系

由于勘探程度的不同，矿产资源储量分为不同的类型和级别，世界上矿产资源储量分类主要有三大体系。第一种是“3P”体系，将储量分为证实的（proved）、可能的（probable）和远景的（prospective）三类，美国、澳大利亚等市场经济国家的矿产资源储量分类大都属此。

第二种是“ABC”体系，把储量分为 A、B、C 等级别，以苏联和计划经济时期的中国为代表，如中国曾采用的矿石储量分类、分级如表 14.2 所示。

表 14.2 “ABC”体系的矿产资源储量分类、分级

分类	分级	用途	储量	矿体产状和构造	矿石质量和加工技术	开采条件
开采储量	A_1	可作为编制矿山开采计划的依据	已详细圈定	已查明	已充分研究	已详细查明
设计储量	A_2	可作为矿山企业设计和投资的依据	已相应圈定	大致查明	已详细研究	已查明
	B		已相应圈定	基本查明	已试验和研究	基本查明
	C_1		同上，或由 B 级推算	基本查明	有概括了解	已初步了解
远景储量	C_2	可作为编制地质勘探设计的依据	由 C_1 级推算			
地质储量	根据区域地质测量、矿床分布规律或根据地质构造单元，结合已知矿产地的成矿条件所预测的储量，它只能作为地质普查找矿之用					

第三种是联合国的分级框架体系。联合国欧洲经济委员会专家工作组于 1992 年提出《联合国化石能源和矿产资源分类框架》（*UN Framework Classification for Solid Fuels and Mineral Commodities*），并分别于 1997 年、2004 年和 2008 年进行了修订。该框架能够使不同国家的资源储量度量系统进行比较，联合国经济及社会理事会建议在全球范围内推广应用。这个分级采用三维分级法，即根据经济可靠性（经济轴）、可行性评价（可行性轴）和地质研究程度（地质轴）将矿产资源储量分为 10 个级别。其中，经济可靠性分为经济的、潜在经济的和内蕴经济的；可行性评价分为可行性研究和预可行性研究，将地质研究视为可行性评价的初级阶段；地质研究程度分为详细勘探、一般勘探、普查和踏勘。在详细勘探基础上，经可行性研究或预可行性研究属于经济的，以及在一般勘探基础上经预可行性研究属于经济的，称为储量（reserves），其他情形的均称为资源（resources）（United Nations Economic Commission for Europe, 2009）。

2）中国矿产资源储量分类

中国在 1999 年发布实施了《固体矿产资源/储量分类》国家标准（GB/T17766—1999），主要依据《联合国化石能源和矿产资源分级框架》编制，其框架如图 14.1 所示。

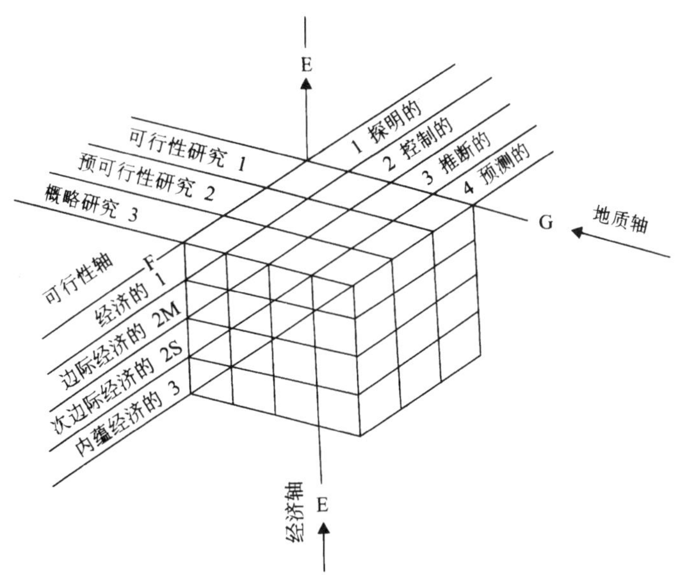

图 14.1　中国固体矿产资源储量分类框架

采用上述三轴分类体系，将固体矿产资源分为储量、基础储量、资源量三大类 16 种类型（表 14.3）。

表 14.3　固体矿产资源储量分类表[据《固体矿产资源/储量分类》国家标准（GB/T 17776—1999）]

经济意义	查明矿产资源			潜在矿产资源
	探明的	控制的	推断的	预测的
经济的	可采储量（111）			
	基础储量（111b）			
	预可采储量（121）	预可采储量（122）		
	基础储量（121b）	基础储量（122b）		
边际经济的	基础储量（2M11）			
	基础储量（2M21）	基础储量（2M22）		
次边际经济的	资源量（2S11）			
	资源量（2S21）	资源量（2S22）		
内蕴经济的	资源量（331）	资源量（332）	资源量（333）	资源量（334）

注：编码的第一位数字表示经济意义，1 经济的，2M 边际经济的，2S 次边际经济的；3 内蕴经济的；第二位数字表示可行性评价阶段。1 可行性研究，2 预可行性研究，3 概略研究；第三位数字表示地质可靠程度，1 探明的，2 控制的，3 推断的，4 预测的。变成可采储量的那部分基础储量，其编号后加 b 以示区别于可采储量。

（1）地质轴（地质可靠程度）。地质可靠程度反映了矿产勘察阶段工作成果的不同精度，分为探明的、控制的、推断的和预测的四种。①探明的：在矿区的勘探范围依照勘探的精度详细查明了矿床的地质特征、矿体的形态、产状、规模、矿石质量、品位及开采技术条件，矿体的连续性已经确定，矿产资源数量估算所依据的数据详尽，可信度高。②控制的：对矿区的一定范围依照详查的精度基本查明了矿床的主要地质特征、矿体的形态、产状、规模、矿石质量、品位及开采技术条件，矿体的连续性基本确定，矿产资源数量估算所依据的数据较多，可信度较高。③推断的：对普查区按照普查的精度大致查明矿产的地质特征及矿体的展布特征、品位、质量，也包括那些由地质可靠程度较高的基础储量或资源量外推的部分。由于信息有限，不确定因素多，矿体的连续性是推断的，矿产资源数量的估算所依据的数据有限，可信度较低。④预测的：对矿化潜力较大地区经过预查得出的结果，在有足够的数据并能与地质特征相似的已知矿床类比时，才能估算出预测的资源量。

（2）可行性轴（可行性评价）。可行性评价分为概略研究、预可行性研究、可行性研究三个阶段。①概略研究：对矿床开发经济意义的概略评价，所采用的矿石品位、矿体厚度、埋藏深度等指标通常是我国矿山几十年来的经验数据，采矿成本是根据同类矿山生产估计的。其目的是确定投资机会。由于概略研究一般缺乏准确参数和评价所必需的详细资料，所估算的资源量只具潜在经济意义。②预可行性研究：对矿床开发经济意义的初步评价，其结果可以为该矿床是否进行勘探或可行性研究提供决策依据。这类研究应有详查或勘探后采用参考工业指标求得的矿产资源储量数，实验室规模的加工选冶试验资料，以及通过价目表或类似矿山开采对比所获数据估算的成本。预可行性研究内容与可行性研究相同，但详细程度次之。当投资者为选择拟开发项目而进行预可行性研究时，应选择适合当时市场价格的指标及各项参数，并且论证项目要尽可能齐全。③可行性研究：对矿床开发经济意义的详细评价，其结果可以详细评价拟开发项目的技术经济可靠性，可作为投资决策的依据。所采用的成本数据精确度高，通常依据勘探所获的储量数及相应的选冶性能试验结果，其成本和设备报价所需各项参数是当时的市场价格，并充分考虑了地质、工程、环境、法律和政府的经济政策等各种因素，具有很强的时效性。

（3）经济轴（经济意义）。经济意义指对地质可靠程度不同的查明矿产资源，经过不同阶段的可行性评价，按照评价当时经济上的合理性可以划分为经济的、边际经济的、次边际经济的、内蕴经济的等。①经济的：依据符合市场价格确定的生产指标计算其数量和质量。在可行性研究或预可行性研究当时的市场条件下开采，技术上可行，经济上合理，环境等其他条件允许，即每年开采矿产品的平均价值能满足投资回报的要求，或者在政府补贴和（或）其他扶持措施条件下，开发是可能的。②边际经济的：在可行性研究或预可行性研究当时的市场条件下，其开采是不经济的，但接近盈亏边界，在将来技术、经济、环境等条件改善或政府给予其他扶持的条件下，可变成经济的。③次边际经济的：在可行性研究或预可行性研究当时的市场条件下，开采是不经济的或技术上不可行的，需大幅度提高矿产品价格或技术进步，使成本降低后方能变为经济的。④内蕴经济的：仅通过概略研究做了相应的投资机会评价，未做预可行性研究或可行性研究，由于不确定因素多，无法区分其是经济的、边际经济的还是次边际经济的。⑤经济意义未定的：仅指通过预查预测的资源量，属于潜在矿产资源，无法确定其经济意义。

3）矿产资源储量规模划分标准

国土资源部[①]2000 年发布《矿产资源储量规模划分标准》（国土资发〔2000〕133 号），

① 2018 年组建了自然资源部，不再保留国土资源部。

给出了 113 种矿产资源的大、中、小型储量规模划分标准，这里列举几种主要矿产资源的储量规模划分，如表 14.4 所示。

表 14.4 矿产资源储量规模划分标准

矿种		单位	规模		
			大型	中型	小型
煤	煤田	原煤/亿 t	≥50	10～50	<10
	矿区	原煤/亿 t	≥5	2～5	<2
	井田	原煤/亿 t	≥1	0.5～1	<0.5
油页岩		矿石/亿 t	≥20	2～20	<2
石油		原油/万 t	≥10000	1000～10000	<1000
天然气		气量/亿 m^3	≥300	50～300	<50
铁	贫矿	矿石/亿 t	≥1	0.1～1	<0.1
	富矿	矿石/亿 t	≥0.5	0.05～0.5	<0.05
锰		矿石/万 t	≥2000	200～2000	<200
铜		金属/万 t	≥50	10～50	<10
铅		金属/万 t	≥50	10～50	<10
锌		金属/万 t	≥50	10～50	<10
铝土矿		矿石/万 t	≥2000	500～2000	<500
金	岩金	金属/t	≥20	5～20	<5
	沙金	金属/t	≥8	2～8	<2
银		金属/t	≥1000	200～1000	<200
磷矿		矿石/万 t	≥5000	500～5000	<500

通常将不同储量规模的矿产地分为超大型矿床、大型矿床、中型矿床、小型矿床、矿点、矿化点（李厚民和高辉，2010）。

（1）超大型矿床尚无统一的划分标准，一般认为规模超过大型矿床下限的 5～10 倍即是超大型矿床，其数量极少，甚至独一无二。例如，内蒙古白云鄂博铁铌稀土矿床，其稀土资源储量在全世界举足轻重；又如，澳大利亚奥林匹克坝铁铀金矿床、加拿大肖德贝里铜镍矿床、南非布什维尔德铬铁矿床、中国湖南锡矿山锑矿床等，均属超大型矿床。

（2）大型矿床在世界各国的划分标准也不一致，中国大型矿床的规模只有下限，没有上限，表 14.4 中的大型矿床中实际包括了超大型矿床。

（3）中型矿床划分的上限为大型矿床的下限，下限为小型矿床的上限，规模介于大型矿床和小型矿床之间。

（4）小型矿床的划分以中型矿床的下限为上限，没有下限。

（5）矿点一般是指勘查程度较低（如预查或普查）的矿产地，其资源储量不清，或者虽然工作程度较高，但查明资源储量很少。查明资源储量很少（通常少于小型矿床的上限 10 倍）的，一般称为小矿或小小矿。

（6）矿化点一般是指在区域地质调查或评价过程中发现的矿化线索，地质工作程度很低，最多达到预查、普查阶段，尚不能确定是否是矿床，资源储量不清，有的矿化点有可能经过进一步工作后扩大规模；有的矿化点通过进一步工作可能发现规模不大或品位不够，没有工业价值。中国《矿产资源储量规模划分标准》中没有矿点和矿化点的划分标准。

4）矿产资源储量评价的工业意义举例

（1）铁矿。铁矿储量直接影响着矿床的可能开发规模和利用方向。铁矿储量越大，可能开采的规模也越大，服务年限也越长。例如，一个储量 2 亿 t 以上的大型铁矿，其年开采规模可达每年 400 万～500 万 t 以上，那么就有条件作为年产 100 万 t 以上粗钢的大型钢铁企业的矿石基地。钢铁企业布局中一个重要因素是考虑是否接近铁矿产地，因而铁矿的储量对钢铁企业布局有较大的影响。在一个大型铁矿附近有可能布置一个大型钢铁企业；在几个交通联系较为方便的中型铁矿之间，也有可能建立一个规模较大的钢铁企业；在一个大型铁矿和大型煤矿之间，通过“钟摆式”联系，也可各建一个大型钢铁企业。

（2）铜矿。铜矿石是最典型的有色金属矿物原料，一般而言有色金属矿物原料储量规模不大，品位较低，对矿床储量规模的要求就有别于黑色金属矿物原料。对于铜、铅、锌等，凡金属含量达 50 万 t 以上者，即为大型矿床；金属含量小于 10 万 t 者，为小型矿床。即使是小型矿床，只要其他条件有利，也值得重视和开发。

（3）煤矿。煤田的储量规模是评价煤炭资源的首要指标，它决定着采煤企业的生产规模、投资额、生产过程的机械设备、自动化程度和生产年限及今后扩大矿山生产规模、延长服务年限的可能性。由于采煤技术的提高，煤矿的井型设计也在不断扩大，因而对煤田储量的要求更高。

（4）原油。油田储量直接影响着油田的开发规模和开采量，采油企业的服务年限和最大年产量与储量、规模的关系如表 14.5 所示。

表 14.5 油田开采的储量要求

规模类型	工业储量/亿 t	采油企业服务年限/年	年产量/万 t
特大型	＞2	＞50	＞400
大型	1～2	30～50	100～400
中型	0.1～1	10～30	30～100
小型	＜0.1	＜10	＜30

3. *矿产资源质量*

矿床的工业价值不仅取决于矿产资源储量，也取决于其质量。

1）影响矿产资源质量的因素

（1）矿石的自然类型。矿石的自然类型决定加工工艺技术和工业用途，是矿石质量的要素之一。例如，铁矿有磁铁矿、硫铁矿等不同自然类型，一般有工业价值的黑色金属矿石主要是氧化物，有工业价值的有色金属矿物主要是硫化物。

（2）矿石品位。这是决定矿石质量的最重要指标。在其他条件相同的情况下，矿石品位的高低直接影响着生产成本。例如，黑色金属矿石的品位相差 1 倍，其选矿所投入的劳动和吨矿成本会相差 5 倍以上；有色金属矿石的品位相差更大，其选矿所投入的劳动和吨矿成本相差更悬殊，一般高达 10～20 倍以上。

（3）矿石的加工技术特征和综合利用价值。主要指影响矿石加工利用的一系列因素。例如，对要提取其中某种有用组分的矿床来说，一般指矿石中主要有用组分的品位及其存在形式，矿石加工过程的复杂性和成本等；对一般作为整体使用的非金属矿物原料来说，主要指它们的物理机械性质、加工难易等。矿石往往含有多种成分和多种元素，可以提取副产品，各种矿石类型都有着不同的综合利用价值。

2）铁矿质量评价

（1）矿石的自然类型。自然界已知的含铁矿物有300多种，但有工业利用价值的只有磁铁矿（Fe_3O_4）、赤铁矿（Fe_2O_3）、褐铁矿（$Fe_2O_3 \cdot nH_2O$）、菱铁矿（FeO_3）和含钛磁铁矿（$FeTiO_3$）5种。硫铁矿不能作为铁的工业矿物。磁铁矿易选矿但冶炼时不易还原；赤铁矿不易选矿但冶炼时易还原；菱铁矿、褐铁矿品位低，易还原，对入炉矿石品位要求也低；含钛磁铁矿冶炼需要特殊工艺技术，但可综合利用。

（2）矿石品位。品位高的富矿可以不经过选矿直接入炉冶炼；贫矿则需经过选矿、烧结后才能使用，因而增加了生产成本和投资。对不同种类铁矿石的品位要求也不同，一般磁铁矿、赤铁矿要求稍高，而对褐铁矿和菱铁矿要求稍低。铁矿石的最低工业品位为25%～30%。含铁45%以上的磁铁矿、赤铁矿均可看作富矿，而含铁30%～35%的菱铁矿可作为富矿。

（3）矿石的加工技术特征和综合利用价值。主要考虑铁矿石的成分，铁矿石中含有有害、有益、无益无害组分。有害组分主要有硫、磷、砷，它们会影响钢铁的坚韧性；其次有铅、锌、氟，它们会腐蚀炉壁，硅会使炉渣黏着。因而工业对铁矿石中的有害杂质有严格要求：硫小于0.3%，磷小于0.3%（用于酸性转炉），磷小于1.2%（用于基性转炉，其渣可直接用作磷肥），砷小于0.07%。铅、锌、锡有害但也可以综合利用。铁矿石中的有益组分主要有锰、钒、钛、镍、钴、铬、钨、钼等，多为合金钢所需成分，可以综合利用。铁矿中还有无益杂质，如Al_2O_3、SiO_2、MgO等，冶炼时虽无严格要求，但这些成分过多时，技术要求就会提高。此外，铁矿石的结构及机械性能也直接影响矿石的选矿性能，如块状构造的富矿石可不进行选矿，具有浸染状构造的铁矿石则先要进行机械选矿，而选矿过程中对其机械性能和水分也有一定要求。

3）某些非金属矿的质量评价

矿石质量对某些非金属矿物原料的地质评价有着更大的作用和影响。例如，金刚石、石棉、石墨、压电石英、硅藻土等，其矿石质量是影响其工业利用价值的首要因素，在矿石质量符合工业要求的前提下，再考虑矿床的储量规模和开采条件。影响此类矿物原料矿石质量的指标主要有：

（1）矿石中有用矿物的物理技术特性。例如，金刚石，主要是利用其硬度，因而其结晶程度、硬度和脆性，就成为决定其质量的主要因素。工业用金刚石（占金刚石总年产量的75%～85%），根据其质量、结构和硬度分圆粒金刚石、红钻石和黑金刚石三种，红钻石硬度大、韧性强，但较少见，黑金刚石硬度较低，而圆粒金刚石，则晶体越大价值越高。

（2）矿石中有用矿物的含量。例如，金刚石含量要达4mg/m^3，云母5～10kg/m^3，石棉5～30kg/m^3，压电石英15g/m^3，才具有工业价值。

4）煤的品种和质量

煤的品种决定化石燃料的成分和结构，从而有不同的发热能力，直接影响各种化石燃料资源的开发利用方向，以及有可能取得的经济效益。例如，煤炭资源有泥煤、褐煤、烟煤和无烟煤之分，烟煤中又有长焰煤、气煤、肥煤、焦煤、瘦煤和贫煤之分。不同煤种煤化程度、含煤量不同，因而有不同的用途。对煤质影响较大的因素主要有以下理化性质。

（1）水分含量。煤炭中的水分会降低煤的发热量，增加煤炭运输中的无谓消耗。水分在褐煤中含量可高达 50%，在块煤中也达 1%～7.5%。

（2）灰分含量。灰分不仅无用，而且在生产和运输中会增加工作量，降低煤的发热量，在炼焦过程中会全部进入焦炭，从而降低焦炭的机械强度和炼铁炉的生产能力，增加熔剂的消耗量。煤中灰分含量少的为 2%～3%，多的可达 30%～40%。

（3）硫和磷的含量。硫和磷皆为煤炭中的有害成分。硫对煤的自燃起促进作用，含硫煤在燃烧时生成二氧化硫，不仅腐蚀设备，影响焦炭质量，而且为大气污染源，造成酸性沉降。炼焦中如果含有磷的成分，就要增加溶剂和焦炭的消耗量，降低生铁生产量，还会使生铁变脆，影响其质量。一般规定冶金用煤中硫不多于 2%，磷限为 0.01%～0.1%。

（4）挥发分含量。挥发分是煤炭在高温和隔绝空气的条件下分解而逸出的物质，它随煤的炭化程度的增高而减少，含挥发分高的煤炭化程度低，煤质也差。含中等挥发分的煤多属烟煤，用途最大；而含挥发分最少的无烟煤，则主要作动力用。

（5）发热量。发热量越高，煤的利用价值越大。各种煤的发热量与煤的炭化程度呈正相关，最高为烟煤和无烟煤。

（6）黏结性。指煤在炼焦时所产生的黏结残渣的能力，通常用胶质层厚度来表示，还是烟煤分类的重要指标。这个特性在炼焦工业中意义较大。

此外，煤的硬度和块度，也影响煤炭的工业利用价值。

5）原油质量评价

（1）比重：这是衡量原油质量的一个主要指标。石油比重一般为 0.75～1.0，比重小的轻质石油加工后能得到较多的汽油、润滑油等，价值较大；反之，比重大的重质石油，质量较差。

（2）黏度、含蜡量、凝固点：影响石油的开采、运输、管路建设和加工方式。黏度越大越不易流动，影响开采时和管线运输中的流动速度。含蜡量影响凝固点从而影响输油管线建设。原油按含蜡性质可分为少蜡原油（凝固点＜–15℃）、含蜡原油（凝固点为–15～20℃）和多蜡原油（凝固点＞20℃）三种，前二种用管路输油较方便，所需投资也较少，第三种则较困难，所需投资也大得多。原油含蜡量还影响石油冶炼的加工方案。

（3）含硫情况：原油含有硫化物，能腐蚀设备、管线、储油罐，降低抗爆剂的效率，增加裂化汽油的出胶倾向。所以低硫原油（含硫量＜0.5%）的经济价值要高于多硫原油（含硫量＞0.5%）。

4. 矿床开采条件与矿区条件

1）矿床开采条件

主要指矿体产状、形态及大小、矿层厚度、埋藏深度、矿石顶底板围岩的机械强度和稳定性，以及矿区的水文地质、地貌、气候条件等。这些条件对矿山的基建投资、生产成本、生产规模和劳动生产率等产生巨大影响，是选择矿山开采方式的重要技术因素之一。尤其是埋藏深度，不仅决定着开采方式（地下开采或露天开采），还影响着剥离系数的大小，而剥离系数则是影响露天开采时技术复杂程度和成本高低的主要因素。

矿区的地形结合矿体产状、形态及分布情况，影响开采方式的选择和未来矿山企业的工业场地、废石场地，以及有关厂房等永久性建筑物的布置。矿石和围岩成分的稳定性、硬度及其他物理机械性质决定着崩落和加固的方法。用于确定开采时的支护方式和支柱密度、爆破效率和炸药消耗量，以及露天开采场的边坡角，或者地下开采时的回采方法。

矿床水文地质条件的复杂程度，如矿体及围岩的含水性、喀斯特发育情况、地下水位、地下水与地表水的联系情况，以及地表水系的洪水情况等，在很大程度上决定井筒和坑道的布置、排水方法、排水设备的动力、开采成本的高低等。在一般情况下，只能够开采地下水位以上的矿石。

化石燃料的开采条件主要包括矿体的形态、产状和含矿率、矿层厚度、埋藏深度、顶底板围岩的机械强度和稳定性、矿区水文地质条件、矿区地貌、气候条件等，其作用与意义、对开采的影响等皆与矿物原料资源的开采条件大同小异，尤其是煤。

影响石油和天然气资源开发的自然因素（开采条件），主要是油、气的地质构造类型、埋藏深度、埋藏岩层的性质、孔隙度和渗透率等。一般而言，平铺分散储油、气层，即使藏量丰富，但油、气资源不聚集，难于开采。相反，各种褶皱构造一般都有较好的储油、气条件，有利于勘探和开发。因此，不同油田类型有不同的最大井距。油、气埋藏深度越浅，建井投资越省；但若小于 500m，由于油、气产量与压力有关，也会影响开采价值。岩层性质、孔隙度和渗透率影响可钻性，以及油、气储量和油、气是否易于流入井内而开采出来。

2）矿区条件

主要指矿床的经济地理位置和该矿在国民经济中的地位，特别是矿区的交通运输条件方便与否，对于那些大型的、开采量大的矿床有重大意义。其他经济条件，如人口和劳动力的情况，动力燃料来源，工业用水，生活用水的水源和给排水情况，辅助原料、建筑材料、木材等的来源和供应情况，以及粮食、副食品的供应情况，都在各方面影响着矿产资源的开发利用。

对于化石燃料资源的开发来说，最重要的是矿区所处地理位置、交通、供水等。例如，新疆煤田储量大、煤质好，开采条件也不错，但由于位置偏僻，距主要消费区太远，故近期不能作为重点开发地区。而两淮煤田，虽然储量不大，但由于距离主要消费区近，有方便的交通运输条件，易于取得各大经济中心的人力、经济、技术支援，因而成为华东地区重点建设的主要煤田。新疆、青海一些大型油、气田，由于人口稀少，远离生产、生活资料供应地，水源不足等原因，迟迟不能大规模开发。目前我国东部油气田已捉襟见肘，开发前沿不得不向西北转移，其勘探、开采、运输等费用会大大高于东部。

二、矿产资源经济评价

经济评价以地质评价为基础，进一步结合矿区的具体情况，从数量上了解矿床可能提供的产量和价值，以便更全面地评价各种矿产资源开发利用的经济效果。矿物原料资源的经济评价，一般选用以下几个指标。

1. 年开采能力与开采年限

年开采能力与开采年限一般用年产量来表示，它取决于矿床规模（Q）和企业年限 T，设最大年生产力为 A，则有

$$A = \frac{Q}{T} \text{ 或 } \frac{QK_n}{TK_p} \tag{14.1}$$

式中，K_n为选矿时矿石回收系数；K_p为开采时矿石贫化系数。

通过式（14.1）确定 A 时，还要考虑采矿技术条件的可能性和国民经济发展的需要。年生产力是矿物原料资源经济评价首先应注意的指标。因为年产量的不同，不仅会对矿床在相应部门中的作用、采矿设备、运输手段等产生重大影响，而且对投资数量、企业生产年限、开采利用水平、产品成本和开采经济效果等也有决定性的影响。

2. 投资与运营成本

1）投资

投资量的多少是评价矿产资源开发利用价值的重要因素。具有相同生产规模的矿山企业，投资量越大，矿床开发利用的经济效益越小。投资包括固定资产投资、流动资金和固定资产贷款利息（资本化利息），其中固定资产投资所占比例最大，有时也指代投资。

（1）固定资产投资：是指花费在矿产资源开发工程建设上的全部资金，其中绝大部分用于建设场地的准备，以及主要生产设施、辅助性生产设备和矿山生产外部条件的建设。包括建设场地的开拓、平整和排水的费用，原有建筑拆迁和重建费用，以及破坏环境的赔偿费用；包括采矿基建、采准工程的费用，露采的初期剥离费用，选厂厂房和通往选厂的运输线建设费用，生产设备装卸设施、堆矿场和仓库的建设费用；包括排水、通风、安全技术、工业卫生、机修车间和生活服务设施的建设费用；包括矿山的铁路、公路、车辆和电话、供电工程（专用电站、输电线、配电所等）、供排水工程等费用；还可能包括居住生活投资。上述种种构成矿山企业的固定资产，将通过折旧形式转移到产品中去。小部分投资用于施工管理、职工培训、勘测设计、地质勘探、矿石技术加工试验、矿山建设可行性研究等费用，这部分不形成固定资产。固定资产投资与矿床的特点、产出条件、矿山企业生产规模、矿床开采和技术加工方法、经济自然地理等因素有关，其估算的准确程度取决于工作的深度和广度，以及对资料的占有程度。

（2）流动资金：是垫支在工资及其他支出等要素方面的资金，即矿山企业经营过程中作为周转用的资金，它在周转中表现为生产储备资金（包括原材料、低值易耗品、燃料等占用的资金）、未完工产品资金、成品资金、货币资金与结算资金（包括发出商品应收款额、银行存款、现金）等占用形态。它的价值周转是一次全部转移到产品中去，并从产品销售收入中一次全部得到回收，只经过一个生产周期就可以完成一次从垫支到全部收回的循环，其价值周转方式具有流动性，故称为流动资金。流动资金额多采用以下几项指标：①流动资金占固定资产资金率。例如，有色金属矿山采选企业为 15%～20%，化学矿山为 10%～25%；②流动资金占年经营费资金率。例如，黑色冶金矿山约为 50%。

（3）固定资产贷款利息：矿山企业基建期间因未能生产产品，无力偿还应支付的贷款利息，不得不另行借贷，以偿还基建期间所发生的利息，故又称资本化利息。

投资评价不仅要看总投资多少，而且要看投资比例的高低：投资比例=总投资÷年生产力。投资比例是动态变化的，一般规律是，随着矿山企业年生产力的增加，投资比例就有所降低，从而使开发利用的经济效果更加显著。

2）生产成本和折旧费

（1）矿山生产成本：指矿山企业为生产和销售矿产品而支付的一切费用，取决于多种因素，除与矿山企业的生产经营水平有关外，还与矿床地质条件和开采技术条件、矿山企业的技术经济参数、采矿方法和系统、年生产力、总投资和投资比例等相关，各种因素相互关联。生产成本包括已耗费的生产资料的价值，如原材料及辅助材料、燃料动力费、工资及附加费、固定资产折旧费、行政管理费、环境影响补偿费、矿产资源税、增值税、企业所得税、资源补偿费（如土地复垦费）等，以及销售矿产品的开支，如保管费、运输费、销售费等。

已开发矿山，生产成本的主要组成如图 14.2 所示。

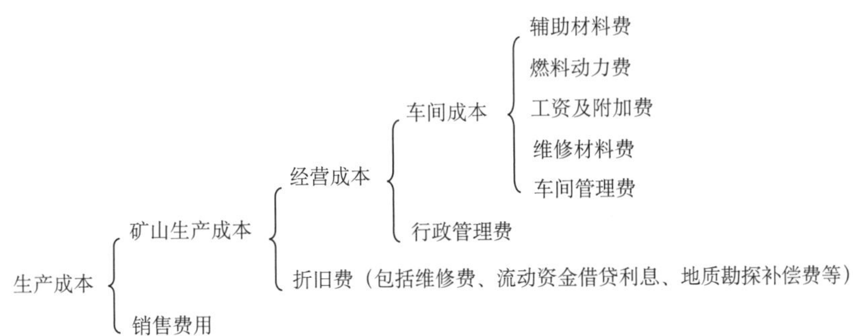

图 14.2　矿山生产成本的主要构成

规划矿山生产成本的确定，可以采用经验公式来估算。例如，总成本 C 可以是矿床地质储量（z_0）、矿床厚度（m）、矿体与覆盖层厚的比值（s）、品位（a_0）的函数：

$$C = f(z_0, m, s, a_0) \tag{14.2}$$

利用此类经验公式，可确定一定成本限度内的各要素标准。例如，在原厚度和储量已定的情况下，可以确定可采矿床最低品位；同样，若已知品位和厚度，可确定其成为可采矿床所必须拥有的最低储量。在此基础上作对比分析，其中最终产品成本最低的矿床，应当优先开发利用。

（2）折旧费：为了更新原有的固定资产，必须将原有固定资产的价值在其使用期间转作生产成本，从产品的收入中及时提取并积累起来，以保证生产的顺利进行。这种为了更换生产性资产留出的准备资金称为折旧费。从生产费用角度看，折旧费是一项生产费用，要正确地计入产品的成本中；从资金回收角度看，折旧费又是一项从固定资产转变为流动资金的回收收入，要据之提存折旧资金，保证固定资产的再生产。

3. 价值与利润

价值指矿产品的市场价格，这对资源开发的经济效果具有决定性影响。可以根据金属价格或精矿价格来计算。矿产资源开发的利润是矿产总价值扣除投资和成本的剩余部分。此数为正数，则说明开采可以获利，数值越大，获利越高，矿床的工业利用价值就越大。反之则要亏损，但也并非所有要亏损的矿床都没有开发利用价值。计算矿床开发利润可以采用库索奇金所提出的计算公式。对于金属矿床，有

$$A = g \cdot C \cdot Q - (P_1 + P_2 + P_3) \tag{14.3}$$

式中，A 为每吨矿石可获利润；g 为矿石中某金属的平均品位；C 为某种金属的回收率；Q 为某种金属或精矿的价格；P_1 为每吨矿石的开采成本；P_2 为每吨矿石的选矿成本；P_3 为每吨矿石的其他成本。将 A 乘以矿床储量，即可得出开发全矿床可能取得的总利润。非金属矿床开发利润的计算与此有所不同，但原理一样，此处从略。

4. 国民经济评价

国民经济评价是根据国民经济长远发展目标和社会需求，衡量矿产资源开发项目对国家经济发展战略目标和对社会福利的实际贡献，是从国民经济的全局即从国家、社会的立场出发，考察和研究该项矿产资源开发为国民经济做出的贡献。国民经济评价既考虑其直接效益，又兼顾其产生的间接效益或相关效益，不仅要计算本部门的经济效益，还要计算相关部门和使用部门的经济效益。国民经济评价是宏观的、长远的和全局的经济评价。为了满足不同层次的要求，对矿产资源开发特别是大中型项目的经济评价，不仅要进行企业经济评价，而且还要进行国民经济评价，做到既要重视微观经济效益，又兼顾宏观经济效益。全面的国民经济评价在当前市场经济国家被普遍采用，同企业经济评价一样以矿产资源开发项目本身为评价对象，但站在更高的层次，从国民经济的角度出发，利用调整价格、调整汇率等修正过的经济参数计算涉及国民经济的全部指标或部分指标。

因为现行市场价格受财政、经济、社会、政策等因素的影响，不能反映其真正的社会费用，所以在国民经济评价时要对价格进行适当调整，调整后的价格称为调整价格，也可以用影子价格。但是在市场经济机制不完备的情况下，现行产品价格存在诸多不合理因素，要对所有产品和投入品的价格做合理的调整尚有困难，通常只调整对经济评价影响大、明显不合理的价格。价格调整应以相应产品的国际市场价格为参照。

全面的国民经济评价以国家净收益和国民收益净增值为基础，通常采用如图 14.3 所示的评价指标（李万亨等，2000）。

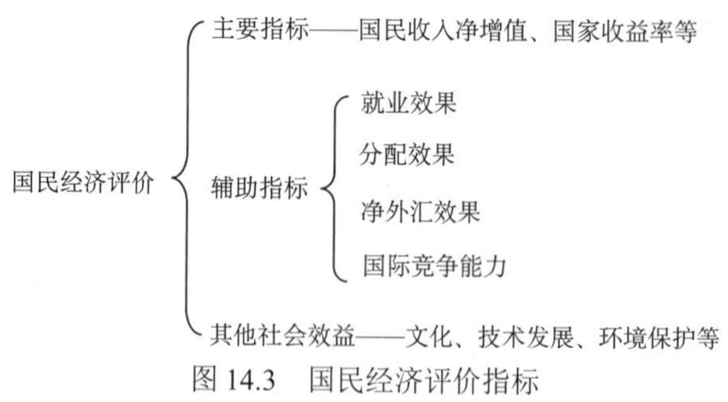

图 14.3　国民经济评价指标

三、矿产资源开发环境影响评价

从本书第八章第一节可见，矿产开发对生态环境产生了显著的影响，这些影响逐渐受到社会和企业的重视。1969 年美国国会通过了国家环境政策法（National Environmental Policy Act，NEPA），规定各种资源开发项目的论证必须有“环境影响报告”（Environmental Impact Statement，EIS），这就把环境影响评价引入资源开发评价中。此后，各个国家都陆续确立环境影响评价制度，规定所有的开发项目（包括矿产资源开发利用和可更新资源的开发利用）都必须做环境影响评价。

环境影响评价可有狭义和广义两种理解，前者只评价自然环境影响，后者则还要评价对经济环境和社会环境的影响，广义理解的环境影响评价实际上是要评价项目导致的所有未纳入市场体系的影响后果，包括有益的方面，如增加就业机会、改善地区经济结构和带动地区经济发展、改善交通条件、增加资源供给、改善气候水文条件等；也包括有害的方面，如收益分配不均、导致劳动力价格或生活费用上涨、自然环境的污染或破坏、危害人类的生态系统的健康等。这些影响绝大多数是不能用市场价格来衡量的，有时甚至是无形的、不可度量、不可测定的。

环境影响评价已发展成一门专业技术，内容和方法非常丰富多样，这里只能对其主要程序和内容作一个概括的介绍。这些程序和内容不仅适用于矿产资源开发项目，也适用于可更新资源开发项目。

1. 环境影响的识别

如果拟定的资源开发计划（包括采用的技术）付诸实施，将对哪些环境要素产生影响?影响的重要性如何?要提供一个清单。清单的内容视项目的不同而不同。例如，可以包括以下方面。①人类健康：发病率、死亡率。②生态系统：植被的增减，生物生产量、物种的变化，生态系统稳定性，动物迁移（尤其是鱼类洄游）。③环境的美学和娱乐价值：风景、垂钓、体育。④环境污染：大气、水体、土地、噪声。⑤资源变化：土地占用、资源的耗损、对其他资源的影响。⑥自然要素：气温、湿度、径流、水位、温室气体、地貌。⑦文物古迹：历史遗址、风景名胜。⑧对周围地区或上、下游地区的影响：如水土流失、沉积物、水量、酸雨。

环境影响的识别必须以对各要素之间相互关系的认识为基础，其中的因果关系有一些已被认识，但还有许多没有被认识。此外，影响及其重要性的判断不免会有一定主观性，因而会有争论。

2. 环境影响的估算

对上述影响的效益或危害要加以估算。有些影响可以换算成货币单位，如砍掉了多少树木、淹没了多少房屋和财产，直接可以算出价格；如不能以货币价值计量，则可以用非货币型实物指标；若两种方法都不行，可以定性地确定影响的级别。显然，这里也涉及各种人的不同价值问题。例如，在缺乏市场价格的情况下，有时可以用推理的间接估计的方法进行合乎逻辑的估算。某些情形可以估算为补偿受害者必须支付的费用，如医疗费、产量损失费、修理费、收入损失费等。另一些情形则可以估算为了恢复原来的环境质量水平需付出的费用，如水处理费、除尘设备费等。所有这些补偿性支出可以看作项目环境成本。同时，对项目的环境效益，也可类似地估算。例如，估算能够征收多少税款和收费以抵消这些意外的环境收获，或者估算要投入多少资金才能获得这些效益。

还有一种方法是通过财产价值的变动来估算项目的环境影响。例如，噪声大的项目（如机场）会使附近房地产贬值，改善交通的项目会使房地产增值。可以用房地产租金或售价的变化来间接估算环境影响的费用或效益。

已建立的国家（或国际）环境质量标准也可以用来估算项目的环境影响。例如，空气和水质污染可以按照有害物种含量的标准来作为一种实物性指标：零点水平、临界水平、可承受水平。对难以确定实物量的影响，可以通过问卷调查或专家打分（特尔斐法）来分级。

3. 环境影响的比较

对不同开发方案，或者同一方案的不同技术、不同设计都做环境影响评价。然后估算上述各种影响的总和。比较不同方案的环境影响总分，寻找环境影响最小的项目。对于总分无可比性的不同方案，通常采取两种方法，一种是通过实地调查或问卷调查了解人们对项目的支持程度，另一种是投票决定取舍。

综合考虑资源开发项目评价所涉及的以上各个方面，就构成了成本-收益分析的主要内容，应该联系第十六章第二节关于成本-收益分析的基本原理、作用和问题来理解资源评价。

第二节　可更新资源评价

可更新资源项目的评价也需要进行自然特性的评价、经济评价和环境影响评价。后两者的基本原理与矿产资源项目评价类同，这里从略。下面介绍几种主要可更新资源以自然特性为主的评价。

一、土地资源评价

土地资源的自然特性评价，是针对一定的利用目的评价土地的生产潜力或适宜性，分别称为土地潜力（land capacity）评价和土地适宜性（land suitability）评价。

土地潜力指土地利用的潜在能力；土地潜力评价主要依据土地的自然性质及其对土地利用的影响，就土地的潜在能力做出等级划分。迄今的土地潜力评价大都针对大农业利用目的。最早的土地潜力评价系统是美国农业部土壤保持局在20世纪30年代建立的，当时的目的主要是为控制土壤侵蚀服务，60年代后加以改进，用于评价土地对于大农业利用的潜力（图14.4）。

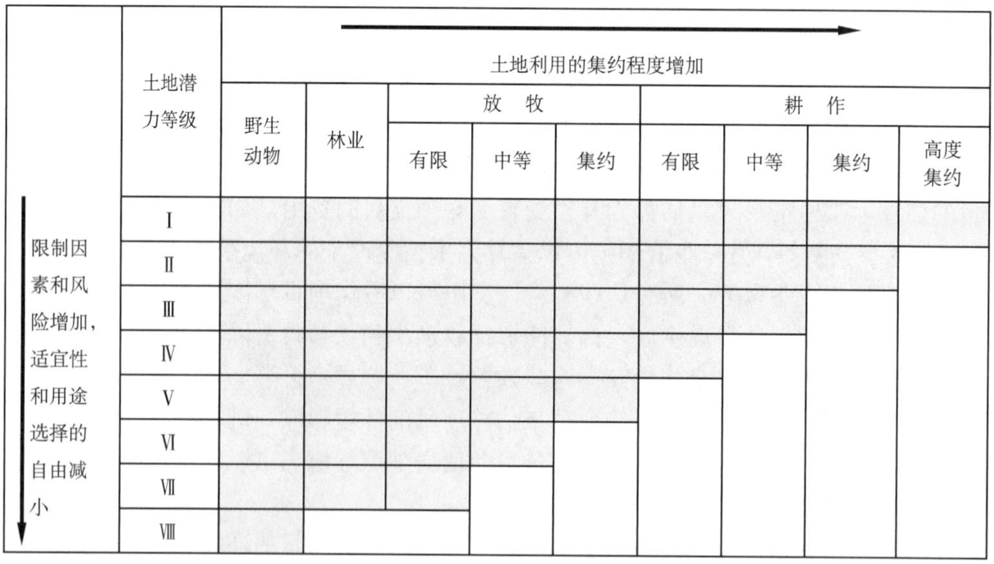

	土地潜力等级	土地利用的集约程度增加 →								
		野生动物	林业	放　牧			耕　作			
				有限	中等	集约	有限	中等	集约	高度集约
限制因素和风险增加，适宜性和用途选择的自由减小 ↓	Ⅰ									
	Ⅱ									
	Ⅲ									
	Ⅳ									
	Ⅴ									
	Ⅵ									
	Ⅶ									
	Ⅷ									

图14.4　美国农业部的土地潜力评价（克林格尔和蒙哥马利，1981）

土地适宜性评价则针对一定的土地利用方式。土地利用方式的分类有不同层次，高层类型如农业、林业、牧业、工业、交通、国防、城市、旅游等用地，低层类型如小麦、杉木、茶叶、居住、机场等用地。土地适宜性评价就是判断土地对这些不同利用方式是否适宜及适宜程度如何，从而做出等级评定。例如，联合国粮食及农业组织于1976年颁布的《土地评价纲要》（FAO，1976），将土地对一定利用方式的适宜性分为适宜、有条件适宜和不适宜三个等级，适宜等级又进一步分为非常适宜、中等适宜、临界适宜三个亚等，不适宜等级再分为当前不适宜、永久不适宜两个亚等。

无论是土地潜力还是土地适宜性，都取决于土地组成要素的性质和土地的区位条件。因此，土地资源自然特性的评价其实是评价土地的组成要素（如地形、气象气候、水分状况、土壤性质、土地覆被与区位等）和区位（倪绍祥, 1999）。

1. 地形

与土地资源评价有关的地形性质，主要是海拔、坡度、坡长和坡位、坡向等（表14.6）。

表14.6 地形性质对土地质量的影响

地形性质	对土地质量的影响
海拔	温度、生长季、降水量、日照、风等气候因素，通达性
坡度和坡长	耕作难易程度、通达性、水土流失、工程地质条件、可灌溉性
地貌部位（包括坡向）	日照、温度、暴露程度、霜冻等气候因素，耕作难易程度，水蚀和风蚀危害程度，盐渍度或养分有效性，排水，工程地质条件

海拔主要影响土地的水热条件。从理论上说，海拔每升高100m，气温降低0.6℃。降水量则随海拔增高而增加，但从一定高度再往上，降水又趋减少。海拔不同，土壤、植被、作物的生长季长短等也有明显差异，从而影响土地的适宜性和生产潜力。

相对高度表示地形受切割的程度。切割程度不但反映土地形成条件上的差异，而且也与土壤侵蚀强度等有关。

坡度和坡长主要与土壤侵蚀强度有关。就坡度而言，在我国黄土高原地区，坡度在2°以上的坡耕地位于分水线以下10 m处就发生细沟侵蚀；5°以上者，细沟侵蚀较强，并开始发生浅沟侵蚀；坡度在15°以上，细沟、浅沟侵蚀强烈；25°以上者，细沟、浅沟侵蚀极强，并有切沟出现；35°以上者，耕地土壤发生泻溜；45°～75°陡坡可能发生滑坡；75°以上的陡崖和岸壁还可发生崩塌。此外，坡度还与耕作条件、灌溉条件、工程建筑条件等有密切关系（表14.7）。

表14.7 不同土地利用的临界坡度

临界坡度/%	土地利用
1	国际机场跑道
2	地方机场跑道、铁路干线、满载卡车无速度限制、耕作无限制，需考虑排水问题
4	主干公路
5	使用除草和播种机械、出现土壤侵蚀、工程建筑开始发生困难，可作居住和道路开发、野营或野餐
9	铁路的最大坡度界限

续表

临界坡度/%	土地利用
10	使用重型农业或工程机械、工业用地
15	局部开发、轮式拖拉机
20	双向翻耕、联合收割机操作、房基构筑
25	等高耕作、载重拖车、步行游览

2. 气象气候

土地评价所涉及的气象气候性质，主要是辐射、温度、降水、蒸发、风速及雹、雪等（表14.8）。

表 14.8　气象气候因素对土地质量的影响

气象气候因素	对土地质量的影响
温度	霜冻危害、生长季、水分有效性、蒸发蒸腾
降水	水蚀危害、暴露程度、洪涝灾害、水分有效性
辐射	蒸发蒸腾
雹或雪	气象灾害
蒸发	蒸发蒸腾

气温状况可用几种方法表示，如生长季内的平均温度、最高温度和最低温度，无霜期，或者以超过一定界限温度（如 5.6℃）的日数所表示的生长季长短。也可以用积温（超过某一界限温度的日数与温度的乘积）表示。这些不同温度指标，在土地评价中可选择使用。

降水量主要指年和月的平均降水量。如果是为一年生作物进行土地评价，该作物生长期间的平均降水量则更为重要。此外，还包括降水强度和降水年际变率等。在土壤侵蚀较强烈的地区，降水强度的影响更为突出，因此在土地评价中最好考虑到这个指标。

风速大小对蒸发蒸腾有一定影响，尤其在那些“曝露”的坡地顶部，影响更为突出。同时，如果风速超过一定限度，对农作物、树木等会造成直接危害。例如，在我国海南岛，台风的风速及发生频率对橡胶树等热带作物的栽培有很大影响，在那里进行为发展热带作物的土地评价中，风速是一个不可忽视的指标。风向则对城市建设用地评价有特别重要的意义。

冰雹、霜冻和积雪（过量）等属气候灾害，对土地利用也有重要影响。在土地评价中，应尽量调查它们的发生频率和强度。可从气象台站收集有关资料，也可实地调查访问，如植株的损害程度和减产情况等。

3. 水文

地下水埋深、有无泉水出露及洪涝频率等水文因素影响土地的潮湿状况，从而影响到土地的质量（表 14.9）。

表 14.9 水文状况对土地质量的影响

水文因素	对土地质量的影响
地下水埋深	水分有效性、排水和通透性、工程地质条件
有无泉水出露	耕作难易程度、工程地质条件
洪涝频率	洪涝危害程度、工程条件

土地潮湿状况还受降水量和蒸发量的影响。在降水量多且较均匀及地势较平坦的地区，土地评价必须考虑排水状况，排水状况越差，潮湿度越大。此类地区不同排水状况的等级及其对土地质量的影响可分以下情况。

（1）排水过度。土壤质地粗，有效水容量小，仅在大雨期间或以后才出现水分饱和。过量水分很快流失。地下水位明显低于土体。

（2）排水良好。90cm 内的任何土层很少出现水分饱和。

（3）排水中等良好。大雨之后，上部 90cm 内的土层内部分水饱和，50cm 内的土层水分饱和时间较短。

（4）排水不良。50cm 以上有部分土壤的水分饱和期可长达几个月。

（5）排水差。50cm 内土壤的水饱和期在 6 个月以上，但 25cm 以上在生长季的大部分时间内不饱和。

（6）排水极差。25cm 以内的土壤有一部分水分饱和期超过 6 个月。在 60cm 内的土壤的某些部分出现永久性积水。

土壤剖面内的有效水容量也是评定土壤水分状况的重要指标，这是指有效土层厚度内可供利用的土壤水分含量。可根据土壤质地和土层厚度推算土壤有效水容量的方法。例如，假定土壤质地为壤土，每 10cm 土层内的有效水分含量为 17mm，有效土层厚度为 35mm，那么其总有效水分含量约为 59.5mm。这种方法比较简便，如果土壤质地与土壤有效水分含量之间的关系研究得较透彻，计算结果是可以满足土地评价要求的。

4. 土壤性质

土壤的许多性质与土地质量有关（表 14.10）。

表 14.10 土壤性质对土地质量的影响

土壤性质	对土地质量的影响
土壤质地和砾石量	耕性、水分有效性、排水与通透性、肥力、水蚀和风蚀危害、土壤渗透性、可灌溉性、根系可生长性
可见的巨砾或岩石露头	耕性、水分有效性
土层深度	水分有效性、耕性、根系可生长性
土壤结构（含硬盘、结壳和紧实度）	风蚀和水蚀危害、根系可生长性、水分有效性
有机质与根系分布	水分有效性、风蚀和水蚀危害、耕性
pH、$CaCO_3$ 或石膏含量	土壤肥力、土壤碱性
黏土矿物性质	水蚀危害、耕性
化学分析性质（例如 N、P、K 或毒素含量）	肥力（养分有效性）、毒性
土壤渗透性	排水和通透性、水分有效性、可灌溉性

续表

土壤性质	对土地质量的影响
有效水容量	水分有效性
渗入或径流	水蚀危害
土壤盐渍度	土壤肥力和毒性
土壤母质	肥力（养分有效性）或毒性

土壤侵蚀强度是土地评价常用的一项指标，它与气候、地形、岩性和母质、植被和人类活动等因素有关。土壤侵蚀有不同类型之分，按营力可分成水力侵蚀、重力侵蚀和风力侵蚀等。在水力侵蚀中，又可分出面蚀（雨滴击溅侵蚀、层状侵蚀、鳞片状面蚀及细沟状面蚀等）、沟蚀（浅沟、切沟、冲沟等）和喀斯特溶蚀等。在重力侵蚀中，又可分出泻溜、崩塌、滑坡等；在风力侵蚀中，又可按沙粒的移动方式分出悬移和推移两种形式，而实际上往往以沙丘的形态种类和固定程度划分风力侵蚀或堆积的类型。这些侵蚀类型既是侵蚀形态的体现，在一定程度上也反映了土壤的侵蚀强度。因此在已经有明显侵蚀特征的地区，可参照这些侵蚀类型去间接判断土壤的侵蚀强度。

定量地判断土壤侵蚀强度的方法，是建立反映土壤侵蚀量与各影响因子关系的数学模式，如国际上流行的通用土壤流失公式（universal soil-loss equation），其基本形式为

$$E=RKLSCP \tag{14.4}$$

式中，E 为土壤流失量；R 为降雨侵蚀力因子；K 为土壤可蚀性因子；L 为坡长因子；S 为坡度因子；C 为作物经营管理因子；P 为土壤侵蚀控制措施因子。

5. 土地覆被与区位

土地覆被指地表物质组成，是陆地生物圈的重要组成部分，土地覆被最主要的组成部分是植被，但也包括土壤和陆地表面的水体。不同区域土地覆被的性质主要取决于自然因素，但目前的土地覆被状况则主要是人类对土地的利用和整治活动造成的。土地覆被分为耕地、林地、草地、园地、水体、道路交通占地、建筑占地等类型。不同的土地覆被对土地质量有显著影响。

土地的区位条件评价，在原理上与矿产资源评价中的矿区条件评价类同，此处不赘。

二、水资源与水能资源评价

1. 水资源评价

水资源评价的内容框架如图14.5所示，包含的具体指标如表14.11所示（左东启等，1996）。水资源评价的核心是要研究计算具体区域的大气降水、地表水、地下水、污水及过境或外调水等供水量，调查分析工业用水、农业用水、生活用水、生态环境用水等需求量。一个区域中只有实现供水与需水之间的协调平衡，才可能实现水资源的可持续利用，保障社会经济的可持续发展。下面主要介绍水量和水质评价（史培军等，2009）。

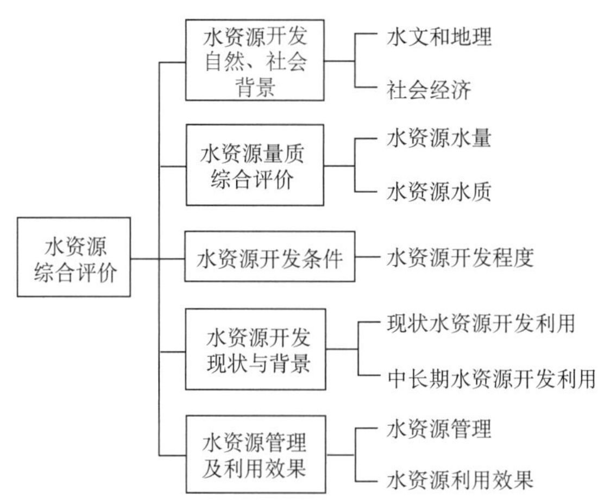

图 14.5 水资源评价的内容框架

表 14.11 水资源评价的具体指标

评价项目	评价指标
水文和地理	人均水面、人口密度、人均耕地、干旱指数
社会经济	人均用水量、城市人均生活用水量、非农业用水模数、单位面积产值、农村人均纯收入、国民生产总值增长率、人均国民收入、城镇人均收支余额、年末人均储蓄余额
水资源数量	人均当地降水资源量、人均过境水资源量、地表水年径流模数、降水需水同时率
水资源质量	污染水面率、未解决饮水程度、污径比
水资源开发程度	灌溉率、单位面积可调容量、单位面积动力设备、渠系利用系数、工业用水重复利用率、供水工程投资占水利投资比例、水利投资强度比例
水资源开发利用现状	可利用水量模数、总用水模数、丰水年供需平衡率、平水年供需平衡率、枯水年供需平衡率
中长期水资源开发利用	可利用水量模数、总用水模数、丰水年供需平衡率、平水年供需平衡率、枯水年供需平衡率
水资源管理	供水率、供水设施完好率、水资源工程达标率、水费收取率、投入产出比折旧大修理提取率、经费自给率
水资源利用效果	单方水国民收入、工业供水单方产值、农业供水单方产值

1）地表水水量评价

地表水水量评价主要包括降水量评价（它是引起地表水量变化及时空差异的主导因素）和地表径流评价。

降水是流域水资源的主要来源，在某些地区甚至是唯一来源。降水量是指某时段内降落到某流域上的水的体积，一般用降水深度（即将降水总体积除以相应的面积，单位通常为

mm）来表示。降水量的评价还要评价降水过程，即以一定时段（时、日、月或年）为单位来表示降水量在时段上的变化，可用降水过程线来表示。降水过程反映了降水的时间变化特征，是影响河流径流量及水资源是否能充分利用的重要因素，是分析流域产流、汇流与洪水的最基本资料。

地表径流指由降水、地下水出露或冰雪融化形成的、沿着流域内不同路径流入河流、湖泊或海洋的水流。评价地表径流的指标包括流量、径流总量、径流深度、径流模数、径流系数及径流变率等。

流量（Q）指单位时间内通过过水断面的水量，通常以 m^3/s 表示。按照时间单位的不同，可以分成瞬时流量、日平均流量、月平均流量、年平均流量、多年平均流量等。

径流总量（W）指某时段（T）内通过流域出口河流过水断面的总水量（单位通常为亿 m^3 或 km^3）。按分析时段的不同，可以分成一次洪峰径流总量、月径流总量、年径流总量等。

$$W=QT \tag{14.5}$$

径流深度（R）是把某一时段内的径流总量（W）除以相应流域面积所得到的平均水层深度（单位通常为 mm）。

径流系数（a）表示同一时段内径流深度（R）与降水量（P）之比，无量纲，通常用小数或百分数表示。

$$a = R/P \tag{14.6}$$

径流变率（K）又称模比系数，指同一时段内某一年的径流量与多年平均径流量的比值。

$$K=Q/Q_{平均} \tag{14.7}$$

年径流变率（K_i）反映第 i 年的径流量与多年平均状况的比较，如果 $K_i>1$ 则表示这年径流量偏丰，如果 $K_i<1$ 则表示该年径流量偏少。

2）地表水资源可利用量评价

地表水资源可利用量指在经济合理、技术可能及满足河道内蓄水并估计下游用水的前提下，通过蓄水、引水、提水等地表水工程可能控制利用的河道一次性最大水量（不包括回归水的重复利用）。地表水的最大可利用量计算公式为

$$Q_{最大可利用} = Q_{当地河流径流} + Q_{入境} - Q_{出境} \tag{14.8}$$

式中，$Q_{最大可利用}$为某地最大可利用的径流量；$Q_{当地河流径流}$为当地的河流径流量；$Q_{入境}$为上游流入的径流量；$Q_{出境}$为当地流向下游的径流量。地表水资源可利用量不应该大于当地河川径流量与入境水量之和再扣除与相邻地区分水协议规定的出境水量。

3）地下水水量评价

地下水资源包括地下水的储存量和补给量。地下水储存量指储存在含水层内的重力水体积。储存量是地质历史时期累积形成的地下水资源量，是含水系统中不可再生和恢复因而不能持续利用的水量。取用含水系统的储存资源，将导致这部分资源的永久耗失。

地下水补给量是指在天然或开采条件下，单位时间进入含水层（带）中的水量。地下水补给包括其他地下水的流入、降水渗入、地表水渗入、人工补给等。地下水的补给量包括天然补给（山前侧向补给和垂向补给）和转化补给（地表水体补给、地表水灌溉渠系和田间灌溉水补给、含水层之间的越流补给，以及地下水灌溉回归补给等，但地下水灌溉回归转化补

给只作为地下水的补给量，一般不能算作地下水资源）。在一个含水系统中提取的地下水量原则上不应超过其补给量。地下水补给的一部分将消耗于不可避免的潜水蒸发、天然生态耗水、地下水的排泄等，因而不能全部被开发利用，可开采利用的地下水量仅是补给量的一部分。这部分可以开采利用又不会引起难以承受的环境损害（如地面沉降、土地沙化等）的水量称为可持续开采量或可采资源。

大气降水入渗补给地下水是一个复杂的过程，入渗补给量的大小不仅与降水强度、降水在时间上的分配、地形、植被的情况有关，而且与潜水的埋深、包气带岩性及降水前包气带的含水量等有关。为简化起见，通常采用式（14.9）计算：

$$Q=aFP \tag{14.9}$$

式中，Q 为大气降水补给量；a 为降水入渗系数；F 为接受降水入渗的地表面积（m^2）；P 为多年平均降水量（m/a）。

地表水渗漏补给包括河流、湖泊（水库）、渠道渗漏等多种形式。若均衡区有河流或渠道穿过，可在均衡区的上、下游边界处各选一个测流断面，分别测定其流量，并确定断面之间的距离、测流开始与结束的时间间隔、河渠的水面宽度、水面蒸发量。然后用式（14.10）计算河道或渠道在某时段的总渗漏量：

$$Q_{漏}=(Q_1-Q_2)\Delta t-BLZ \tag{14.10}$$

式中，$Q_{漏}$为河道或渠道在 Δt 时段的总渗漏量（m^3）；Q_1、Q_2 分别为河渠上、下游测流断面的平均流量（m^3/s）；Δt 为计算时段（s）；B 为河渠的水面宽度（m）；L 为两断面的距离（m）；Z 为 Δt 时段水面蒸发深度（m）。

4）水质评价

水质评价是按照评价目标，选择相应的水质参数（指标）、水质标准和计算方法，对水质的利用价值与水的处理要求做出的评定。因为水资源的用途广泛，而且水又是一种环境要素，所以水质评价的目标及要求也是多种多样的。水质评价因子一般可分为：①感官物理性状指标，包括温度、色度、嗅和味、浑浊度、透明度、总固度、悬浮物；②一般化学性水质指标，包括 pH、碱度、各种阳离子、阴离子、总食盐量、总硬度等；③有毒化学性水质指标，包括重金属、有毒有机物、氰化物、农药等；④氧平衡指标，包括溶解氧、化学需氧量、生物需氧量等。

《地表水环境质量标准》（GB 3838—2002）依据地表水水域环境功能和保护目标，按功能高低依次将水质划分为五类：Ⅰ类主要适用于源头水、国家自然保护区；Ⅱ类主要适用于集中式生活饮用水地表水源地一级保护区、珍稀水生生物栖息地、鱼虾类产卵场、仔稚幼鱼的索饵场等；Ⅲ类主要适用于集中式生活饮用水地表水源地二级保护区、鱼虾类越冬场、洄游通道、水产养殖区等渔业水域及游泳区；Ⅳ类主要适用于一般工业用水区及人体非直接接触的娱乐用水区；Ⅴ类主要适用于农业用水区及一般景观要求水域。

对应地表水上述五类水域功能，将地表水环境质量标准基本项目标准值分为五类，不同功能类别分别执行相应类别的标准值（表 14.12）。水域功能类别高的标准值严于水域功能类别低的标准值。同一水域兼有多类使用功能的，执行最高功能类别对应的标准值。

表 14.12 地表水环境质量标准基本项目准限值举例 （单位：mg/L）

项目	Ⅰ类	Ⅱ类	Ⅲ类	Ⅳ类	Ⅴ类
水温/℃	人为造成的变化应控制在：周平均最大温升≤1，周平均最大温降≤2				
pH（无量纲）	6～9				
溶解氧≥	饱和率 90%（或 7.5）	6	5	3	2
高锰酸盐指数≤	2	4	6	10	15
化学需氧量（COD）≤	15	15	20	30	40
五日生化需氧量（BOD_5）	3	3	4	6	10
氨氮（NH_3-N）≤	0.15	0.5	1.0	1.5	2.0
总磷（以 P 计）≤	0.02（湖、库 0.01）	0.1（湖、库 0.025）	0.2（湖、库 0.05）	0.3（湖、库 0.1）	0.4（湖、库 0.2）
总氮（湖、库，以 N 计）≤	0.15	0.5	1.0	1.5	2.0
硫化物≤	0.05	0.1	0.2	0.5	1.0
粪大肠菌群（个/L）≤	200	2000	10000	20000	40000

资料来源：国家环境保护局，2002。

2. 水能资源评价

1）水能蕴藏量

各条河流水能蕴藏量的大小，与水量、落差成正比关系：

$$N = rQ_0H \tag{14.11}$$

式中，N 为水能的理论蕴藏量；r 为水的密度（1000kg/m^3）；Q_0 为多年平均过水流量（m^3/s）；H 为落差（m）。式（14.11）计算出来的是做工单位[（kg·m）/s]，应换算为每年的电力单位（kW·h）。因为 1 kW＝102（kg·m）/s，1 年＝365×24＝8760h，所以有

$$N = 1000 \cdot 1/102 \cdot Q_0 \cdot H \cdot 8760 = 9.8 \cdot Q_0 \cdot H \cdot 8760 = 85848Q_0 \cdot H \text{（kW·h）}$$

因为水量取决于降水量和蒸发量，落差取决于地形条件，所以又可依据一定区域内的降水量、蒸发量和地形落差变化的基本数据，用上式大致估算区域的理论水能蕴藏量。实际上，由于自然、经济、技术种种条件的限制，有相当一部分水能是不可利用的。例如，河流的天然流量在洪枯季节变化很大，洪峰来时，要从溢洪道放走一部分，不可能全部流量都用来发电。用水库调节可解决部分问题，一般水电站约可利用流量的 80%～90%。从河流或水库中引水供农田灌溉和工业用水、船闸放水、水库蒸发损失等，都减少发电量。河道的落差由于受地形地质条件和淹没损失的限制，也往往不能利用到最高限度。此外，把水能转换为电能或机械能的过程中也有损失（水轮机组的发电效率平均约为 85%～90%）。那些实际能够用来发电的水能蕴藏量，称为实际水能蕴藏量（或可开发水能蕴藏量）。

一个地区的实际水能蕴藏量和理论水能蕴藏量的比值，称为水能蕴藏量的可利用系数。可利用系数越大，开发利用价值越高。例如，全国的理论水能蕴藏量（为每年 6.8 亿 kW）相当于每年可发电 5.9568 万亿 kW·h，而全国可开发的大中小水电站装机容量为 3.8 亿 kW，以平均年利用小时数为 5000h 计，年可发电量约为 1.9 万亿 kW·h，所以水能蕴藏量的利用系数为 32%。各地区的利用系数也可照此计算（王汉杰，1993）。

2）水能开发条件

水电站的建设投资大，工期长，所需建材、机器设备多，修建水坝淹没损失也较大。所以，水电站所在地区的自然、经济和技术条件，对水能资源的开发利用价值也有很大影响。如电站坝址的地质、地貌条件，一般要求基岩坚硬，河床覆盖层较薄，坝区地壳稳定，地震烈度不高，河谷深切，库区无渗漏之虑。河流的含沙量少，可以延长水库的寿命，反之则缩短水库寿命。这对投资多，工期长，对国民经济发展影响较大的大中型水电站，关系尤为重大。库区淹没指标和人口迁移指标是很重要的因素。一般而言，坝高越大，库容越大，发电量越多，淹没损失也越大，二者形成一个此长彼消的关系。一般用 1kW 淹没耕地数和迁移人口数来衡量。可在相同发电量的前提下（对于两处电站）或不同发电量前提下（对于一处电站的不同坝高），对比这两个指标，较低者成本低，经济效果较好。我国已建和在建的大中型水电工程，淹没耕地数一般不超过 0.226 亩/kW，迁移人口数不超过 0.144 人/kW。水电站所处的经济地理位置，特别是水电站与能源消费中心之间的距离，影响着水能资源开发利用的先后次序，制约着水电站的投资和生产规模。例如，西藏及四川、云南西部水能资源极为丰富，可开发水能资源占全国的 64.5%，地形地质条件好，淹没损失小，移民数量少，但因交通不便，人烟稀少，经济基础落后，离负荷中心远，在开发顺序上就得往后排。而长江三峡地区，水能富集，可发电量大，而且所处地理位置优越，得到优先开发。

以上只是概括地介绍了水能资源的评价指标。实际上，水能资源开发的评价远为复杂，尤其是大型、特大型水电站。以长江三峡工程的评价论证为例，前后进行 70 年，最后一次集中 3412 名专家，分 14 个专家组从多方论证，主要论证专题有地质地震与枢纽建筑物、水文与防洪、泥沙与航运、电力系统与机电设备、水库移民、生态与环境、综合规划与水位、施工、投资估算、综合经济评价等。

三、林、草资源评价

1. 森林资源评价

1）林地面积

林地面积是指林木郁闭度达到 0.4 以上的有林地面积（包括天然林和人工林）。林木郁闭度为 0.1～0.3 者称为疏林地，0.1 以下者称为无林地。林地面积是衡量一个地区森林资源的首要指标。

除以上绝对数量指标外，林地面积还用相对数量指标即森林覆盖率来表示：

森林覆盖率 =（有林地面积＋灌木林面积）÷土地总面积

一般认为，一个地区的森林覆盖率应在 25%以上，否则不仅木材不能自给，生态环境也难以保持良性平衡。但各个地区的自然条件和社会经济条件不同，林业在各地区的地位也不一样，从而对各个地区森林覆盖率的要求也不同。我国《森林法》规定，全国森林覆盖率应达 30%，山区应达 40%以上，丘陵区达 20%，平原区达 10%，提供了评价各地区林地面积的基本要求。

2）森林结构

森林结构是影响林分生长、生产力以及稳定性的重要因素，同时也影响着森林其他功能的发挥。森林结构主要从以下几方面来评价。

（1）树种结构。一般而言，树种结构越单一，越便于造林，便于机械操作，越易于抚育、采伐，但也越易受自然灾害和病虫害的危害。也就是说，单纯林易造林、抚育和管理，但多样性和稳定性较差。而混交林的优缺点则与此相反，若树种搭配得当，可以充分利用地上、地下空间，更充分地发挥地力，比单纯林有更高的生产力，而且抗御自然灾害和病虫害的能力也较强，副产品也更多，可满足对森林的多方面要求。

（2）层次结构。从木材资源角度看，一般的森林都可分为立木、下木、活地被层、层外植物等数层，其中最重要的是立木。立木本身根据树冠高低还可分出数层，立木的层次在林业上称为林相，故有单层林和复层林之分。森林的层次结构不仅改变着外界环境，并且使森林的小气候和土壤状况也发生垂直变化，也影响林分抗风力和对病虫害的抵抗力。此外，改善森林的层次结构还可加强林木的光合作用效率和促进土壤与乔木树种之间的新陈代谢和能量交换。

（3）年龄结构。大致可分为同龄林和异龄林。同龄林由于树干互相庇荫，整枝良好，树干比较通直，所以造林技术容易，抚育、采伐便于进行，单位面积产出较大。异龄林则护土作用强，当把成熟树木采伐后，耐阴树种易于萌生和天然更新。异龄林对风害、雪害的抵抗力也较强。

（4）森林密度。即单位面积内的林木株数，是表示林分水平结构的一个指标。一般而言，森林的密度影响林冠的郁闭状况、林木对土地资源和水热光条件的利用率，也影响环境条件的变化、林木质量和生长量。此外，森林密度还影响林分的稳定性。

3）林产品的数量和质量

森林产品的数量和质量依据不同林种而有不同的指标要求。对用材林而言，主要是指森林蓄积量和木材品种及材积级别。森林蓄积量中首先是森林蓄积总量，其次是可利用蓄积量所占比例。对于特用经济林、竹林、果树林等林种来说，则主要应考虑林副产品的种类、年产量、质量等方面。

森林提供的生态系统服务也是重要的“林产品”，甚至越来越成为比单纯物质性林产品更重要的“林产品”，包括供给服务（如上述林产品）、调节服务、支持服务和文化服务（详见第六章第一节）。生态系统服务评价也成为森林资源评价的重要内容（《中国森林生态服务功能评估》项目组，2010）。

4）森林资源的分布和开发利用条件

森林分布有明显的地带性和非地带性分异特点，此外，人为因素也影响森林的分布变化，从而形成不同的林区、林种、蓄积量和林副产品，森林的分布也决定其区位条件和其他开发利用条件。

森林资源的开发利用条件具体表现为：森林资源的集中程度、林区交通条件、林区附近工农业发展水平是否有利于提供必要的机械设备和粮食等生活、生产用品，林区动力保证程度，以及林区的气候、地貌条件等（连亦同，1987）。

2. 草场资源评价

1）草场生境条件

草场生境条件决定草场类型、植物构成、草场的生长期、产量和质量，因此是重要的评价指标。主要评价以下几个要素。

（1）气候。主要评价年均温、月均温、极端高低温、无霜期、冰雪期、降水量及暴风雪、尘暴沙暴等自然灾害的强度和频度，以及它们对草场生产和放牧活动的影响。

（2）地貌。主要评价地貌部位对地方气候、地下水埋深、土壤的影响，评价地形起伏、坡度、坡向对放牧活动、草场饲料利用率以及利用方式（放牧或割草）的影响。

（3）水源。水、草是评定草场经济利用价值的两大重要因素。草群丰茂但缺乏水源的草场，往往不能充分利用。草场水源包括地表水（河、湖）和地下水（井、泉）。水源丰富与否取决于水源地距离和水量，水源地相距越近、水量越大，供水保证率就越高；反之则低。如果牲畜饮水到 10km 以外，供水就无基本保证，草场也只有在冬季积雪时才能部分利用。

（4）土壤基质。主要考虑土壤发育程度和土壤机械组成，以鉴定草场饲用植物的生长情况和草场的耐牧条件，从而确定草场的经济利用价值。

2）草场植被条件

草场植被是草场的主体因素，也是人类利用草场的直接对象，它决定草场的基本特性（如植物组成、发育强度、产草量等）、草丛质量和草场利用的发展方向。草场植被条件主要从以下三点来评价。

（1）植被覆盖度。在其他条件相同的情况下，草场植被覆盖度越大，经济价值越高。南方山坡草地植被覆盖度较高，“天苍苍，野茫茫，风吹草低见牛羊”则表达了北方草场一种很好的植被覆盖。

（2）草场饲用植物构成。直接影响草场的经济利用价值。南方山坡草地植被虽好，但往往缺少适口性强的草种，限制了其牧用价值。饲用草群中首先以豆科草类最好，其分布广泛，含有丰富的蛋白质和矿物质，适口性强，吸收率也高，有很高的饲用价值，但在一般草场中所占比例不大（人工草场除外）。其次为禾本科草，这是一般草场中最常见、所占比例最大的草群，其含有丰富的碳水化合物，适口性强，饲用价值也较高。杂类草品质和适口性都较差，只适于骆驼和山羊等。

（3）草群品质和产量。草群种类可大致反映草群品质，但各类中差异也很大。一般按植物成分的适口性来鉴定草群品质，可分为优、良、中、劣、不食或很少食几类。植物适口性好坏与其利用率高低通常成正比关系。草场产草量的多少是划分草场等级的重要指标。南方山地草场草群品质较差，虽产量较高。

以上三点，在很大程度上取决于草场类型，如表 14.13 所示。中国南方山地草场虽覆盖度高，产量高，但由于草群品质差，约 30 亩地才能供养一头牛，而北方草原约为 5 亩。

表 14.13 中国北方草场类型的草场植被条件

草场类型	草群覆盖度/%	草层高度/cm	鲜草产量/（kg/亩）	草群组成（质量分数）/%			
				禾本科	豆科	杂草类	灌木及半灌木
森林草原	60～80	30～50	200～400	13.6	5.3	81.1	—
干草原	35～50	20～40	100～200	67.9	1	21.1	9.9
荒漠、半荒漠草原	15～25	20～40	25～100	31.8	—	12.4	55.8
荒漠	5～10	草本 3～5 半灌木 0～25 灌木 40～70	15～50	1.0	—	—	99.0

此外，草场提供生态系统服务，成为越来越重要的功能，生态系统服务评价是草场植被条件评价的重要内容。

3）载畜量与载畜能力

载畜量是指草场上实际的家畜饲养量，也称为牧场实际的密度容量。它在一定程度上反映了草场生产能力的水平和经营管理的效果。家畜繁殖、死亡、淘汰、出栏等过程随着草场牧草数量、质量在季节和年份上的不断波动，加之每年气候、灾情、饲养管理、草地培育手段等条件的不同，因而载畜量总是不断变化的。就一年而言，冬春季载畜量为最低，暖季最高。

载畜能力即是草场对牧畜的承载能力，指草场在保证持续利用（为方便起见，多定为在中等程度利用）条件下，全年放牧期内可能容载的最大牲畜数。它是一个理论数值。载畜量小于载畜能力，表明草场生产还有潜力；反之，则造成超载，这就是一种过度放牧，会使草场生产力大大下降。

用载畜量来评定草场的生产能力，长期以来以其指标简单明确、通俗易懂、统计方便而广泛用于全世界的草场生产实践中。尤其在草多畜少和草畜平衡的地区，牧草能充分满足家畜的需要，在一般的经营管理条件下，较多的家畜头数可直接表现为较多的畜产品。但由于家畜本身具有生产资料或财富象征两种作用，家畜量与可用畜产品（存栏数与出栏数）之间可能会有显著差别。往往会出现家畜存栏数增加了，畜产品收获量反而下降的反常现象。

4）畜产品的年产量与单位面积产量

草场生产的最终目的是获得畜产品，载畜量和载畜能力只是一个中间状态。获得畜产品与牲畜数量有直接关系，没有一定数量的牲畜，牧草就得不到充分利用，草场生产潜力也无从发挥。但牲畜头数过多，超出草场牧草生产量的负荷能力时，不但牲畜数量发展没有保证，也会严重降低草场生产能力。因此，应当在稳定适当的牲畜数量的情况下，通过提高畜产品年产量和单位面积产量的途径，来提高草场生产能力，充分发挥其潜力。

计算畜产品的年产量和单位面积产量时，常把各类畜产品产量换算成统一的畜产品单位。1 个畜产品单位相当于 1kg 增重，0.7kg 净肉，含有 2.25Mcal 代谢能，这里没有考虑蛋白质和其他营养成分，也没有考虑其他物质如毛、皮。按国内先进地区的试验数据，以 5kg 青草为 1 个饲料单位，每 10 个饲料单位（50kg 青草）生产 1 个畜产品单位。据此，一定范围内的草场年总产草量除以 50，即可得此范围内畜产品的年产量，再除以面积，得单位面积产量。当然，这只是一种粗略的算法，实际上畜产品产量还取决于草的品质、水源等。

在维持牲畜产量相对稳定的条件下，增加畜产品产量的一个有效途径是：合理淘汰，加速周转，这是符合草场畜牧业经济规律的。因为家畜的生产性能与年龄有关，年龄越大，生产性能越低。以产毛、产肉的改良羊为例，5 岁后其毛、肉均不会有增量，此外，草场牲畜一般有“秋肥冬瘦春死”的季节性变化规律。因此，只要注意减少老、残、弱等生产性能低的牲畜在畜群中的比例，提高家畜质量，适时出栏，加强冷季牧场建设或冬储牧草，畜产品产量可以在不增加牲畜数量的情况下大量增加（连亦同，1987）。

四、海洋渔业资源评价

1. 鱼类的数量变动

鱼类的数量变动主要通过渔获量的变动显示。鱼类的数量变动往往表现得很剧烈，如烟台鲐鱼渔获量的波动幅度超过 10 倍；对于西太平洋经济鱼类渔获量的波动幅度，鲹鱼为 1～4.3 倍，秋刀鱼为 1～25 倍；大西洋的梭鲈鱼为 1～10 倍，虾虎鱼为 1～75 倍。要深入评价鱼类的数量变动，就需要评价其影响因素，主要有以下几个。

1）海域饵料保证程度

不同海域，如热带水域、温带水域和寒带水域，近海水域与远海水域，浅海水域与深海水域，具有不同的水环境条件，因而有不同的饵料状况。近海大陆架海水较浅，距大陆近，海洋光合作用能够充分发挥作用，滋养浮游生物，底栖生物种类多，产量大，饵源丰富，鱼类的生存、繁殖和营养条件比远海大洋优越，从而有利于鱼类数量的增长。因此，海域环境所决定的饵料保证程度是影响鱼类数量变动的重要因素。

2）鱼类繁殖特征

鱼类的繁殖力、自然死亡、补充群体（种群代谢）及其生长等对鱼类的数量变动起着支配作用。可以根据产卵鱼群的产卵形式与第一次参加产卵的补充群体的多少，以及以后各世代的剩余比例等，来评价它们对鱼类数量变动的影响。

设 C 为产卵群体数量（当代），F 为补充群体数量（后代），R 为剩余群体数量（前代），则鱼类产卵类型有三种。

第一种产卵类型，$R=0$，$F=C$。一生中仅产一次卵，产卵后亲体大量死亡，补充群体等于产卵群体，如大马哈鱼、渤海的对虾、东海的乌贼等。这种鱼类群体组成简单，生长较快。其数量波动的主要原因是亲鱼产卵尾数减少，以及大量不成熟的鱼体遭到严重损害。这类产卵类型的群体最不稳定，易受捕捞、天灾的影响；但遭破坏后一般恢复也较快。

第二种产卵类型，$R\neq 0$，$F>R$，$F<C$。产卵群体比较复杂，其中含好几代；而补充群体的数量常大于剩余群体但小于产卵群体。通常一生重复产卵二三次。这种类型的鱼的特点是寿命较短、生长较快，繁殖力强。因此资源遭到严重破坏时，能在短期内恢复起来。如带鱼、青鱼、小黄鱼、鲐鲹等。

第三种产卵类型：$R\neq 0$，$F<R$，$F<C$。产卵群体中以剩余群体为主，即大部分为产过几次卵的鱼，补充群体只占一小部分。这种产卵群体更为复杂。鱼类一般生长较慢，寿命长，性成熟较迟，年龄结构复杂。因此，资源一般不易遭破坏；但一旦破坏，其恢复能力迟缓，因为每年增加的补充群体很少，如大黄鱼。

3）人为捕捞和增殖措施

捕捞因素主要是捕捞强度（鱼类的年平均捕捞死亡率，按百分比算）及其对不同鱼种的不同影响。只有在合理的捕捞强度下，保持在持续产量曲线（第二章第二节）范围内，才能使有限的鱼类种群为人类持续提供无限的累积渔获量；否则就会导致渔业资源衰退、渔获量下降。例如，我国在东海、黄海捕捞强度已经过高，导致鱼类资源衰退。当然，捕捞因素对于不同生物学特征的鱼类影响是不一样的。一般对移动性不大、生命周期较长、性成熟较迟的底层鱼类影响较大；而对洄游范围较广的中上层鱼类，或者生命周期短、性成熟早的鱼类影响相对较小。

与捕捞相对，增殖措施，如资源保护、人工放流等，也影响鱼类资源数量的变动，在发展捕捞的同时，必须注意繁殖保护、划定禁渔区、规定禁渔期和渔具限制、防止水污染等，以有效地保护和增加鱼类资源，为充分、合理地利用鱼类资源提供基础。

2. 鱼群的洄游规律

鱼群洄游对鱼类资源的分布和数量有显著影响，鱼类洄游分三种类型。

1）生殖洄游（产卵洄游）

鱼类为了繁殖后代，每年在一定的季节集群游向一定范围的水域产卵，称为产卵洄游。产卵鱼群绝大多数游向沿岸、河口一带产卵，这是由于这里有大陆河流注入丰富的营养物质，饵料丰富，而且夏秋季沿岸水温较高，有利于鱼卵的孵化和仔鱼的成长。因此鱼类往往以极大的洄游速度，游向特定的产卵场。在产卵期的产卵场鱼群密集达到高峰，世界各国的渔业大多以捕捞产卵鱼群为主。我国最主要的几种经济鱼类，如大黄鱼、带鱼、青鱼、乌贼等，也都是在生殖洄游期和产卵期捕捞量最大。生殖洄游按产卵场的不同，又可分为三类。一类由深海游向浅海和近岸，占大多数，如大黄鱼、带鱼、青鱼、鳓鱼、兰元鲹等。另一类由海里游向江河，或者由江河下游游向上游，这一类称为“溯河性”鱼类，如鲥鱼、鲑鱼、大马哈鱼、银鱼、中华鲟鱼等。还有一类，如鳗鲡等，由江河游向海洋，称为“降河性”鱼类。

2）索饵洄游

绝大多数鱼类产卵后由于恢复体力的需要，开始大量摄食。此时密集的产卵鱼群开始分散索饵。有些鱼有明显的索饵场（如日本鲐鱼），由产卵场洄游到索饵场进行索饵；有些种类有明显的索饵期，但无明显的索饵场（如大黄鱼、小黄鱼、带鱼）。此种洄游的目的在于索饵，因此鱼群洄游路线、方向受饵料的变化移动影响，饵料的状况支配着索饵群体的动向。

3）越冬洄游

鱼类是变温动物，对水温的变化较为敏感。由于季节变化，冬季近岸水温开始下降，鱼类为了追求适合其生存的水域，便引起集群性的移动，谓之越冬洄游，也称适温洄游，一般是由近海游向深海，由高纬游向低纬。越冬洄游速度的快慢在很大程度上取决于水温下降的快慢。开春后随气候转暖，性腺成熟，鱼群开始生殖洄游。

海洋鱼类除有上述洄游移动的规律外，很多中下层鱼类在昼夜之间还有明显的垂直移动（如带鱼、小黄鱼等），亦即一昼夜间栖息在不同的水层。垂直移动的原因主要有两种：一是由于饵料生物的昼夜垂直移动，鱼类为了追逐饵料生物，随着浮游生物垂直移动。另一种是各种鱼类对昼夜间光线强弱的变化有不同要求而发生垂直移动，如带鱼怕强光，喜微光，一般在黄昏时上浮，夜间栖息于水的中下层，黎明时下沉，中午光线最强时则栖息于近海底。掌握带鱼这种垂直移动规律，在生产上有重要意义。

3. 渔场条件

由于洄游，鱼类集合成群，定期在一定地区大量出现，这就形成“渔场”，洄游的进行即表现成渔场的移动。海洋渔场的形成还受许多其他有关因素的影响，从而使各海区的渔场有着不同的开发利用价值。这些因素主要有如下几个。

1）海区位置

包括经纬度位置和海陆位置，二者影响海洋气象、水文、海流和江河入海情况，从而影响着海洋鱼类的洄游行动。海流的动向与海洋鱼类的洄游规律关系更为密切，不少鱼类几乎是随海流而洄游。在南海深海区，有跟随海流前来洄游的远洋性鱼类，如金枪鱼、旗鱼、鲣鱼、鲨鱼等。在东海、黄海、渤海，暖流与寒流交会处，出现上升流，海水中饵源丰富，各种暖水性鱼类多汇集于此，形成渔汛。近陆海区，接受来自大陆的大量淡水、养分和饵料、滋养和繁殖海洋生物，也成为有利的渔场。

2）海水深度

海水深度影响着海洋中浮游植物的光合作用，光线强度随海水深度而递减。一般在垂直方向上把海洋划分为三层。真光层光线较强，足以供水生生物光合作用之需，所有浅水带，均位于这一层内。弱光层光线微弱，深 80～200m，植物不能正常生长，所现植物多为真光层内下沉的，无光层植物不能生活。因此，大陆架范围内的浅海地带比深海地带浮游植物、浮游动物和微生物都丰富多样，因而海洋鱼类资源也丰富得多。

3）海底地形和底质

不同的海底地形和底质，适应着不同鱼类栖息、繁殖和洄游的生态习性，影响海洋鱼类的品种和数量组成。例如，渤海底较平坦，水深一般不过 30m，黄、海、辽河每年带入大量黄泥沙，底质多泥质，是著名的鱼、虾产卵和洄游索饵场所。在东海海区，舟山群岛北为砂岸，海底地势平坦，多砂质和泥质底；舟山群岛以南为岩岸为主，适宜喜暖而清澄的水的墨鱼产卵，故为墨鱼产区。

4）渔港和渔业基地条件

渔港供渔船停泊，装卸渔需品、避风，是渔业作业根据地。渔港加上陆上的加工厂、渔船修造厂、渔具厂、码头、鱼市场、渔政机构等，就形成渔业基地。显然渔港和渔业基地的条件直接影响着渔场的开发利用（连亦同，1987）。

思 考 题

1. 自然资源评价与自然资源可得性度量有何异同？
2. 矿产资源地质评价的主要指标有哪些？
3. 矿产资源经济评价的主要指标有哪些？
4. 自然资源开发利用的环境影响评价有哪些主要内容？
5. 土地资源评价有哪些主要内容？
6. 水资源评价的主要指标有哪些？
7. 水力资源评价的主要指标有哪些？
8. 森林资源评价的主要指标有哪些？
9. 草场资源评价的主要指标有哪些？
10. 海洋渔业资源评价的主要内容有哪些？

补 充 读 物

连亦同. 1987. 自然资源评价利用概论. 北京：中国人民大学出版社.

倪绍祥. 1999. 土地类型与土地评价. 2 版. 北京：高等教育出版社.

王双银，宋孝玉. 2014. 水资源评价. 2 版. 郑州：黄河水利出版社.

第十五章 自然资源利用的投入-产出关系

自然资源是重要的生产要素，但仅有自然资源不能进行生产，还需要投入劳动和资本，才能开发利用并产出产品和服务。因此在自然资源开发利用中就有一个投入多少劳动和资本、与多少自然资源组合才能得到最大产出的问题。影响这种投入-产出关系的因素很多、很复杂，为抓住主要线索，经济分析以一些基本假设为前提（详见第十章第一节），采用归纳、抽象的方法找出其中的重要因素，设想某种理想状况，忽略其他要素的作用或视之为常数，从而能够构筑一些分析模型，发展理论，解释自然资源开发利用中的投入-产出关系。

第一节 生产要素投入组合的比例性

在影响自然资源开发利用投入-产出关系的若干经济学原理中，比例性（proportionality）是首要的概念，指各个生产要素的最优组合或比例。

在自然资源开发利用过程中，不仅需要自然资源本身，还需要投入资本、劳动和管理。农民不能指望土地资源自己会长出庄稼，要获得收成就必须耕耘、播种、施肥并加上田间管理，还需要进行水利和农田基本建设等，这一过程就包含大量资本和劳动投入。城市建设、森林经营、牧场管理也必须把资本、劳动与自然资源结合起来。不同的自然资源利用所需要的资本量和劳动量是不同的，商业和工业的开发一般需要在单位土地面积上投入大量的劳动和资本；相比之下，林业和牧业的资本和劳动投入较少，因为树木和牧草不需要多少投入就能生长。无论哪一种开发都需要资本、劳动和土地（自然资源）的某种投入组合，自然资源开发成功的关键就在于认识各种生产要素投入的最优比例。

按经济分析的假设，自然资源开发利用行为由报酬最大化的愿望所推动。要获得最大报酬，开发利用者总是力图将各种生产要素作最有利的组合。为此必须认识报酬递减律的作用，并能调节有关限制因素在开发利用过程中的影响。

一、自然报酬递减律

1. 报酬递减律的发现

人类生活和生产中处处可见报酬递减的现象。例如，饥饿时吃下第一碗饭，身体所获报酬（或效用）不少；但可能尚不足以饱腹，再吃第二碗饭，效用于是增加；若不断吃不去，至某个数量后，效用必然渐减；乃至吃得过多，不仅于身体无益，反而伤及肠胃。人类的任何活动都受到这种报酬递减规律的限制，但最早作为一种规律加以阐述的是经济学家们，他们从耕地的利用上发现了报酬递减律（the law of diminishing returns）并证明其存在，所以最早称为“土地报酬递减律”。后来在其他经济活动中也发现其存在，故称为“报酬递减律”。

威廉•配第发现了一定面积的土地生产力都有一个最大限度，超过这个限度，土地的生产量就不可能随劳动的增加而增加了。其后，杜尔阁详细表述了土地报酬递减律的内涵。他陈述到：撒在一块天然肥沃的土地上的种子，如果没做过任何土地的准备工作，这将是一种几乎完全损失的投资。如果添加一个劳动力，产品产量就会提高；而添加第二个、第三个劳动力，不是简单地使产品产量增加一倍或两倍，而是增加五倍或九倍。直到产品产量增加的比例达到它所能达到的最大限度时为止，超过这一点，如果继续增加投资，产品产量也会增加，但增加的较少，而且总是越来越少，直到土地肥力耗尽，耕作技术也不会使土地生产能力提高时，投资的增加就不会使产品产量有任何提高了。1836 年西尼尔给这一规律添加了“农业生产技术保持不变”的前提条件，使这一规律得以成立。

美国经济学家克拉克在 1900 年出版的《财富的分配》一书中，把生产中的要素分为不变要素（如土地）和可变要素（如肥料、劳动力），他认为在报酬达到最高点以前，不变要素的比例大于可变要素比例，可变要素的功能全发挥出来了，而不变要素的功能只有效地发挥了相应的一部分。因此，随着可变要素投入的增加，其总体生产率就大幅度上升，直到边际生产率达到最高。至此，不变要素和可变要素的比例趋于平衡，也就是说，不变要素的功能逐渐发挥殆尽，所以尽管总产量是上升的，但可变要素的边际产量却是递减的。当边际产量为 0 时，总产量也正好达到最高点。如果还要增加可变要素，由于其与不变要素不成比例，妨碍不变要素发挥作用，总产量反而下降。

2. 报酬递减原理

土地报酬递减律的完整表述如下。在技术不变的条件下，在一定的土地面积上，当一个可变要素同不变要素相配合进行生产时，如果可变要素的投入量连续增加，则总产量的变化先是递增，然后转为递减。对于所有生产要素，更为普通的陈述是：凡将某一变动生产要素连续投入附加到另一有限的固定要素上时，逐渐会达到一点，在此点后的每一单位投入的附加产出（或边际产出）将减少并且最终成为一个负数，这个原理就称为报酬递减律。

报酬递减律是影响人类利用自然资源的最重要规律之一。若无这个原理的作用，就可以设想将全部生产集中在一小块土地上，可以设想在一个花盆里提供全世界的食品，设想在一块建筑地上解决全世界人口的住房问题。

可用如表 15.1 所示的实例来说明报酬递减原理。

表 15.1　报酬递减律作用的实例

固定要素投入	变动要素投入	总自然产量	平均自然产量	边际自然产量	单价为 0.5 元时的边际产值	单价为 0.8 元时的边际产值	单价为 1.2 元时的边际产值
1	1	2	2	2	1.00	1.60	2.40
1	2	6	3	4	2.00	3.20	4.80
1	3	13	4.333	7	3.50	5.60	8.40
1	4	23	5.75	10	5.00	8.00	12.00

续表

固定要素投入	变动要素投入	总自然产量	平均自然产量	边际自然产量	单价为 0.5 元时的边际产值	单价为 0.8 元时的边际产值	单价为 1.2 元时的边际产值
1	5	35	7.0	12	6.00	9.60	14.40
1	6	49	8.167	14	7.00	11.20	16.80
1	7	64	9.143	15	7.50	12.50	18.00
1	8	78	9.75	14	7.00	11.20	16.80
1	9	91	10.111	13	6.50	10.40	15.60
1	10	102	10.2	11	5.50	8.40	13.20
1	11	111	10.091	9	4.50	7.20	10.80
1	12	118	9.833	7	3.50	5.60	8.40
1	13	122	9.385	4	2.00	3.20	4.80
1	14	123	8.786	1	0.50	0.80	1.20
1	15	121	8.07	–2	–1.00	–1.60	–2.40

资料来源：Barlowe, 1978。

假设一个单位的土地作为固定的投入要素（第 1 列），资本和劳动的混合均质单位作为变动要素投入（第 2 列）。直到某一点上（第 14 个变动投入单位），资本-劳动投入对于固定要素的每一相继增加部分都使总产出增加（第 3 列）。这个总产出称为总自然产量（total physical product，TPP）。

每变动投入单位的平均产量或产出称为平均自然产量（average physical product，APP）（第 4 列），是总自然产量除以用于生产中的变动投入单位数。例如，表 15.1 中第 8 个变动投入单位的使用带来 78 个总自然产量，所以平均自然产量是 9.75（78÷8=9.75）。在这个实例中平均报酬的最高点是随着第 10 个变动投入单位而来的。

除了总自然产量和平均自然产量的概念外，经营者也关心每增加一个投入单位所带来的产出增量，即边际自然产量（marginal physical product，MPP），（第 5 列）。在这个实例中，6 个变动单位的投入产生 49 个单位的总自然产量，而第 7 个单位的投入把总产量推进到 64 个单位。这两个总产量之差（64–49=15）就是使用第 7 个变动单位的边际自然产量。

图 15.1 形象地显示了这些概念。描述这种投入-产出关系的连续曲线是一种函数关系的表现，称为生产函数（production function）。不同的生产活动具有不同的生产函数，每一个生产函数都有三个报酬递减点。直到 MPP 曲线达到其峰值前，总产量以某一个渐增的速率上升。从这点开始，边际自然产量递减，而总自然产量继续上升但其上升速率渐减。在 MPP 曲线与底线交叉而为 0 时的变动投入规模点上，TPP 曲线达到其最高水平——总自然产量递减点。在这点以后，变动投入的任何增量都导致总自然产量的减少和负的边际自然产量。

APP 曲线在其与下降的 MPP 曲线的交点上总是达到最大高度，此点以后的平均自然产量逐渐减少。只要存在总产量，APP 曲线总是保持在基线以上的，这一点与 MPP 曲线不同。经营者若不断地增加肥料、水和其他可变要素的投入，则会达到某一点，此点上的附加投入将把总自然产量和平均自然产量二者都减少到 0。然而，一旦越过最高自然产量点，还要增加更多投入的决定是不明智的，理所当然地不表示在表 15.1 和图 15.1 中。

可用函数的形式描述土地报酬变化的规律。生产函数关系可以表示为

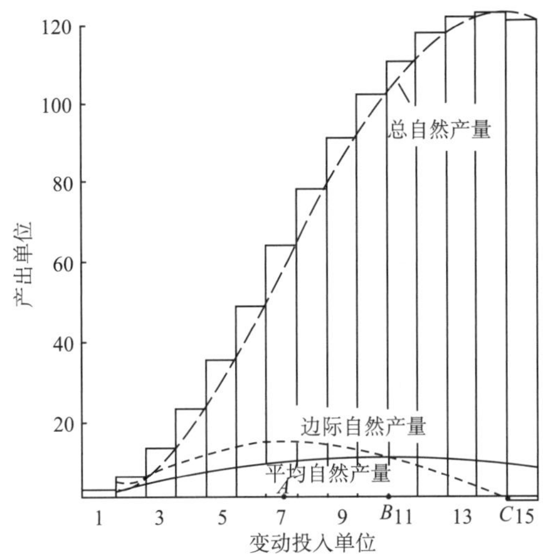

图 15.1　自然报酬递减律作用下生产函数和投入-产出关系的说明（Barlowe, 1978）

$$Y = f(X_i) \quad (i = 1, 2, \cdots, n) \tag{15.1}$$

式中，Y 为总自然产量；X_i 为投入的各种生产要素数量；f 为函数关系。

为了研究生产要素的最佳投入量，人们常把其他生产要素固定在某一水平上，而只研究其中一种生产要素与总产量的关系。这时，函数表达式为

$$Y = \Phi(X_i) \quad (i = 1, 2, \cdots, n) \tag{15.2}$$

式中，Y 为总自然产量；X_i 为某一生产要素的投入量；Φ为新的函数关系。

该函数表明，当某一个可变生产要素的投入量为 X 时，所生产出的 TPP 为 Y。通过它，还可求出生产要素的 APP、MPP 和自然生产弹性（elasticity of physical production，EPP）。其中，APP $=Y/X$，表示平均每单位生产要素所生产出来的自然产量。MPP $= \Delta Y/\Delta X$，ΔX 表示可变生产要素的增加量，ΔY 表示在相应情况下总自然产量的增加量。MPP 表示每增加一单位某个生产要素所增加的总自然产量。EPP 表示报酬的变化强弱及变化方向。TPP、APP、MPP 的变化如图 15.1 所示。

当生产要素 X 在从 0 增加到 A 这段区域内，MPP 递增且直到最高点；TPP 和 APP 也是递增的，但都未达到最高点。因此，生产要素的投入量不应停止在此区域内。当投入的生产要素由 A 点增加至 B 点时，MPP 递减，其曲线下凹，并向下延伸；TPP 以递减的速度增加，仍向上延伸。在 B 点 APP 达到最高点，并与 MPP 相交。当投入量从 B 增至 C 点时，APP 开始下降，但其数值高于 MPP，即 APP>MPP。至 C 点时 MPP 减至 0，TPP 达到最高点。如果只考虑实物形态的报酬（自然产量），C 点就是最佳投资点。如果考虑价格要素，最佳投资点应在 B、C 之间。当投入量超过 C 点以后，再追加投资，MPP 可能为 0，也可能为负数。TPP 的绝对数可能不变，也可能减少，但这二者都不可能再增加，所以投入量不应超过 C 点。

二、经济报酬递减律

1. 经济报酬递减律

以上的讨论还是研究要素投入的自然递减律，这个自然概念在生产中很重要。但不同的

产出单位和不同的投入单位在市场上的价格是不同的，而且随时变化，这对报酬有重要影响，所以还应认识到，必须以价格的观点来看待各种投入-产出关系，即不仅要考虑不同投入组合对产量的影响，也要考虑投入的成本和产量的收益。实际上，对经济收益最大化的关注远大于对自然产出最大化的关注，必须重视经济报酬递减律①。

通过直接把成本赋予每一个投入要素，并把市场价值或价格赋予每一个产出单位，就可以把报酬递减的自然概念转变成经济概念。于是，总自然产量、平均自然产量和边际自然产量的概念就分别转变为总报酬、平均报酬和边际报酬的概念，与这些报酬有关的成本概念就是总成本、平均成本和边际成本。一旦这样考虑了价格的作用，经营者们会发现最有利的情况是把生产推进到边际产值等于边际成本的那一点，这就是经济报酬递减点。只要经营者围绕他的稀缺要素或限定要素来组合他的变动投入要素，他总渴望在这点上获得最高纯利益。

很多经济分析都涉及经济报酬递减律所产生的问题，在应用这个概念时，可以在投入单位的基础上计算成本和收益，也可以在产出单位的基础上计算成本和收益。两种方法各有千秋，两者在资源经济分析中都有很多用处，而两者都包含着对同一个基本原理的应用，这里只阐述以投入单位为基础的方法。

在投入单位基础上计算成本和收益，可以直接通过把价值赋予自然产量的每一个单位，并且把生产成本分派给变动投入要素的每一个单位，从而将报酬递减的自然概念转变为经济概念。借助这个转变就可以把边际自然产量的价值表达为每投入单位的边际报酬，或者简称为边际产值（marginal value product，MVP）。同样，也用总产值（total value product，TVP）和平均产值（average value product，AVP）的概念来分别表达总自然产量的价值和平均自然产量的价值。

在成本这方面，一般用要素成本（factor cost）这个术语来表示与变动要素投入的使用相联系的成本。这样，与每一个相继投入单位相联系的成本增量就称为边际要素成本（marginal factor cost，MFC），而每投入单位的平均成本称为平均要素成本（average factor cost，AFC）。

只要将表 15.1 所列的每一个自然产出单位和变动投入单位都设想为 1 元的价值，解释经济投入-产出关系的投入单位方法就可得以说明。利用这个假设，并假设土地是固定要素，经营者将会发现把生产推进到第 13 个投入单位是最有利的。在这一点上，以 1 元的边际要素成本获得 4 元的边际产值。这样，在最后一个变动投入单位上实现了 3 元的纯收益。如果再加入第 14 个投入单位，那么 1 元的边际产值刚好等于边际要素成本，既不得也不失。他可能会决定加入这第 14 个投入单位，然而由于这最后一个投入单位对他的纯收入毫无贡献，他也可能制止它。经营者若将变动投入推进到第 15 个单位，他的边际要素成本还是 1 元，而他的边际产值则会成为一个负数。

2. 经济报酬递减点与收益最大化

如果此例中的经营者根据总的纯收益来考虑问题，他可能会问：为什么要把生产推进到使边际产值等于边际要素成本的那一点上呢？为什么不在获得较高边际报酬的某一点上停下来呢？包含有上述成本假设和表 15.1 所列生产数据的几个简单计算，显示了为什么把生产推

① 自然报酬递减律也称为“生产递减律”“实物产出递减律”。经济报酬递减律常简称为“报酬递减律”“变动比例律”“比例性规律”。在报酬递减的概念里，常把土地（或自然资源）看作固定要素，其他要素的组合看作变动比例。

进到 MFC=MVP 的点上是最有利的。如果经营者在其第 10 个投入单位上止步，他将获得 92 元的总纯收益（102–10=92 元），而继续投入第 11 个单位可以给他带来 100 元的总纯收益（111–11=100 元），随着第 12 个变量投入，总纯收益将达到 106 元（118–12=106 元）；第 13 个变动投入使总纯收益达到 109 元（122–13=109 元）；第 14 个投入单位的边际产值正好等于边际成本（都是 1 元），总纯收益仍然是 109 元（123–14=109 元），正是在这一点上，总纯收益达到最大。如果再施加第 15 个投入单位，那么总纯收益就降至 106 元（121–15=106 元）。

与固定要素相结合的最有利变动投入准确数量，取决于投入单位和产出单位在市场上的价格，而价格是变化的。假如每一变动投入单位在市场上的价格变为 4.75 元，那么在每一产出单位的价格为 0.5 元时，将生产仅仅推进到第 10 个投入单位对于经营者来说是合算的；在价格为 0.8 元时，把生产推进到第 12 个投入单位最有利；而在价格为 1.2 元时，使用第 13 个变动要素投入单位最有利（参见表 15.1 中最后三列）。

总之，产出单位的价格上升时，增加变动投入量是有利的；反之，若产出单位价格下降，则应减少变动投入。如果变动投入的单位价格上升，经营者应减少他所用的变动投入数量；反之，如果变动投入的单位成本下降，增加使用资本和劳动的投入将是有利的。

经营者想要使自然资源利用中总纯收益达最大，那么可以设法使用能够使总产值与总成本之间的差值达到最大的变动投入数来达到这个目的。如图 15.2 所示，这个最大差距总是在 MVP 等于或刚刚超过 MFC 的那一点上产生。这个数学公理有助于把经济分析集中在边际产值与边际要素成本的关系上。边际产值等于边际要素成本的那一点，就是总纯收益达最大的那点，超过这点，经济报酬开始递减。

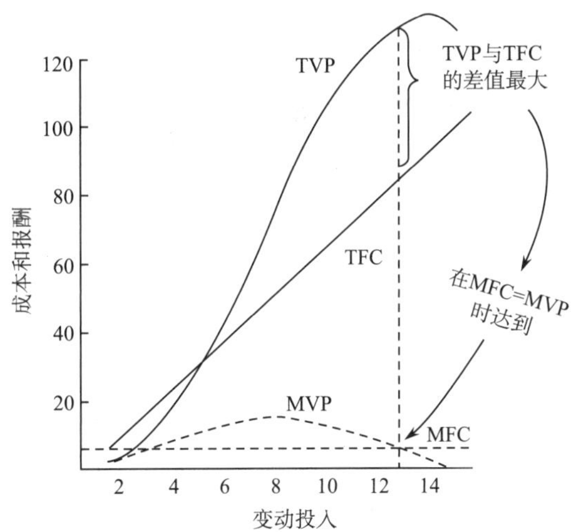

图 15.2　纯收益在边际产值与边际要素成本相等的点上达最大（Barlowe, 1978）

三、自然资源管理实践中的比例性

1. 比例性概念对自然资源经营管理的意义

比例性概念应用的核心目标是以合理的方式组合生产中所用的各种资源，以能获取最大报酬。一切自然资源经营者都或多或少地关心这一目标，可能有些人从来未听说过“比例性”，仍然按传统的方法进行经营管理；但是成功的经营者对这个概念都有某种切实的感受，知道成功的关键在很大程度上依赖确定各种生产要素的比例的技巧。

几乎每一种经济活动都有频繁应用比例性的例子。工厂在决定用多少原材料、雇用多少工人、为改变成本或价格应作何调整时都要利用比例性原理。商业经纪人在考虑他要用多少场地空间、花多少广告费、提供何种货物和服务时也要应用这个概念。农牧业经营者在决定用多少种子或肥料、耕种多少作物、饲养牲畜要付出多少饲料时同样要利用这个概念。森林经营者在决定花费多少用于植树和改良立地时，以及在决定是把幼树砍掉造纸浆还是把它们保留到成材时，都要考虑比例性。矿产开发者们在决定有利的最大采矿深度和值得处理的最低矿石品位时，也要用到这个概念。对于不动产开发和投资商来说，比例性原理有助于他们明确建筑物多少层或多大规模能带来最大收益。土地开发商要考虑能花费多少用于测量，多少用于整理土地，多少用于基础设施建设，以在未来市场价格条件下卖出其地块时能对投资带来最大回报，他需要认识比例性原理。

比例性概念并不局限于在经济报酬最大化决策中应用，一些考虑非经济目的的经营者们也可以应用它。设计师和规划师们若要在预算限定内实现最高质量标准，必须利用这个概念来组合其计划内的各要素。政府官员和工程师们在确定资金的最优配置和用途时，也要应用这个方法。公共机构和私人慈善组织也应用比例性来制定各种计划和安排的组合，以使他们的活动获得最大社会效益。

经营者们应用比例性概念是否成功，既取决于推理的明晰性，也取决于对不确定性问题和知识不完备性问题的反应。如果经营者有完备的知识和预测，在把投入分配到准确的最大报酬点时使用静态投入-产出模型是相对容易的。但是在现实世界中，经营者对于影响事业的生产条件只具有有限的知识，信息往往不够充分，预测往往不够准确。只能做出一些可能性假设，也包含一些被不确定性弄得模糊不清的假设，有时不得不做出一些盲目决定，要冒一定的风险。在现实生活中，大多数经营者都知道不可能事先预测将带来最高纯收益的确切产出组合。当试验一种新的事业时，必须尝试各种投入组合；而在越过最高经济或自然报酬点以前，很难准确地认识到这个点。甚至当具有必要的经验和试验数据用以指导选择各要素的最优组合时，也还必须关注变化莫测的气候等自然条件，关注由成本、价格、市场供给和消费者需求关系的变化引起的各种不确定性。

在这样复杂的情况下，怎样才能在决策过程中应用比例性概念呢?在缺乏完备的知识和预见时，在总是必须推测整个生产过程中将遇到的成本、价格和产量形势时，如何才能确定各要素的最优组合呢?此外，怎样才能适应企业界的动态变化情况并适应两个或多个生产函数的同时作用呢?管理实践中必须考虑此类的问题对经营者应用比例性的影响，为此，必须处理好以下几个问题：①在合理行为带（zone of rational action）范围内经营；②对动态条件的适应；③处理多生产函数；④在从事多种事业时应用均等边际原则。

2. 合理行为带

合理行为带是生产者在一定的生产函数中可望使其报酬达最大的投入-产出组合范围。成功的经营者都是在合理行为带范围内经营的。经营者由于认识的局限，很难把连续投入进行到准确的经济报酬递减点，但是只要遵循特定生产的经济投入-产出模型，通常可把生产推进到靠近经济最优点。可以把 MFC=MVP 的那个生产点看作射击手目标上的靶心，瞄准这个经济目标后，可能打十环，也可能打九环、八环。只要把经营保持在一个合理的范围内，就可以应用对比例性知识的认知，把经营保持在目标范围内且有利可图。

合理行为带的概念与生产函数分析紧密联系在一起。如图 15.3 所示，一般的生产函数都可划分为三个阶段。第一阶段包含所经营事业对第一批变动资源投入的生产反应，在这一阶段，生产稳定地从 0 上升到每投入单位的最高平均自然产量点。第二阶段从最高平均自然产量点开始直到总自然报酬递减点，在这一阶段，总自然产量继续上升，但是平均自然产量下降，而边际自然产量降至 0，这个阶段就是“合理行为带”。第三阶段是在生产者超过总自然报酬递减点后仍继续施加投入，这显然是不合理的。

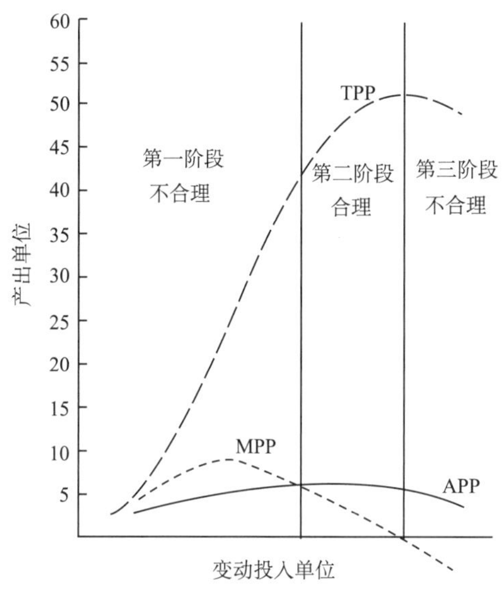

图 15.3 显示合理行为带的三个阶段（Barlowe, 1978）

当把价值和成本赋予图 15.3 中所示的自然生产数据时，最高利润点总是在第二阶段发生。那个使 MFC=MVP 的点在这个带的中心附近。在第一阶段，经营者们无论是增加更多的变动投入，还是当这些变动投入供给有限时，把它们集中用到较小的固定要素部分上，都是有利的。只要他们具有充分的变动投入供给，把生产停滞在这一阶段就不合理，因为施加附加投入能很容易增加其平均报酬。另外，在第三阶段，经营者必须减少用在每单位固定要素上的变动投入数，这样才合理。

大多数经营者都通过在合理行为带内经营来努力增进其利润的前景，但很多人常常超过或达不到这个目标。之所以不能在这个合理阶段内经营，可能要归咎于无知、缺乏技术和管理能力，或者资源分配不当；要素成本的变化莫测和市场价格的突然变化，也会使经营者在一种不经济的水平上生产；洪水、干旱、冰雹或森林火灾之类的自然灾害对有些类型的经营也会产生这种影响。

3. 适应动态条件

在合理行为带内经营时还必须克服不确定性问题。具有完备的知识从而能借助某种确定模型经营的“经济人”在现实中毕竟如凤毛麟角，现实生活中的经营者总是必须准备使决策适应动态世界的变化。其在任一时刻做出的决定，都部分基于对某些已知事实的了解，部分基于关于未来价格、成本和产量形势的预测。随着时间的推移和生产过程的展开，经营者原先的期望可能实现也可能实现不了，当正如预计的那样实现时，经营者常常能继续原先的行动路线。当情况变动时，警觉的经营者常常会重新考虑生产计划并做出适当的调整。例如，在某一特定市场产品的生产过程开始以后，该产品市场价格的上升通常有利于增加使用那些能促进提高生产的投入类型；相反，市场价格的下降会使生产者减少其生产投入，或者把产品囤积起来供以后售出。

大多数企业管理者在进行生产经营时都必须不断修订预测并调整计划，在这种调整过程中应认识到：必须把已经施行的投入看作固定要素，围绕这个固定要素来调整那些尚未施行的变动投入。一个认识到其产品市场前景不好的制造商会中断生产，廉价抛售存货，或者力图改变其产品用途，以便挽回损失。同样，一个在作物生长中途发现面临着低产或低价前景的农场主，可以通过收割作物以作他用（如作为牲畜青饲料，甚至作为绿肥）来适应这种形势。

经营者越接近生产过程结束，把过去的投入看作固定要素就越有必要，因为可供选择的范围更窄。例如，一位房屋建筑商在着手建筑时，一般可以在居住结构的几种风格和类型之间选择；一旦打好地基并完成主体结构，他就会被已实行的计划束缚。在这一阶段，他仍然可以自由地改变很多细节，可以用某些类型的投入来替代另一些投入，而且可以在一定范围内降低或提高房屋的等级来迎合一定水平的市场需求，但是随着生产过程的继续，他就很难指望走回头路，很难指望彻底变更已完成的工作，而且越接近房屋的完成，他能做出修改的余地越小。

4. 处理多生产函数

以上讨论都是根据标准化或一致要素对土地这种固定要素的相继投入来思考的，这是简单的投入-产出关系或资源-产品关系。这样把注意力集中在单一生产函数上，可更易于认识比例性概念的主导原理。但是现实世界中仅仅处理单一生产函数的经营者寥寥无几。生产一般要包含多种多样的非一致投入（不同种类的原材料、机器和劳力）与一个固定要素的组合。有时这些投入必须一起使用，有时又可以相互替代；有时它们是不能分开的，因而必须作为整体单位使用，有时又可以把它们分成较小的使用单位。通常在不同时间、以不同的次序分别使用它们；它们也具有不同的成本，可以与其他要素进行不同的组合并产生不同的结果。

生产中每一个用于与固定要素组合的若干变动投入类型都有自己的生产函数，其中很多都与另一些必要投入的生产函数平行并互补。它们的数量较多并相伴出现，必须同时对付各生产函数的全部组合。在这个过程中经营者会发现，变动投入的最优利用要求不同的经营规模，任意要素的最优利用点不一定就能代表整个事业的最高利润组合。

面对这个问题的经营者们通常根据每一个投入要素对总体的贡献来看待其使用[①]。他们有时在一种侥幸的基础上经营，但是他们一般会认识到，试验各种组合并观察别人的行动以

---

① 关于多生产函数的分析，在生产经济理论中已发展了各种技术。涉及一两个变量的简单情况可用几何图解来说明，而且常可用简单推理来处理。变量数的增加一般都会加重人脑推理能力的负担，如涉及四个变量的情况就需要五维的图解。在分析此类多生产函数时常利用高等数学，但很少有经营者按高等数学思维来思考。

便能确定最有利的资源组合才是上策。在这样做时，他们就被合理的判断引导，利用对比例性原理的认知来实现其资源要素的切实可行且最有利的组合。

5. 均等边际原则

到目前为止，我们一直在假设经营者基本上经营一种事业，而且可与单个固定要素相结合的变动投入要素丰富到不受限制。有了这两个假设，逻辑上可望把其生产推进到经济报酬递减点上。然而，在实际情况里一般经营者的生产要素供给是有限的，他通常还需要把这些要素分配给多种可选择的用途。这些情况结合起来就要求对经营者的生产目标做些修改，资源有限且要用于多种事业的经营者，并非总是把生产推进到使 MFC=MVP 的点上，而是要应用均等边际原则，才能使各种事业的总报酬达最大。

均等边际原则可表述为：当我们利用有限资源时，应将它适当地分配给各种用途，使其在每一种用途中所获得的边际报酬大致相等，这样才能使各种用途的总报酬最高。这个原则鼓励经营者将有限的投入在各种事业之间进行恰当分配，使资源向能得到更多纯收益的事业转移，以使其总报酬达最大。例如，如果一个生产鞋和手提包的制造商对这两种产品具有类似的投入和成本，并且发现他的最后一批变动投入用于手提包生产可提供 5 元的边际产值，用于鞋则可提供 12 元的边际产值，那么就应该把他的一些变动投入从手提包的生产转移到鞋的生产，直到这两种边际产值大致相等。可以用表 15.2 所列的实例来说明扯平各种边际产值时所出现的土地利用问题。

表 15.2　均等边际原则在变动投入分配中的应用实例

变动投入数量	第一片地		第二片地		第三片地	
	TVP	MVP	TVP	MVP	TVP	MVP
6	47	11	45	10	42	9
7	59	12	56	11	49	7
8	72	13	65	9	54	5
9	84	12	73	8	57	3
10	95	11	80	7	59	2
11	104	9	86	6	60	1
12	112	8	90	4	60	0
13	119	7	93	3		
14	124	5	95	2		
15	128	4	95	0		
16	131	3				
17	133	2				

注：变动投入单位为 30 个，每个成本为 3 元；分配到具有不同生产函数的三片土地上，此时每单位产品的市场价值为 1 元。

该例假设一个经营者有 30 个变动投入单位，每单位的成本是 3 元；他需要把这些投入用在 3 片土地上，每一块土地的生产函数都不相同。如果他的变动投入供给不受限制，那么应该得把 3 片土地的生产都推进到 MFC=MVP 的那一点，即在第 1 片地上推进到第 16 个投入单位，在第 2 片地上推进到第 13 个投入单位，在第 3 片地上推进到第 9 个投入单位。这样做需要38个投入单位，而他只能使用30个。

在这种情况里，为了寻求对变动投入进行最优比例分配的方法，先可以对每块土地施加相同的数量（10个投入单位），这将得到95+80+59=234元的总产值，这显然不是最优的组合，因为第3片土地上的第10个投入单位得不偿失。如果把这最后一个投入单位从第3片土地上移到第1片土地上，就能保证9元的边际产值而不是2元，因而总产值将增加到104+80+57=241元。进一步的试验显示，还可以把边际投入移向能赢得较高边际产出地块。经营者通过这样分配变动投入的比例来增加报酬，直到从用于每块土地上的最后一个变动投入单位带来大致均等的边际产值。如果在第1片土地上使用13个变动投入，第2片土地上使用10个，第3片土地上使用7个，那么从每一片土地获得的边际产值都是7元，因而保证了119+80+49=248元的最大总产值。

第二节　与比例性原理相关的几个自然资源利用问题

自然资源开发利用中需要合理组合各生产要素。生产要素的组合并不是自动进行的，其潜力的有效发挥要求生产要素的所有者按照比例性原理进行有机整合。各种生产要素在整合过程中，因所占比例和所起作用的不同，资源利用的效率也各不相同。各生产要素只有达到最佳的有机组合，才能实现资源利用效益的最大化。因此，自然资源的有效利用必须重视与比例性原理相关的几个生产要素投入组合问题（周茂春，2015），主要有规模经济、限制因素和关键因素的重要性、集约度及如何看待报酬递减。

一、规模经济

1. 规模经济的概念

在报酬递减律的分析中，我们把土地资源（或自然资源）看作固定投入，分析劳动和资本投入的变动而引起的收益变动情况。这比较符合短期的情况，从短期看，自然资源和土地的利用者往往都被束缚在某一区位上，因为自然资源的区位一般都是固定的，土地资源尤其如此，而且自然资源的所有权或使用权一般很少在短时期内改变。但从长期看，自然资源所有权或使用权的获得是可变的。例如，工厂要扩大生产，建设新的项目或厂房，因而要扩大用地，农民可能承包更多的土地，商店可能需要开设分店，那么，自然资源或土地的投入量可能增加或减少。此外，对于已获得所有权或使用权的自然资源或土地，其地租率、征税率、保险金等费用也会变化，从而使其成本也变化。因此，从长期看，也应将自然资源和土地看作变动要素。当所有生产要素都是变动投入时，也就是当整个生产规模变动时，所发生的收益的变动称为规模经济。规模经济可以从内在经济和外在经济两方面来分析。

内在经济：指一个生产单位在规模扩大时由自身内部所引起的收益增加。例如，扩大生产规模使内部分工更细，生产效率更高；减少管理人员的比例，可以购买大型设备从而提高生产率；可以充分利用副产品；可以大批量的进出而减少购销费用等，这些都是内在经济的表现。

内在不经济：与内在经济相对，一个生产单位在规模扩大时由自身内部所引起的收益下降。例如，规模扩大而使管理不便，管理效率降低，内部通讯联系费用增加，在购销方面需要增设机构、人多而浮于事等。

外在经济：指整个行业规模扩大和产量增加而使个别企业所得到的好处。例如，整个农业的发展，可以使个别农户得到服务、运输、科技情报、人才供给、修理等方面的方便条件，从而使个别农场减少成本支出。

外在不经济：与外在经济相对，整个行业规模扩大和产量增加而使个别企业成本增加，收益减少。例如，整个行业的发展可能使招工困难、动力不足、交通运输紧张、地价和原材料价格上涨，或者引起严重环境问题等，从而使个别企业减少收益。

2. 规模收益的变动

规模收益递减：规模扩大后，收益增加的幅度小于规模扩大的幅度，称为规模收益递减。这种情况是规模不经济的结果。规模收益递减也包含这种情况：规模扩大后，不仅收益增加的幅度小于规模扩大的幅度，而且收益绝对地减少，即规模扩大使边际收益为负数。

规模收益递增：规模扩大后，收益增加的幅度大于规模扩大的幅度，这种情况是规模经济的结果。规模扩大是有限度的，超过一定限度后，规模收益递增将变为规模收益递减。

规模收益不变：规模增加的幅度与收益增加的幅度相等。这通常是从规模收益递增转变为规模收益递减的过渡阶段发生的情况，一般不会持久。

适度规模：显然，自然资源开发利用和任何生产事业一样，都有适度规模的问题。适度规模的原则，至少应该是使规模收益不变，应尽可能使规模收益递增，而不能使规模收益递减。规模小于适度规模的经营者在竞争中处于不利地位，规模大于适度规模的经营者应分解为较小的生产单位。自然资源开发利用中有些经营者并没有达到适度规模，这在我国农业土地资源的利用中尤为突出，限制了农业的规模化、机械化、集约化、社会服务化等，使得农业劳动生产率非常低下，成为农业现代化的一大制约因素。其主要原因在于我国人多地少，而大多数农民又只有依靠土地为生，人均土地既少又分散，难以达到适度规模。一条解决途径是加快农村人口的城市化，减少农村人口，使留在农村的劳动力能经营更多的土地，达到适度规模。

二、限制因素和关键因素的重要性

1. 围绕限制因素和关键因素确定合理比例

比例性原理应用中最为重要的问题之一，是鉴别限制因素和关键因素并做出相应的调整。这个问题之所以产生，是因为个别生产者所能得到的资源常常具有稀缺性和不可分性。每一个经营者都要对付生产资源的有限供给，并且常常把某一个限制因素（如土地）视为固定要素，围绕这个固定要素来确定其变动投入的比例。有时可能会具有与固定要素作最优投入组合所需的全部变动投入，但是某些特殊投入的稀缺供给和战略性质，常常会使这种资源成为一种瓶颈要素而突显出来，阻碍生产过程的正常运作。

一般生产者的基本问题常常是某些特殊投入要素所起的战略作用；同时要认识到，某些要素在某一特定时期可能具有战略意义，而在其他时候则仅仅具有常规意义。例如，水资源对工业或农业利用的供给，在正常情况下一般应该具有常规意义；但是在土地资源丰富而水资源极度稀缺的地区（如我国西北干旱区），或者湿润区如果遭受旱灾、水井干涸、水管爆裂，它就会作为一种危急要素赫然耸现。一个成功的经营者必须能够鉴别限制因素，并准备好围绕这些要素调整经营决策。当某一特殊要素（如水）供给稀缺时，必须对这个资源的使用实行配给，并要努力使其他各种要素投入组合得能保证其关键因素的最高报酬。同样，当资本、劳力或管理的供给有限时，就应该把这些要素而不是自然资源处理为固定要素，应围绕这些要素决定各生产要素的比例。

很多资源投入都是高度可分的，如农药、肥料、水这一类生产要素都可以使用其最小单位，也可以成吨地添加。然而也有很多资源可能是高度不可分的，如果要分也只能分为大型单位。例如，劳动可以按小时和分钟计算，但是一个被雇佣的人或一个熟练劳动者则通常必须当作一个单位来对待，他的服务是按天、周或月计量的。与此类似，两个工厂可能共有一座大型设备（如水压机），两个农场主可能共有一架农用飞机。个人所有或个人控制的愿望，常常使两个经营者都要选择完整的投入单位，这就可能意味着每一位经营者要么放弃占有一个完整的单位而使经营不经济，要么完全占有整个单位而使其利用潜力不能充分发挥。多数生产组合中都会出现这种投入不可分的问题，这是生产中限制因素和关键因素的一个重要实例。这些要素投入的不可分性经常使经营者们必须做出选择：或者使用比所需更多的资源供给，或者满足于比最有效使用所需更少的供给。

土地常被看作一种容易划分的要素。例如，农田和地块是可以划分的，也易于相互合并；但是农场、地块和大楼通常作为完整的单位，而不是分离的地块或单个房间来出售或占有。因此，工厂和商场常常达不到应有的生产和经营规模，因为没有相邻的空间可供扩展；农场主们也不得不经营规模不经济的农场，因为不能将土地面积扩大到适度规模，或者因为要扩大就必须购买整个相邻的农场，而这又超过了其购买能力。同样，一个小工厂或小商店的经营者在扩大经营规模时会遇到困难，因为若要扩大或调换目前所占有的空间，相关的费用太高。他们都需要把这些问题看作限制因素和关键因素，围绕它们来合理配置其他资源的比例。

2. 资源替代与机会成本

生产者们常常发现，可以用不同的投入要素组合来保证大致相等的纯收益，这就意味着他们经常可以以其他资源来替代供应短缺的资源，从而适应他们的限制因素和关键因素。当一个经营者的劳动供给短缺时，他可以使用节省劳动的机器，这样以资本来替代劳动。同样，当他手中只有有限的土地资源供给时，他常常可以通过对他的土地资源进行更加集约地利用来以资本和劳动替代土地要素。

当一种资源投入的价格相对于一种可替代物的价格增加时，经营者的投入通常转向替代物。因此，劳动成本相对于机器成本上升将使经营者考虑装备自动化设备。同样，在土地紧缺地区，土地价值相对于其他投入成本较高，这常常有利于在生产过程中用资本和劳动来替代土地。

资源替代的机会对促进技术发展也起着重要作用。随着工业革命的进展，人类已发现在生产过程中可以用很多新材料和新发明来替代原来的要素。蒸汽机和汽油机已取代了大量的畜力和人力，工业中的大生产技术已广泛替代了作坊工业中远为低效的劳动利用，联合收割机和其他类型农业机械已省出大量农业劳动以作他用。这些例子只不过说明了生产中新技术对资源替代的巨大影响。将来可望取得更加伟大的发展，人类将掌握克服现在很多限制因素的能力和技术。

机会成本是指把一定的资源用于生产某种产品时，经营者所放弃的生产另一种产品的价值，或者说，机会成本是指利用一定的资源获得某种收入时所放弃的另一种收入。例如，一块土地可以种植小麦，也可以种植大豆。为种小麦而放弃的大豆产量的价值就成为生产小麦的机会成本。又如，为上学而放弃就业可能得到的收入，这就是为上学而付出的机会成本。再如，表 15.2 的例子中，把一个单位的边际投入放在第 3 片土地上的机会成本，就是把它放到第 1 片土地上可得的边际产出。从机会成本的概念可以看出均等边际原则的正确性，因为均等边际报酬也就意味着相同的机会成本。在经济分析中，均等边际原则用于生产要素的投入组合分析；而机会成本常与影子价格的概念联系起来，广泛地应用于成本-收益分析中。

三、自然资源利用的集约度

比例性原理对于自然资源利用最重要和最直接的应用，是确定自然资源（特别是土地资源）利用的集约度（intensity）。土地利用集约度是生产过程中与单位土地相结合的资本和劳动的相对数量[①]。每单位土地上包含很高比率的资本和劳动投入的土地利用类型是集约利用，相对于所用资本和劳动数量涉及了更大土地面积的那些利用则称为粗放利用。各种类型或不同地区的土地利用集约度显著不同。城市土地尤其是商业中心区的土地通常要进行很集约的利用，农地利用的集约度一般稍低，而林地和牧地的集约度更低。

1. 集约边际与粗放边际

考察土地利用的集约度，必须重视区别集约利用和粗放利用，区别土地利用的集约边际和粗放边际。土地利用中的集约边际是集约度的最高限度，是一定利用方式中所增加的产值刚刚能补偿其追加的劳动和资本成本的那一点。这个概念不仅适用于农业，也能应用于城市、矿产、运输和其他土地利用。集约边际是随着边际成本超过边际报酬以前所能施加的最后一个相继变动投入单位而达到的。土地利用的粗放边际可以看作集约度的最低限度，在这个边际上的土地只能使产出刚够补偿生产成本。集约边际适用于土地的所有生产利用，集约边际代表了社会中的一般情况，用以确定最有利的变动投入量。粗放边际则只适用于那些即使在经营也仅仅是不倒闭的经营者，粗放边际用来确定可投入利用的自然资源的最低质量或最差通达性，以能保证生产一定产品时的产量足以补偿它们的变动投入成本。

显然，集约边际和粗放边际主要取决于市场价格与需求的影响。假设在具有不同利用潜力的三块土地上经营同一种事业。3 片土地有不同的经济受容力，即在一定的经济状况和生产技术条件下，固定生产要素与变动要素配合到最有利的比例时所能容受的变动要素数量。地块 A 具有有效吸收 15 个变动投入单位的能力，地块 B 可以吸收 10 个单位，地块 C 的经营者即使用 5 个单位也只能保本。由于 3 片土地的经济受容力的这种差别，地块 A 随着第 15 个投入单位的加入就处于集约边际上了，地块 B 是在第 10 个投入单位达到集约边际，地块 C 在第 5 个投入单位达到集约边际，而此时总产值等于总成本，经营者不赢也不亏。对于任何

---

① 更深入地分析，集约度概念可以分成初始集约度（primary intensity）和二次集约度（secondary intensity）。初始集约度指的是，在作物、矿产、办公或居住空间及公路等土地产品的生产中，直接投入到土地上的资本和劳动数量。二次集约度则指发生在特定地点的土地产品加工（如养殖业、矿物冶炼、加工业和商业经营，甚至于住房空间的居住使用）中投入的资本和劳动数量。若不加以限定，“集约度”这一术语通常既表示初始集约度也表示二次集约度。

利用潜力比地块 C 更低的土地，若要利用一定是入不敷出，是不经济的；既然即使地块 C 的经营者也只能维持不赔本，地块 C 就代表了土地利用的粗放边际或无级差地租边际。要利用比地块 C 更次的土地是不经济的。

以上情况可以看作图 15.4 所示那种连续统一体的某个阶段。其中横轴度量利用潜力的降低，而纵轴表示有利地用于每一相继土地等级的变动投入数或经济受容力。可见，在集约边际上，地块 A 使用 15 个变动投入单位，而地块 B 使用 10 个，地块 C 使用 5 个。利用潜力在 *O* 到 *R* 之间的其他土地也可置于 *OR* 区间，并且会在 *MN* 上找到它们的集约边际。

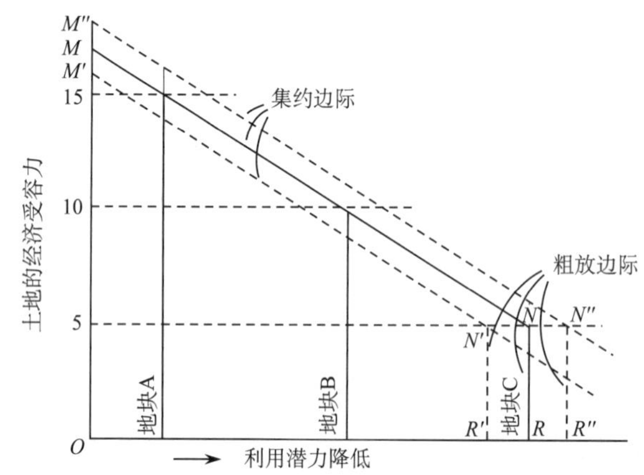

图 15.4　土地利用的集约边际和粗放边际（Barlowe, 1978）

在这个实例中，可以把线 *NR* 确定为土地利用的无级差地租边际或粗放边际。此线之所以被称为“无级差地租边际”，是因为它与横轴和线 *MN* 上的那些点相交，在这些点以外已不值得将另外的土地单位投入使用了。简言之，集约边际代表每一个土地等级的经济点，超过此点就不值得施加变动投入的增量了；粗放边际代表利用潜力降低的土地等级连续统计中的一个点，在此点以外就不值得把土地的增量投入生产中了。

在价格和成本条件变化时，集约边际和粗放边际二者的位置通常有所移动。如果生产成本上升或产品价格下降，那么经营者再在地块 A 上加入其第 15 个投入单位就可能不合算了。在这种情况下，他会发现只施加第 14 个投入单位更为经济。在这种情况下，地块 B 上的经营者会认识到以其第 9 个投入单位为限是有利的，而地块 C 上的经营者则可能完全中止生产。这时的集约边际将降至 *M'N'*，而粗放边际则缩回到 *N'R'*。生产成本下降或产品价格上升则有相反的效果，即鼓励地块 A 加上第 16 个投入单位，地块 B 加上第 11 个投入单位，而地块 C 会投入 6 个单位。在这种情况下，集约边际会上升到 *M''N''*，而粗放边际会外移到 *N''R''*。

经营者们在把新的土地投入利用，或者把已开发的土地从较低利用转变为较高利用时，常常超过了粗放边际或集约边际，导致资源配置不当。一旦出现这种事情，边际以下的土地利用通常应该被放弃，边际以上的土地则应该转向较低利用类型。

价格条件的变动会使集约边际和粗放边际变化。原来有利可图的土地，在经济萧条时期的较低产品价格下，迫使粗放边际或无地租边际左移，它们突然之间变成了边际以下土地，这些情况迫使某些经营者退出生产。然而，在很多场合中土地经营者们仍以某种财务损失维护生产，他们通过动用个人或家庭的储备，通过接受较低的劳动收入，因而降低他们的生活水准，通过向他人借用资金，通过接受来自各种公共机构和私人机构的财政援助或津贴来维持自己。

随着经济萧条时期的流逝，关于边际土地和边际以下土地已听说得很少了。这种变化的原因非常简单，在较高价格水平和较好经营条件下，粗放边际又向右移动了，经济萧条时期勉力维持的土地又变得有利可图了。这个经验对于将来具有深远的含义，它表明较高的价格在把各种粗放土地利用推进到那些现在认为对这些目的是边际以下的地区时所具有的作用。

2. 影响集约度的因素

土地利用的集约度受很多因素的影响。首先是土地利用方式，工业或商业用地比之于农业、牧业或林业用地，一般需要更集约的利用。其次是土地的自然特征和利用潜力（决定土地的经济受容力）、市场区位也影响土地利用的集约度。此外，当产品价格上升时，经营者常常认识到对已开发土地进行更集约利用和把未开发土地纳入粗放边际利用是有利的；而产品价格的下降则有相反的作用。生产和销售成本的变动也会影响土地利用集约度，若成本较高而价格不变，则经营者一般认为有必要紧缩生产，即降低已开发土地的集约度和把处于粗放边际的土地退出利用。生产和销售成本降低而价格不变，则通常会促进更为集约的利用，直到追加投入增量使得边际成本等于边际报酬的新点。

不断增加的人口压力一般会要求更集约的土地利用。有时这是需求增加导致产品价格上涨，从而推进了土地资源的集约利用。按马尔萨斯的观念，这也可能人口过剩迫使劳动成本降低到维持生存的水平，这就使生产成本降低，从而促进土地资源的集约利用。

生产中的限制因素和关键因素对土地利用集约度也常有重要影响。当工业设施、商业铺面、农场的土地或空间供给是限制因素时，经营者们就会把他们的经营推进到集约边际。但是当某些非土地资源因素（如管理能力欠缺、经营资本供给不充分、劳动力固定）是限制因素时，经营者们就认识到围绕这些稀缺资源来安排各种要素的比例会更为有利，虽然这会导致较低的土地利用集约度。

经营者的态度和历史传统对于集约化实践也有重要影响。具有艰苦劳动和低生活水平历史传统的社区，往往把土地利用推向更高的集约度。例如，中国农民具有“精耕细作”的长期历史传统，主要依靠投入更多的劳动来实现。在这种历史传统和价值取向下，此类经营者常常认为可以把土地利用的集约度推进得比与之竞争的其他经营者更远，而且因为这种集约土地利用的实践，他们准备接受较低劳动回报，在购买土地时的出价往往高于其他买主。

综上所述，土地利用的集约度受若干相互关联的作用因素影响。一般而言，具有高生产潜力的土地比生产潜力较低的土地可以作更集约的利用。在实践中是否遵循这个规律，还取决于其他因素的作用和相互关系。例如，人口压力、经济发展阶段、资本和劳动的相对可得性、土地所有者和经营者的态度与目的。所有这些因素的差别有时会导致即使潜力有限的土地也可能实施集约利用，而附近具有更大生产潜力的土地却仍旧开发不足或利用粗放。

随着资本积累、人口增加及城市化、工业化的扩张，土地资源普遍成为各生产要素中的最重要的限制因素，因此土地资源的集约利用显得越来越重要。现在提倡的很多理念，如精明增长（smart growth）、紧凑发展（compact development）、多功能集约式土地利用（multifunctional intensive land use）、内涵式发展等，其实都旨在提高单位土地使用效益，实现土地资源的科学开发、集约利用和合理保护（陈银蓉等, 2013）。

四、报酬递减律与自然资源问题

以上讨论基本上都是从自然资源资源使用者的角度来看待比例性的应用，也就是说比例性概念频繁地应用于微观经济分析中。比例性概念也可普遍地应用于整个社会的生产和资源问题，即用于分析宏观问题，这里主要谈谈如何看待自然资源利用中的报酬递减。

1. 报酬递减与自然资源极限

我们一再提到了自然资源的极限，现在我们从经济学角度，从报酬递减律上又一次看到了自然资源的极限。把自然资源看作固定的要素，在人口不断增加、消费水平不断提高的今天，要满足人类需要就不得不加大资本、劳动（包括技术）的投入。第二次世界大战后的历史表明，人类在这方面已取得了很大成功，主要表现在全世界粮食生产的增长快于人口的增长。但报酬递减律告诉我们，人类最终会面临报酬递减的问题。事实上，当今世界上很多地方已出现生产成本上升而单位成本收益下降的现象，从而使自然资源保护和开发的问题日益紧迫。例如，从中国化肥投入对农业产量的作用可以看出报酬递减律的作用。如表 15.3 所示，在开始使用化肥的时候，化肥对提高农业产量的效果极其明显，但这种作用逐渐减弱，出现了报酬递减（Cai and Smit, 1994）。

表 15.3　中国化肥投入的报酬递减

年份	粮食产量（A）/（kg/hm^2）	化肥投入（B）/（kg/hm^2）	A/B
1952	1320	3	440.0
1957	1463	16	91.4
1960	1170	30	39.0
1966	1770	122	15.0
1970	2010	156	13.0
1975	2348	266	9.0
1979	2783	527	5.3
1985	3480	736	4.7

资料来源：中国农业年鉴编辑委员会, 1988。

由于最好的且最易获取的自然资源已经被开发利用，人类面临越来越大的困难，要去开发那些丰度和区位都较差的自然资源，其劳动和资本的投入需要大大增加，而其产出却相对较少。随着需求的进一步增加，这个问题会变得越来越严重。

2. 技术进步与报酬递增

报酬递减现象是在假设技术条件不变的情况下出现的。然而，科学技术一旦发生变化（尤其是发生革命性变化），将对生产要素的投入组合产生巨大影响。现代科学技术已一再防止或至少是推迟了报酬递减的出现，甚至促使报酬递增。科学技术进步为改进比例性提供了成千上万种可能性，新技术使过去几乎无用的自然资源获得新的价值。技术要素对生产发展的影响可用美国农业部的一份分析报告说明。该报告指出，20 世纪 80 年代与 60 年代的平均状况相比，所增加的作物产量中有近 1/4 应归功于技术进步，畜牧产量的增加中有 1/3 归功于技术进步，尤其在家禽生产中技术进步的贡献更高达 1/2（展广伟，1986）。科学在满足人类对食品、住房、能源等需求方面的贡献巨大，可以帮助人们进一步利用自然资源（无论是深度还是广度），还教会人们如何在不损害环境的条件下利用自然资源，还帮助人们不断发现新的资源。此外，科学还帮助人们合成很多自然资源的代用品，从纤维、塑料直至金属和食品。

于是很多经济学家认为，新古典经济学的观点停滞僵化，经济学正被世俗的报酬递减律束缚。美国经济学家阿林·杨格发表的《报酬递增与经济进步》（*Increasing returns and economic progress*）（Young, 1928）一文，本来可以打破这一禁锢，但他英年早逝，未来得及将这个思想推向成熟和应用。直到 1979 年，获得诺贝尔经济学奖的舒尔茨才完整地阐述了报酬递增的概念和原理，舒尔茨的理论集中体现在他 1993 年出版的《报酬递增的源泉》（*Origins of Increasing Returns*）一书中。

舒尔茨把报酬递增的源泉概括为：技术进步；劳动分工；专业化；人力资本的积累（培训、教育，知识的获得，知识的外溢）；经济思想和知识的进步；经济制度的进步；经济的动态均衡。事实上，从杨格那里就已经在强调各种递增作用的聚集效应，所有使得报酬递增的活动交互作用产生综合效应。上述源泉不仅是技术进步，也不仅是科学技术进步，也不仅是知识进步，还包括制度。它们都可归结为经济系统内部的运作要素，意味着技术进步是经济需求推动研究投入增加的结果，但技术进步还有独立于经济系统的发展规律。

各种技术形成了一个高度相互关联的网络，像是一个不断演化的生态系统，似乎可以像生物一样发展演化。例如，激光打印机基本上是静电印刷机，就是一个激光装置和计算机线路来告诉硒鼓在哪儿印刷，所以当我们有了计算机技术、激光技术和静电复印技术后，就自然产生了激光打印机。但也只有人们需要精巧、高速的打印机时，激光打印机才会被发明出来。激光打印机产生了桌面排版印刷系统软件，而后者又为图形处理程序打开了一片天地。技术 A、B 和 C 的产生可以引发技术 D，如此扩展下去，这样就形成了技术发展之网，多种技术在这个网络中相互渗透，共同发展，产生越来越多的技术。而且技术之网就像生态系统一样，会经历演化创造的爆发期和灭绝期。例如，汽车技术取代以马代步的旧技术，与汽车技术相关的一系列技术应运而生，轮胎、电器、传动、电子、安全、润滑等，并对材料和燃烧效率等的技术起到极大的促进，导致技术网络的一个爆发期。与此同时，随着以马代步方式的消逝，铁匠铺、马车、水槽、马厩、养马人，乃至马本身等也消失了，依存于以马代步方式的整个技术子系统突然崩溃，就像白垩纪恐龙灭绝一样。以马代步的方式被汽车的出现取代时，经济系统也就发生了革命性的变化，进入一个报酬递增阶段。这样的例子出现得越来越多，如数码照相取代胶片摄影、人工智能机器人取代劳动力、互联网取代传统通信……这些过程都是报酬递增的极好范例。每当一项新技术为其他商品和服务开辟了合适的空间时，进入这个新空间的人就会在极大的诱惑下尽力促进这项技术的发展和繁荣。一项特定的技术能够提供给依附于它的其他技术的新空间越大，就越难以改变这种技术发展的方向（舒尔茨，2001）。

3. 报酬递增还是报酬递减

报酬递增与报酬递减成为一对似乎相矛盾的概念，其实二者是有关联的。

1）报酬递增和报酬递减分别揭示了不同关联域的规律

报酬递增揭示的是人力资源尤其是技术进步对整个 GDP 的贡献不断增长的规律；而报

酬递减则主要说明在一定技术条件下，对作为固定生产要素的自然资源不断追加资本和劳动投入的过程中，产出变动的规律。两者适用的关联域不同，两者并不一定矛盾。

2）报酬递增和报酬递减分别解释了不同发展阶段的情况

自然资源在所有生产要素中的相对重要性，在传统经济中要高于现代经济。在传统经济中，大部分生产性劳动都必须用来生产食物，土地（或自然资源）相对于其他要素投入对总报酬的贡献占很大份额。这种社会的一般情况是，75%的收入用于食物，其中食物成本的1/3属于地租。这样，总收入中的25%是土地要素成本，是农业土地提供服务的报酬。其他要素投入的报酬递减不可避免。

然而在发达社会里，现有形式的可再生资本带来的收益率，以及从新的更好形式的可再生资本中获得的收益率，在经济发展和收入增加中的作用日益重要，以至舒尔茨认为“对自然资源的依赖性减少”（详见第十一章第二节）。例如，在美国，大约12%的可支配收入用于生产食物的农产品开支，而农产品中只有约20%的成本属于地租。这样，只有约2.5%的社会收入是生产食物的土地所提供的，占总经济报酬的1/40，而在传统经济中却占1/4（舒尔茨，2001）。

3）报酬递增最终受制于报酬递减

知识的进步带来报酬递增，但每一次进步作为一个过程，最终还是受制于报酬递减。这意味着不存在已为人知的、独特而持久的收入增长过程。每一次技术进步都突破报酬递减的限制，但也会到达新的报酬递减阶段。如此螺旋式上升，犹如若干“小”逻辑斯蒂曲线组成的“大”逻辑斯蒂曲线，如图6.14所示（王如松，2004）。

自然资源对于经济增长的贡献随着经济社会的发展而变得相对较小，这并不能说明自然资源不重要，也不能说明自然资源稀缺问题将不复存在。自然资源对人类基本需求的意义依然是很重要的，正如戴维森2000年出版的《国民生产总值不能吃——重视生态的经济》一书的主要观点：现代社会中，经过加工的面包的价值比没有加工的面粉高；面粉的价值比小麦高；而产出小麦的土壤和水几乎没有经济价值。戴维森认为，这种“倒置”的经济和价值体系给人类赖以生存的环境带来极大的伤害，被压在“价值金字塔”最底层的土壤和水对人类而言才是最宝贵的资源。他认为，不管美国的国民生产总值有多高，美元总是不能当饭吃的——在土地不能再生产农产品时就意味着经济及一切人类相关活动的结束（隗静，2007）。而且随着生态文明时代的到来，自然资源和生态环境的意义更显重要。在现行市场机制和管理体制下，大多数生态服务功能的价值未能体现，所以其经济重要性在下降。但自然资源生态服务功能对人类福利的作用并不因为新型资源的日益重要而逊色，只不过由于产业转移，新型资源所导致的报酬递增是以其他地方依赖自然资源初级产业的报酬递减为代价的。

总之，新技术和科学知识的进步和不断应用可以减缓或推迟报酬递减律的作用。然而，能减缓或推迟到多大程度还是不确定的。对比新马尔萨斯主义者与丰饶论者之争（详见第四章），未来世界的发展可能将介乎两种极端观点的预言之间。但有一点是肯定的，即地球自然资源基础的承载力是有限的，人口数量和物质消费都不可能无限增长，人们不能在一个只有立锥之地的地球上享受科学技术所带来的富裕生活，人口数量和物质消费都必须稳定在一个适度水平上，否则人类最终还是不得不面临报酬递减。

思考题

1. 何谓（自然）报酬递减律？它包含哪三个报酬递减点？各自的含义如何？
2. 何谓经济报酬递减点？它对总纯收益的意义怎样？
3. 什么是合理行为带？试用图示加以说明。
4. 什么是均等边际原则？试举例说明。
5. 什么是规模经济？它与报酬递减律的联系和区别何在？
6. 什么是自然资源利用的适度规模？为什么说我国农业土地资源的利用没有达到适度规模是农业现代化的一大限制因素？
7. 什么是自然资源利用的集约度？集约边际和粗放边际的定义与含义分别是什么？
8. 影响自然资源利用集约度的因素有哪些？
9. 报酬递减律与自然资源极限有何关联？
10. 如何看待报酬递减与报酬递增这对看似矛盾概念之间的关系？

补充读物

陈银蓉, 梅昀, 孟祥旭, 等. 2013. 经济学视角下城市土地集约利用的决策分析. 资源科学, 35(4): 739-748.

舒尔茨 T W. 2001. 报酬递增的源泉. 北京: 北京大学出版社.

周茂春. 2015. 农业生产要素组合规律分析及其运行模式探讨. 经济论坛, (2): 72-74.

第十六章 自然资源开发利用决策

自然资源只有经过开发利用才能提供产品和服务。人们对自然资源产品和服务的需求越来越大，因此需要不断开发利用自然资源。自然资源开发利用者要在较长的时期内投入资本、劳动和管理，其决策往往将这些生产要素冻结在某些用途上，直到乃至超过该资源开发利用的期望经济寿命。因此，自然资源开发利用决策关注长期经济生产力，关注未来的效益、成本和地租，力图保证在扣除成本之后能连续获得效用，从而使长期投资的效用最大化。自然资源开发利用需要把握恰当的时机，当产品有了市场，就要关注产品的价格和未来可能的需求水平，因为这些因素显著影响自然资源开发利用的总效益。还必须将成本控制在一定限度之内，以使自然资源开发利用不仅收支相抵，而且能使自然资源和其他生产要素获得适当的回报。这就需要认识影响自然资源开发利用决策的主要经济因素和基本原理。

本章首先讨论自然资源利用的更替性和自然资源开发的经济原理，其次考察自然资源开发利用的主要成本，最后讨论项目评估和决策中常用的成本-效益分析法。

第一节 自然资源的利用更替性与再开发

一、自然资源的利用更替性与开发原理

1. 自然资源利用的更替性

根据自然资源经济供给原理，自然资源趋向于供给那些出价更高的经营者，趋于向那些效益更高的用途转移。这在土地资源上表现得最为典型，一般农业土地的经营如此，城市土地的经营也是这样。这种土地资源利用变化的总趋势表现为“土地利用的更替性”。由于客观上存在这个性质，每当不同土地用途的有效需求变化导致适于这些用途的土地的经济潜力也发生变化时，所涉及的土地就趋于向最更高层次和更有经济效益的用途转移，除非这种转移为制度所不容许，或者有非盈利的其他目标或经营者反应迟钝。

人类利用自然资源的历史是一个长期的资源利用更替历史。大多数自然资源，特别是那些通达性好、具有较高经济利用潜力的自然资源，已被人类开发利用。随着时间的推移，这个开发利用过程在不断演变，一些已经被开发的自然资源，必然会在一定时间期内被再开发，改作其他有更高净效益的用途。

土地资源利用更替的例子比比皆是。例如，原始森林被开发为经济效益更高的种植业，采伐后生长起来的灌木林地被再开发成商业性林地，曾经是沙漠的土地上开辟出灌溉农业、

旱作农业和牧场，与世隔绝的自然奇境被开发为旅游胜地。城市土地利用更替过程表现得更为显著、更为快速。例如，一些城市中心商业区以前可能还是一片荒野，然后开始成为地区贸易集散地或聚落，再后来成繁荣的商业社区，最后成了飞速扩展的城市商业中心。在这个更替过程中，开始时的小路后来变成了横贯商业区的喧闹交通要道；昔日的居民平房也让位给大银行、商店和摩天大楼；当初以很低的价格可能还难以卖出的土地现在已是寸土寸金。

自然资源开发利用更替是一个动态过程，会随需求和技术的变化而不断调整。例如，随着城市的发展，昔日的牧场和耕地上会建起房屋和商店；孤立水井和简陋的卫生设施为公共供水和地下水道系统所代替；公用设施建立起来了，新街道出现了。随着城市的发展和繁荣，旧城不断进行再开发，原来的道路必须加宽、重新铺设，下水道需要扩展和拓宽，商店要翻新，旧平房被推倒让位给新的高楼大厦，有条件和有必要的地方还要建设城市公园和开放空间等。

自然资源利用更替性往往要求做出长远的决策。多数自然资源开发都需要相当数量的投资，因此要求进行仔细的投资核算，要求计算新开发所必需的投资成本、经营成本、时间成本、替代成本和社会成本，以及扣除上述成本后的期望效益，以便平衡收支，并能获利。这往往要做出一些重要抉择，如不同开发计划之间的抉择，不同规模与比例的可比项目之间的抉择，使个人利润最大化的项目与强调社区和社会目标的项目之间的抉择。

2. 自然资源开发原理

人类开发自然资源的基本动力来源于生存的需求、改善福祉和生活质量的需求及社会经济发展的需要。人们之所以开发和利用自然资源，因为自然资源的开发利用可为人类提供生存必需的产品和服务，自然资源的产品和服务可以提高人类福利与生活质量。自然资源开发利用的效用可以用货币来衡量，但某些效用又不能用货币来衡量，这些效用可能具有市场外部性质的生态效益和社会效益。例如，退耕还林、退田环湖、把某些建筑用地改建成城市公园的效用主要是生态效益和社会效益，不能用经济效益全面衡量。这些效用还可能具有精神价值或审美价值，也可能是对个人权力的一种追求，一种胜利感，或者是其他个人的或社会的目标。例如，兴建金字塔的效用很难用货币衡量，它可能作为某人灵魂安息的场所，也可能作为天堂的象征或慈善行为的纪念物，或者作为军事防御线上的一个堡垒。

不论强调利润目标还是强调非经济目标，每个理性的自然资源开发利用者总会权衡成本与效益，在经过评估并确定总效用等于或超过预期付出，才会进行自然资源开发利用。开发利用者的评估方法可能比较精确，也可能是模糊的，他可以就近期期望效益和成本进行对比，也可以权衡较长期的效益和成本，要评估他将来可以获得的效益并将它们折算成现值，还要面对风险和不确定性。然而，不论采用何种方法，不论能否肯定将来的成败，几乎所有自然资源的开发利用者都力图使效用最大化。

理智的资源开发利用者所遵循的原则，可用图 16.1 中的三个例子来说明。他开始时总有一定的自然资源和特定的开发计划，每年可以获得的总效益用 AT 曲线表示。图 16.1（a）假设是某一用途（如种植业）的开发利用，其总效益不随时间变化；图 16.1（b）假设一项建筑投资，在开始的若干年可以带来较高的效益，但随着建筑物折旧甚至报废，在以后的年份里总收入会越来越少；图 16.1（c）假设一项商业地产开发，在建成 E 年后才会成熟而达到其最高效益，但其后随着财产贬值，将出现总效益逐渐下降的时期。在这些情况里，经营者都必须计算其预期年经营成本。他可以假设一个恒定的平均经营成本水平，如每个图中的 *DS* 成本线所示；也可以假设这些成本随着时间的推移而增加（也很有可能下降）。他必须为其建设农场、房屋或商业性不动产等所支付的成本得到回收而筹划。

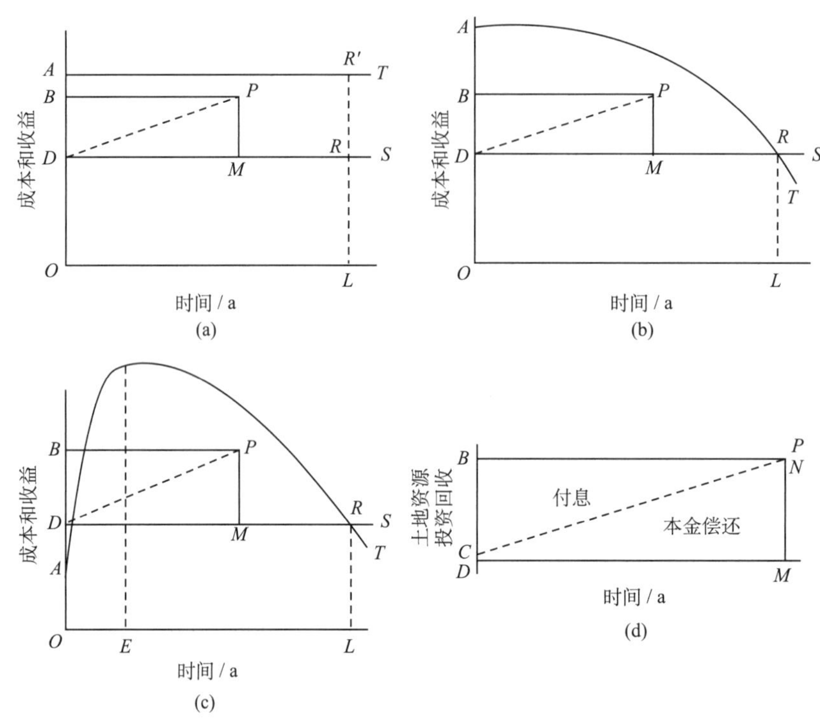

图 16.1 预期成本和效益对土地资源开发投资决策的影响（Barlowe, 1978）

经营成本包括劳动支出、原材料费、维修费用、赋税、保险费、贷款的利息等，扣除这些成本后的余额（对于 *L* 年来说是 *ADRR′*或 *ADR*）代表地租收入和经营利润所得。在这两类收入中，预期地租流可以用资本化方法计算出来，经营者会在其未来预测中将土地视为一种固定成本要素，扣除地租成本之后的余额就是经营利润。如果经营者拥有自己的土地，那么地租也成为他自己的收入；如果经营者是租用别人的土地，则需付出地租成本。

土地资源开发的投资成本如图 16.1 中的矩形 *BDMP* 所示。经营者自然会为收回其若干年内所投入的资本而筹划，并假设资本总额是分期偿还的，其中本金的偿还数目越来越大，而资本付息却越来越小[图 16.1（d）]。所假定的总时间周期视资本化率而定（当资本化率为 5%时，周期应为 20 年），但不超过其预期总收入高于经营成本和投资成本的年限。

一旦经营者计算出了未来的总收入、投资成本和经营成本，如果他的预期收入[图 16.1（a）中的 *AOLR′*、图 16.1（b）和图 16.1（c）中的 *AOLR*]超过了预期成本（*DOLR* 和 *BDMP*），他就可以实施其自然资源开发计划。如果他决定实施其开发计划，自然会有计划地将其经营活动限制在预期总收入超过其经营成本的几年之内[图 16.1（b）和图 16.1（c）中的 *L* 年]。当然，投资者还会注意其他可能的投资用途，考虑机会成本。

这三个例子描述了经营者使其地租和利润最大化的常规做法，同样的基本原理也适用于家庭建房、园林建设或庭院美化的场合，也适用于城市中心开发、新街道建设或公园修建的场合，所不同的是，这些情况并非只强调经济效益，而更重视非货币方面的目标，即强调个人、家庭、社区和社会的满足，强调社会总福利。这些价值一般不能用货币来表示，但是它们对于评价自然资源开发的效用有着重要作用。

3. 自然资源再开发原理

以上讨论的自然资源开发是初始开发。例如，在那些可能被视为荒野的土地上进行的农业开发，在空旷地上进行的房屋及其他改良设施的兴建。这种开发很重要，但现在的大多数自然资源开发利用决策，是针对已开发资源进行追加开发或替代开发。最常见的情况是，在已开发的土地上改变土地用途。这里所指的追加开发或替代开发指对不动产资源基础进行某种再开发，如森林开垦成农田、农场转变成工业区、平房改造成高层公寓、旧城区改造成新城区，这些把原有土地利用更新为新用途的开发项目，都属再开发。

资源再开发利用决策同样也如图 16.1 中的例子所示的那样，要适应市场需求，要追求效用最大化，经营者也要进行仔细的核算。对于某些资源新用途比继续经营目前资源用途会带来更大效用的可能性，理智的经营者会表现出很高的敏感性。一旦出现了这种机会，他们就会把资源转移到更高层次和更有效益的用途上去。如果同时存在若干经营者都企图并有能力承担再开发项目，资源的市场价格往往就会被抬高到转作新用途后的水平。

对现有自然资源进行再开发的基本原理，可以用图 16.2 来说明。现假设市场条件的变化要求在 *E* 年后进行新的土地用途开发，这个新用途比目前的土地用途需要更高的经营成本（*D'S'*），同时具有更高的总收入水平。扣除成本之后的期望效益包括提高了的地租水平（用矩形 *B'D'M'P'* 表示），并且包括增加了的经营成本。

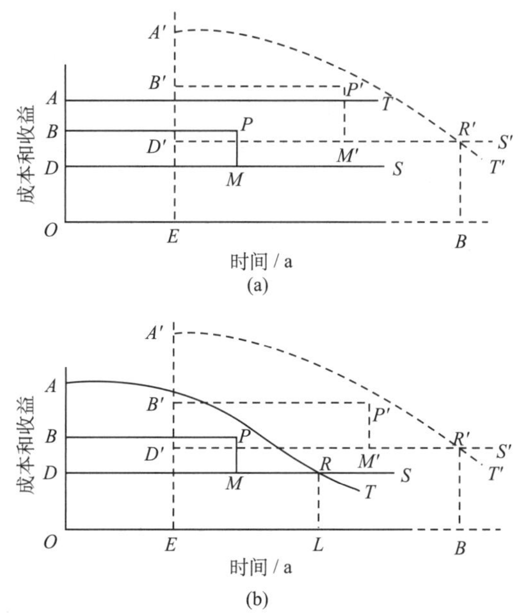

图 16.2　预期成本和效益对土地资源再开发投资决策的影响（Barlowe, 1978）

在此类情形下，大多数有经营头脑、着眼于未来且有一定财力的经营者，将会很快地将土地资源转向更高层次和更有效益的新用途，即使这样会使已投入目前利用的部分资本投资报废。当然，也有一些经营者在面临这种转向新用途的机会时会犹豫不决，或者因为满足现状，或者由于对未来把握不准而不愿冒风险，或者由于更替成本的来源有各种各样的问题。当考虑到较高的开发成本和经营成本时，许多经营者可能觉得缺乏再开发所必需的财力，有些人也会等待收回现有投资成本，或者对现有开发成果的市场效益仍抱有希望。但无论如何，如果一个新机会在扣除开发经营成本之后可带来更高收入，那么放弃这个机会是不明智的。

土地资源向更高层次和更有效益用途转移的问题在图 16.2（a）和图 16.2（b）中情形大不一样。在图 16.2（a）中，经营者目前总收入曲线（*AT*）的形状使得他只要乐意继续经营就还能盈利，而如果再开发则势必会损失掉已开发项目可获得的收入，而且如果财产税和经营成本增加（经营成本曲线向上移），其利润空间就会缩小，新开发的期望并不乐观。图 16.2（b）中的经营者面临的问题则不一样，他可能继续现有的土地利用方式，但再开发显然使他可以获得更多的净效益。然而，他不能将目前的经营延续到 *L* 年以后，因为此后其总收入将会降到经营成本的水平之下，他必须在赔本经营和再开发两者之间做出抉择。

自然资源再开发的基本原理，虽然与图 16.1 的情形一样是地租和利润最大化，但同样可以考虑其他目标，包括各种精神享受、个人满足和社会价值。例如，之所以要重建房屋，并不一定是期望市场价格上升而使财产增值，目标往往在于增加家庭舒适和满足的程度。同样，城市不断拓宽街道、改善供水系统和下水道系统及其他基础设施，为的是提高这些设施的社会效用。旧城改造、拆除棚户区、开发城郊、不断实施新的规划和再开发项目，更重要的是要达到社会的、精神的、经济的或生态的目标。

二、自然资源开发利用更替中可能出现的特殊情况

1. 闲置和向“较低”用途转化

如果自然资源开发利用者过高地估计预期收入，或者过低地估计预期成本，或者过高估计预期收入又过低估计预期成本，就往往会使自然资源开发利用不能获得预期的回报。每当这种情况发生时，经营者可能继续维持其开发项目，接受比预期要少的利润（或满足感）；也可能以其所能接受的某个价格出售不动产，从而收回部分投资以弥补资本损失；如果经营无利可图，又不能出售，那就只有将不动产闲置；或者将不动产转移到“较低”用途上去，这种用途所需变动投入较少，可以在扣除较低预期经营成本之后产生相对较高的净收入。

如何对待不盈利的自然资源开发利用项目，在很大程度上取决于总效益、经营成本和投资成本等的相对关系。只要总效益超过总成本，经营者就会倾向于继续其开发项目；如果总效益超过经营成本，但不足以抵偿资本投资成本，那么这种开发项目可以继续下去，以收回部分资本投资成本；如果总效益降到经营成本以下，那经营者就只有被迫中断经营，放弃现有开发项目，除非他能用某种其他的方式来补贴经营。

在自然资源开发利用的历史上，预期效益不能实现的例子不胜枚举。拓荒者在那些自然条件并不适宜的地方开荒种地，其中有些垦殖一度效益颇丰，但随着气候变化、地力耗尽或市场条件的改变，逐渐变得入不敷出而被迫放弃。另一些垦殖得以延续，在很大程度上是由于开发者补贴了大量的劳动投资以维持生存需要。同样的过程在其他资源开发利用中也经常

出现，很多建筑项目在尚未完成以前就遭遇经济不景气，市场衰落，预期的效益成了泡影；之所以得以继续经营，只是因为要尽量收回投资成本，尽量减少损失。同样，许多大规模地产开发、公共住房建设和城市基础设施建设等再开发项目如果没有相当数量的政府补贴也就不能运行。

那些误算了预期成本和效益的资源开发者和所有者们，必须立足于使其收入和效用最大化，除努力收回资本投资外，更重要的是放眼未来，而不是只盯住已注入的成本；他们会积极地寻找并分析可以提高净收入的各种方案；他们可能考虑将一幢未被充分利用的商业楼改作仓库，或者考虑将耕地改为草场或林场，只要较低的预期成本和效益关系可以带来比维持现状更高的净效益。

2. 土地投机

土地投机在土地资源的开发历史上是普遍的现象，特别是在农村用地正在向城市用地、工业用地或娱乐用地转变的地区。“投机”一词指为预期获利目标而进行的冒险投资，土地投机冒险可能给投资者带来巨大效益，也可能带来严重损失。从经济观点来看，土地投机可定义为持有尚处于非最佳和非最高效利用状态中的土地资源，其主要经营目标着重于通过转售获得资本效益，而不在于从目前的利用方式中实现效用。土地投机者很少关心从不动产资源目前经营中可能获得多少收入，而把土地视为可以买卖而获利的一种商品。土地投机商有时会投入一些改良投资以提高其不动产的价值，但是他最感兴趣的还是尽快卖出去，使其资本投资有利可图，并快速周转，而不是长时间持有它、经营它。

在价格上升时期土地投机往往最繁荣；在价格走势停滞的情况下，土地投机者会将土地持有若干年，以便在价格回升时再出售，这样就有利可图。由于抱有这种“奇货可居”的态度，土地投机者并不积极开发土地，他觉得等到更高层次和更有效益用途的可能性出现时，售出土地所获得的利润会大大高于累计的土地持有的成本。如果投资资本要支付较高利息，以及财产税或土地增值税提高、保险费支出增加等，这些压力都不利于土地投机者等待下去。于是，他们可能以可得到的任何价格出售其不动产，也可能放弃投机梦幻而进行土地资源的开发和再开发，以使资源进入现有市场条件下的最佳利用状态；他们还可能采取折中方法，将土地资源用于一些粗放的用途，如停车场、临时集市、临时货栈等，这些用途的收入足以弥补其持有成本，并且仍保留日后有机会向更高层次和更高效益土地用途（如商业中心或工厂等）转移的选择余地。

3. 经济利益和社会利益的冲突

自然资源开发利用过程中常常会出现经济利益与社会利益相冲突的情况。例如，从效益最大化目标看，农业土地利用比较效益低下，转移到更有效益的用途符合经济规律，因此农业用地不断向城市和工业用地转移。根据我国 1990 年的数据，关于每亩土地的年产值，耕地为 207.67 元，林地为 17.36 元，牧草地为 11.62 元，淡水养殖水面为 445.49 元；而城镇、工矿用地是 7749.07 元，交通用地是 1214.29 元（图 16.3）。在市场经济体制下，效益低下的耕地就有向效益较高的其他用地转换的趋势。但耕地占用过多，威胁农业发展和食物安全，从长远来看会对社会利益造成损害。

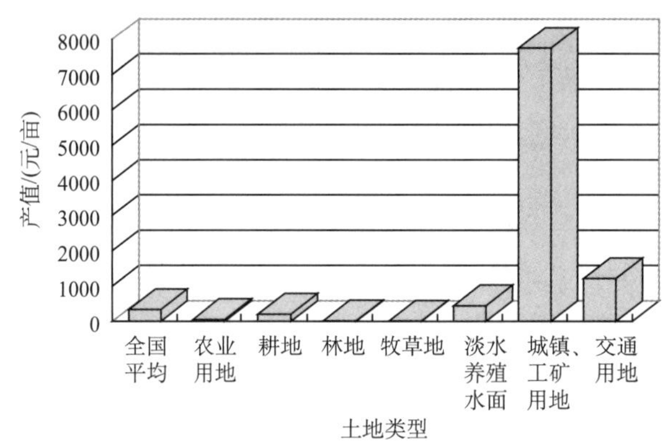

图 16.3　1990 年我国各类土地每亩的产值（吴传钧和郭焕成, 1994）

在此类情况下，应把何种利益放在第一位呢?对这个问题的回答取决于各种情况发生的时间和环境。在某些时期内和某些形势下，可以按经济目标即利润最大化目标开发土地资源；而在另一些场合，经济利润最大化目标和机会则要受各种社会控制和规划的约束。

从资源使用者的角度看，用途的更替往往是对市场价格的反映，只要资源所有者或出价最高的投标者将资源用于社会准许的用途，那么冲突不会发生，使用者能追求利润最大化。然而，如果经营者为了使其利润或其他效用最大化，将资源改作他用时损害或剥夺了邻居乃至整个社会的利益，那么冲突就不可避免。此类受损害的社会利益往往具有在市场上体现不出的特征，如转为建筑用地，可能损害原来土地上的林木、湖泊、溪流及地质地貌等能为公众提供的美学享受和环境质量，或者断绝了将这些资源作为娱乐用地的机会；某些土地利用活动对自然环境质量可能造成的不良影响，如导致土地退化、水土流失、空气污染和水污染、噪声污染等。这些影响构成了重要的外部负经济效果和社会成本。然而，它们很难在传统市场上加以评价，因而对某些使用者的成本-效益核算没有影响。在这种情况下，为保护社会利益，有必要采取社会措施，如区域土地利用规划、对个人土地利用的社会控制措施等。

社会控制（或管理）是否用来指示、引导，有时乃至限制个人土地开发决策，取决于社会利益和个人利益之间冲突的程度，还取决于当时关于社会干预的流行观念，更取决于一定的社会体制和政策。需要建立适合的政府机构并切实履行其职能，还需要确定必要的控制手段并得到公众舆论的支持，这样就可以制止危害社会利益的土地滥用现象。然而，政府管理部门往往贬低和反对使用者为谋取最大利润而进行的资源开发，往往出台一些未经仔细斟酌和精心计划的社会控制政策措施，不仅未能实现预期社会效益，还损害了本来可实现的土地开发利用效益。

第二节　自然资源开发利用决策的成本-效益分析

成本-效益分析（cost-benefit analysis）是通过比较项目的全部成本和效益来评估项目价值，从而做出经济决策的一种方法。常运用于政府部门的计划决策过程中，以寻求在投资决策上如何以最小的成本获得最大的收益。成本-效益分析法的基本原理是：针对某项目的目标，提出实现该目标的各种方案，运用一定的技术方法，计算出每种方案的成本和收益，通过比较，并依据一定的原则，选择出最优的决策方案。成本-效益方法可用于评估需要量化社会效益的公共事业项目的价值，也可用于非公共事业项目的价值评估。关于自然资源开发用的成本-效益分析，首先应搞清楚自然资源开发利用的成本。

一、自然资源开发利用决策的成本分析

成本在自然资源开发利用决策中发挥着很重要的作用，它影响经营者关于“生产什么？生产多少？如何生产？”的选择。通过成本和价格的比较，成本分析会迫使和诱导经营者进行实验、观察和发明，以找到更经济有效地生产产品的途径和更有利可图的产品生产。成本同预期效益一起，有助于说明自然资源开发利用的目的、时机和方式等。

自然资源开发过程中包括若干种成本，其中首要和最主要的是实际现金支出和人力投入。其他较重要的成本有与个人和团体损失有关的社会成本、自然资源开发需要的时间成本，以及将现有投资项目清除掉以让位给新开发项目而产生的替代成本。

1. 自然资源开发利用的直接费用

所有类型的资源开发都需要一定的直接投资和劳动费用，这些费用的多少和性质取决于资源开发的类型与时期。成熟的天然林采伐只需投入劳动和少量投资即可收获大量木材，而摩天大楼的建设则需要花费大量资本和劳动。对于处女地开发，在开始时费用相对较低。例如，1835 年在美国伊利诺伊州，拓荒者可以用 400 美元从政府那里买到 360 英亩的草地或林场，如果自己修建房屋、粮仓、马厩，雇人翻耕草地，修建围墙，这样又要支付 745 美元。大多数拓荒者没有多少固定资产，一般的趋向是几乎把大部分钱都用在购置土地上，为了使现金支出最少，他们自己开荒、耕翻草地、修建房屋和围墙，这需要长时间的艰苦劳动。而到 1975 年，在伊利诺伊建立一个 160 英亩的农场所需费用上升到了 152320 美元，包括土地清理费、修建排水系统和灌溉系统的费用等（Barlowe, 1978）。

农业土地开发所需费用在增加，而兴建发电和灌溉工程的开发成本更高。例如，哥伦比亚流域整治工程，原设计为大约 1095200 英亩的土地提供灌溉，估计建设费用高达 6.97 亿美元，其中的 4.91 亿美元用于购置灌溉设施。如果再把家庭供水、私人农场开发、铺设新路、兴建地方学校等的费用计算在内，那么这项土地开发规划每英亩大约花费 834 美元（Barlowe, 1978）。

绝大多数非农业用途的土地开发项目，需要更多的土地开发成本。将荒地或农地开发为住宅区、娱乐用地或其他城市用途，往往需要大笔开支用于勘测、修路、铺设下水道、兴建公共施设、建立排水系统、打地基等。城市更新工程的费用更高，因为购置开发用地的费用及拆迁的费用都非常高昂。交通基础设施建设也需要很高的开发成本，除高昂的征地费用外，建筑物的造价取决于设施的类型、宽度和行车道数量、封闭与否、地形地基和土壤条件、拟建的桥梁和隧道数量、建筑材料的可得性，以及是否铺设下水道和排水系统等。城市快速公共交通系统和采矿业的开发更是高开发成本的典型例子。

2. 自然资源开发利用的社会成本

自然资源的开发还经常产生社会成本，可以分为两类：社会机会成本和社会负效用。社会机会成本指由于选择某项自然资源开发，社会其他成员要放弃的效益和效用；而社会负效用则指某项自然资源开发项目对其他个人、团体和整个社会的外部性成本与负效果。

社会机会成本的例子很多，如让一些人从事艰苦的荒地开发，就付出了他们在原居住地享受安逸生活的机会成本；当某块土地可用于开发房地产，也可用于建设学校，而选择开发房地产就付出了用于建学校的机会成本。在城市土地开发或再开发过程中更是频繁出现社会机会成本，城市再开发项目一般包括拆迁原有设施而带来的社会损失，也涉及有限的资金用于城市再建设而不能用于产业开发的机会成本。

当自然资源开发利用项目对他人有不利的效果时，就产生了社会负效用问题。土地开发可能破坏自然生态，并殃及自然风光和其他有价值的东西；建设炼钢厂、水泥厂可能污染城市空气；一个工厂可能将未经处理的废物倾入附近的溪流，从而毁坏了溪流的许多使用价值和生态价值。在所有这些情况里，成本都由开发者和经营者转嫁到社会其他成员身上去。这些成本经常被人们忽略，或者被视为开发的必然代价。现在人们越来越重视环境效益和社会效益，因而致力于识别这些负效用，并且最大限度地阻止它们的发生；或实施“谁污染，谁治理”的原则，迫使造成污染的有关单位承担处理这些环境问题的成本和责任。

3. 自然资源开发利用的时间成本

自然资源开发总要经历一定的时间过程，土地在能够用于生产或消费并产生效用之前，一般要花费几年时间进行土地改良和基础设施建设。在这段时期内，土地开发者的投资被束缚在那些目前还不能带来经济效益的项目中；还必须按土地开发后预期存在的市场条件来评价目前的方案和经营措施，这个过程包含着风险和投机因素。在这种情况下，由于要维持土地开发项目而带来的成本可以视为“时间成本”，它包括密切关联的两类成本，即等候成本和促熟成本。

1）等候成本

等候成本可定义为从经营者第一次投入资本和劳动，到投资收回再用于下一次项目开发的这段时间内，由于等候经营效益的实现而产生的成本，包括投资的利息和在开发及经营阶段内所必须交纳的税金。等候成本的两个主要项目中，财产税、土地增值税是开发者不能逃避的开支；通常土地开发者要利用借贷资本来投资，于是在持有土地的整个时期还要支付资本投资的利息，而他投入的自有资本也必然产生机会成本。

大多数自然资源开发和再开发项目中都有等候成本。例如，房地产开发商必须对土地和建房投资支付利息与交纳税金，农田基本建设、果园、钻探油井和矿山的建设都必须付出等候成本，其间的差别仅在于发生时间的长短。即使免税的公共设施，如学校和农田建设，也有等候成本，同私人开发项目一样，也要支付利息，计息从建设资金使用开始，一直到工程竣工投入使用为止。等候成本决不局限于土地开发的情况，商人进货总要投入资本，只要这样做不影响他的资金周转；农民春天买入种子、肥料、机械，直到秋天卖出收获物以前都要支付这些成本及其他生产成本的利息；造林工程付出等候成本的时间更长，所谓“百年树木”，往往在小树长成材以前 50 年或更长一段时间内需要支付利息，还可能要纳税。

2）促熟成本

与等候成本既密切关联，有时在概念上又相互交叉的另外一种时间成本是促熟成本。土地从较低用途转变为较高用途的过程是一个逐渐成熟的过程，在此过程中持有财产的增值导致的成本就是促熟成本。促熟成本往往与地租或土地价值的提高联系在一起，如采伐迹地转变为耕地，按耕地估算的财产价值纳税；耕地转变为住宅用地，按住宅用地估算的财产价值纳税；住宅用地转变为商业用地，按商业用地估算的财产价值纳税。这些情况都会产生促熟成本，在土地真正转变成较高用途以前的这个时期所交纳的财产税增额就是一种促熟成本。在这种情况下，较高征税形式导致的促熟成本可以作为一种杠杆，用来促进土地投机者出售和开发土地，促进闲置土地的开发，促进城市土地和郊区农用地的再开发。

促熟成本这一概念，不仅包括与土地转向或可能转向较高层次用途相联系的税收增额，而且有时还包括待开发的土地具备更有潜力的用途，因而被待价而沽所产生的成本。例如，一个土地开发者本来认为在三年之内可将其所有的地段售出，但实际上为了等待土地升值而将这些土地财产持有了五年时间，从而在后两年里要追加占有费用（利息和税金），这就构成了促熟成本。此类促熟成本的产生是由于开发者们过早开发，或者由于在项目以其要价出售以前有必要进一步促熟。当新开发项目，如公寓或办公楼，超过了市场可以立即容纳的能力时，也可能出现促熟成本。在使这些项目达到正常利用水平以前之所以产生促熟成本，可能是因为对市场判断的错误，因为对所开发项目的潜在市场过于乐观。在大规模开发项目的生产经营磨合期，或者项目要扩大规模时，也可能产生促熟成本。

促熟成本往往会转嫁给购买者，特别是当市场价格很高和需求很旺时更是如此。然而，当投资者发现自己受价格暴跌的冲击时，一些投资者可能觉得很难等待经济恢复、价格回升，特别是那些利用借贷资本的投资者，觉得日益上升的促熟成本使他们的财产严重贬值或价值被抵消。这时他们经常的选择是：或者削价出售，或者宣布无偿还债务能力而倒闭。这种情形在经济萧条时期经常出现。

许多很有吸引力的土地资源开发项目所依据的财产和土地资源价值的估算都不正确或不准确。这种开发项目的时机往往尚不成熟，一旦面临残酷现实就会“果实未熟就得摘掉”，以致不能完成整个正常的成熟过程。这些项目往往会停滞不前，或者受各种限制而不再可能发展为更高层次用途，可能成为“烂尾”工程而被闲置，或者干脆废弃，往往导致拖欠税款、地权冲突及严重资源浪费。这些情况的出现表明，要使土地资源转向较高层次的用途，不能有过高的期望和高额税收。

4. 自然资源开发利用的替代成本与机会成本

自然资源一般都有多种用途，一旦用于某种用途就会有“惯性”的长期延续，但当社会经济条件变化使其价值变化和适宜用途变化时，实施再开发项目就往往在经济上更有吸引力。这种新开发项目需要注销已投入的投资，这个过程所产生的成本称为替代成本。一个典型的例子是，城市住宅用地成熟后又出现转作商业用地的更高利用潜力，实施这种转变就产生替代成本。在这种情形下，土地使用者可以将其土地再开发用于获利更多的用途。例如，一个拥有一座每月地租收入 15000 元、总价值 150 万元房子的房主，遇到这样的机会时可以将原有住宅用地再开发为一座值 2000 万元的零售商店或办公楼，以使其净租金收入增长数倍。如果地块空闲，他如此行动毫无问题。但他现在有价值 150 万元的房子占着地皮，他不得不在进行新的开发投资之前，拆迁或推倒现有的建筑，使已投入住宅的资金报废，这就发生了替代成本。

因此，替代成本问题可以看作一个土地使用者的决策问题，即为了抓住新机会进行投资以使未来收入更高，是否愿意放弃其全部或部分已注入投资的问题。如果他决定转向较高层次的用途，就不得不注销原有房屋价值的大部分，然后才能在原地皮上进行再开发。如果他未能转向有希望的较高层次用途，他实际上就接受了一种机会成本，即现有净收入与土地再开发后可获净收入之间的差额。

还可以列举出许多替代成本的例子。一个果农可能面临转向奶牛业从而获得更多利润的机会，但是他很自然地会在转向新的冒险事业之前再三犹豫，因为这个转变需要将他现在赖以为生的成熟果园毁掉，同时购买奶牛群并修建必需的牛场建筑物也需要投入成本。一位工人可能拒绝收入更高的职位，因为不愿放弃已有的资历和退休金享受权，放弃就产生替代成本。当一个企业家企图改变或重建新的经营模式以提高自己未来的竞争能力和收入时，就要对该不该关闭现有经营而报废部分现有财产做出决策，这也出现了替代成本。公共机构或私人机构为找到适宜的地皮进行新的住房开发，除要花费巨额资金购买地产外，还要付出沉重的拆迁费用，这时也会产生巨额替代成本。

可获得较高收入的可能性，使得大多数土地经营者既乐意又急切地把土地转向更高层次用途。然而，人们的预测能力有限，或者财力不足，或者对尚有盈利能力而将报废的建筑及设施恋恋不舍，会阻碍向新的用途转化。然而，经营者只要确信再开发可以带来更高收入，并且有足够的财力承担所期待的用途变化，那么不将土地转向新用途就是不明智的。如果既不愿或不能承担整个再开发计划的替代成本，又不愿放弃新机会，那么可以制订一些折中方案，能在力求使实际替代成本最小的同时，使经营获得部分潜在的更高盈利能力。例如，将住宅转用作商店、饭馆和办公室，在住房前增建某种商业建筑，在商店的改建过程中照旧营业等。虽然这种权宜之计的结果往往不像整个再开发项目那样令人满意，但也确实减小了替代成本。

二、成本-效益分析基本原理

1. 成本-效益分析的作用和准则

是否开展一个土地整治工程？是否建设一个大型水电站？是否开发某个矿山？是否治理一条已污染的河流？是否将空气污染的排放减少到一个适当水平上？在此类决策上，经常要运用成本-效益分析做出评价。成本-效益分析广泛地用于政府部门的决策中，如水电设施建设、交通工程、生态系统保育、环境污染治理、教育卫生支出、公共福利设施、国防及空间计划等，都通过应用成本-效益分析做出决策。大坝建筑工程那样的大规模开发项目如此，小型设备的购置也不例外。其实每个人在决定是否购买某一商品和服务时，都在凭直觉做成本-效益的评估。

一般情况下，只有效益超过成本，开发者及投资者才会决定开发利用某项资源。消费者个人、私人经营者和公共机构在进行经济决策时，往往很少做精确的成本-效益计算；在日常交易的传统决策中，更是靠已有的经验和直觉来证明某项行动是否正确。但在重大的自然资源开发利用决策过程中，常常需要对成本-效益进行仔细的分析，才能决定决策是否正确。收集和分析赖以决策的数据资料至关重要，只有掌握了相关数据资料，才能进行成本-效益分析，并且将其结论作为肯定还是否定开发利用计划的依据。即使在这种情况下，决策者也不一定能准确把握实际情况，他可能对某种产品的需求过分乐观，也很可能低估或忽视了潜在的成本。然而，他总需要权衡将要产生的效益和成本，只有在效益大于成本的情况下，他才会拍板。

计算成本-效益有各种各样的方法。对于自然资源开发利用项目，一般采用比较综合复杂的项目评估方法，引导决策过程的是公共投资准则和私人对收入最大化的渴望。无论是私人经营者还是公共机构，资源都是有限的，都需要弄清楚是否每个项目具有收入足以抵消支出的潜力，都乐意选择那些在一定开发条件下扣除成本可以带来最高净效益的项目设计。当面临若干可供选择的开发项目时，个人和公共机构就可能应用均等边际效益的原则作为分配资源和投资决策的指南。对于个别自然资源开发项目，最后一个单位投入带来的边际经济效益或社会效益，至少应等于其他项目或方案投资所能获得的收入、满足或效益。

成本-效益分析为我们提供了一个可用来评估自然资源开发利用项目经济前景的重要方法，可广泛地用于自然资源开发和社会投资方案决策中。它既可以用来确定一个项目方案是否经济可行，即是否可以在扣除成本之后带来净效益；也可以用来评定或排列各种可比供选项目的优先顺序。特别是政府部门，应用各种成本-效益分析方法来比较备选公共项目和规划的效用潜力，既很重要，也可操作。

2. 效益和成本的构成

在进行成本-效益分析之前，有必要明确一下“效益”和“成本”这两个术语的含义。按现实中流行的看法，需要识别三种效益和三种成本。

1）效益的构成

自然资源开发的效益包括基本效益、无形效益和派生效益。①基本效益，是项目开发产生的产品和服务的直接价值，这里主要指可用货币衡量的有形物质效益。例如，项目开发产生的农产品、电力、矿产品和由项目开发带来的其他直接效益的价值。②无形效益，可定义为：虽然被认为在满足人们需要和欲望方面有实际价值，但不能全用货币衡量或在正式分析中不能用货币单位表示的效益，如提供美学享受、娱乐机会、防洪和安全等。③派生效益，指由某个项目实施所“引起”或“导致”的附加价值。例如，农业开发项目生产出粮食，也带动了粮食加工业的发展，这时面包价值超过小麦价值的部分就是派生效益。这种效益还包括由某个项目“引发”的经济增长所带来的效益。例如，旅游项目的开发引发一系列产业，如旅游交通、旅游商品生产、餐饮业、旅馆业、旅行社等，从而带动项目区的经济增长。然而，只有当项目实施完成，从而使得比没有该项目时增加了净收入的时候，才能说产生了派生效益。

2）成本的构成

项目成本包括项目本身的成本、附加成本和派生成本和无形成本。①项目本身的成本，是直接用于建设、维持和运营项目的全部土地、劳动和材料设备的价值，以及由项目直接导致的负效应。还要考虑项目开发的社会机会成本以及投资的时间成本、替代成本和机会成本。②附加成本，是为使项目产生的产品或服务能为人们所利用或销售出去，而必须追加的物品和服务的价值。例如，对于一项处女地开发和灌溉工程来说，除灌溉费用或项目成本外，田间经营管理的所有成本都应视为附加成本。③派生成本，是除项目开发的直接成本和附加成本外，由项目开发引起的所有物品或劳务的价值，包括所有加工中间产品或服务的成本。正如加工中间产品或服务而增加的价值称为派生效益（如面包价值超过小麦价值的部分）一样，运输、储藏小麦和把小麦磨成面粉、烤成面包并将面包销售到顾客手中所需的成本，都应看作派生成本。④无形成本，主要指对生态和社会的负面影响。

一旦成本和效益计算出来，扣除项目本身的成本和附加成本的基本效益剩余称为净基本效益；扣除派生成本之后的派生效益剩余，称为净派生效益；这两种效益和成本一起用来确定成本-效益的比率。

3. 效益和成本的估算

要使成本-效益分析具有实际意义，就必须找到尽可能精确和实用的成本-效益估算方法，必须采用一致的价格水平、利率、风险折扣和考虑同样的影响因子。可以按成本和效益发生时的期望价格来计算成本和效益。如果项目即将开始，成本往往按现有价格计算。效益估计和对未来经营、维持更新等成本的估计，往往需要假设一个未来的价格水平，这种估计一般应该保守一些。也有些项目采用长期平均价格或产品产量预测作为估算的标准。

因为项目评估关心的是整个项目执行时期的效益和成本，所以应该注意到这些效益和成本“有不同的具体形式、发生在不同时刻、经历不同时期”（Dorfman, 1965）。为便于分析，应将拟议中项目的效益和成本折为现值，这需要确定合适的贴现率，在项目评价过程中，用利率和贴现率来将所有未来效益和成本估计折现成可对比的现值，虽然利率和贴现率每年波动不定。还需要确定每个项目的预期经济寿命和期末预期残值。评估中还有其他一些问题，包括无形和有形价值的处理、经济活动水平的调整、受影响公共设施的成本计算，以及土地的获得和改良费用、税收、已有设施报废的替代成本、有效生命期和各种损失计算等。

项目开发一般都会有不确定性和风险，有些项目风险可以预测，并且能根据保险费和其他适当费用计算风险折扣。有些项目由于有特殊形式的不确定性，不能以保险费用为依据来预测。对此，可以从净效益现值或年平均值中扣除一定的风险，或者把风险加到成本现值或年平均值上去。对于效益增长中的不确定或不可预测风险，应间接地通过采用保守的净效益估计，在计划中留有一定的安全系数，或者通过在贴现率中包含风险因子来予以消除。

不同项目的预期经济寿命会有很大差别。为了便于进行成本-效益分析，将经济分析限制在项目预期寿命之内，扣除项目预期残值之后的所有成本都要在这个时段内分摊。

4. 成本-效益的比较与经济可行性的确定

1）成本-效益的比较

在成本-效益分析过程中，对经济决策将要付出的成本（直接的和间接的）与可获得的效益（直接的和间接的），以尽可能统一的计量单位（货币）分别进行计算，以便从量上进行分析对比，权衡得失。在进行多方案比较时，一般采用三种方法：①在成本相同的情况下，比较效益的大小；②在效益相同的情况下，比较成本的大小；③在成本和效益都不相同的情况下，以成本与效益的比率和变化关系来确定。

成本-效益分析是为在生产满足人们所需产品和劳务的过程中，有效地利用所需经济资源如土地、劳动、原料而提供指南。它表明经济资源是否比没有该项目时利用得更有效。成本-效益分析强调资源利用的经济效率，但经济效率不是唯一的赞成或反对自然资源开发项目的依据，国防、外交政策和其他方面理由也起着决定性的作用，虽然经济上的考虑仍是首要的。成本-效益分析方法指明了在资源开发中最有效地利用社会资金的途径，其运用有以下的前提：①只有在对某项目的产品存在需求的情况下，项目才有经济价值；②每个项目都必须在使净效益最大的规模上实施；③每个项目或项目各个独立组成部分，都必须以与项目总目标相符的最可能小的成本来实施；④每个项目的开发优先顺序应按其经济合理程度排列。

2）项目经济可行性的确定

确定预期效益和成本只是自然资源开发利用决策问题的一个方面，还要注意项目决策的其他三方面：①论证项目的必要性；②确定拟开发的最佳规模和比例；③明确项目开发应采取的最经济、最有效的手段。

项目决策过程的第一步，应论证拟议中项目能产生的产品和劳务的需求或项目的必要性。如果无必要，就不再论证该项目；如果确实有必要，就应该注意项目不同规模的预期效益和成本，这种信息是确定拟开发项目最佳规模所必需的。

当项目在某个规模上可以比在其他任何规模上产生更大净效益的时候，该项目规模就是最佳规模。最佳规模的确定可用图 16.4 来说明，两个图都表示随项目规模增大而变化的效益与成本之间的关系。点 *B* 表示效益和成本比率是最高的开发规模，点 *C* 表示扣除成本之后有最大剩余效益的规模水平，后者正是项目规模扩大所带来的边际效益等于边际成本时的规模，在这一点，边际效益与边际成本的比率为 1。点 *A* 和点 *D* 表示总效益等于总成本的点，即效益和成本比率为 1 的点。

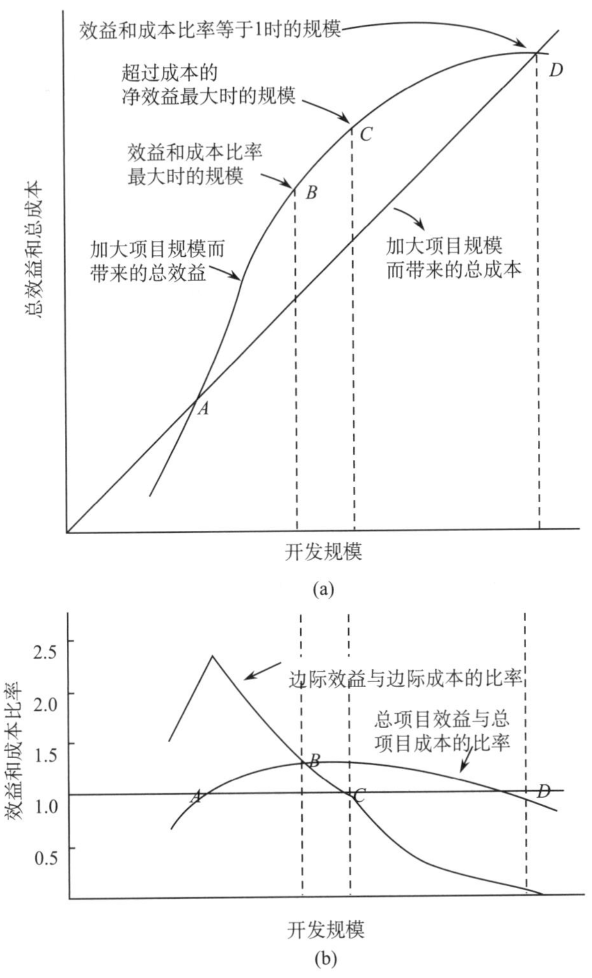

图 16.4 不同开发规模项目的效益与成本关系（Barlowe, 1978）

在完全竞争的条件下，一个项目的最佳规模往往是在点 *C* 的水平上，此时规模扩大的最后一个增量所带来的效益增加，正好等于成本增加。在正常的投入产出关系下，只要假设资源是无限的，那么上述情形就会出现。如果更切实际地假设开发基金是有限的，那么最佳规模水平就取决于均等边际效益点在什么地方。这时，该点介于点 *B* 和点 *C* 之间，该点上所有经营项目的边际成本与效益关系都是平衡的。

一旦确定了项目的规模，那么下一步就要确定项目及其各个部分是否可以使成本最低。如果项目的总目标或分项目的子目标可以用其他成本更低的方法来达到，那么该项目的制订还不算成功。

实际上人们很少注重最佳规模的确定，有关规模的决策有时只对代表不同规模的少数项目加以比较。而更常见的情况是，决策只针对所设计的项目进行评估。除非很熟悉所涉及的经济学概念、原理和方法，人们很少有此类经济学上的考虑。实际上在任何情况下都很难完成完整的决策制订程序，因为缺少确定增量关系所需要的充足且精确的数据。

一旦对效益和成本的数据收集分析完毕，并已把二者的估计值折成了现值，就可以确定各项目的经济可行性。为了说明一个或多个备选项目的相对满意程度，可以采用四种不同的方法。

第一种方法，从每个项目的总效益中减去总成本，即 *B*–*C*，并且按扣除项目成本之后的效益余额大小将各个项目依次排列。这种方法测定的是净经济效益或净效益，但不适合进行各个项目要支付的成本的对比，因为按这种方法，效益 100 万元、成本 99.9 万元的项目，与效益 1 万元、成本 0.9 万元的项目，其净效益是相等的，因此不能测定成本与效益的比例关系。

第二种方法，计算期望总成本的净效益率，即（*B*–*C*）/*C*。用这种方法，从总效益中减去总成本，余额再除以总成本，得到一个净效益百分比。这种方法可用来计算项目总成本的效益率。

第三种方法，与第二种方法类似，用期望总效益的现值除以期望成本的现值，即 *B*/*C*，得到一个效益成本比率。一个有利的比率（大于 1.0）表明，从保证带来净效益的意义上说，该项目是经济可行的。这种方法在效益成本分析中经常应用。

第四种方法，将项目的建设投资成本与该项目运行时需支出的经营成本和维修成本区分开来，即（*B*–*OC*）/（*C*–*OC*）。用这种方法，从年均期望效益现值中减去年均期望经营成本现值，余额除以年均项目投资成本现值，即得到项目投资成本的效益率。这种方法在比较资源投资效率方面比起简单的效益和成本比率法是一种更好和更实用的计算方法，但是这种方法也有其不足之处，当建设基金有限时，以及当经营维持成本被看作主要的时候，对于确定项目的相对满意程度就有限了。

正如表 16.1 中的例子所表明的，*B*/*C* 和（*B*–*C*）/*C* 两种方法，在确定各选择项目的优先顺序时，产生了两种矛盾的结果。项目 1 的效益和成本比率最高（1.6），而投资成本的效益率却最低（175%），项目 4 的效益和成本比率最低（1.3），但投资成本的效益率却最高（225%）（Barlowe, 1978）。

表 16.1　四种可选项目的效益率和效益与成本比率

		可选项目 1	可选项目 2	可选项目 3	可选项目 4
年效益价值/百万元 B		20	24	42	65
年运营成本/百万元 OC	C	2.5	6	18	38
总投资成本年均分摊/百万元		10	10	12	12
B–C/百万元		7.5	8	12	15
（B–C）/C/%		60	50	40	30
B/C/%		1.6	1.5	1.4	1.3
（B–OC）/（C–OC）/%		175	180	200	225

资料来源：Barlowe, 1978。

三、成本-效益分析的局限与改进

1. 成本-效益分析的局限

对成本-效益分析方法已出现很多批评意见，认为它是一个不完善、不全面的分析方法，最多不过说明了部分问题。有些意见指出，项目决策是一个政治问题而不是一个经济问题。还有些意见认为，在效益和成本计算中，所采用的数据往往不能满足分析的需要，因为有时低估了效益，有时又高估了效率。一些批评还指出，在项目评估时不同机构缺乏统一的标准，大的社会项目所采用的折旧率不切实际地过低了，另外也忽视了项目对生态环境和地区经济发展等方面的影响。

成本-效益分析的第一类局限，是应用于自然资源保护和生态环境改善时存在一些问题。当前的成本可能较容易估计，但是对将来的效益和成本作价却很困难。根据各种关于自然资源将来价值的假设，可以做出一些自以为有理的猜测，但由于将来是未知的，此类假设可能见仁见智，而采用不同的假设会得到非常不同的估计。这就是自然资源和生态环境保护者与企业家之间常常不一致的主要原因，企业家一般更重视近期的效益和价值，而自然资源和生态环境保护者更强调将来的效益与价值。

很多企业家和经济学家还认为，技术进步导致的经济增长必然提高未来的生活标准，那么当代人为什么要为后代生活得更好而付出更高的代价和税收呢？成本-效益分析对未来的自然资源和生态环境保护往往带有一种固执的偏见，给未来效益和成本的权重低于当前的效益和成本。而保护论者对自然资源的未来价值却给予更多的重视。他们还确信，未来经济增长未必能提高生活水平，除非我们能把这种增长重新引导到减少其有害方面和增加其有益方面。

实际上成本-效益分析方法多应用于确定各个项目的经济可行性，把有利的效益和成本比率作为通过项目的条件。这种做法避免了不合理的项目，但还远远没有使投资效益最大化。只要各个项目的成本-效益关系在图 16.4 中点 A 与点 D 之间，那么该项目就会得到认同。效益和成本比率有利的项目不一定是最佳规模的，有时该项目可能还包括不能用边际产值表示的其他方面。

成本-效益分析法的第二类局限，是效益和成本经常离异。将项目效益和成本比率是否有利作为是否对该项目进行投资的判断准则，在开发者和投资者同时也是受益者的情况下可能没有问题，但当涉及不同利益集团时，情况就复杂了。例如，拟议小流域整治项目范围内的土地所有者，对总效益和成本比率有利的项目可能并不赞同，因为该项目的大多数效益为下游居民所得，而他们却有可能要承担大部分代价。当政府承担港口清理项目的成本，而该项目主要对当地某些工业集团有好处时，也会产生同样的问题。此类问题也可以从当地群体对可能的“政治分肥”项目所持的态度表现出来，只要当地居民没有被要求承担项目的部分成本，那么在他们看来，不论该项目的期望效益多少，都是令人满意的，原因很简单，即政府是否对该项目投资，都不会影响他们的纳税额度。

谁获得效益，谁付出代价？应该是自然资源开发利用决策中需要考虑的重要问题。但成本-效益分析并不能对此做出判断，因为往往不能包括受开发决策影响的全部利益相关者。例如，设想对某一矿山开发成本-效益分析的结论是：要达到一定安全标准和环境质量标准的代价太高，因而应将安全标准和环境质量标准降下来，那么该矿山的老板将受益，因为他不必为使矿山减少对环境和工人健康的危害而支付更多成本；该矿山产品的消费者们也可能受益，因为该产品价格会相对较低；但是在该矿山工作的工人们却会深受不安全条件和有害健康条件之害，矿山附近的居民也会因环境质量降低而付出代价。

成本-效益分析的第三类局限，是所评价的很多事情不能折算成货币。例如，空气污染的代价，关于损坏了多少庄稼、弄脏了多少衣服、使多少房屋不得不重新粉刷等，都是相对容易估价；但对人们健康的损害、对大气和水体的污染、对美丽风景的破坏、对野生生物的不利影响、对自然界自净能力的损害，都是难用价格来评价的。如果实在需要估计此类价格，那么由于前提和价值判断的差别，评估结果也会极不相同，这将造成差异极大的成本和效益评价。例如，美国环境保护局 1984 年曾对拟议中的“清洁空气法”修正案做了一次成本-效益分析，其结论是其净效益（扣除预期成本后）为–14 亿～1100 亿美元，这取决于对人类的生命、人类的健康和更清洁的环境如何作价。在各种成本-效益分析中，对人的生命作价都不一样，可以从 0～700 万美元，一般价格是 20 万～50 万美元（Miller, 1990）。其实每个人都会认为自己的生命是无价之宝，但在成本-效益分析中这样作价是不可能的，甚至是不公平的。

一些批评成本-效益分析方法的人还指出，由于对很多成本和效益的估价是如此不确定，其中的主观因素如此之多，某一工程或法案的反对者或拥护者都可以得出迎合自己观点的评价结果，即使是评估专家，也必然代表一定的利益集团，甚至有自己的私利，不大可能做出真正客观、科学、公正的评价。

机构内部不同部门或不同机构之间在成本-效益分析方法的应用上也可能缺乏一致性。对成本-效益评估方法的反复检验和重新评价，可使该方法更精确和标准化。但是在确定无形社会效益和社会成本的适当权重的时候，以及在使不同机构所用的分析方法标准化的时候，还必须对该方法作进一步改进。方法的不一致性，使得价值不定的项目效益和成本比率在一些人看来是有利的，而在另一些人看来则不然。

成本-效益分析法的第四类局限，是用什么样的利率把未来的成本和效益折成现值。注重社会效益的人往往赞成采用低利率，如采用政府长期债券所采用的利率；而私人投资的支持者，则往往力争采用商业贷款那样较高的利率。

总之，成本-效益分析法为评估拟议项目的相对经济效益和可行性提供了一个总的衡量标准。它可以作为衡量个别项目选择总满意度的、不全面的标准。多数项目都有很多目标，其中有些目标并不能完全用经济方法来评定，需要将拟议项目的评估框架扩大，以将项目评估与促进国民经济发展、提高环境质量、增加社会福利和促进地区发展的必要性联系起来。然而，即使采纳这些建议，在最后决定是否采纳各个项目计划时，在对每个独立的评估内容选定合适的权重时也会出现严重的问题。

2. 成本-效益分析的改进

1）成本-效益分析的应用与改进建议

成本-效益分析的这些问题并不意味着这种方法无用。虽然它是粗略的估算，甚至有时会是有意歪曲的估算，但只要决策者和公众知道，它只是根据一定的前提和假设对自然资源开发利用与生态环境管理给出的大致估价及指导，那么它还是有用的，但不要把它的评价结果看作确定无疑的结论。为了指导社会和私人投资，确实有必要采用某种项目评估方法，成本-效益分析方法也确实为项目的合理性论证提供了一个合乎逻辑的有效手段，该方法中的效益和成本比率确实是很容易理解的。此外，成本-效益方法已在实践中应用了许多年，并且在运用过程中也得到了不少改进。成本-效益分析法的应用迄今一般多局限于单个计划项目经济可行性评价，在将其用于确定选择项目的开发优先顺序方面所做的工作还不多。虽然还存在上述种种局限，很难达到能确定开发优先顺序的目的，但很有必要将成本-效益分析方法用于其他类型公共投资的经济可行性评定，这对指导政府部门在可选择项目和方案中进行公共基金分配也是必需的。

实际上在自然资源管理和生态环境保护中运用成本-效益分析已有一些成功的案例，目前发达国家的很多环境与自然资源保护决策和法规都将成本-效益分析结果用作主要依据之一，成本-效益分析已渗透到政府决策活动中。成本-效益分析在实践中得到了迅速发展，被世界各国广泛采用。

针对成本-效益分析的局限，自然资源与生态环境保护者和经济学家已就如何改善其方法提出了一些建议：①要求所有的研究都使用统一的标准；②明确陈述所有前提和假设；③显示根据每一前提和假设而得出的全部不同的预期效益和成本；④要估算对全部受影响人群的短期和长期效益和成本；⑤要评估所分析项目或法规的执行情况，而不是假设所有项目和法规都能100%有效地执行；⑥公开评价结果，让公众参与评价过程。

2）成本-效益方法改进案例

《北京市城市雨水利用的成本效益分析》（左建兵等，2009）对传统成本-收益分析方法做了某些改进，提出了城市雨水利用成本-效益分析框架，以北京市2007年267项雨水利用工程为例，进行了具体分析，为城市雨水利用的管理决策提供了科学的依据。

雨水利用工程的成本包括固定资产投资和年运营成本两部分。其中固定资产投资包括土建工程费用（含构筑物和管道等）、设备及安装工程费和其他工程费等；运营成本包括动力费、药剂（如絮凝剂、消毒剂等）消耗费、维护管理费（包括污泥处置、水质分析、消耗材料等）及其他，以及折旧费。

城市雨水利用效益主要包括下列七方面：节约自来水的收益、回补地下水的收益、节水增加的国家财政收入、消除污染排放而减少的社会损失、节省城市排水系统设施的运行费用、雨水利用提高防洪标准而降低城市河湖改扩建费用、减少地面沉降的经济损失。

对上述各项成本和效益都拟定了具体的计算方法，对北京市2007年雨水利用的成本-效益进行了计算，结果如下。

（1）雨水利用工程包括：修建封闭式蓄水池 5.8 万 m^3，透水性路面面积为 89.4 万 m^2，下凹式绿地面积为 136.0 万 m^2，年雨水综合利用量达 604.0 万 m^3。总体上来看，利用的方式以蓄水池为主（包括封闭式和开放式，占 37.7%），其次为下凹式绿地（占 26.1%）。

（2）从雨水的利用类型上看，首都功能核心区（东城、西城、宣武、崇文）的雨水利用类型以封闭式蓄水池和下凹式绿地为主；城市功能拓展区（朝阳、海淀、丰台、石景山）以透水地面为主，其他类型为辅；城市发展新区（大兴、房山、通州、顺义、昌平）以下凹式绿地为主，人工湖和敞开式蓄水池为辅；生态涵养发展区（门头沟、平谷、怀柔、密云、延庆）各有侧重，门头沟和平谷以下凹式绿地为主（分别占 55.2%，70.4%），密云以封闭式蓄水池为主（占 70.7%），怀柔以人工湖为主（占 36.2%），延庆则兼有 6 种利用方式。

（3）从雨水利用量的空间分布来看，总体上表现为城区利用量小于郊区。由于受到空间的限制，城区的雨水利用方式相对单一，修建大型的综合性雨水利用工程并不现实。因此，城区的雨水利用多为小型的蓄水池或以间接利用方式为主。

（4）雨水利用的成本-效益分析的结果表明，北京市 2007 年雨水利用的综合效益非常显著。因此，今后应大力实施雨水利用，拓展北京市水资源的利用范围，提高水资源的利用效率。

（5）提出的雨水利用成本-效益分析框架，没有考虑无法货币化的潜在效益，因此计算得到的效益数值小于实际产生的综合效益。

3）基于自然资源价值和资产核算改进成本-效益分析

自然资源开发利用决策，需要以可持续性观念为指导，算好经济账、生态账和社会账，权衡好各种成本和效益之间的关系。成本-效益分析仍然是一个重要的决策工具，但需要改进。自然资源价值重建与资产核算（详见第十三章）为改进成本-效益分析提供了重要思路和途径。以自然资源资产核算为概念基础，以自然资源资产负债表为测度工具，可以扩展成本-效益分析方法的评估框架，将那些不能完全用经济方法评估的生态环境目标和社会目标纳入评估体系，将项目评估与促进国民经济发展、维护和改善生态环境质量、增加社会福利和促进地区发展的必要性联系起来，改进传统成本-效益分析中的若干缺失。

自然资源价值核算能够为开发决策提供一本自然资源的经济收益账、生态价值损益账。在经济账上，结合资源开发项目开发利用设计方案，根据资源类别的历史成本交易价格，得出资源未来现值。例如，分地域、分质量、分市场发育程度，利用矿产品、林木、水资源历史交易价格建立价格基数模型，对矿产、林木、地表水、海洋等资源进行价值量核算。而在生态账上，以森林、草地、湿地、矿区等生态系统提供的资源供给、生态支撑、环境调节、文化景观等服务和产品为对象进行价值量核算，如林木的固碳释氧、水土保持、涵养水源等调节服务的价值核算，社区居民意愿购买的文化景观类支出核算等。按照这种思路，可以建立一种新型的以自然资源资产核算为基础的成本-效益评价体系（姚霖等，2019）。

一旦将生态和社会的成本和效益评估纳入决策过程，就可促进以生态产业化和产业生态化为路径的生态经济发展。产业生态化是产业发展到一定阶段提质增效的必然要求，其站位于资源开发利用的生产加工端，立足产业组织管理视角，通过引入环境友好型技术，进行生态化生产流程改造，实现经济与生态效益共赢的产业模式。而生态产业化是将生态系统服务转化为生态产品，实现生态价值。新型的以自然资源资产核算为基础的成本-效益评价体系，还能鼓励以生态修复和产业再造为关键的资源再开发利用模式，不仅能够激活生态产品的供给能力，还可以实现区域产业再造，收获生态经济福利（姚霖等，2019）。

思 考 题

1. 何谓“自然资源利用更替性”原理？它对自然资源利用规划有何启示？
2. 举例说明自然资源开发和再开发原理。
3. 自然资源开发利用更替中可能出现的哪些特殊情况？
4. 自然资源开发利用决策中（个人）经济利益和社会利益的关系怎样？如何正确对待？
5. 何谓“成本-效益分析”？其作用如何？
6. 自然资源开发利用的社会成本表现在哪些方面？
7. 何谓“自然资源开发利用的时间成本”？
8. 何谓“自然资源开发利用的替代成本与机会成本”？
9. 阐述成本-效益分析的基本原理和主要内容。
10. 成本-效益分析方法存在哪些局限性？
11. 如何改善成本-效益分析方法？

补 充 读 物

莱文 H M, 麦克尤恩 P J. 2006. 成本决定效益：成本-效益分析方法和应用. 2 版. 金志农, 孙长青, 史昱, 译. 北京: 中国林业出版社.

姚霖, 余振国, 刘伯恩. 2019. 基于资源价值核算的生态保护机制构建. 中国土地, (4): 21-24.

左建兵, 刘昌明, 郑红星. 2009. 北京市城市雨水利用的成本效益分析. 资源科学, 31(8): 1295-1302.

第十七章　自然资源保育与循环利用

在自然资源开发利用的过程中，必须经常地在两类策略之间做出抉择，要么使短期收益最大，但很可能造成资源的耗竭或掠夺式利用；要么强调资源的保育，以到达资源长期持续利用的目的，但可能会牺牲近期的利益。哪条路线合理？为什么合理？社会在这样的选择过程中应起什么样的作用？此类问题触及了自然资源保育问题的要害。本章将讨论自然资源保育所牵涉的方方面面，重点将放在自然资源保育的经济含义、影响保育决策的主要因素、保育的社会控制、自然资源的循环利用等方面。

第一节　自然资源保育的含义与经济决策

一、自然资源保育的含义及类型

1. 自然资源保育的含义

“保育”可以有几种不同的定义，按字义解释，它有保存（reservation）、保育（conservation）、保持（preservation）或保护（protection）的含义。自然资源保育同样是一个有多种含义的概念。持生态伦理观的人把人类社会的伦理观念扩大到自然资源乃至整个自然界，认为人们必须保护和培育自然资源和生态环境的完整性；实际经营者常常将保育等同于治理土壤侵蚀、植树造林、繁育珍稀物种；旅游管理者则把保育视为对景观、自然遗产、文化遗产、游憩条件等的改善；政治家们又往往将保育看作与选民利益密切关联的政治目标；绿色组织则把保育比喻为美好生活的象征，比喻为达到使最多的人持续获得最大好处的灵丹妙药。

总之，保育是一个有多种含义的概念。保育具有伦理道德的含义，意味着当代人对子孙后代生存状况的关怀，“至少要给未来人类留下一个达到最小安全标准的数量”（兰德尔，1989），强调资源在代际间的公平分配，甚至包含着对自然界完整性的关怀。保育也具有管理含义，自然资源保育是人类为了自身的生存和发展而保护和培育自然资源，恢复和改善自然资源的物质生产能力和生态服务功能，防治自然资源的退化，使自然资源对人类福祉的贡献具有可持续性所采取的策略、措施和行动，自然资源保育的内容包括资源数量保护、资源质量保育和生态环境保育等（林培，1996）。保育更具有经济含义，因为事实上保育问题的提出源于资源的稀缺性，自然资源保育的经济学含义是如何使自然资源得到有序、高效的利用、消除浪费和使社会长期净收益最大化（Barlowe，1978）。关于自然资源保育的种种观点，可归纳为以下三个层次。

1）生态伦理层次

生态伦理学认为，自然界中没有等级差别，在人与自然的关系中，人与其他物种乃至其他自然要素是平等的；就像人有其价值和权利一样，自然资源和自然环境也有其价值和权利；人的价值和权利应该得到保护，自然资源和自然环境的价值和权利同样应该得到保护。这个意义上的保育是要保持近似于自然状态下的条件。

2）可持续发展层次

按照可持续发展原则，自然资源保育是要给后代留下同等的利用机会和条件，在开发利用自然资源的同时强调保育，为的是持续地实现自然资源利用的经济效益、生态效益和社会效益。从这个意义上讲，自然资源保育的严格定义应该是："保护地球上的自然资源以使潜力和效率不降低……或只容许合理、明智地消耗自然资源"（Barlowe, 1978）。

3）经济含义层次

许多生态环境保护主义者在强调保育自然环境和自然资源时可能走过了头，上述为了未来利用而不触动自然资源的保育观念，并未被所有的人接受。绝大多数人反对这种不触动自然资源的观点，虽然赞成保育和节约利用自然资源，但只限于在保育政策与目前有效利用不矛盾的范围内。因此，在讨论保育时，重点多放在高效、合理、有序、持续地利用自然资源，消除经济浪费和社会浪费，实现社会净效用长期最大化等方面。

从经济和社会角度来看，"保育"可以定义为自然资源利用的长期效用最大化。虽然对"长期效用最大化"含义可以有多种理解，不同类型的自然资源也有相当不同的长期效用最大化含义和实现途径，但从现实角度看，采用这个定义比较易于接受，也符合多数人的愿望。实际上，"保育"确实是针对有关自然资源在目前和未来之间分配的决策而言的，是针对提高某种自然资源未来可用量而采用的政策和行动而言的，从这个意义上看，保育其实指的是"何时"利用自然资源。

在下面的讨论中，我们只附带谈及自然资源保育的伦理、道德、环境、生态、娱乐、政治和崇尚诸方面，而主要讨论与自然资源利用长期效用最大化有关的经济问题和社会问题。在探讨保育的经济含义时，要强调自然资源长期明智或最佳利用的目标，强调保育的经济含义同资源有序高效利用、消除浪费和使社会长期净效用最大化等概念之间的相互关系。在讨论这些论题以前，有必要先考察保育问题的一个重要方面：为保育目的而进行的自然资源分类。

2. 针对保育目的的自然资源分类

泛泛地谈论自然资源保育，很难落实保育的具体措施，只有讨论特定类型的自然资源保育，才能针对其实际情况寻求可实施的途径。一些类型的自然资源比另一些类型的自然资源有更长的使用寿命，或者更容易更新，因此不同类型的自然资源相应地有不同的保育目标和保育途径。针对保育目的对自然资源进行分类，一般依据资源的相对可更新性，可以分为三大类：储存性资源、恒定性资源、性质介于二者之间的临界性资源。第三类资源又有多种：生物资源、土地资源和人工设施（如建筑物、水库或公路）等。

金属矿藏、化石燃料、建筑石材等矿产资源是储存性资源。这些资源的自然供给总量是相对固定的、有限的和不可更新的。煤、石油、天然气和泥炭要经过相当长的时间才能更新，我们不能在利用它们的过程中奢望其自然供给总量有明显的增加。"储存性"资源可再分两亚类：①可耗尽的或利用后发生化学变化的资源，如煤等化石燃料；②消耗缓慢、可以回收再利用的资源，如金属。

恒定性资源指的是源源不断、可以预测的那些资源，如降水、江河和湖泊里的流水、阳光、风、潮汐和气候。这些自然资源流量一般是恒定的，不管是利用它还是不利用它都是如此。这些资源是可更新的，只要能够利用就应该尽量利用；如果不予利用，它们的当前价值就永远地丧失了。恒定性资源有时可为人类捕获并储存起来以备将来利用。例如，水可以存入地表水库或地下水库，而太阳能则可以储存于植物和某些化学物质中，当恒定性资源按此类方法储存起来时，也就具备了某些储存性资源的特性。

生物资源包括作物、森林、草场植被、畜群、野生动植物、鱼类乃至人类本身。这些资源具有一定的流失特性，它们又可以经过一段时间后得到更新。必须注意保育和利用物种和遗传资源，以利物种繁殖。如果过度开发和利用，会造成其总量下降，抑制未来资源流或资源量的增长，甚至物种灭绝。与储存性资源和恒定性资源不同，生物资源的生产力可能由于人类活动的干预而下降，或者维持现有水平，或者提高。

土地资源是储存性资源、恒定性资源和生物资源的综合体。对于农地，如果利用得当，可以像可更新资源一样不断利用，不断更新；但若利用不当，则可能毁坏历经几个世纪才积累起来的肥力储备。农地利用的方式，可以是利用土壤植物根系、土壤溶液和有机物释放的可供植物利用的各种土壤养分的肥力；也可以进行土壤改良（如种植豆科作物、施用粪肥、种植绿肥作物)，重视植物根系和土壤微生物对提高土壤生产力的作用。土壤不具备动植物的生命周期特性，但从生产力可以经过人为干预而降低、维持或提高的意义上讲，土壤与生物资源具有类似的性质。

人工设施资源的自然特性已经通过追加大量的资本和劳动投入而改变，如各种基础设施、房屋和其他建筑物、建成区、街道及水库大坝等。这些改良设施往往有一个预期经济寿命。从保育目的看，这些改良设施类似于土地资源，其生产力在一定时期里会受滥用或毁坏等不利因素的影响。然而，通过良好的管理措施，适时而适量地进行维修和改良，这些设施的长期生产力也会得到维持或提高。

二、经济含义的自然资源保育决策

经济含义保育决策要求在自然资源的目前利用和将来利用之间做出审慎抉择。在这个决策过程中，经营者必须权衡在既定计划期内持有资源所能带来的期望效益和成本。计算效益时，经营者应考虑资源在计划期末的价值，和在该计划期内从资源中可望获得的收益。成本计算则应包括投资成本和在计划期内可能要发生的所有经营成本、时间成本的现值。当资源的未来期望价值和收益大于现值和预期持有成本时，无疑应该加以保育；而当预期收益低于预期成本时，保育是不经济和不合理的。

投资者一般要求稳定的投资收益率，他们通常关心的是目前财产有较高价值或能有一定的收入，而不是在将来取得同样的收入，因为将来的收益贴现到目前就大打折扣了。因此需要考虑利率因素，这使将预期未来收益与其现值和预期成本进行对比的方法变得复杂化了。利率对保育决策的影响表现在贴现和复利两方面。经营者在制订计划时，往往以未来预期净收益的贴现值为依据，也要计算投资成本回收以前所必需的任何保育成本的复利。此类计算中所采用的利率，对于保育决策具有关键性的影响。正如一位经济学者所指出的：“保育的基本问题……是在我们利用自然资源过程中，确定适宜贴现率的问题”（Gray, 1913）。

1. 利率在自然资源保育决策过程中的作用

在完全竞争的条件下，私有经营者在将其未来期望值贴现和对其费用支出计算复利时，一般采用现行金融市场的利率。因此，当现行市场利率为5%的时候，每个经营者都可以采用5%的贴现率；如果市场利率变为4%或6%时，他们又会很快改成4%（对保育更为有利）或6%（对保育较不利）的利率。大公司和政府部门也可以采用现行市场利率，但他们采用的利率往往要比私有经营者所用的低一些，从而对保育更为有利。

实际上，这种同一贴现率和复利率的假设是不能成立的。不完全竞争、缺乏全面的知识和预见力、制度环境不同、资本配置体制有差别，以及个人目标各异等，一系列因素都会使保育决策中所采用的利率大不相同。一些经营者采用现行市场上的利率，并随时根据计算预期未来收入的相对确定性和不确定性做出调整。另一些经营者则采用比现行市场利率高一些或低一些的利率，还有一些经营者则对采用多高的利率并不斤斤计较，他们往往根据预感和直觉确定的利率，其高低取决于经营者当时的心理倾向，而远非根据自己预期效益和成本的详细计算来确定。

表17.1显示了以不同利率贴现1000元的未来收入现值，贴现率为0%时，经营者无论是现在获得该数额的收入，还是80年以后再获得，都无所谓。但当贴现率等于2%时，该经营者在80年以后获得的1000元收入的现值为205.11元；当贴现率为6%时，该现值只为9.45元。可见，贴现率越高，未来收入的现值越低，对保育越不利。

表17.1　按若干选择利率贴现不同年份以后1000元的未来收入现值

贴现利率/%	30年/元	40年/元	50年/元	80年/元
0	1000.00	1000.00	1000.00	1000.00
1	741.92	671.65	608.04	451.12
2	552.07	452.89	371.53	205.11
3	411.97	306.56	228.71	93.98
4	308.32	208.29	140.71	43.34
5	231.38	142.05	87.20	20.18
6	174.11	97.22	54.29	9.45

资料来源：Barlowe, 1978。

图17.1从另一方面说明不同复利率对计算目前保育投资累积的未来成本的影响。在利率为0%时，人们只需考虑保育的实际成本。在年复利率为5%时，如果为了收回投资，人们不得不将资源持有50年，那么，目前1000元的投资届时就成了11467元。可见，复利率越高，保育投资的未来成本越高，对保育越不利。

经营者在保育核算中所采用的利率，一般取决于两个重要因素：①经营者的时间偏好；②他对不确定性所做出的调整。两者中时间偏好往往更为重要，这是指经营者将未来某个时期的既定收入和满足与目前就获得等量收入或满足相比时的相对权重。一些人信奉“今朝有酒今朝醉”的哲理，特别强调目前的资源开发利用；另一些人则走另一个极端，采取“守财奴”的态度，将其所有的收入和资源都保存起来不用，乃至其总量超过了未来为维持生活所需要的量。

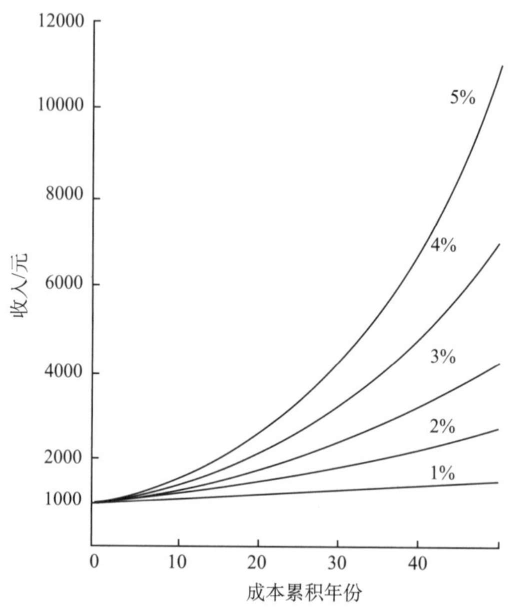

图 17.1 目前 1000 元投资按不同复利率计算的未来成本（Barlowe, 1978）

实际上时间偏好因人而异、因时而异，变动于上述两个极端之间，它取决于经营者的机会选择、是否急需获得收入、是否想给自己的晚年或继承人留些什么、在什么程度上受保护主义哲学的影响等，也取决于在决策当时他是乐观还是悲观的。每个经营者对长计划期和短计划期，可以采用不同的利率，如在贴现预期未来收入时采用一个利率，而在计算目前保育费用支出的复利时又采用一个极不相同的利率。

2. 自然资源利用长期效用最大化决策

既然从经济和社会角度来看“保育”可以定义为资源利用的长期效用最大化，那么自然资源利用怎样才能实现长期效用最大化呢？对这个问题的回答因自然资源类型而异。储存性资源的保护，要求将相对固定的供给量分配在较长时间内使用。此时，资源利用的长期效用最大化是指降低资源耗损或消费的速度，增加期末未利用的剩余资源量。恒定性资源的情况则大不相同。除像水那样可储存起来的自然资源外，并没有可行方法可以保证将这些资源派给未来的用场，其切实的保育就是消除由资源闲置造成的经济损失和社会浪费现象，在现有条件下尽可能有效地利用这些自然资源。生物资源、土地资源和人工资源利用的长期效用最大化，是指在每个经营计划期都能带来尽可能大的净收益，而同时又维持或尽可能地提高资源的未来生产力。

当人们试图确定资源利用的最佳速度或时刻表的时候，每种类型资源都有不少重要问题需要研究。因为经营计划期长短不一，所选择的利率不同，对未来成本和收益的估计不同，所以情况就更为复杂。这些问题需要在保育决策的两个阶段特性中加以分析，这两个阶段是：①最初选择：是现在开发利用资源还是把它留到将来再去开发利用；②下一步决定：确定资源开发利用的最佳速度，或者说制订出开发利用的时间表。

1）现在还是将来开发利用

对于高效经济所得和社会所得的期望值，较高的时间偏好率（包括高利率），乐于冒险，较高的资源持有成本，未来供给、需求及价格状况的不确定性等，此类因素往往使资源开发利用提前进行。其他一些因素，如信息不灵、资源所有者懒惰保守、财力缺乏、替代成本、高额开发和加工成本、产品市场需求不足、期望未来市场价格上升、期望技术进步使生产成本下降等，则有相反的影响，使得资源所有者推迟可能的开发。

实际情况往往是恒定性资源被闲置而损失或浪费，而储存性资源会受到保护和节约使用。一些资源所有者之所以采用此类策略，是因为他们渴望将一定的资源保留到将来再用。另一些人是投机商，他们持有资源是以为奇货可居，希望将资源开发延迟到适当时机而得到高得多的收益。还有一些人则因为不能确定拟议中的资源开发项目是否能使收支相抵而踌躇不前。

2）制订开发利用的时间表

当经营者确定开发资源时，资源利用长期效用最大化决策的第二个阶段就必须考虑资源利用的速度和时间安排。这种决策往往取决于经营者对未来的期望，即使这种期望可能仅仅基于经营者的预感或不确定的假设。当经营者明确了利率或预期成本、收益等假设前提以后，他们就可以进行资源利用长期效用最大化的决策了。显然，资源利用的长期效用最大化是指使经营者经济收益和效用最大化的决策及其实施。其中的基本原理，可以用各类自然资源的例子来加以说明。

三、各类自然资源利用的长期效用最大化

1. 恒定性资源利用的长期效用最大化

对于恒定性资源，目前就应设法尽可能快地实施开发计划。例如，将海洋和江河用于商业性航运、发展水电设施和太阳能发电设施，建立风力发电站，在沿海富有特殊气候吸引力的地方开发娱乐和旅游胜地等。

只要对相关的产品或劳务有需求，只要提供这些产品或劳务的成本都可望降到其预期售价以下，那么该开发就是经济可行的。如果经营者推迟其资源开发，可能是由于有某些原因。例如，将来新出现的需求可能使得大规模的开发项目更为适宜，因此在等待那种时机。然而，延迟开发总是损失了尽早开发即可获得的地租和利润。

可以用图 17.2 所示的模式来说明此类决策的关键所在。只要年预期收益流超过年预期成本流，那么，就应该提倡尽早开发恒定性资源；将一个有希望的开发项目推迟，只能导致本可获得的净收益（地租和利润）的损失。总之，恒定性资源的保护和长期效用最大化，要求尽早地开发和利用资源。

2. 储存性资源利用的长期效用最大化

长期效用最大化原理对储存性资源利用与恒定性资源的情况不同，必须认识到资源的不可更新性、数量的固定性和开发利用的不可逆性，一旦资源被开采出来，就永远不可恢复。然而，经营者可能既不知道资源的准确储量，也不具备开采和利用其全部储存性资源的资本与技术力量。一旦经营者决定开发矿产资源，他就可能希望马上把自己的全部储存性资源开

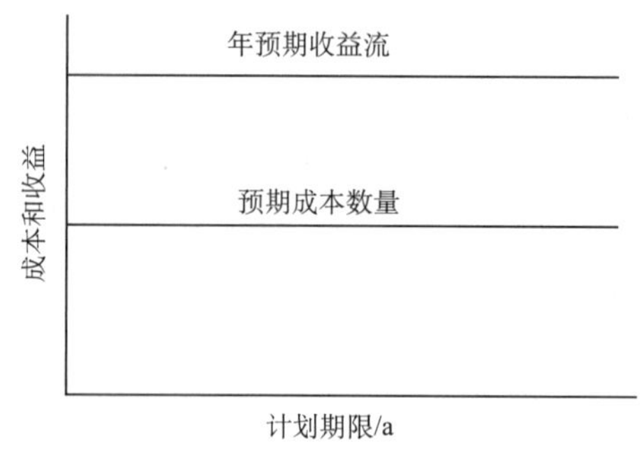

图 17.2　恒定性资源开发的年预期收益与年预期成本的关系（Barlowe, 1978）

采出来并销售出去。但这是不可能的，因为提早开发资源需要立即安装钻井，需要其他经济可行性尚不明确的高额投资成本，开采工作也需要安装其他设备，需要时间运输产品等。经营者不得不耐心地筹划，若想使其预期未来收益的现值最大，就必须计划开采经营的最佳规模和最佳时间安排，而两者是相关联的。

图 17.3 显示旨在最大限度开采一个典型储存性资源矿藏开采规模的选择范围。如果经营者拥有一个油矿或一座矿山，他可能只钻一口油井或只挖一个矿井，并计划在一个相当长时期内充分利用这些设施获利；他也可能觉得增加油井或矿井有利于采收一口井不能有效开采的那部分资源储量。然而，通过增加油井或矿井很快就会达最佳规模，超过这个规模再增加油井或矿井，对资源采收即使有作用也微乎其微。超过这个最佳规模的油井、矿井和其他开采单位的增加，即使加快资源总的采收量，每单位投入的产出量也会越来越少，净收益也会越来越低。

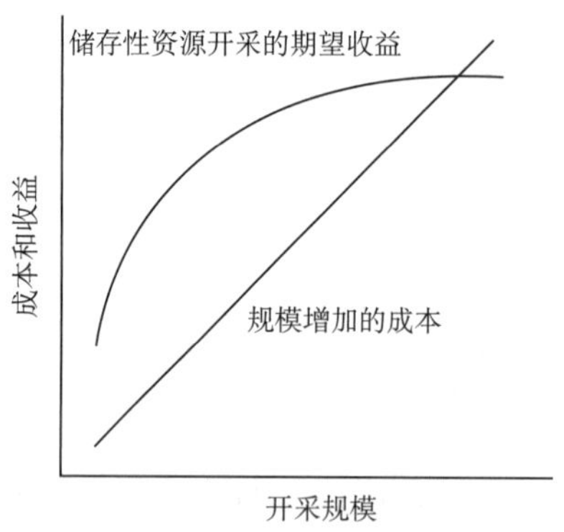

图 17.3　储存性资源开采规模与期望价值和成本之间的关系（Barlowe, 1978）

从资源保育角度看，经营者应该寻求储存性资源经济采收率最高和储存性资源浪费最小的开发规模。但在实际工作中，经营者在向这个目标努力时往往受到矿藏储量和情况不明确的限制。其他因素也影响最佳规模的决策，如政府限定油井的井距，控制某些来源的石油或矿石开采，经营者筹集所需设施、装备和招聘人员的能力，以及对环境影响的考虑等。

开发规模的选择往往决定着经营者资源开采的时间安排，从这个意义上讲，开发规模的选择也影响着资源保育。对于同样的储存性资源储量，那些拥有较多油井、矿井或其他采矿设备的经营者可以比拥有较少开采单位的经营者以较少的时间来开采。经营者通过快速开采可以提早将资源在市场上售出，但是加速开采需要较多的投资和较高的开采成本，为了使预期未来净收益的现值最大，经营者必须选择一个可以使开采时间安排最为合理的规模水平。

开采储存性资源储量最佳时间安排的基本原理，可以用一个拥有大储量储存性资源的经营者为例（Barlowe, 1978）加以说明（表 17.2）。在此例中，资源储量为 300 万 t，平均每吨开采成本为 4 元，开采经营可由包括爆破、开采、装车、运载四个环节的开采单位来完成，每个开采单位每天可以开采 100t 或每年可以开采 3 万 t。各个开采单位的初始投资成本均为 25 万元，估计有 20 年的经济寿命，而且若使用年限缩短，残值也很有限，开采成本还包括总额为 20 万元的办公楼、办公设备等一般管理投资费用。

表 17.2　开采一种储量已知的储存性资源最佳时间安排计划模式举例

爆破—开采—装车—运载经营单位的个数	计划期（开采进行的年数）	总生产成本和平均单位生产成本							
		总经营成本（假设吨均成本为 4 元）/万元	建筑物和设备的投资/万元	设备残值的扣除/万元	总成本（未扣除投资利息）/万元	吨均成本（未扣除投资利息）/元	以 6%的复利率对投资进行利息计算的支出/万元	总成本（扣除投资复利以后）/万元	吨均成本（扣除投资复利以后）/元
1+4	100.0	1200	145	—	1345	4.483	7041.9	8386.9	27.956
2+3	50.0	1200	145	—	1345	4.483	624.3	1969.3	6.564
3+2	33.3	1200	145	—	1345	4.483	395.4	1740.4	5.801
4+1	25.0	1200	145	—	1345	4.483	341.7	1686.7	5.622
5	20.0	1200	145	—	1345	4.483	320.0	1664.0	5.550
6	16.7	1200	170	—	1370	4.567	279.1	1649.1	5.497
7	14.3	1200	195	—	1395	4.650	252.9	1647.9	5.493
8	12.5	1200	220	—	1420	4.733	236.0	1656.0	5.520
9	11.1	1200	245	—	1445	4.817	223.2	1668.2	5.561
10	10.0	1200	270	12.5	1457.5	4.858	213.2	1671.0	5.570
11	9.1	1200	295	27.5	1467.5	4.892	206.1	1673.6	5.579
12	8.3	1200	320	33.33	1486.7	4.956	200.2	1686.9	5.623
13	7.7	1200	345	40.63	1504.4	5.015	195.3	1699.7	5.666
14	7.1	1200	370	43.75	1526.3	5.088	191.1	1717.4	5.725
15	6.7	1200	395	53.57	1541.4	5.138	187.7	1729.2	5.746
16	6.3	1200	420	57.14	1562.9	5.219	184.7	1747.6	5.825
17	5.9	1200	445	70.83	1574.2	5.247	182.0	1756.2	5.854
20	5.0	1200	520	83.33	1636.7	5.456	175.9	1812.5	6.042
25	4.0	1200	645	125.0	1720	5.733	169.3	1889.3	6.298
34	3.0	1200	870	212.5	1857.5	6.492	166.2	2023.7	6.746
50	2.0	1200	1270	416.67	2053.3	6.814	157.0	2210.3	7.368

续表

爆破—开采—装车—运载经营单位的个数	计划期（开采进行的年数）	期望净收益的贴现值计算									
		假设市场价格同为 8 元/t					假设价格随规模增加而下降				
		吨均期望收益/元	吨均期望净收益/元	不同贴现率的期望净收益贴现值/元			吨均期望收益/元	吨均期望净收益/元	不同贴现率的期望净收益贴现值/元		
				4%	8%	15%			4%	8%	15%
1+4	100.0	8.00	—				10.000	—			
2+3	50.0	8.00	1.436	0.617	0.351	0.191	9.667	3.103	1.333	0.759	0.413
3+2	33.3	8.00	2.199	1.203	0.761	0.436	9.377	3.576	1.957	1.238	0.709
4+1	25.0	8.00	2.378	1.486	1.051	0.614	9.096	3.474	2.171	1.483	0.898
5	20.0	8.00	2.450	1.665	1.203	0.767	8.823	3.273	2.224	1.607	1.054
6	16.7	8.00	2.503	1.802	1.357	0.904	8.558	3.061	2.204	1.660	1.105
7	14.3	8.00	2.507	1.882	1.463	1.011	8.301	2.808	2.108	1.636	1.133
8	12.5	8.00	2.480	1.921	1.533	1.093	8.052	2.532	1.961	1.565	1.116
9	11.1	8.00	2.439	1.939	1.576	1.154	7.810	2.249	1.788	1.455	1.064
10	10.0	8.00	2.430	1.971	1.631	1.220	7.576	2.006	1.627	1.346	1.007
11	9.1	8.00	2.421	1.997	1.676	1.278	7.349	1.770	1.460	1.225	0.934
12	8.3	8.00	2.377	1.976	1.689	1.309	7.129	1.506	1.252	1.070	0.830
13	7.7	8.00	2.334	1.974	1.696	1.334	6.915	1.249	1.058	0.908	0.714
14	7.1	8.00	2.275	1.958	1.685	1.342	6.780	0.983	0.846	0.728	0.580
15	6.7	8.00	2.236	1.937	1.684	1.350	6.507	0.743	0.643	0.560	0.451
16	6.3	8.00	2.175	1.892	1.663	1.353	6.312	0.487	0.424	0.372	0.303
17	5.9	8.00	2.146	1.866	1.659	1.363	6.123	0.269	0.234	0.208	0.171
20	5.0	8.00	1.958	1.743	1.564	1.313	5.607	—			
25	4.0	8.00	1.702	1.545	1.409	1.215	4.904	—			
34	3.0	8.00	1.254	1.160	1.077	0.954	3.632	—			
50	2.0	8.00	0.623	0.596	0.564	0.514	2.285	—			

注：本例中假设储量为 300 万 t，每吨开采费用为 4 元，预付费用中包括 20 万元的办公楼投资，每一爆破—开采—装车—运载作业单元需 25 万元的设备投资，每一作业单元每年可处理 3 万 t 矿石，经济寿命为 20 年，并且若提前报废则残值甚微。残值的计算如下：第二年为原值的 1/2，第三年为原值的 1/3，此后不再计算残值。办公楼及办公设备不计残值。建筑物和设备投资以 6%的复利扣除。在两个假设价格水平中，对每个可能的计划期计算预期净收益的现值。两个价格为：①每吨 8 元的统一价格，②价格因供给量增加而下降，若每年供给 3 万 t 矿石，则每吨价格为 10 元；若每年增加 3 万 t 的供给量，则价格下降 3%。

资料来源：Barlowe, 1978。

在这些假设条件下，经营者可以在一系列的开采速度和开采规模之间选择。他可以采用一个爆破—开采—装车—运载开采单位，完成 300 万 t 的开采量需要 100 年；也可以采用 5 个这样的开采单位，开采 20 年；或者 10 个开采单位开采 10 年，20 个开采单位开采 5 年，50 个开采单位开采 2 年。表 17.2 列出了不同开采规模和不同计划期的预期成本。这些计算数据表明，当成本只包括投资费用回收额和变动经营费用时，经营者只要将开采期延长到 20 年以上，就会使吨均成本最低（图 17.4 中的 AUC_1）。然而，大多数经营者要计算投资的复利，因为如果借款经营，那么收益应该能补偿投入资金及其利息；如果靠自有资金经营，收益应该补偿将该投资投到其他行业所能带来的收益。年利率为 6%的利息扣除，使各计划期的吨均成本提高了（图 17.4 中的 AUC_2），这时，14.3 年为吨均成本最低的开采计划期。

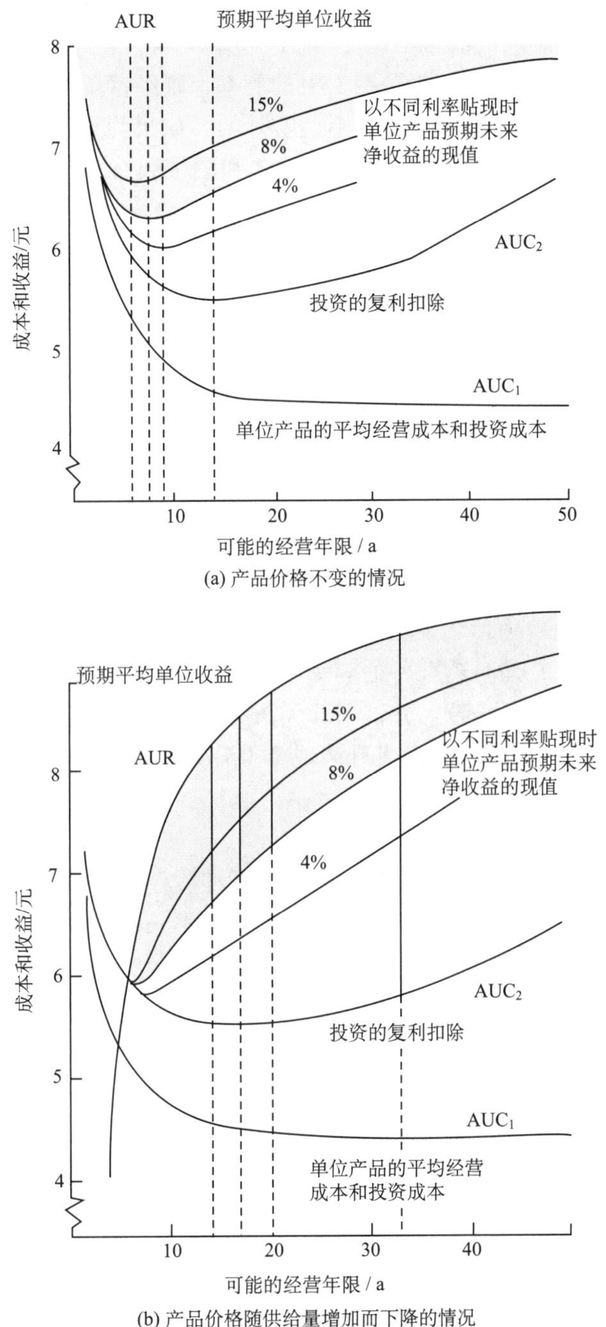

图 17.4 矿产开采的最佳时间安排案例（Barlowe, 1978）

表 17.2 中的经营者自然力图使自己的净收益最大，这个目标决定着他对开采计划期和开采规模的选择，以使其期望的未来净收益现值最大。利用表 17.2 中的成本假设并假设吨均收入是同样的（图 17.4 中的 AUR），或者假设每吨资源产品的市场价格为 8 元。这时，如果假

设不对经营者未来预期净收益进行贴现，那么采用 7 个开采单位，并且将开采计划期定为 14.3 年，即可获得最高吨均净收益（2.507 元）。如果经营者采用 4%的利率贴现，则该经营者的最佳计划年限缩短到 9.1 年，而经营单位变为 11 个[图 17.4（a）]；若采用 8%的利率，则经营单位变为 13 个，年限为 7.7 年；若采用 15%的利率，则经营单位为 17 个，年限为 5.9 年。

实际上，单位收益不变的假设可能是不切实际的。如果假设资源的市场价格从每吨 10 元开始变化，每增加 3 万 t 出售而下降 3%[表 17.2 和图 17.4（b）]，从而经营者的最高单位净收益在 33.3 年的计划期内即可以达到；此时，若以 4%的利率贴现，则上面的计划期缩短为 20 年；若利率为 8%，则计划期又缩短为 16.7 年；若利率为 15%，计划期则为 14.3 年。

实际上经营者很少能全面掌握表 17.2 中所列关于储存性资源储量和开采价值的信息，由于缺乏储量及其质量、资源开发难易程度及有关预期成本和价格方面的信息，他将面临经营风险和不确定性。因此，经营者一般采用较高的复利率和贴现率来补偿经营风险和不确定性的损失。然而，不管采用多高的利率，上述例子中所包含的原理仍然支配着储存性资源最佳开采时间的经济决策过程。上例表明，对投资计算复利和对未来期望收益贴现，并以此来计算收益的现值，将使得开采计划期比不计算复利或贴现时缩短。经营者的时间偏好率越高，则他采用的复利和贴现率越高，从而导致开采时间的缩短。

图 17.4 中所列的那些计划模式，可用以有效地指导经营者的决策。当然，这些计划模式并不比其所依据的假设更精确。一旦能得到新的或更准确的计划数据，就需要对该模式加以调整。经营者若要成功，必须时刻准备适应变化的条件。如果市场的价格提高，或者自己的开采成本降低，就应当延长开采期，并试图开采在不利条件下可能难以在经济上可行地开采的矿产。反之，如果市场价格下降，或者开采成本上升，就有必要削减乃至撤销其开采计划。

3. 生物资源利用的长期效用最大化

生物资源保育的经济含义，也要求使经营者长期净收益最大化，但同时又要维持甚或提高资源在未来的生产力。所采取的措施因资源不同而大不一样，一些资源使用者经营的是生长和成熟期只有几个月的粮食作物；另一些资源使用者经营的则是生命周期达数月乃至数年的生物资源（如草场、饲料作物、牲畜、鱼类和野生动植物）；还有一些使用者则经营管理着生命期长达几十年的森林资源。有些经营者最关心由蜜蜂、奶牛、役畜、果园和风景等资源能长期产生的产品和服务；另外一些人则经营即时收获的资源，如作物、鱼类和肉畜。一些人采用全部收获一定面积上的生物资源（如大田作物和轮伐森林）经营方法；另外一些人则保持畜群和森林各种年龄的混杂状况，以便在幼畜存栏和幼林蓄积量继续增长的同时，有选择地出售部分牲畜或砍伐部分树木。总之，关于生物资源保育，每个经营者都以自己的方式扩大或缩小其经营规模，每个经营者都希望沿着收益最大化这条途径行动。

生物资源保育问题讨论的重点在森林、草地、鱼群、野生动植物和自然风景等的保育和改良。历史上这些资源曾多为自由财货，经营者往往视这些资源取之不尽、用之不竭，无须考虑资源的更新能力和连续供给问题。现在情况已经变化，多数森林、牧场和渔场的经营者因为资源的退化和耗竭而陷入困境，从而认识到保证资源供给的可持续性至关重要，大多数人都认识到有必要削减生物资源的收获量或接受政府对森林采伐、放牧或捕捞作业等的控制。

生物资源利用的一个重要经济问题是收获的最佳时间安排。某些生物资源的最佳收获时间安排是没有多大选择余地的，如小麦必须在成熟时收割。如图 17.5 所示，在籽实成熟以前，小麦植株基本没有价值，而且小麦成熟后必须在很有限的时间内收割完毕，否则也就丧失了大部分经济价值。果品也必须在成熟后短暂的时间内采摘完毕，并且尽快销售出去。而对于牲畜和森林的最佳收获时间，经营者的选择余地较大。这些资源可早收获，收获后把产品储存起来；也可晚收获，以活物的形式储存资源。因此，牧场主可以出售嫩牛肉，也可以待牛犊长大育肥后再出售；林场主可以把幼树用作圣诞树、木浆和造纸原料，也可以作为立木储存起来。无论如何，生物资源在达到生长极限以前或在产品变质以前收获，在经济上是有利的。

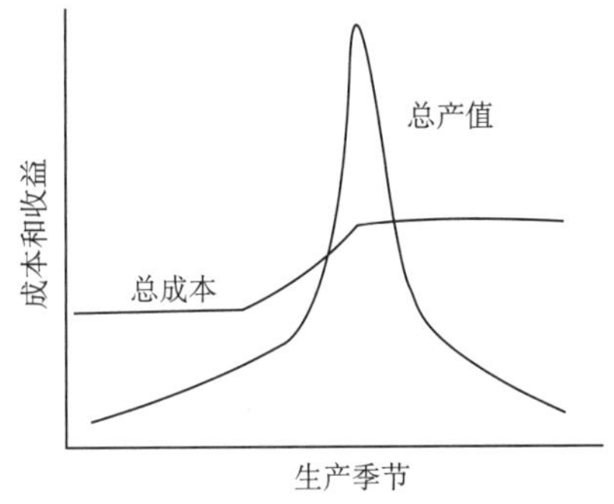

图 17.5 农作物的总产值和总成本关系（Barlowe, 1978）

正如图 17.6 中一个森林企业的例子所示，最佳时间的安排问题是一个经济数学问题。在此例中，经营者在一块近乎荒凉的土地上起家，他为获得这块土地植树造林，开始投入了 10 万元，以后他每年纳税和管理的费用为 2000 元。这片林地在前 20 年内并无多少商业价值；此后，其商业价值就快速上升，到第 70 年时，达到了 85.5 万元的最高经济价值。图 17.6 中的 TVP 曲线显示了总产值的这种增长过程。

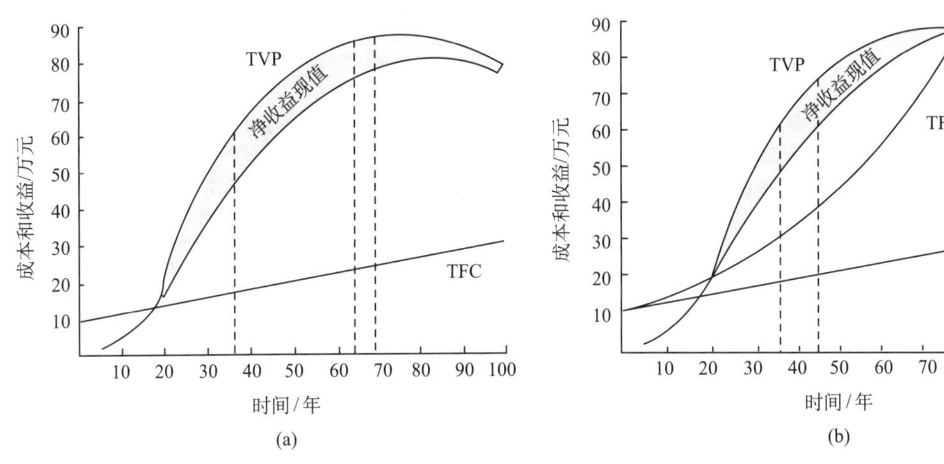

图 17.6 森林的最佳采伐时间安排案例（Barlowe, 1978）

如果只计算其最初投资及每年纳税和管理费用的实际现金支付，那么成本支出情况就如总成本曲线（TFC）所示。于是，把森林经营期限制在第 65 年可使净收益最大，此时 TVP 和 TFC 曲线之间的差值最大。若决策时要对其未来期望收益贴现，经营期限的安排就需要改变。当贴现率为 3%时，森林不同经营年限的净收益贴现如图 17.6 中的阴影部分所示。贴现率越低，则现值越高，反之则现值越低。当贴现率为 3%时，把森林计划经营期限制为第 37 年，可使净收益的现值最大。

在此例中，还有必要计算初始投资的复利支出，一直到林木成材为止。图 17.6（b）中

的 TFC_2 曲线表示2%的复利率对整个经营期成本支出的影响。若计入复利而不对净收益贴现，则最佳经营计划期应为第 45 年。当贴现率为 3%时，净收益贴现值如图 17.6（b）中的阴影部分所示，最佳经营计划期缩短到第 36 年。

此实例的森林资源使用者可能有其他更有希望的投资机会，他为什么还在经营周期很长的林业生产中投资呢？道理很简单，经营者一般不会把资本全部投在荒野上，在那里植树和管树一直到采伐为止。大多数林业投资者都是在成本和利率较低，而且木材价格看好的时候进行投资的；另外一些投资者则从享受自然、亲历森林生长过程的乐趣中得到补偿。

对于那些可采用间伐或轮伐经营方式的使用者来说，时间安排的原则有些不同。可以阶段性地采伐成龄树、畸形树或病树，而同时继续抚育幼龄树。这种采伐决策的模式如图 17.7（a）所示。这时，每采伐一次，剩余森林的市场价值就下降一些，但在第二次砍伐前的一段时间内，价值又逐渐恢复；同时，持有成本也在上升，但是只要每次采伐的木材收益支付累积的成本后还有盈余，就可以获得利润。因为经营核算不必包括每棵树的整个生命期，所以不必过于担心期望净收益的贴现。

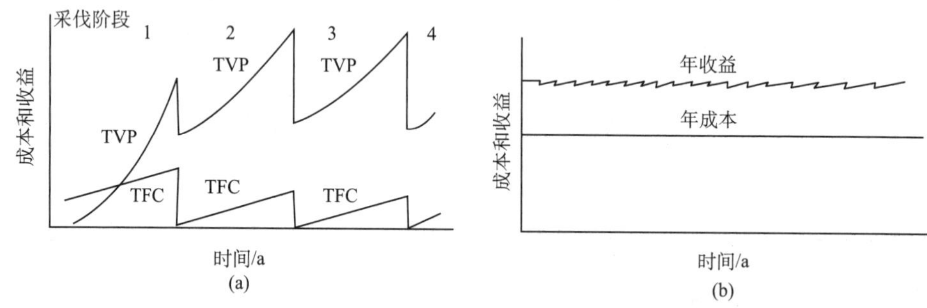

图 17.7　总产值和总要素成本的补偿与典型森林间伐和轮伐经营的相互关系（Barlowe, 1978）

同样道理也适用于轮伐这种采伐周期较长的经营。此类经营者通常自己拥有和控制着大面积的森林，按不同年龄的森林片来安排采伐时间。为了保证劳动力和机械设备不致闲置，经营者每年采伐一片或多片林地，来年再移到别的林区采伐，依此往复。同时，在采伐迹地重新播种和抚育幼林，以使这些林地能在下一轮采伐时生长成材。此类经营者所遵循的时间安排模式如图 17.7（b）所示，经营者每年从收益中扣除管理成本和持有成本。这种模式类似于农作物种植，所遵循的是也类似于图 17.2 中恒定性资源的利用模式，重要的区别在于，森林经营者和农场主必须年复一年地保育幼苗与种子。

4. 土地资源利用的长期效用最大化

只要管理得当，大多数土地资源都可以长期利用，并保持其生产力。因此，这类资源的保育问题，是一个最有效利用资源而同时又保育长期生产力的问题。准确地说，土地资源的保育应区分两种活动。一是维持土地资源生产力的活动，二是进一步开发、提高其生产力的活动。

当强调维持意义上的活动时，土地保育可以定义为：在假设生产技术等条件不变的前提下，将一定劳动和资本投入在一定土地面积上，为防止未来生产水平下降而采取的措施；也可定义为：为长期保持一定生产函数而采取的措施（Heady, 1952）。

当强调土地开发和改良的意义时，土地保育是“在土地本身生产能力的基础上，旨在使生产力水平最高而同时又不破坏土地而采取的土地利用和经营体系，其中包括采用目前已知的最好方法”（van Dersal, 1953）。按美国农业部土壤保持局的定义：“土地保育指的是，将所有必要措施以最恰当的形式结合起来，用于土地经营之中，以建立和维持土壤生产力，使之持续而有效地生产充足的产品。因此，土地保育意味着得当的土地利用，防止土地受各种形式土壤退化的破坏，恢复被侵蚀土壤和退化土壤的生产力，保持植物所需的土壤水分，在需要的地方进行适宜的农田排灌，以及采用其他有利于实现最大生产力和最大农牧场收入的方法。这些措施也可以同时采用”（USDA, 1952）。

按照这种广义的定义，土地保育主要是利用好和管理好土地的事情。经营者通常要在一系列管理方式之间做出抉择，在此抉择过程中，他们普遍试图使当前和计划期内的收益与满足最大化。他们只要知道自己的活动会带来什么后果，就能知道不同管理方式的预期成本和收益；也会知道在整个预期经营阶段内这些成本和收益在时间上的可能分布，还会知道这些措施对其土地资源市场价值的影响。

土地资源保育和利用的长期效用最大化目标中，有两个重要的管理问题。第一，经营者必须认真选择生产活动的方式，并认真安排这些活动方式的时间表，以保证实际收益达到最大；第二，经营者必须重视维持土地生产力，做出保育投资的选择及时间安排。

经营者是否采取土地保育措施，取决于他对土地保育问题的认识，取决于他对土地保育的需要是否迫切，取决于他对拟议中保育方案预期收入（现在的和可预见将来的）的估计，取决于他的资本状况，取决于他的时间偏好率，以及取决于他是否愿意接受保护哲学。其中可能出现的一些主要问题，可以用图 17.8 中所列的四种情况来说明。

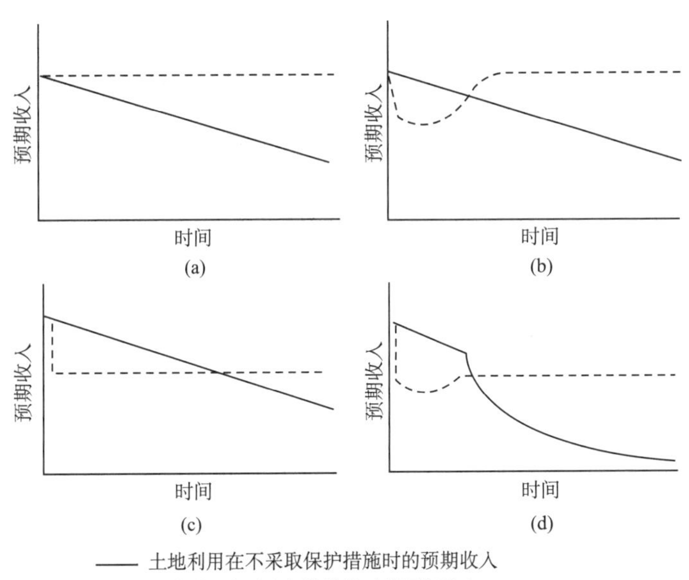

图 17.8　土地保育决策过程中可能出现的四种情况（Barlowe, 1978）

图 17.8（a）的情况是，经营者从土地资源中所得收入和土地生产水平逐渐持续地下降。这时，他可以采用保育措施来改变这种状况，使预期作物产量和收入水平处于稳定状态。如

对土壤施用肥料、采用条播方式或休闲措施等。

图 17.8（b）中的情况稍微复杂一些。在这个例子里，经营者若采用保育措施稳定土地的生产力，就必须首先减少某个时期内的收入，而同时还得为保育措施投资，或者可以改变种植制度，改种增强而不是耗费土壤肥力的作物，如牺牲一些经济作物的收入，而将部分土地改种绿肥作物。他也可能减少收入而把部分收入用于其他目的，如投资于修筑梯田、检测堤坝或改良排水系统；还会由原先经营粮食作物转向经营饲料作物和牧场。此类转变往往使某个阶段的收入减少，但未来土地的生产力不致衰退，又能部分弥补原来出售经济作物所获得的收入。这里的问题是，经营者是否乐意放弃眼前的收入而使其较长时期内的预期收益最大化。采取保育措施的情况在图 17.8（b）中不如在图 17.8（a）中明确。图 17.8（b）的经营者关于土地保育的决策，取决于其计划期的长短、当前对收入需要的迫切程度，以及在获得预期较高收益以前为渡过难关而取得贷款的能力等因素。

图 17.8（c）则显示出另外一种复杂情况，经营者将土地生产力恢复到某个水平，以维持其目前收入水平的前景是渺茫的。如果要长期持续地利用土地，就需要将土地利用从耗费土地肥力的作物永远转为饲料作物、草场或林木。如果他延迟这种土地利用转变，继续其目前的利用方式，那么每年期望得到的收入较高，一直到待选择的生产曲线与其目前利用方式正在下降的生产曲线相交。然而，这种延迟会由于土壤侵蚀而继续丧失部分表层土壤，从而会进一步降低其土地资源在转做较低层次用途后的生产力水平。

图 17.8（c）的经营者，可能不乐意转向较低收入生产水平的替代用途，原因尚可理解。然而，当他面对如图 17.8（d）所示的情况时，只有转变才是明智的。在图 17.8（d）的例子中，土壤侵蚀和土地生产力的下降已使其全部或大部分表土退化，土地利用正快速滑向一个“危机临界点”，超过该点，土地资源就几乎再无利用价值了。这就迫使他采纳保育措施（如修筑梯田、维修堤坝、造林种草），并且将土地转向较低层次的用途，因为这是唯一能保持土地利用价值的可行方法。

上面这四个例子说明土地保育决策过程中存在各种复杂情况，但还没有涉及净收益贴现对经营者土地保育决策的影响。净收益贴现对图 17.8（a）中的例子来说并不重要，因为经营者可望从其保育投资中即时得到收益。然而，一旦需要放弃其目前可以得到的部分收入，而同时又要对旨在提高未来期望总收入水平的保育措施投资时，贴现就是必须考虑的问题。

这个问题可以用图 17.9 中的例子来说明。此例假设一个农场，目前土地利用的净收益为 2 万元，但发生了土地退化，会使其预期年均净收益（ERN_1）减少，预计减少额在近 20 年内为每年 500 元。如果放弃目前的收入且在近 5 年内投入 2 万元的保育投资，那么可以将净收益稳定在近于目前的水平上（ERC_1）；如果不贴现未来预期净收益，那么只要将计划期延长到足以收回 2 万元保育投资的时间内，采纳保育方案即为经济可行。

如果该农场主偏重当前，他就会看重第一个五年期内所放弃的收入和要付出的保育投资，而不是更重视此后可得到的净收益增额。时期偏好因素将使他在采取和不采取保育措施的两种情况下，都对其净收益贴现（ERC_2 和 ERN_2）有所考虑，并有可能使他在采取保育措施时比不采取保育措施时采用较高的贴现率。如 ERC_2 和 ERN_2 所示，对保育投资的预期收益采用 6%的贴现率，而对不采取保育措施的净收益采用 5%的贴现率，将使得保育决策更为复杂化。该农场主如果想使未来净收益的现值足以补偿其在保育方案中投资的现值，那他就必须将其计划期在第五年以后再延长七年；假如他通过借贷来投资保育，或者要弥补第一个五年期里所放弃的收入，那么还要追加贷款利息的费用，要从保育预期收益中予以扣除，从而会进一步推迟其收支相抵的时期。

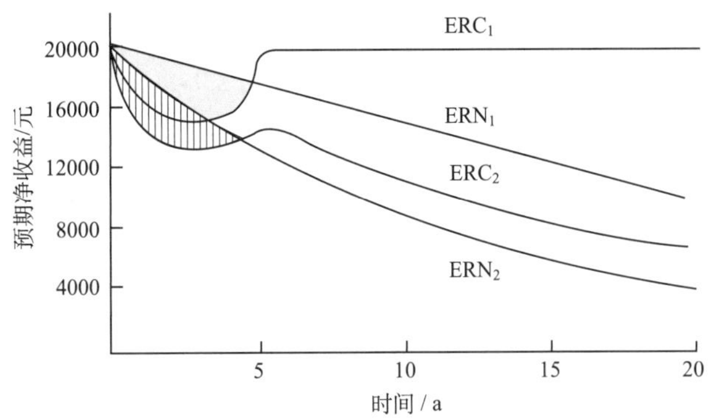

图 17.9　预期净收益的贴现对经营者采用土地保育措施的可能影响（Barlowe, 1978）

5. 人工资源利用的长期效用最大化

大多数人工不动产资源，如住宅、办公大楼、贸易中心、公路和多用途大坝，都有可测算的经济寿命。有时经营者会发现重新开发这些资源是明智的。例如，一幢建筑物所占据的场地可以重新用于更高层次用途。这时，不动产所有者可以努力在尽可能短的时间内，以最低的维持和经营成本，最大限度地利用该人工资源，以便在转向更高层次的利用方式之前，能够使注销目前投资所造成的损失最低。但更多的情况是，采取旨在延长其建筑物经济寿命的利用方案才是明智的。

人工资源的保育，在很大程度上是应用旨在延长资源开发的经济用途和经济寿命的一系列方法。这种资源保育的基本原理，往往与图 17.8（a）、（b）和（d）中土地资源保育方案的基本原理相同。目前利用模式的改变，有时会使资源开发价值趋于稳定。但更多的情况则是，若要投资于资源更新和改建改良，必须放弃目前的部分收入。建筑物的保育方案要求经常维护和维修，也可能有必要不时地改建和添加新的内容来防止资源报废。这些人工资源利用的保育措施是否明智，取决于预期收益或满足在多大程度上超过成本。

城市街区的保育是一类特殊的人工资源保育。居民对街区作为居住场所的满意度，取决于街区内每个居民的活动方式。街区内居住的少数家庭可能由于滥用其房产而降低了该街区的满意度，从而造成了该地区的衰退。为了制止这种情况的发生，必须采取集体行动。这类行动主要有两种形式：①街区内全体利益相关者联合行动，以维持甚至改善街区的外部景观，提高街区不动产的效用和价值；②采取区域性改良或再开发方案，改进建筑设计和街区的环境。

第二节　自然资源保育的影响因素与社会控制

一、影响自然资源保育决策的其他因素

对于资源保育，务实的资源使用者首先关注的问题是：保育合算吗？作为普通公民，他

可能原则上赞同保育；但作为“经济人”，他最关心的是利润；如果保育的投资不会带来收益，他就会对保育投资或对为了保育资源而放弃目前收入的做法不感兴趣。而经验表明，采用保育措施往往是合算的，特别是当这些措施可以使资源利用实现长期效用最大化时更是如此。当然在某些情况里，保育或节约资源的政策对单个经营者来说可能不利，甚至从社会观点来看也可能不令人满意。保育方案是否有利可图，主要取决于该方案的成本、预期效益、效益的取得所要花费的时间，以及当前评价中所采用的贴现率。除这些因素外，保育方案是否真正合算，还同时取决于其他一系列因素，其中最重要的有：①经营者计划期的长短；②保育方案的投资和抽回投资的需要；③经营者在各种供选保育措施之间选择的余地或能力；④该方案对其他资源保育的影响。

1. 经营者计划期

保育策略应该在资源利用之前或同时制订，并且总要设定计划期，即包括短到几个小时、长到几十年内才完成的经营活动和资源利用。当一个经营者决定执行或放弃一项保育方案时，他至少是在暂时地服从某特定的行动路线，然而他的决策并非在任何时候都一成不变，他可以调整方案以适应多变的条件。例如，一个林场主可以修改采伐的时间安排计划，把采伐期缩短到 15 年或延长到 35 年，但他持有的资源使用权是 20 年，就必须在这个计划期内考虑时间安排。如果计划期缩短，资源使用者往往会根据短期核算的特性，来确定是否提前采伐森林、采矿或开采其他类型的资源。

保育决策与计划期长短的相互关系，可以用一个 8 年后可收支相抵的土地保育例子来说明。在此例中，如果计划涉及 8 年以后的连续经营过程，或者在计划期后仍可经营该片土地，再以足够补偿其保育投资的价格售出土地，那么这片土地的经营者显然乐意采取保育措施。然而，如果他的计划期受 1 年租约期的限制，如果按租赁协定不会补偿对土地改良的投资，如果他计划在 5 年之内迁到另一个地区，如果其他因素使得他不能够或不乐意在连续经营 8 年以前就制订计划，那么他的态度就会大不相同。

这个例子表明，一项保育措施是否合算，在很多情况下取决于经营者是否有能力，或者是否乐意用相当长的时间来使其保育投资得到补偿。资源利用的长期效用最大化，需要计划期长到足以保证资源带来收益，能够采用带来最大经济和社会净收益的方案。计划期较短的经营，很可能未充分利用或过度利用资源，可能浪费资源或掠夺性滥用资源。

除资源租赁状况及是否乐意预先制订计划外，计划期长短往往还受其他因素的影响。有些目光远大的经营者有时也会采取较短的计划期，因为其目前的经营规模和经营方式要求有一个较快的资源利用速度。例如，一个采矿企业以小规模经营可能使资源利用的长期效用最大化，然而，一旦建设了矿井并购置了采矿设备，最好还是以已具备的开采能力确定经营规模。一个已投巨资建立了大型锯木场的林场主，很可能认为转向另一种使伐木能持续进行的生产方案是不利的，因为这会使他的锯木场不能有效地经营。同样，一个拥有大量机械设备的农场主，可能决定继续其掠夺式的土地利用方案，而不是让机械设备闲置。

2. 抽回投资的需要

采取保育措施的经营者，不仅要考虑是否节约和储备资源以备不确定的将来利用，还希望在其计划期内使自己的投资得到补偿。如果延迟收获期或开采期，或者如果以较保守的速度利用和开采，那么一定是因为此类保育策略可望带来经济收益。这个收益可能以较高的价格形式获得，也可能由更多产品数量获得，或者同时来自两方面。例如，林场主和渔民等之所以延迟其资源收获期，都是因为有希望在未来获得更多的木材或鱼。进行土地整治投资的农户，是希望提高其土地生产力并能获得长期效益的，他会把被整治土地的肥力库看成银行存款，在需要资金时可以从中提取。不动产开发商投资于建筑物及配套设施为的是可以逐渐获取投资的全部效益。

大多数资源利用的长期效用最大化，特别是储存性资源和恒定性资源利用的长期效用最大化，同时也是一个连续投资和抽回投资的过程。在和平时期和繁荣年代，自然资源使用者采用土地银行原理来投资土地改良、扩大或改良森林、增加建筑物及其配套设施的总量。但在战争时期和非常年代，很可能需要尽快从土地银行提取急需的资源，于是强调提高粮食生产、增加木材采伐量等，而不能顾及保育。

由此看来，经营者安排投资和抽回投资的时间成为保育策略中的一个重要问题。一般情况下，应该为采取保育措施连续投资一段时间后再抽回投资。然而实际上半途收回投资可能是既经济可行又为社会所允许的。因此，自然资源的使用者可能随时抽回投资，以得到急需的资本，政府也会广泛采取投资抽回政策，以供给经济发展所急需的资本。

新开发地区其实是在开始一种从自然资源中积累投资的活动，在开发和利用自然资源的过程中，可能会不断采取抽资政策。这种政策有令人遗憾的方面，但是总的来说，无论从资源使用者还是整个社会的观点来看，这种政策仍不失为一种必要且可行的策略，因为它可能是经营者所能采用的、使个人收益最大化的捷径，还因为它很可能适应了新区乃至整个国家经济开发的需要。

过去对于新开发的处女地，之所以无视保育投资政策，主要是因为可利用的森林、野生动植物和土地资源的自然供给丰富且价格低廉，这使得保育措施在经济上不可行。一旦这些条件变化，一旦资源相对于潜在的需求越来越显稀缺，人们就会开始重视保育，从而采取保育措施以保育矿藏、森林、野生动植物和土地等自然资源，但是这并不一定意味着现在停止开发利用自然资源以备后用，而是每年都要从中抽取适量的资本，尤其在战争和非常时期，甚至有必要抽回超过迄今投资的资本。

同样道理也适用于个人的保育投资。有些经营者之所以进行森林改良或土地改良活动，为的是维持其生产水平，或者是为了储存一定的额外生产力，以便在非常时期提取；另外一些经营者，特别是那些债台高筑、迫切需要追加经营资本的经营者，则可能向其资源库借债，打算以后再追加保育投资来偿还该项债务。后一种情况可能会导致对资源的短期掠夺，但从长远看，只要该经营者遵循整个计划再投资方案，就仍不失为一种可行的经营方法，因为一定数量的抽资是允许的，也可能确实是需要的，经营者需要从中抽取经营急需的资本，这些资本可用来改进他的经营条件和地位。

3. 选择保育措施的能力和余地

影响经营者保育决策和时间安排的重要因素还有其为满足自己特殊需要或偏好而选择保育方案的能力或余地。这时，经营者所面临的并非仅仅是采取保育措施与不采取保育措施的抉择，而往往需要选择一系列行动，其中有些行动比另外一些更具有掠夺性。例如，采矿企业可以只开采品位最高或最容易开采的矿石，而放弃品位低或难开采的矿石，高品位和易开采矿石开采完后就封闭该矿井；也可以按比较保守的政策，将不太好的矿石储藏起来，以供将来可能时再开采，或者并不封闭原来的矿井，以便在需求改变而使之成为经济上可行的资源时投入使用。

选择保育措施的典型例子是森林和土地资源利用。林场主可以采取不干涉的管理方案，即任森林的整个生长过程由自然作用支配；也可以采取人工管理措施促进森林生长，如清理杂树、伐掉病树、施杀虫剂，还可以伐光全部树木然后再播种或移植小树予以更新。农户进行保育措施决策时，也可以选择一系列的目标和措施。他们可以采取土地改良方案，也可以采取维持目前土地生产水平的方案，还可以采取允许适当土地退化的方案。一旦确定了此类决策，他们还可以在为达到既定目标的各种措施中进行抉择。

此类选择范围可以用图 17.10 所示的曲线来说明。这里假设有三种方案：①曲线 2 t 表示每年每平方公里仅流失 2 t 表土，还可培肥土壤；②曲线 4 t 表示每年每平方公里流失 4 t 表土，这是在目前技术条件下，维持目前生产水平所允许的最大土壤流失方案；③曲线 6 t 表示每年每平方公里流失 6 t 表土。此外，还假设要实现每个方案都需要将部分耕地转用作种植饲草或饲料作物，同时对其余耕地采取综合保育措施而进行作物轮作。

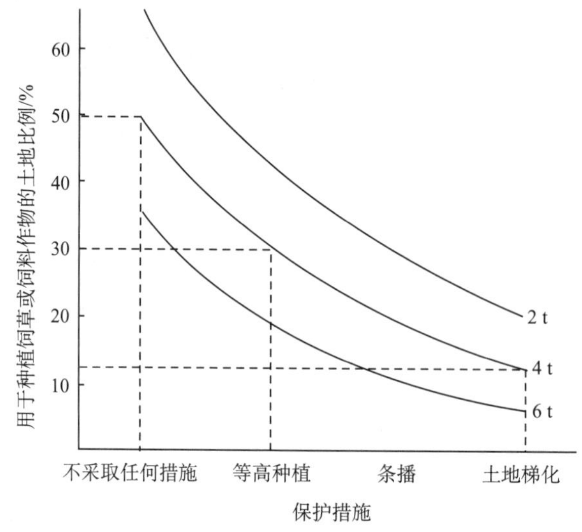

图 17.10　管理方案的选择范围（Barlowe, 1978）

在这个例子里，如果经营者确定了自己的土地保育方案，并具备有关其方案选择对土地生产力影响的专门知识，那他就可以在 2 t、4 t 或 6 t 的方案中选择可能的组合措施。例如，他为实现 4 t 方案可以采用将 50%的耕地用于种植饲草或饲料作物的轮作制，并在其余耕地上采用等高线种植的方法；还可以采用将 12%的耕地用于种植饲草或饲料作物的轮作制，并在其余耕地上采用等高种植、条播和土地梯化等方式。

这个例子表明，对保育措施选择余地较大的经营者比较容易找到更适合自己的方案，或者在一定经营条件下更有希望收支相抵。如果保育措施选择范围受限，会减少经营者制订出可获利保育方案的机会，甚至使这种机会化为乌有。

4. 资源替代的影响

要完整地回答保育措施是否合算这个问题，还需要考虑保育措施对其他资源的影响。在一定生产方案中常常可以用一种资源来替代另一种资源，以保育或减少利用被替代的要素。用另外一种资源来替代一种稀缺资源，可能会节省经营者的开支，或者可以生产出更多或更好的产品，从而使替代成为经济上可接受的。然而，这种替代也会加快新要素的消耗，从而可能在总体上产生负的或中性的效应。资源替代使保育问题复杂化了还是简单化了，取决于环境条件及人们对保育的自然方面和经济方面的看法。自然方面的保育要求限制有限资源或非再生资源的利用，用恒定性资源来替代储存性资源。这种做法在短期内往往较难以见效。因此经营者很少进行此类资源替代，除非他从替代中可以节约开支或得到更多利润。与此相反，他们却急于用储存性资源来替代恒定性资源，即使这样做会导致自然耗竭，但只要这样做有利于其经营状况或节约开支，他们也是乐意为之的。

有一系列实例可以说明某些经营活动导致资源自然耗竭的经常性趋势。例如，由于拥有丰富的土地资源供给，而资本和劳动的供给相对缺乏，于是用土地资源来替代生产组合所需要的资本和劳动；长期以来一直采用燃烧煤或其他化石燃料的蒸汽涡轮机来发电，因为蒸汽涡轮比水力发电见效更快、投资更少；天然气和石油被广泛地用来替代煤炭作为一种热能和工业动力的来源，尽管天然气和石油被认为是一种供给量更为有限的基础资源；许多农场用商业肥料来部分补充通过土壤改良措施即可获得或维持的地力；汽油驱动的汽车和拖拉机已经替代了只需喂干草、燕麦的马匹，成为人类运输动力的主要来源。这些例子表明，现行的价格分配体制往往会加快一些类型资源的自然耗竭。在现行经济体制下，对于用可再生的或丰富的资源来替代不可再生的或稀缺的资源，只有当不同资源的成本-效益关系在经营者们看来是合算的时候，这种自然保育政策才可行。按照目前的经济机制，所有使用者都倾向于利用那些可带来最高经济收益的资源。而这种倾向会使这些关键性资源的价格上升。价格上升会促使更集约地开采或生产，并促使将这些资源作为生产过程中一种关键因素或限制因素来对待。价格上升还会促进对更多替代途径和替代技术的研究，最终导致可再生资源和可重复利用资源的加速开发和利用。

二、自然资源保育的社会控制

1. 自然资源保育的社会利益及其保障

自然资源保育中存在个人利益和社会利益的差别。个人往往趋于采用较高的时间偏好率和较短的计划期，而社会则采用较长的计划期和较低的贴现率，这是由于社会更着眼于后代的福利，并且有以较低利率借款的能力。然而，社会利益并非一定与个人利益相悖。一方面，社会由个人组成，社会利益当然反映其成员的利益。关键在于个人是怀有使自己效用最大化的愿望，还是强调社会和团体效用最大化的愿望。经营者在重视个人和公司的目标时，往往发现自己的利益与力图建立经济秩序的管理部门的利益有所对立。另一方面，个人的社会责任往往体现在个人对社会的作用上，并通过集体行为来完成，如通过咨询公众意见、团体和组织中个人的联合行动、国家行为等来完成。

经济分析所假设的理性“经济人”总是关心自己及其家庭所能获得的收益和满足；同时

又或多或少地关心人类的未来、继承人的利益和后代人的福利。每个人总的利益是由相互补充或相互冲突的利益组成的，这些利益组合使得人们的保育观念和保育决策更加复杂化，其中一个极端是只考虑保育，而另一个极端则是强调掠夺式利用资源，二者之间存在多种多样的观念和决策。

在企业组织和社会机构之间及不同情况之间，也存在类似的保育利益差别。公司往往可能比个人采用更长的计划期和更低的利率，但也有时强调保育，有时又强调某些资源的快速利用。政府的保育决策也会随时间而变化，往往用立法手段来控制和监督，以保证国家的有限资源免遭过度利用和盲目利用，这种明确的政府职能是为了保障当代公民及其后代的利益。然而，在某些情况如战争时期，国家的当务之急是调动一切资源应付急需，政府可能致力于实施资源抽资政策，这与个人唯我的经营策略一样都具有掠夺性。

自由竞争的政治经济观往往主张限制社会干预，允许个人在其经营中不受政府机构的干涉。然而，任何自然资源的所有者或使用者都不是独自生活在一个孤岛上，其资源利用往往影响到邻居和整个社区；只要其资源利用对维持地区资源基础的生产力、价值或成本有副作用，那么他的活动就会引起社区和公众的关注。每当经营者的活动危害了国家安全之时，或者每当认为需要社会规划来改善资源开发利用之时，就毫无疑问地应该采取促进保育的社会行动。社会控制可以制止危害社区或引起积水、侵蚀、火灾、淤塞或土壤流失等问题的个人土地利用；社会控制同样也可以用来帮助个人。在以下情况，人们会赞成为实现保育目的进行社会活动：①采取保育措施对个别经营者在经济上有利但又尚未采取措施的时候；②保育措施对个人经济不利但对社会经济有利的时候；③大多数公民所赞成的无形目标只有通过集体行动才能达到的时候。

政府和社会机构为保障自然资源保育的社会利益可以采用多种方法，与土地利用中社会指导所采用的方法非常相似。例如，在知识贫乏被视为保育的主要障碍时，为使人们接受保育措施，可以采取教育措施和可能的补贴手段；也常通过信贷优惠、技术援助、规划咨询等帮助经营者为保育而筹措资金、制定措施和计划；可以通过税收优惠措施来促进保育措施的采纳和实施；可利用法律、法规来制止森林砍伐，规定油井的间隔，实施区域规划；可以确立国家优先权以实现对公园、野生动植物和其他资源的保育；通过加强公共费用支付能力和公共所有权，可以在相当程度上促进保育目标的实现。

2. 克服自然资源保育的障碍

实施保育措施不可避免地会遇到一系列障碍，其中一些是自然障碍，如矿产资源的埋藏特性和土地的生态脆弱性；另外一些障碍则是经济、制度和技术上的。

1）自然障碍

自然资源的利用基本上应该是就地进行，而有资源的地方不一定有实现利用长期效用最大化的条件，这就构成资源保育的自然障碍。在这种情况下，可以采用开掘矿井、修筑堤坝、植树造林、修筑梯田、种草养地及其他方法来改善自然条件，克服资源利用长期效用最大化的自然障碍。当然同时也要克服经济的、制度的和技术的障碍。

目前，全球气候变化所造成或加剧的自然资源退化问题，如气候干旱化趋势引起或加剧的草原退化、森林大火、土地荒漠化等，对资源保育构成了最为棘手的自然障碍。克服此类障碍需要采取大规模的生态建设措施和适应对策。

2）经济障碍

缺乏认知和预见性是自然资源保育（利用长期效用最大化）的一个主要障碍。经营者常常不能接受保育措施，不过是由于他们没有意识到保育会使其整个资源利用过程的收益最大化。这个问题部分地可由旨在使经营者认识到保育重要性的教育措施来解决。除要了解保育的优点外，合理的保育决策还需要了解有关自己所储备的资源及其他资源的储量、市场和成本支出状况，以及其他保育措施的可能收益与成本情况等。

自然资源保育的第二个主要经济障碍是资本短缺。大多数经营者都拥有一定的资本，但是很少有人拥有按其希望的方式进行经营所需要的全部资本。这种限制因子往往使得他们急于从自己的资源中抽资或采用较高的时间偏好率，因为他们觉得必须增加自己生活和经营所需要的眼前收入。在许多情况下，特别信贷优惠可以在财力上帮助经营者采取保育措施，帮助经营者渡过财政困难时期，也可以制订投资补偿计划，以促使个人采取于社会有利但于个人可能不利的保育措施。

自然资源保育的第三个主要经济障碍是经济不确定性。许多经营者之所以采取较短的计划期和较高的贴现率，就是因为不能够有把握地预测未来的成本、价格和市场条件。如果采用旨在减少不确定性、稳定经济体制、使通货膨胀和经济萧条所造成的收益波动最小的措施，就可以改善这种情形。如果不能采用这些措施，那么通过加强市场保证体制，或者建立社会与个人分担保育成本和收益的体制，也可以促进一些类型的资源保育。

3）制度障碍

与人类其他类型的行为一样，自然资源保育决策也往往受制度因素的影响。许多人将保育视为习惯或风俗，是因为他们受一定哲学的熏陶。另外一些人采取保育计划，是由于政策相对稳定、土地所有权明确，或者响应公共保育的呼声，希望得到社会支持，或者将保育作为反抗苛捐杂税的理由等。

制度和政策也可能对自然资源保育不利。忽视土地利用长期效用最大化原则、因循守旧、制度僵化都会导致对资源的掠夺。租赁期或承包期有限、抵押期终止在即、产权不明晰、政策朝令夕改等都不利于采用低利率或长计划期。非正式的租佃规定，往往使土地所有者和承包使用者都不重视土地保育。财产税或保险费过高、经营单位达不到适度规模、缺乏合适的信贷条件，此类情况也是掠夺资源的重要原因。

社会在克服障碍方面可以起到重要的作用。教育、示范和补贴手段，都可用来将保育的重要性晓之于民，并促使他们付诸行动；政府可以从正面采取行动来稳定政治制度，明确各种财产所有权和使用权，可以制订改进租佃关系的方案，以鼓励投资保育措施；可以制订修改税收制度的方案，以支持私人的保育活动；可以制订对采取保育措施的个人进行补贴的方案；可以分步骤地实施某些资源的公共所有和公共管理，促进资源的社会开发和保育。

4）技术障碍

自然资源利用和保育往往受到现有技术条件的制约。远古先民对资源的保育往往是不自觉的，因为他们缺乏主动开发和改良土地的动力和技术。而人类一旦具有了这种动力和技术，往往又会毁坏资源基础，这并非由于人们故意破坏，而是由于他们在利用技术时，没有规范自己的行为。

现在仍有不少人赞同无节制的资源开发策略，他们希望技术会解决所有的资源稀缺问题，科学将改进开采工艺和生产过程，并用新的替代品来弥补资源的消耗。显然，资源利用的长期效用最大化需要仔细地考虑未来，技术能够在帮助人们增加大多数资源的供给方面起重要作用。在这种情况下，技术的作用很简单但富于挑战性。技术可以帮助我们发现更多的储存性资源，使这些资源的开采和利用更加容易和更加彻底，并且能延长资源的有效利用期；技术还可以促进恒定性资源的经济开发和更广泛的生产性利用；技术可以改良生物资源的品种和品系，从而以更低的成本生产出更好的产品；技术还可以指明土地保育措施的改进途径和使人工改良设施经济寿命得以延长的途径。为促进技术进步和推广以实现上述目标，社会负有不可推卸的责任。这就是说，需要克服资源保育中缺乏技术的障碍。

但是否仅靠技术就能解决我们未来资源利用的种种问题？技术往往是一柄双刃剑，在解决一些问题的同时，又带来一些新问题。我们还需要正确的技术哲学，以指导技术在自然资源保育中的作用，规范技术的应用。这就是说，还需要克服技术使用不当的障碍。

第三节 资源循环利用与循环经济

强调自然资源保育可能会影响资源供给，重视开发利用以保证资源供给又可能会对自然资源保育不利，自然资源的保育与开发利用之间常常产生矛盾。解决这对矛盾的一条重要途径是资源的循环利用，资源循环利用既可以支持供给，又可减轻对自然资源和生态系统的压力，从而有利于自然资源保育。

一、资源循环利用原理

1. “变废为宝”

自然资源开发利用过程的各阶段都会产生“废物”，例如，矿产采选过程中产生的煤矸石、尾矿等，产品生产过程中产生的废渣、废水（液）、废气等，农林水产种养殖过程中产生的秸秆、林业剩余、畜禽粪便等，建筑过程中产生的混凝土块、废沥青、废木料等，消费过程中产生的废旧产品、餐厨废物、生活废水和垃圾等，以及生产和流通等周期阶段产生的废弃设备（付允等，2012）。这些“废物”都是资源循环利用的对象，通过一定的技术和投入，可对这些废物进行再利用。它们可成为建筑建材业、农林水产业、原材料制造业等产业的原料，使得各产业之间通过“废物”交换利用、能量梯次转换、废水循环利用，构筑成为链接循环的产业体系。消费环节产生的废旧产品及生产、流通环节产生的废旧设备，经检测可继续使用的，可通过旧货市场交换后直接继续使用；经检测不可继续使用但可修复和再制造的，可加工恢复为原型产品后再使用；经检测不可继续使用和修复的，可作为其他产业的某种资源再利用；对于无法再利用的废物及一般废弃物，可燃烧的物质可获取其能量，最终的剩余废物需要进行无害化处置（陈德敏，2006）。

工业化和城镇化过程中产生的废旧机电设备、电线电缆、通信工具、汽车、家电、电子产品、金属、塑料包装物、废料等，其中含有可循环利用的钢铁、有色金属、贵金属、塑料和橡胶等，都可成为资源循环利用的对象，乃至被称为“城市矿产”（王昶等，2014）。将这些“废物”直接作为原料加以再利用或提取“废物”中的有用成分进行循环利用的过程称为资源化。据测算，回收利用 1 亿 t 此类物质，与使用自然资源相比，可节能 1.07 亿 tce，减少废水排放 60 亿 t，减少二氧化硫排放 235 万 t，减少固体废弃物排放 13.7 亿 t（中国物资再生协会，2011）。

自 20 世纪 70 年代以来，发达国家对生产所需原料进行从“摇篮到坟墓”的全程控制，实行 3R（reduce, reuse, recycle）原则，即在生产过程中对所需资源进行减量化、再利用及循环利用，从源头上节约资源，减少废弃物的产生和排放（Refrigeration Sector，1999）。3R 原则的实施就产生了资源循环利用的概念。

资源循环利用指在社会的生产、流通、消费中产生的不再具有原使用价值并以各种形态赋存的废弃物料，通过回收加工获得使用价值的“变废为宝”再利用过程（刘维平，2009）。日本《推进循环型社会形成基本法》定义资源循环利用是：再利用、再生利用及热回收。其中再利用指循环资源（废弃物中有用的物品等）作为产品直接使用（包括经过修理后进行使用），以及循环资源的全部或一部分作为零部件或其他产品的一部分进行使用；再生利用是指将可循环资源的全部或一部分作为原材料进行利用；热回收是指对全部或一部分可循环资源通过利用其可供燃烧或有可能燃烧的物质获取能量（付允等，2012）。

资源循环利用的根本驱动力是资源短缺和市场需求；资源循环利用的根本保障是科技进步，每当新技术出现总会开拓出新的资源领域及新的使用方式，推动资源综合利用不断向广度和深度发展（陈德敏，2006）。

从世界范围看，资源循环利用经历了不同的发展阶段。20 世纪 50 年代，主要是开展废旧物资回收利用；60 年代，开始注重共生、伴生矿的综合开发利用；70 年代，开展工业生产过程中“三废”的综合利用；80 年代，确立资源综合利用的经济技术政策；90 年代，提出资源循环利用和循环经济的概念；2000 年以来，相继提出再制造、“城市矿产”等理念，并开展再制造试点、“城市矿产”基地建设和餐厨废物资源化利用（林翎，2010）。

2. 资源循环利用的基本路径

资源循环利用应当贯穿于资源开发、资源投入、资源回收的各个方面，做到合理开发利用资源、实施清洁生产、改变传统消费方式，多渠道综合提高资源利用效益，保障资源循环利用链的紧密衔接，实现自然资源利用的可持续性。

1）清洁生产

资源循环利用的一个基本路径是实施清洁生产，即通过资源的综合利用、短缺资源的替代、二次能源的利用，以及各种节能降耗措施，充分合理地利用自然资源，减少资源的消耗；同时，减少废料与污染物的生成和排放，促进工业产品的生成、消费过程与环境相容，降低整个工业活动对人类和环境的风险。

清洁生产以闭路循环的形式在生产过程中实现资源的最充分和最合理利用。在这种生产过程中，输入生产系统的物质和能量在第一次使用生产第一种产品以后，其剩余物可以是第二次使用生产第二种产品的原料，如果仍有剩余物则可以是第三次使用的原料。如此循环使用，最后不可避免的剩余物以对环境无害的形式排放，使人类物质生产过程纳入生物圈物质循环系统。

清洁生产主要包括清洁的生产过程和清洁的产品两方面，即不仅要实现生产过程中资源的减量化、再利用及循环利用，做到无污染或少污染。而且生产出来的产品在使用和最终报废处理过程中也可以减量化、再利用及循环利用，不对环境造成损害。清洁生产能实现物质和能量的循环利用，是高效益和低污染的生产方式。

清洁生产不仅具有技术上的可行性，还可实现经济上的可营利性。因为清洁生产要求把自然资源本身的价值纳入生产成本，变无偿使用为有偿使用；同时还把经济活动对环境的破坏（负价值）纳入生产成本。这样，生产者的“经济效益”具有了生态的意义，会主动地对生产全过程进行科学的改革与严格的管理，最大限度地减少原材料和能源的消耗，降低成本，提高效益；使生产过程中排放的污染物达到最小量，或者变有毒有害的原材料或产品为无毒无害；能够将发展经济与保护生态环境、保育自然资源有机地统一起来。

清洁生产不仅是实现资源循环利用的重要途径，也是落实新型工业化道路的必然选择。这种新型工业化道路应当从以下三个层次构建循环经济的产业体系。

（1）企业内部的微观循环。推行清洁生产，实行生产和服务中物料和能源的减量化和循环利用。

（2）企业间的中观循环。在物质、能量和信息联通的基础上，形成区域间的产业代谢和共生关系。依靠生态工业链连接不同的工厂，形成资源共享和副产品互换的产业共生组合。这种行业内部的生态链可以进一步扩展到工业、农业和畜牧业、服务业等不同产业之间。

（3）社会的宏观循环。包括政府的政策指引和公众的生活行为。前者要求政府在借助市场作用的同时也要规范市场，以减少市场对资源稀缺状况反映的扭曲程度；后者则需要形成环境友好的生活方式，实现消费过程中和消费过程后物质与能量的循环，这也需要通过前者大力发展绿色消费市场和资源回收利用产业的政策来促进（陈德敏，2006）。

2）绿色消费

传统消费将使用后的自然资源产品大多当作废物抛弃，这种消费加快了资源消耗和环境损害。其实某一消费主体的废弃物很可能对另一消费主体仍然具有使用价值，对其进行资源化处理，通过重复使用、多重利用和循环利用，提高物质利用率；通过分类回收，促进废物的循环再用，提高废物的资源化率，既减少了对自然资源的索取量，也减少了对环境的污染量。这就是“绿色消费”。绿色消费与传统消费的根本区别在于，不仅要满足人的需求，还要满足生态环境保护和自然资源保育的需求（陈德敏，2006）。

二、循环经济

1. 从资源循环利用到循环经济

资源循环利用的理念从生产和消费领域扩展至整个经济领域，从而产生了一种新的经济形态——循环经济（circular economy）。循环经济是以资源节约和循环利用为特征的经济形态，也可称为资源循环型经济或物质闭环流动型经济。循环经济是为实现物质资源的永续利用及人类的可持续发展，在生产与生活中通过市场机制、社会调控及清洁生产、绿色消费等方式促进资源循环利用的一种经济运行形态。循环经济以资源的主动回收再利用为特征，依托于科技进步，促进经济、社会与生态环境协调发展的经济运行状态；是立足于可持续发展理论，从全局上追求人与自然和谐而提出的新概念、新理论。循环经济是为了应对日益严重的资源稀缺和环境污染问题，解决经济发展对资源需求的无限性与自然资源赋存的有限性之间的矛盾，处理好社会经济发展与生态环境保护两难悖论而提出来的，它倡导在物质不断循环利用的基础上发展经济，其目的是实现人类社会的可持续发展。

循环经济本质上是一种生态经济，它要求运用生态学规律而不是机械论规律来指导人类社会的经济活动；循环经济倡导的是一种与环境和谐的经济发展模式，它要求把经济活动组织成一个“自然资源开发利用-产品生产-流通-消费-资源循环利用”的反馈式流程，其特征是低开采、高利用、低排放；所有的物质和能源要能在这个不断进行的经济循环中得到合理和持久的利用，以把经济活动对自然资源保育和生态环境的影响降低到尽可能小的程度。

循环经济的中心含义是循环，强调资源在利用过程中的循环，因此，资源循环利用是循环经济的核心内涵。但循环经济包含更丰富的内容，如节能、节水、节材、节地等资源节约的内容（李金惠等，2017）。

发展循环经济并不是彻底否定过去的“线性”经济，不能割裂开与现有经济和技术之间的联系，而是要在自然承载力允许的范围内，实现“线性”经济和循环经济的耦合，要把所有能减少物质消耗、能封闭物质流、能减少废物产生的各种技术系统化，加以集成和应用（刘学敏等，2008）。

2. 循环经济准则

1）减量化

减量化准则针对输入端，旨在减少进入生产和消费过程中的物质与能源。对于废物的产生，通过预防的方式而不是末端治理的方式来减少甚至避免。在生产中，力图通过减少产品的原料使用量，或者通过重新设计制造工艺来节约资源和减少排放。在消费中，尽量选择包装物较少的物品，购买耐用的可循环使用的物品而不是一次性物品，以减少垃圾的产生。

2）再利用

再利用准则针对生产和消费过程，目的是延长物品和服务的时间周期。也就是说，尽可能多次或以多种方式使用物品，避免物品过早成为垃圾。

3）资源化

资源化准则针对输出端，能把“废物”再次变成资源以减少最终处理量，如“废品”的回收利用和“废物”的综合利用。资源化能够减少垃圾的产生，制成使用能源较少的新产品。与资源化过程相适应，消费者应增强购买再生物品的意识，来促进整个循环经济的实现（李良园，2000）。资源化包括以下三方面。

（1）升级循环，以比原来使用层次更高的方式再使用资源。例如，美国福特公司曾经用板条箱装运卡车，当卡车到达目的地后，板条箱变成了汽车地板。韩国的稻壳被用作音响元件和电子装置的包装填充物，随产品进入欧洲后被再利用为制作砖头的材料（麦克唐纳，2005）。

（2）原级循环，“废物”资源化后形成与原来相同的产品，例如，将废纸生产出再生纸，废玻璃生产玻璃，废钢铁生产钢铁等。

（3）降级循环，将“废物”中的有用成分提取出来加工成与原来不同类型的产品。例如，提取废旧电器中的金属并加工成某种制成品。

4）无害化

在大力倡导循环经济的同时，特别关注人的安全和健康，要绝对杜绝危害人类健康和安全的行为。例如，不法商贩将地沟油加工成食用油，将医疗垃圾制成一次性用品，此类所谓“循环利用”损害人的健康，与循环经济的主旨大相径庭。循环经济通过清洁生产，减少废料和污染物的生成和排放，尽量少用或不用有毒有害的原料，保证产品的无毒无害，减少生产过程中的各种危险因素，产品在使用中和使用后不危害人体健康与生态环境，对最终不能利用的剩余废物进行无害化处置。

三、资源循环利用与循环经济案例

1. 桑基鱼塘

桑基鱼塘是珠江三角洲劳动人民在长期生产实践中，充分利用当地优越的水陆资源创造出来的一种特殊耕作方式，是种桑、养蚕、养鱼充分合理利用自然资源，彼此相互作用，充分发挥生产潜力的一种完整的、科学的人工生态系统（图 17.11）。它既使当地资源得到充分利用，也促进了农业各部门的相互发展和带动了加工工业的发展，是农业资源循环利用的典型。

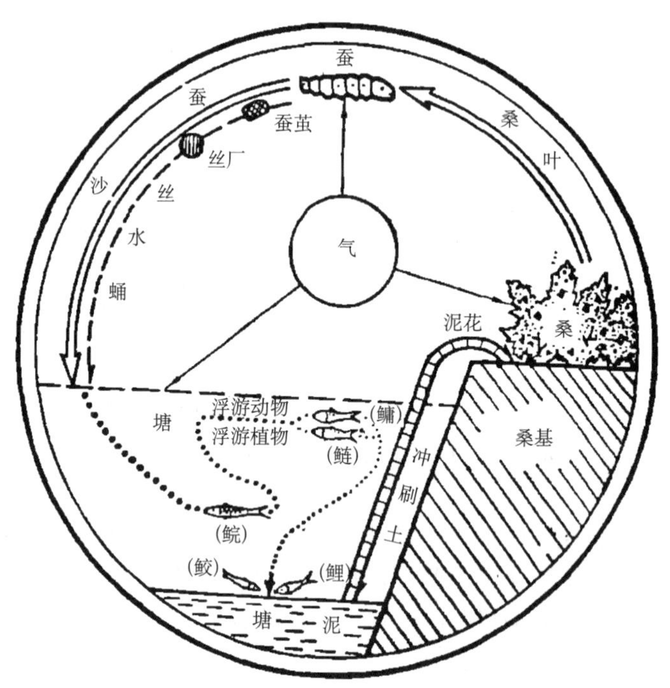

图 17.11　桑基鱼塘水陆相互作用的人工生态系统图示（钟功甫，1980）

挖深鱼塘，垫高基田，形成桑基鱼塘的基本景观格局。基田和池埂种桑，桑叶养蚕，蚕茧缫丝，蚕沙、蚕蛹、缫丝废水养鱼，鱼粪等泥肥肥桑，环环相连，构成一个比较完整的物质流和能量流系统。在这个系统里，蚕丝为中间产品，不再进入物质循环。鲜鱼为终极产品，供人们食用。系统中任何一个生产环节的好坏，影响到其他生产环节。当地有句渔谚说“桑茂、蚕壮、鱼肥大，塘肥、基好、蚕茧多”，充分说明了桑基鱼塘系统循环生产过程中各环节之间的物质能量联系（图 17.12）。

不仅桑、蚕、鱼三大部门通过物质能量循环相互促进，基和塘之间也发生物质循环作用。塘对基的作用主要是提供塘泥。农民每年冬季上大泥（即干塘后钊泥上基），夏、秋两季“戽泥花”上基，每年两三次。塘泥成为桑基的主要肥源，对桑树生长作用较大。基泥经过风化分解，遇到暴雨冲刷，泥沫又返回鱼塘，与塘里水生动、植物（藻类、浮游动植物等）残体相结合。经过细菌作用，分离出 N、P、K，提高了塘泥肥力。这样循环不息，塘泥肥力不断提高，桑基不断得到肥源。

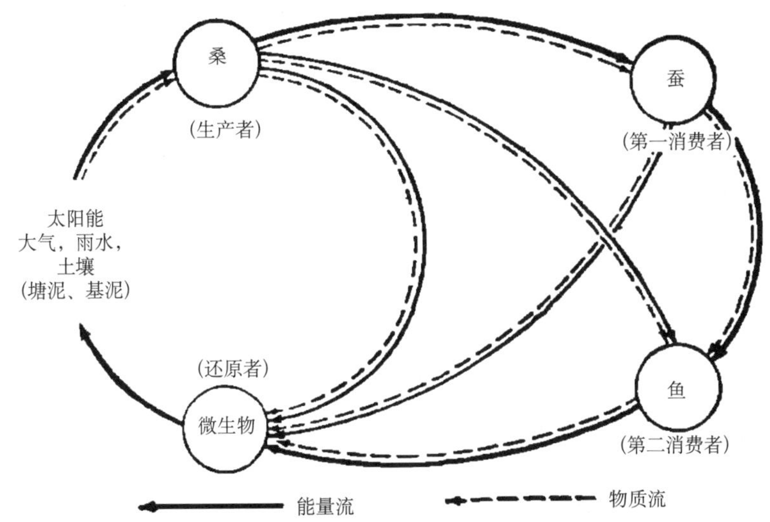

图 17.12 桑基鱼塘生态系统的物质流和能量流示意（钟功甫，1980）

桑基鱼塘充分发挥了当地自然资源和循环利用的潜力，主要表现如下。

（1）利用地处南亚热带，终年气温较高，作物生长季节长的特点，每年采桑 8～9 次，养蚕 8～9 造，结茧 8～9 次，因此每亩蚕桑或茧产量都较高。

（2）利用西江中、下游鱼苗发展塘鱼。西江中、下游每年 4～7 月有个鱼苗季节（发生在潦水季节内），此时江水暴涨，流速大，水温为 26～30℃，这是四大家鱼产卵的优厚条件。如遇闪电降雨，母鱼即在广西境内水流湍急的地方（以桂平东塔为中心）产卵。鱼卵顺西江流下，到广东境内时已孵化变为鱼苗。广东农民从天气变化便知境内西江有鱼苗，于是在河面较宽、水流较缓的地方（如郁南、德庆、肇庆、九江），设“鱼埗”（地方名，指捕捞鱼苗的地方）去捞鱼苗。经过细致分类，分别放进鱼苗场，培育到一定大小后放进鱼塘去养（现在人工孵化鱼苗逐渐代替天然鱼苗）。

（3）终年利用河水、潮水自动排灌。农民在邻近鱼塘旁开辟小堑（即小河涌），沟通珠江河道，鱼塘设有“桓”（地方名，指鱼塘和河涌相沟通的暗沟）与堑相通。鱼塘需要水时，利用涨潮，通过“桓”引水到塘里；不需要水时，利用退潮，“桓”使塘水自动排出，使塘水可以自动排灌。

（4）利用河泥、塘泥施肥，其成为桑基的主要肥源。

（5）利用蚕粪喂鱼。蚕沙（即蚕粪）本来是一种废物，但当地劳动人民利用这些废物养鱼，使塘鱼增产。化学分析表明，蚕沙含氮 2.2%～3.5%，比猪粪、羊粪、牛粪都要高：含磷 2%～2.5%，含钾 1.5%～2%。蚕吃掉 100 kg 桑叶后可排出蚕沙 60 kg，每 800 kg 蚕沙可养活 100～110 kg 鱼。这就是说，如果一亩桑地产桑 2000 kg，除养活蚕，结出蚕茧外，还得蚕沙 1200 kg，可多产鱼 150 kg。

（6）集约利用土地。桑基鱼塘地区人口稠密，土地利用十分充分，有些地方夏天利用塘面上空搭架蔓延瓜菜，既解决耕地不足的问题，对鱼塘也起遮阴作用。

总之，桑基鱼塘通过发挥生态系统中物质能量循环转化和生物之间的共生互利作用，达到了集约经营的效果，符合以最小的投入获得最大产出的经济效益原则，既促进了种桑、养蚕及养鱼事业的发展，又带动了缫丝等加工工业的进步，产生了理想的经济效益。同时，桑基鱼塘内部食物链中各个营养级的生物量比例适当，物质和能量的输入与输出相平衡，促进了动、植物资源的循环利用，维持了生态平衡，又避免了水涝，营造了十分理想的生态环境，减少了环境污染，生态效益也很显著。

2. 生态工业园

资源循环利用和循环经济的发展导致工业生态学（industrial ecology，又称产业生态学）的产生和发展。工业生态学是一门研究社会生产活动中自然资源从源、流到汇的全代谢过程，组织管理体制及生产、消费、调控行为的动力学机制，控制论方法及其与生命支持系统相互关系的系统科学。工业系统也像自然生态系统那样需要在供应者、生产者、销售者和用户及“废物”回收或处理之间有密切的联系。工业生态方法寻求按自然生态系统的方式来构造工业基础，使“废物”转变为新的资源并加入新一轮的系统运行过程中。

工业生态系统具有以下属性：①提供资源使用和工业过程中的代谢途径（metabolite pathways）；②形成工业生产中的封闭环；③工业产出的去物质化（dematerializing）；④能源使用的系统化；⑤保持工业投入产出与自然生态体系承载力的平衡；⑥不断调整政策，确保工业体系的长期演进；⑦构筑一个新的联合行动机动，保证信息畅通（Ehrenfeld，1994）。

工业生态学实践的一个典型案例是卡伦堡生态工业园，这是迄今世界上运行时间最长、最成功的一个生态工业园。卡伦堡是一个仅有 2 万居民的工业小城市，位于北海之滨，距哥本哈根以西 100 km 左右。20 世纪 50 年代以来在这里建造了一座火力发电厂和一座炼油厂。随着其他企业的进驻，各主要企业之间开始相互交换“废料”、蒸汽、（不同温度和不同纯净度的）水及各种副产品，通过产业之间的共生和代谢关系，实现了区域内的资源循环利用和循环经济。

卡伦堡共生体系中开始主要有 5 家企业，相互间的距离不超过数百米，由专门的管道体系连接阿斯耐斯瓦尔盖热力发电厂。该厂是丹麦最大的热力发电厂，发电能力为 1.5 亿 W，最初用燃油，第一次石油危机后改用煤炭，雇佣 600 名职工。斯塔朵尔炼油厂是丹麦最大的炼油厂，年产量超过 300 万 t，有职工 250 人。挪伏・挪尔迪斯克公司是丹麦最大的生物工程公司，也是世界上最大的工业酶和胰岛素生产厂家之一，设在卡伦堡的工厂是该公司最大的工厂，员工达 1200 人。吉普洛克石膏材料公司，一家瑞典公司，其在卡伦堡的工厂年产 1400 万 m^2 石膏建筑板材，具有 175 名员工。卡伦堡市政府使用热力发电厂出售的蒸汽给全市远距离供暖。20 世纪 80 年代以来，它们逐渐自发地创造了一种“工业共生体系”。

到 2003 年，更多企业加盟卡伦堡生态工业园。其中，废物处理公司 Noverenl/S，年处理 12.5 万 t 生活垃圾和工业垃圾，其中只有 12%被填埋，88%被循环利用或焚烧取热；生物工程公司 A/S Bioteknisk Jodrens Soilrem 专门处理被油脂、化学物质或重金属污染的土壤。此外，还有占全世界 40%市场份额的生化酶企业 Novozymes A/S。卡伦堡生态工业园的基本流程见图 17.13。

据统计，整个卡伦堡生态工业园每年节约的资源为：地下水为 210 万 m^3，地表水为 120 万 m^3，油脂为 2 万 t（每年相应减少 380 t 硫化物排放），建筑材料为 20 万 t。此外，阿斯耐斯瓦尔盖发电厂每年产出 8 万 t 灰渣，其都被用来生产建筑材料。Noverenl/S 公司每年回收再利用的垃圾有 13000 t 报纸、7000 t 碎石和混凝土、15000 t 公园垃圾，4000 t 金属及 1800 t 玻璃和瓶子（埃尔克曼，1999）。

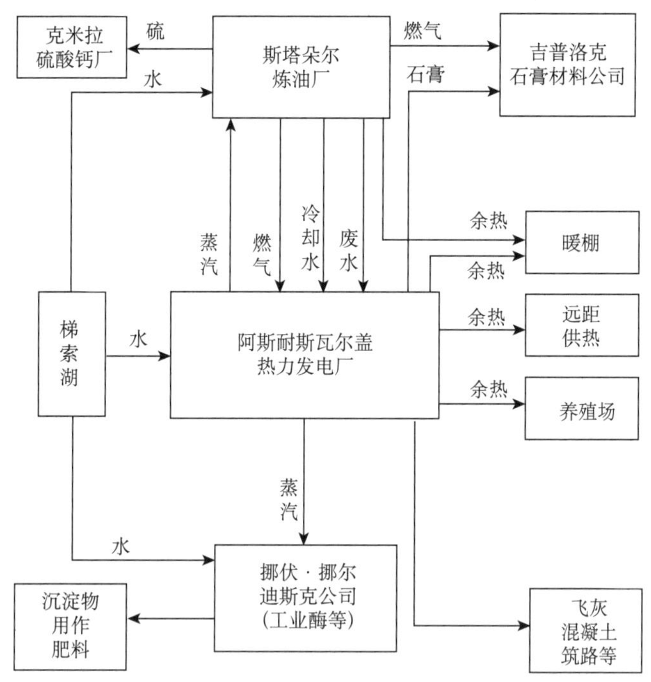

图 17.13　卡伦堡工业共生体系企业间主要“废料”交换流程示意图

卡伦堡工业园区是一个在商业基础上逐步自发形成的，所有企业都通过彼此利用“废物”而获得了好处。这个工业生态共生体系具有以下特点：①参与者虽然性质不同，但互惠互利；②不断有大量的废弃物；③每个项目在经济上必须合算；④企业间相互物理距离较短；⑤企业间心理认同感较强，相互信任；⑥企业间能够较好地合作沟通；⑦企业自愿；⑧环境效益、经济效益、资源节约共享。

生态工业园已在世界各地迅速发展，取得了显著的经济效益、社会效益和生态效益。

思　考　题

1. 阐述不同层次的自然资源保育含义。

2. 如何针对保育目的对自然资源进行分类？不同类型利用长期效用最大化的目标如何？

3. 利率如何影响自然资源保育决策？

4. 自然资源保育决策有哪两个阶段？各有哪些影响因素？

5. 阐述恒定性资源利用长期效用最大化的原理。

6. 阐述储存性资源利用长期效用最大化的原理。

7. 阐述生物资源利用长期效用最大化的原理。

8. 阐述土地资源利用长期效用最大化的原理。

9. 阐述人工资源利用长期效用最大化的原理。

10. 影响自然资源保育决策的因素有哪些?
11. 自然资源保育的个人利益和社会利益有何差别? 如何保障保育的社会利益?
12. 自然资源保育会遇到哪些障碍? 如何克服?
13. 何谓“资源循环利用”? 其方式有哪些? 其驱动力和保障力是什么?
14. 阐述资源循环利用的基本路径。
15. 何谓“循环经济”? 其与“资源循环利用”的关联和差别何在?
16. 阐述循环经济的基本准则。

补充读物

李双成. 2014. 自然保护学. 北京: 中国环境科学出版社.

陈德敏. 2004. 循环经济的核心内涵是资源循环利用——兼论循环经济概念的科学运用. 中国人口·资源与环境, (2): 12-15.

钟功甫. 1980. 珠江三角洲的“桑基鱼塘”——一个水陆相互作用的人工生态系统. 地理学报, 47(3): 200-209.

埃尔克曼 S. 1999. 工业生态学——怎样实施超工业化社会的可持续发展. 徐兴元, 译. 北京: 经济日报出版社.

第六篇

结　论

第十八章　自然资源可持续管理

学习和研究自然资源学的最终目的是，科学地管理自然资源，使自然资源的利用具有可持续性。本章作为全书的结论，论述自然资源可持续管理的社会目标及其实现途径。

第一节　自然资源管理的社会目标及其统筹

自然资源可持续管理不仅要使资源使用者获益，更关注广泛的社会目标，这些目标都以可持续发展目标为导向。

一、可持续发展目标

1. 可持续发展目标的演进

1972 年 6 月 16 日联合国人类环境会议通过了《联合国人类环境会议宣言》，提出了 26 项原则，包括：人的环境权利和保护环境的义务，保护和合理利用各种自然资源，防治污染，促进经济和社会发展，使发展同保护和改善环境协调一致，筹集资金，援助发展中国家，对发展和保护环境进行计划和规划，实行适当的人口政策，发展环境科学、技术和教育，销毁核武器和其他一切大规模毁灭手段，加强国家对环境的管理，加强国际合作等。

1983 年 12 月联合国成立了世界环境与发展委员会，该委员会于 1987 年发表了《我们共同的未来》，提出了“可持续发展”的概念和理论，关注人口、粮食、物种和遗传、资源、能源、工业和人类居住等方面，把人们从单纯考虑环境保护引导到把环境保护与人类发展切实结合起来（世界环境与发展委员会，1989）。

1992 年联合国在巴西里约热内卢召开世界环境与发展大会，发表了《21 世纪议程》和分别针对气候变化和生物多样性的《联合国气候变化框架公约》《联合国生物多样性公约》等共识文件（郭日生，2011）。

《21 世纪议程》将可持续发展的概念和理论提升为“世界范围内可持续发展行动计划”，形成了一系列的可持续发展目标，包括可持续发展战略、社会可持续发展、经济可持续发展、资源的合理利用与环境保护四个部分。该行动计划强调，没有发展就不能保护人类的生息地，从而也就不可能期待在新的国际合作的氛围下同步处理环境与发展问题；所有国家都要分担责任，但各国的责任和首要问题各不相同，特别是在发达国家和发展中国家之间。

《联合国气候变化框架公约》的“最终目标是减少温室气体排放，减少人为活动对气候系统的危害，减缓气候变化，增强生态系统对气候变化的适应性，确保粮食生产和经济可持续发展”。为实现上述目标，公约确立了五个基本原则：“共同但有区别”的原则，要求发达国家缔约方应当率先对付气候变化及其不利影响；要考虑发展中国家的具体需要和国情；各缔约方应当采取预防措施，预测、防止和尽量减少引起气候变化的原因；尊重各缔约方的可持续发展权；加强国际合作，应对气候变化的措施不能成为国际贸易的壁垒。

《联合国生物多样性公约》规定，发达国家将以赠送或转让的方式向发展中国家提供新的补充资金以补偿它们为保护生物资源而日益增加的费用，应以更实惠的方式向发展中国家转让技术，从而为保护世界上的生物资源提供便利；签约方应为本国境内的植物和野生动物编目造册，制订计划保护濒危的动植物；建立金融机构以帮助发展中国家实施清点和保护动植物的计划；使用另一个国家自然资源的国家要与那个国家分享研究成果、盈利和技术。

2000 年 9 月，在联合国千年首脑会议上，世界各国领导人就消除贫穷、饥饿、疾病、文盲、环境恶化和对妇女的歧视，商定了一套有时限的目标和指标。2002 年通过了《约翰内斯堡执行计划》《可持续发展世界首脑会议执行计划》《约翰内斯堡可持续发展承诺》《伙伴关系项目倡议》等重要文件，提出应遵循各国国情和优先领域开展可持续发展行动，明确了未来10～20 年人类拯救地球、保护环境、消除贫困、促进繁荣的世界可持续发展的行动蓝图（联合国，2002）。

2. 可持续发展目标新体系

2014 年，联合国可持续发展目标开放工作组经过 70 个国家代表长达 17 个月的讨论，制定了一整套可持续发展目标如下（ICSU and ISSC，2015）（图 18.1）：①在世界各地消除一切形式的贫困；②消除饥饿、实现粮食安全、改善营养、促进可持续农业；③确保健康的生活方式、促进各年龄段所有人的福祉；④确保包容性和公平的优质教育，为全民提供终身学习机会；⑤实现性别平等，增强所有妇女和女童的权能；⑥确保为所有人提供并以可持续方式管理水和卫生系统；⑦确保人人获得负担得起、可靠和可持续的现代能源；⑧促进持久、包容和可持续的经济增长，促进实现充分和生产性就业及人人享有体面的工作；⑨建设有复原力的基础设施、促进包容与可持续的产业化、推动创新；⑩减少国家内部和国家之间的不平等；⑪建设包容、安全、有复原力和可持续的城市和人类住区；⑫确保可持续的消费和生产模式；⑬采取紧急行动应对气候变化及其影响（注意到《联合国气候变化框架公约》论坛达成的协议）；⑭保护和可持续利用海洋和海洋资源促进可持续发展；⑮保护、恢复和促进可持续利用陆地生态系统、可持续管理森林、防治荒漠化、制止和扭转土地退化现象、遏制生物多样性的丧失；⑯促进有利于可持续发展的和平与包容性社会，为所有人提供诉诸司法的机会，建立各级有效、问责和包容的制度；⑰加强实施手段、重振可持续发展全球伙伴关系。

二、自然资源管理的社会目标

自然资源管理以可持续发展目标为导向，需要实现五个具体的社会目标：提高资源利用的效率，保证资源利用的分配公平，促进社会经济发展，保障自然资源供给，维护生态系统健康和环境质量。

图 18.1 可持续发展目标（ICSU and ISSC，2015）

1. 效率目标

效率是自然资源管理的重要目标，具有丰富的内涵。本书已在第十二章自然资源配置的关联域内论述了效率（尤其是配置效率）的概念及其基本原理，以及不可更新资源和可更新资源配置效率的理论问题与实际问题，此处不再赘述。

2. 分配公平目标

效益目标既不能顾及自然资源开发利用中所获利益在时空分配上的公平，也不能解决自然资源开发利用所造成的代价在时空分配上的不公平问题。而社会目标则高度关注这些密切相关的问题，既关注特定区域发展中的收入、就业和增长，也关注这些要素在不同地区及不同社会集团间的分配公平。

什么是分配公平呢？对一些人来说公平意味着平均地分享一切；而另一些人则认为公平应该是按需分配；还有人把公平看作按贡献分配，包括按劳分配、按资分配。在自然资源管理中，上述最后一种观念基本上可归纳为：按个人拥有的资源贡献来分配利益，这意味着那些原本拥有大量资源的人将得到相应多的利益。但当对资源的拥有是历史遗产而不是现实贡献的结果时，这种公平尚可质疑。考虑到自然资源开发利用的生态效应，公平的问题就更加复杂。例如，上游地区的人们开垦自己祖祖辈辈拥有的土地似乎是天经地义的，但导致水土流失殃及下游地区，这就有失公平。然而，如果根据下游地区的此类利益而禁止上游地区的自然资源开发利用，即使能采取某种补偿，那也是不公平的。

上述所有关于公平的观点关注各种后果，关注从自然资源管理中得到什么。另一种观点强调涉及的过程而非结果，这就是机会均等或平等参与决策过程的思想。在国家之间、国内的各地区之间、不同观点和利益集团之间，普遍存在决策不平等的情况。

政府和个人按照各自的利益诉诸完全不同的公平概念，这个事实使有关公平的争论进一步复杂化。公平目标可以成为在极其不同的基础上做出合法决策的一种手段，或者实际上用来为自我利益所驱动的需求和行为辩护。一个社会中关于公平的盛行思想，与已建立起来的经济体制间常缺乏一致性，这又产生了额外的困难。

分配公平和经济增长在概念上是完全不同的问题，因为即使在非增长的经济中也仍然要关注国民收入的分配公平。然而在很多实际情况里，把这两个问题分开是不可能的。对大多数欠发达国家和地区来说，经济发展进程和国民收入都高度依赖自然资源开发利用，因此既关注自然资源开发利用对经济增长的作用，也关注自然资源管理所导致的利益和代价分配问题。

分配公平涉及不同利益集团之间的权衡。利益集团之间的关系也很复杂，至少有四种利益集团的集合或划分：经济地位不同的阶级、民族和文化有别的族群、价值体系各异的团体、不同地区的人群。这些集合显然是相互关联的，处于最不利地位的阶级可能集中于一地，属同一民族，大致持一种价值体系；但他们之间并非绝对一致，力图减小一类集合不公平的努力，可能会增加另一类集合的差距，这就会产生一些特殊问题。

3. 社会发展目标

自然资源开发利用促进经济增长，这种增长一般能在空间上扩散并惠及社会最贫困的阶层，从而促进社会发展。首先，自然资源开发利用是众多地区人民生存的基本手段，他们或者直接通过自然资源开发利用获得生存资料，或者在这种开发利用活动中解决就业问题；其次，自然资源开发利用促进经济增长，有利于社会的发展；再次，它还能将自然资源转化成资本，并可以用来为其他经济部门的发展提供投资。

但在实践中，自然资源开发利用在促进社会发展中的作用，还取决于当地的经济结构、投资政策、资源管理政策、分配政策等。例如，就投资而言，按经济规律，要使增长加快，一般应确保已有要素的投资获得最大可能的回报。这就会排斥或降低经济落后地区和旨在满足穷人需要的开发项目（如农业）的投资可能性，因为其相对低下的经济效率会限制投资的回报率。这意味着落后地区或关系国计民生的经济部门的投资可能不足，区域发展不均衡的倾向将更加剧烈。因此，政府必须制定相关政策，弥补市场机制在满足社会发展目标中的缺陷。

自然资源管理的决策，一方面，不可避免地涉及在各种经济利益、环境利益及地方利益集团之间权衡的一系列复杂问题。例如，为保证民生而对一些基本生活必需的资源产品实行低价政策，很可能增加区域不平等，因为产出这些资源产品的地区收入会减少，失业率会增加。企图加速可更新能源开发、矿产品回收、资源保育或维护环境质量标准等方面的政策也会导致资源产地失业水平的上升。另一方面，如果为保护自然资源产地的收入和竞争力以减小区域不平等，或者为减少资源消耗而采取高价政策，就可能加剧阶级集团间的不平等，当此类措施增加了某个经济内的能源成本时尤其如此，因为就能源支出在总收入中所占的比例而言，贫困者远高于富有者。所以，任何提高能源价格的变动，都会明显增加贫困者的负担。

4. 资源保障目标

资源保障（resources security）又称资源安全（成升魁等，2003）。由于环境变化、市场变化、资源分布的不均衡等，任何国家和地区都会面临自然资源供给的不确定性，因此资源保障成为自然资源管理中的一个重要社会目标。

在全球经济一体化形势下，资源保障目标旨在持续、自由地获得国际市场上的低价供应和保护贸易渠道。资源保障目标的重要性并非现在才凸现。在国际贸易的历史中，以国家资源保障为由进行政府干预的例子不胜枚举。早在工业革命以前，欧洲的贸易国家主要采取军事和外交活动保证重要贸易渠道的畅通，整个殖民扩张的进程至少部分由保证取得丰富廉价资源的经济利益所驱动。资源保障与两方面的国家利益有关：一是保证经济繁荣和保护国家的经济利益；二是使受到的军事或政治威慑最小。

某些资源大国解决资源保障问题的方式曾经有所不同，如苏联和计划经济时代的中国。当时他们都遭到国际贸易和财政上的封锁，资源保障需要避免依赖外国进口和外国市场，而主要依靠国内的自然资源自给。还有一些国家在自然资源保障上过度依赖国际市场。这两种资源保障战略都付出了代价，自给的国家丧失了灵活性和利用不同时期廉价供应所带来的利益；而过度依赖进口的国家既冒贸易中断的危险，又使其经济面临不稳定价格的问题。在这方面，美国的地位较为优越，其基本自然资源尚能够自足，又不放弃来自进口的经济收益。

必须应对各种不确定性（尤其是国际市场不确定性）对资源保障的影响。主要产地的战争、动乱或矿工罢工，运输路线上水手和码头工人的罢工，主要贸易通道的关闭，国际地缘政治的变化等都可能导致资源供给波动，产生潜在的资源短缺问题。对此，可按不同的时间尺度采取不同的应对措施。

1）短期供给中断与战略资源储备

对于某些重要资源持续几周或几个月的短期供给中断，通常可以通过建立战略性储备，也可以采取抑制消费者需求的方法，来避免此类危机。主要工业化国家政府早就建立了战略性矿产资源的应急储备。例如，美国根据 1946 年的战略与物资储备法令建立了资源储备制度，储备不得低于某个目标定额以应对军事紧急时期的需求，在此额度以上的储备可以用来对付和平时期的贸易中断，或者至少部分地用于稳定价格。自 20 世纪 50 代以来，多数发达国家都持有足以消费 6～12 个月的战略资源储备，1976 年后美国政府（不包括私人储备）对 93 种战略性物资就建立了可以应付三年军事紧急状态的储备（Rees，1990）。当然，储备不是没有代价的，除必须动用巨大投资外，管理和储存的费用也相当可观。

2）中期供给中断与来源多样化

如果将资源保障依赖于单一的供应源，那么一旦此供给源发生变故，就有中期供给中断的危险。应对办法是尽快开始供给来源的多样化过程，以期“东方不亮西方亮，黑了南方有北方”。

3）对长期保障的威胁

长期资源保障问题涉及两种很不相同的关注。首先担心某些矿产资源会在世界范围内出现绝对自然意义上的稀缺，其次担心储量和价格的格局发生根本性的变化。区分这两种关注非常重要，因为其隐含着不同的应对策略。如果世界范围内某些矿产资源的自然耗竭成为现实问题，那么解决的途径包括减少消费量、遵循某种非增长的发展战略、改变生活方式、大量投资可更新资源、鼓励技术革新使以前未使用或使用不充分的物质成为替代物等。如果问题不是自然耗竭而是低成本供给或储量在世界经济中的分配，那么通常认为国家应该建立稳定的国际来源，并且控制国外供应渠道；或者保留国内的资源存量以保障未来的资源供给，换句话说，尽可能使用国外的资源以保存自身资源的完整。

5. 生态系统健康和环境质量目标

人类对自然资源的开发利用必然（事实上已经）影响地球生态系统的功能和健康，这又会反作用于人类社会，人类生存和发展必不可少的自然资源可得性和环境质量受到限制。因此，自然资源可持续管理必须确立生态系统健康和环境质量这个重要的社会目标。

生态系统健康意味着正常的生态系统结构和功能，以长期为人类提供一系列服务和利益。但是怎样管理生态系统才能使其保持或恢复健康状态呢？人们正在力争寻找答案，迄今尚没有判定生态系统健康的普遍标准。生态系统有多大的生产力？能容忍何等程度的退化？能够将被破坏了的生态系统修复到什么程度？将花费多少？回答这些问题需要了解生态系统的基本过程和不同产品和服务之间的关系。然而这不仅是科学问题，也是社会判断问题、经济问题，甚至是伦理问题。例如，人们可以因为一片森林是美丽而稀有的栖息地而放弃采伐；或者因为认为木材更有价值而砍伐掉然后再恢复为次生林。在这两种情况下，森林资源都可以管理得具有可持续性，但提供了不同的效用。

人们对生态系统的依赖正在加强，而不是减少。一旦因为管理不善而丧失生态系统的服务，就很难替代，即使能替代其代价也十分高昂。解决这些问题需要新的战略，这又依靠对生态系统的真实状态有更加清晰的了解——我们拥有多少生态系统服务？我们能够承受多少生态系统健康和环境质量的损失与退化？

关于生态系统如何发挥功能，生态系统及其承载能力极限之间的联系，生态系统的价值等方面的认识已大大提高，观测和管理手段的进步增强了监测和管理生态系统的能力，生态系统恢复的技术也有所发展，而且越来越多的政府和社区开始认识到生态系统健康与自身的经济繁荣及生活质量息息相关，随着收入的增长、教育与环境意识的普及，人们对完好生态系统的重视程度在提高。尽管有这些积极的迹象，但是仍面临一系列挑战。

自然资源可持续管理的社会目标要求关注更广泛的影响范围，包括生态的（如对自然资源及其所涉及生态系统的组分、结构和功能）、经济的、社会的或人体健康的影响，包括直接的、间接的和积累的影响。例如，美国《国家环境政策法》规定政府承担长期的责任……采用所有与国家政策的其他基本考虑相一致的可行手段，实现五个关键目标：①作为托管人保护子孙后代的环境；②保证当代人的安全、健康、生产力，以及美学和文化上的愉快环境；③最广泛地合理使用环境，而不使其退化或危及健康和安全，或者引起其他不良的和不合意的后果；④保护历史、文化和自然景观方面的重要遗产，并且尽可能地保持一个能支持个人选择多样化和灵活性的环境；⑤实现人口和资源利用之间的平衡，使人们能享受高水平的生活和广泛的生活乐趣；提高可更新资源的质量，使不可更新资源的使用实现最大限度的循环（Rees, 1990）。

三、统筹自然资源管理的各种社会目标

上述几大社会目标中，任何一个的实现都可能与其他目标发生冲突。例如，一个经济上有效率的自然资源管理系统，很难在利益的分配和代价的分担上做到符合社会最能接受的公平；最有保障的供应安排也许会导致效率的丧失和环境退化；环境损害最小的开发利用模式很难使经济增长最快。因此，任何最大限度实现某一资源管理社会目标的企图必须要和其他

目标一起加以权衡和统筹。此外，情况在变化，社会在发展，不同时期会面临不同的当务之急，所以实际上很少有哪个政府能明确地永远把某一目标放在优先地位，在某些时期，为了公平和保障可以牺牲效率，在另一些时期，在资源开发投资中获取最大净利润的压力又战胜其他所有目标（Rees, 1990）。

社会和政府应努力统筹各种目标，避免此类冲突。下面以我国目前的土地资源管理为例加以说明。

当前，我国土地资源管理面临的诸多复杂问题盘根错节，可大致归纳为：①经济高速发展、城市化和工业化突飞猛进对土地的需求不可避免地将快速增长并将继续增长；②人多地少的国情又决定了必须保护耕地以维护粮食安全；③生态退耕进一步加剧了以有限的土地资源既要保证粮食安全又要保证城市化、工业化用地的两难局面；④农地非农化过程中“三无”（无地、无业、无社保）农民增多，使“三农”问题更加突显；⑤土地转移的增值收益分配不公平，导致贫富差距拉大；⑥土地供应过程中存在“寻租”空间，为“土地腐败”提供了可能性；⑦与国土资源管理有关的各政府部门之间协调不够，行政掣肘；⑧中央和地方在土地资源管理上的目标不尽相同，“上有政策，下有对策”在所难免（蔡运龙和俞奉庆，2004）。

科学发展观为解决这些问题提供了理论基础，关键在如何贯彻。按照科学发展观，要做到人与自然关系、城乡关系、区域关系、经济增长与社会发展关系、对外开放与国内发展关系的“五个统筹”；从土地资源管理战略看，还应该统筹保证粮食安全和发展城市化、工业化的关系，宏观调控与市场机制的关系，“可持续性”与“当务之急”的关系，土地利用规划与其他规划（如区域规划、空间规划、城市规划、乡村振兴规划、生态环境保护规划等）的关系，可以说土地资源管理中实现社会目标和可持续发展目标的关键全在“统筹”二字。

1. 统筹城乡协调发展

由于长期存在城乡二元结构，中国城市和乡村的发展一直不平衡、不协调。城市土地为国家所有，农村土地为集体所有，这种土地资源管理上的二元体制是城乡发展不协调的重要原因。在城市化进程中，农地非农化与农民非农化不同步，导致“三无”农民增多，是“三农”问题的一个突出表现。我国采取了世界上最为严格耕地保护和土地资源管理政策，但违反政策任性征用农地的事件屡禁不止（蔡运龙，2000）。这是因为在中国征地获得的好处大于违规可能承担的风险。而征地容易是因为“集体所有”的土地产权不明晰，农民对土地的用途没有发言权和决策权。

对此的治本之策就是真正实现“耕者有其田”。“三农”问题为什么棘手？农民为什么容易被剥夺？因为农民既无钱又无权。古今中外农民最重要的“钱”和“权”是什么？就是土地，土地是农民最主要的资产，土地所有权是农民最重要的权利。只有真正实现“耕者有其田”，农民才真正具有自己的权利，就不至于被随便剥夺。在市场经济中，这种权利还会成为一种财富和资产，所有农民都可以利用这种资产去发展，去增值，去完成原始积累。只有依靠这种普遍的（而不是个别暴发户式的）发展，乡村才能普遍自立，普遍富裕，根本解决“三农”问题。在向工业社会转型的过程中，当土地向非农化流转时，土地增值的收益部分归土地所有者，而土地所有者应该是农民，农民得到土地增值的收益，不仅不会成为“三无”农民，而且可以成为投资者，“三无”问题就迎刃而解，也在相当程度上缓解了“三农”问题，还可大大地促进农村城市化和农业工业化的健康发展。

对于未向非农用途转移的农地，如果农民具有了其所有权，农民就会自觉保护，自觉改良，传承子孙，这将形成一种维持“可持续性”的根本机制，能更有效地保护耕地。此外，土地产权清晰之后，可以积极发展土地信用，农民可用自己的土地权益作为抵押，以此获得进一步发展的资金，缓解当前农业投入不足的困境。再者，产权清晰的农地可以进入市场，从而步入土地兼并过程，为实现农业规模化经营奠定基础。而土地被兼并的农民将获得资本，有了这种资本，他们可以到更为广阔的领域去发展，而不是仅仅只有当民工的份。这就产生了一种更带普遍性、更自发、更深层的农村城市化和工业化动力。

另外，当“耕者有其田”时，在农村就“一切权力归农会”，官官相护、官商勾结也就失去了一个重要根基，导致腐败的一个重要基础也就土崩瓦解了。

对中国历史有深刻认识的毛泽东曾说过：中国问题的核心是农民问题，农民问题的核心是土地问题。还可以作一点补充：土地问题的核心是产权问题。明晰土地产权是中国土地资源管理的关键问题，也是“三农”问题的治本之策和城乡协调发展的根本对策。

2. 统筹各类资源需求

中国政府充分重视建立耕地保护的体制和机制，迄今的主要思路是实行耕地总量动态平衡政策。但高速经济发展地区往往缺乏后备耕地资源，不可能做到“占补相抵”。若一定要实现占补平衡，势必影响城市化、工业化和经济发展。问题的实质是如何针对一定区域的具体情况，因地制宜地统筹“一要吃饭，二要建设”。既不能任城市化、工业化无止境地占用农田，也不能凡耕地就绝对保护从而影响城市化、工业化进程。如何把握其中的“度”呢？可以用最小人均耕地面积和耕地压力指数作为耕地保护的底线与调控指标（蔡运龙等，2002）。

“最小人均耕地面积”是：在一定区域范围内，一定食物自给水平和耕地生产力条件下，为了满足每个人正常生活的食物消费所需的耕地面积，它与人均食物需求量及食物自给率成正比，与耕地生产力成反比。随着经济发展和科技进步，耕地生产力、人均消费水平、食物自给率等因素都在不断变化，因而最小人均耕地面积是一个高度动态的概念。特别要注意，随着投入增加和科技进步提高耕地生产力，最小人均耕地面积会不断减小，土地利用集约度发展的历史也证实了这个规律的正确性。耕地压力指数是最小人均耕地面积与实际人均耕地面积之比。耕地压力指数也是一个随时空而异的变量。

根据历年中国统计年鉴，按照上述概念计算了我国近 40 多年来东、中、西部的逐年实际人均耕地面积、最小人均耕地面积、耕地压力指数，全国的计算结果表明，最小人均耕地面积不断降低，耕地压力不断减小。说明近几十年来，虽然耕地总面积在不断减少，人口在不断增加，人均食物消费水平也在不断提高，但对耕地资源的压力非但没有恶化，反而呈现降低的趋势，最主要的原因是耕地生产力在不断提高。这启示我们，依靠增加投入和科技进步不断提高耕地生产力水平，是保证食物安全的耕地资源基础和满足工业化和城市化用地需求的根本途径。

3. 统筹区域协调发展

我国区域发展的不平衡比较突出，因此国家出台了西部大开发、东北振兴、中部崛起等战略。土地资源管理如何配合这些战略？这显然是土地资源管理在统筹区域协调发展方面不可推卸的责任和面临的挑战。区域不平衡的形成有各种复杂的原因，问题的解决也需要多管齐下，政策（包括土地资源管理政策）倾斜显然是其中不可忽视的重要原因和举措。

区域发展依赖区域比较优势的发挥，土地资源是比较优势中的重要因素。研究表明，目前我国土地资源优势和问题在东、中、西部有不同的表现，东部土地价格优势渐弱，而土地供给限制已经显现；中部和西部土地价格优势显著，而土地供给又有较大的回旋空间。但全国统一的土地供应宏观紧缩，用一些地方土地资源管理部门的话来说，对东部不过是夹住了“尾巴”，对西部和中部却是夹住了“头颅”和“躯体”。这显然不利于发挥各地的土地资源比较优势，不利于中部和西部抓住时机加快发展。因此，土地资源管理政策应该因地制宜、区别对待，因时制宜、适时调整，而不应该“一刀切”（蔡运龙等，2002）。

4. 统筹“可持续性”与“当务之急”

联合国粮食及农业组织于 1993 年颁布的《可持续土地资源管理评价纲要》明确指出：土地利用的可持续性是“获得最高的产量，并保护土壤等生产赖以进行的资源，从而维护其永久的生产力”（FAO, 1993）。进一步剖析，这个概念包括以下内容。

（1）生产可持续性：获得最大的可持续产量并使之与不断更新的资源储备保持协调；

（2）经济可持续性：实现稳定状态的经济，需要解决对经济增长的限制和生态系统的经济价值问题；

（3）生态可持续性：生物遗传资源和物种的多样性及生态平衡得到保护和维持，可持续的资源利用和非退化的环境质量，但并不排除短期内的自然变动对达到生态系统的可持续性是必要的；

（4）社会可持续性：保障可持续的土地产品供给，同时还要既能使经济维持下去，又能被社会接受，土地利用收益分配的公平性至关重要。

在为实现土地利用的可持续性目标而努力的同时，又不得不兼顾某些当务之急，毕竟“发展是硬道理”。问题在于什么是发展，什么是当务之急。很多地方不切实际地兴师动众建大广场、大学城之类，并非当务之急，与其说是为了发展，倒不如说是为了政绩。当然，为政绩也无可非议，问题是如何评价政绩？按短视的政绩评价，就不可避免出现现届政府过度依赖土地财政，下届政府难以为继（蔡运龙，1996b）的局面，这显然直接与可持续发展目标背道而驰。

5. 统筹经济与社会的协调发展，统筹人与自然和谐发展

土地资源具有物质供给功能、生态服务功能、社会保障功能，还有历史文化承载的功能（Millennium Ecosystem Assessment Panel，2005；俞奉庆和蔡运龙，2003），土地资源管理应保护这些功能，并实现其价值。但长期以来，对土地资源价值的认识仅仅停留在单纯的或狭义的经济价值（即物质供给功能）基础上，忽视了土地资源所拥有的生态服务、社会保障、代际公平等功能这些外在于市场的生态价值和社会价值。因此，在土地开发利用及其效益分配的实践中，土地开发利用者决策基本上只重视经济价值。但对社会来讲，这意味着土地在用途改变过程中造成了大量的社会福利的损失。

例如，耕地不仅是重要的生产要素，而且是人类生存的根基；耕地利用不仅有经济效益，更有生态效益和社会效益。现在的市场机制只关注经济效益，环境效益和社会效益对市场来说是“外部性”效益，体现不到耕地利用者和保育者身上，所以耕地利用的比较效益低下。

一味听任这种市场机制起作用，比较经济效益低下的农业土地就不可避免被不断占用。而耕地过多地转为他用，损失的不仅是当代人的粮食安全，也损失了环境质量和后代的衣食来源，这些损失在现在的市场机制中是“外部成本”，谁也不负责。

因此，在土地资源管理中统筹经济与社会协调发展，统筹人与自然和谐发展，一方面，需要全面认识和实现土地资源的经济、生态和社会价值，重新建立起土地资源价值评价的指标体系，把土地的社会、生态价值和对后代的价值纳入农业效益，使土地利用者和保育者有利可图；另一方面，把土地损失的外部成本“内化”，把土地损失造成的社会、生态、机会成本及对后代的代价纳入市场成本，重新建立土地估价体系，使占用土地者付出足够的代价，以支付对土地生态服务、社会保障，历史文化承载等功能的补偿。

6. 统筹宏观调控与市场机制

目前，我国的土地资源管理既面临市场发育不健全、市场机制不充分的问题，又存在宏观调控目标不甚清楚的问题。因此，统筹宏观调控和市场机制的任务是非常复杂、繁重的。

一方面，要进一步完善土地市场，建立规范的市场秩序，发挥市场在资源配置中的“决定性作用”。另一方面，对市场固有缺陷要有充分认识，明确政府独立于市场的作用，加强宏观调控。我国整个经济体制改革的总体走向应该是强化市场，但对土地这种本质上具有强烈公共财产性质的资源，则应该同时强化政府的宏观调控职能。例如，上述“外部性”问题，不可能指望通过市场自我完善来解决，政府必须强制性地使之“内化”。

政府可以通过控制土地一级市场来统筹宏观调控和市场机制。真正的土地市场应该是二级市场和三级市场。如何控制一级市场？这就涉及宏观调控的目标，过去土地资源管理中的许多问题皆与宏观调控目标不明有关。政府目标与市场目标大不一样，市场目标就是利润最大；而政府目标则要广泛得多，如前述的经济效率、资源保障、社会发展、分配公平、环境质量。

在土地资源管理中，政府考虑的经济效率目标不仅是土地利用的收益，也包括经济结构和产业结构的优化、国有资产的保值和增值、国家税收的稳定增长等。供给保障目标是要保证现今和将来人口的生存和发展基础，在土地总量的自然极限范围内保证“一要吃饭，二要建设”。在社会发展目标方面，要为社会公益事业和社会基础设施，为创造就业机会等提供用地。分配公平目标即土地利用收益的分配应在中央与地方、各阶层、各地区、各部门之间力争公平，在当代人与后代人之间力争公平。环境质量目标与土地利用格局、土地覆被配置等密切相关。市场不可能提供所有目标的保证机制，只有通过政府的调控来保证其实现，要统筹兼顾这些目标来制定宏观调控政策（蔡运龙，1996a）。

7. 统筹土地规划与其他空间规划

规划是管理的重要途径和手段，但目前我们的土地规划或缺乏可操作性，或者缺乏弹性和科学性，并没有发挥在土地资源管理中应该发挥的作用。原因是多方面的，其中重要者是：与直接相关的城市规划、区域规划、国土规划等脱节。理论上都明白应该相互协调，但在实际操作过程中却往往各行其是。虽然此类规划各自有不同的任务和详细程度，但必有严格的逻辑联系和一定的从属关系，这首先需要从科学研究上搞清楚“谁服从谁”之类的问题，其次要平衡好部门的权限和利益。

2018 年 3 月，第十三届全国人民代表大会第一次会议审议通过了国务院机构改革方案，组建了自然资源部。自然资源部统一行使全民所有自然资源资产所有者职责，统一行使所有国土空间用途管制和生态保护修复职责，着力解决自然资源所有者不到位、空间规划重叠等问题，实现各类自然资源的整体保护、系统修复、综合治理。自然资源部的建立，为建立新的国土空间规划体系、统筹各种空间规划和统筹各类社会目标奠定了一个重要基础。

第二节　自然资源可持续管理的途径

自然资源的可持续管理遵循可持续发展目标，需要寻求实践途径，描绘操作蓝图。可持续性发展蓝图不是唯一的，因为各个国家和地区的经济-社会制度以及资源-生态条件都有很大差异。每个国家都应制订出自己的具体政策，摸索出自己的实施途径。然而，尽管有这些差异，可持续性应看作一个全社会、全球的目标，是各国制定环境与发展政策的原则基础，一些主要的途径在各国都是一致的。

实现可持续发展目标的途径可归纳为三方面（蔡运龙，1997）：伦理与观念、经济-社会体制、科学技术。它们各自具有自身的学术研究问题和实践操作问题。伦理与观念上实施可持续发展是要在发展观上变革，“可持续发展的战略旨在促进人与自然，人与人之间的和谐”（世界环境与发展委员会，1989）。经济-社会体制层次上的可持续性是要揭示然后克服现行体制中的缺陷，重构一种可以对付资源、环境所施加的限制的经济-社会体制。这一层次的问题在可持续发展研究中最重要，难度也最大。科学技术层次上的可持续发展研究领域比较清楚，如清洁生产、节能技术、生态农业、资源的保育和循环利用等，环境保护、资源开发、国土整治、水土流失及荒漠化防治工程、城市与区域规划等，都属于这个范畴。

一、伦理与观念转变

人类通过文化把自然界转化为自然资源，价值观、社会-经济制度、科学技术等熔合在一起构成文化。不同人群的各种文化因素有显著差别，它们的熔合物也在不同时期和不同地方大异其趣。人类活动的能力在很大程度上取决于所掌握的有效技术，但在这个驱动力的后面，还隐藏着上述各种因素。一般而言，技术的使用受人类价值观、信仰、伦理、环境感知等因素的支配，人类常常按照他们头脑中关于世界的认识来行动，一定时代的思想意识可以决定某种科学知识的使用或误用。因此，在自然资源可持续管理中，人对自然的态度起着重要的作用。

关于人与自然关系（即人地关系）思想曾经经历了天命论、地理环境决定论、或然论、征服自然论、人地和谐论等发展阶段（蔡运龙，1996c）。现在关于人对自然的态度（环境伦理或生态伦理）有不同的学派，基本上可归为两类：人类中心主义和非人类中心主义。人类中心主义包括强人类中心主义与弱人类中心主义，非人类中心主义包括动物解放/权利论、生物中心主义、大地伦理学、生态中心论、深层生态学等（何怀宏，2002）。尽管各派的观点有所不同，某些方面甚至还针锋相对，但都关注两大基本命题：人与自然之间的伦理关系，受人与自然关系影响的人与人之间的伦理关系；都具有相同的核心理念，即承认和尊重自然界的固有价值。

1. 人类中心主义反思

人类中心主义（anthropocentrism）又称为人类中心论、人类本位说，它认为人是宇宙的中心，因而一切以人为中心，或者一切以人为尺度，为人的利益服务，一切从人的利益出发、按人的价值观念来判断。人类中心主义的一种主要学说就是征服自然论（或称文化决定论），至今仍然是在科学界和社会生活中占主导的一种伦理意识。这种观念自英国经典哲学家培根发表其名言“知识就是力量”以来就大行其道。培根认为，人类为了驾驭自然就需要认识自然，科学的真正目的就是认识自然的奥秘，从而找到征服自然的途径。另一位英国经典哲学家洛克则指出：“对自然的否定就是通往幸福之路。”

自 19 世纪工业革命以来，人类科学技术和生产力发展得如此强大，在开发利用自然资源、改变自然面貌上取得如此广泛深刻的成就，以至给人以无所不能的印象。人与自然的关系完全改观，关于人对自然的征服和改造等论题更加盛行。例如，马克思反对马尔萨斯的观点，认为在合理的社会制度下自然资源应该是丰饶的。总的说来，马克思主义经济学比较无视自然界对人类发展的限制，而马克思主义哲学（历史唯物主义和自然辩证法）则充分注意到地理环境的作用和人类对自然界的影响。20 世纪城市化和工业化的扩展使人和自然明显分离开来，人再也不属于任何自然要素，人与自然已形成一种对立关系，人侵略性地对待自然，把自然当作一个大仓库，只顾在里面索取。同时，技术的不断发明和应用又使自然资源似乎变得取之不尽，因为人们不断掌握获取自然资源的新手段，并且不断开辟出物质产品的新市场，二者相互促进。

历史证明，人类中心主义的思想及其实践对人类社会的发展起了伟大的促进作用，而科学技术本身无论在过去、现在和将来都是协调人与自然关系的重要手段。但“对于每一次这样的胜利，自然界都报复了我们”。若把征服自然论发展到极致，而不用适当的观念形态来指导科学技术的指向和应用，则会导致滥用自然并最终受到大自然的报复。历史上，无节制地向自然索取导致自然环境退化，从而使一度辉煌的文明沦落到消亡的例子并不鲜见。每一个发达国家在经济发展史上几乎都经历了违反自然规律，掠夺式地开发自然资源，污染环境，从而引起严重环境问题，又反作用于人类，影响人类的生存和发展的阶段。而当代人类面临的资源枯竭、环境退化、人口膨胀等全球性问题，也与这种观念不无关系。可以认为，人类中心主义是迄今人类全部成就的思想和观念意识基础，也是目前人类所面临的环境问题的思想根源。环境问题的根本解决，需要从伦理道德上改变对待自然的态度。

人类主宰自然界的思想表明了人的异化。人本来是自然界的一部分，现在却与自然界对立，所以称为异化。反对异化的一些西方人提出“退出习俗社会”和“替代社会”的主张，倡导回到老式的、以土地为本的自给自足生活方式上，甚至付诸实践。还有人认为科学的异化也正在发生，科学本来是为了造福人类而产生，但由于科学家不能控制他们的发明和发现，就造成了各种各样的灾难（如原子弹、核泄漏、细菌战等）。人口膨胀及人类对待地球的态度将使人类加速灭亡，灭亡的原因可能有饥荒、核战争、整个环境中的有毒化合物及资源耗竭。当代全球性的环境污染和生态破坏的严峻现实表明，工业社会在解决一些老问题的同时，会带来一整套“新的匮乏”和一系列新的问题。遵循人类中心论的思想，不仅没有使人对自然界取得完全的自由，而且使人类的生存受到威胁。人类中心主义的局限性逐渐显现出来，生态伦理学正是对人类中心主义的突破。

人类中心主义中也有生态伦理的思考。例如，赫胥黎在《进化论与伦理学》一书中指出：有肉体、智力和道德观念的人，就好像最没有价值的杂草一样，既是自然界的一部分，又纯粹是宇宙过程的产物。他企图澄清人们对“适者生存”的错误理解：“适者”含有“最好”的意思，而“最好”带有一种道德的意味……社会进展意味着对宇宙过程每一步的抑制，并代之以另一种可以称为伦理的过程；这个过程的结局，并不是那些碰巧最适应已有全部环境的人得以生存，而是那些伦理上最优秀的人得以继续生存……伦理上最好的东西（即所谓善或美德）……要求用“自我约束”来代替无情的“自行其是”（赫胥黎，1971）。

2. 生态伦理

生态伦理主张把人的行为准则和道德规范，从人与人的社会关系领域扩张到人与自然生态关系的领域。这个思想引发了人们在自然资源开发利用和环境保护方面更深层的哲学思考，出现了生态伦理学。生态伦理学（又称环境伦理学或环境哲学）提倡对自然界生态系统、对动植物种的关注，并以人与自然协同进化作为该学科确立的出发点和最终目的。因此，需要把价值、权力和利益的概念扩大到非人类自然界，不但要承认人的价值、权力和利益，而且也要承认自然界的内在价值、权力和利益；承认自然与人类的平等关系，承认当代人与未来人在共享基本资源方面的平等关系。

人类中心主义的生态伦理只是把人类的需要和利益当作人与自然道德关系评价的参照系，因此，认为自然界没有独立于人类的内在价值，只有工具价值，人类对自然的义务和责任也只是间接的，是从对人类的义务和责任转变过来的。而生态伦理学认为，对待地球上的动、植物的义务和责任，是来自我们人类和自然之间所发生的特定的道德关系。任何生物都有内在价值，这种价值只有它处在地球生物群落成员的分工协同中才能发现。这种价值并不源于对人类显在或潜在的用途，也不来源于人类美感的享受或研究的兴趣等。生态伦理学认为人类对野生物、自然环境和生物圈承担义务，但这并不是说它们能行使道德权利，因为只有人类才有这样的能力。

人类的生物本性和文化属性决定了我们既是生物共同体中的普通一员，也是自然界有机体中的调控器，我们肩负着人与自然协同进化的道德代理人的职责。我们必须研究怎样生存，不仅应该坚持推进人类文明的选择方式，而且也应该坚持有助于生物圈整体的健康和完善的选择，进而限定及推进我们与自然的和谐关系，实现人与自然的协同进化。

生态伦理总的基本观点可概括如下：①考虑人的社会需要和自然界的完整性。尊重自然界，同时也要改善人类生活质量。承认人的生存利益高于其他物种的非生存利益，但其他物种的生存利益高于人的非生存利益。②保护地球有机体的活力和多样性。保护生命支持系统，保持生物多样性；保证持续地利用可更新资源。③最低限度地耗用不可更新资源。④使人类的活动保持在地球生物圈承受限度之内。⑤考虑人与生物圈的关系。保护生物多样性，物种与其栖息地同等重要。⑥考虑当代人与后代人的关系。把人类的近期利益扩展到长远利益，当代人的利益与后代人的利益同等重要，统筹当代人与后代人最基本的生存需要和社会需要。⑦共同的利益、价值和权力。在人类历史上，从来没有像今天这样迫切地需要展开全球合作，提倡珍惜生命，关爱地球。人类面临着双重的任务，即关心、保护人类的整体长远利益的同时，也必须对其他生物和整个地球生态系统的健康与完善竭尽义务及责任。

一些生态伦理学者提出一个“走出人类中心主义”的命题（于谋昌, 1994），甚至认为，发现人类不是地球的中心，其意义有如哥白尼发现地球不是宇宙的中心。这就与自然资源可持续管理的一个基本内涵——满足人类发展的需要——发生了根本的矛盾(至少目前如此)。因此，它不仅在发达国家也显得过于理想化和不可操作，在很多人的温饱尚未根本解决的欠发达国家更难以接受。更合理、更现实、更科学、更可操作的伦理观念应该是人与自然和谐论。

3. 人与自然和谐论

世界环境与发展委员会正式提出的“满足当代需求又不损害后代满足其未来需求的能力”的“可持续发展”概念，立即被全世界普遍接受和得到响应。可持续发展在人与自然关系上的基本理念是人与自然和谐论，人类保护自然其实是出于保护自己的目的，保护自然才能维持人类千秋万代的生存需要和发展基础。

和谐论摆脱了以往人地关系思想中把人和地简化为因果链的两端，纠缠于谁决定谁的思想怪圈。协调论认为人地关系是一个复杂的巨系统，它与所有系统一样服从以下规律：①系统内部各因素相互作用；②系统对立统一的双方中，任何一方不能脱离另一方而孤立存在；③系统的任何一个成分不可无限制地发展，其生存与繁荣不能以过分损害另一方为代价，否则自己也就会失去存在条件。

因此，人与自然应该互惠共生，人类的行为只有当促进了人与自然的和谐、完整时才是正确的，维持生态系统就是维持人类自身，因而人类自身的道德规定就扩展到包容生态系统。在促进整个人地系统和谐、完整的同时，也就促进了该系统各组成部分的发展和完善。苏联生态哲学家马克西莫夫（1975）指出：人过去在改造，现在仍在改造自然。然而，技术圈不应当去毁坏而应当遵循生物圈的组织原则，补充生物圈，并作为统一的运动体系中的组成部分与之相互作用。

人地和谐论整合了人类中心主义和生态伦理学基本观点的合理内核，总体取向是发展观的变革。

1）人与自然关系的协调有赖于人与人关系的协调

人类发展涉及人类社会内部关系即人与人的关系，也涉及人类社会与自然的关系。从发生学上看，自然是人类的母亲；从整体观上看，人类社会是整个地球生态系统的一个组成部分。由此就决定了，自然界是人类生存和发展的前提，人类社会必须依赖于、适应于自然界，本身才能获得相对的独立性，才能存在和发展。但只有人才能协调人与自然的关系，这是因为：①人类活动已变革了自然；②人类可以运用高度发达的科学技术和强大的社会生产力，适应和调节自然过程；③在人与自然的矛盾之中，人是具有自觉能动性的方面，而自然界不具备自觉能动性，正是这个特点使得人类在人与自然的矛盾中处于支配的、主导的地位；④人类调节人与自然关系的努力受制于人与人的关系，调节人与人的关系，使之摆脱各种形式的冲突、剥削、压迫、专制、对立、战争和暴力及霸权等，人类才有能力、有办法和有保障解决全球性问题。

2）把长远利益置于眼前利益之上

把人类引向困境的那些问题多半都是由人们自己急功近利的活动造成的，所有只顾当下利益的发展措施，都会造成资源的浪费，加快不可再生资源的枯竭，降低生态系统健康和环境质量。几乎在任何一种具体事情的处理上，都存在一个是否愿意和是否能够牺牲局部利益而有益于长远整体利益问题。当代人类发展的伦理抉择，不是不要眼前利益，而是要在考虑长远根本利益的前提下使二者统一起来。

3）把全球问题置于局部问题之上

全人类有共同的利害，是一个人类命运共同体。全球问题的发生，不仅由于人类影响自然的能力已达到全球性的规模，人类整体已有自掘坟墓把自己消灭多次的能力，而且由于世界的经济、政治、文化发展到今天，地球上各个地区、各个民族、各个国家之间的利益已形成了一个相互联系、相互依赖的整体。全球性问题的解决在观念层要发展一种新的价值观，破除和超越特定地区、阶级、民族的狭隘局限和种种偏见，立足于全球和全人类立场加以认识、解决全局性问题。

4）从高速增长的社会过渡到可持续发展的社会

生产力和经济的高速发展与市场激烈竞争的社会已面临不可持续的危险。为使社会发展具有可持续性，人类必须确立可持续发展的目标，在此基础上建设高度文明的社会。这样一个社会既不同于极端乐观派实际上所要维持的经济高速增长的社会，又不同于极端悲观派所要返回的前工业文明社会，而是生态文明社会。人类社会的一切活动都应按照这个标准重新加以衡量，做出新的价值评估，完成从快速增长社会向可持续发展社会的转变。

历史学家汤因比回顾人类历史长河，认为有两个重要过渡时期。第一个时期始于 10 万年前，人类从无意识向自我意识过渡；第二个时期就是现在，人类的继续生存要求向新意识过渡。这种新意识就是环境意识、生态意识、人地关系协调意识、可持续发展意识；它表明人与自然的和谐关系从被动认识向主动认识的飞跃，这种飞跃预示着人类将走向一个新时代（汤因比，1990）。

二、社会经济体制变革

目前的国家和国际政治经济体制不能解决当代发展与环境的危机，实现自然资源可持续管理和可持续发展需要从体制上进行变革，要建立：①保证公众有效地参与决策的政治体系；②在自力性和可持续性基础上能够产生充裕的物质财富和科学技术的经济体系；③为不协调发展的紧张局面提供解决办法的社会体系；④尊重保护发展之生态基础的义务的生产体系；⑤不断寻求新的解决方法的技术体系；⑥促进贸易和金融可持续性模式的国际（关系）体系；⑦具有自身调整能力的灵活的管理体系（世界环境与发展委员会，1989）。通过这一整套社会经济体系的变革，着力解决以下紧迫的社会经济问题。

1. 满足人类基本需要

满足人类需求是自然资源可持续管理的核心目标，也是生产活动和经济增长的目的，必须强调它的中心作用。有两种极端倾向值得注意，一端是贫穷的人们得不到满足其生存和福利的需求，另一端则是富人的过度消费带来重大资源与环境后果，所以首要的任务是满足发展中世界不断膨胀着的人口的需要和愿望。

（1）就业。就业是所有需求中最基本的，因为它是谋生之道，就业机会也就是生活机会。经济发展的速度和方式，必须保证创造出持续的就业机会。

（2）食物。不仅需要养活更多的人口，而且要改变营养不良状况，因此需要更多的食物，以提供人生存必需的热量和蛋白质。然而，食物生产的增长不应以生态环境的退化为代价，也不应危害粮食保障的长期前景。

（3）能源。最紧迫的问题是发展中国家贫穷家庭的需求，在大多数发展中国家，能源需求只限于烹饪食物所用的燃料，这只相当于工业化国家家庭能源消费的小部分，而且他们的主要能源是薪柴。目前世界上约有 30 亿人生活在采伐速度超过树木生长速度的地区，或者薪柴奇缺的地区，这不仅威胁着世界上过半数人口的基本需求，也威胁着森林植被。

（4）住房、供水、卫生设施和医疗保健。这些相互关联的基本需要对环境十分重要，这些方面的缺乏往往是明显的环境压力的反映。在发展中国家，不能满足这些基本的需要是造成许多传染病如疟疾、肠胃病、霍乱和伤寒的主要原因之一。人口增长和向城市迁移很可能使这些问题恶化。必须制定对策，找出方法。

2. 消除贫困与恢复增长

自然资源可持续管理的一个重要目标是消除贫困。贫困既违反自然资源可持续管理中“满足需要”的目标；又导致对自然资源利用上的短期行为，加强资源与环境的限制，同时也是最大的不平等。

绝对贫困多发生在发展中国家，消除绝对贫困的一个必要条件是迅速提高穷国和贫困地区的人均收入，但这还不是充分条件，消除绝对贫困也需要调整国民收入的再分配方式，从最富有者的收入中再分配一部分给贫困者。但在多数情况下，再分配政策的调整只能在收入增加的情况下才有可能，因此调整再分配的前提也是提高人均收入水平。可见经济增长和发展是消除贫困的关键。

然而，发展中国家是世界经济的一部分，与其他部分是相互依赖的，因此它们的繁荣也取决于工业化经济增长的水平和形式。一方面，工业化国家要在减少原料密集和能源密集的活动方面，以及在提高原料和能源的效率方面继续目前的转变，以使增长具有可持续性。工业化国家可以为振兴世界经济做出贡献。因为工业化国家将使用较少的原料和能源，所以他们为发展中国家提供的商品和矿物市场趋于减少，这显然会影响发展中国家的经济增长。但另一方面，如果发展中国家集中力量消除贫困和满足人类基本的需要，那么国内对农产品、工业品和服务的需求将增加，国内市场趋向扩大。因此，可持续发展意味着增加对发展中国家的内部刺激以促进经济增长。

尽管如此，许多发展中国家内的市场是很小的。即使国内市场较大的发展中国家也有必要加速出口，特别是非传统商品的出口，从而为进口提供资金，这种进口对迅速发展和促进增长来说十分必要。因此，为了促进可持续发展，有必要调整国际经济关系。“南南合作”“南北对话”就是这种调整的反映。

3. 改变增长的质量

可持续发展要求改变增长的性质，降低原料和能源的密集程度，以及更公平地分配发展所带来的利益，各国都需要把这些改变当作实现可持续发展目标的措施，以保持自然资源的储备、改进收入分配和减少经济危机的脆弱性。

（1）保持自然资源储备。保持经济发展所必需的自然资源储备，是经济发展过程可持续性的基础。但在迄今的经济增长机制中，无论是发达国家或发展中国家都很少做到这一点。例如，木材价格很少将树木更新的成本计算进去，更没有把森林退化所产生的环境损失计算在内。这样，自然资源储备只有损耗，没有补充。在开发其他自然资源方面也有类似情况，特别是企业或国家账目上没有统计的资源，如气候、水和土壤。这就使可更新自然资源储备呈减少趋势，增长不可持续。因此，所有的国家，无论富国或穷国，在经济发展中必须在发展增加量中拿出一部分来弥补自然资源储备的减少量。

（2）改善收入分配。收入分配问题是衡量发展质量的一个重要方面。发展即使迅速但若分配不合理，也对社会不利，正如古人曰“不患寡，患不均”。例如，在许多发展中国家里，所谓“绿色革命”的结果是：大规模商品农业推广开来，使产量和收入迅速增加；但也剥夺了大批小农的生计，并使收入分配更加不公平。从长远看，它使农业过度商品化，使自给自足农民贫困化，从而增加对自然资源基础的压力。相反，更多地依靠小农户的耕作，发展可能较慢，但容易长期维持。

（3）减少增长的脆弱性。经济发展过程中难免会遭遇各种危机，如自然灾害、市场波动、经济低谷等。如果对付这些危机的能力十分脆弱，那么这样的经济发展就是不可持续的。例如，干旱可能迫使农民屠杀将来生产所需的牲畜，价格下跌可能造成农民或其他生产者过度开发自然资源以维持收入，这些都会危害今后的增长和发展。采用风险较小的生产技术（如机械代替畜力），造成较能灵活地适应市场波动的经济结构和产品结构，增加储备特别是粮食和外汇的储备，就可以减少脆弱性。

（4）提高人的素质。增长的质量很大程度上还取决于人的素质。必须使贫困的人们摆脱无能为力的境地，消除贫困并不是单纯给钱给物质，更重要的是帮助他们提高脱贫致富的能力。好比治贫血病人，与其输血，不如提高造血机能。因此，改进增长质量包括改进贫困地区和贫困人群取得经济增长的能力。可持续发展要求人们对需求和福利的观点也要有所改进，即不仅包括基本的、物质的和经济上的需求，也应包括人们自身的教育和健康、清洁的空气和水，以及保护自然美等这样一些非经济因素。改变增长质量还要求人们改变思考方法，要全面考虑增长所涉及的所有因素和影响。例如，水电开发项目不应仅仅是为了生产更多电能，还应考虑它对当地环境和社会的影响。由于一项水利工程会破坏稀有的生态系统，放弃这个项目可能是进步的措施，而不是发展的倒退。

4. 稳定人口数量

发展的可持续性与人口增长的动态密切相关。这个问题不单纯是全球人口数量的问题，也涉及人均资源消费量。一个出生在物质和能源使用水平很高的国家的孩子，对地球资源的压力要大于一个出生在较穷国家的孩子。各国内部各地区之间、各阶层之间也有这种区别。然而，问题主要还是人口数量。如果人口数量稳定在与生态系统生产力一致的水平上，那么就比较容易实现可持续发展。

（1）工业化国家。人口总趋势相对稳定，有些国家已达到或正接近零增长甚至负增长。工业化国家出生率下降主要是由于经济和社会的发展，收入的增加、城市化水平的提高、妇女地位的改变都发挥着重要作用。此外也与社会福利、教育程度等有关。

（2）发展中国家。未来全球所增加的人口大部分产生在发展中国家。发展中国家没有向“新大陆”移民的选择，供其调整的时间也大大少于工业化国家。因而目前的挑战性任务就是要控制人口增长率，特别是在那些人口增长率仍在上升的地区。工业化国家出生率下降的过程也开始在一些发展中国家发生作用，人口政策应与其他经济和社会发展规划，如妇女的教育与就业、医疗保健、消除贫困、养老保障等相结合。但总的来说，发展中国家已没有多少时间，它们来不及等到工业化国家那种出生率下降的过程充分发挥作用，不得不采用直接措施来减少生育率，以避免人口数量超过可以维持人口生存的生产潜力。发展中国家的人口负担还表现在人口城市化方面，城市人口的增长速度已超出基础设施和资源环境的承载能力，导致住房、供水、卫生设施和公共交通的短缺。城市化是发展过程的一部分，问题是不可避免的，挑战性的任务在于管理好这个过程，以免生活质量的严重退化。

5. 在决策中协调环境和经济的关系

贯穿自然资源可持续管理的一个共同主题是，在决策中将经济目标和生态目标结合起来考虑。一方面，实际上经济效益与生态效益并不一定对立。例如，保护农田质量和保护森林的政策虽然主要从生态效益着眼，但也改善了农业发展的长远前景，具有长期经济效益；提高能源和原材料的利用效率既符合生态目的，又能降低成本。但另一方面，经济追求与生态目的又常常发生冲突，其原因可以举出下列各种：①个人、部门或集团、地区只追求本身的利益而不顾对他人的影响；②追求短期利益而不顾长远后果；③体制和机构的僵化使决策分散，无综合平衡。为了在决策中协调环境与经济的关系，至少应从以下几方面入手。

（1）政策上扩大人们的选择。当人们别无选择时，对自然资源的压力增大，如贫困地区的过度采伐、过度开垦、掠夺矿产等，当地人群除依赖自然资源外，别无选择。发展政策必须扩大人们维持可持续生计的选择，对于那些资金贫乏的家庭及处于生态压力下的地区尤其应该如此。例如，在山区，可将经济利益与生态效益结合起来，帮助农民把粮食作物改为经济林木，同时为他们提供咨询、设备、服务、销售等方面的支持。又如，可在政策上保护农民、渔民、牧民、林业人员的收入不受短期价格下跌的影响，以减少他们对自然资源的过度开采。

（2）克服部门间职责分割的现象。各部门间客观上存在经济和生态的联系。例如，农业是工业原料的来源，工业为农业提供技术、装备、物资，又带来环境影响；矿产工业为加工工业提供原料能源等。应把这种联系反映在决策过程中。但各部门只追求本部门的利益和目标，将对其他部门的影响作为副作用来处理，只有在迫不得已的情况下才去考虑。例如，政府常为经济部门支配，很重视能源、工业发展、农牧业生产或外贸，而对森林减少的影响则不够重视。我们面临的许多环境与发展问题都根源于这种部门间职责的分割，自然资源可持续管理要求克服这种分割。

（3）改革法律和组织机构，以强调公共利益。按目前的法律和组织机构，负责公共利益的部分发言权较小。应该看到，生态系统健康对所有人类，包括子孙后代者都至关重要，这是对法律和组织结构进行一些必要改革的出发点。

（4）公众参与决策。单靠法律和有关机构还不能保障和加强公共利益，公共利益需要社会的理解和支持，需要公众更多地参与影响环境的决策过程，包括：①把资源管理权下放给依赖这些资源生存的地方社会；②鼓励公民的主动性，鼓励非政府组织（non-governmental organization，NGO）参与决策，加强地方民主；③公开并提供有关信息，为公众讨论提供材料；④环境影响特大的工程，要进行公众审议，甚至公民投票。

（5）国际的协调一致。各国对燃料和材料的需求在增长，不同国家生态系统之间的直接物质联系在增强；通过贸易、财政、投资和旅游进行的经济相互作用也将增强，并且加重经济和生态的相互依赖。因此，自然资源可持续管理要求在国际关系中实现经济和生态的统一，协调各国把经济和生态因素统一到法律和决策体系中的做法。

三、科学技术创新

1. 保护和加强资源基础

如果要持久地满足人类需要，必须保护和加强地球自然资源基础。自然资源保护不仅仅是为了实现可持续发展的需要，也是我们对其他物种和子孙后代在道义上要担当的义务。保护和加强资源基础的原则包括如下几方面。

（1）可再生资源的年减少量不得超过其再生量。必须控制土壤侵蚀，土地利用必须以对土地潜力的科学评价为基础。要制止渔业和森林资源的过度开采，要保护遗传的多样性。

（2）保持农业产量和质量。提高生产力可部分缓解对土地（面积）的压力。然而，只顾当前短期生产力的提高，可能会造成各种各样的生态问题，如丧失现有作物的遗传多样性、灌溉土地的盐碱化、地下水遭硝酸盐（化肥）污染、食物中残留农药等。现在已有一些对生态无害的替代方式。今后，无论是发达国家还是发展中国家，提高农业生产的同时，应更好地控制对农业资源的污染和损害，更广泛地使用有机肥和非化学方法治虫，减少水和农业化学品的使用。

（3）人工促进资源更新和鼓励使用替代品。对于某些可更新资源，如海洋、渔业和森林资源，人类基本上是在依赖开发天然的储备。而从这种天然储备中能取得的持续产量很可能不能满足需求，因而有必要使用那些在人为控制和促进下能生产更多鱼、薪柴和森林产品的方法，鼓励使用薪柴的替代物（如沼气）。

（4）节约并有效地利用能源。化石燃料的固定储量和不可更新性，以及生物圈在吸收能源消耗副产品（余热、污染等）的容量，很可能决定全球发展的极限，而且达到这种限度比达到其他资源所构成的限度要快得多。首先是供给问题，矿物燃料的储量日益减少，不能不影响能源供给的可持续性。其次是环境影响问题，最引人注目的是酸性沉降和温室气体积聚而造成的全球变暖、海平面上升等。增加使用可再生能源可以解决一些这类问题，但开发可再生能源，如薪柴和水力，也可引起生态问题。开发恒定能源，如太阳能和原子能，前者在技术上成本太高，后者则有危害。因此，可持续性需明确地强调节约和有效地使用能源。工业化国家必须承认它们的能源高消耗正污染着生物圈，吞噬着稀缺的矿物燃料供应。近年来能源效率的提高和（产业）向能源使用较不密集的部分转移，有助于限制消耗。但必须加快减少人均耗能的进程，并鼓励向无污染能源和无污染技术转移。发展中国家要注意不要照搬工业化国家的能源使用方式，这既不可行也不理想。为更好地改进能源利用方式，需要在产业结构、工业布局、住房设计、运输系统，以及工农业技术的选择等方面实行新的政策。

（5）矿物原料的循环利用、替代品和提高利用率。矿物原料资源构成的问题似乎较小。技术发展的历史也说明工业可适应和调整资源短缺，主要是通过提高利用率、再循环和替代品。更紧迫的任务是改变世界矿物贸易方式，使资源出口者获得更多利益。同时，随着发展中国家对矿物需求量的增加，应提高对它们的矿物供应量。

（6）防止和减少污染。防止和减少空气和水的污染仍将是资源保护的一个重要任务。现代社会的污染不仅来自工业和城市，也来自农业，主要是化肥和农药。污染问题在发展中国家更为严重，一是因为其工业结构，承接了工业化国家污染工业的转移；二是因为其技术水平较低；三是因为人口压力迫使超量使用化肥农药提高粮食产量。先污染后治理是耗资昂贵的解决办法。因而，应预见这些污染问题，制定防止和减少的对策。

2. 改进技术并控制其危险

科学技术是完成所有上述任务的必要支撑，要从以下两方面努力。

（1）加强发展中国家技术创新的能力。技术革新的能力在发展中国家需要大大加强，使它们能更有效地对资源可持续利用的挑战做出响应。工业化国家的技术并不总适于发展中国家的社会、经济和环境条件。资本资源密集型技术，发展中国家花费不起，也导致环境污染和资源枯竭，同时不利就业。有感于此，著名经济家舒马赫（1984）发表了《小的是美好的》，提倡发展中国家适用的技术即“中间技术”。纵观技术发展，世界上迄今重大的研究与发展计划并没有充分重视发展中国家面临的紧迫问题，如旱地农业、热带疾病；在将新材料技术、节能技术、信息技术和生物技术的最新成果应用于发展中国家的需要方面，所做的工作尚不够。只有加强发展中国家的技术研究、设计、开发和推广，才能增强资源可持续利用的能力。

（2）改变技术发展方向。技术进步是双刃剑，既可带来福祉，也常常导致对自然的破坏。例如，化石燃料和核能的使用，既为人类提供了强大的能源，也造成环境污染。迄今的技术发展方向基本上更注意前者，而未对后者充分重视。要改变技术发展方向，要在伦理的指导下，趋利避害，更多地关注自然资源和生态环境因素。在开发新技术、更新传统技术、选择并采纳进口技术的过程中，应了解其对资源与环境方面的影响。同时，也要注意研发、更新、引入环境治理技术，如改善空气质量、污水处理、废物处置等技术。对重大的自然系统工程，如跨流域调水、河流改道、森林砍伐、屯垦计划，在发挥其潜力的同时也同样要考虑和处理其不利方面。

四、总结：自然资源学基本原理

要实现自然资源可持续管理，需要认同和贯彻本书论及的一系列原理、原则和定律，特归纳总结如下。

1. 生态原理

（1）资源有限及文化适应原理：自然资源相对于人类的需要是有限的，人类可以且必须在其限度内通过文化的中介进行调节和适应。

（2）自然资源“可更新”的相对性原理：自然资源的可更新性取决于时间尺度和人类利用的强度。

（3）自然资源整体性原理：各种自然资源相互联系、相互制约，构成一个整体系统。人类不可能在改变一种自然资源或生态系统中某种成分的同时，又使其周围的环境保持不变，资源开发必然产生生态影响。

（4）自然资源动态性原理：资源概念、种类、数量和利用的广度、深度都在历史进程中不断演变，随人类需要和能力的发展而变化。

（5）生态反馈原理（生态学第一定律）：人类在自然界中所做的每一件事都会产生一定

的后果。

（6）生态关联原理（生态学第二定律）：自然界的每一件事物都与其他事物相联系，人类的全部活动亦处于这种联系之中。

（7）化学上不干扰原则（生态学第三定律）：人类产生的任何化学物质都不应干扰地球上的自然生物地球化学循环，否则地球上的生命支持系统将不可避免地退化。

（8）食物网与营养级原理：生态系统中各物种通过食物和营养级关系连接起来形成食物网，能量在转换的每一营养级上都有损失。

（9）容限原理：每一个物种和每一个生物个体只能在一定的环境条件范围内存活。

（10）承载力原理：在自然界中，任何物种的数量都不可能无限地增长，而必然被限制在生态系统一定的承载力之内。

（11）限制因子原理：地球生命支持系统能够承受一定的压力，但其承受力受关键因子的限制。

（12）资源多样性及其对稳定性的影响原理：应从众多来源获取资源，应保护资源的多样性，从而维持系统的稳定性。

（13）复杂性原理：自然界不仅比我们所知的复杂，而且比我们所能想象的复杂。

（14）资源循环利用及无害化原则：大部分废弃物都可以转变为资源，应对其进行资源化回收、再利用和无害化处理。回收资源要消耗能源，会再次引起环境污染和退化，因此资源循环利用过程中也要尽可能节约资源和减少废弃物和污染物的产生。

（15）物质不灭定律：物质不能创造，也不会消灭，只能由一种形态转变为另一种形态，废弃的任何物质都将永远以某一种形态与人类共处。

（16）能量守恒定律（热力学第一定律）：能量不能创造，也不能消灭，只能由一种形态转换为另一种形态；能量不能无中生有，只有消耗能量才能得到能量。

（17）能量退化定律（热力学第二定律）：在能量由一种形态向另一种形态转换时，高质量的有用能通常退化为低质量的无用能，低质量的能不可能再被回收和转化为高质量的能。

（18）生态系统保护和修复原则：人类必须保护地球上残存的天然生态系统，使其免遭人类活动破坏。应该恢复或整治已遭人类破坏的退化生态系统，使已被我们占据和毁坏的各类生态系统尽可能维持或恢复健康，人类要可持续地利用自然生态系统。

2. 经济原理

（1）“经济受制于地球生态系统”原理：在病态的生态环境中不可能有健全的经济。

（2）资源稀缺原理：经济增长和社会发展中经常发生自然资源的稀缺和冲突；相对稀缺是比绝对稀缺更现实、更紧迫的问题。

（3）自然资源对经济增长作用的动态性原理：自然资源是经济增长的必要条件，但非充分条件；其作用随着社会的不同发展阶段而变化。

（4）资源稀缺的市场响应原理：市场机制是只“看不见的手”，会调节资源的供需关系。

（5）市场不完备性原理：市场机制是不完备的，具备固有的缺陷，必须通过社会干预来弥补。

（6）“经济癌症”原理：经济增长中的某些形态或成分是有害的，会成为经济系统的“癌症”。

（7）外部成本内化原理：市场价格应该包括现在和未来对资源环境所造成的污染、退化，应该包括对社会所产生的其他有害影响和造成的损失。

（8）高效原则：为减少污染、减少资源消耗和减少废物，在利用资源时应优先考虑最迫切的需求，以使对资源的利用达到最高效率。

（9）优能优用原则：“杀鸡不用牛刀”，不要使用高质能量去做使用低质能量可以完成的事。

（10）效率与优化原则：以尽可能少的资源投入获得尽可能多的产出；花费资源生产有害产品，效率越高，浪费越大。

（11）经济-生态明智原则：应该奖励能减少资源消耗和环境污染、防止环境退化的生产者，惩罚有害产品的生产者。

（12）资源配置的帕累托改进原理：在资源分配中，一些人获得的收益较多并足以补偿亏损者，从而使所有人的经济总收益达到最大，这样的资源重新配置更有效率。

（13）自然资源价值原理：自然资源不仅具有经济价值，还具有生态价值、社会价值和文化价值等。

（14）生产要素可替代性原理；可通过加大资本和劳动的投入来弥补自然资源的不足。

（15）报酬递减与比例性原理：在一定技术条件下，对作为固定生产要素的自然资源不断追加资本和劳动投入的可能性不是无限的，受报酬递减的限制；资源、资本、劳动等生产要素应该有适当的比例组合，实现适度的经济规模和资源利用集约度。

（16）报酬递增原理：技术进步、劳动分工、生产专业化、人力资本的积累、经济思想和知识的进步、经济制度的进步等，可克服报酬递减的限制，甚至使报酬递增。

（17）预防原则或输入控制原则：对于资源耗竭和环境退化问题，事先预防比事后处理要便宜得多和有效得多。

3. 社会原理

（1）经济并非一切原则：不能只考虑自然资源的经济价值，必须关注其生态、社会和文化等价值。

（2）自然资源的社会性原理：自然资源中已附加了人类劳动，对自然资源的需求和开发能力取决于社会发展，自然资源的稀缺、冲突和争夺影响社会发展。

（3）可持续性原则：既要满足当代人的需要，又不损害后代人满足其需要的能力。

（4）人类福祉原则：自然资源可持续管理的一个基本原则是满足人类发展的需要。

（5）文化适应原理：社会的生活方式、生产方式乃至文化活动，尤其是组织资源开发和分配的方式及保持整个系统平衡的方法，决定了对自然资源的适应。

（6）公平与正义原则：既要顾及自然资源开发利用所获利益在时空分配上的公平，也要关注自然资源开发利用所造成的代价在时空分配上的公平。

（7）资源保育与长期效用最大化原理：为了人类的生存和发展而保育自然资源，实现自然资源利用的长期效用最大化。

（8）社会控制原则：个人利益和社会利益既有一致的方面，也有冲突的方面。要以社会控制来协调不同的个人利益，协调个人利益和社会利益。

（9）资源管理的社会目标原则：资源管理具有广泛的社会目标，包括提高资源利用的效率、保证资源利用的分配公平、促进社会经济发展、保障自然资源资源供给、维护生态系统健康和环境质量等。

（10）社会目标统筹原则：各种社会目标之间可能会有冲突，社会和政府应努力统筹各种目标。

（11）义务与负责原则：所有人都应该对所造成的污染和环境退化问题负责。

4. 伦理原理

（1）尊重自然、与自然协同原则：人类是自然界的一部分，要敬畏自然，尊重自然，保护自然；人类的作用是认识自然，与自然协同共处，而不是战胜自然。

（2）谦卑原则：任何生命都有生存的权利，这种权利并不取决于他们是否对人类有实际的或潜在的价值。人类不是凌驾于其他物种之上的超级物种，要像爱护自己一样爱护所有生物物种。

（3）生态中心原理：地球生命支持系统是人类和其他物种赖以生存的根基，维护好地球生态系统是基础中的基础，大事中的大事。

（4）保护野生生物和生物多样性原则：要杜绝可能引起野生生物物种永久灭绝和野生生物栖息地消失或退化的事情。

（5）生存原则：人类为了得到足够的食物以维持生存和健康，可以利用生物资源，但需要限制在基本生活条件和基本健康需求的限度内，人类无权有奢侈的需求。

（6）知足原则：任何个人、团体或国家无权滥用地球的有限资源，人类不要为满足非基本需求而贪得无厌。

（7）最小错误原则：人类为满足自己的基本需要而利用自然时，应选用对自然界和其他生物伤害程度最小的方法。

（8）伦理高于法律原则：在保护和维持大自然的过程中，衷心热爱自然比守法更重要。

（9）“只有一个地球”原则：人类自身及人类已经拥有和将要拥有的一切都来源于太阳和地球。没有人类，地球照样运转；但如果没有地球，就没有人类。地球枯竭了，经济、社会、文明也必将消亡。

（10）平衡地球收支原则：人类不应做任何有损于地球物理、化学和生物过程的事，因为这些过程都维持着人类的生命和社会经济活动。

思 考 题

1. 可持续发展的当下目标有哪些？

2. 自然资源管理的社会目标有哪些？

3. 自然资源管理中如何协调不同的社会目标？

4. 不同时间尺度上会发生怎样的资源供给中断问题？分别可采取怎样的资源保障措施？

5. 实现自然资源可持续管理要从哪些基本途径入手？

6. 自然资源学有哪些基本生态原理？

7. 自然资源学有哪些基本经济原理？

8. 自然资源学有哪些基本社会原理?

9. 自然资源学有哪些基本论理原理?

10. 试以某地为例，谈谈自然资源的开发和保护在区域可持续发展中的作用。

补充读物

蔡运龙, 俞奉庆. 2004. 中国耕地问题的症结与治本之策. 中国土地科学, 18(3): 13-17.

世界环境与发展委员会. 1989. 我们共同的未来. 北京: 世界知识出版社.

参 考 文 献

白钰，曾辉，魏建兵. 2008. 关于生态足迹分析若干理论与方法论问题的思考. 北京大学学报(自然科学版), 44(3): 493-500.

蔡运龙. 1990. 论土地的供给与需求. 中国土地科学, 4(2): 16-23.

蔡运龙. 1996a. 经济效益和社会效益并重当代需要和后代需要兼顾. 中国土地, (1): 8-14.

蔡运龙. 1996b. 强化政府职能, 规范政府行为. 中国土地, (3): 22-24.

蔡运龙. 1996c. 人地关系研究范型: 哲学与伦理思辨. 人文地理, 11(1): 1-6.

蔡运龙. 1997. 持续发展的概念需要在三个层次上展开和深入. 北京大学学报(哲学社会科学版), (3): 58.

蔡运龙. 2000a. 自然资源学原理. 北京: 科学出版社.

蔡运龙. 2000b. 中国经济高速发展中的耕地问题. 资源科学, 22(3): 24-28.

蔡运龙, 傅泽强, 戴尔阜. 2002. 区域最小人均耕地面积与耕地资源调控. 地理学报, 57(2): 127-134.

蔡运龙, 霍雅勤. 2006. 中国耕地价值重建方法与案例研究. 地理学报, 61(10): 1084-1092.

蔡运龙, 蒙吉军. 1999. 退化土地的生态重建: 社会工程途径. 地理科学, 19(3): 198-204.

蔡运龙, 俞奉庆. 2004. 中国耕地问题的症结与治本之策. 中国土地科学, 18(3): 13-17.

蔡运龙, Smit B. 1996. 全球气候变化下中国农业的脆弱性与适应对策. 地理学报, 3: 202-212.

陈百明. 1992. 中国土地资源生产能力及人口承载研究. 北京: 中国人民大学出版社.

陈德敏. 2004. 循环经济的核心内涵是资源循环利用——兼论循环经济概念的科学运用. 中国人口•资源与环境, (2): 12-15.

陈德敏. 2006. 资源循环利用论: 中国资源循环利用的技术经济分析. 北京: 新华出版社.

陈静生. 1986. 环境地学. 北京: 中国环境科学出版社.

陈静生, 蔡运龙, 王学军. 2001. 人类-环境系统及其可持续性. 北京: 商务印书馆.

陈明星. 2015. 城市化领域的研究进展和科学问题. 地理研究, 34(4): 614-630.

陈效逑, 乔立佳. 2000. 中国经济-环境系统的物质流分析. 自然资源学报, 15(1): 17-23.

陈银蓉, 梅昀, 孟祥旭, 等. 2013. 经济学视角下城市土地集约利用的决策分析. 资源科学, 35(4): 739-748.

陈玥, 杨艳昭, 闫慧敏, 等. 2015. 自然资源核算进展及其对自然资源资产负债表编制的启示. 资源科学, 37(9): 1716-1724.

陈之荣. 1993. 人类圈与全球变化. 地球科学进展, 8(3): 63-69.

成升魁, 谷树忠, 王礼茂, 等. 2003. 2002 中国资源报告. 北京: 商务印书馆.

辞海编辑委员会. 1980. 辞海(缩印本). 上海: 上海辞书出版社.

戴尔阜, 王晓莉, 朱建佳, 等. 2015. 生态系统服务权衡/协同研究进展与趋势展望. 地球科学进展, 30(11): 1250-1259.

戴星翼, 俞厚未, 董梅. 2005. 生态服务的价值实现. 北京: 科学出版社.

丁仲礼, 段晓男, 葛全胜, 等. 2009. 国际温室气体减排方案评估及中国长期排放权讨论. 中国科学 D 辑: 地球科学, 39(12): 1659- 1671.

董国辉. 2001. “贸易条件恶化论”的论争与发展. 南开经济研究, (3): 11-14.

杜国明, 匡文慧, 孟凡浩, 等. 2015. 巴西土地利用/覆盖变化时空格局及驱动因素. 地理科学进展, 34(1):

73-82.
恩格斯 F. 1886. 自然辩证法. 北京: 人民出版社.
范家骧, 高天虹. 1992. 西方经济学. 北京: 中国经济出版社.
方精云, 唐艳鸿, 林俊达, 等 . 2000. 全球变化生态学. 北京: 高等教育出版社, 施普林格出版社.
封志明. 2005. 资源科学导论. 北京: 科学出版社.
付允, 林翎, 高东峰, 等. 2012. 我国资源循环利用的理论内涵与系统模型研究. 生态经济, 2012(10): 58-61.
傅伯杰, 陈利顶, 蔡运龙, 等. 2004. 环渤海地区土地利用变化及可持续利用研究. 北京: 科学出版社.
盖秀茹, 刘强, 王秋兵. 2006. 对"土地报酬递减规律"的再思考. 北方经济, (2): 58-59.
格林伍德 N J, 爱德华兹 J M B. 1987. 人类环境和自然系统. 北京: 化学工业出版社.
谷树忠, 李维明. 2018. 自然资源资产产权制度的五个基本问题. http: //www. drc. gov. cn/xsyzcfx/20151027/4-4-2889104. htm.
郭日生. 2011. 全球实施《21 世纪议程》的主要进展与趋势. 中国人口•资源与环境, 21(10): 21-26.
国家环境保护局. 2002. 地表水环境质量标准(GB 3838-2002). 北京: 中国环境科学出版社.
国家环境保护总局自然生态保护司. 2004. 全国自然保护区名录. 北京: 中国环境科学出版社.
国家计划委员会国土规划和地区经济司, 国家环境保护局计划司. 1992. 中国环境与发展. 北京: 科学出版社.
国家统计局. 1999. 中国统计年鉴, 1991～1998. 北京: 中国统计出版社.
国家统计局农村社会经济调查总队. 1999. 中国农村统计年鉴, 1991～1998. 北京: 中国统计出版社.
哈肯 P, 等. 2002. 自然资本论: 关于下一次工业革命. 王及粒等, 译: 上海: 上海科学普及出版社.
何怀宏. 2002. 生态伦理——精神资源与哲学基础. 保定: 河北大学出版社.
赫胥黎 T. 1971. 进化论与伦理学. 北京: 科学出版社.
亨廷顿 S. 2002. 文明的冲突与世界秩序的重建. 北京: 新华出版社.
侯杰. 2017. 领导干部自然资源资产离任审计与经济责任审计的结合. 中国审计报, 2017-09-06(05).
胡昌暖. 1993. 资源价格研究. 北京: 中国物价出版社.
胡咏君, 谷树忠. 2018. 自然资源资产研究态势及其分析. 资源科学, 40(6): 1095-1105.
胡兆量. 1999. 中国区域发展导论. 北京: 北京大学出版社.
黄文秀. 1998. 农业自然资源. 北京: 科学出版社.
霍雅勤, 蔡运龙, 王瑛. 2004. 耕地对农民的效用考察及耕地功能分析. 中国人口 • 资源与环境, 14(3): 105-108.
简明不列颠百科全书中美联合编审委员会. 1986. 简明不列颠百科全书(第 6 卷). 北京: 中国大百科全书出版社.
姜文来. 2000. 关于自然资源资产化管理的几个问题. 资源科学, 22(1): 5-8.
杰拉尔德 • G. 马尔腾. 2012. 人类生态学——可持续发展的基本概念. 顾朝林, 译. 北京: 商务印书馆.
卡特 V, 戴尔 T. 1987. 表土与人类文明. 庄崚, 鱼姗玲, 译. 北京: 中国环境科学出版社.
克莱尔 M T. 2002. 资源战争. 童新耕等, 译. 上海: 上海译文出版社.
克林格尔 A A, 蒙哥马利 P H. 1981. 美国土地潜力分类. 北京: 农业出版社.
库恩 T S. 1980. 科学革命的结构. 上海: 上海科学技术出版社.
莱文 H M, 麦克尤恩 P J. 2006. 成本决定效益: 成本-效益分析方法和应用. 2 版. 金志农, 孙长青, 史昱, 译. 北京: 中国林业出版社.
兰德尔 A. 1989. 资源经济学: 从经济角度对自然资源和环境政策的探讨. 北京: 商务印书馆.
兰德斯 D S. 2001. 国富国穷. 门洪华 等, 译. 北京: 新华出版社.

李厚民, 高辉. 2010. 矿产资源储量核查与评估. 北京: 地质出版社.
李金昌. 1995. 资源经济新论. 重庆: 重庆大学出版社.
李金昌. 1997. 试论资源可持续利用的评价指标. 中国人口·资源与环境, 7(3): 39-41.
李金惠, 曾现来, 刘丽丽, 等. 2017. 循环经济发展脉络. 北京: 中国环境科学出版社.
李金平, 王志石. 2003. 澳门 2001 年生态足迹分析. 自然资源学报, 18(2): 197-203.
李晶宜. 1998. 中国农业资源与可持续发展. 自然资源学报, 13(增刊): 10-18.
李良园. 2000. 上海发展循环经济研究. 上海: 上海交通大学出版社.
李双成. 2014. 自然保护学. 北京: 中国环境科学出版社.
李万亨, 傅鸣珂, 杨昌明, 等 . 2000. 矿产经济与管理. 武汉: 中国地质大学出版社.
李文华, 沈长江. 1985. 自然资源科学的基本特征及其发展的回顾与展望//中国自然资源研究会. 自然资源研究的理论与方法. 北京: 科学出版社.
李秀彬, 王亚辉, 李升发. 2018. 耕地的社会保障功能究竟还有多大? 中国科学报, 2018-6-25(7).
李越冬, 崔振龙, 王星雨, 等. 2015. 最高审计机关在维护财政政策长期可持续性领域的经验与启示——基于 48 个国家最高审计机关的审计实践. 审计研究, (3): 9-14.
李振宇, 解炎. 2002. 中国外来入侵种. 北京: 中国林业出版社
丽丝 J. 2002. 自然资源: 分配、经济学与政策. 蔡运龙, 译. 北京: 商务印书馆.
连亦同. 1987. 自然资源评价利用概论. 北京: 中国人民大学出版社.
梁艳, 张琦, 余国培. 2012. 诠释地球生命力报告: 1998～2010. 世界地理研究, 21(2): 35-40.
林翎. 2010. 废旧产品回收利用标准化发展. 北京: 中国标准出版社.
林培. 1996. 土地资源学. 北京: 中国农业大学出版社.
林英彦. 1989. 不动产估价. 台北: 台湾文笙书局.
刘建国, Hull V, Batistella M, 等. 2016. 远程耦合世界的可持续性框架. 生态学报, 36(23): 7870-7885.
刘维平. 2009. 资源循环利用. 北京: 化学工业出版社.
刘文, 王炎庠, 张敦富. 1996. 资源价格. 北京: 商务印书馆.
刘学敏, 金建君, 李咏涛. 2008. 资源经济学. 北京: 高等教育出版社.
刘毅, 杨宇. 2014. 中国人口、资源与环境面临的突出问题及应对新思考. 中国科学院院刊, 29(2): 248-257.
鲁金萍, 董德坤, 谷树忠, 等. 2009. 基于"荷兰病"效应的欠发达资源富集区"资源诅咒"现象识别——以贵州省毕节地区为例. 资源科学, 31(2): 271-277.
陆大道等. 2003. 中国区域发展的理论与实践. 北京: 科学出版社.
陆钟武, 王鹤鸣, 岳强. 2011. 脱钩指数: 资源消耗、废物排放与经济增长的定量表达. 资源科学, 33(1): 2-9.
马恩朴, 蔡建明, 林静, 等. 2019. 远程耦合视角下的土地利用/覆被变化解释. 地理学报, 74 (3): 421-431.
马尔萨斯 T R. 1798. 人口原理. 北京: 商务印书馆.
马克思 K H. 1960. 德意志意识形态. 马克思恩格斯全集第三卷. 北京: 人民出版社: 23.
马克西莫夫. 1975. 现代生态学状况与人类未来. 哲学与科学, 5: 22-27.
马永欢, 陈丽萍, 沈镭, 等. 2014. 自然资源资产管理的国际进展及主要建议. 国土资源情报, 2014(12): 2-8.
马永欢, 吴初国, 苏利阳, 等. 2017. 重构自然资源管理制度体系. 中国科学院院刊, 32(7): 757-765.
麦克尼利 J A, 米勒 K R. 1991. 保护世界的生物多样性. 薛达元等, 译. 北京: 中国环境科学出版社.
麦克唐纳 W. 2005. 从摇篮到摇篮——循环经济设计之探索. 上海: 同济大学出版社.
倪绍祥. 1999. 土地类型与土地评价. 2 版. 北京: 高等教育出版社.
牛文元. 1989. 自然资源开发原理. 开封: 河南大学出版社.
欧阳志云. 2017. 中国生态系统面临的问题及变化趋势. 中国科学报, 2017-07-24.

欧阳志云, 王如松, 赵景柱. 1999. 生态系统服务功能及其生态经济价值评价. 应用生态学报, 10(5): 635-640.
珀曼 R, 马越. 麦吉利夫 J, 等. 2002. 自然资源与环境经济学. 北京: 中国经济出版社.
普列汉诺夫. 1959. 普列汉诺夫哲学著作选集. 北京: 三联书店 .
普洛格 F, 贝茨 D G. 1988. 文化演进与人类行为. 沈阳: 辽宁人民出版社.
千年生态系统评估. 2005. 生态系统与人类福祉: 评估框架. 北京: 中国环境科学出版社.
钱阔, 陈绍志. 1996. 自然资源资产化管理. 北京: 经济管理出版社.
秦大河. 2009. 气候变化与干旱. 科技导报, 27(11): 3 .
秦大河, 丁一汇, 苏纪兰, 等. 2005. 中国气候与环境演变. 北京: 科学出版社.
秦大河, Stocker T. 2014. IPCC 第五次评估报告第一工作组报告的亮点结论. 气候变化研究进展, 10 (1) : 1-6.
曲福田. 2001. 资源经济学. 北京: 中国农业出版社.
沈镭. 2005. 资源的循环特征与循环经济政策. 资源科学, 27(1): 32-38.
沈镭. 2013. 保障综合资源安全. 中国科学院院刊, 28(2): 247-254.
史培军, 周涛, 王静爱. 2009. 资源科学导论. 北京: 高等教育出版社.
世界环境与发展委员会. 1989. 我们共同的未来. 北京: 世界知识出版社.
世界环境与发展委员会. 1992. 21 世纪议程. 北京: 中国环境科学出版社.
世界气象组织. 2014. 温室气体公报. http: //www. jkwshk. tv/news/view/id/4815[2014-09-09].
世界银行数据库. 2014. http: //data. worldbank. org. cn/indicator.
世界资源研究所, 国际环境与发展研究所. 1988. 世界资源报告(1986). 北京: 中国环境科学出版社.
世界资源研究所, 国际环境与发展研究所. 1989. 世界资源报告(1987). 北京: 能源出版社.
世界资源研究所, 国际环境与发展研究所. 1990. 世界资源报告(1988～1989). 北京: 北京大学出版社.
世界资源研究所, 联合国环境规划署, 联合国开发计划署. 1991. 世界资源报告(1990～1991). 北京: 中国环境科学出版社.
世界资源研究所, 联合国环境规划署, 联合国开发计划署. 1993. 世界资源报告(1992～1993). 北京: 中国环境科学出版社.
世界资源研究所, 联合国环境规划署, 联合国开发计划署. 1995. 世界资源报告(1994～1995). 北京: 中国环境科学出版社.
世界资源研究所, 联合国环境规划署, 联合国开发计划署等. 1997. 世界资源报告(1996～1997). 北京: 中国环境科学出版社.
世界资源研究所, 联合国环境规划署, 联合国开发计划署等. 1999. 世界资源报告(1998～1999). 北京: 中国环境科学出版社.
世界资源研究所, 联合国环境规划署, 联合国开发计划署等. 2002. 世界资源报告(2000～2001). 北京: 中国环境科学出版社.
舒尔茨 T W. 2001. 报酬递增的源泉. 北京: 北京大学出版社.
舒马赫 E F. 1984. 小的是美好的. 北京: 商务印书馆.
宋瑞祥. 1997. 中国矿产资源报告. 北京: 地质出版社.
苏筠, 成升魁. 2001. 大城市居民生活消费的生态足迹初探——对北京、上海的案例研究. 资源科学, (6): 24-28.
孙鸿烈. 2000. 中国资源科学百科全书. 北京: 中国大百科全书出版社, 中国石油大学出版社.
汤因比 A. 1990. 一个历史学家的宗教观. 晏可佳, 张龙华, 译. 成都: 四川人民出版社.
汤因比 A. 1992. 人类与大地母亲. 上海: 上海人民出版社.
陶在朴. 2003. 生态包袱与生态足迹——可持续发展的重量及面积观念. 北京: 经济科学出版社.
田应斌. 2000. 浅析乡镇企业发展与环境保护. 生态经济, 10: 42-44.

王安建, 王高尚, 张建华, 等．2002．矿产资源与国家经济发展．北京: 地震出版社.
王昶, 徐尖, 姚海琳. 2014. 城市矿产理论研究综述. 资源科学, 36(8): 1618-1625.
王发曾．1991．人类生态学辨析．地球科学进展, 6(3): 147-151.
王汉杰. 1993. 水资源工程学. 北京: 农业出版社.
王金南. 1997. 中国与 OECD 的环境经济政策. 北京: 中国环境科学出版社.
王礼茂, 李红强, 顾梦琛. 2012. 气候变化对地缘政治格局的影响路径与效应. 地理学报, 67(6): 853-863.
王如松. 2004. 复合生态系统生态学// 李文华, 赵景柱. 生态学研究回顾与展望. 北京: 气象出版社.
王守春. 2005. 丝绸之路兴衰的启示. 地学哲学通讯, 1: 31-32.
王舒曼. 2001. 自然资源核算理论与方法研究. 北京: 中国大地出版社.
王双银, 宋孝玉. 2014. 水资源评价. 2 版. 郑州: 黄河水利出版社.
王万茂, 黄贤金. 1997. 中国大陆农地价格区划和农地估价. 自然资源, 19(4): 1-8.
王伟中. 1999. 中国可持续发展态势分析. 北京: 商务印书馆.
王西琴, 周孝德. 2000. 流域水资源财富损失分析核算. 水土保持通报, 20(1): 32-35.
王羊, 刘金龙, 冯喆, 等. 2012. 公共池塘资源可持续管理的理论框架. 自然资源学报, 27(10): 1797-1807.
威斯特 E. 2015. 论资本用于土地. 李宗正, 译. 北京: 商务印书馆.
隗静. 2007. 国民生产总值不能当饭吃. 环球时报, 2007-02-28(11).
沃德 B, 杜博斯 R. 1981. 只有一个地球: 对一个小小行星的关怀和维护. 北京: 石油工业出版社.
吴传钧, 郭焕成. 1994. 中国土地利用. 北京: 科学出版社.
伍光和, 蔡运龙．2004．综合自然地理学. 2 版. 北京: 高等教育出版社.
香宝, 刘纪远. 2003. 东亚土地覆盖对 ENSO 事件的响应特征. 遥感学报, 7(4): 316-320.
肖平. 1994. 对自然资源的再思考．自然资源学报, 9(3): 161-166.
谢高地, 鲁春霞, 成升魁．2001. 全球生态系统服务价值评估研究进展．资源科学, 23(6): 5-9.
徐中民, 程国栋．2001．生态足迹方法: 可持续性定量研究的新力法——以张掖地区 1995 年为例．生态学报, 21(9): 1484-1493 .
徐中民, 张志强, 程国栋．2000．甘肃省 1998 年生态足迹核算与分析．地理学报, 55(5): 607-616.
徐中民, 张志强, 程国栋．2003．中国 1999 年生态足迹核算与发展能力分析．应用生态学报, 14(2): 280-285.
薛达元. 1997. 生物多样性经济价值评估——长白山自然保护区案例研究. 北京: 中国环境科学出版社.
薛毅．2005．国民政府资源委员会研究．北京: 社会科学文献出版社.
闫慧敏, 杜文鹏, 封志明, 等. 2018. 自然资源资产负债的界定及其核算思路. 资源科学, 40(5): 888-898.
闫慧敏, 封志明, 杨艳昭, 等. 2017. 湖州/安吉: 全国首张市/县自然资源资产负债表编制. 资源科学, 39(9): 1634-1645.
杨开忠, 杨咏, 陈洁．2000．生态足迹分析理论与方法．地球科学进展, 15(6): 630-636.
杨友孝, 蔡运龙. 2000. 中国农村资源、环境与发展的可持续性评估: SEEA 方法及其应用. 地理学报, 55(5): 596-606.
姚霖, 余振国, 刘伯恩. 2019. 基于资源价值核算的生态保护机制构建. 中国土地, (4): 21-24.
于谋昌. 1994. 走出人类中心主义. 自然辩证法研究, 10(7): 12-16.
俞奉庆, 蔡运龙. 2003. 耕地资源价值探讨. 中国土地科学, 17(3): 1-7.
展广伟. 1986. 农业技术经济学. 北京: 中国人民大学出版社.
张宏亮, 刘恋, 曹丽娟. 2014. 自然资源资产离任审计专题研讨会综述. 审计研究, (4): 58-62.
张赛. 1993. 新国民经济核算全书. 北京: 中国统计出版社.
张志强, 徐中民, 程国栋, 等．2001．中国西部 12 省(区市)的生态足迹．地理学报, 56(5): 599-610.

赵康杰, 景普秋. 2014. 资源依赖、资本形成不足与长期经济增长停滞——“资源诅咒”命题再检验. 宏观经济研究, (3): 30-42.

郑度, 蔡运龙. 2007. 环境伦理应由书斋走向社会. 地理教学, (1): 1-3.

郑华, 李屹峰, 欧阳志云, 等. 2013. 生态系统服务功能管理研究进展. 生态学报, 33(3): 702-710.

《中国森林生态服务功能评估》项目组. 2010. 中国森林生态服务功能评估. 北京: 中国林业出版社.

中共中央. 2013. 中共中央关于全面深化改革若干重大问题的决定. http: //www. xinhuanet. com/[2013-11-15].

中国大百科全书环境科学编辑委员会. 1983. 中国大百科全书 • 环境科学. 北京: 中国大百科全书出版社.

中国大百科全书经济学编辑委员会. 1988. 中国大百科全书 • 经济学. 北京: 中国大百科全书出版社.

中国环境年鉴编辑委员会编. 1999. 中国环境年鉴, 1991～1998. 北京: 中国环境科学出版社.

中国科学院国情分析研究小组. 1992. 开源与节约——中国自然资源与人力资源的潜力与对策. 北京: 科学出版社.

中国科学院可持续发展战略研究组. 2006. 2006 中国可持续发展战略报告——建立资源节约型和环境友好型社会. 北京: 科学出版社.

中国农业年鉴编辑委员会. 1988. 中国农业年鉴: 1950～1987. 北京: 农业出版社.

中国物资再生协会. 2011. 2010 年中国再生资源行业发展报告. 北京: 中国物资再生协会.

中国自然资源研究会. 1985. 自然资源研究的理论和方法. 北京: 科学出版社.

中华人民共和国国务院. 2006. 国家中长期科学和技术发展规划纲要(2006～2020 年). 光明日报, 2006-3-17(1-6).

钟功甫. 1980. 珠江三角洲的“桑基鱼塘”——一个水陆相互作用的人工生态系统. 地理学报, 47(3): 200-209.

周茂春. 2015. 农业生产要素组合规律分析及其运行模式探讨. 经济论坛, (2): 72-74.

周小萍, 曾磊, 王军艳. 2002. 我国耕地估价研究思路的整合与 RRM 综合估价模型——以北京市门头沟区永定镇为例. 资源科学, (4): 35-42.

左东启, 戴树声, 袁汝华, 等. 1996. 水资源评价指标体系研究. 水科学进展, 7(4): 367-374.

左建兵, 刘昌明, 郑红星. 2009. 北京市城市雨水利用的成本效益分析. 资源科学, 31(8): 1295-1302.

Ahmed J. 1976. Environmental aspects of international income distribution// Walter I. Studies in International Environmental Economics. New York: Wiley.

Atkinson C, Dubourg R, Hamilton K, et al. 1997. Measuring Sustainable Development. London: Edward Elgar Publishing Limited.

Auty R M 1993. Sustaining Development in Mineral Economies: the Resource Curse Thesis. London: Routledge Press.

Barlowe R. 1978. Land Resource Economics: the Economics of Real Estate. 3rd ed. Englewood Cliffs: Prentice Hall Inc.

Barrows H H. 1923. Geography as human ecology. Annals of the Association of American Geographers, 13: 1-4.

Bishop R C, Heberlein T A. 1979. Measuring values of extra-market goods: are indirect measures biased? American Journal of Agricultural Economics, 61(11): 926-930.

Bleaney M, Halland H. 2016. Do Resource-Rich Countries Suffer from a Lack of Fiscal Discipline? New York: Social Science Electronic Publishing.

Boulding K E. 1966. The economics of the coming spaceship earth// Jarrent H. Environmental Quality in a Growing Economy. Baltimore: Resource for the Future/Johns Hopkins Press.

British Petroleum. 2014. Statistical Review of World Energy. BP Statistical Review.

Brown L R, Halweil B. 1998. China’s water shortages could shake world food security. World Watch, 11(4):

10-21.

Butlin J A. 1981. Economics of Environmental and Natural Resources Policy. London: Longman.

Cai Y L. 1990. Land use and management in PR China. Land Use Policy, 7(4): 337-350.

Cai Y L, Smit B. 1994. Sustainability in Chinese agriculture: challenge and hope. Agriculture, Ecosystems & Environment, 49(3): 279-288.

Carson R T, Flores N E, Martin K M, et al. 1996. Contingent valuation and revealed preference methodologies: comparing the estimates for quasi-public goods. Land Economics, 71(1): 80-99.

Collier P, Goderis B. 2007. Commodity prices, growth, and the natural resource curse: reconciling a conundrum. The Economic Journal, 92(368): 825-848.

Copes P. 1981. Rational resource management and institutional constraints: the case of the fishery//Butlin J A. 1981. Economics and Resources Policy. London: Longman.

Cortner H J , Moote M A. 1999. The Politics of Ecosystem Management. Washington DC: Island Press.

Costanza R, D'Arge R, De Groot R, et al. 1997. The value of the world's ecosystem service and natural capital. Nature, 387(15); 253-260.

Culbert T P. 1973. The Classic Maya Collapse. Albuquerque: University of New Mexico Press.

Daly E H. 1996. Beyond Growth the Economics of Sustainable Development. Boston: Beacon Press .

Daly H E. 1987. The economic growth debate: what some economists have learned but many have not. Journal of Environmental Economics and Management, 14(4): 253-261.

David H, Anthony M, David G, et al. 1999. Global Transformations: Politics, Economics and Culture. Palo Alto: Stanford University Press.

Dorfman R. 1965. Measuring Benefits of Government Investments. Washington DC: Brookings Institute.

EFTEC. 1998. Valuing Preferences for Changes in Water: Abstraction from the River Ouse, Report to Yorkshire Water Services. Ltd. Bradford.

Ehrenfeld J R. 1994. Industrial ecology: a strategic framework for product policy and other sustainable practices. Stockholm: Proceedings of the Second International Conference and Workshop on Product Oriented Policy.

EIA/ARI. 2013. World shale gas and shale oil resource assessment. http: //www. adv-res. com/pdf/A_EIA_ARI_2013World Shale Gas and Shale Oil Resource Assessment. pdf

FAO. 1976. A Framework for Land Evaluation. Soil Bulletin, No. 32. Rome: FAO.

FAO. 1993. FESLM: An International Framework for Evaluation Sustainable Land Management. World Soil Resource Report 73, Rome: FAO.

FAO. 2010. Global forest resources assessment 2010: Main report. Rome: Food and Agriculture Organization of the United Nations.

Faucheux S, O'Connor M. 1998. Valuation for Sustainable Development. London: Edward Elgar Publishing Limited.

Forrester J W. 1970. World Dynamics. Cambridge: Wright-Allen Press .

Freeman III A M. 1993. The Measurement of Environmental and Resource Value: Theory and Methods. Washington D. C.: Resource for the Future.

Future Earth. 2013. Future Earth Initial Design: Report of the Transition Team. Paris: International Council for Science (ICSU).

Garner J F. 1980. Land use planning in the light of environmental protection// Bothe M. Trends in Environmental Policy and Law. Berlin: Erich Schmidt Verlag.

GFN. 2015. http: //footprintnetwork. org/en/index. php/GFN/page/public_data_package.

Gössling S, Hansson C B, Horstmeier O, et al. 2002. Ecological footprint analysis as a tool to assess tourism sustainability. Ecological Economics, 43: 199-211.

Gray LC. 1913. The economic possibilities of conservation. Quarterly Journal of Economics, 27 : 515.

Grumbine R E. 1994. What is ecosystem management? Conservation Biology, 8: 27-38.

Haberl H, Erb K H, Krausmann F. 2001. How to calculate and interpret ecological footprints for long period of time: the case of Austria 1926～1995. Ecological Economics, 38: 25-45.

Haggett P. 2001. Geography: A Global Synthesis. Edinburgh: Pearson Education Limited.

Hammack J, Brown G M. 1974. Waterfowl and Wetlands: Toward Bio-economic Analysis. Baltimore: Johns Hopkins University Press.

Hanemann W M, Loomis J, Kanninen B. 1991. Statistical efficiency of double-bounded dichotomous choice contingent valuation. American Journal of Agricultural Economics, 73(11): 1255-1263.

Hardin G. 1968. The tragedy of the commons. Science, 162: 1243-1248.

Hardin G. 1993. Living with Limits: Ecology, Economics and Population Taboos. London: Oxford University Press.

Heady E O. 1952. Economics of Agricultural Production and Resource Use. Englewood Cliffs: Prentice-Hall.

Hirsch F. 1977. Social Limits to Growth. London: Routledge & Kegan Paul.

Hodler R. 2006. The curse of natural resources in fractionalized countries. European Economic Review, (50): 1367-1386.

Hughes J D. 1973. Ecology in Ancient Civilization. Albuquerque: University of New Mexico Press.

IBRD. 1992. World Development Report 1992. The World Bank. Oxford: Oxford University Press.

ICSU , ISSC. 2015. Review of Targets for the Sustainable Development Goals: the Science Perspective. Paris: International Council for Science (ICSU).

IPBES. 2018. Summary for policymakers of the thematic assessment report on land degradation and restoration of the Intergovernmental Science-Policy Platform on Biodiversity and Ecosystem Services. Bonn: IPBES secretariat.

IPCC. 2001. Climate Change 2001: the Scientific Basic. Cambridge: Cambridge University Press.

IPCC. 2007. Climate Change 2007: the Physical Science Basis. Contribution of Working Group I to the Fourth Assessment Report of the Intergovernmental Panel on Climate Change. Cambridge/New York: Cambridge University Press.

IPCC. 2013. Climate Change 2013: the Physical Science Basis. New York: Cambridge University Press.

IUCN. 1980. World Conservation Strategy. Switzerland: Gland.

Jewell S, Kimball S M. 2015. Mineral commodity summaries 2015. Reston: US Geological Survey.

Kay J J, Schneider E. 1994. Embracing complexity: the challenge of the ecosystem approach. Alternatives, 20: 32-39

Kneese A V, Sefultze C L. 1975. Pollution, Price and Public Policy. Washington D. C.: Brookings Institution.

Kuznets S. 1955. Economic growth and income inequality. American Economic Review, 49: 1-28.

Law D L. 1984. Mined-Land Rehabilitation. New York: Van Nostrand Reinhold Company.

Lawrence J et al. 2003. How Big Is Toronto's Ecological Footprint. http: //www. google. com/

Lederman D, Maloney W F. 2006. Natural Resources: Neither Curse Nor Destiny. Stanford: Stanford University Press.

Lester S E, Costello C, Halpern B S, et al. 2013. Evaluating tradeoffs among ecosystem services to inform marine spatial planning. Marine Policy, 38: 80-89.

Liu J, Dietz T, Carpenter S R, et al. 2007. Coupled human and natural systems. AMBIO, 36(8): 593-596.

Liu J, Dou Y, Batistella M, et al. 2018. Spillover systems in a telecoupled Anthropocene: typology, methods, and governance for global sustainability. Current Opinion in Environmental Sustainability, (33): 58-69.

Liu J, Hull V, Batistella M, et al. 2013. Framing sustainability in a telecoupled world. Ecology and Society, 18(2): 26.

Liu J, Hull V, Luo J, et al. 2015. Multiple telecouplings and their complex interrelationships. Ecology and Society, 20(3): 44.

Lower Fraser Basin Eco-Research Project. 2001. Basin Eco-Research Project, How sustainable are our choices. http: //www. ire. ubc. ca/ecoresearch/ecoftpr. html .

Mabogunje A L. 1984. The poor shall inherit the earth: issues of environmental quality and third world development. Geoforum, 15(3): 295-306.

Malone C R. 2000. State governments, ecosystem management and the enlibra doctrine in the US. Ecological Economics, 34: 9-17.

Malthus T R. 1798. An Essay on the Principle of Population. London: Johnson.

Marsh G. 1864. Man and Nature: Or Physical Geography as Modified by Human Action. New York: Charles Scribner (Reprinted in 1965 by Harvard University Press).

Maslow A H. 1954. Motivation and Personality. New York: Harper & Row.

Meadows D H, Meadows D L, Randers J, et al. 1972. The Limits to Growth: A Report for the Club of Rome's Project on the Predicament of Mankind. New York: A Potomac Associates Book, Universe Books.

Meadows D H, Meadows D L, Randers J. 1992. Beyond the Limits: Confronting Global Collapse, Envisioning a Sustainable Future. Chelsea: Green Publishing Company.

Meadows D L. 1995. It is too late to achieve sustainable development, now let us strive for survivable development. Journal of Global Environment Engineering, (1): 1-14.

Meinzen-Dick R. 2007. Beyond panaceas in water institutions. Proceedings of the National Academy of Sciences, 104(39): 15200-15205.

Millennium Ecosystem Assessment Panel. 2005. Ecosystem and Human Well-Being: Synthesis. Washington D. C.: Island Press.

Miller G T. 1990a. Resource Conservation and Management. Belmont: Wadsworth Publishing Company.

Miller G T. 1990b. Living in the Environment, 6th ed. Belmont: Wadsworth Publishing Company.

Mitchell B. 1989. Geography and Resource Analysis. 2nd ed. London: Longman Scientific & Technical.

National Geographic Society. 2017. Great Pacific garbage patch-Pacific trash vortex. http: //www. nationalgeographic. org/encyclopedia/great-pacific-garbage-patch/.

Nobbs C, Pearce D W. 1976. The economics of stock pollutants: the example of cadmium. International Journal of Environmental Studies, 8(4): 245-255.

Odum E P. 1969. The strategy of ecosystem development. Science, 164: 26-270.

Odum E P. 1971. Fundamentals of Ecology. 3rd ed. Philadelphia: Saunders.

Odum E P. 1975. Ecology. Philadelphia: Holt, Rinehart and Winston.

Odum H P, Odum E P. 1991. Energy Basis for Man and Nature. New York: McGraw-Hill Book Company.

OECD. 1975. The Polluter Pays Principle. Paris: OECD.

OECD. 1994. Project and Policy Appraisal: Integrating Economics and Environment. Paris: OECD.

Ojima D, Lavorel S, Graumich L, et al. 2002. Terrestrial human-environment systems: the future of land research in IGBP II. Global Change News Letter, 50: 31-34.

Olander L P, Johnston R J, Tallis H, et al. 2018. Benefit relevant indicators: Ecosystem services measures that link ecological and social outcomes. Ecological Indicators, 85: 1262-1272.

Ostrom E. 2007. A diagnostic approach for going beyond panaceas. Proceedings of the National Academy of Sciences, 104(39): 15181-15187.

Ostrom E. 2009. A General Framework for Analyzing the Sustainability of Social-Ecological Systems. Science, 325(5939): 419-422.

Paavola J, Adger W N. 2005. Institutional ecological economic. Ecological Economics, 53: 353-368.

Panayotou T. 1993. Empirical test and policy analysis of environmental degradation at different stages of economic development. Geneva: Working Paper WP238, Technology and Employment Programme, International Labor Office.

Pearce D W, Turner R K. 1990. Economics of Natural Resources and the Environment. Baltimore: The Johns Hopkins University Press.

Pearce P H. 1968. A new approach to the evaluation of non-priced recreational resources. Land Economics, 44: 87-99.

Pickens D K. 1981. Westward expansion and the end of American exceptionalism. Western Historical Quarterly, 12: 409-418.

Pigou AC. 1920. The Economics of Welfare. London: Macmillan.

Prigogine I, Stengers I. 1984. Order out of Chaos. New York: Bantam Books Inc.

Prospero J M, Mayol-Bracero O L. 2013. Understanding the transport and impact of African dust on the Caribbean Basin. Bulletin of the American Meteorological Society, 94(9): 1329-1337.

Rees J. 1981. Irrelevant economics: the water pricing and pollution changing debate. Geoforum, 12(3): 211-225.

Rees J. 1990. Natural Resources: Allocation, Economics and Policy, 2nd ed. London: Routledge.

Rees W E. 1992. Ecological footprint and appropriated carrying capacity: what urban economics leaves out. Environment and Urbanization, 4(2): 82-96.

Refrigeration Sector. 1999. Recovery & Recycling Systems Guidelines. United Nation Environment Program Division of Industry, Technology & Economics Ozone Action Program.

Rey A N R, Pizarro J C, Anderson C B, et al. 2017. Even at the uttermost ends of the Earth: how seabirds telecouple the Beagle Channel with regional and global processes that affect environmental conservation and social-ecological sustainability. Ecology and Society, 22(4): 31.

Rifkin J, Howard T. 1981. Entropy: A New World View. New York: Bantam Books Inc.

Rodriguez J P, Beard T D, Bennett E M, et al. 2006. Trade-offs across space, time, and ecosystem services. Ecology and Society, 11: 28-41.

Rzoska J. 1980. Euphrates and Tigris: Mesopotamian Ecology and Destiny. The Hague: W. Junk.

Sabin P. 2013. The Bet: Paul Ehrlich, Julian Simon, and Our Gamble over Earth's Future. New Haven: Yale University Press.

Sandbach F. 1980. Environment, Ideology and Policy. Oxford: Blackwell.

Sauer C O. 1963. Land and Life. Los Angeles: University of California Press.

Schröter M, Koellner T, Alkemade R, et al. 2018. Interregional flows of ecosystem services: concepts, typology and four cases. Ecosystem Services, (31): 231-241.

Schuetz H, Bringezu S. 1998. Economy-wide Material Flow Accounting(MFA)—Technical Documentation. Germany: Wuppertal Institute.

Schultz T W. 1993. Origins of Increasing Return. Oxford: Blackwell Publishers.

Schutter O D. 2011. How not to think of land-grabbing: three critiques of large-scale investments in farmland. The Journal of Peasant Studies, 38(2): 249-279.

Seto K C, Reenberg A, Boone C G, et al. 2012. Urban land teleconnections and sustainability. Proceedings of the National Academy of Sciences of the United States of America, (5): 1-6.

Shafik N, Bandyopadhyya S. 1992. Economic Growth and Environmental Quality: Time Series and Cross-Country Evidence. Washington D. C.: The World Bank.

Simmons I G. 1982. The Ecology of Natural Resources. 2nd ed. London: Edward Arnold.

Simon J L. 1981. The Ultimate Resource. Boston: Princeton University Press.

Slocombe D S. 1998. Lessons from experience with ecosystem-based management and public participation. Landscape and Urban Planning, 40: 31-39.

Steffen W, Persson A, Deutsch L, et al. 2011. The anthropocene: From global change to planetary stewardship. Ambio, (7): 739-761.

Steffen W, Sanderson A, Tyson P D, et al. 2004. Global Change and the Earth System: a Planet Under Pressure. Berlin: Springer-Verlag.

Stern D I, Common M , Barbier E B. 1996. Economic growth and environmental degradation: the environmental Kuznets curve and sustainable development. World Development, 24: 1151-1160.

Stokols D. 2017. Social Ecology in the Digital Age : Solving Complex Problems in a Globalized World. San Diego: Elsevier Science Publishing Co Inc.

Tansley A G. 1935. The use and abuse of vegetational concepts and terms. Ecology, 16: 284-307.

Ti B, Li L, Liu J, et al. 2018. Global distribution potential and regional environmental risk of F-53B. Science of the Total Environment, 640-641: 1365-1371.

Tilton J E. 1977. The Future of Non-fuel Minerals. Washington D. C.: Brookings Institution.

UNDP, UNEP, WB and WRI. 2005. World Resources 2005: the Wealth of the Poor: Managing Ecosystems to Fight Poverty. Washington D. C.: World Resources Institute.

UNDP, UNEP, WB and WRI. 2008. World Resources 2008: Roots of Resilience - Growing the Wealth of the Poor. Washington D. C.: World Resources Institute.

UNDP, UNEP, WB and WRI. 2011. World Resources Report 2010-2011: Decision Making in a Changing Climate. Washington D. C.: World Resources Institute.

UNDP, UNEP, WB, WRI. 2003. World Resources 2002～2004: Decisions for the Earth: Balance, Voice, and Power. Washington D. C. : World Resources Institute.

UNDP. 1990. Human Development Report. New York: Oxford University Press.

UNDP. 2014. Human Development Report .

United Nations Economic Commission for Europe. 2009. United Nations Framework Classification for Fossil Energy and Mineral Reserves and Resources. Geneva.

United Nations, European Commission, Food and Agriculture Organization of the United Nations, et al. 2014. System of Environmental-Economic Accounting 2012 Central Framework (SEEA Central Framework). New York: United Nations.

United Nations. 1993. Handbook of National Accounting: Integrated Environmental and Economic Accounting 1993 Temporary Version. New York: United Nations.

United Nations. 2000. Integrated Environmental and Economic Accounting: an Operational Manual. New York: United Nations.

United Nations. 2017. Technical Recommendations in Support of the System of Environmental-Economic Accounting 2012 Experimental Ecosystem Accounting . New York: United Nations.

UNSDSN. 2013. World Happiness Report 2013. http: //worldhappiness. report/ed/2013/.

US Congress. 1974. Outlook for Price and Supplies of Industrial Raw Materials, Hearings before the Subcommittee on Economic Growth of the Joint Economic Committee. Washington D. C.: Government Printing Office.

USDA, Soil Conservation Service. 1952. House organ of the US Department of Agriculture, December 17.

USGS U S. 2015. Geological Survey Gas Hydrates Project. http: //woodshole. er. usgs. gov/project-pages/hydrates/.

Van Dersal W R. 1953. What do you mean: soil conservation. Journal of Soil and Water Conservation, 8: 227.

Varley M E. 1974. Whole Ecosystem. Open University Course s323 Block A, Unit 5.

Verburg P H, Dearing J A, Dyke J G, et al. 2016. Methods and approaches to modelling the Anthropocene. Global Environmental Change, (39): 328-340.

Wackernagel M et al. 2004. Calculating national and global ecological footprint time series: resolving conceptual challenges. Land Use Policy, 21: 271-278.

Wackernagel M, Lewan L , Borgström H C. 1999. Evaluating the use of natural capital with the ecological footprint: Applications in Sweden and Sub-regions. Ambio, 28: 604-612.

Wackernagel M, Onisto L, Bello P, et al. 1997. Ecological Footprints of Nations: how much nature do they use? How much nature do they have? Costa Rica: The Earth Council.

Wackernagel M, Rees W E. 1996. Our Ecological Footprint: Reducing Human Impact on the Earth. Gabriola Island: New Society Publishers.

Wackernagel M, Schulz N B, Deuming D, et al. 2002. Tracking the ecological overshoot of the human economy. Proceedings of the National Academy of Sciences of the United States of America, 99: 9266-9271.

Walsh R G. 1986. Recreation Economic Decisions: Comparing Benefits and Costs. State College: Venture.

Ward B, Dubos R. 1972. Only One Earth: the Care and Maintenance of a Small Planet. Toronto: George J. Mcleod.

Watt K E F. 1968. Ecology and Resources Management: a Quantitative Approach. New York and Maidenhead: McGraw-Hill.

Weizsäcker E U, Lovins A B, Lovins L H. 1997. Factor Four, Doubling Wealth, Halving Resource Use. London: Earthscan.

Whittaker R H. 1975. Communities and Ecosystems. 2nd ed. New York: Macmillan.

WHO. 2011. Health in the Green Economy: Health Co-benefits of Climate Change. Geneva: Mitigation-Housing Sector.

WHO. 2014. http: //www. who. int/phe/health_topics/outdoorair/databases/cities/en/.

Wilson FA. 1997. Towards Sustainable Project Development. UK: Edward Elgar Publishing Limited.

World Economic Forum. 2015. Global Energy Architecture Performance Index Report 2015. http: //www3. weforum. org/docs/WEF_GlobalEnergyArchitecture_2015. pdf.

Wu X D, Guo J L, Han M Y, et al. 2018. An overview of arable land use for the world economy: from source to sink via the global supply chain. Land Use Policy, (76): 201-214.

WWAP. 2014. The United Nations World Water Development Report 2014. Paris: UNESCO: Water and Energy.

WWF, UNEP, WCMC, RP. 2000. Living Planet Report. Geneva: Gland.

Yao G, Hertel T W, Taheripour F. 2018. Economic drivers of telecoupling and terrestrial carbon fluxes in the global soybean complex. Global Environmental Change, (50): 190-200.

Young A. 1928. Increasing returns and economic progress. The Economic Journal, 38(152): 527-542.

Zimmermann EW. 1933. World Resources and Industries. New York: Harper .